高等教育土木类专业系列教材

土木水利工程材料

TUMU SHUILI GONGCHENG CAILIAO

主编：李友彬　唐晓玲

副主编：李　元　邹　爽

主审：梅世龙

重庆大学出版社

内 容 提 要

本书根据课程教学特点,主要讲述土木工程、水利水电工程中常用的各种材料的组成、基本性质、生产过程、技术标准、质量检验、材料选用和运输保管等基本知识,其中以材料的基本性质、技术标准、质量检验和合理选用材料为重点,介绍材料的基本性质与工程应用,以及钢材、石材与集料、无机胶凝材料、水泥、水泥混凝土、砂浆、沥青、沥青混合料、无机结合料稳定材料和其他功能材料。

本书可作为高等学校水利水电工程、农业水利工程、土木工程等专业的教材,也可供从事相关行业的技术人员参考。

图书在版编目(CIP)数据

土木水利工程材料 / 李友彬,唐晓玲主编. -- 重庆:
重庆大学出版社,2024.6. --(高等教育土木类专业系
列教材). -- ISBN 978-7-5689-4611-7

Ⅰ. TU5;TV

中国国家版本馆 CIP 数据核字第 2024J6Q309 号

土木水利工程材料

主　编　李友彬　唐晓玲
副主编　李　元　邹　爽
主　审　梅世龙
策划编辑:林青山

责任编辑:夏　雪　　版式设计:夏　雪
责任校对:刘志刚　　责任印制:赵　晟

*

重庆大学出版社出版发行
出版人:陈晓阳
社址:重庆市沙坪坝区大学城西路 21 号
邮编:401331
电话:(023) 88617190　88617185(中小学)
传真:(023) 88617186　88617166
网址:http://www.cqup.com.cn
邮箱:fxk@ cqup.com.cn(营销中心)
全国新华书店经销
重庆华林天美印务有限公司印刷

*

开本:889mm×1194mm　1/16　印张:22.25　字数:644 千
2024 年 6 月第 1 版　　2024 年 6 月第 1 次印刷
ISBN 978-7-5689-4611-7　定价:59.00 元

前　言

土木水利工程材料是土木工程、水利水电工程等专业的主干课程。当前,我国正处于从高速度发展转向高质量发展的阶段,正在从"工程大国"向"工程强国"迈进。2023 年 9 月,习近平总书记在黑龙江考察调研期间首次提到"新质生产力"。新质生产力是创新起主导作用,摆脱传统经济增长方式、生产力发展路径,具有高科技、高效能、高质量特征,符合新发展理念的先进生产力质态。时代变革大潮裹挟着物联网、云计算、大数据、人工智能等新一代信息技术呼啸而来,正加速推进各行业实体经济与技术交叉和融合。在此背景下,建筑业亟须改变落后的生产方式,通过科技创新实现产业变革,完成从数字化、网络化、智能化到智慧化的转型,走出一条工程建造高质量发展新路。在中国特色与智能时代的特定背景下,本书立足于立德树人,适应新时期土木工程材料课程教学的要求,力求培育具有家国情怀、世界眼光、工匠精神、创新意识的建筑行业专业人才,更好地服务于国家经济建设和社会发展。

土木水利工程材料涉及面广,同时建筑行业、交通行业、水利水电行业等的材料标准和试验方法也不尽相同,工程中使用的主要材料的种类也不同。本书结合土木水利工程专业的特点,将土木水利工程专业涉及的主要建筑材料(水泥混凝土和钢材)、道路与桥梁工程涉及的主要建筑材料(沥青混凝土和水泥混凝土)、水利水电工程中的主要建筑材料(碾压混凝土)等有机结合起来。根据现代教学注重基础和基本概念及实践教学的特点要求,本书着重从基本概念、基础理论和试验方法等讲解主要使用的土木水利工程材料。同时,由于相关专业及有关材料的书籍也较多,读者在学习过程中可以结合参考文献和其他途径阅读其他教材和专著,提高对土木水利工程材料的认知水平。

本书主要内容包括材料的基本性质与工程应用,以及钢材、石材与集料、无机胶凝材料、水泥、水泥混凝土、砂浆、沥青、沥青混合料、无机结合料稳定材料和其他建筑材料(如烧土制品、玻璃、高分子材料、功能材料)等。本书编写过程中,编者根据土木水利工程材料的实际,适当增加了当代重点工程使用的新材料,如纤维混凝土、高强混凝土、浇筑式沥青混凝土、环氧沥青混凝土、改性沥青与 SMA 等,并依据最新规范,对相关试验方法和技术标准进行了介绍。

本书由李友彬、唐晓玲任主编,李元、邹爽任副主编。具体编写分工如下:第 1—2 章由贵州大学唐晓玲编写;第 3 章由贵州大学李元编写;第 4、5、11 章由贵州大学邹爽编写;第 6—10 章以及第 12—14 章由贵州大学李友彬编写。全书由李友彬统稿,原贵州省高速公路集团总工程师梅世龙教授主审。

由于作者水平有限,书中难免存在缺点和不足之处,敬请读者批评指正。希望读者在使用过程中多提意见,使本书日臻完善。

编　者

2024 年 6 月

目　录

第1章 绪 论

【本章重点】了解土木水利工程材料是工程建设中的重要物质基础,在投资比例中占很大的比重,理解土木水利工程材料在专业学习中的重要性,掌握土木水利工程材料的技术性质、质量检验方法及其在工程中的应用。

【本章要求】阅读熟悉古今中外土木水利工程材料发展过程及历史,说明土木水利工程材料在各种工程中的地位与作用;简述土木水利工程材料的学习和研究路径,强调实践的重要性与方法;综合介绍实际工程,阐述土木水利工程材料的实际应用。

1.1 概述

土木水利工程建(构)筑物都需要用各种材料进行建设,所使用的各种材料及其制品总称为建筑材料或土木水利工程材料。它是一切土木水利工程的物质基础。由于组成、结构和构造不同,土木水利工程材料品种繁多,性能也各不相同,且其在土木水利工程中的功能各异,而且价格相差悬殊,在土木水利工程中的用量很大。因此,正确选择和合理使用土木水利工程材料,对于保证土木水利工程结构物的安全、实用、美观、耐久及控制造价有着重大的意义。例如,主要承受荷载的承重构件材料要求满足设计规定的强度和刚度,防水材料要有不透水的性质,隔热保温材料应具有不易传热和良好保温的性质等。材料还需应对风、雨和日晒等自然因素的作用,水流和泥沙的冲刷作用,温湿度变化及冻融作用,环境水或空气中所含有害成分的化学侵蚀作用等。因此,材料要满足土木水利工程所要求的功能性质,同时还需具有抵抗破坏作用的性质,以保证结构在所处环境中经久耐用。

各类工程材料各具特点,并伴随着人类社会生产力发展和经济活动拓展,以及人们的需求变化不断创新和发展。由于土木水利工程材料功能各异且种类繁多,出于使用、评定和研究需要,需要从不同角度对它进行分类。根据材料的化学成分的组成分为三类:无机材料、有机材料、复合材料。根据材料在土木水利工程中的部位或使用性能,可分为两类,即结构材料和功能材料。土木水利工程材料分类见表 1.1。

表 1.1　土木水利工程材料分类

分类			实例
无机材料	金属材料	黑色金属	铁、钢、合金钢、不锈钢等
		有色金属	铝、铜及其合金等
	非金属材料	天然石材	砂、石及石材制品等
		烧土制品	黏土砖、瓦、琉璃瓦、陶瓷制品等
		胶凝材料及制品	石灰、石膏、水泥、粉煤灰及混凝土制品等
		玻璃	普通平板玻璃、特种玻璃等
		无机纤维材料	钢纤维、玄武岩纤维、玻璃纤维、矿物棉等
有机材料	植物材料		木材、竹材、植物纤维及制品等
	沥青材料		天然沥青、煤沥青、石油沥青及其制品等
	合成高分子材料		塑料、涂料、胶黏剂、合成橡胶等
复合材料	有机与无机非金属材料复合		聚合物混凝土、玻璃纤维增强塑料等
	金属与无机非金属材料复合		钢筋混凝土、钢纤维混凝土等
	金属与有机材料复合		PVC 钢板、有机涂层铝合金板等
结构材料	主要承受荷载		钢筋混凝土、预应力混凝土、沥青混凝土、水泥混凝土、承受荷载的墙体材料、路面基层及底基层材料等
功能材料	满足功能需要、非承重		吸声材料、耐火材料、排水材料等

（1）无机材料

无机材料可分为无机非金属材料(矿物质材料)和金属材料。如钢材是桥梁、钢结构及钢筋混凝土或预应力钢筋混凝土结构的重要材料。又如砂石材料,有的是由地壳上层的岩石经自然风化得到的(天然砂砾),有的是经机械设备开采或再经轧制而得(如各种不同尺寸的碎石和砂)。这类材料可以直接用于土木水利工程结构物。同时,它也是配制水泥混凝土或沥青混合料的矿质集料。

在土木水利工程中最常用到的无机结合料主要是石灰和水泥。特别是水泥,它与集料配制的水泥混凝土是钢筋混凝土和预应力混凝土结构的主要材料。此外,水泥砂浆是各种圬工结构物砌筑的重要结合料。无机结合料稳定材料作为路面底基层或基层的主要材料类型已经取得了良好的使用效果。

（2）有机材料

有机材料包括自然界植物材料、沥青材料和高分子材料等。如木材是人类历史中主要的建筑材料,在现在的土木水利工程施工中,可作为拱架、模板及装饰材料。

有机结合料主要是指沥青类材料(如石油沥青、煤沥青等)。这些材料与不同粒径的集料组配,可以修筑成各种类型的沥青混合料路面。现代高速公路路面绝大部分是采用沥青混合料修筑,因此沥青混合料是现代路面工程中极为重要的一种材料。

（3）复合材料

随着现代材料科学的进步,在常用材料的基础上又发展了新型的复合材料、改性材料等。复合材料是两种或两种以上不同化学组成或组织相的物质,以微观和宏观的物质形式组合而成的材料,它可以克服单一材料的弱点,而发挥其综合性能。改性材料是通过物理或化学的途径对其使用性能进行综合处理,使其更能满足实际的使用要求,如改性沥青等。同时,一些添加剂材料也在不断出现,为土木水利工程建设服务。

(4)结构材料

土木水利工程结构材料主要是指构成土木水利工程受力构件和结构所用的材料。例如梁、板、柱、基础、框架、墙体、拱圈、沥青混凝土路面、无机结合料稳定基层及底基层和其他受力构件、结构等所用的材料都属于这一类。对这类材料主要技术性能的要求是强度和耐久性。目前所用的土木水利工程结构材料主要有砖、石、水泥、水泥混凝土、钢材、钢筋混凝土和预应力钢筋混凝土、沥青和沥青混凝土。在相当长的时期内,钢材、钢筋混凝土及预应力钢筋混凝土仍是我国土木水利工程中的主要结构材料;沥青、沥青混凝土、水泥混凝土、无机结合料稳定基层及底基层则是我国交通土建工程中的主要路面材料。随着土建事业的发展,轻钢结构、铝合金结构、复合材料、合成材料所占的比例将会逐渐加大。

(5)功能材料

土木水利工程功能材料主要是指承担某些建筑功能,但是不作为主要承重用材的材料,如防水材料、绝热材料、吸声和隔声材料、采光材料、装饰材料等。这类材料的品种、形式繁多,功能各异,随着国民经济的发展以及人民生活水平的提高,这类材料会越来越多地应用于土建结构物中。一般认为,土建结构物的可靠度与安全度主要由材料组成的构件和结构体系决定,而土建结构物的使用功能与品质主要取决于功能材料。此外,对某一种具体材料来说,它可能兼有多种功能。

1.2 土木水利工程材料在工程中的地位和作用

土木水利工程材料是工程的物质基础,是土木工程和水利工程学科极为重要的一部分。土木水利工程师将建筑艺术造型和工程材料以最佳方案选用融合在一起,需要了解土木水利工程材料的性能指标,再根据力学计算,确定建筑物构件的尺寸以及组合结构形式,或根据新材料的特性创造出先进的结构形式,或根据艺术的创造需要研发出具备特别性能的新材料。

土木水利工程项目全寿命周期全过程实质上是按业主愿景、设计要求、施工营造和运维需要把土木水利工程材料逐步变成满足功能要求产品的过程。土木水利工程的设计、施工、运维是密切相关的,要合理地使用土木水利工程材料,使土建结构的受力特征和工程材料特性有机统一。从目前的工程统计可知,在土木水利工程的总成本造价中,土木水利工程材料的费用一般占总费用的50%～70%,涉及工程材料的选用、运输、储存、加工以及施工、保养等方面。

土木水利工程材料的品种、规格和质量直接影响着工程结构形式和施工方法,决定着工程的安全性、适用性、经济性、美观性和耐久性。新材料的出现,可以促使土建构造物形式的变化、设计方法的改进和施工技术的革新。总之,土木水利工程师应了解和掌握土木水利工程材料有关技术知识,合理、经济地满足土木水利工程的各种工程要求,使所采用的材料最大限度地发挥其效能,在规定设计年限内能满足功能的需要。

1.3 土木水利工程材料的发展过程及历史

土木水利工程材料的发展是随着人类社会生产力和国民经济不断发展而发展的,与建筑技术的进步有着不可分割的联系,它们相互推动又相互制约。国民经济建设的发展直接促进了土木水利工程材料的生产和技术进步,对土木水利工程材料的品种、质量不断提出更高、更新的要求。建筑物的结构形式及施工方法受到土木水利工程材料性能的制约,工程中许多技术问题的解决,往往依赖于土木水利工程材料问题的突破;新型土木水利工程材料的出现又促进了结构设计和施工技术的革新。国民经济建设的发展要求土木水利工程材料工业不断高速发展,而土木水利工程材料涉及的工业是一项耗费自然资源和能源的大户,它既可以大量吸纳工农业废料,也会产生大量废气、烟尘等,对环境造成有利或不利的影响。因此,土木水利工程材料生产及科学技术的发展,对于每个国家尤其是发展中国家具有重要的作用。

土木水利工程材料随着社会生产力发展和科技水平的提高而逐渐发展。从智人诞生起,人类在土木水利工程材料的生产和使用方面曾经取得了许多重大成就。例如在中国古代,建筑要考虑风水朝向、阴阳五行、主人八字布局,材料基本为木材,色彩多样讲究(黑瓦白墙),造型优美实用(榫卯结构、坡屋顶排水),功能布置对称严格(中轴线、堂屋左右厢房)。北京故宫的建筑群、山西五台山的寺庙、福建的客家圆楼等综合体现了中国建筑的文化内涵。日本的古代建筑与现代建筑交相辉映、相辅相成。日本是岛国,且处于太平洋板块和亚洲板块交界地带,地震频发,普通住宅多采用木结构,其房屋抗震性能明显具有优势。东京等大城市则运用最新抗震技术建成高楼大厦,形成了今天的繁华都市。东西方文化的交融在日本的建筑中体现得淋漓尽致。既有榫卯结构的雕梁画栋,也有清水混凝土、钢结构的规则严谨,日本建筑的功能性和美观性得到很好的展现。由于受到古代中国的影响,比较具有历史意义的古建筑讲究对称、设置庭院、飞挑屋檐等等,现存的佛教建筑在其园林景观中展现得最为明显。普通住宅也保留有日本自身特色:用活动夹板分隔、具有较统一模数的木构、设置榻榻米、周边栽植花草树木等。这些都有力地证明了土木水利工程材料在生产、施工和使用方面的智慧和技巧。

但是,必须看到中国等发展中国家土木水利工程材料企业的总体科技水平、管理水平还是比较落后的,重要建筑材料传统的生产增长方式使我国在资源、能源和生态环境等方面付出了沉重代价。主要表现在:能源消耗大;劳动生产率低;产业结构落后、污染环境严重;集约化程度低;市场应变能力差等。因此,必须要研发有现代化特色的新材料,着力发展新技术、新工艺、新产品;还要建设高效益的新产业,在成本可控下实现由一般产品向高质量产品,低档产品向中、高档产品,单一产品向配套产品的转变;确保材料绿色环保和实现节能减排。因此,突破资源及生态环境的制约,建立循环节约型的可持续发展的生产方式,是土木水利材料行业刻不容缓的重要课题。为此,必须研究和生产高性能、多功能的新型建筑材料,特别是新型复合材料,使建筑材料的品种、质量和配套水平显著提高,确保产品的品种、质量和产量满足社会蓬勃发展的需要。例如,为满足建筑节能的需要,研究和发展具有保温隔热及热存储性能的新型墙体材料;为利于循环型经济的发展,大力发展利用工农业废料及再生资源的建筑材料;重点研发节约能源、减少污染、保护环境的新材料和生产工艺,逐步淘汰高污染、高耗能的土木水利材料生产工艺;利用现代科学技术手段和方法,开展理论、试验技术及测试方法的研究,使土木水利工程材料工业尽快朝着指定性能设计、指定功能生产的方向发展。

1.4 产品标准化及技术标准

在电气工业化发达的今天,组织现代化大生产的重要手段之一是产品标准化,同时也是科学管理的重要组成部分。生产企业必须按标准选用材料、按规范进行产品(工程)的设计与施工,以保证产品(工程)的优质、高效率、低成本,按标准生产出合格产品(工程)。同时,技术标准还是供需双方对产品(工程)进行质量检查、验收的依据。土木水利工程材料的技术标准是产品(工程)质量的首要保证。

技术标准有国际标准及不同国家和地区的各自标准。我国的技术标准分为国家标准、行业标准、地方标准和企业标准。技术标准的表示方法由标准名称、代号、标准号、年代号组成。国家标准代号 GB 及 GB/T(推荐标准);水利部行业标准代号 SL;电力行业标准代号 DL;地方标准 DB 等,例如 GB 175—2023《通用硅酸盐水泥》、GB/T 200—2017《中热硅酸盐水泥、低热硅酸盐水泥》、SL/T 352—2020《水工混凝土试验规程》、NB/T 10077—2018《堆石混凝土筑坝技术导则》、DL/T 5207—2021《水工建筑物抗冲磨防空蚀混凝土技术规范》、DB52/T 1545—2020《堆石混凝土拱坝技术规范》等。随着建筑材料科研及生产的发展,土木水利工程材料技术标准也在不断变化。根据需要,国家每年都会发布一批新的技术标准,修订或废止一些旧的标准,并逐步与国际标准接轨。

第 **2** 章
土木水利工程材料的基本性质

【本章重点】土木水利工程材料的分类、组成、结构与构造,以及材料的基本性质。

【本章要求】掌握土木水利工程材料的分类、材料的基本性质(如物理、力学性质及耐久性);了解不同材料的特殊性质。

2.1　材料的组成、结构与构造

土木水利工程材料的组成、结构与构造决定了材料根本性质和特征。

▶ 2.1.1　材料的组成

材料的组成包括材料的化学组成、矿物组成和相组成。

(1)化学组成

材料的化学组成是指组成材料的基本化学元素或化合物的种类和数量。材料的化学成分直接影响材料的化学性质,也是决定材料物理性质及力学性质的重要因素。因此,材料种类常按其化学组成来划分。习惯上,金属材料的化学组成以主要元素的含量表示,无机非金属材料则以各种氧化物含量表示,有机高分子材料常以构成高分子材料的一种或几种低分子化合物(单体)表示。

当材料在使用过程中与周围环境及各类物质接触时,将按照化学变化规律发生作用,这都是由构成材料的化学组成所决定的。如混凝土的碳化、钢材的锈蚀、木材的遇火燃烧等性质,这是因为石灰、石膏、石灰石的主要化学成分分别为氧化钙、硫酸钙、碳酸钙,这些化学成分决定了石灰、石膏易溶于水且耐水性差,而石灰石则比较稳定。

(2)矿物组成

材料的矿物组成是指组成材料的矿物种类和数量。矿物是指具有一定化学成分和一定结构及物理力学性质的物质或单质的总称,是构成岩石及各类无机非金属材料的基本单元。在无机非金属材料中,某些元素或化合物以特定的结合形式存在,并具有特定的物理、化学性质的组织结构,材料的矿物组成直接影响无机非金属材料的性质。对于天然石材、无机胶凝材料等,其矿物组成是决定材料性质的主要因素。对于水泥,即使其化学组成相同,如果其熟料矿物组成不同或含量不同,也会使其硬化速度、水化热、强度、耐腐蚀性等性质产生很大差异。例如,通过提高硅酸三钙含量,可制得高强度水泥;降低铝酸三钙或硅酸三钙含量、提高硅酸二钙含量,可制得水化热低的水泥(如大坝水泥)。

（3）相组成

材料中具有相同物理、化学性质的均匀部分称为相。凡由两相或两相以上物质组成的材料称为复合材料。土木工程材料大多数是多相固体,可看作是复合材料。如水泥混凝土可认为是骨料颗粒(骨料相)分散在水泥浆基体(基相)中所组成的两相复合材料。两相之间的分界面称为界面,在实际土木水利工程材料中,界面是一个很薄的薄弱区,可称为界面相,有许多土木水利工程材料的破坏往往首先发生在界面。通过改变和控制原材料的品质及配合比例,可改变和控制材料的相组成,从而改善和提高材料的技术性能。如研究混凝土的配合比就是为了改善混凝土的相组成,尽量使混凝土结构接近均匀而密实,保证其强度和耐久性。

▶ 2.1.2　材料的结构

材料的结构是指材料的微观组织状况,从很小的几何尺寸(如微米级或纳米级等)分析材料结构形式,可分为微观结构和显微结构两个层次。

1) 微观结构

微观结构是指能用电子显微镜观察得到组成材料的原子、分子排列方式、结合状况等。材料的微观结构可分为晶体、非晶体。

（1）晶体

晶体是由质点(原子、离子或分子)在三维空间作有规律的周期性重复排列(远程有序)而形成的固体。质点的这种规则排列构架称为晶格。构成晶格的最基本的几何单元称为晶胞。晶体就是由大量形状、大小和位向完全相同的晶胞堆砌而成,故晶体结构取决于晶胞的类型及尺寸。晶体中原子是按一定空间结构有序排列的,位向关系是指两晶体在空间的位置关系。在晶体学中,通过晶体中心的平面叫作晶面,通过原子中心的直线为原子列,其所代表的方向叫作晶向。位向关系指的就是晶面与晶向在空间上的位置与方向的关系。多晶体中不同的晶粒之间,位向关系各不相同,因而存在不同的晶界类型,其根本原因是多晶体在形成过程中要保持能量最低原则,较大角度的旋转会消耗更多的能量。

晶体的物理力学性质除与其质点的本性及其晶体结构形态有关外,还与质点间的结合力有关。这种结合力称为结合键,可分为离子键、共价键、金属键和分子键四种。

按组成材料的晶体质点及结合键的不同,晶体可分为如下几种:

①离子键和离子晶体。由正、负离子间的静电引力形成的离子键构成的晶体称为离子晶体。离子键的结合力比较大,故离子晶体具有较高的强度、硬度和熔点,但较脆,其固体状态是电、热的不良导体,熔融状态时可导电。绝大多数的盐类和很多金属氧化物晶体都属于离子晶体,例如食盐、氟化钙、二氧化钡等。

②共价键和原子晶体。共价键的特点是两个原子共享价电子对。由原子以共价键构成的晶体为共价晶体(或称"原子晶体")。共价键的结合力很大,故原子晶体具有高强度、高硬度和高熔点,但塑性变形能力很差,只有将共价键破坏才能使材料产生永久变形,通常为电、热的不良导体。常见的原子晶体

有石英、金刚石、二氧化硅等。

③金属键和金属晶体。金属键结合的特点是价电子的"公有化"。由金属阳离子组成晶格,自由电子运动其间,阳离子与自由电子形成金属键,金属键的结合力较强。金属晶体的晶格一般是排列密集的晶体结构,如铁的体心立方体结构,故金属材料一般密度较大。金属晶体有较高的硬度和熔点,具有很好的塑性变形性能,且具有导电和传热性质。钢、合金等金属材料具备金属晶体的特点非常明显。

④分子键和分子晶体。分子键也称分子间范德华力,是存在于中性原子或分子之间的结合力,本质上是一种物理键。通过分子键结合起来的晶体称为分子晶体,如合成高分子材料中长链分子之间由范德华力结合的晶体。分子键结合力很弱。分子晶体具有较大的变形性能,熔点很低,为电、热的不良导体。所有非金属氢化物、大部分非金属单质、绝大多数的酸和有机化合物(如苯、乙酸、乙醇、葡萄糖等)为分子晶体。

分子键是普遍存在的,但当有前述其他化学键存在时,它会被遮盖而被忽略。对由数个分子或由多个分子组成的微细颗粒或超微细颗粒(如纳米颗粒),其间范德华力的作用则是很重要的。

⑤特殊的分子键——氢键。它是由 H 原子与 O、F、N 等原子相结合时形成的一种附加键。氢键是一种物理键,但比范氏键强。水、冰中都有氢键,硼酸为氢键晶体。

在实际材料中,大多数晶体并不是由前述某一种类型键结合的,而是存在着混合键。由碳元素组成的石墨晶体具有复杂的混合键,每个碳原子与周围 3 个碳原子以共价键方式结合,并处在同一平面上而使晶体呈层状,其第 4 个价电子较自由地在层内活动,使石墨具有金属性;在层与层之间以范德华力相结合,使石墨具有显著的塑性滑移性质。

实际材料中的晶体都有各种晶格缺陷,主要有点缺陷、线缺陷及面缺陷 3 种。

①点缺陷。它是指晶格中有空位和填隙原子,如图 2.1(a)所示。这是由于晶体内原子热运动,某些质点脱离了晶格,出现了暂时的晶格空位。晶格空位削弱了晶体材料强度,但它是材料发生固相反应的媒介。晶格间隙中嵌入的杂质原子(直径较小的原子)称为填隙原子。填隙原子造成晶格畸变,使晶体强度增加、塑性降低。

②线缺陷(位错)。它是指晶体中存在着多余的半平面,如图 2.1(b)所示。位错使晶面容易滑移产生塑性变形。当晶体受力后,位错线很容易在晶粒内移动,当其移至晶粒表面时,晶粒即产生了永久变形。因此,位错是使晶体材料成为不完全弹性体的原因之一,也是影响晶体结晶生长、造成杂质在晶体中扩散并改变其性能的原因。

③面缺陷。晶体材料中相邻两晶粒的晶格常存在相位差。在界面处原子排列不规则,称为面缺陷,如图 2.1(c)所示。面缺陷使界面处原子滑移困难。相邻两晶粒,若其一的晶格滑移(位错在其中运动)至面缺陷后滑移终止,使位错不易向另一晶粒传递。因此,面缺陷使晶体材料强度提高、塑性降低。

此外,材料的性质还与晶粒大小及分布状态有关。一般晶粒越细、分布越均匀,材料的强度越高。

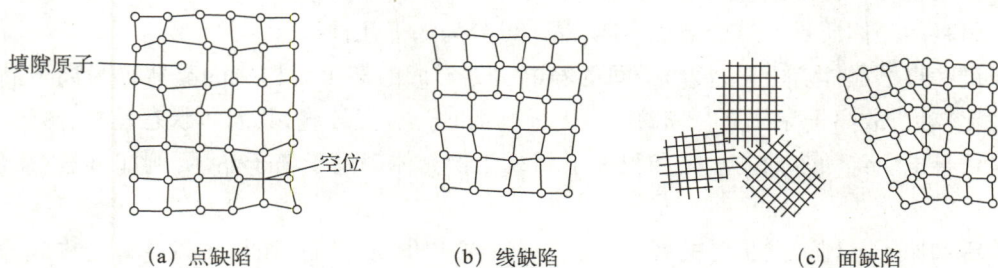

填隙原子

空位

(a) 点缺陷　　　　　　(b) 线缺陷　　　　　　(c) 面缺陷

图 2.1　晶格缺陷类型

（2）非晶体

非晶体结构又称无定形结构或玻璃体结构。它与晶体的区别在于质点排列没有一定规律性（或仅在局部存在规律性，也称近程有序）。非晶体没有特定的几何外形，是各向同性的，也没有固定的熔点，如石英玻璃等。

由于玻璃体凝固时没有结晶放热过程，在内部积蓄着大量内能。因此，它是一种不稳定的结构，可逐渐发生结构转化。它具有较高的化学活性，也是其能与别的物质起化学反应的原因之一。

2）显微结构

显微结构是指用光学显微镜可以观察得到的材料组成及结构，一般可分辨的范围是 0.001 ～ 1 mm。材料在这一层次上的组成及其聚集状态，对其性质有重要影响。例如，钢铁材料在显微镜下可以观察到铁素体晶粒、不同状态的珠光体、渗碳体及石墨等，它们是决定钢铁性质的关键因素。水泥混凝土材料可以分为水泥基体相、集料分散相、界面相及孔隙等。它们的状态、数量及性质决定水泥混凝土的物理力学性质。又如木材，可以分为木纤维、导管及髓线等，它们的分布、排列状况不同，使木材在宏观上形成年轮、弦向与径向、顺纹与横纹等性能的差异。

▶ 2.1.3 材料的构造

材料的构造是指材料的宏观组织状况，如岩石的层理、木材的纹理、钢铁材料中的气孔、钢锭中表层与中心部位化学成分的偏析以及钢材中的裂纹等。胶合板、夹心板等复合材料则具有叠合构造。材料的性质与其构造有密切关系。

构造致密的材料强度高；疏松多孔的材料密度低，强度也较低；层状或纤维状构造的材料，是各向异性的。

多孔材料的各种性质，除与材料孔隙率的大小有关外，还与孔隙的构造特征有关。材料中的孔隙，包括与外界相连通的开口孔隙和与外界隔绝的闭口孔隙。孔隙本身又按粗细分为极细孔隙（孔径 $D <$ 0.01 mm）、细小孔隙（0.01 mm < 孔径 $D <$ 1.0 mm）、粗大孔隙（孔径 $D >$ 1.0 mm）。

对于开口孔隙，粗大孔隙水分易于透过，但不易被水充满；极细孔隙，水分及溶液易被吸入，但不易在其中流动；介于两者之间的毛细孔隙，既易被水充满，水分又易在其中渗透，它对材料的抗渗性、抗冻性及抗侵蚀性有不利影响。

闭口孔隙不易被水分及溶液浸入，对材料的抗渗、抗冻及抗侵蚀性能的影响较小，有时还可起到有益的作用。

随着孔隙率的增大，材料表观密度减小，强度下降。含有大量分散不连通孔隙的材料常有良好的保温隔热性能。含有大量与外界连通的微孔或气泡的材料能吸收声波能量，可作为隔音吸声材料。

▶ 2.1.4 微粉、超微颗粒及胶体

1）微粉

微粉是指粒径为 0.000 1 ～ 0.1 mm 的各种矿物或金属粉末，通常属散粒的显微层次。将宏观物体破碎成微粉，其比表面积（表面积/质量）随粒径减小而增大，可加快颗粒溶解及表面化学反应速度，也可消除宏观物体裂纹、内部孔隙等构造缺陷，是进行材料密度测量时的重要手段。

2）超微颗粒

超微颗粒是指粒径为 10^{-6} ～ 10^{-4} mm 的各种微粒（金属或非金属、晶体或非晶体等）。它一般大于微观尺度的原子团，小于通常的微粉。其性质既不同于单个原子或分子，又不同于粗粒固体，称为纳米

微粒,由它可构成各种纳米材料。

纳米微粒的内核为颗粒组元(保持原晶格和微观结构),微粒表层为界面组元。在不饱和键或悬键作用下,物质表面原子的晶格排列、尺寸等都发生变化,致使界面组元的物理力学性质与颗粒组元不同。当微粒的尺寸进入纳米量级时,它有很大的比表面积,表面原子数增多,界面组元所占体积分数显著增大,表面能和表面张力显著增加,其本身和由它构成的各种材料,具有传统材料所不具备的许多优越物理力学性质。

由于用纳米微粒制成的固体材料具有很大的界面,且界面原子排列混乱,在外力作用下,这些原子容易迁移。因此,由纳米氧化物经压密和烧结制得的纳米陶瓷材料表现出很好的韧性和一定的延展性。

对于金属材料,随晶粒减小,其硬度明显提高。如纳米尺寸的铁,晶粒尺寸由 100 nm 减到 6 nm 时,硬度增大了 4 ~ 5 倍。

在石膏中掺入纳米氧化锌及金属过氧化物粒子后,可制成色彩鲜艳、不易褪色的石膏制品,并有优异的抗菌性能,是优良的装饰材料。

在陶瓷中掺入纳米氧化锌,可使制品的烧结温度下降,能耗降低,所得制品光亮如镜,并有抗菌除臭和分解有机物的自洁功能。掺有纳米氧化锌的玻璃,可抗紫外线、耐磨、抗菌和除臭。

在金属材料表面镀以非晶态纳米镍-磷合金薄膜,由于该镀层不存在晶界和晶界缺陷(位错、空穴、成分偏析等),使易于发生点蚀、晶间腐蚀、应力腐蚀等的结构消失,从而使基体金属材料表面的性质得到改善。该镀层构成了具有极强防腐蚀性能的金属防护膜。

在塑料、橡胶和树脂中加入纳米矿物质第二相,可有效地改善其各种性能,如增加塑料的强度、表面硬度、改善阻燃性及热学性能等。

此外,纳米材料的热学、电学、光学及磁学等许多性能都不同于一般材料,具有优异的特殊性质。当然,目前也存在成本造价很高、量产较为困难的特点。

3)胶体

胶体是指超微颗粒在介质中形成的分散体系。当胶体的物理力学性质取决于介质时,此种胶体称为溶胶。溶胶具有可流动的性质。

由于微粒具有很大的表面积和表面能,当其数量较多(胶体浓度大)或在物理化学作用下,颗粒可相互吸附凝聚形成网状结构。此时,胶体反映出微粒的物理力学性质,称为凝胶。

凝胶体中颗粒之间由范德华力结合。在搅拌、振动等剪切力的作用下,结合键很容易断裂,使凝胶变为溶胶,黏度降低,重新具有流动性。但静置一定时间后,溶胶又会慢慢地恢复成凝胶,这一转变过程可以反复多次。凝胶-溶胶这种互变的性质称为触变性。

上述有关胶体的各种性质,随微粒尺寸的减小而更为突出,对于粒径不十分小的微粉颗粒也会在一定程度上表现出胶体的各种性质,如含水较多的水泥浆体具有溶胶性质,开始初凝的水泥浆具有凝胶性质及触变性。

2.2 材料的物理性质

首先,土木水利工程材料最基本的要求是承受各种外力的作用,因此选用的材料应具有所需要的力学性能。其次,根据土木水利工程各种不同部位的使用要求,有些材料应具有防水、绝热、吸声、黏结等性能,有些材料要求具有耐热、耐腐蚀等性能。再次,对于长期暴露在大气中的材料,如路面材料,要求材料能经受风吹、日晒、雨淋、冰冻而引起的温度变化、湿度变化及反复冻融等的破坏作用。推而广之，土木水利工程材料要承受各种不同的作用，因而要求土木水利工程材料具有相应的不同性质。为了保证土木水利工程的安全性、功能性和耐久性，要求工程师必须熟悉和掌握各种材料的物理性质和力学性质，在工程设计与施工中正确地选择和合理地使用材料。

▶ 2.2.1 材料的真实密度、表观密度和堆积密度

密度是指物质单位体积具有的质量，单位为 g/cm^3 或 kg/m^3。由于材料所处的体积状况不同，故有真实密度、表观密度和堆积密度之分。

1）真实密度

真实密度是指材料在规定条件中绝对密实状态下（绝对密度状态是指不包括任何孔隙在内的体积）单位体积的质量，按式（2.1）计算：

$$\rho = \frac{m_s}{v_s} \qquad (2.1)$$

式中：ρ——真实密度（g/cm^3）；

$\quad m_s$——材料干燥状态的质量（g）；

$\quad v_s$——材料干燥状态绝对密实状态的体积（cm^3）。

除了钢材、玻璃等少数接近于真实密度的材料，绝大多数材料都有一些孔隙。在测定有孔隙的材料密度时，对于与水或煤油等液体不会发生反应的材料，可把材料磨成细粉（粒径小于 0.20 mm），经干燥后用李氏密度瓶测定其实体体积。材料磨得越细，测定的密度值越精确。

2）表观密度

表观密度是自然状态下单位体积（含材料的实体体积、开口及闭口孔隙体积）的质量，按式（2.2）计算：

$$\rho_a = \frac{m_s}{v_s + v_v + v_n} \qquad (2.2)$$

式中：ρ_a——表观密度（g/cm^3）；

$\quad m_s$——材料干燥状态的质量（g）；

$\quad v_s$——材料实体材料的体积（cm^3）；

$\quad v_v$——材料开口孔隙的体积（cm^3）；

$\quad v_n$——材料不吸水的闭口孔隙的体积（cm^3）。

3）堆积密度

堆积密度是指粉状、粒状或纤维状态下单位体积（含颗粒的开口孔隙、闭口孔隙及颗粒之间的空隙）的质量，按式（2.3）计算：

$$\rho_0 = \frac{m}{v_0} \qquad (2.3)$$

式中：ρ_0——堆积密度（g/m^3）；

$\quad m$——材料的质量（g）；

$\quad v_0$——材料的堆积体积（cm^3）。

在土木水利工程中，计算材料用量、构件自重、配料计算及确定堆放空间时经常要用到材料的真实

密度、表观密度和堆积密度等数据。常用土木水利工程材料的有关数据参见表2.1。

表 2.1 常用土木水利工程材料的真实密度、表观密度和孔隙率

材料	真实密度 ρ /(kg·m^{-3})	表观密度 ρ_a /(kg·m^{-3})	孔隙率 P/%
石灰岩	2.40~2.70	2 400~2 600	1.0~4.0
花岗岩	2.50~2.90	2 500~2 800	0.5~3.0
碎石(石灰岩)	—	1 500~1 800	1.0~4.0
砂	—	1 300~1 600	—
黏土	—	1 000~1 200	—
沥青	0.90~1.10	—	—
沥青混凝土	—	2 200~2 400	20~40
水泥	3.10	—	—
粉煤灰	2.40	—	—
普通混凝土	—	2 300~2 550	5~20
轻骨料混凝土	—	800~1 900	—
木材	1.55	400~800	55~75
钢材	7.85	7 850	0
泡沫塑料	—	20~50	—
玻璃	2.55	—	—
空心砖	—	1 000~1 400	—

▶ 2.2.2 材料的密实度与孔隙率

1)密实度

密实度是指材料体积内被固体物质充实的程度,也就是固体物质的体积占总体积的比例。密实度反映了材料的致密性能,以 D 表示,按式(2.4)计算:

$$D = \frac{V_s}{V} \times 100\% \tag{2.4}$$

式中:V_s——固体物质的体积;

V——物质(含固体和孔隙等)的总体积。

含有孔隙的固体材料的密实度均小于1。材料的很多性能如强度、吸水性、耐久性、导热性等均与其密实度有关。

2)孔隙率

孔隙率是指材料孔隙体积(包括与外界不连通不吸水的闭口孔隙以及与外界连通能吸水的开口空隙)与总体积之比,以 P 表示,按式(2.5)计算:

$$P = \frac{V - V_s}{V} \times 100\% \tag{2.5}$$

孔隙率与密实度的关系如式(2.6)所示:

$$P + D = 1 \tag{2.6}$$

孔隙率的大小直接反映了材料的致密程度。材料内部的孔隙又可分为与外界连通的开口孔隙和与

外界不连通的闭口孔隙,连通孔隙不仅彼此可以贯通且与外界相通,而封闭孔隙彼此不连通且与外界隔绝。孔隙按其尺寸大小又可分为粗孔和细孔。孔隙率的大小及孔隙本身的特征与材料的许多重要性质,如强度、吸水性、抗渗性、抗冻性和导热性等都有密切关系。一般而言,孔隙率小,且连通孔较少的材料,其吸水性较小,强度较高,抗渗性和抗冻性较好。

2.3　材料与水有关的性质

1)亲水性与憎水性

材料能被水润湿的性质称为亲水性。具备这种性质的材料称为亲水性材料,如砖、石、木材、混凝土等。亲水性材料的表面均能被水润湿,且能通过毛细管作用将水吸入材料的毛细管内部。这是因为亲水性材料与水分子的亲和力大于水分子自身的内聚力。

材料不能被水润湿的性质称为憎水性。具备这种性质的材料称为憎水性材料,如石蜡、沥青、油漆、塑料等,其表面不能被水润湿。该类材料一般能阻止水分渗入毛细管中,因而能降低材料的吸水性。憎水性材料不仅可用作防水材料,而且可用于亲水性材料的表面处理,以降低其吸水性。这是因为憎水性材料与水分子的亲和力小于水分子自身的内聚力。用于防水的材料一般应是憎水性材料。

材料的亲水性与憎水性可用湿润角 θ 来说明。当材料与水接触时,在材料、水、空气三相的交点处,作沿水滴表面的切线,该切线与固体、液体接触面的夹角称为湿润角 θ。θ 越小,表明材料越易被水湿润。试验证明,当湿润角 $\theta \leqslant 90°$ 时,这种材料称为亲水性材料[图 2.2(a)];当湿润角 $\theta > 90°$ 时,这种材料称为憎水性材料[图 2.2(b)]。水滴在亲水性材料表面可以铺展得较平,且能通过材料毛细管作用自动将水吸入材料内部。水滴在憎水性材料表面不能铺展平,而且水分不能渗入材料的毛细管中。

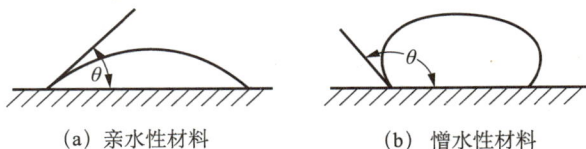

（a）亲水性材料　　　　　　（b）憎水性材料

图 2.2　材料润湿示意图

2)吸湿性

材料在自然状态下潮湿的空气中吸收水分的性质称为吸湿性。吸湿性的大小用自然含水率表示。材料所含水的质量占材料干燥质量的百分数,称为材料的自然含水率,可按式(2.7)计算:

$$\omega_{含} = \frac{m_{含} - m_{干}}{m_{干}} \times 100\% \qquad (2.7)$$

式中:$\omega_{含}$——材料的含水率(%);

　　　$m_{含}$——材料含水时的质量(g);

　　　$m_{干}$——材料干燥至恒重时的质量(g)。

材料自然含水率的大小,除与材料本身的特性有关外,还与周围环境的温度、湿度有关。气温越低、相对湿度越大,材料的含水率也就越大。

材料随着空气湿度的变化,既能在空气中吸收水分,又可向外界扩散水分,最终将使材料中的水分与周围空气的湿度达到平衡,这时材料的含水率称为平衡含水率。平衡含水率并不是固定不变的,它随环境中的温度和湿度的变化而改变。当材料吸水达到饱和状态时的含水率即为吸水率。

3)吸水性

材料在特定条件浸水状态下吸入水分的能力为吸水性。吸水性的大小以吸水率表示。吸水率分为质量吸水率和体积吸水率。

质量吸水率是指材料所吸收水分的质量占材料干燥质量的百分数,按式(2.8)计算:

$$\omega_{质} = \frac{m_{湿} - m_{干}}{m_{干}} \times 100\% \tag{2.8}$$

式中:$\omega_{质}$——材料的质量吸水率(%);

$m_{湿}$——材料饱水后的质量(g);

$m_{干}$——材料烘干到恒重的质量(g)。

体积吸水率是指材料吸收水分的体积占干燥自然体积的百分数,是材料体积内被水充实的程度,按式(2.9)计算:

$$\omega_{体} = \frac{v_{水}}{v_{干}} = \frac{m_{湿} - m_{干}}{v_{干}} \times \frac{1}{\rho_{w}} \times 100\% \tag{2.9}$$

式中:$\omega_{体}$——材料的体积吸水率(%);

$v_{水}$——材料在饱水时,水的体积(cm^3);

$v_{干}$——干燥材料在自然状态下的体积(cm^3);

ρ_{w}——水的密度(g/ cm^3)。

通常,吸水率均指质量吸水率,但体积吸水率能更直观地反映材料吸水程度。材料的吸水性不仅与材料的亲水性或憎水性有关,而且与孔隙率的大小及孔隙特征有关。一般孔隙率越大,吸水性也越强。封闭的孔隙,水分不易进入;粗大开口的孔隙,水分又不易存留,不易吸满水分;具有很多微小开口孔隙的材料,其吸水能力特别强。对于某些轻质材料,如加气混凝土、软木等,由于具有很多微小开口孔隙,所以其质量吸水率往往超过100%,即湿质量为干质量的几倍,在这种情况下,最好用体积吸水率表示其吸水性。各种材料的吸水率相差很大,例如密实新鲜花岗岩的质量吸水率为0.1% ~0.7%,普通混凝土为2% ~3%,普通黏土砖为8% ~20%,而木材及其他轻质材料的质量吸水率常大于100%。

水对材料有许多不良的影响,它使材料的表观密度和导热性增大,强度降低,体积膨胀,易受冰冻破坏。因此,吸水率大对材料性能通常是不利的。

2.4 材料与热有关的性质

土木水利工程材料除了须满足必要的强度及其他性能的要求外,为了制定合适的施工方案,合理进行运营维护,以及节约使用能耗以及为生产和生活创造适宜的条件,常要求土木水利工程材料具有一定的热工性质。常用材料的热工性质有导热性、比热和热容量、热阻等。

1)导热性

材料传导热量的性质称为导热性。材料导热能力的大小可用导热系数(λ)表示。导热系数在数值上等于厚度为1 m的材料,当其相对表面的温度差为1 K时,其单位面积(1 m^2)在单位时间(1 s)内通过的热量,可用式(2.10)表示:

$$\lambda = \frac{Q\delta}{At(T_2 - T_1)} \tag{2.10}$$

式中:λ——导热系数[W/(m·K)];

　　Q——传导的热量(J);

　　A——热传导面积(m^2);

　　δ——材料厚度(m);

　　t——热传导时间(s);

　　$T_2 - T_1$——材料两侧温差(K)。

材料的导热系数越小,绝热性能越好。影响材料导热性的因素很多,其中最主要的有材料的孔隙率、孔隙特征及含水率等。材料的孔隙中含有空气,而空气的导热性很小,所以材料的孔隙率愈大,导热性愈低。空气在粗大和连通的孔隙中较易对流,使导热性增大,故具有细微或封闭孔隙的材料比具有粗大或连通孔隙的材料导热性低。水的导热性大大超过空气,所以当材料的含水率增大时,其导热性也相应提高。若水结冰,其导热性进一步增大。对于纤维结构的材料,顺纤维方向的导热性比横纤维方向的大。晶体材料的导热性大于非晶体材料。金属晶体导热性大于离子晶体及原子晶体,分子晶体的导热性最小。

材料的导热性对于建筑物的隔热和保温具有重要意义。各种土木水利工程材料的热导系数差别很大,大致为 0.035 ~ 3.5 W/(m·K),如泡沫塑料的 $\lambda = 0.035$ W/(m·K),而大理石的 $\lambda = 0.35$ W/(m·K)。热导系数与材料孔隙构造有密切关系。由于密闭空气的导热系数很小[$\lambda = 0.023$ W/(m·K)],所以材料的孔隙率较大者,其热导系数较小,但如孔隙粗大或贯通,由于对流作用的影响,材料的导热系数反而增高。材料受潮或受冻后,其热导系数会大大提高,这是由于水和冰的导热系数比空气的导热系数高很多[分别为 0.58 W/(m·K)和 2.20 W/(m·K)]。因此,绝热材料应经常处于干燥状态,以利于发挥材料的绝热效能。

2)比热和热容量

材料具有受热时吸收热量,冷却时放出热量的性质。当材料温度升高(或降低)1 K 时,所吸收(或放出)的热量,称为该材料的热容量。1 g 材料的热容量,称为该材料的比热[J/(g·K)]。材料的比热可由式(2.11)计算:

$$c = \frac{Q}{m(T_2 - T_1)} \tag{2.11}$$

式中:c——材料的比热[J/(g·K)];

　　Q——材料吸收或放出的热量(J);

　　m——材料的质量(g);

　　$T_2 - T_1$——材料受热或冷却前后的温差(K)。

比热是反映材料的吸热或放热能力大小的物理量。不同材料的比热不同,即使是同一种材料,由于所处物态不同,比热也不同,例如水的比热为 4.186 J/(g·K),而结冰后其比热则是 2.093 J/(g·K)。

材料的比热对于保持内部温度稳定有很大意义。比热大的材料,能在热流变动或采暖设备供热不均匀时,缓和室内的温度波动。材料的热容量对保持室内的温度稳定有很大意义。热容量大的材料能对室内温度起调节作用,使温度变化不致过快。冬季或夏季施工对材料进行加热或冷却处理时,均需考虑材料的热容量。墙体材料的热学性能对于建筑节能具有重要意义。建筑物外墙的墙体材料,既要导热性低,具有隔热、保温功能及防水性能,又要具有较大的热容量,以提高建筑物内部温度稳定性,节约冬季取暖及夏季降温过程中的能耗。为同时满足导热性和热容量两方面的要求,常采用在热容量大的墙体材料外表面覆盖一层导热性低并具有防水功能的新型复合材料。常用土木水利工程材料的比热见

表2.2。

表2.2 常用土木水利工程材料的比热

材料	导热系数[W/(m·K)]	比热[J/(g·K)]	材料	导热系数[W/(m·K)]	比热[J/(g·K)]
钢材	58	0.48	水	0.58	4.18
泡沫混凝土	0.12 ~ 0.20	1.1	普通松木	0.17 ~ 0.35	2.5
普通混凝土	1.50 ~ 1.86	0.84	石膏板	0.19 ~ 0.24	0.9 ~ 1.1
花岗岩	2.80 ~ 3.49	0.92	泡沫塑料	0.03 ~ 0.04	1.3 ~ 1.7
普通玻璃	0.70 ~ 0.80	8.4	密闭空气	0.023	1.0

3)热阻

在建筑热工中,常把 $1/\lambda$ 称为材料的热阻,用 R 表示,单位为 $(m·K)/W$。导热系数 (λ) 和热阻 (R) 都是评定土木水利工程材料保温隔热性能的重要指标。人们习惯把防止室内热量的散失称为保温,把防止外部热量的进入称为隔热,将保温隔热统称为绝热。

材料的导热系数越小,热阻值就越大,则材料的导热性能越差,其保温隔热的性能就越好。一般情况下,导热系数小于 0.23 W/(m·K) 的材料称为绝热材料;导热系数小于 0.14 W/(m·K) 的材料称为保温材料;导热系数不大于 0.05 W/(m·K) 的材料称为高效保温材料。

2.5 材料的其他性质

1)材料的冲击韧性

材料抵抗冲击或震动等动荷载作用的性能称为冲击韧性,以试件受冲击时单位体积或单位面积内所能够吸收的冲击功表示。根据冲击荷载作用方式的不同,分为冲击受压、冲击受拉及冲击弯曲等。对于冲击受压,常以试件破碎时单位体积所消耗的功作为冲击韧性指标;对于冲击弯曲,常以小梁试件断裂时单位面积上所消耗的功作为冲击韧性指标。

脆性材料受冲击后容易碎裂;强度低的材料,不能承受较大的冲击荷载;材料冲击韧性可以反映材料既具有一定强度,又具有良好的受力变形的综合性能。桥梁、路面、桩及有抗震要求的结构,所用材料均要求考虑冲击韧性。

砖、石料等脆性材料的韧性较小。低碳钢、木材、钢筋混凝土、沥青混凝土及合成高分子材料等具有一定强度,并能承受显著变形,其冲击韧性较高。

2)材料的硬度、磨损及磨耗

材料抵抗其他较硬物体压入的能力称为硬度,是材料表面能抵抗其他较硬物体压入或刻划的能力。材料的硬度与其键性有关,一般共价键、离子键及某些金属键结合的材料硬度较大。硬度大的材料耐磨性较高,不易加工。

材料受外界物质的摩擦作用而造成质量和体积损失的现象称为磨损。材料同时受到摩擦和冲击两种作用而造成的质量和体积损耗现象称为磨耗。道路工程所用路面材料必须考虑抵抗磨损及磨耗的性能。在水利工程中,如滚水坝的溢流面、闸墩和闸底板等部位,经常受到挟砂高速水流的冲刷作用或水底挟带石子的冲击作用而遭受破坏。这些部位都需要考虑材料抵抗磨损及磨耗的性能。

材料的硬度较大、韧性较高、构造较密实时,其抗磨损及磨耗的能力较强。

不同材料的硬度测定方法不同。按刻划法,矿物硬度分为 10 级(莫氏硬度),其硬度递增的顺序为:滑石 1;石膏 2;方解石 3;萤石 4;磷灰石 5;正长石 6;石英 7;黄玉 8;刚玉 9;金刚石 10。木材、混凝土、钢材等的硬度常用钢球压入法测定(布氏硬度 HB)。一般而言,硬度大的材料耐磨性较强,但不易加工。

耐磨性是材料具有一定的抵抗磨损的能力,常用损率(B)表示,按式(2.12)计算:

$$B = \frac{m_1 - m_2}{A} \tag{2.12}$$

式中:m_1、m_2——试件被磨损前、后的质量(g);

$\quad\quad A$——试件受磨损的面积(cm^2)。

用于道路、地面、踏步等部位的材料,均应考虑其硬度和耐磨性。一般认为,强度较高且密实的材料,其硬度较大,耐磨性较好。

2.6　材料的力学性质

材料的力学性质是指材料在外力作用下有关变形性质和抵抗破坏的能力。

▶ 2.6.1　材料的变形性质

材料的变形性质是指材料在外部作用(荷载、温度、湿度等)下发生形状及体积变化的有关性质,主要有弹性变形、塑性变形、徐变及松弛等。

1)弹性变形与塑性变形

弹性变形是指在外荷载作用下产生、卸荷后自行消失的变形。发生弹性变形的原因是材料受外荷载后质点间的平衡位置发生了改变,但此时外力尚未超过质点间的最大结合力,外力所做的功转变为内能(弹性能),外荷载去除后,内能释放,质点恢复到原平衡位置,变形即消失。

这种变形属于可逆变形,其数值的大小与外力成正比,称为弹性模量。在弹性变形范围内,弹性模量 E 为常数,即

$$E = \frac{\sigma}{\varepsilon} \tag{2.13}$$

式中:σ——材料的应力(MPa);

$\quad\quad \varepsilon$——材料的应变;

$\quad\quad E$——材料的弹性模量(MPa)。

弹性模量是衡量材料抵抗变形能力的一个指标,E 越大,材料越不易变形。

塑性变形是指在外荷载去除后,材料不能完全自行恢复到原有的形状而保留的变形,也称为残余变形。材料自开始承受荷载至受力破坏前所发生的变形中既有弹性变形部分,又有塑性变形部分。破坏前有显著塑性变形时,称为塑性破坏,其变形及破坏过程称为塑性行为;破坏前无显著塑性变形(主要为弹性变形)时,称为脆性破坏,其破坏过程称为脆性行为。在外力作用下,当外力达到一定限度后,材料突然被破坏且无明显的塑性变形的性质称为脆性。脆性材料抵抗冲击荷载或震动作用的能力很差,其抗压强度比抗拉强度高得多,如混凝土、玻璃、砖、石、陶瓷等。在冲击、震动荷载作用下,材料能承受较大的变形也不致被破坏的性能称为韧性。

材料破坏时是呈现塑性行为,还是呈现脆性行为,除取决于自身成分、组织、构造等因素外,还与受荷条件(环境温度、湿度等)、试件尺寸、加荷速度及荷载类型等因素有关。

在规定的温度、湿度及加荷方式和加荷速度条件下,对标准尺寸的试件施加荷载,若材料破坏时表现为塑性破坏者,称为塑性材料,如低碳钢、铜、铝、沥青等;表现为脆性破坏者,称为脆性材料,如砖、石料、混凝土等。当受荷条件、试件尺寸及荷载类型改变时,材料破坏时所表现的破坏行为也会发生变化。例如砖、石料、混凝土等脆性材料在高温、高压及持久荷载条件下,也可能呈现塑性破坏;沥青材料在低温及快速加荷时,则是脆性破坏;玻璃或石料等通常为脆性破坏,当制成玻璃纤维或矿物纤维时,则呈现出塑性行为。

许多材料受力不大时,仅产生弹性变形,受力超过一定限度后,即产生塑性变形。如建筑钢材,当外力值小于弹性极限时,仅产生弹性变形;若外力大于弹性极限,则除了产生弹性变形外,还产生塑性变形。有的材料在受力时弹性变形和塑性变形同时产生,如果取消外力,则弹性变形可以消失,而其塑性变形不能消失(如混凝土),这种变形为弹塑性变形。

材料受力时,其性状依赖于材料的温度和加荷时间称为材料的黏 - 弹性特性(图 2.3)。

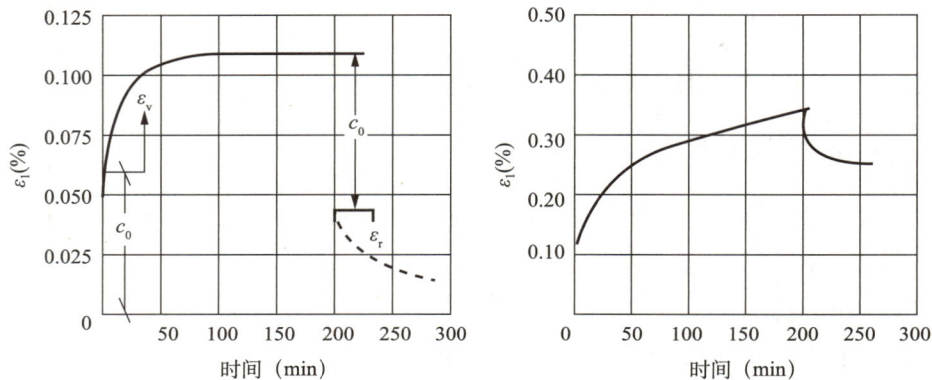

图 2.3　沥青混合料压缩黏弹性试验

沥青及沥青混合料在荷载作用下的变形也具有随温度和荷载作用时间而变的特性。

2)横向变形与体积变化

材料受拉伸(或压缩)时,除了产生轴向变形外,还产生横向变形。受压时轴向缩短而横向膨胀;受拉时,则与之相反。横向变形的大小用横向应变 ε_1 与轴向应变 ε 比值的绝对值表示,称为泊松系数(或泊松比)μ,按式(2.14)计算:

$$\mu = \left| \frac{\varepsilon_1}{\varepsilon} \right| \qquad (2.14)$$

材料受拉伸(或压缩)时,会发生体积变化。体积应变 θ 可用式(2.15)计算:

$$\theta = \frac{V_B - V_0}{V_0} = \varepsilon(1 - 2\mu) \qquad (2.15)$$

式中:V_B ——材料变形后的体积;

$\quad V_0$ ——材料变形前的体积。

在弹性变形条件下,材料泊松比为常数。对于疏松多孔的材料,泊松比很小,如软木、泡沫塑料等。钢铁材料泊松比约为 0.3,混凝土材料泊松比为 0.15 ~ 0.25。当材料为塑性变形或接近断裂时,泊松比接近于 0.5,体积变形接近于 0。

3)徐变与应力松弛

固体材料在持久荷载作用下,变形随时间的延长而逐渐增长的现象称为徐变。对于非晶体材料,徐变是由于在外力作用下发生了黏性流动;对于晶体材料,徐变是由于晶格位错运动及晶体的滑移。

徐变的发展与材料所受应力大小有关。当应力未超过某一极限值时,徐变的发展随时间延长而减小,最后材料的变形停止增长。当应力达到或超过某一极限值后,徐变的发展随时间延长而增加,最后导致材料破坏。材料的徐变还与环境温度和湿度有关。混凝土、岩石等材料,当环境温度越高、湿度越大时,其徐变量越大;木材的湿度越大,徐变量越大;钢铁材料在高温下的徐变特别显著。

材料在持久荷载作用下,若所产生的变形因受约束而不能增长时,则其应力将随时间延长而逐渐减小,这一现象称为应力松弛。应力松弛是由于随着荷载作用时间延长,材料内部塑性变形逐渐增大、弹性变形逐渐减小(总变形不变)而造成的。材料所受应力水平越高,应力松弛越大;温度越高、湿度越大,应力松弛也越大。

▶ ## 2.6.2 材料的强度

材料的强度主要是指材料在外力(荷载)作用下抵抗破坏和变形的能力。

1)材料的静力强度

在静荷载作用下,材料达到破坏前所承受的应力极限值称为材料静力强度(简称"材料强度"或"极限破坏强度")。按作用荷载的不同,分为抗拉强度、抗压强度、抗弯强度(或抗折强度)及抗剪强度等。

(1)材料强度试验

材料强度的测定常用破坏性试验方法进行,即将材料制成试件,置于试验机上,按规定速度均匀地加荷,直到试件破坏。根据破坏时的荷载值,可求得材料强度。

抗压、抗拉及抗剪强度的计算如式(2.16)所示:

$$f = \frac{F}{A} \tag{2.16}$$

式中:f——材料抗压、抗拉或抗剪强度(MPa);

F——破坏荷载(N);

A——试件受拉、压或剪力的断面面积(mm^2)。

材料抗弯强度试验是将材料制成矩形断面的小梁试件,在梁的中间加一个或两个集中荷载,直至破坏,并按式(2.17)或式(2.18)计算抗弯强度。

当中间加一个集中荷载时[图2.4(a)],抗弯强度按式(2.17)计算:

$$f_m = \frac{3FL}{2bh^2} \tag{2.17}$$

当在两支点间加两个对称的集中荷载时[图2.4(b)],抗弯强度按式(2.18)计算:

$$f_m = \frac{3F(L-a)}{2bh^2} \tag{2.18}$$

式中:f_m——抗弯强度(MPa);

F——破坏荷载(N);

L——梁的跨度(mm);

b、h——梁截面的宽与高(mm);

a——两集中荷载间的距离(mm)。

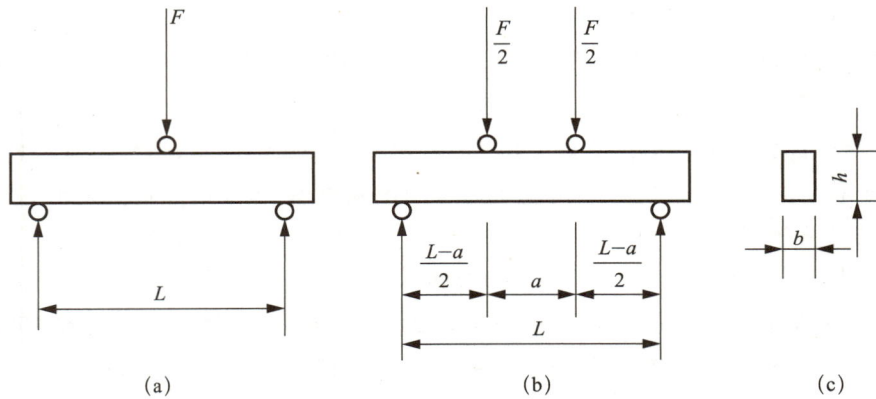

图2.4 材料抗弯强度试验

（2）影响材料强度试验结果的主要因素

材料强度的测定结果受到诸多因素的影响，主要有：

①材料本体的组成、结构、构造；

②试件的形状、尺寸、表面状况；

③测试时试件的温度及湿度；

④试验加荷速度及试验装置情况等。

以脆性材料单轴抗压强度试验为例。研究表明，采用棱柱体或圆柱体（一般高度为边长或直径的2～3倍）试件，其抗压强度比立方体小；形状相似时，小试件的抗压强度试验值高于大试件的抗压强度试验值；试件受压面上有凸凹不平或掉角等缺损时，将引起局部应力集中而降低强度试验值。出现这种现象的原因是，试件受压时，试验机压板和试件承压面紧紧相压，接触面上产生横向摩擦阻力制约着试件横向膨胀变形，抑制试件的破坏，称为环箍效应。越接近承压面，横向摩擦阻力影响越大，距承压面$\sqrt{3}d/2$（d 为试件直径或边长）以上时，摩擦阻力的影响将十分微弱。所以，高度小的试件，所得强度试验值较高，试件破坏形状呈两顶角相接的截锥体；高度较大的试件，所得强度试验值较低，试件破坏时中间为纵向裂缝，两端呈截锥体状［图2.5(a)］。若在承压面上涂以润滑剂，则由于摩擦阻力接近于0，试件横向能够自由膨胀，在垂直于加荷方向上发生拉伸变形，当其超过极限变形值时，试件呈纵向裂缝破坏，其强度值将大为降低［图2.5(b)］。

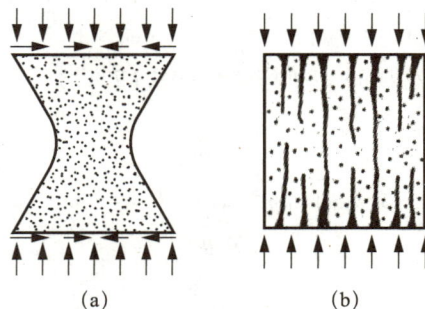

图2.5 脆性材料立方体试件受压破坏

当试件尺寸较大时，横向摩擦阻力对试件的环箍作用相对较小，使强度试验值降低。同时，材料内部各种构造缺陷出现的概率，随试件体积的增加而增大，这也是大试件强度试验值偏低的一个原因。

试件形状、尺寸因素对抗拉、抗弯、抗剪强度的测定值也有类似的影响。试件尺寸较小者强度试验值较高;断面相同时,短试件比长试件的强度值高;截面形状、大小相同的梁,跨度相等时,中间加一个集中荷载[式(2.17)]所得的强度值大于两支点间加两个对称集中荷载[式(2.18)]所得的强度值。

试验时的加荷速度较快时,材料变形的增长速度落后于应力的增长速度,破坏时的强度值偏高;反之,强度试验值偏低。材料强度的试验值与试验时的温度及材料含水状况有关。一般来说,温度升高,强度将降低。例如钢材及沥青材料,温度对它们的强度都有明显影响。材料中含有水分时,其强度较干燥时为低。例如含水的砖、木材及混凝土等材料,其强度显著降低。

上述各种因素对强度试验结果的影响程度与材料的种类有关。如脆性材料受试件形状、尺寸的影响大于塑性材料;沥青材料受温度的影响特别显著;砖与木材等材料,则应特别注意含水状况对强度试验结果的影响。

2)材料的强度等级

材料强度的试验结果与其试验条件密切相关。为了获得可以进行对比的强度值,在进行材料强度测定时,必须严格遵照国家标准所规定的试验方法进行。按标准试验方法测定的几种常用材料强度值见表2.3。

表2.3 几种常用材料的强度

单位:MPa

材料	强度			材料	强度		
	抗压	抗拉	抗弯		抗压	抗拉	抗弯
花岗岩	120.0 ~ 250.0	5.0 ~ 8.0	10.0 ~ 14.0	松木(顺纹)	30.0 ~ 50.0	80.0 ~ 120.0	60.0 ~ 100.0
普通黏土砖	7.5 ~ 15.0	—	1.8 ~ 2.8	建筑钢	230.0 ~ 600.0	230.0 ~ 600.0	
普通混凝土	15 ~ 60.0	1.0 ~ 4.0	1.5 ~ 6.0				

每一种材料由于品质的不同,其强度值有很大差别。为了生产和使用的方便,国家标准规定,材料按静力强度的高低划分为若干等级。砖、混凝土等脆性材料,其抗压强度最高,抗拉强度最低,抗弯及抗剪强度也较低,主要用于承受压力的构件,故按静力抗压强度的高低划分为若干强度等级,如普通混凝土有C20、C30…C80等。建筑钢材抗拉、抗压及抗弯强度大致相等,抗剪强度最低,它们既可承受压力也可承受弯曲或拉力,故按静力拉伸屈服强度划分强度等级,如Q215、Q235、Q345等。

结构物中材料所承受的荷载大多为持久荷载,如结构自重、固定设备的荷载等,由于材料在持久荷载下会发生徐变,使塑性变形增大。当材料所承受的荷载随时间而交替变化时,其应力也随时间而交替变化。这种交变应力超过某一极限且多次反复作用后,即会导致材料破坏,该应力极限值称为疲劳极限。疲劳破坏与静力破坏不同,它常发生在没有显著变形的情况下,突然断裂(即使是塑性很好的材料也是如此)。疲劳极限远低于静力强度,甚至低于屈服强度。疲劳极限是通过试验测定的。在规定的应力循环次数下,所对应的极限应力即为疲劳极限。对于混凝土及一般钢材,通常研究认为应力循环次数为10^6 ~ 10^8次。混凝土的抗压疲劳极限为静力抗压强度的50% ~ 60%,Q235钢的抗拉疲劳极限约为抗拉极限强度的28%。

3)材料的理论强度

结构完整的理想固体材料所具有的强度称为该材料的理论强度。它仅取决于构成该材料的各质点(离子、原子或分子)间的相互作用力。现以分子结构材料为例,讨论其理论强度。

材料未受荷载时,两质点间距为d_0,其间吸引力为P_1,排斥力为P_2,合力$P = P_1 + P_2 = 0$。此时两质点间距称为稳定平衡距离。当材料受到拉伸荷载时,在拉伸变形的方向上,$d > d_0$,合力P为引力,阻止两质点远离。当质点间距离达到 d_m 时,其合力为最大值 P_m。在单位面积内,所有各质点间的 P_m 之和即为材料理论抗拉强度 f_m。d_0 处的曲线斜率,即为材料的理论弹性模量 $E = \tan \alpha$。

当材料受到压缩荷载时,在与压缩变形相同的方向上,两质点靠近,$d < d_0$,并引起材料内部斥力 P_2 大于引力 P_1,合力 P 为排斥力,阻止两质点靠近。当两质点不断靠近时,排斥力 P 将不断增大,排斥力 P 与压缩荷载平衡,材料不会破坏。因此,材料在单轴压力作用下的破坏,是由于在压缩力垂直方向上产生横向膨胀而引起拉应力,或斜面上的剪切应力造成的。

材料断裂时,外力既要克服质点间的结合力,又需提供形成新界面的表面能,由此可以得出材料的理论抗拉强度近似表达式为

$$f_m = \sqrt{\frac{E\gamma}{d_0}} \tag{2.19}$$

式中:f_m——材料理论抗拉强度;

E——材料的弹性模量;

γ——材料的表面能;

d_0——组成材料质点间的距离。

由式(2.19)可以看出,为了提高材料的抗拉强度,则应设法提高弹性模量 E 及表面能 γ,并使材料更密实以减小质点间距离 d_0。通常认为 $\gamma = d_0 E/100$,故 $f_m \approx E/10$。

在自然界中,各种材料都有结构及构造缺陷,如晶格缺陷、杂质的混入、存在孔穴及微裂缝等。因此,在比理论强度小得多的应力作用下,就可引起晶格滑移或断裂;在裂缝尖端处存在应力集中,在较小应力下可使裂缝不断扩大、延伸。这些因素都使实际破坏应力极大的降低,材料的实际强度远低于上述理论强度值。例如抗压强度为 30 MPa 的混凝土,弹性模量约为 3×10^4 MPa,理论抗拉强度为 3×10^3 MPa,而实际抗拉强度仅有 3.0 MPa 左右(一般可以近似认为抗压强度×1 000 = 弹性模量)。常见岩石的抗压、抗剪和抗拉强度见表2.4。

表2.4 常见岩石的抗压、抗剪和抗拉强度

单位:MPa

岩石	抗压强度	抗剪强度	抗拉强度
花岗岩	100 ~ 250	14 ~ 50	7 ~ 25
闪长岩	150 ~ 300	—	15 ~ 30
灰长岩	150 ~ 300	—	15 ~ 30
玄武岩	150 ~ 300	20 ~ 60	10 ~ 30
砂岩	20 ~ 170	8 ~ 40	4 ~ 25
页岩	5 ~ 100	3 ~ 30	2 ~ 10
石灰岩	30 ~ 250	10 ~ 50	5 ~ 25
白云岩	30 ~ 250	—	15 ~ 25
片麻岩	50 ~ 200	—	5 ~ 20
板岩	100 ~ 200	15 ~ 30	7 ~ 20
大理岩	100 ~ 250	—	7 ~ 20
石英岩	150 ~ 300	20 ~ 60	10 ~ 30

材料的静力强度实际上只是在特定条件下测定的强度值。为了使试验结果比较准确而且具有互相

比较的意义,每个国家都规定有统一的标准试验方法。测定材料强度时,必须严格按照标准试验方法进行。

大部分土木水利工程材料根据其极限强度的大小,划分为若干不同的强度等级或标号。如混凝土按抗压强度划分为 C15、C20…C60 等 12 个强度等级,普通硅酸盐水泥按抗压强度及抗折强度分为 32.5、32.5R、42.5、42.5R、52.5、52.5R 等强度等级。将土木水利工程材料划分为若干强度等级或标号,对于掌握材料的性能,合理选用材料,正确进行设计和控制工程质量十分重要。

2.7　材料的耐久性

材料在使用过程中,除受到各种力的作用外,还要长期遭受所处环境中各种自然因素的破坏作用以及环境中腐蚀性介质的侵蚀。它们或单独或交互作用于材料,形成物理、化学和生物的破坏作用。材料在长期使用过程中抵抗周围各种介质的侵蚀而不破坏,或产生局部破坏在规定设计年限内能保持设计功能的性质称为耐久性。

破坏作用一般可分为物理作用、化学作用、生物作用等。

①物理作用。它包括材料的干湿变化、温度变化及冻融变化等。这些变化可引起材料的收缩和膨胀,或产生内应力,造成材料内部裂缝扩展,长时期或反复作用会使材料逐渐破坏,如水泥混凝土的热胀冷缩。

②化学作用。它包括酸、碱、盐等物质的水溶液及气体对材料产生的侵蚀作用,以及日光、紫外线等对材料的作用,可使材料逐渐发生质变、恶化而破坏。例如钢筋的锈蚀、沥青与沥青混合料的老化等,尤其对混凝土要重视碱骨料反应破坏。

③生物作用。它是指昆虫、菌类等对材料所产生的蛀蚀、腐朽等破坏作用,如木材及植物纤维材料的腐烂等。

耐久性是材料的一种综合性质,诸如抗冻性、抗风化性、抗老化性、耐化学腐蚀性等均属耐久性的范围。此外,材料的强度、抗渗性、耐磨性等也与材料的耐久性有密切关系。土木水利工程材料(如石材、砖瓦、陶瓷、水泥混凝土、沥青混凝土等)暴露在大气中时,一般主要受到大气的物理作用;当材料处于水位变化区域或水中时,还受到环境的化学侵蚀作用。金属材料在大气中易被锈蚀。沥青及高分子材料,在阳光、空气及辐射的作用下,会逐渐老化、变质而破坏。

为了提高材料的耐久性,延长建筑的使用寿命和减少维修费用,可根据使用情况和材料特点采取相应的措施。例如设法减轻大气或周围介质对材料的破坏作用(降低湿度,排除侵蚀性物质等);提高材料本身对外界作用的抵抗性(提高材料的密度,采取防腐措施等),也可用其他材料保护主体材料免受破坏(覆面、抹灰、刷涂料等)。所以,土木水利材料除必须具备满足使用要求的物理、力学性能外,还应具有足够的耐久性。只有采用了耐久性良好的土木工程材料,才能保证工程的使用寿命。同时,提高材料的耐久性,要根据使用情况和工程特点采取相应的措施,如减轻环境的破坏作用、提高材料本身的密实性等以增强抵抗性,或对材料表面采取保护措施等,这对控制工程造价、保证工程长期正常使用、减少维修费用、延长工程使用寿命等,均具有十分重要的意义。

▶ 2.7.1　耐水性

一般来说,材料在含水时,强度均有所降低。这主要是因为材料微粒间的结合力被渗入的水分子削弱,更为严重的是材料和水发生化学反应,生成新的物质导致强度大幅度降低。如果材料中含有某些易被水溶解或软化的物质(如黏土、石膏等),则强度降低得更为严重。材料长期在水作用下不破坏或只产生局部破坏,但其性能不显著降低,不影响结构物功能的性质称为耐水性。材料的耐水性可用软化系数($K_{软}$)表示,可按式(2.20)计算:

$$K_{软} = \frac{f_{饱}}{f_{干}}$$ (2.20)

式中:$K_{软}$——材料的软化系数;

   $f_{饱}$——材料在饱水状态下的抗压强度(MPa);

   $f_{干}$——材料在干燥状态下的抗压强度(MPa)。

软化系数的大小反映材料浸水后强度降低的程度。一般材料吸收水分后,其内部质点间的结合力会有所减弱,强度也会有不同程度的降低。如果材料中含有某些可溶性物质(如石膏、石灰等),则强度降低得更为严重,即使是致密的花岗岩,长期浸泡在水中,强度也将下降3%左右。材料的耐水性主要与其组成成分在水中的溶解度和材料的孔隙率有关。溶解度很小或不溶的材料,软化系数一般较大,如金属材料$K_{软}=1$;材料可溶于水且具有较大的孔隙率,则其软化系数较小或很小,如石膏的软化系数为0.2~0.3。

软化系数一般为0~1。软化系数越大,表明材料耐水性越好。工程上,通常将$K_{软} \geq 0.85$的材料称为耐水性材料。根据使用环境,软化系数值常成为选择材料的依据之一,即要求强度损失后不低于85%,质量损失不低于5%。

▶ 2.7.2 抗渗性

材料抵抗压力水渗透的性质称为抗渗性(或不透水性),可用渗透系数(K)表示。

达西定律表明,在一定时间内,透过材料试件的水量与试件的断面积及水头差(液压)成正比,与试件的厚度成反比,即

$$K = \frac{Q_w d}{AtH}$$ (2.21)

式中:K——渗透系数(cm/h);

   Q_w——总渗透水量(cm^3);

   d——试件厚度(cm);

   A——渗水面积(cm^2);

   t——渗水时间(h);

   h——静水压力水头(cm)。

渗透系数反映了材料抵抗压力水渗透的性质,渗透系数越大,材料的抗渗性越差。

对于混凝土和砂浆材料,抗渗性常用抗渗等级(S)表示,按式(2.22)计算:

$$S = 10H - 1$$ (2.22)

式中:S——抗渗等级;

   H——固定试件开始渗水时的水压力(MPa)。

材料抗渗性的好坏与材料的孔隙率和孔隙特征有密切关系。孔隙率很小而且是封闭孔隙的材料具有较高的抗渗性。对于地下建筑及水工构筑物,因其常受到压力水的作用,故要求材料具有一定的抗渗性;对于防水材料,则要求具有更高的抗渗性。材料抵抗其他液体渗透的性质,也属于抗渗性。

► ## 2.7.3　抗冻性

材料的抗冻性,是指材料在水饱和状态下,能经受多次冻融而不产生宏观破坏,同时微观结构不明显劣化、强度也不严重降低的性能。抗冻等级是将材料通常采用 $-15℃$ 的温度(水在微小的毛细管中低于 $-15℃$ 才能冻结)冻结后,再在 $20℃$ 的水中融化,这样的过程称为一次冻融循环。抗冻等级是指标准试件在按规定方法进行冻融循环以后,其质量损失不超过 5% 或强度降低不超过 25% 时,所能经受的最大冻融循环次数,如 F50、F100、F200 分别表示材料能够承受的反复冻融循环次数为 50、100、200 次。抗冻等级越高,材料抗冻性越好。

材料经多次冻融交替作用后,表面将出现剥落、裂纹,产生质量损失,强度也将会降低。因为材料孔隙内的水结冰时体积膨胀将引起材料的破坏。当材料孔隙内充满水,且使水温下降至孔隙中的水结冰而体积膨胀(约增大 9%)时,将会给孔壁造成很大的静水压(可高达 100 MPa),造成孔壁开裂。而反复的冻融又会在材料的内、外层产生明显的应力差和温度差,对材料起进一步的破坏作用,使材料碎裂、质量损失、强度下降。冻融循环次数越多,这种破坏作用越严重。

抗冻性良好的材料,对于抵抗温度变化、干湿交替等破坏作用的性能也较强。所以,抗冻性常作为考查材料耐久性的一个指标。处于温暖地区的土建结构物,虽无冰冻作用,为抵抗大气的作用,确保土建结构物的耐久性,有时对材料也会提出一定的抗冻性要求。材料内部孔隙率和孔隙特征对于抗冻性能十分关键,孔隙率小及具有封闭孔的材料其抗冻性较好。另外,抗冻性还与材料吸水饱和的程度、材料本身的强度以及冻结条件(如冻结温度、冻结速度及冻融循环作用的频繁程度)等有关。

冰冻对材料的破坏作用与材料组织结构及其含水状况有关。水结冰时体积增大 9%,其破坏作用可概括为冰胀压力作用、水压力作用及显微析冰作用三种。

①冰胀压力作用。孔隙中水的冰点随孔径减小而降低,故极细孔隙中的水在一般情况下不会结冰。粗大气孔中的水易进易出,不易充满其中。水结冰时的破坏作用,主要发生在充满了水的较粗孔隙内和毛细孔隙内。当材料孔隙中充满水并快速冰结时,在孔隙内将产生很大的冰胀压力,使毛细管壁受到拉应力,导致材料破坏。冰胀压力的大小及破坏作用程度,取决于材料孔隙的水饱和程度及材料的变形能力。如果材料很脆、强度较低,内部孔隙基本上为充满水的毛细孔隙或较粗孔隙,则冰冻时降温较快且受冻温度也较低时,仅有一次或极少几次的冻融即可导致材料破坏。例如强度较低的灰砂砖被冰冻破坏即为如此。

②水压力作用。大多数岩石、混凝土及砂浆等材料,内部含有各种类型的孔隙,其充水程度也不尽相同。当其受冻降温时,不同直径的孔隙内的水逐渐结冰,并伴随着体积增加,在某些孔隙内已结冰的水发生体积膨胀,迫使尚未结冰的多余水移向附近气泡或试件边缘。在这一过程中产生水压力,使孔壁受到拉应力,造成材料体积膨胀。当冰融化时,材料体积收缩,但会留下部分残余变形。经多次冻融后,材料将会遭到破坏。水压力作用的大小取决于多余水量排向气孔或边缘的难易程度及降温速率。气孔间隔小、材料透水性好、结冰速率低时,水压力很快被消纳,残余膨胀小(或无),材料是耐冻的;反之,则破坏严重。

③显微析冰作用。材料孔隙中的水一般为盐类的稀溶液,一旦结冰,则析出纯冰并使溶液浓度提高。此时,若相邻较细孔中尚未结冰并仍存在着原浓度的溶液,则产生了浓度差,水则向已结冰区域迁移并迅速结冰。同时,对纯水而言,当温度下降时其表面张力增大,水也会向孔径较大的孔隙转移,并使已结的冰晶增大,称为析冰现象。当材料中所含孔隙较少并已充满水时,析冰作用使水向较粗一级的孔隙内迁移,使较粗毛细孔隙内水分增多、冰晶增大,致使冰胀压力和水压力作用更为严重,此时析冰现象

使冻融破坏作用加剧。当材料中含有较多的、未被水充满的气孔时,析冰作用可使较细一级孔隙内的水减少,而在未充满水的气孔内冰晶虽有增大,但因其未充满气孔,故不会产生体积膨胀或破坏作用,这时析冰现象会使冰胀压力和水压力的破坏作用减弱。

本章小结

　　密度是材料的一项基本性能,但由于土木水利工程中所使用的材料多会含有一定量的孔隙和水分,从而使密度的概念变得较为复杂,其中包括真实密度、表观密度和堆积密度等,在后面的沥青混合料一章中还将涉及最大理论密度等概念。水是土木水利工程材料在实际使用过程中最常接触到的环境条件,而不同的材料在水的作用下所表现出来的性能特点也各不相同,既有有益的作用,也有有害的作用。在本章的学习中,应理解材料的亲水性、憎水性、吸水性和耐水性。

　　土木水利工程材料的力学性能、耐久性能是重要的基本要求,应结合后面各章内容的学习,掌握影响常用材料力学性能、耐久性的主要因素及提高材料性能的方法。

思考题

　　2.1　解释下列名词:密度、表观密度、孔隙率、空隙率、含水率、吸水率、抗压强度、抗剪强度、抗折强度、抗拉强度、弹性变形、塑性变形、脆性、韧性、耐水性、抗渗性、抗冻性、耐久性、软化系数。

　　2.2　材料的真实密度、表观密度、堆积密度的区别是什么? 孔隙率和空隙率的区别是什么?

　　2.3　材料的吸水性、耐水性、抗渗性与抗冻性之间有何关系?

　　2.4　简述材料孔隙率及孔隙特征对材料物理、力学性质的影响。

　　2.5　简述影响材料抗压强度测定结果的主要因素。

　　2.6　简述材料结构、构造与材料的物理、力学性质和耐久性的关系。

　　2.7　简述脆性材料弹性变形与塑性变形的特征。

　　2.8　简述散粒状材料的真实密度、表观密度和堆积密度之间的大小关系。

　　2.9　称取堆积表观密度为 1 400 kg/m³ 的干砂200 g,装入容量瓶中,再注满水称重为500 g,已知空瓶加满水重为370 g,求该砂的表观密度和空隙率。

　　2.10　密度为 2.68 g/cm³,孔隙率为1.2%的石灰岩,将其破碎为碎石,其堆积表观密度测定为 1 580 kg/m³,求该石灰岩碎石的表观密度和空隙率。

　　2.11　若某次混凝土配制过程中要求干砂480kg,砂子的含水率为2%,求应称取该种砂的质量(按kg 计)。

第**3**章 钢 材

【本章重点】钢材是土木水利工程中重要的结构材料,通过本章的学习重点掌握钢材的重要性能,为钢结构和钢筋混凝土结构设计等课程打下基础。

【本章要求】结合钢材实际性能,掌握钢材的化学组成、晶体结构对其性能的影响;结合工程实际重点熟悉钢材的主要性能指标和钢材的分类及适用场合。

3.1 钢材的冶炼及分类

▶ 3.1.1 钢材的冶炼

铁元素在地壳中约占4.7%,一般以化合物的形式存在于铁矿石中,主要的铁矿石有赤铁矿(Fe_2O_3)、磁铁矿(Fe_3O_4)、菱铁矿($FeCO_3$)、褐铁矿($Fe_2O_3 \cdot 2Fe(OH)_3$)和黄铁矿(FeS_2)。

把铁矿石、焦炭、石灰石(助熔剂)按一定比例装入高炉中,在炉内高温条件下,焦炭中的碳与矿石中的氧化铁发生化学反应,将矿石中的铁还原出来,生成的一氧化碳由炉顶排出,使矿石中的铁和氧分离。其化学反应式如下:

$$C + FeO \longrightarrow Fe + CO \uparrow$$

通过这种冶炼方式得到的铁中,仍含有较多的碳和其他杂质,故性能既硬又脆,影响使用,此过程称为炼铁。

将铁在炼钢炉中供给足够的氧气进一步熔炼,通过炉内的高温氧化作用,部分碳被氧化成一氧化碳气体而逸出,其他杂质则形成氧化物进入炉渣中除去,通过工艺控制可冶炼获得含碳量合乎要求的产品即为钢,此过程称为炼钢。钢在强度、韧性等方面都较铁有了较大幅度提高,在土木水利工程中,大量使用的都是钢材。

▶ 3.1.2 钢材的分类

钢材的种类很多,性质各异,分类方法也有很多。钢材的分类见图3.1。

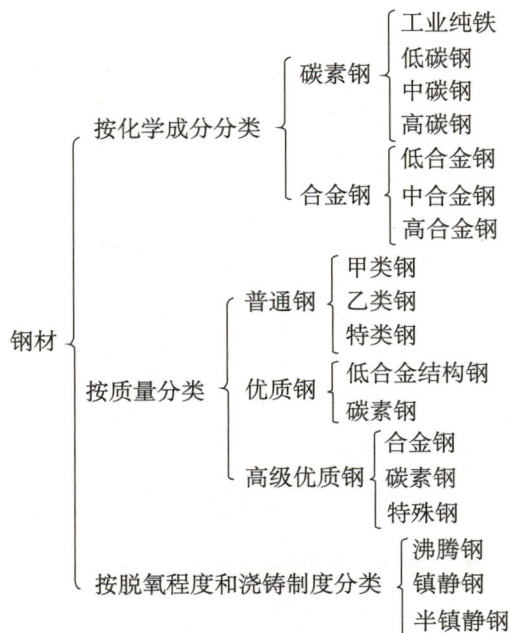

图3.1 钢材分类

1)按冶炼设备分类

按冶炼设备不同,钢分为转炉钢、平炉钢和电炉钢三大类。

(1)转炉钢

根据风口位置分为底吹、顶吹、侧吹三种;根据鼓风的不同细分为空气转炉和氧气转炉;转炉又因它们炉衬材料的不同分为酸性转炉和碱性转炉,凡以硅砂作炉衬耐火材料的为酸性,凡以镁砂和白云石作炉衬耐火材料并加石灰石熔炼的为碱性。在质量上酸性转炉钢较好,但对生铁的含硫、磷杂质要求严格,成本较高。

(2)平炉钢

利用火焰的氧化作用除去杂质。平炉也分酸性和碱性两种。平炉钢质量较好。

(3)电炉钢

电炉钢分电弧炉、感应炉、电渣炉三种。电炉钢利用电热冶炼,温度高,易控制,钢的质量最好,但成本高,多用于炼制合金钢。电炉也分酸性和碱性两种。

建筑用钢主要采用空气转炉法、氧气转炉法、平炉法三种方法炼制。

2)按脱氧程度分类

在炼钢过程中,为了除去碳和杂质必须供给足够的氧气,这也使钢液中一部分金属铁被氧化,使钢的质量降低。为使氧化铁重新还原成金属铁,通常在冶炼后期,需加入硅铁、锰铁或铝锭等脱氧剂进行精炼,促使被氧化金属铁脱氧还原成金属铁。按脱氧程度不同,可将钢分为沸腾钢、镇静钢和半镇静钢。

(1)沸腾钢 F

沸腾钢是脱氧不完全的钢。浇铸后,在冷却凝固过程中,钢液中残留的氧化亚铁与碳化合后,生成的一氧化碳气体大量外逸,造成钢液激烈"沸腾",故称沸腾钢。这种钢的成分分布不均,密实度较差,因而影响钢的质量,但其成本较低,可广泛用于一般建筑结构中。

（2）镇静钢 Z

镇静钢是脱氧完全的钢。注入锭模冷却凝固时,钢液比较纯净,液面平静。镇静钢的质量优于沸腾钢,但成本较高,故只用于承受冲击荷载或其他重要的结构中。

（3）特殊镇静钢 TZ

特殊镇静钢比镇静钢的脱氧程度还要充分、彻底。

3）按化学成分分类

（1）碳素钢

其含碳量不大于1.35%,含锰量不大于1.2%,含硅量不大于0.4%,有少量硫、磷杂质的铁碳合金,在钢的化学成分中,碳元素对钢的性能起主要作用,而其他元素如硅、锰、硫、磷等含量不多,不起决定性作用。根据含碳量多少,碳素钢可分为:

①低碳钢:含碳量在0.2%以下,性质软韧,易加工,但不能淬火和退火,是建筑工程的主要用钢;

②中碳钢:含碳量为0.2%~0.8%,性质较硬,可淬火、退火,多用于机械部件;

③高碳钢:含碳量大于0.8%,性质很硬,可淬火、迟火,是一般工具的主要用钢。

根据钢中磷、硫等杂质元素的含量不同,碳素钢可分为:

①普通碳素钢:其中磷的含量不大于0.045%~0.085%,硫的含量不大于0.055%~0.065%;

②优质碳素钢:其中磷、硫的含量均不大于0.040%;

③高级优质碳素铜:其中硫和磷的含量分别不大于0.030%和0.035%。

（2）合金钢

在碳钢的基础上加入一种或多种合金元素,以使钢材获得某些特殊性能,这种钢材称为合金钢。根据合金元素的含量,合金钢分为:

①低合金钢:合金元素总含量一般小于3.5%;

②中合金钢:合金元素总含量一般为3.5%~10%;

③高合金钢:合金元素总含量大于10%。

4）按用途分类

（1）结构钢

结构钢根据化学成分不同分为碳素结构钢和合金结构钢。

①碳素结构钢分普通碳素结构钢（又叫碳素结构钢）和优质碳素结构钢两类。

普通碳素结构钢最高含碳量不超过0.38%。这是建筑工程中的基本钢种,产品有圆钢、方钢、扁钢、角钢、工字钢、槽钢、钢板、钢筋等,主要用于建筑工程结构。

优质碳素结构钢比普通碳素结构钢杂质含量少,具有较好的综合性能,广泛用作机械制造、工具、弹簧等。优质碳素结构钢按使用加工方法不同分为压力加工用钢（热压力加工、顶锻、冷拔）和切削加工用钢。

②合金结构钢分普通低合金结构钢和合金结构钢两类。

普通低合金结构钢也称低合金结构钢,是在普通碳素钢基础上加入少量合金元素而成,具有高强度、高韧性和可焊性。这也是工程中大量使用的结构钢种,主要是钢筋、钢板等。

合金结构钢品种繁多,包括合金弹簧钢、滚珠轴承钢、各种锰钢、铬钢、镍钢、硼钢等,主要用于机械和设备的制造等。工程上有时少量地用作机械维修和结构件。

（2）工具钢

工具钢根据化学成分不同分为碳素工具钢、合金工具钢和高速工具钢，广泛用于各种刃具、模具、量具等。

碳素工具钢通常含碳量为 0.65% ~ 1.35%，并根据硫、磷含量分优质和高级优质两种，每种分 8 个钢号。工程中凿岩用钢钎和部分中空钢钎杆，是碳素工具钢制品。

合金工具钢通常要求硬度大、耐磨、热处理变形小和可以在较高温度下工作的热硬性而含碳量较高。合金工具钢分量具、刃具用钢，耐冲击工具用钢，冷作模具钢，热作模具钢等。

高速工具钢（锋钢）即为高合金钢，质量优于一般合金钢，但价格较贵，主要用于钻头、刃具等。

（3）特殊性能钢

特殊性能钢多为高合金钢，主要有不锈钢、耐热钢、抗磨钢、电工硅钢等。

（4）专门用途钢

专门用途钢分碳素钢和合金钢两种，主要有钢筋钢、桥梁钢、钢轨钢、锅炉钢、矿用钢、船用钢等。

钢筋钢主要为低合金钢，轧制钢筋混凝土用带肋钢筋。

桥梁钢因要承受一定强度和较高冲击韧性，一般必须用镇静钢轧成。桥梁钢有碳素钢和普通低合金钢两种。

钢轨钢分重轨钢和轻轨钢。由于钢轨的受力情况十分复杂，故重轨全以镇静钢轧制，轻轨以镇静钢和半镇静钢轧制。

▶ 3.1.3 钢材的生产方法

钢材是钢锭、钢坯或钢材通过压力加工制成人们所需要的各种形状、尺寸和性能的材料。钢材根据断面形状的不同，一般分为型材、板材、管材和金属制品四大类。为了便于组织钢材的生产、订货供应和搞好经营管理工作，又分为重轨、轻轨、大型型钢、中型型钢、小型型钢、冷弯型钢、优质型钢、线材、中厚钢板、薄钢板、电工用硅钢片、带钢、无缝钢管、焊接钢管、金属制品等品种。

大部分钢材的生产加工都是通过压力加工，使被加工的钢（坯、锭等）产生塑性变形。根据钢材加工温度不同，可以分为冷加工和热加工两种。钢材的主要加工方法有以下 4 种：

（1）轧制

它是将金属坯料通过一对旋转轧辊的间隙（各种形状），因受轧辊的压缩使材料截面减小、长度增加的压力加工方法。这是生产钢材最常用的生产方式，主要用来生产型材、板材、管材。轧制分冷轧、热轧。

（2）锻造

它是利用锻锤的往复冲击力或压力机的压力使坯料改变成人们所需的形状和尺寸的一种压力加工方法。锻造一般分为自由锻和模锻，常用于生产大型材、开坯等截面尺寸较大的材料。

（3）拉拔

它是将已经轧制的金属坯料（型、管、制品等）通过模孔拉拔成截面减小、长度增加的加工方法，大多用作冷加工。

（4）挤压

它是将金属放在密闭的挤压筒内，一端施加压力，使金属从规定的模孔中挤出而得到的有不同形状和尺寸的成品的加工方法，多用于生产有色金属材料。

钢材的产品一般分为型材、板材、线材和管材等。型材包括钢结构用的角钢、工字钢、槽钢、方钢、吊车轨、钢板桩等;板材包括用于建造房屋、桥梁及建筑机械的中、厚钢板,用于屋面、墙面、楼板等的薄钢板;线材包括钢筋混凝土和预应力混凝土用的钢筋、钢丝和钢绞线等;管材包括钢桁架和供水、供气(汽)管线等。

▶ 3.1.4 土木水利工程常用钢材

(1)碳素结构钢

碳素结构钢是碳素钢中的一大类。它为一般结构和工程用钢,适合生产各种型钢、钢筋和钢丝等,产品可供焊接、铆接、栓接构件用。

(2)优质碳素结构钢

优质碳素结构钢是含碳量小于0.8%,含有较少量的有害杂质,并较碳素结构钢具有更优性能的钢种,一般可经过热处理来提高其机械性能。钢材按加工方法可分为压力加工用钢和切削加工用钢两类。建筑工程上常用优质碳素钢制作钢丝、钢绞线、圆钢、高强螺栓及预应力钢具等。

(3)低合金结构钢

低合金钢是在普通钢种内加入微量合金元素,但硫、磷杂质的含量保持普通钢的水平,而具有较好的综合力学性能。与相同规格普通碳素钢相比,如果强度相同,采用低合金钢可节约钢材20%~25%。此类钢材主要用于桥梁、建筑钢筋、重轨和轻轨等。

(4)桥梁建筑用热轧碳素钢

桥梁建筑用热轧碳素钢是适用于桥梁建筑的专用钢种,适合于生产钢板和型钢,产品可供焊接和铆接的桥梁结构用。

(5)耐候钢

耐候钢也称耐大气腐蚀钢,是在钢中加入少量合金元素,如 Cu、Cr、Ni、Mo、Nb、Ti、Zr、V 等,使其在金属基体表面形成保护层,提高钢材的耐候性能。适合于生产热轧、冷轧的钢板和型钢,产品适用于车辆、建筑、塔架和其他结构的用材,可用于制作螺栓连接、铆接和焊接的结构件。常用耐候钢有高耐候性结构钢和焊接结构用耐候钢等。

3.2 钢材的化学组成及其对钢材性能的影响

▶ 3.2.1 钢材的化学组成

1)主要成分

钢材中除主要化学成分铁(Fe)外,还含有少量的碳(C)、硅(Si)、锰(Mn)、磷(P)、硫(S)、氧(O)、氮(N)、钛(Ti)、钒(V)等元素,这些元素虽然含量少,但对钢材性能有很大影响。

(1)碳

钢材的性能主要取决于其中的化学成分,碳是钢中除铁之外含量最多的元素,对钢材的性能有非常明显的影响,碳是决定钢材性能的重要元素。在一定范围内,随着含碳量的增加,钢材的硬度和强度随含碳量的增加而提高。当含碳量增至0.8%时,强度最大,但当含碳量超过0.8%以后,强度反而下降。钢材的塑性、韧性和冷弯性能随含碳量的增加而下降。钢材的焊接性能变差(含碳量大于0.3%的钢材,可焊性显著下降),冷脆性和时效敏感性增强,耐大气锈蚀性下降,一般工程所用碳素钢均为低碳钢,即含碳量小于0.25%。工程所用低合金钢,其含碳量小于0.52%。

碳对碳钢性能的影响很大,钢里的碳一部分溶入铁中成为固溶体,另一部分则与铁化合成渗碳体。从图 3.2 中可以看出含碳量变化时碳钢中组织变化的情况。总的看来,碳钢是由硬度低、塑性好的铁素体和硬而脆的渗碳体组成的混合物。因此碳钢的抗拉强度及硬度随含碳量增加而直线增加,塑性则随之下降。碳之所以影响钢的机械性能,不仅与渗联体本身的硬脆性有关,还与渗联体和铁素体之间晶体界面上晶格受到严重歪扭有关。渗碳体与铁素体的晶界面既能阻碍塑性好的铁素体滑移,又能造成碳钢的微小裂纹,所以随着渗碳体总量的增加,它与铁素体的晶界面也随之增大,因此铁素体的变形抗力增大,塑性变形能力减小,碳钢的强度和硬度增加,而塑性和韧性降低。

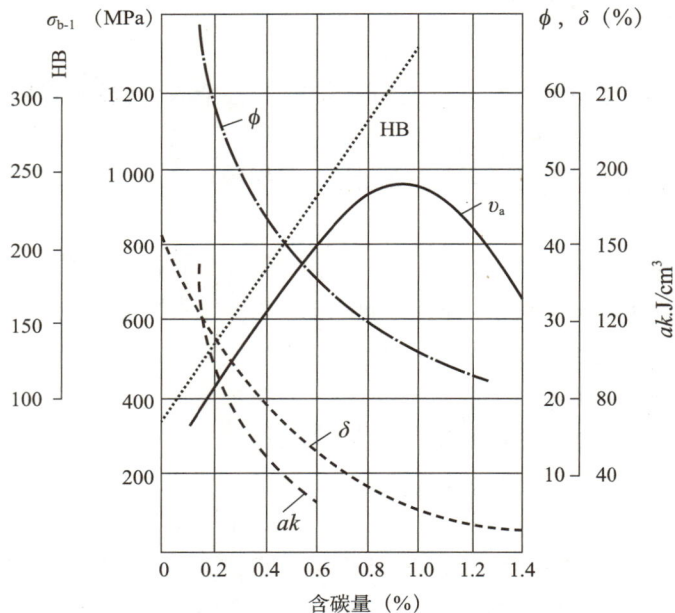

图 3.2　含碳量对热轧碳素钢性质的影响

（2）硅

硅是钢中的有益元素,它作为脱氧剂存在于钢中,是制备低合金钢的重要元素。硅含量较低(小于1.0%)时,能提高钢材的强度,而对塑性和韧性无明显影响。

（3）锰

锰是钢中的有益元素,它用作炼钢时脱氧去硫存在于钢中,锰是低合金结构钢中的主要合金元素。锰具有很强的脱氧去硫能力,能消除或减轻氧、硫所引起的热脆性,改善钢材的热加工性能,提高钢材的强度和硬度。

（4）磷

磷是钢中很有害的元素。随着磷含量的增加,钢材的强度、屈强比、硬度均有提高,而塑性和韧性显著降低。特别是温度越低,它对塑性和韧性的影响越大,显著加大钢材的冷脆性。磷也使钢材的可焊性显著降低。但磷可提高钢材的耐磨性和耐蚀性,故在低合金钢中可配合其他元素作为合金元素使用。

（5）硫

硫是钢中很有害的元素。硫的存在会加大钢材的热脆性,降低钢材的各种机械性能,也使钢材的可焊性、冲击韧性、耐疲劳性和抗腐蚀性等均降低。

（6）氧

氧是钢中的有害元素。随着含氧量的增加,钢材的强度有所提高,但塑性特别是韧性显著降低,可焊性变差。氧的存在会造成钢材的热脆性。

（7）氮

氮对钢材性能的影响与碳、磷相似,随着氮含量的增加,钢材的强度提高,塑性特别是韧性显著降低,可焊性变差,冷脆性加剧。氮在铝、铌、钒等元素的配合下可以减小其不利影响,改善钢材性能,可作为低合金钢的合金元素使用。

（8）钛

钛是强脱氧剂,是常用的微量合金元素。钛能显著提高强度,改善韧性、可焊性,但稍降低塑性。

2）其他元素对碳钢性能的影响

硅、锰作为脱氧剂加入钢水中,它们都能从钢水的 FeO 中夺取氧,生成氧化物以降低钢中的含氧量。硅的氧化物与钢水中碱性氧化物能进一步形成硅酸盐,反应式如下:

$$Mn + FeO = MnO + Fe$$
$$SiO_2 + CaO = CaSiO_3$$

或

$$SiO_2 + Fe_2O_3 + C = CO\uparrow + Fe_2SiO_4$$

生成的硅酸盐和氧化物飘浮在炉渣中,增加了钢体的致密性。如果在钢液浇注过程中,硅酸盐杂质来不及浮入渣中,而留在钢体内,则在凝固时易集中在晶界处,使钢材在压力加工时易变形或碎裂,降低钢的机械强度。

①硅在一般碳素钢中含量为 0.1% ~ 0.4%,硅的脱氧能力较锰更强。硅溶入铁素体可提高钢的强度和硬度。但由于硅在碳钢中的含量很低,因此这一效果并不明显。若作为合金元素加入钢中,使含量提高到 1.0% ~ 1.2% 时,钢材的抗拉强度可提高 15% ~ 20%,但塑性和韧性明显下降,焊接性能变差,并增加钢材的冷脆性。

②锰在一般碳素钢中的含量为 0.25% ~ 0.8%。钢中含锰量在 0.8% 以下时,锰对钢的性能影响不显著。若将锰作为合金元素加入钢中,使钢中锰的含量提高到 0.8% ~ 1.2% 或者更高,就成为力学性能优于一般碳钢的锰钢。但当含锰量大于 1.0% 时,会降低钢材的耐腐蚀和焊接性能。

③磷溶入铁素体时,可使钢的强度、硬度增加,并显著降低其塑性和韧性。当钢中含磷量达 0.3% 时,钢完全变脆,冲击韧性接近于零,这种现象称为冷脆性。虽然钢中的磷很难达到这个数量,但钢中的磷在结晶时极易偏析,使其局部地区达到较高的磷含量而变脆,冷脆性使钢材不宜在低温条件下工作。因此在各种质量钢中,都严格规定了磷的允许含量范围,普通碳素钢中的含磷量不得超过 0.045%。磷能使钢材产生冷脆性,但它也能有效地改善钢的切削加工性,因此在易削钢中还要提高磷的含量。

④硫不溶于铁素体,而与铁化合生成 FeS。FeS 与 Fe 在 985℃ 时形成共晶体。这些低熔点共晶体在结晶时总是分布在晶界处,在 1 000 ℃ 以上热加工时,由于共晶体熔化,使钢材产生裂纹,这种现象称为热脆性。因此在各种质量的钢中也都规定了硫的允许含量范围,要求在 0.055% 以下。钢水中加入锰可削弱硫的有害作用,因为锰可以从 FeS 中夺取硫,反应式如下:

$$Mn + FeS = MnS + Fe$$

Mns 在 1 620 ℃ 熔化,而在钢的热加工温度范围（800 ~ 1 200 ℃）内,MnS 有较好的塑性,因此不会影响钢材的热加工性能。

⑤氮、氧、氢等杂质主要是在炼钢过程中由于吸收空气而造成的。当钢水凝固时,它们或以原子状态固溶于铁素体中,或以与其他元素生成的化合物（氮化物、氧化物、氢化物等）形式存在于钢中。氮若以原子状态固溶于铁素体中时,则会引起钢的强度和硬度增加,而韧性急剧下降。若在钢中加入适当金

属铝,则氮和铝可生成氮化铝(AlN)而脱氮。氮化铝如果以分散的微粒分布在钢中,则能控制钢的晶粒大小,增强钢的韧性、塑性、耐磨性等;如果以聚集状态出现,则会使钢的机械性能产生方向性,使耐磨性显著降低。

经过用 Mg、Al、Si 等元素脱氧后的钢中仍含有极少量的氧,这些氧通常以 Al_2O_3、FeO、MnO、SiO_2 以及硅酸盐等形式存在于钢中。钢锻压后,这些氧化物一般以链状或条状分布于钢中,尤其容易分布在晶界处,这时会降低钢的塑性及韧性,使用时可能造成工件突然断裂。

钢中的氢是极有害的气体,它以原子状态溶解于钢中。在热轧、锻后冷却到 200 ℃左右时,原子氢就聚集成分子状态而出现在钢的内部,由氢气所产生的压力可把钢从内部胀裂,形成几乎是圆圈状的平坦的断裂面,即所谓的"白点"。尤其是某些合金钢,如锰钢、镍钢、镍铬钢等,对白点特别敏感。这就要求在冶炼方面采取措施,如控制氢的含量在百万分之 1.5 以下或对钢水进行真空处理,都能有效地脱氢(或其他气体);也可控制锻轧后的冷却方式来防止白点的发生,以避免工件的碎裂。

3)铁碳合金的晶相和基本组织

铁碳合金同纯铁一样具有结晶构造,但较纯铁更为复杂。所谓晶相就是指化学成分均一、晶体结构相同的,而与周围环境有明显物理界面的均匀部分。铁碳合金的晶体结构和显微组织总体可分为如下 3 种类型和 3 种基本组织。

（1）固溶体

铁与碳在液态下相互作用形成液态溶液,凝固时由于碳原子半径很小(0.77 埃),可以溶入 α – Fe 或 γ – Fe 的晶格间隙而又保持铁的晶格类型不变。这种合金结构叫作固溶体,即一种组元以原子(或正离子)形式溶解在另一组元中而形成的固态溶液。

在铁碳合金中,碳溶入 α – Fe 中所组成的固溶体称为铁素体,以符号"F"表示,碳溶入 γ – Fe 中组成的固溶体称为奥氏体,以符号"A"表示。铁素体的性能与纯铁相似,含碳量很低,塑性较大,强度和硬度不大。奥氏体只存在于高温中,这是由 γ – Fe 只存在于高温中而决定的。它有很好的弯曲可塑性,所以铁碳合金可在高温下锻打成型。铁素体和奥氏体各自成一相。奥氏体是铁碳合金中的一种基本组织。

（2）化合物

在铁碳合金中,铁和碳的化合物(组成为 Fe_3C)称为渗碳体,以符号"Cm"表示。它的含碳量为 6.67%,Fe_3C 具有独特的结构,原子排列极复杂。它的熔点在 1 600 ℃左右,质脆而硬,塑性小。工业上不单独使用 Fe_3C。渗碳体也是铁碳合金中的一种基本组织。

（3）机械混合物

在钢材中,渗碳体经常与铁素体相间存在,形成一种机械混合物,称为珠光体,以符号"P"表示。此组织特征是层片状,像指纹一样,腐蚀后用肉眼直接观看有珍珠光泽,故名珠光体。它有一定的强度、硬度和塑性,是钢和铸铁中一种常见的组织。

此外,钢水在急剧冷却条件下,钢中的高温奥氏体不能转变为铁素体、珠光体或渗碳从而形成一种极硬的组织,称为马氏体。它的显微组织呈针状,是一种性质极硬的组织。

▶ 3.2.2 铁碳合金的相图

如图3.3所示,纵坐标表示温度,横坐标表示合金的组成,向右表示碳的质量百分数增加。图的左端相当于纯铁,右端相当于含碳量为 6.67% 的渗碳体。当含碳量低于 0.006% 时为纯铁,超过 6.67% 时,合金性能特别脆,工业上没有实用价值,因此不作过多研究。这个图形上的每一条线和线的交点,都表示各成分的合金组织状态发生变化的温度,由这些线和线的交点所构成的每个区域则表示某一组织合金存在的温度与成分范围。

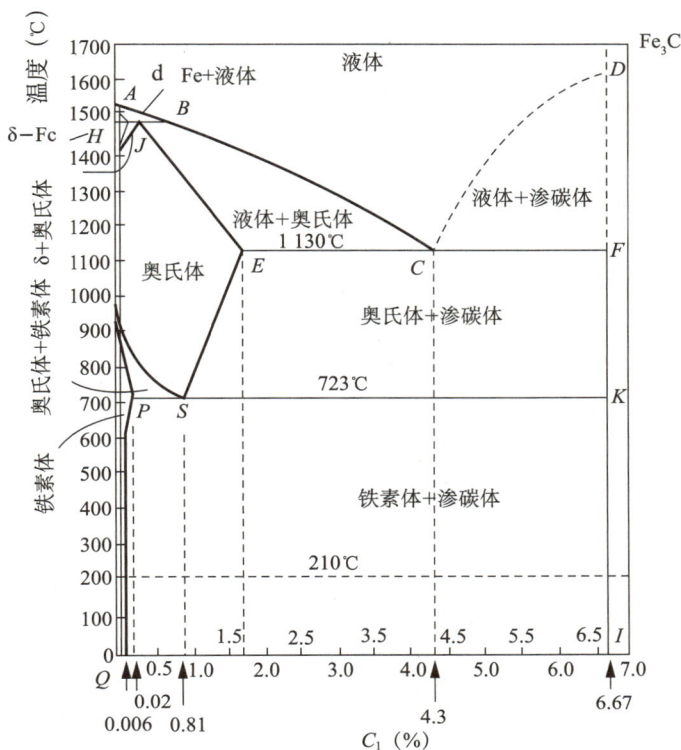

图 3.3 铁碳合金相图

图 3.3 中的 A 点和 D 点分别为纯铁和渗碳体的熔点,相应为 1 535 ℃和 1 600 ℃。$ABCD$ 线称为液相线。在此线以上,各种成分的铁碳合金(碳钢、生铁)完全处于溶液状态,即为液态,所以称为液相线。当温度下降至这条线上,溶液中开始析出晶体,沿 AB 线析出 δ－铁素体(高温时碳溶入 δ－Fe 中形成的固溶体,也称高温铁素体),沿 BC 线析出奥氏体,沿 CD 线析出渗碳体,因此液相线就是液态合金开始结晶的温度线。从线的斜度可以看到,随着含碳量的逐渐增加,液体开始结晶的温度由纯铁的 1 535℃,逐渐降至含碳量为 4.3% 的 1 130 ℃,然后又升高至纯渗碳体的 1 600 ℃。

$AHJECFD$ 线称为固相线。在此线以下,各种成分的铁碳合金全部处于固体状态,所以称为固相线。固相分别处于三种晶体状态,即 δ－铁素体、奥氏体和渗碳体。因此固相线就是液态合金结晶终了的温度线。从线的斜度可以看出,随着含碳量增加,铁碳合金开始熔化的温度逐渐降低,当含碳量超过 2.0% 以后,在 1 130 ℃就开始熔化。

E 点是钢和生铁的分界点:E 点左边的合金(含碳量 $<2.0\%$)称为钢,E 点右边的合金(含碳量 $>2.0\%$)称为生铁。

3.3 钢材的物理力学性能

钢材在土木水利工程建(构)筑物中主要承受拉力、压力、弯曲、冲击等外力作用。施工中还经常要对钢材进行冷弯或焊接等加工。因此,钢材的力学性能和工艺性能既是设计和施工人员选用钢材的主要依据,也是生产钢材、控制材质、检验质量的重要参数。

钢材的力学性能主要包括拉伸性能、塑性、冷弯性能、冲击韧性、耐疲劳性和硬度等。

▶ 3.3.1 拉伸性能

拉伸是钢材的主要受力形式,所以拉伸性能是表示钢材性能和选用钢材的重要指标。将低碳钢(软钢)制成一定规格的试件进行拉伸试验,可以绘出如图 3.4 所示的应力 - 应变关系曲线。从图 3.4 中可以看出,低碳钢受拉至拉断经历了四个阶段:弹性阶段(OA 段)、屈服阶段(AB 段)、强化阶段(BC 段)和颈缩阶段(CD 段)。

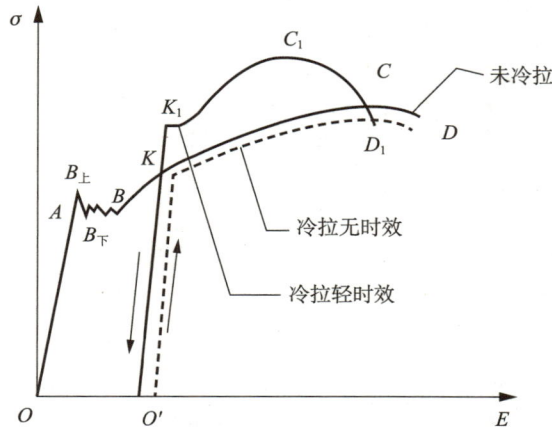

图 3.4 低碳钢受拉的应力 - 应变曲线

(1)弹性阶段

弹性阶段(OA 段)中,图形是一条直线,应力与应变成正比。如卸去外力,试件能恢复原来的形状。这种性质即为弹性,此阶段的变形为弹性变形。与 A 点对应的应力称为弹性极限,以 σ_p 表示。应力与应变的比值为常数,即弹性模量 $E = \sigma/\varepsilon$。弹性模量反映钢材抵抗弹性变形的能力,是钢材在受力条件下计算结构变形的重要指标。

(2)屈服阶段

应力超过 A 点后,应力与应变不再成正比关系,开始出现塑性变形。应力的增长滞后于应变的增长,当应力达 $B_上$ 点后(上屈服点),瞬时下降至 $B_下$ 点(下屈服点),变形迅速增加,而此时外力大致在恒定的位置上波动,直到 B 点,这就是所谓的"屈服现象",似乎钢材不能承受外力而屈服,所以 AB 段称为屈服阶段。与 $B_下$ 点(此点较稳定、值较小)对应的应力称为屈服点(屈服强度),用 $\sigma_屈$ 表示。

钢材受力大于屈服点后,会出现较大的塑性变形,已不能满足使用要求,因此屈服强度是设计钢材强度取值的依据,是工程结构计算中非常重要的一个参数。

(3)强化阶段

当应力超过屈服强度后,由于钢材内部组织中的晶格发生畸变,阻止了晶格进一步滑移,钢材得到强化,所以钢材抵抗塑性变形的能力又重新提高,BC 呈上升曲线,称为强化阶段。对应于最高点 C 的应力值 σ_b 称为极限抗拉强度,简称抗拉强度。显然,σ_b 是钢材受拉时所能承受的最大应力值。屈服强度和抗拉强度之比(即屈强比 $= \sigma_屈/\sigma_b$)能反映钢材的利用率和结构的安全可靠程度。屈强比越小,其结构的安全可靠程度越高,但屈强比过小,又说明钢材强度的利用率偏低,造成钢材浪费。一般碳素钢屈强比为 0.6 ~ 0.65,低合金结构钢为 0.65 ~ 0.75,合金结构钢为 0.84 ~ 0.86。建筑结构钢合理的屈强比一般为 0.60 ~ 0.75。

（4）颈缩阶段

试件受力达到最高点 C 点后，其抵抗变形的能力明显降低，变形迅速发展，应力逐渐下降，试件被拉长，在有杂质或缺陷处，断面急剧缩小，直到断裂，故 CD 段称为颈缩阶段。

中碳钢与高碳钢（硬钢）的拉伸曲线与低碳钢不同，屈服现象不明显，难以测定屈服点，则规定产生残余变形为原标距长度的 0.2% 时所对应的应力值作为硬钢的屈服强度，也称条件屈服点，用 $\sigma_{0.2}$ 表示，如图 3.5 所示。

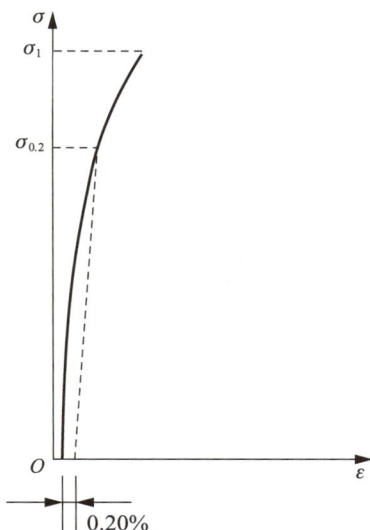

图 3.5　中碳钢、高碳钢的应力 - 应变图

▶　**3.3.2　钢材的塑性**

钢材应具有很好的塑性。钢材的塑性通常用伸长率和断面收缩率表示。将拉断后的试件拼合起来，测定出标距范围内的长度 $L_1(\mathrm{mm})$，其与试件原标距 $L_0(\mathrm{mm})$ 之差为塑性变形值，塑性变形值与 L_0 之比称为伸长率（δ），如图 3.6 所示。伸长率 δ 按式（3.1）计算：

$$\delta = \frac{L_1 - L_0}{L_0} \times 100\% \tag{3.1}$$

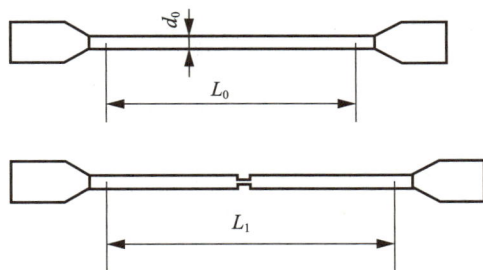

图 3.6　钢材的伸长率

伸长率是衡量钢材塑性的一个重要指标，δ 越大，说明钢材的塑性越好。一定的塑性变形能力可保证应力重新分布，避免应力集中，从而使钢材用于结构的安全性越大。

塑性变形在试件标距内的分布是不均匀的，颈缩处的变形最大，离颈缩部位越远其变形越小。所以，原标距与直径之比越小，则颈缩处伸长值在整个伸长值中的比重越大，计算出的 δ 值就越大。通

常以 δ_5 和 δ_{10} 分别表示 $L_0 = 5d_0$ 和 $L_0 = 10d_0$ 时的伸长率。对于同一种钢材,其 $\delta_5 > \delta_{10}$。

▶ 3.3.3 钢材的冷弯性能

良好的工艺性能可以保证钢材顺利通过各种加工,而使钢材制品的质量不受影响。冷弯、冷拉、冷拔及焊接性能均是建筑钢材的重要工艺性能。钢材的冷弯性能是指它在常温下承受弯曲变形的能力,是钢材的重要工艺性能。钢筋混凝土所用钢筋多需进行弯曲加工,因此必须满足冷弯性能的要求。钢材的冷弯性能用弯曲角度及弯心直径 d 与试件直径(或厚度) a 的比值表示。能承受的弯曲角度越大,弯心直径对试件直径(或厚度)的比值越小,则试件所代表的钢材冷弯性能越好。

钢材的冷弯试验是指直径(或厚度)为 a 的试件,采用标准规定的弯心直径 $d(d = na)$,弯曲到规定的弯曲角(180°或90°)时,若试件的弯曲处不发生裂缝、裂断或起层,即认为冷弯性能合格。图 3.7 所示为弯曲时不同弯心直径的钢材冷弯试验。

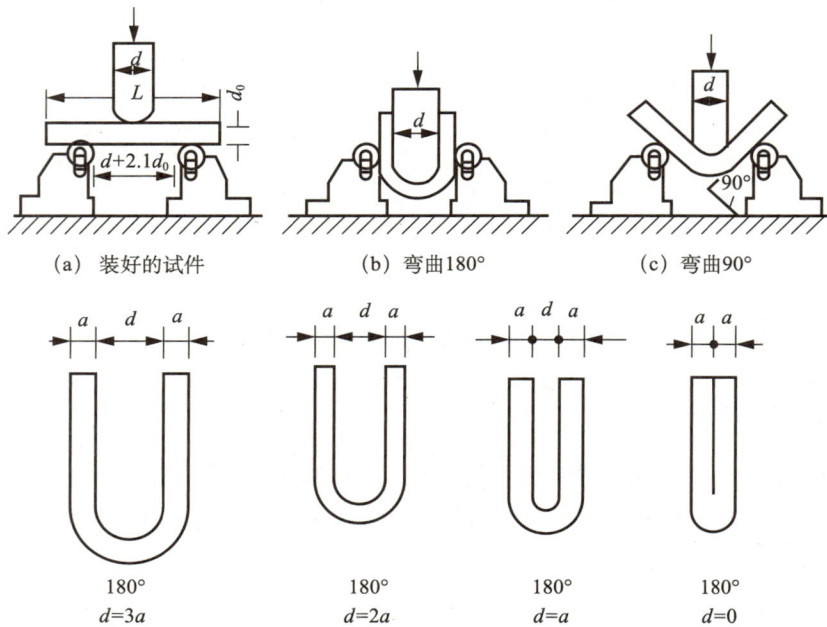

（a）装好的试件　　　　　（b）弯曲180°　　　　　（c）弯曲90°

180° $d=3a$　　　　180° $d=2a$　　　　180° $d=a$　　　　180° $d=0$

图 3.7　钢材的冷弯试验

通过冷弯试验更有助于暴露钢材的某些内在缺陷。冷弯试验和伸长率一样,反映钢材在静荷载下的塑性,但伸长率是反映钢材在均匀变形下的塑性,而冷弯试验则是检验钢材处于不利的弯曲变形下的塑性,它能揭示钢材是否存在内部组织不均匀、内应力和夹杂物等缺陷。在拉力试验中,这些缺陷常因塑性变形导致的应力重分布而显示不出来。冷弯试验还能揭示焊件受弯表面存在的未熔合、夹杂物等缺陷。冷弯性能是建筑钢材的重要工艺性能,它反映钢材在静压下的塑性。

▶ 3.3.4 钢材的冲击韧性

冲击韧性是指钢材抵抗冲击荷载的能力。钢材的冲击韧性是用有刻槽(V 形缺口)的标准试件,在冲击试验机的一次摆锤冲击下,以破坏后缺口处单位面积上所消耗的功(J/cm^2)来表示的,其符号为 α_k。α_k 值愈大,表明钢材在断裂时所吸收的能量越多,则冲击韧性越高。试验时将试件放置在固定支座上,然后以摆锤冲击试件刻槽的背面,使试件承受冲击弯曲而断裂。对于经常受较大冲击荷载作用的结构,要选用 α_k 值大的钢材。

影响钢材冲击韧性的因素很多,如化学成分、内部组织状态、冶炼和轧制质量、冷作及时效、环境温度等。

同一种钢材的冲击韧性常随温度的下降而降低。试验表明,冲击韧性在温度降低开始时下降平缓,当达到某一温度范围时,突然下降很多呈脆性,这种现象称为钢材的冷脆性,这时的温度称为脆性临界温度。它的数值越低,钢材的低温冲击韧性越好。因此,在负温度下使用的结构,设计时必须考虑钢材的冷脆性,应选用脆性转变温度低于最低使用温度的钢材,并满足 −20 ℃ 或 −40 ℃ 条件下冲击韧性指标的要求。

钢材的化学成分、晶粒度、加工质量都对冲击韧性能有明显的影响。此外,冶炼或加工时形成的微裂隙以及晶界析出物等都会使冲击韧性显著降低。例如钢中磷、硫含量较高,存在偏析、非金属夹杂物、气孔和焊接中形成的微裂纹等,都会使冲击韧性显著降低。钢材随时间的延长而表现出强度提高、塑性和冲击韧性下降,这种现象称为时效。因时效而导致性能改变的程度称为时效敏感性。时效敏感性越大的钢材,经过时效后,其冲击韧性和塑性的降低越显著。对于承受动荷载的结构物,应选用时效敏感性较小的钢材。

▶ 3.3.5 钢材的耐疲劳性

钢材在交变荷载的反复作用下,往往在最大应力远小于其抗拉强度时就发生破坏,这种现象称为钢材的疲劳性。疲劳破坏的危险应力用疲劳强度(或称疲劳极限)来表示,它是指疲劳试验时试件在交变应力作用下,在规定的周期基数内不发生断裂所能承受的最大应力。一般把钢材承受交变荷载 $10^6 \sim 10^7$ 次时不发生破坏的最大应力作为疲劳强度。设计承受反复荷载且须进行疲劳验算的结构时,应了解所用钢材的疲劳极限。

研究证明,钢材的疲劳破坏是拉应力引起的,首先在局部开始形成微细裂纹,其后由于裂纹尖端处产生应力集中而使裂纹迅速扩展直至钢材断裂。因此,钢材的内部成分的偏析、夹杂物的多少以及最大应力处的表面光洁程度、加工损伤等,都是影响钢材疲劳强度的因素。疲劳破坏经常是突然发生的,因而具有很大的危险性,往往造成严重事故。

▶ 3.3.6 钢材的硬度

硬度是衡量钢的软硬程度的一个指标。硬度是指金属材料在表面局部体积内,抵抗硬物压入表面的能力,即材料表面抵抗塑性变形的能力。测定钢材硬度的方法有很多。采用压入法时,即以一定的静荷载(压力),将一定的压头压在金属表面,然后测定压痕的面积或深度以确定硬度。按压头或压力不同,硬度测试方法有布氏法、洛氏法和维氏硬度法三种,常用的硬度指标为布氏硬度(HB)和洛氏硬度(HR)。

1)布氏硬度

材料的硬度值实际上是材料弹性、塑性、变形强化率、强度和韧性等一系列性能的综合反映。布氏硬度试验是按规定选择一个直径为 $D(\text{mm})$ 的淬硬钢球或硬质合金球,以一定荷载 $P(\text{N})$ 将其压入试件表面,持续至规定时间后卸去荷载,测定试件表面上的压痕直径 $d(\text{mm})$,根据计算或查表确定单位面积上所承受的平均应力值,即压痕面积除荷载,其值作为硬度指标(无量纲),称为布氏硬度,代号为 HB。在使用时,HB 以 10 MPa 计的数字表示,如 HB = 150,表示 HB 值为 1 500 MPa。

布氏硬度采用的钢球直径 D 分为 10、5、2.5 mm 三种,对于钢铁材料,规定 $P = 30D^2$。硬度的大小既可用于判断钢材的软硬程度,也可以近似地估计钢材的抗拉强度。各类钢材的 HB 值与强度之间大致都有一定的正比关系。对于碳素钢,当 $HB < 175$ 时,$\sigma_b = 0.36HB$;$HB > 175$ 时,$\sigma_b = 0.35HB$。布氏硬度测定法比较准确,用途较广,其缺点是不能测量硬度较高($HB > 450$)和厚度太薄的钢材,且压痕较大,不宜用于成品检验。

2)洛氏硬度

洛氏硬度试验是将金刚石圆锥体或钢球等压头,按一定试验力压入试件表面,以压头压入试件的深度表示硬度值(无量纲),称为洛氏硬度,代号为 HR。

洛氏硬度法的压痕小,所以常用于判断工件的热处理效果。

▶ 3.3.7 钢材的焊接性能

各种型钢、钢板、钢筋及预埋件等需用焊接加工。很多钢结构采用焊接工艺,焊接的质量取决于焊接工艺、焊接材料及钢的焊接性能。

钢材的可焊性是指钢材是否适应通常的焊接方法与工艺的性能。可焊性好的钢材易于用一般焊接方法和工艺施焊,焊口处不易形成裂纹、气孔、夹渣等缺陷,焊接后钢材的力学性能,特别是强度不低于原有钢材,硬脆倾向小。钢材可焊性能的好坏主要取决于钢的化学成分。含碳量高将增加焊接接头的硬脆性,含碳量小于 0.25% 的碳素钢具有良好的可焊性。

焊接时由于在很短时间内达到很高的温度,基体金属局部熔化的体积很小,故冷却速度很快,因此在焊接处必然产生剧烈的膨胀和收缩,易产生变形、内应力和内部组织的变化,因而形成焊接缺陷。焊缝金属的缺陷主要有裂纹、气孔、夹杂物等。基体金属热影响区的缺陷主要有裂纹、晶粒粗大和析出脆化(碳、氮等原子在焊接过程中形成碳化物和氮化物,并于缺陷处析出,使晶格畸变加剧所引起的脆化)。由于焊接件在使用过程中要求的主要力学性能是强度、塑性、韧性和耐疲劳性,因此对性能最有影响的缺陷是裂纹、缺口、塑性和韧性的下降。

焊接质量的检验方法主要有取样试件试验和原位非破损检测两类。

钢筋焊接应注意的问题是:冷拉钢筋的焊接应在冷拉之前进行;钢筋焊接之前,焊接部位应清除铁锈、熔渣、油污等;应尽量避免不同国家的进口钢筋之间或进口钢筋与国产钢筋之间的焊接。

焊接是通过局部加热使钢材达到塑性或熔融状态,从而将钢材联结成钢构件的过程。钢材在焊接过程中,由于局部高温的作用,会在焊缝及其附近形成过热区,使内部晶体组织发生变化,容易在焊缝周围产生硬脆倾向,降低焊件质量。焊接性能良好的钢材,焊接后的焊头牢固、硬脆倾向小,仍能保持与原有钢材相近的性质。

钢的可焊性能主要受其化学成分及含量的影响。当含碳量超过 0.3% 后,钢的可焊性较差。其他元素含量增多,也会使可焊性降低。采用焊前预热以及焊后热处理的方法,可以使可焊性较差的钢材的焊接质量得到保证。此外,正确选用焊条和实施操作等也是提高焊接质量的主要措施。

3.4 钢材的热加工与冷加工

▶ 3.4.1 钢材的热处理

热处理是将钢材按一定规则加热、保温和冷却,以改变其组织,从而获得所需性能的一种工艺措施。它是对钢材的调质处理。钢材的热处理通常有以下 4 种基本方法。

1）淬火

将钢材加热至 723 ℃以上某一温度,并保持一定时间后,迅速置于水中或机油中冷却,这个过程称为钢材的淬火处理。钢材经淬火后,强度和硬度提高,脆性增大,塑性和韧性明显降低。

2）回火

将淬火后的钢材重新加热到 723 ℃以下某一温度范围,保温一定时间后再缓慢地或较快地冷却至室温,这一过程称为回火处理。回火可消除钢材淬火时产生的内应力,使其硬度降低,恢复塑性和韧性。按回火温度不同,又可分为高温回火(500 ~ 650 ℃)、中温回火(300 ~ 500 ℃)和低温回火(150 ~ 300 ℃)三种。回火温度越高,钢材硬度下降越多,塑性和韧性恢复越好。若钢材淬火后随即进行高温回火处理,则称调质处理,其目的是使钢材的强度、塑性、韧性等性能均得以改善。

3）退火

退火是指将钢材加热至 723 ℃以上某一温度,保持相当时间后,就在退火炉中缓慢冷却。退火能消除钢材中的内应力,细化晶粒,均匀组织,使钢材硬度降低,塑性和韧性提高,从而达到改善钢材性能的目的。

4）正火

正火是将钢材加热到 723 ℃以上某一温度,并保持相当长时间,然后在空气中缓慢冷却,则可得到均匀细小的显微组织。钢材正火后强度和硬度提高,塑性较退火为小。

▶ **3.4.2 钢材的化学热处理**

化学热处理是对钢材表面进行的热处理,将钢件放到含有某些活性原子(如碳、氮、铬等)的化学介质中,通过加热、保温、冷却等方法,使介质中的某些原子渗入到钢件的表层,从而达到改变钢件表层的化学成分,使钢件表层具有某种特殊性能的目的。常用的方法有渗碳法、氮化法、氰化法和发黑法等。

1）渗碳法

将碳原子渗入钢件表层,使表面具有高的硬度(HR = 60 ~ 65)和耐磨性,而中心仍保持高的韧性,常用于耐磨并受冲击的零件,如轮、齿轮、轴、活塞销等。

2）渗氮法

将氮原子渗入钢件表层,提高钢件表层的硬度、耐磨性、耐蚀性,常用于重要的螺栓、螺母、销钉等零件。

3）氰化法

将碳和氮原子同时渗入钢件表层,提高钢件表层的硬度和耐磨性,适用于低碳钢、中碳钢或合金钢零件,也可用于高速钢刀具。

4）发黑法

将金属零件放在很浓的碱和氧化剂溶液中加热氧化,使金属零件表面生成一层带有磁性的四氧化三铁薄膜,可以防锈、增加金属表面美观和光泽、消除淬火过程中的应力,常用于低碳钢、低碳合金工具钢。由于材料和其他因素的影响,发黑层的薄膜颜色有蓝黑色、黑色、红棕色、棕褐色等,其厚度为 0.6 ~ 0.8 μm。

▶ **3.4.3 钢材的焊接**

钢材一般只在生产厂进行热处理,有时在施工现场也须对焊接件进行热处理。焊接联结是钢结构的主要联结方式,在土木水利工程的钢结构中,焊接结构占 90% 以上。在钢筋混凝土工程中,焊接大量应用于钢筋接头、钢筋网、钢筋骨架和预埋件的焊接,以及装配式构件的安装。

钢材的焊接方法最主要的是钢结构焊接用的电弧焊和钢筋连接用的接触对焊。焊件的质量主要取决于选择正确的焊接工艺和适宜的焊接材料,以及钢材本身的焊接性能。

电弧焊的焊接接头是由基体金属和焊缝金属,通过二者间的熔合线部分连接而成。焊缝金属是在焊接时电弧的高温之下,由焊条金属熔化而成;同时电弧的高温也使基体金属的边缘部分熔化,与熔融的焊条金属通过扩散作用均匀地密切熔合,有助于金属间的牢固联结。接触对焊的焊接接头亦相类似。因不用焊条,故其联结是通过接触端面上由电流熔化的熔融金属冷却凝固而成。

焊接过程的特点是:在很短的时间内达到很高的温度;金属熔化的体积很小,由于金属传热快,故冷却的速度很快,常在焊件中产生复杂的、不均匀的反应和变化;存在剧烈的膨胀和收缩,因而易产生变形、内应力和组织的变化。经常产生的焊接缺陷有:焊缝金属缺陷,包括裂纹(主要是热裂纹)、气孔、夹杂物(夹渣、脱氧生成物和氮化物);基体金属热影响区的缺陷,包括裂纹(冷裂纹)、晶粒粗大和析出脆化。由于焊接件在使用过程中要求的主要力学性能是强度、塑性、韧性和耐疲劳性,因此对性能影响最大的焊接缺陷是焊件中的裂纹、缺口和由于硬化而引起的塑性和冲击韧性的降低。

▶ 3.4.4 钢材的冷加工

将钢材在常温下进行冷加工(如冷拉、冷拔或冷轧),使之产生塑性变形,从而提高其屈服强度,但钢材的塑性、韧性及弹性模量则会降低,这个过程称为冷加工强化处理或"三冷处理"。

1)冷拉

冷拉是将热轧钢筋用冷拉设备加力进行张拉,使之伸长。钢材经冷拉后屈服强度可提高 20% ~ 30%,同时增加钢筋长度 4% ~ 10%,可节约钢材 10% ~ 20%,钢材经冷拉后屈服阶段缩短,伸长率降低,材质变硬。实际冷拉时,应通过试验确定冷拉控制参数。冷拉参数的控制直接关系到冷拉效果和钢材质量。钢筋的冷拉可采用控制应力或控制冷拉率的方法。当采用控制应力方法时,在控制应力下的最大冷拉率应满足规定要求,当最大冷拉率超过规定要求时,应进行力学性能检验。当采用控制冷拉率方法时,冷拉率必须由试验确定,测定冷拉率时钢筋的冷拉应力应满足规定要求。钢筋经冷拉后,屈服强度提高,塑性、韧性和弹性模量则降低。

2)冷拔

冷拔是将光面圆钢筋通过硬质合金拔丝模孔强行拉拔,每次拉拔断面应缩小在 10% 以下,钢筋在冷拔过程中不仅受拉,同时还受到挤压作用,因而冷拔的作用比纯冷拉作用强烈。经过一次或多次冷拔后的钢筋,表面光洁度高,屈服强度提高 40% ~ 60%,但塑性大大降低,具有硬钢的性质。建筑工地或预制构件厂钢筋混凝土施工中常利用这一原理,对钢筋或低碳钢盘条进行冷拉或冷拔加工,以提高其屈服强度。

目前常用的冷轧带肋钢筋、冷拉钢筋及预应力高强冷拔钢丝等,也同样是利用这一原理进行加工的产品。由于屈服强度提高,从而能达到节约钢材的目的。冷拔低碳钢丝是将直径为 6.5 ~ 8 mm 的 Q235(或 Q215)盘圆钢筋,通过截面小于钢筋截面的钨合金拔丝模而制成。钢丝经冷拔后失去了低碳钢的性质,变得硬脆,属硬钢类钢丝。冷拔钢丝按强度分为两级:甲级和乙级,甲级为预应力钢丝,乙级为非预应力钢丝。自行冷拔加工对钢丝的质量要严格控制,对其外观要求分批抽样,表面不准有锈蚀、油污、伤痕、皂渍、裂纹等,逐盘检查其力学、工艺性能,应符合规定。

3)时效

将经过冷拉的钢筋,于常温下存放 15～20 d,或加热到 100～200 ℃,并保持一定时间,其强度将进一步提高,弹性模量则基本恢复,这个过程称为时效处理。前者称为自然时效,用加热的方法则称为人工时效。

钢筋经冷拉时效后性能变化的规律,可从低碳钢试样的拉伸曲线上(图 3.4)看到。在图 3.4 中,O、B、C、D 为未经冷拉和时效试件的变形曲线。将试件拉至超过屈服点的任意一点 K,然后卸去荷载,则试件产生变形量 OO',且曲线沿 KO' 下降,KO' 大致与 OB 平行。若立即重新拉伸,则可发现屈服点提高到 K_1 点,以后的发展曲线与 KCD 相似。由此现象表明,当钢材受到外力作用时,产生塑性变形,随着变形的增加,金属本身对变形的抗力增加了,这可从晶格的滑移得到解释:当钢材在弹性变形阶段,晶体原子排列的位置没有改变,仅在受力方向上原子间距离增大或缩短(拉伸或压缩),直到塑性变形阶段,晶体才沿结合力最差的结晶界面产生沿移。滑移以后的晶体破碎成小晶粒,产生弯扭,不易再滑移变形。所以就需要更大的外力才能使其继续产生塑性变形,这种现象称作冷作硬化或加工硬化。

如果将上述试样拉到 K 点时,去除荷载后不立即加荷,而经过时效处理,则可发现试样的屈服点提高到 K_1 点,且曲线沿 $K_1C_1D_1$ 发展。目前认为冷加工以后的钢材产生时效作用的原因是,溶于铁素体的碳(过饱和)随着时间的增长,慢慢地从铁素体中析出,形成渗碳体,分布在晶体的滑移面上阻止滑移,产生强化作用。

工地通常是通过试验选择恰当的冷拉应力和时效处理措施。一般强度较低的钢筋,采用自然时效即可达到时效的目的,强度较高的钢筋,若对自然时效几天无反应,则必须进行人工时效。

3.5 钢材的标准与选用

工程用钢有钢结构用钢和钢筋混凝土结构用钢两类,前者主要采用型钢和钢板,后者主要采用钢筋和钢丝。

▶ 3.5.1 钢结构用钢

钢结构是指由钢板、型钢、钢管、钢绳、钢束等钢材,用焊接、铆接、螺栓或胶等连接而成的结构。以钢材制作为主的结构,是主要的建筑结构类型之一。建筑钢结构近年来发展很快,特别是在高层钢结构、轻钢厂房钢结构、塔桅钢结构、大型公共建筑的网架结构等方面,发展十分迅速。钢结构建筑对钢材的质量、品种、规格和功能有特定的要求。在材质要求上,多使用普通碳素钢和低合金钢。在板材方面,各类彩板、镀锌板等在钢结构中使用广泛。建筑钢结构的主柱、箱形柱梁等,大量使用中厚板(厚度为4.5～200 mm)。在各类型钢中,H 型钢(又称宽翼缘型钢)、T 型钢以及工字钢、槽钢、角钢等在钢结构建筑中也有大量采用,特别是 H 型钢采用得更加广泛。

钢结构用钢主要有碳素结构钢和低合金结构钢两种。

1)普通碳素结构钢

普通碳素结构钢简称碳素结构钢。它包括一般结构钢和工程用热轧钢板、钢带、型钢等。

(1)碳素结构钢的牌号及其表示方法

碳素结构钢的牌号由四个部分按顺序组成:屈服点的字母(Q)、屈服点数值(N/mm²)、质量等级符号（A、B、C、D）、脱氧程度符号（F、bZ、Z、TZ）。碳素结构钢的质量等级是按钢中的硫、磷含量由多至少划分的，随 A、B、C、D 的顺序质量等级逐级提高。按照脱氧程度不同分为特殊镇静钢（TZ）、镇静钢（Z）、半镇静钢（b）和沸腾钢（F）。当为镇静钢或特殊镇静钢时，牌号表示"Z"与"TZ"符号可予以省略。专门用途的碳素钢，如桥梁钢、船用钢等，基本上采用碳素结构钢的表示方法，但在钢号最后附加表示用途的字母。按标准规定，我国碳素结构钢分五个牌号，即 Q195、Q215、Q235、Q255 和 Q275。例如 Q235 – AF 表示屈服点为 235 N/mm^2 的平炉或氧气转炉冶炼的 A 级沸腾碳素结构钢。

（2）碳素结构钢的技术要求

按照标准规定，碳素结构钢的技术要求包括化学成分、力学性能、冶炼方法、交货状态、表面质量五个方面。各牌号碳素结构钢的化学成分及力学性能应符合相关规范的要求。

（3）碳素结构钢各类牌号的特性与用途

工程中常用的碳素结构钢牌号为 Q300，由于该牌号钢既具有较高的强度，又具有较好的塑性和韧性，可焊性也好，故能较好地满足一般钢结构和钢筋混凝土结构的用钢要求。Q195 号钢和 Q215 号钢，虽塑性很好，但强度太低；而 Q255 号钢和 Q275 号钢，虽强度高，但塑性较差，可焊性亦差，所以均不适用。

Q300 号钢冶炼方便，成本较低，故在建筑中应用广泛。由于其塑性好，在结构中能保证在超载、冲击、焊接、温度应力等不利条件下的安全，并适用于各种加工，大量被用作轧制各种型钢、钢板及钢筋。其力学性能稳定，对轧制、加热、急剧冷却时的敏感性较小。其中，Q300-A 级钢一般仅适用于承受静荷载作用的结构，Q300-C 和 Q300-D 级钢可用于重要的焊接结构。另外，由于 Q300-D 级钢含有足够的形成细晶粒结构的元素，同时对硫、磷等有害元素控制严格，故其冲击韧性很好，具有较强的抵抗冲击和振动荷载的能力，尤其适宜在较低温度下使用。

Q195 号钢和 Q215 号钢常用作生产一般使用的钢钉、铆钉、螺栓及铁丝等；Q255 号钢及 Q275 号钢多用于生产机械零件和工具等。

2）优质碳素结构钢

优质碳素结构钢是生产过程中对质量控制较严（如控制含硫、磷量小于 0.035%），质量较稳定的碳素钢。其质量等级分为优质钢、高级优质钢及特级优质钢三级。优质碳素结构钢的牌号用含碳量多少（以万分计的两位数表示）来表示。钢号开头的两位数字表示钢的碳含量，以平均碳含量的万分之几表示，如平均碳含量为 0.45% 的钢，钢号为"45"，它不是顺序号，所以不能读成 45 号钢。锰含量较高的优质碳素结构钢，应将锰元素标出，如 50Mn。沸腾钢、半镇静钢及专门用途的优质碳素结构钢应在钢号最后特别标出，如平均碳含量为 0.1% 的半镇静钢，其钢号为 10b。

在优质钢的牌号后加"A"即为高级优质钢，加"E"即为特级优质钢，如 25MnA。

优质碳素结构钢是用于机械结构的主要钢种，在建筑工程及水工钢结构中，常用来加工制作各种轴、杆、铰、高强螺栓等受力构件以及钢铸件。

3）低合金高强度结构钢

低合金高强度结构钢是在碳素结构钢的基础上，添加少量的一种或多种合金元素（总含量小于 5%）的一种结构钢。其目的是提高钢的屈服强度、抗拉强度、耐磨性、耐蚀性与耐低温性等。因此，它是综合性能较为理想的建筑钢材，在大跨度、承受动荷载和冲击荷载的结构中更为适用。此外，与使用碳素钢相比，它可以节约钢材 20% ~30%，而成本并不很高。

（1）低合金高强度结构钢的牌号及其表示方法

我国低合金高强度结构钢共有 4 个牌号（Q355、Q390、Q420 和 Q460），所加元素主要有锰、硅、钒、钛、铌、铬、镍及稀土元素。其牌号的表示由屈服点字母(Q)、规定的最小上屈服强度数值、交货状态代号、质量等级(B、C、D、E、F)四部分组成。

（2）低合金高强度结构钢的应用

由于低合金高强度钢中的合金元素具有细晶强化和固溶强化等作用，该钢材不但具有较高的强度，而且也具有较好的塑性、韧性和可焊性。因此，它是综合性能较好的钢材。

低合金结构钢主要用于轧制各种型钢（角钢、槽钢、工字钢）、钢板、钢管及钢筋，广泛用于钢结构和钢筋混凝土结构中，特别适用于各种重型结构、大跨度结构、高层结构及桥梁工程等。用于大跨度和大柱网的结构时，其技术经济效果更为显著。

中国2008年奥运会场馆"鸟巢"的钢结构最大跨度达到343 m，编织"鸟巢"的钢铁"树枝"重达4.6万t。4万多吨的钢结构要靠自身的24根钢柱支撑，如果使用普通钢材，厚度至少要达到220 mm。这样，整个工程的钢材质量将超过8万t，钢板太厚，不仅不便于运输，焊接也非常困难。经过专家论证，Q460厚钢板是最好的选择。在国家标准中，这种钢板的最大厚度为100 mm。从未在建筑中使用过，产品也要从卢森堡、韩国和日本等国家进口，即使在国外也从来没有生产过厚度超过100 mm的钢板。中国舞阳钢铁公司经过研制，终于生产出110 mm厚的"鸟巢"特殊用钢Q460E - Z35。它集刚性、柔韧于一体，实现了"鸟巢"的抗震性、抗低温性、焊接性的三效合一。其他钢材如Q355C、Q420C等高强度钢材也成为奥运场馆的主要用材。

▶ 3.5.2　钢结构常用的钢材

各种型钢有热轧和冷轧两种。

1）热轧型钢

热轧型钢有H型钢、T型钢、工字钢、槽钢、角钢、Z型钢等。

钢结构用钢的钢种和钢号主要根据结构与构件的重要性、荷载的性质（静载或动载）、连接方法（焊接、铆接或螺栓连接）、工作条件（环境温度及介质）等因素予以选择。对于承受动荷载的结构及处于低温环境的结构，应选择韧性好、脆性临界温度低、疲劳极限较高的钢材；对于焊接结构，应选择可焊性较好的钢材。

我国建筑用热轧型钢主要采用碳素结构钢和低合金钢。在《钢结构设计标准》(GB 50017—2017)中，推荐使用低合金钢，主要有Q345(16Mn)及Q390(15MnV)两种，可用于大跨度、承受动荷载的钢结构中。在碳素钢中主要采用Q235-A(含碳量为0.14%~0.22%)，其强度适中，塑性和可焊性较好，而且冶炼容易、成本低廉，适合于土木工程使用。

热轧型钢的标记方式为一组符号，包括型钢名称、横断面主要尺寸、型钢标准号及钢号与钢种标准等。

工程中常用的新型经济建筑用钢——H型钢。热轧H型钢分三类：宽翼缘H型钢(HK)、窄翼缘H型钢(HZ)和H型钢桩(HU)。其表示方法为：截面高度H×宽度B×腹板厚度t_1×翼板厚度t_2，如H型钢Q300 200×200×8×12表示为高200 mm、宽200 mm、腹板厚度8 mm、翼板厚12 mm的宽翼缘H型钢，其牌号为Q300。H型钢截面形状经济合理，力学性能好，轧制时截面上各点延伸较均匀、内应力小，与普通工字钢相比，具有截面模数大、质量轻、节省金属的优点，可使建筑结构减轻30%~40%；又因其腿内外侧平行，腿端是直角，拼装组合成构件，可节约焊接、铆接工作量达25%。H型钢常用于要求承载能力大、截面稳定性好的大型建筑（如厂房、高层建筑等），以及桥梁、船舶、起重运输机械、设备基础、支架、基础桩等。

2）冷弯薄壁型钢

冷弯薄壁型钢通常是用 2～6 mm 薄钢板冷弯或模压而成的,有角钢、槽钢等开口薄壁型钢及方形、矩形等空心薄壁型钢,主要用于轻型钢结构。其标识方法与热轧型钢相同。

3）钢板、压型钢板

用光面轧辊机轧制成的扁平钢材,以平板状态供货的称为钢板,以卷状供货的称为钢带。按轧制温度不同,分为热轧和冷轧两种;按厚度不同,热轧钢板分为薄板(厚度小于 4 mm)、中板(厚度为 4～25 mm)和厚板(厚度大于 25 mm)三种。薄钢板是用热轧或冷轧方法生产的厚度为 0.2～4 mm 的钢板,薄钢板宽度为 500～1 400 mm。厚钢板是厚度在 4 mm 以上的钢板的统称。在实际工作中,常将厚度小于 20 mm 的钢板称为中板,厚度为 20～60 mm 的钢板称为厚板,厚度大于 60 mm 的钢板则需在专门的特厚板轧机上轧制,故称特厚板。冷轧钢板只有薄板一种。

工程用钢板及钢带主要是碳素结构钢。一些重型结构、大跨度桥梁、高压容器等也采用低合金钢板。薄钢板经冷压或冷轧成波形、双曲形、W 形等形状,称为压型钢板。彩色钢板、镀锌薄钢板、防腐薄钢板等都可用来制作压型钢板。其特点是质量轻、强度高、抗震性能好、施工快、外形美观等,主要用于围护结构、楼板、屋面等。

彩色钢板以冷轧钢板、镀锌钢板等为基板,经过表面预处理,用辊涂的方法,涂上一层或多层液态涂料,经过烘烤和冷却所得的板材即为涂层钢板。由于涂层可以有各种不同的颜色,习惯上把涂层钢板叫作彩色涂层钢板,简称彩色钢板(又称彩涂板)。又由于涂层是在钢板成型加工之前进行的,在国外又叫作预涂层钢板。建筑用彩色涂层钢板一般以热镀锌钢板和热镀铝锌钢板为基板,经辊压或冷弯加工成 V 形、U 形、梯形或类似形状的波纹瓦楞板,并注入聚氨酯硬质泡沫复合形成聚氨酯复合夹心板(保温材料)后,用于建造钢结构厂房、机场、库房、冷冻库等工业和商业建筑的屋顶、墙面、门。

4）钢管

钢管是指两端开口并具有中空断面,其长度与周边之比较大的钢材。按生产方法可分为焊接钢管和无缝钢管,钢管的规格用外形尺寸(如外径或边长)及壁厚表示,其尺寸范围很广,包括从直径很小的毛细管到直径达数米的大口径管。按断面形状又可分为圆形钢管和异形钢管,广泛应用的是圆形钢管,但也有一些方形、矩形、半圆形、六角形、等边三角形、八角形等异形钢管。按壁厚分为薄壁钢管和厚壁钢管。对于承受流体压力的钢管都要进行液压试验来检验其耐压能力和质量,在规定的压力下不发生泄漏、浸湿或膨胀为合格。

钢管在网架、桁架、高层建筑、高耸建筑及钢管混凝土中广泛使用。

(1)焊接钢管

焊接钢管也称焊管,是用钢板或钢带经过卷曲成型后焊接制成的钢管。焊接钢管生产工艺简单,生产效率高,品种规格多,但一般强度低于无缝钢管。随着优质带钢连轧生产的迅速发展以及焊接和检验技术的进步,焊缝质量不断提高,焊接钢管的品种、规格日益增多,并在越来越多的领域代替了无缝钢管。

焊接钢管按焊缝的形式分为直缝焊管和螺旋焊管。

直缝焊管生产工艺简单,生产效率高,成本低,发展较快。螺旋焊管的强度一般比直缝焊管高,能用较窄的坯料生产管径较大的焊管,还可以用同样宽度的坯料生产管径不同的焊管。但是与相同长度的直缝管相比,焊缝长度增加 30%～100%,而且生产速度较低。因此,较小口径的焊管大都采用直缝焊,大口径焊管则大多采用螺旋焊。

低压流体输送用焊接钢管也称一般焊管,俗称黑管,是用于输送水、煤气、空气、油和取暖蒸汽等一般较低压力流体和其他用途的焊接钢管。钢管按壁厚分为普通钢管和加厚钢管;按管端形式分为不带螺纹钢管(光管)和带螺纹钢管。钢管的规格用公称口径(mm)表示,公称口径是内径的近似值,习惯上常用英寸表示。

低压流体输送用镀锌焊接钢管也称镀锌电焊钢管,俗称白管,是用于输送水、煤气等一般较低压力流体或其他用途的热浸镀锌焊接(炉焊或电焊)钢管。钢管按壁厚分为普通镀锌钢管和加厚镀锌钢管;按管端形式分为不带螺纹镀锌钢管和带螺纹镀锌钢管。

普通碳素钢电线套管是工业与民用建筑、安装机械设备等电气安装工程中用于保护电线的钢管。

桩用螺旋焊缝钢管是以热轧钢带卷作管坯,经常温螺旋成型,采用双面埋弧焊接或高频焊接制成的,用于土木建筑结构、码头、桥梁等基础桩的钢管。

(2)无缝钢管

无缝钢管是一种具有中空截面、周边没有接缝的长条钢材。钢管具有中空截面,大量用作输送流体的管道。钢管与圆钢等实心钢材相比,在抗弯强度和抗扭强度相同时,其质量较轻,是一种经济截面钢材,广泛用于制造结构件和机械零件,以及建筑施工中用的钢脚手架等。钢管按横截面形状不同可分为圆管和异形管。由于在周长相等的条件下,圆面积最大,用圆形管可以输送更多的流体。此外,圆环截面在承受内部或外部径向压力时,受力较均匀,因此绝大多数钢管是圆管。但是,圆管也有一定的局限性,如在受平面弯曲的条件下,圆管就不如方形、矩形管抗弯强度大,一些轻钢结构等常用方形、矩形管。根据不同用途还有其他截面形状的异形管。

结构用无缝钢管是用于一般结构和机械结构的无缝钢管。流体输送用无缝钢管是用于输送水、油、气等流体的一般无缝钢管。

异形无缝钢管是除圆管外的其他截面形状的无缝钢管的总称。按钢管截面形状尺寸的不同又可分为等壁厚异形无缝钢管(代号为 D)、不等壁厚异形无缝钢管(代号为 BD)、变直径异形无缝钢管(代号为 BJ)。异形无缝钢管广泛用于各种结构件。与圆管相比,异形管一般都有较大的惯性矩和截面模数,有较大的抗弯、抗扭能力,可以大大减轻结构质量,节约钢材。

(3)钢塑复合管、大口径涂敷钢管

钢塑复合管是以热浸镀锌钢管作基体,经粉末熔融喷涂技术在内壁(需要时外壁亦可)涂敷塑料而成的,性能优异。与镀锌管相比,具有抗腐蚀、不生锈、不积垢、光滑流畅、清洁无毒、使用寿命长等优点。据测试,钢塑复合管的使用寿命为镀锌管的 3 倍以上。与塑料管相比,它具有机械强度高、耐压和耐热性好等优点。由于基体是钢管,所以不存在脆化、老化问题,可广泛应用于自来水、煤气、化工产品等流体输送及取暖工程,是镀锌管的升级换代产品。

大口径涂敷钢管是在大口径螺旋焊管和高频焊管的基础上涂敷塑料而成的,最大管口直径达 1 200 mm,可根据不同的需要涂敷聚氯乙烯(PVC)、聚乙烯(PE)、环氧树脂(EPOZY)等各种不同性能的塑料涂层。其附着力好,抗腐蚀性强,可耐强酸、强碱及其他化学腐蚀,无毒,不锈蚀,耐磨、耐冲击、耐渗透性强,管道表面光滑,不黏附任何物质,能降低输送时的阻力,提高流量及输送效率,减少输送压力损失。涂层中无溶剂、无可渗出物质,因而不会污染所输送的介质,从而保证流体的纯洁度和卫生性。在 −40 ~ +80℃内可冷热循环交替使用,不老化、不龟裂,因而可以在寒冷地带等苛刻的环境下使用。大口径涂敷钢管广泛应用于自来水、天然气、石油、化工、电力、海洋等工程领域。

由于钢材材质均匀,可视为各向同性,强度高,质量轻,延性、塑性和韧性都好。国内外工程实践证明,钢结构抗震性能好,宜于用作承受振动和冲击的结构,并且由于便于建筑选型、外形美观、施工安装简便快捷、有利于保证工程质量、检测方便、工期短、相对所占建筑操作面较小等一系列优点,已在各种工程建设中得到广泛应用,同时在应用中总结了经验,为其进一步发展创造了条件。

▶ 3.5.3 钢筋混凝土结构用钢

钢筋混凝土结构用钢是指钢筋混凝土配筋用的直条或盘条状钢材,其外形分为光圆钢筋和变形(带肋)钢筋两种,交货状态为直条和盘圆两种。光圆钢筋实际上就是普通低碳钢的小圆钢和盘圆。变形钢筋是表面带肋的钢筋,通常带有 2 条纵肋和沿长度方向均匀分布的横肋。横肋的外形有螺旋形、人字形、月牙形三种。变形钢筋的公称直径相当于横截面粗等的光圆钢筋的公称直径。钢筋的公称直径为8 ~ 50 mm,推荐采用的直径为 8 mm、12 mm、16 mm、20 mm、25 mm、32 mm、40 mm。钢筋在混凝土中主要承受拉应力。变形钢筋由于肋的作用,与混凝土有较强的黏结能力,因而能更好地承受外力的作用。钢筋广泛用于各种建筑结构,特别是大型、重型、轻型薄壁和高层建筑结构,

1)热轧钢筋

钢筋混凝土用热轧钢筋,根据其表面状态特征、工艺与供应方式可分为热轧光圆钢筋、热轧带肋钢筋与热轧热处理钢筋等。热轧带肋钢筋通常为圆形横截面,且表面通常带有 2 条纵肋和沿长度方向均匀分布的横肋。按肋纹的形状分为月牙肋和等高肋,如图 3.8 所示。热轧钢筋按其力学性能分为 Ⅰ级、Ⅱ级、Ⅲ级、Ⅳ级,包括 HRB400、HRB500、HRB600、HRB400E、HRB500E。其中Ⅰ级钢筋由碳素结构钢轧制而成,其余均由低合金钢轧制而成。其牌号由 HRB 和规定屈服强度最小值构成。

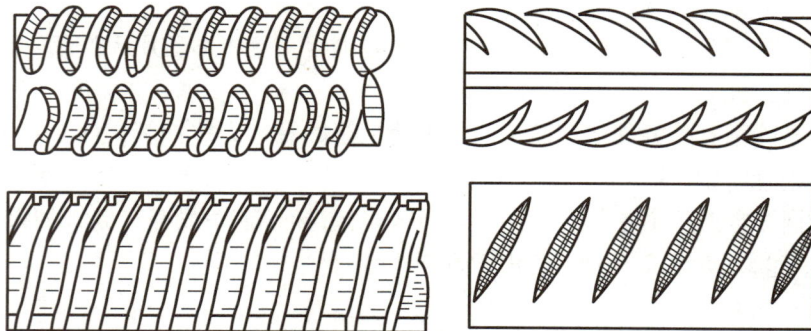

图 3.8 带肋钢筋

Ⅰ级钢筋的强度较低,但塑性及焊接性能很好,便于各种冷加工,故广泛用作普通钢筋混凝土构件的受力筋及各种钢筋混凝土结构的构造筋。Ⅱ级和Ⅲ级钢筋的强度较高,塑性和焊接性能也较好,广泛用作大、中型钢筋混凝土结构的受力钢筋。Ⅳ级钢筋强度高,但塑性和可焊性较差,可用作预应力钢筋。

含钒的Ⅲ级螺纹钢筋(20MnSiV)在生产过程中加入了钒、铌、钛等合金,与普通Ⅱ级螺纹钢筋相比,具有强度高、韧性好、焊接性能和抗震性能良好的优点。在欧洲等发达国家建筑市场,Ⅲ级螺纹钢筋占整个螺纹钢总量的80%,如英国、德国、澳大利亚、日本等国家使用高强度含钒Ⅲ级螺纹钢筋已达80% ~ 90%。我国也已大量使用。

含钒Ⅲ级螺纹钢筋具有以下优点:

①经济。由于强度高,使用新Ⅲ级螺纹钢筋可比Ⅱ级螺纹钢筋节约钢材 10% ~ 15%,因此可降低建筑工程的建设成本。

②强度高、韧性好。采用微合金化处理,屈服点在 400 MPa 以上,抗拉强度在 570 MPa 以上,比Ⅱ级螺纹钢筋提高 20%。

③抗震。含钒钢筋具有较高的抗弯强度和时效性能,较好的抗疲劳性能,其抗震性能明显优于Ⅱ级

螺纹钢筋。

④易焊接。由于碳含量不大于 0.54% ,焊接性能好,适用于各种焊接方法,工艺简单。

⑤施工方便。采用新Ⅲ级螺纹钢筋增大了施工间隙,施工更加方便,保证了施工质量。

有较高要求的抗震结构所使用的钢筋,其牌号是在已有的牌号后加 E,如 HRB400E、HRBF400E,应满足以下要求:

①钢筋实测抗拉强度与实测屈服强度之比不小于 1.25。

②钢筋实测屈服强度与规定的屈服特征值之比不大于 1.30。

③钢筋的最大总伸长率不小于 9% 。

2)冷轧带肋钢筋

热轧圆盘条经冷轧后,在其表面带有沿长度方向均匀分布的三面或两面横肋,即成为冷轧带肋钢筋。冷轧带肋钢筋按抗拉强度分为 5 个牌号,分别为 CRB550、CRB650、CRB800、CRB970、CRB1170。C、R、B 分别为冷轧、带肋、钢筋三个词(Cold rolled ribbed bar)的英文首位字母,数值为抗拉强度的最小值。与冷拔低碳钢丝相比,冷轧带肋钢筋具有强度高、塑性好、与钢筋黏结牢固、节约钢材、质量稳定等优点。冷轧带肋钢筋的公称直径为 4 ~ 12 mm。

3)预应力混凝土用热处理钢筋

预应力混凝土用热处理钢筋是用热轧带肋钢筋经淬火和回火调质处理后的钢筋,其直径有 6 mm、8.2 mm、10 mm 三种规格。热处理钢筋成盘供应,每盘长 100 ~ 120 m,开盘后钢筋自然伸直,按要求的长度切断。热处理钢筋的抗拉强度 $\sigma_b \geq 1\,500$ MPa、屈服强度 $\sigma_{0.2} \geq 1\,350$ MPa、伸长率 $\delta_{0.2} \geq 6$ 。为增加与混凝土的黏结力,钢筋表面常轧有通长的纵肋和均布的横肋。热处理钢筋的设计强度取标准强度的 80% ,先张法和后张法预应力的张拉控制应力分别为标准强度的 7% 和 65% 。

预应力混凝土用热处理钢筋的优点是:强度高,可代替高强钢丝使用;配筋根数少,节约钢材;锚固性好,不易打滑,预应力值稳定;施工简便,开盘后钢筋自然伸直,不需调直,不能焊接或氧气切割。其主要用作预应力钢筋混凝土轨枕,也用于预应力梁、板结构及吊车梁等。

4)预应力混凝土用钢丝及钢绞线

(1)预应力混凝土用钢丝

预应力混凝土用钢丝是采用优质碳素钢或其他性能相应的钢种,经冷加工及时效处理或热处理而制成的高强度钢丝。其按加工状态可分为冷拉钢丝及消除应力钢丝两种,按外形又可分为光圆钢丝和刻痕钢丝两种。冷拉钢丝的公称直径有 3 mm、4 mm、5 mm 三种。它们的抗拉强度 σ_b 为 1 470 ~ 1 670 MPa,屈服强度 $\sigma_{0.2}$ 可达 1 110 ~ 1 250 MPa,$\sigma_{0.2}$ 不小于 σ_p 的 75% ,伸长率为 2% ~ 3% 。消除应力钢丝的公称直径有 4 mm、5 mm、6 mm、7 mm、8 mm、9 mm 六种规格,σ_b 和 $\sigma_{0.2}$ 随公称直径的不同而不同,σ_b 一般为 1 470 ~ 1 770 MPa,$\sigma_{0.2}$ 一般为 1 250 ~ 1 500 MPa,一般 $\sigma_{0.2}$ 不小于 σ_p 的 85% 。其伸长率较低,当标距为 100 mm 时,伸长率小于 4% 。其应力松弛分为两级:Ⅰ级松弛为普通松弛,1 000 h 应力损失试验的损失率为 4.5% ~12% ;Ⅱ级松弛为低松弛,1 000 h 应力损失试验的损失率为1% ~ 4.5% 。

刻痕钢丝的公称直径有 5 mm 和 7 mm 两种规格。σ_b 为 1 470 ~ 1 570 MPa,$\sigma_{0.2}$ 为 1 250 ~ 1 340 MPa,伸长率小于 4% 。1 000 h 应力损失试验的损失率为 2.5% ~8% 。

预应力钢丝具有强度高、柔性好、松弛率低、耐腐蚀等特点,适用于各种特殊要求的预应力结构,主要用于大跨度屋架及薄腹梁、大跨度吊车梁、桥梁、电杆、轨枕等的预应力钢筋。其技术性能应符合《预应力混凝土用钢丝》(GB/T 5223—2014)的要求。

(2)预应力混凝土用钢绞线

预应力混凝土用钢绞线是由 2 根、3 根或 7 根直径为 2.5~5.0 mm 的高强度钢丝,绞捻后经一定热处理清除内应力而制成的。一般以一根钢丝为中心,其余几根钢丝围绕着进行螺旋状左捻绞合,再经低温回火制成。7 根钢丝捻成的钢绞线直径有 9.0 mm、12.0 mm 和 15.0 mm 三种。整根钢绞线的最大负荷可达 300 kN,屈服负荷可达 255 kN,伸长率小于 3.5% ,其 1 000 h 应力损失率不大于 2.5%~8% 。

钢绞线具有强度高、与混凝土黏结性好、断面面积大、使用根数少、在结构中布置方便、易于锚固等优点。主要用于大跨度、大负荷的后张法预应力屋架、桥梁和薄腹梁及曲面配筋等结构的预应力筋。

▶ 3.5.4 钢材的选用原则

钢材的破坏分塑性破坏和脆性破坏两种。塑性破坏加载后有较大变形,因此破坏前有预兆,断裂时断口呈纤维状,色泽发暗。脆性破坏加载后无明显变形,因此破坏前无预兆,断裂时断口平齐,呈有光泽的晶粒状。脆性破坏危险性大。

影响脆性的因素包括化学成分、冶炼缺陷(偏析、非金属夹杂、裂纹、起层)、温度(热脆、低温冷脆)、冷作硬化、时效硬化、应力集中等。

因此,选用钢材时需要考虑结构的特点、结构的类型及重要性、荷载的性质、连接方法、结构的工作温度、构件的受力性质。选用的钢材既能使结构安全可靠地满足使用上的要求,又要尽最大可能节约材料,降低造价。

钢材的选用一般应遵循以下原则:

①荷载性质。对于经常承受动力或振动荷载的结构,容易产生应力集中,从而引起疲劳破坏,需要选用材质高的钢材。

②使用温度。对于经常处于低温状态的结构,钢材容易发生冷脆断裂,特别是焊接结构更甚,因而要求钢材具有良好的塑性和低温冲击韧性。

③连接方式。对于焊接结构,当温度变化或受力性质改变时,焊缝附近的母体金属容易出现冷、热裂纹,促使结构早期破坏。所以,焊接结构对钢材化学成分和机械性能要求应较严。

④钢材厚度。钢材力学性能一般随厚度增大而降低,钢材经多次轧制后,钢的内部结晶组织更为紧密,强度更高,质量更好,故一般结构用的钢材厚度不宜超过 40 mm。

⑤结构重要性。选择钢材要考虑结构使用的重要性,如大跨度结构、重要的建筑物结构,须相应选用质量更好的钢材。

3.6 钢材的腐蚀与防护

钢材的腐蚀是指其表面与周围介质发生化学反应而遭到的破坏过程。根据腐蚀作用的机理,钢材的腐蚀可分为化学腐蚀和电化学腐蚀两种。在自然气候下,钢材受腐蚀减薄 5 年可达 0.1~1.0 mm 或以上,在长期或特殊及人为的恶劣环境下,腐蚀更为严重。

▶ 3.6.1 腐蚀原因

1)化学腐蚀

化学腐蚀是指钢材直接与周围介质发生化学反应而产生的腐蚀。这种腐蚀多数是氧化作用,使钢材表面形成疏松的氧化物。在常温下,钢材表面能形成一薄层起保护作用的氧化膜 FeO,可以防止钢材进一步锈蚀。因此,在干燥环境下,钢材锈蚀进展缓慢,但在温度和湿度较高的环境中,这种腐蚀进展加快。

2)电化学腐蚀

电化学腐蚀是建筑钢材在存放和使用中发生腐蚀的主要类型。它是指钢材与电解质溶液接触而产生电流,形成微电池而引起的腐蚀。潮湿环境中的钢材表面会被一层电解质水膜所覆盖,而钢材含有铁、碳等多种成分,由于这些成分的电极电位不同,从而使钢的表面层在电解质溶液中构成以铁素体为阳极、以渗碳体为阴极的微电池。在阳极,铁失去电子成为 Fe^{2+} 进入水膜;在阴极,溶于水膜中的氧被还原生成 OH^-。两者结合生成不溶于水的 $Fe(OH)_2$ 并进一步氧化成为疏松易剥落的红棕色铁锈 $Fe(OH)_3$。由于铁素体基体的逐渐锈蚀,钢组织中的渗碳体等暴露出来的越来越多,于是形成的微电池数目也越来越多,钢材的腐蚀速度也就越来越快。

影响钢材腐蚀的主要因素是水、氧及介质中所含的酸、碱、盐等。同时,钢材本身的组织成分对腐蚀影响也很大。埋于混凝土中的钢筋,由于普通混凝土的 pH 值为 12 左右,处于碱性环境中,使之表面形成一层碱性保护膜,它有较强的阻止锈蚀继续发展的能力,故混凝土中的钢筋一般不易腐蚀。

▶ 3.6.2 腐蚀类型

1)均匀腐蚀

均匀腐蚀指腐蚀均匀地分布在材料表面。一般来说,这种腐蚀较轻微,危害性也较小。

2)晶间腐蚀和孔蚀

沿晶界面进行的腐蚀称为晶间腐蚀。在晶界面内由于偏析,所含渗碳体及杂质等一般较多,故构成原电池的阴极,与其相邻的铁素体为阳极。在有腐蚀介质时,铁素体易被氧化成 Fe^{2+},进入介质后发生腐蚀。

在钢材表面因热处理、焊接及机械加工等所遗留下的破损处,以及因化学腐蚀而覆盖有锈皮的地方,均易发生腐蚀,称为孔蚀。在这些缺陷表面吸附的水珠所溶解的氧,近缺陷处浓度较低,与大气接触处浓度较高,形成浓差电池。在有污垢(或锈皮)的金属表面以及与裂隙或伤痕等相接触的金属部位构成阳极,远离这些缺陷的部位构成阴极,从而发生电化学腐蚀,使锈蚀沿裂隙等不断发展。这类腐蚀是最常见的腐蚀。

3)应力腐蚀

钢材经冷加工后具有残余应力,钢结构在受荷时,也会产生应力集中或应力不均匀现象。在应力作用下,金属晶格将发生变形,其电极电位较未变形时低。当有腐蚀性介质存在时,晶格发生变形的部位构成原电池的阳极,其余部位为阴极。因此,受应力部位处于特别容易生锈的状态,如钢筋弯钩的弯曲部位。

4)疲劳腐蚀

疲劳腐蚀是指在腐蚀介质和重复应力的共同作用下,具有孔蚀和应力腐蚀的联合作用。这种情况下钢材更易于发生破坏。

5)冲刷腐蚀

这种腐蚀是在腐蚀介质和机械磨损的共同作用下所产生的。机械冲刷磨损作用破坏了钢材表面的钝化膜,可加速腐蚀介质的作用,钢材的腐蚀产物又使其表面抗冲刷能力下降,从而加速了钢材的破坏。

► 3.6.3 防护措施

1）保护层法

通常的方法是在表面施加保护层，使钢材与周围介质隔离。保护层可分为非金属保护层和金属保护层两类。

非金属保护层常用的是在钢材表面刷漆，常用的底漆有红丹、环氧富锌漆、铁红环氧底漆等，面漆有调和漆、醇酸磁漆、酚醛磁漆等。该方法简单易行，但不耐久。此外，还可以采用塑料保护层、沥青保护层、搪瓷保护层等。

金属保护层是用耐蚀性较好的金属，以电镀或喷镀的方法覆盖在钢材表面，如镀锌、镀锡、镀铬等。薄壁钢材可采取热浸镀锌或镀锌后加涂塑料涂层等措施。

混凝土配筋的防锈措施应根据结构的性质和所处环境条件等考虑混凝土的质量要求，主要是保证混凝土的密实度（控制最大水灰比和最小水泥用量、加强振捣）、保证足够的保护层厚度、限制氯盐外加剂的掺量和保证混凝土一定的碱度等，还可掺用阻锈剂（如亚硝酸钠等）。国外有采用钢筋镀锌、镀镍等方法。对于预应力钢筋，一般含碳量较高，又多经过变形加工或冷加工，因而对锈蚀破坏较敏感，特别是高强度热处理钢筋，容易产生应力锈蚀现象。因此，重要的预应力承重结构除禁止掺用氯盐外，还应对原材料进行严格检验。

2）制成合金

钢材的组织及化学成分是引起腐蚀的内因。通过调整钢材的基本组织或加入某些合金元素，可有效地提高钢材的抗腐蚀能力。例如，在钢中加入一定量的合金元素铬、镍、钛等，制成不锈钢，可以提高耐锈蚀能力。

铬是使不锈钢获得耐蚀性的基本元素，当钢中含铬量达到12%左右时，铬与腐蚀介质中的氧作用，在钢表面形成一层很薄的氧化膜（自钝化膜），可阻止钢的基体进一步腐蚀。除了铬，常用的合金元素还有镍、钼、钛、铌、铜、氮等，以满足各种用途对不锈钢组织和性能的要求。

目前，常使用的有耐候钢、耐腐蚀结构钢、耐酸钢等。耐候钢（即耐大气腐蚀钢）是介于普通钢和不锈钢之间的价廉物美的低合金钢，耐候钢是在普通钢中添加少量铜、镍等耐腐蚀元素而成的，具有优质钢的强韧、塑延、成型、焊割、磨蚀、高温、疲劳等特性，耐候性为普碳钢的2~8倍，能裸露使用或简化涂装使用，大大节约维护成本，具有良好的耐腐蚀性能，使钢结构使用寿命延长。

3）阴极保护法

阴极保护法是根据电化学原理进行保护的一种方法。这种方法可由以下两种途径来实现。

（1）牺牲阳极保护法

牺牲阳极保护法即在需要保护的钢结构上，特别是水下的钢结构上，焊接较钢材更为活泼的金属，如锌、镁等。这些更为活泼的金属在介质中成为原电池的阳极而遭到腐蚀，取代了铁素体，而钢结构均成为阴极而得到保护。

（2）外加电流保护法

外加电流保护法是在钢结构附近，安放一些废钢铁或其他难熔金属，如高硅铁、铅银合金等，将外加直流电源的负极接在被保护的钢结构上，正极接在废钢铁或难熔金属上，通电后阳极被腐蚀，钢结构成为阴极而得到保护。

保护膜与外加电流联合保护法，效果更佳。

本章小结

钢材是现代土木水利工程中重要的结构材料,同时也是一种具有优良性能的材料。钢材的分类和命名较为复杂,而钢材的正确选用对工程质量影响巨大,因此应结合土木水利工程中常用的钢材种类,掌握钢材的分类和命名方法。

钢材的性能主要决定于其中的化学成分。工程用钢主要是以承受拉力、压力、弯曲、冲击等外力的作用,在这些力的作用下,既要有一定的强度和硬度,也要有一定的塑性和韧性。

思考题

3.1 什么是沸腾钢、镇静钢?它们的优缺点是什么?

3.2 什么是屈强比?

3.3 钢材质量等级分几级?哪级质量最好?

3.4 铁碳合金的基本结晶组织有哪些?

3.5 简述化学成分对钢材性能的影响。

3.6 简述低碳钢的冷加工强化及钢材时效后机械性能的变化。

3.7 解释下列钢号含义:Q235-B·b、Q460-D、40Si2Mn、16Mnq、16MnR。

3.8 简述低合金高强度结构钢的优点、钢结构用钢材的主要种类、水工钢结构选用钢材的原则。

3.9 简述钢筋混凝土用钢筋的主要种类、等级及适用范围。

3.10 简述钢材锈蚀的原因、主要类型及防锈措施。

3.11 评价建筑用钢材的主要技术指标是什么?

3.12 含碳量对钢材的性能有哪些影响?硫和磷的含量对钢材的性能有哪些影响?

3.13 钢材的牌号是如何确定的?

3.14 钢筋混凝土用热轧钢筋分为几级?其性能如何?

3.15 钢筋的锈蚀是如何产生的?应如何防护钢筋?

第 **4** 章
岩石与集料

【本章重点】岩石与集料是土木水利工程的基本材料,岩石可自然形成,也可人工制作,集料由岩石加工而成。通过学习了解石材的物理、化学性质等关系,对岩石进行初选。了解集料的制作生产过程,了解集料物理、化学性质与岩石母体之间的关系,集料的外形特性及集料评定。在工程中从节能环保、环境友好角度合理使用岩石和集料。

【本章要求】分析岩石的种类及其不同的物理、化学性质的成因;重点掌握岩石的物理、力学性质的差异;了解集料的生产、集料的种类及分析其不同的物理、化学性质的成因;深刻理解集料的级配的概念;了解岩石、集料的基本物理力学试验;了解开采加工时应充分利用矿产资源,工程中应注意对岩石和集料的合理使用。

4.1 常用的天然岩石

岩石是构成地壳的主要物质。它是由地壳的地质作用形成的固态物质,具有一定的结构构造和变化规律。岩石是各种不同的地质作用所形成的天然固态矿物的集合体。矿物是在地壳中由于造物运动,受各种不同温度、压强等地质作用,多种化学组成所形成的具有一定物理性质和化学性质的单质或化合物。由单一矿物组成的岩石称为单矿岩;由两种或更多种矿物组成的岩石称为多矿岩。目前已发现的矿有 3 300 多种,绝大多数是固态无机物。主要造岩矿物有 30 多种。例如石灰岩主要是由方解石矿物组成的单矿岩;花岗岩是由长石、石英、云母等几种矿物组成的多矿岩。岩石中的造岩矿物有很多种,主要有石英、长石、云母、角闪石、辉石、橄榄石、方解石、白云石等。岩石的性质主要取决于组成矿物的特性,同时受矿物含量、颗粒结构、节理、裂隙等因素的影响。即使是同类岩石,由于不同的成岩条件和造岩矿物生成条件,各类岩石也具有不同的结构和构造特征,它们对岩石的物理性质和力学性能均有很大影响,岩石性质也有所差异。大致可按"化学成分→矿物→矿物含量→颗粒结构→相→结构构造→

岩石"的脉络来理解其形成及性能。

岩石由于形成条件不同,按地质分类法分为岩浆岩(火成岩)、沉积岩(水成岩)及变质岩三大类。

► 4.1.1 岩浆岩

1)岩浆岩的形成

岩浆岩又称火成岩,是地壳内的熔融岩浆在地壳下或喷出地壳后冷凝而成的岩石。岩浆岩和岩石的形成示意图分别如图4.1、图4.2所示。

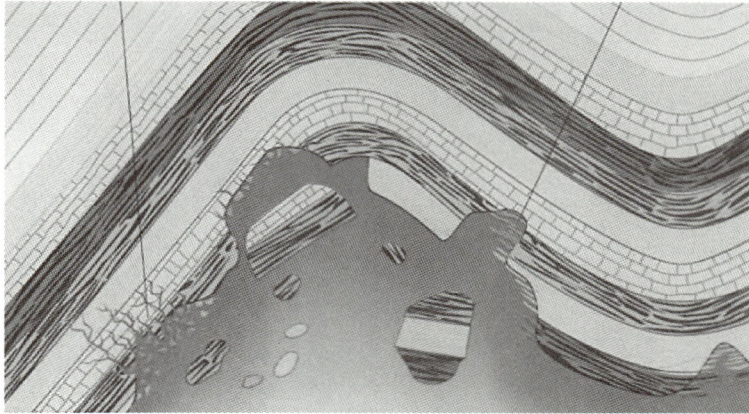

图4.1 岩浆岩形成示意图

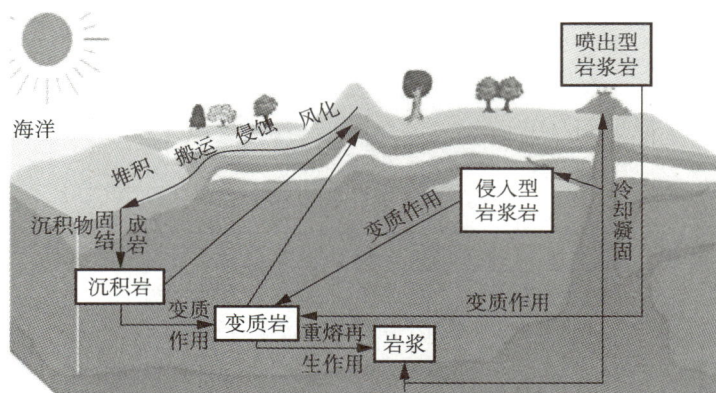

图4.2 岩石形成示意图

根据不同的形成条件,岩浆岩可分为以下3种:

(1)深成岩

地壳深处的岩浆在高温等条件下,在受上部覆盖层压力的作用下经长时间缓慢冷凝形成的岩石是深成岩。深成岩在高温高压作用下,结晶完整、晶粒粗大、结构致密,具有抗压强度高、孔隙率及吸水率小、表观密度大、抗冻性好等特点。土木水利工程常用的深成岩有花岗岩、正长岩、橄榄岩、闪长岩等。

(2)喷出岩

岩浆喷出地表时,在压力降低和冷却较快的条件下形成的岩石是喷出岩。压力降低且降温较快,使得大部分岩浆并没有完全结晶,常呈细小的结晶(隐晶)或非结晶(玻璃质)结构,结构局部致密。当喷出的岩浆形成较厚的岩层时,其岩石结构具有抗压强度高、孔隙率及吸水率小、表观密度大、抗冻性好等特点;当形成较薄的岩层时,由于冷却速度快及气压作用而易形成多孔结构的岩石,其抗压强度、孔隙率及吸水率、表观密度、抗冻性等性能相比深成岩大为减弱。土木水利工程常用的喷出岩有玄武岩、安山岩、辉绿岩等。

(3)火山岩

火山爆发时喷到空中、流淌到地面的岩浆很快被冷却形成的岩石是火山岩。由于形成原因不同,岩石的结构与性质在抗压强度、孔隙率及吸水率、表观密度、抗冻性等方面各不相同。既有多孔非结晶(玻璃质)结构、表观密度小的散粒状火山岩,如火山灰、火山渣、浮岩等;也有受到覆盖层压力作用,经散粒状火山岩堆积、凝聚而成的大块的胶结火山岩,如火山凝灰岩等。

2)岩浆岩的种类

岩浆化学成分决定岩浆岩的矿物成分,岩浆岩化学成分相当复杂,其中含量最高、影响最大的是SiO_2。岩石种类与SiO_2含量的关系如图4.3所示。

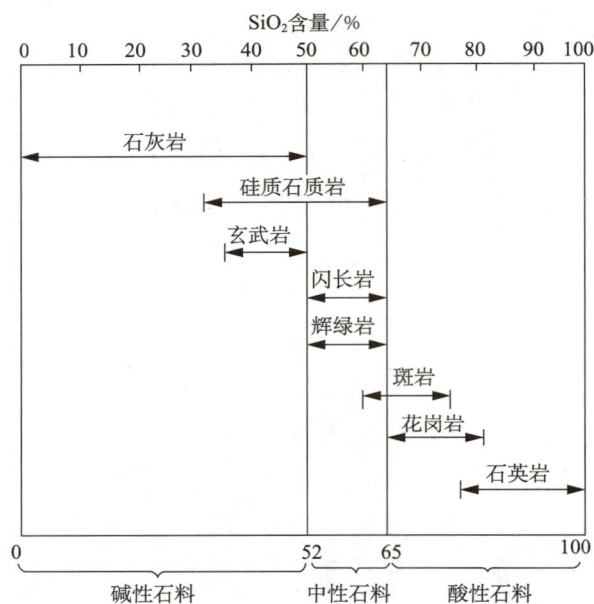

图4.3 岩石种类与SiO_2含量的关系

岩浆岩可根据SiO_2的含量分为如下4类:

(1)酸性岩类(SiO_2含量>65%)

矿物成分以石英、正长石为主,并含有少量的黑云母和角闪石。岩石的颜色浅,密度小。常见的酸性岩类有花岗岩、花岗斑岩、流纹岩等。

(2)中性岩类(SiO_2含量为52%~65%)

矿物成分以正长石、斜长石、角闪石为主,并含有少量的黑云母及辉石。岩石的颜色比较深,密度比较大。常见的中性岩类有正长岩、正长斑岩、粗面岩、闪长岩、闪长斑岩、宝山岩等。

(3)基性岩类(SiO_2含量为45%~52%)

矿物成分以斜长石、辉石为主,含有少量的角闪石及橄榄石。岩石的颜色深,密度也比较大。常见的基性岩类有辉长岩、辉绿岩、玄武岩等。

(4)超基性岩类(SiO_2含量<45%)

矿物成分以橄榄石、辉石为主,其次有角闪石,一般不含硅铝矿物。岩石的颜色很深,密度很大。

3）常见的岩浆岩

花岗岩（图4.4、图4.5）是岩浆岩中分布较广的一种岩石，主要由长石、石英和少量云母（或角闪石等）组成，具有致密的结晶结构和块状构造。其颜色一般为灰白、微黄、淡红等。由于结构致密，其孔隙率和吸水率很小，表观密度通常大于 2 700 kg/m³；抗压强度可以达 120～250 MPa；抗冻性达 F100、F200 次冻融循环；耐风化，使用期为 75～200 年；对硫酸和硝酸的腐蚀具有较强的抵抗性。表面经琢磨加工后光泽美观，是优良的装饰材料。但在高温作用下，由于花岗岩内的石英膨胀将石材引起破坏，其耐火性不好。土木水利工程中花岗岩常用作土建结构物，如台阶、路面、墙石、闸坝、桥墩等。

图4.4 花岗岩1

图4.5 花岗岩2

玄武岩（图4.6）是喷出岩中最普通的一种，颜色较深，常呈玻璃质或隐晶质结构，有时也呈多孔状或斑形构造。硬度高，脆性大，抗风化能力强，表观密度可达到 2 900 kg/m³，抗压强度一般大于 100 MPa，常用作高强混凝土的骨料、高等级道路路面的上面层等。

辉绿岩（图4.7）主要由铁、铝硅酸盐组成，具有较高的耐酸性。其熔点为 1 400～1 500 ℃，可用作铸石的原料，所制得的铸石结构均匀致密且耐酸性好，是化工设备耐酸衬里的良好材料。常用作高强混凝土的骨料、耐酸混凝土骨料、道路路面的抗滑表层等。

图4.6 玄武岩

图4.7 辉绿岩

火山灰是颗粒粒径小于 4.75 mm 的粉状火山岩。它具有火山灰活性，即在常温和有水的情况下可与石灰（CaO）反应生成具有水硬性胶凝能力的水化物。因此，可用作水泥的混合材或配置混凝土的外掺料。浮岩粒径大于 4.75 mm 并具有多孔构造（海绵状或泡沫状火山玻璃）的火山岩，表观密度小，一般为 300～600 kg/m³，可用作轻质混凝土的骨料。主要岩浆岩的矿物成分及性质可参见表4.1。

表 4.1　岩浆岩矿物成分及性质

岩浆岩		矿物成分	主要性质	
深成岩	喷出岩		表观密度（kg/m³）	抗压强度（MPa）
花岗岩	石英斑岩	石英、长石、云母	2 500 ~ 2 700	120 ~ 250
正长岩	粗面岩	长石、暗色矿物（较少）	2 600 ~ 2 800	120 ~ 250
闪长岩	安山岩	长石、暗色矿物（较多）	2 800 ~ 3 000	150 ~ 300
灰长岩	玄武岩 辉绿岩	暗色矿物	2 900 ~ 3 500	100 ~ 500

▶ 4.1.2　沉积岩

1）沉积岩的形成和种类

在地球 40 亿年漫长的时间岁月里，地质变化频繁，使得原位于地壳表面的岩石经过物理、化学和生物等作用，逐渐破坏成大小不同的碎屑颗粒或化学成分复杂多样的可溶解物质，经水流、风力等的搬运、堆积、再汇合，不同质量、不同粒径或不同矿物组成新的成分在特定条件（地壳运动、地质变迁、高温高压等）及较长时间作用下相互融合、再次压实、相互胶结、重结晶等而形成的岩石称为沉积岩。其特征是多数呈层状、片状构造，外观有明显的多层理，表观密度小，一般都具有比较多的孔隙且孔隙率和吸水率较大，强度较低，耐久性较差，垂直层理方向与平行层理方向的性质存在差异。沉积岩是地壳表面分布最广的一种岩石。由于沉积岩是逐渐沉积而成，主要存在于地表及地下不太深处，体积只占地壳的 5%，露出面积约占陆地表面积的 75%。根据沉积岩的生成条件，可分为机械沉积岩、化学沉积岩、生物有机沉积岩。

2）常用的沉积岩

（1）石灰岩

石灰岩（图 4.8）主要化学成分为 $CaCO_3$，主要矿物成分是方解石，但常含有白云石、菱镁硬矿、石英、蛋白石、含水量铁矿物及黏土等。因此，石灰的化学成分、矿物组成、致密程度以及物理性质等差别甚大，表观密度为 2 600 ~ 2 800 kg/m³，抗压强度为 20 ~ 160 MPa，吸水率为 2% ~ 10%。

石灰岩通常为灰白色、浅白色，常因含有杂质而呈深灰、灰黑、浅黄、浅红，所以一般称为灰石或青石。石灰石来源广、硬度低、易劈裂、便于开采，具有一定的强度和耐久性，因而广泛用于土木水利工程作为基础、墙身、台阶石及铺石路面等。目前石灰岩加工的碎石是水泥混凝土和沥青混凝土主要的骨料，也是生产水泥和石灰的主要原料。

图 4.8　石灰岩

图 4.9　砂岩

（2）砂岩

砂岩（图 4.9）主要是由石英砂或石灰岩等细小碎屑经沉积并重新胶结而成的岩石。砂岩的主要矿物为石英，次要矿物有长石、云母及黏土等，它的性质决定于胶结物的种类及胶结的致密程度。以氧化硅胶结而成为硅质砂岩；以碳酸钙胶结而成为石灰质砂岩；还有铁质砂岩和黏土质砂岩。致密的硅质砂岩，其性能接近于花岗岩，密度大、强度高、硬度大、加工较困难，可用于纪念性土木水利工程及耐酸工程等；钙质砂岩的性质类似于石灰岩，抗压强度为 60 ~ 80 MPa，加工较易，应用较广，可用作基础、踏步、人行道等，但不耐酸的侵蚀；铁质砂岩的性能比钙质砂岩差，其密实者可用于一般土木水利工程；黏土质砂岩浸水易软化，土木水利工程中一般不用。

▶ 4.1.3　变质岩

1）变质岩的形成及种类

地壳中原有的各类岩石，在地壳变动或与熔融岩浆接触时，受到高温高压作用，原岩石在固体状态下发生再结晶作用，其矿物成分、结构构造以至化学成分发生部分或全部改变而形成的新岩石是变质岩。变质岩一般可分为片状构造和块状构造两大类。片状构造的变质岩，其矿物晶体按垂直于压力的方向平行排列，例如由花岗岩变质而成的片麻岩、由黏土或页岩变质而成的板岩等。块状构造的变质岩，其矿物结构较原岩石发生了变化，但其构造仍为均质的块状，例如由石灰岩或白云岩变质而成的大理岩、由砂岩变质而成的石英岩等。一般由岩浆岩变质而成的称为正变质岩，常因变质岩产生了片状构造，其性能较原岩石有所降低，如片麻岩等；由沉积岩变质而成的称为副变质岩，它比原岩石更为细密，故建筑性能有所提高，如大理岩、石英岩等。

2）常用的变质岩

（1）大理岩

大理石（图 4.10）由石灰岩或白云岩经高温高压作用，重新结晶变质而成，也称大理岩。其表观密度为 2 500 ~ 2 700 kg/m^3，抗压强度为 50 ~ 140 MPa，耐用年限为 30 ~ 100 年。

大理石构造致密、密度大、硬度不大、易于分割。纯大理石常呈雪白色，含有杂质时，呈现黑、红、黄、绿等各种色彩。锯切、雕刻性能好，磨光后非常美观，可用于高级土木水利工程物的装饰工程。我国的汉白玉、丹东绿切花白、红奶油、墨玉等大理石均为世界著名高级土木水利工程装饰材料。

图 4.10　大理岩

（2）石英岩

石英岩（图4.11）由硅质砂岩变质而成，为晶体结构。岩体均匀致密，抗压强度大（250～400 MPa），耐久性好。但硬度大、加工困难。常用作耐磨耐酸的装饰材料。

（3）片麻岩

片麻岩（图4.12）由花岗岩变质而成，其矿物成分与花岗岩相似，呈片状构造，因而各个方向的物理、力学性质不同。在垂直于解理（片层）方向有较高的抗压强度，可达120～200 MPa。沿解理方向易于开采加工，但在冻融循环过程中易脱落分离成片状，故抗冻性差，易于风化。常用作碎石、块石及人行道石板等。

图4.11 石英岩

图4.12 片麻岩

4.2 天然石材的技术性质、加工类型及选用原则

▶ 4.2.1 技术性质

天然石材的技术性质可分为化学性质、物理性质、力学性质与工艺性质。

天然石材因生成条件各异，常含有不同种类的杂质，矿物成分会有所变动，所以即使是同一类岩石，它们的性质可能也有很大差别。因此在使用时，都必须进行检验和鉴定，以保证工程质量。常用天然石材的性能可参见表4.2。

表4.2 常用天然石材的性能

名称	主要指标			主要用途
花岗岩	表观密度（kg/m³）		2 500～2 700	基础、桥墩、堤坝、阶石、路面、海港结构、基座、勒脚、窗台、装饰石材等
	强度（MPa）	抗压	120～250	
		抗折	8.5～15	
		抗剪	13～19	
	吸水率（%）		<1	
	膨胀系数（10⁻⁶/℃）		5.6～7.34	
	平均韧性（cm）		8	
	平均质量磨耗率（%）		11	
	耐用年限（年）		75～200	

续表

名称	主要指标			主要用途
石灰岩	表观密度(kg/m³)		1 000~2 600	墙身、桥墩、基础、阶石、路面及石灰、粉刷材料原料等
	强度(MPa)	抗压	22~140	
		抗折	1.8~20	
		抗剪	7~14	
	吸水率(%)		2~6	
	膨胀系数(10⁻⁶/℃)		6.75~6.77	
	平均韧性(cm)		7	
	平均质量磨耗率(%)		8	
	耐用年限(年)		20~40	
砂岩	表观密度(kg/m³)		2 200~2 500	基础、墙身、衬面、阶石、人行道、纪念碑及其他装饰石材等
	强度(MPa)	抗压	47~140	
		抗折	3.5~14	
		抗剪	8.5~18	
	吸水率(%)		<10	
	膨胀系数(10⁻⁶/℃)		9.2~11.2	
	平均韧性(cm)		10	
	平均质量磨耗率(%)		12	
	耐用年限(年)		20~200	
大理岩	表观密度(kg/m³)		2 500~2 700	装饰材料、踏步、地面、墙面、柱面、柜台、栏杆、电气绝缘析等
	强度(MPa)	抗压	47~140	
		抗折	2.5~1.6	
		抗剪	8~12	
	吸水率(%)		<1	
	膨胀系数(10⁻⁶/℃)		6.5~11.2	
	平均韧性(cm)		10	
	平均质量磨耗率(%)		12	
	耐用年限(年)		30~100	

1)化学性质

在土木水利工程中,各种矿质集料是与结合料(水泥或沥青)组成混合料而使用于结构物中的。早年的研究认为,矿质集料是一种惰性材料,它在混合料中只起着物理作用。随着近代物化力学研究的发展,认为矿质集料在混合料中与结合料起着复杂的物理-化学作用,矿质集料的化学性质很大程度地影响着混合料的物理-力学性质。在沥青混合料中,矿质集料的化学性质变化对沥青混合料的物理-力学性质起着极为重要的作用。例如,在其他条件完全相同的情况下,采用石灰岩、花岗岩和石英岩与同一种沥青组成的沥青混合料,它们的强度和浸水后强度就有差异。

2)物理性质

由于石材、集料(石材加工制成)含有一定的孔隙(包括开口孔隙和闭口孔隙),因此考虑孔隙方式的不同,其密度的计算结果也不同。图 4.13 所示为石材组成结构示意图。

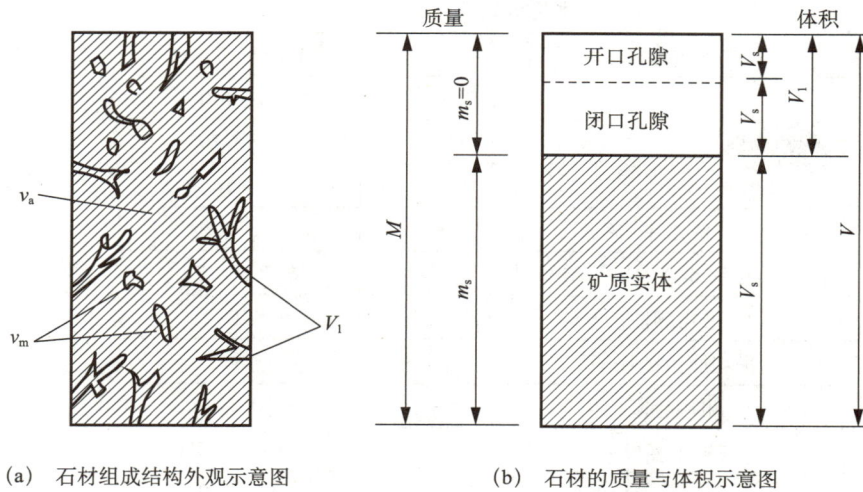

(a) 石材组成结构外观示意图　　　　(b) 石材的质量与体积示意图

图 4.13　石材组成结构示意图

(1)石材和集料的真实密度

石材、集料的真实密度是材料单位体积(指材料的实体矿物体积,不包括闭口孔隙体积、开口空隙体积)所具有的质量。制备条件是在规定温度(105～110 ℃)烘干至恒重,烘干时间一般为 6～12 h,然后置于干燥器中冷却至温度为(20±2)℃备用,直至达到绝对密实状态(指不包括任何孔隙)。石材、集料的真实密度按式(4.1)计算:

$$\rho = \frac{m_s}{v_s} \qquad (4.1)$$

式中:ρ ——真实密度(g/cm^3);

m_s ——材料干燥状态的质量(g);

v_s ——材料干燥状态绝对密实状态的体积(cm^3)。

石材、集料真实密度的测定原理参考相关试验规程,在测量某些较致密的不规则的散粒石材(如卵石、砂等)的实际密度时,常采用蜡封排水法测量其绝对体积的近似值。本法用洁净水作为试液时,适用于不含水溶性矿物成分的岩石的密度测量;对于含水溶性矿物成分的岩石,应使用中性液体(如煤油)作为试液。

(2)石材和集料的表观密度

石材和集料的表观密度是材料单位体积(材料的实体矿物体积、闭口孔隙体积及开口空隙体积的总和)所具有的质量,按式(4.2)计算:

$$\rho_a = \frac{m_s}{v_s + v_v + v_n} \qquad (4.2)$$

式中:ρ_a ——表观密度(g/cm^3);

m_s ——材料干燥状态的质量(g);

v_s ——材料实体材料的体积(cm^3);

v_v ——材料开口孔隙的体积(cm^3);

v_n ——材料不吸水的闭口孔隙的体积(cm^3)。

表观密度的测定原理参考相关试验规程。天然石材根据表观密度大小,可分为轻质石材(表观密度

≤1 800 kg/m³)、重质石材(表观密度 > 2 800 kg/m³)。表观密度的大小常间接反映石材的致密程度与孔隙多少。在通常情况下,同种石材的表观密度越大,则抗压强度越高,吸水越小,耐久性强、导热性好。

(3)石材和集料的堆积密度

石材和集料的堆积密度是指材料在堆积状态下单位体积(包含材料实体体积、集料颗粒的开口孔隙、闭口孔隙及颗粒之间的空隙)的质量,按式(4.3)计算:

$$\rho_0 = \frac{m}{v_0} \tag{4.3}$$

式中:ρ_0——堆积密度(g/m³);

m——材料的质量(g);

v_0——材料的堆积体积(cm³)。

(4)吸水性

石材、集料在浸水状态下吸入水分的能力为吸水性。吸水性的大小以吸水率表示。吸水率包括质量吸水率和体积吸水率。

质量吸水率是指石材、集料所吸收水分的质量占材料干燥质量的百分数,按式(4.4)计算:

$$\omega_{质} = \frac{m_{湿} - m_{干}}{m_{干}} \times 100\% \tag{4.4}$$

式中:$\omega_{质}$——石材、集料的质量吸水率(%);

$m_{湿}$——石材、集料饱水后在空气中的质量(g);

$m_{干}$——石材、集料的烘干质量(g)。

体积吸水率是指石材、集料吸收水分的体积占干燥自然体积的百分数,是材料体积内被水充实的程度,按式(4.5)计算:

$$\omega_{体} = \frac{v_{水}}{v_{干}} = \frac{m_{湿} - m_{干}}{v_{干}} \times \frac{1}{\rho_w} \times 100\% \tag{4.5}$$

式中:$\omega_{体}$——石材、集料的体积吸水率(%);

$v_{水}$——石材、集料在饱水状态下水的体积(cm³);

$v_{干}$——干燥石材、集料在自然状态下的体积(cm³);

ρ_w——水的密度(g/cm³)。

石材、集料吸水率的测定原理及过程参考表观密度的测定。

吸水率低于 1.5% 的岩石称为低吸水性岩石,介于 1.5% ~ 3.0% 的称为中吸水性岩石,高于 3.0% 的称为高吸水性岩石。

岩浆深成岩以及许多变质岩,它们的孔隙率很小,故而吸水率也很小,例如花岗岩的吸水率通常小于 0.5%。沉积岩由于形成条件、密实程度与胶结情况有所不同,因而孔隙率与孔隙特征的变动很大,这导致石材吸水率的波动也很大。例如致密的石灰岩的吸水率可小于 1%,而多孔贝壳石灰岩可高达 15%。

(5)耐水性

石材的耐水性以软化系数[式(2.20)]表示。岩石中含有较多的黏土或易溶物质时,软化系数较小,其耐水性较差。根据软化系数大小,可将石材分为高、中、低三个等级。软化系数 > 0.90 为高耐水性,软化系数在 0.75 ~ 0.90 之间为中耐水性,软化系数在 0.6 ~ 0.75 之间为低耐水性。软化系数 < 0.6 的石材不允许用于重要土木水利工程物中。

（6）抗冻性

材料在饱水状态下，能经受多次冻结和融化作用（冻融循环）而不破坏，同时也不严重降低强度的性质称为抗冻性。通常采用 －15 ℃的温度（水在微小的毛细管中低于 －15 ℃才能冻结）冻结后，再在 20 ℃的水中融化，这样的过程称为一次冻融循环。材料经多次冻融交替作用后，表面将出现剥落、裂纹，产生质量损失，强度也将会降低。因为材料孔隙内的水结冰时体积膨胀将引起材料的破坏。

根据能经受的冻融循环次数，可将石材分为 5、10、15、25、50、100 及 200 等标号。根据经验，吸水率 <0.5% 的石材具有抗冻性，可不进行抗冻试验。

（7）耐热性

耐热性与其化学成分及矿物组成有关。含有石膏的石材，在 100 ℃以上时就开始破坏；含有碳酸镁的石材，温度高于 725 ℃会发生破坏；含有碳酸钙的石材，温度达 827 ℃时开始破坏。由石英与其他矿物所组成的结晶石材（如花岗岩等），当温度达到 700 ℃以上时，由于石英受热发生膨胀，强度迅速下降。石材的耐热性与导热性有关，导热性主要与其致密程度有关。重质石材的热导系数可达 2.91 ～ 3.49 W/（m·K）。具有封闭孔隙的石材，导热性较差。

（8）坚固性

坚固性是采用硫酸钠侵蚀法来测定的。该法是将烘干并已称量过的规则试件，浸入饱和的硫酸钠溶液中经 20 h 后，取出置于 105 ～ 110 ℃的烘箱中烘 4 h。然后取出冷却至室温，这样作为一个循环。如此重复若干个循环。最后用蒸馏水沸煮洗净，烘干称量。采用与直接冻融法同样的方法计算其质量损失率。此方法的机理是基于硫酸钠饱和溶液浸入石材孔隙后，经烘干，硫酸钠结晶体积膨胀，产生有如水结冻相似的作用，使石材孔隙周壁受到张应力，经过多次循环，引起石材破坏。坚固性是测定石材耐候性的一种简易、快速的方法。有设备条件的单位应采用直接冻融法试验。

（9）抗风化性

岩石抗风化能力的强弱与其矿物组成、结构和构造状态有关。岩石中所有的裂隙都能被水侵入，致使其逐渐崩解破坏。岩石的结构分粗粒、细粒、均粒及斑状等类型，在温湿度变化条件下，晶粒能逐渐松散崩解。一般粗粒的或斑状的不如细粒的耐久。不同的矿物成分，抗风化的能力也不同，岩石如含有较多的黑云母、黄铁矿（FeS_2）时，则极易风化破坏，而石英抵抗风化的能力较强。岩石的风化程度用 K_w 表示，K_w 为该岩石与新鲜岩石单轴抗压强度的比值。岩石风化程度标准见表4.3。

表4.3 岩石风化程度表

风化程度	K_w 值
新鲜（包括微风化）	0.90 ～ 1.0
微风化	0.75 ～ 0.90
半风化	0.40 ～ 0.75
强风化	0.20 ～ 0.40
全风化	<0.20

土木水利工程所用的石料，应该是质地均匀、没有显著风化迹象、没有裂缝、不含易风化矿物的坚硬岩石。

3）力学性质

天然石料的力学性质主要包括抗压强度、冲击韧性、硬度及耐磨性等。由于石料的用途和工作条件的不同，对其性质和所要求的指标也有所不同。石料一般要求具有一定的抗压强度、耐磨性、表面磨光性和色泽均匀性;用于基础、桥梁及石砌工程的石料,其抗压强度、抗冻性及耐水性必须满足工程要求。

(1)抗压强度

根据国家标准石料的抗压强度等级,以 3 块边长为 70 mm 的立方体试件,用标准试验方法所测得极限抗压强度平均值(MPa)表示。按抗压强度值的大小,分为 7 个强度等级:MU100、MU80、MU60、MU50、MU40、MU30、MU20。

道路工程采用(50 ± 2)mm 的圆柱体或立方体试件,桥梁工程采用(70 ± 2)mm 的立方体试件。试件自由浸水 48 h 后,施加应力速率为 0.5 ~ 1 MPa/s,每组试件 6 个,结果取平均值。

水利工程中,将天然石料制成 ϕ50 mm × 100 mm 圆柱体或 50 mm × 50 mm × 100 mm 棱柱体试件在浸水饱和状态下的测得的极限抗压强度,划分为 100、80、70、60、50、30 等 6 个标号,并按其抗压强度分为硬质岩石、中硬岩石及软质岩石 3 类。水利工程中所用石料的标号一般均应大于 30 号。中、小型水工建筑物应选用 30 ~ 50 号及以上的石料;用于堆石坝的石料,一般选用 60 ~ 80 号及以上的中硬或硬质岩石;用于砌石坝的石料,一般应选用 60 号以上的岩石。岩石强度等级的换算系数、岩石软硬分类分别见表 4.4、表 4.5。

表4.4　岩石强度等级的换算系数

立方体边长(mm)	200	150	100	70	50
换算系数	1.43	1.28	1.14	1	0.86

表4.5　岩石软硬分类

岩石类型	单轴饱和抗压强度(MPa)	代表性岩石
硬质岩石	>80	中细粒花岗岩、花岗片麻岩、闪长岩、辉绿岩、安山岩、流纹岩、石英砂岩、石英岩、硅质灰岩、硅质胶结的砾岩、玄武岩
中硬岩石	30 ~ 80	厚层与中厚层石灰岩、大理岩、白云岩、砂岩、钙质岩、板岩、粗粒或斑状结构的岩浆岩
软质岩石	<30	泥质岩、互层砂质岩、泥质灰岩、部分凝灰岩、绿泥石片岩、千枚岩

天然石料的强度取决于石料的矿物组成、晶粒粗细、结构与构造的特征、均匀性、孔隙率大小和岩石风化程度等。石料强度一般变化都较大,即使是同一种岩石、同一产地,其强度也不完全相同。结晶质石料的强度较玻璃质的高,均匀晶粒的较斑状晶粒的高,构造致密的较疏松多孔的高。具有层理构造的石料,其垂直层理方向的抗压强度较平行层理方向的高。例如组成花岗岩的主要矿物成分中,石英是很坚硬的矿物质,其含量越高,则花岗岩的强度也越高;而云母为片状矿物,易于分裂成柔软薄片,因此,若云母越多,则其强度越低。沉积岩的抗压强度则与胶结物成分有关,由硅质物质胶结的其抗压强度较大,石灰质物质胶结的次之,泥质物质胶结的最小。层状、带状或片状构造石材,其垂直于层理方向的抗压强度较平行于层理方向的高。

(2)冲击韧性

岩石的韧性决定于其矿物组成及结构。通常晶体结构的岩石较非晶体结构的岩石具有较高的韧性。石英岩、硅质砂岩的脆性较高,含暗色矿物较多的辉绿岩、辉长岩等具有较高的韧性。

(3)耐磨性

石料的耐磨性是指岩石在使用条件下抵抗磨损和磨耗的性能。石料的耐磨性取决于其矿物组成、结构及构造。组成岩石的矿物越坚硬、岩石的结构和构造越致密、岩石抗压强度和冲击韧性越高,则石料的耐磨性越好。

用于建筑物的地面、台阶、楼梯踏步的石料,用于道路路面及人行道的碎石,以及水工泄水排沙建筑物表面的石料,都应采用耐磨性较高的石料。

4)工艺性质

岩石的工艺性质是指开采和加工过程的难易程度及可能性,包括加工性、磨光性与抗钻性等。

（1）加工性

加工性是指对岩石劈解、破碎与凿琢等加工工艺的难易程度。凡强度、硬度、韧性较高的石材,不易加工。性脆而粗糙,有颗粒交错结构,含有层状或片状构造以及已风化的岩石,都难以满足加工要求。

（2）磨光性

磨光性是指岩石能否磨成光滑表面的性质。致密、均匀、细粒的岩石,一般都有优良的磨光性,可以磨成光滑整洁的表面。疏松多孔、有鳞片状构造的岩石,磨光性均不好。

（3）抗钻性

抗钻性指岩石钻孔难易程度的性质。影响抗钻性的因素很复杂,一般与岩石的强度、硬度等有关。

▶ 4.2.2 加工类型

1)砌筑用石材

砌筑用石材分为毛石、料石两类。

（1）毛石（片石或块石）

毛石是由爆破直接得到的石块。按其表面的平整程度分为乱毛石和平毛石两类:

①乱毛石:形状不规则的毛石。一般在一个方向的尺寸达 300 ~ 400 mm,质量为 20 ~ 30 kg 的石块,强度不小于 10 MPa,软化系数不应小于 0.75。常用于砌筑基础、勒脚、墙身、堤坝、挡土墙等,也可用作毛石混凝土的骨料。

②平毛石:乱毛石略经加工而成的石块。形状较整齐,表面粗糙,其中部厚度不应小于 200 mm。

（2）料石（条石）

料石是由人工或机械开采、较规则、加工凿琢的多面体石块。按料石表面工的平整程度可分为以下 4 种:

①毛料石:一般不加工或仅稍加修整,为外形大致方正的石块。其厚度不小于 200 mm,长度常为厚度的 1.5 ~ 3 倍,叠砌面凹凸深度不应大于 25 mm。

②粗料石:外形较方正,截面的宽度、高度不应小于 200 mm,且不小于长度的 1/4,叠砌面凹凸深度不应大于 20 mm。

③半细料石:外形方正,规格尺寸同粗料石,但叠砌面凹凸深度不应大于 15 mm。

④细料石:经过细加工,外形规则、规格尺寸同粗料石,其叠砌面凹凸深度不应大于 10 mm。制作为长方形的称作条石,长宽高大致相等的称为方料石,楔形的称为拱石。

上述料石常用致密的砂岩、石灰岩、花岗岩等开采凿制,至少应有一个面的边角整齐,以便相互合缝。料石常用于砌筑墙身、地坪、踏步、拱和纪念碑等;形状复杂的料石制品可用作柱头、柱基、窗台板、栏杆和其他装饰等。水利工程中,天然石料主要用于浆砌石坝、堆石坝、闸墩、挡土墙、护坡等。

2)颗粒状石材

（1）碎石

碎石是天然岩石经人工或机械破碎而成的粒径大于 4.75 mm 的颗粒状石材。其性质决定于母岩的品质。主要用于配制混凝土或用作道路、基础等的垫层。

（2）卵石

卵石是母岩经自然条件风化、磨蚀、冲刷等作用而形成的表面较光滑的颗粒状石材。用途同碎石，还可作为装饰混凝土的骨料和园林庭院地面的铺砌材料等。

（3）石渣

石渣是用天然大理石（如花岗石）等的残碎料加工而成的石材，具有多种颜色和装饰效果。可用作人造大理石、水磨石、斩假石、水刷石等的骨料，还可用于制作粘石制品。

3）板材

用致密岩石经锯解、刨平、粗磨及抛光等工序加工制成的具有规定尺寸，厚度一般为20mm 的石材称为板材。主要用于道路路面及建筑物内外装饰等。常用的有天然花岗岩建筑板材和天然大理石板材等。

（1）天然大理石板材

大理石板材是用大理石荒料（即由矿山开采出来的具有规则形状的天然大理石块）经锯切、研磨、抛光等加工的石板。常用规格为厚20 mm，宽150～915 mm，长300～1 220 mm。也可加工为8～12 mm 厚的薄板及异型板材，主要用于室内饰面，如墙面、地面、柱面、台面、栏杆、踏步等。当用于室外时，因大理石抗风化能力差，易受空气中二氧化硫的腐蚀而使表面层失去光泽、变色并逐渐破损，通常只有汉白玉、艾叶青等少数几种致密、质纯的品种可用于室外。

天然大理石板可分为普通型板材（N，正方形或长方形板材）、异型板材（S，其他形状的板材）。按其外观质量、镜面光泽度等分为优等品（A）、一等品（B）、合格品（C）三个等级。板材正面的外观缺陷应符合相关规定。

（2）天然花岗石板材

花岗石板材是以火成岩中的花岗岩、安山岩、辉长岩、片麻岩等块料经锯片、磨光、修边等加工而成的板材。该类板材品种、质地、花色繁多。根据用途和加工方法可分为以下4 种：

①剁斧板材：表面粗糙，具有规则的条状斧纹；

②机刨板材：表面平整，具有相互平行的刨纹；

③粗磨板材：表面平整，光滑但无光泽；

④磨光板材：表面光亮平整，色泽鲜明，晶体纹理清晰，有镜面感。

由于花岗石板材质感丰富，具有华丽高贵的装饰效果，且质地坚硬耐久性好，所以常作为室内外高级饰面材料。可用于各类高级土木水利工程物的墙、柱、地、楼梯、台阶等的表面装饰及服务台、展示台及家具等。

天然花岗石板材按形状分为普通板材（N）和异型板材（S）；按其表面加工程度分为细面板材（RB）、镜面板材（PL）和粗面板材（RU）；按其尺寸、平面度、角度偏差、外观质量等分为优等品（A）、一等品（B）、合格品（C）三个等级。

► 4.2.3　石材的选用

1）选用原则

在土木水利工程设计和施工中，天然石料经开采、加工后，制成各种石材应用于建筑工程、道路工程、石砌体结构工程（桥梁、基础、墙体、护坡等）及建筑物装饰工程等，应根据适用性和经济性的原则选用石材。

（1）适用性

主要考虑石材的技术性能是否能满足使用要求。可根据石材在土木水利工程物中的用途和部位，选定其主要技术性质能满足要求的岩石。如承重用的石材（基础、勒脚、柱、墙等）主要应考虑其强度等级、耐久性、抗冻性等技术性能；围护结构用的石材应考虑其是否具有良好的绝热性能；用作地面、台阶等的石材应坚韧耐磨；装饰用构件（饰面板、栏杆、扶手等）需考虑石材本身色彩与环境的适应性及可加工性等；处在高温、高湿严寒等特殊条件下的构件，还要分别考虑所用石材的耐久性、耐水性、抗冻性及耐化学侵蚀性等。

（2）经济性

天然石材的密度大，不宜长途运输，应综合考虑地方资源，尽可能做到就地取材。

天然石材（图4.14）在使用过程中受周围环境的影响，如水的浸渍与渗透，空气中有害气体的侵蚀，光、热或外力的作用等，会发生风化而逐渐破坏。

水是石材发生破坏的主要原因，它能软化石材并加剧其冻害，且能与有害气体结合成酸，使石材发生分解与溶解。大量的水流还能对石材起冲刷与冲击作用，从而加速石材的破坏。因此，使用石材时应特别注意水的影响。

图4.14 天然石材

2）常用石料

（1）花岗岩

花岗岩主要由石英、长石和少量云母组成，有时还含有少量的暗色矿物如角闪石、辉石等。花岗岩是全晶质或斑状结构，呈块状构造。

花岗岩按结晶颗粒大小不同，分为细粒、中粒、粗粒、斑状等不同种类。结晶颗粒细而均匀的花岗岩比粗粒、斑状的花岗岩强度高，耐久性好。

花岗岩的表观密度为 2 500~2 700 kg/m³，干燥抗压强度为 90~160 MPa，吸水率一般小于1%，抗冻标号可达 F100~F200 以上，耐风化、耐酸和耐碱性能良好，并有良好的耐磨性，是十分优良的建筑石料，经过磨光的花岗岩是良好的饰面板材。

（2）辉绿岩

辉绿岩由长石、辉石或橄榄石等矿物组成，为全晶质的中粒或细粒结构，呈块状构造。其表观密度为 2 500~3 000 kg/m³，抗压强度为 100~200 MPa，吸水率小于1%，抗冻性能良好。辉绿岩可锯成板材，经磨光后，表面光泽明亮，是良好的饰面材料。

（3）玄武岩

玄武岩主要由斜长石、辉石和橄榄石组成，呈玻璃质或隐晶质结构，并常存在气孔及块状或杏仁状构造。致密玄武岩的表观密度可达 2 900~3 300 kg/m³，抗压强度因构造不同而波动较大，为 80~250 MPa。致密玄武岩的强度和耐久性都很好，但因硬度高、脆性大，加工困难，主要用作筑路材料、堤岸的护坡材料等。

（4）沉积岩

①石灰岩：矿物成分主要是方解石，此外还有氧化硅、白云石及黏土等。石灰岩一般为结晶质结构，呈层状构造。石灰岩的强度和耐久性均不如花岗岩，表观密度为 2 000 ~ 2 800 kg/m³，抗压强度为 20 ~ 120 MPa，吸水率为 0.1% ~ 4.5%。石灰岩分布广、硬度小、开采加工容易，广泛用于建筑工程及水利工程中，但不宜用于含游离 CO_2 较多或酸性较高的水中。

石灰岩中常含有少量黏土矿物，当其含量超过 25% 时，称为泥灰岩、钙质黏土岩等，其强度低、耐水性差、易风化，不能作为建筑石材。

②砂岩：由石英砂经天然胶结物胶结而成，有时在其中也有长石、云母和其他矿物颗粒。砂岩一般为粒状结构，并呈层状构造。

砂岩常根据胶结物的不同而命名，例如氧化硅胶结的称为硅质砂岩，碳酸钙胶结的称为灰质砂岩，氧化铁胶结的称为铁质砂岩，黏土胶结的称为黏土质砂岩等。

砂岩的性能与胶结物的种类及密实程度有关。致密的硅质砂岩坚硬耐久，性能接近花岗岩，表观密度可达 2 600 ~ 2 800 kg/m³，抗压强度可达 80 ~ 160 MPa，但较难加工。灰质砂岩加工较易，其强度可达 60 ~ 80 MPa，是砂岩中最常用的一种。铁质砂岩次于灰质砂岩，但仍能用于比较次要的工程。黏土质砂岩遇水软化，不能用于水工建筑物。

（5）变质岩

①片麻岩：常用的片麻岩是花岗片麻岩，是由花岗岩变质而成的。矿物成分与花岗岩相似，结晶颗粒是等粒的或斑状的，呈片麻状或带状构造，即浅色的矿物石英、长石与深色矿物云母、角闪石等呈条带状排列，外观非常美丽。

花岗片麻岩的表观密度为 2300 ~ 3 000 kg/m³。由于有片理存在，其强度各向不同。垂直于片理方向的抗压强度最大，可达 90 ~ 200 MPa。沿片理方向较易开采加工，但在冰冻作用下易成层剥落。

优质花岗片麻岩用途与花岗岩基本相同。

②大理岩：由石灰岩或白云岩变质而成，主要矿物成分仍是方解石或白云石。经变质后，结晶颗粒直接结合，构造致密，所以强度增大，可达 100 ~ 200 MPa。大理岩硬度不大，易于加工及磨光，适宜用作建筑物内部装饰。但大理岩对 CO_2 和酸的耐久性不强，经常接触就会风化，失去美丽的光泽。

③石英岩：由砂岩变质而成。经变质后，原来砂岩中的石英颗粒和天然胶结物重新结晶。因此石英岩质地均匀密实，强度可达 100 ~ 300 MPa，耐久性很强。但石英岩硬度大，开采加工很困难，常以不规则的块状石料应用于建筑物中。

④板岩：由黏土或页岩变质而成。板岩比页岩坚硬，且极易劈成薄板，主要用于覆盖屋顶。板岩具有良好的耐久性，而且有青、绿、红、黑等各种颜色，用于屋面颇为美观。

3）减轻石材的风化与破坏的防护措施

（1）合理选材

石材的风化与破坏速度，主要取决于石材抗破坏因素的能力，因此合理选用石材品种是防止破坏的关键。对于重要的工程，应该选用结构致密、耐风化能力强的石材，且其外露的表面应光滑，以便使水分能迅速排掉。

（2）表面处理

可在石材表面涂刷憎水性涂料，如各种金属皂、石蜡等。使石材表面由亲水性变为憎水性，并与大气隔绝，以延缓风化过程的发生。

4.3　人造石材及制品

由于天然石材加工较困难,花色品种较少,因此人造石材发展很快。人造石材是以大理石碎料、石英砂、石渣等为骨料,树脂、聚酯或水泥等为胶结料,经拌和、成型、聚合或养护后,打磨抛光切割而成。常用人造石材有人造花岗石、大理石等。它们具有天然石材的装饰效果,而且花色、品种、形状等多样化,并具有质量轻、强度高、耐腐蚀、耐污染、施工方便等优点。缺点是色泽、纹理不及天然石材自然、柔和。

▶　4.3.1　人造石材的类型

1)水泥型人造石材

水泥型人造石材以白色、彩色水泥或硅酸盐、铝酸盐水泥为胶结料,砂为细骨料,碎大理石、碎花岗石或工业废渣等为粗骨料,必要时再加入适量的耐碱颜料,经配料、搅拌、成型和养护后,再进行磨平抛光而制成,如各种水磨石制品等。该类产品的规格、色泽、性能等均可根据使用要求制作。

2)聚酯型人造石材

聚酯型人造石材以不饱和聚酯为胶结料,加入石英、大理石、方解石粉等无机填料和颜料,经配料、混合搅拌、浇注成型、固化、烘干、抛光等工序而制成。

目前国内外人造大理石、花岗石以聚酯型为最多,该类产品光好,颜色浅,可调配成各种鲜明的花色图案。由于不饱和聚酯的黏度低,易于成型,且有常温下固化较快,便于制作形状复杂的制品。与天然大理石相比,聚酯型人造石材具有强度高,密度小、厚度薄、耐酸碱腐蚀及美观等优点。但其耐老化性能不及天然花岗石,故多用于室内装饰。可用于宾馆、商店、公共工程和制作各种卫生器具等。

3)复合型人造石材

该类人造石材由无机胶结料(各类水泥、石膏等)和有机胶结料(不饱和聚酯或单体)共同组合而成。例如可将水泥型基板材(无须磨、抛光)加上复合聚酯型薄层,组成复合型板材,以获得最佳的装饰效果和经济指标;也可将水泥基等人造石材浸渍于具有聚合性能的有机单体中并加以聚合,以提高制品的性能和档次。有机单体可用苯乙烯、甲基丙烯酸甲酯、二氯乙烯丁二烯等。

4)烧结型人造石材

该类石材是将斜长石、石英、辉石石粉和赤铁矿以及高岭土等混合成矿粉,再经1 000 ℃左右的高温焙烧而成。如仿花岗岩瓷砖,仿大理石陶瓷艺术板等。

▶　4.3.2　人造石材的性能

1)装饰性

人造石材是模仿天然花岗石、大理石的表面纹理、特点等设计仿造而成的,具有天然石材的花纹和质感,美观、大方,仿真效果好,具有很好的装饰性。

2)物理性能

用不同的胶结料和工艺方法所制的人造石材,其物理力学性能不完全相同。

3)耐久性

聚酯型人造石材的耐久性体现在:

①骤冷、骤热(0 ℃ 15 min 与 80 ℃ 15 min)交替进行 30 次,表面无裂纹,颜色无变化;

②80 ℃条件下烘 100 h,表面无裂缝,色泽略微变黄;

③室外暴露 300 d,表面无裂纹,色泽略微变黄。

4)可加工性

人造石材具有良好的可加工性,可用加工天然石材的常用方法对其施加锯、切、钻孔等,因加工容易,这对人造石材的安装和使用是十分有利的。

4.4 集料

▶ 4.4.1 集料

集料分为两种:粗集料和细集料,主要用于混合料中,功能是骨架和填充作用。在水泥混凝土中,粒径大于 4.75 mm 颗粒称为粗集料,粒径小于 4.75 mm 颗粒称为细集料。在沥青混合料中,粒径大于 2.36 mm 的颗粒称为粗集料,粒径小于 2.36 mm 的颗粒称为细集料。不同粒径矿质颗粒组成的混合料中,集料的物理、力学、化学等性质对沥青混合料或水泥混凝土有较大的影响,不同粒径的集料在水泥混凝土与沥青混合料中所起的作用不同,所以技术指标要求也不同。常见集料包括各种机制碎石、机制山砂、天然砂、天然卵石等,以及各类筛选后可用的工业冶金矿渣。

对于混凝土,机制碎石是将母岩爆破形成的天然岩石或筛选的卵石经机械破碎、筛分制成的粒径大于 4.75 mm 的岩石颗粒。机制砂是由较小的碎石等机械破碎、筛分、除土处理制成的粒径小于 4.75 mm 的颗粒。天然砂是指经过自然风化、水流搬运、堆积形成的粒径小于 4.75 mm 的岩石颗粒,包括河砂、湖砂、山砂和海砂等,但不包括软质岩石、风化岩石的颗粒。混合砂是由机制砂和天然砂混合制成的砂。天然卵石是由自然风化、水流搬运和分选、堆积形成的粒径大于 4.75 mm 的岩石颗粒。工业冶金矿渣是金属冶炼过程中生成的非金属溶渣,如高炉矿渣和钢渣等。

▶ 4.4.2 集料粒径与筛孔

(1)标准筛

对颗粒性材料采用符合标准形状和尺寸规格要求的标准筛组成套筛进行筛分试验。

标准筛筛孔尺寸为 75 mm、63 mm、53 mm、37.5 mm、31.5 mm、26.5 mm、19 mm、16 mm、13.2 mm、9.5 mm、4.75 mm、2.36 mm、1.18 mm、0.6 mm、0.3 mm、0.15 mm、0.075 mm。

(2)集料最大粒径

集料最大粒径是指集料 100% 都通过的最小的标准筛孔尺寸。

(3)集料公称最大粒径

集料公称最大粒径通常比集料最大粒径小一个粒径,是指集料允许有 10% 以内不通过的最小标准筛筛孔尺寸。

▶ 4.4.3 粗集料的技术性质

1)粗集料的物理性质

(1)粗集料的密度

在水泥混凝土中,粒径大于 4.75 mm 的粗集料称为粗骨料。在工程中,常用的粗骨料有碎石和卵石两种。常用的粗集料密度包括表观密度、堆积密度等。

（2）自然状态表观密度

粗集料的自然状态表观密度是在工程现场自然状态条件下（饱和面干状态，包括吸入开口孔隙中的水）单位体积（包括矿质实体、闭口孔隙和开口孔隙）的饱和面干质量。

（3）堆积密度

粗集料堆积密度是指烘干颗粒采用规定的试验方法及容器测量矿质实体的单位体积（包括粗集料矿质实体及其闭口、开口孔隙体积以及粗集料颗粒间空隙体积）的质量。

粗集料的堆积密度由于颗粒排列的松紧程度不同而有差异，粗集料的堆积密度及空隙率与其颗粒形状、针片状颗粒含量以及粗集料的颗粒级配有关。近于球形或立方体形状的颗粒且级配良好的粗集料，其堆积密度较大，空隙率较小。经振实后的堆积密度（称为振实堆积密度）比松散堆积密度大，空隙率小。

（4）粗集料空隙率

粗集料空隙率是集料试样在自然或某种工况下，堆积、振实堆积和捣实堆积时的空隙占总体积的百分率。空隙率反映了集料的颗粒间相互填充的致密程度，也决定了混合料需要胶材填充的空间以及填充后的密实程度。试验结果表明，在松装和紧装状态下，粗集料的空隙率分别为43%～48%和37%～42%；细集料空隙率分别为35%～50%和30%～40%。集料空隙率可按式（4.6）计算：

$$n = \left(1 - \frac{\rho}{\rho_a}\right) \times 100\% \tag{4.6}$$

式中：n——粗集料的空隙率（%）；

　　　ρ_a——粗集料的表观密度（g/cm³）；

　　　ρ——某种工况状态下粗集料的堆积密度（g/cm³）。

（5）粗集料间隙率

间隙率通常指4.75 mm以上粗集料骨架在捣实状态下颗粒间的空隙体积的百分含量，常用于沥青混凝土用集料捣实状态下评价集料的骨架结构。材料捣实状态的骨架（通常指粒径4.75 mm以上的部分）间隙率按式（4.7）计算：

$$VCA_{DRC} = \left(1 - \frac{\rho_1}{\rho_b}\right) \times 100\% \tag{4.7}$$

式中：VCA_{DRC}——捣实状态下粗集料的骨架间隙率（%）；

　　　ρ_b——粗集料的表观密度（g/cm³）；

　　　ρ_1——捣实状态下集料的堆积密度（g/cm³）。

（6）含水率

粗集料含水率是指集料在自然状态条件下的含水量的大小，粗集料含水率 ω 可按式（4.8）计算：

$$\omega = \frac{m_1 - m_2}{m_2 - m_0} \times 100\% \tag{4.8}$$

式中：ω——粗集料含水率（%）；

　　　m_0——容器质量（g）；

　　　m_1——自然状态条件下的含水的试样与容器的总质量（g）；

　　　m_2——烘干后的试样与容器的总质量（g）。

粗集料在饱水状态下的吸水率与粗集料孔隙大小有一定的关系，粗集料的颗粒越坚实，孔隙率越小，其吸水率越小，品质也越好。吸水率大的石料，表明其内部孔隙多。粗集料吸水率过大，将降低混凝土的软化系数，也降低混凝土的抗冻性。因此，一般状态下要测定材料的吸水率。粗集料吸水率可按式

(4.9)计算：

$$\omega_{吸} = \frac{m_2 - m_1}{m_1 - m_3} \times 100\%$$ (4.9)

式中：$\omega_{吸}$——粗集料吸水率(%)；

　　m_1——烘干后的试样与容器的总质量(g)；

　　m_2——自然状态条件下的饱水烘干前的试样与容器的总质量(g)；

　　m_3——容器质量(g)。

2)粗集料颗粒形状及表面特征

粗集料的颗粒外观形状及表面特征会影响其与胶材(如水泥石或沥青)的黏结及混合料拌和物的流动性。

例如,卵石表面光滑、少棱角,空隙率及表面积较小,拌制混凝土时水泥浆用量较少,和易性较好,但与水泥石的黏结力较小。碎石颗粒表面粗糙、多棱角,空隙率和表面积较大,所拌制混凝土拌和物的和易性较差,但碎石与水泥石黏结力较大,在水灰比相同的条件下,碎石混凝土比卵石混凝土强度高。故卵石与碎石各有特点,在实际工程中应本着满足工程技术要求及经济性的原则进行选用。

粗集料的颗粒还有呈针状(指颗粒最长边长度大于该颗粒所属粒级的平均粒径的2.4倍)和片状(指颗粒最短边厚度小于该颗粒所属粒级的平均粒径的0.4倍)的。针、片状颗粒会使混凝土骨料空隙率增大,且受力后易被折断。故针、片状颗粒过多,会使混凝土强度降低,其含量应符合相关规范的规定。

粗集料的堆积密度及空隙率与其颗粒形状、针片状颗粒含量以及粗集料的颗粒级配有关。近于球形或立方体形状的颗粒且级配良好的粗骨料,其堆积密度较大,空隙率较小。经振实后的堆积密度(称为振实堆积密度)比松散堆积密度大,空隙率小。

3)粗集料中有害杂质

粗集料中的有害杂质主要有黏土、淤泥及细屑、硫化物及硫酸盐、有机物质等,若有活性成分等,应进行专门试验。不同工程对粗集料有害杂质或活性成分含量的限值,可参阅有关规范。

4)粗集料最大粒径及颗粒级配

（1）最大粒径

粗集料最大粒径(D_M)指集料100%都通过的最小的标准筛孔尺寸。实践证明,同一原材,当D_M在80~150 mm以下变动时,粗集料最大粒径增大,粗集料的空隙率及表面积都减小。对于水泥混凝土,在水灰比及混凝土流动性相同的条件下,可使水泥用量减少,且有助于大体积混凝土提高密实性、减少发热量及收缩。当D_M超过150 mm时,D_M增大,水泥用量不再显著减小。对于水泥用量较少的中、低强度混凝土,D_M增大时,混凝土强度增大。对于水泥用量较多的高强混凝土,D_M由20 mm增至40 mm时,混凝土强度提高。因此,适宜的集料最大粒径与混凝土性能要求有关。粗骨料最大粒径的选用会直接影响水泥的用量。当最大粒径增大时,骨料总表面积减小,包裹其表面所需的水泥浆量会减少(图4.15)。因此,从经济性的角度考虑,为节约水泥,应尽量增大粗骨料的最大粒径。

实践证明,当$D_M < 80$ mm时,D_M增大,水泥用量显著减小,节约水泥效果明显;当$D_M > 150$ mm时,D_M增大,水泥用量不再显著减小。粗骨料的最大粒径会对混凝土的强度产生影响。在水泥用量一定的情况下,混凝土的强度与D_M存在相互影响的关系。对于水泥用量较少的中、低强度混凝土,D_M增大时,混凝土强度将增大;而对于水泥用量较多的高强度混凝土,D_M增至40 mm时,混凝土强度最高,$D_M > 40$ mm后混凝土强度会有所降低。骨料最大粒径也直接影响混凝土的耐久性。最大粒径大,它对混凝土的抗冻性、抗渗性也有不良的影响,尤其会显著降低混凝土的抗气蚀性。因此在混凝土配合比设计时,粗骨料

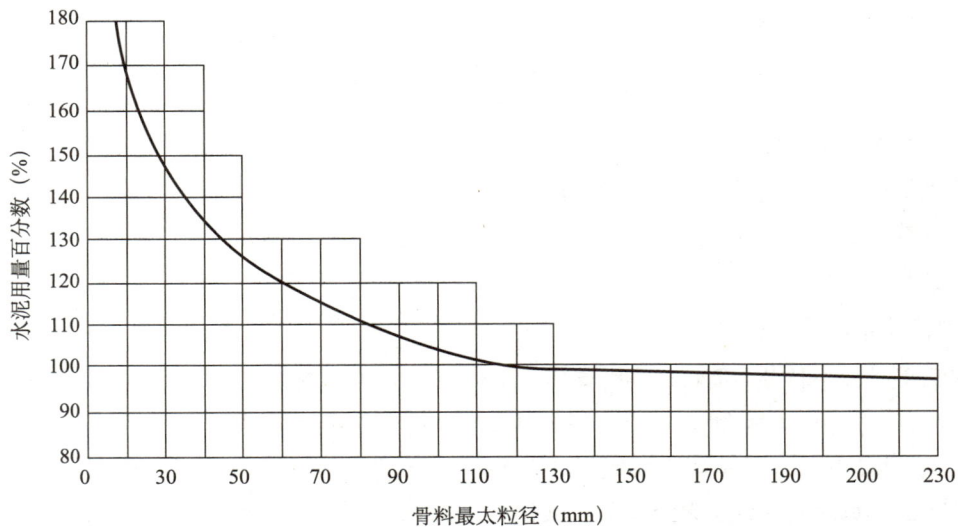

图 4.15　骨料最大粒径与水泥用量关系

最大粒径的选用应以满足混凝土性能要求为前提。如对大体积混凝土,在条件许可的情况下,在最大粒径 <150 mm 的范围内,应尽可能选用较大值;对高强混凝土及有抗气蚀性要求的外部混凝土,粗骨料最大粒径应不超过 40 mm;对港工混凝土,粗骨料最大粒径应不超过 80 mm。另外,粗骨料最大粒径的选用,还应考虑混凝土结构或构件的断面尺寸、配筋情况及施工条件等的限制。

（2）颗粒级配

粗集料的级配指颗粒粗细搭配,原理是采用不同粒径颗粒分别占总量的各自百分比进行配制,即将大小石子适当掺配,使粗集料的空隙率及表面积都比较小,拌制出的混合料胶材用量较少,密实度较大,质量也较好。

粗骨料的级配原理通过筛分析试验确定,采用的方孔筛筛孔边长分别为 2.36 mm、4.75 mm、9.5 mm、16.0 mm、19.0 mm、26.5 mm、31.5 mm、37.5 mm、53.0 mm、63.0 mm、75.0 mm、90.0 mm 等 12 个筛子及底盘,并按需要选用相应筛号进行筛分,累计筛余百分率的计算与细骨料相同。

粗骨料的级配有连续级配和间断级配两种。连续级配是从最大粒径开始,由大到小各粒级相连,各粒级都占有适当的比例,在混凝土配合比设计过程中应优先选用连续级配。间断级配是指各粒级石子不相连,而是用小颗粒的粒级直接和大颗粒的粒级相配,抽去中间的一、二级石子,此情况可减小石子颗粒的空隙率,从而能节约水泥,但间断级配容易导致混凝土拌和物产生离析现象,而且它与骨料天然存在的级配情况不相适应,所以工程中较少应用。卵石、碎石的颗粒级配应符合表 4.6 的规定。

表 4.6　卵石、碎石的颗粒级配范围

级配情况	公称粒级（mm）	方孔筛筛孔边长（mm）											
		2.36	4.75	9.5	16.0	19.0	26.5	31.5	37.5	53.0	63.0	75.0	90.0
		累计筛余百分率（%）											
连续粒级	5～16	95～100	85～100	30～60	0～10	0							
	5～20	95～100	90～100	40～80		0～10	0						
	5～25	95～100	90～100		30～70		0～5	0					
	5～31.5	95～100	90～100	70～90		15～45		0～5	0				
	5～40		95～100	70～90		30～65			0～5	0			

续表

级配情况	公称粒级（mm）	方孔筛筛孔边长（mm）											
		2.36	4.75	9.5	16.0	19.0	26.5	31.5	37.5	53.0	63.0	75.0	90.0
		累计筛余百分率（%）											
单粒级	5~10	95~100	80~100	0~15	0								
	10~16		95~100	80~100	0~15								
	10~20		95~100	85~100		0~15	0						
	16~25			95~100	55~70	25~40	0~10						
	16~31.5		95~100		85~100			0~10	0				
	20~40			95~100	80~100				0~10	0			
	40~80					95~100			70~100		30~60	0~10	0

在表 4.6 所示的粒级中，混凝土用粗骨料，应采用连续粒级（5 mm ~ D_M）。而单粒级（1/2D_M ~ D_M）宜用于组合成满足要求的连续粒级，单粒级也可与连续粒级混合使用，以改善其级配或配成较大粒度的连续粒级。

水工混凝土及水运工程混凝土常根据最大粒径的不同，将石子分为二级、三级或四级分别堆放，拌制混凝土时按各级石子所占比例掺配使用。各级石子的搭配比例，需通过试验确定。通常是将各级石子按照不同比例掺配，进行堆积密度试验，从中选出几组堆积密度较大、空隙率较小的级配，再进行混凝土和易性试验，选出能满足和易性要求且水泥用量又较小的搭配比例。粗集料分级及配合比例推荐值参考表 4.7。

表 4.7　粗集料分级及配合比例推荐值

粗骨料最大粒径（mm）	分级（mm）							总计
	5~20	5~30	5~40	20~40	30~60	40~80	80~150（120）	
	各级石子比率（%）							
40	45~60			40~55				100
60		35~50			50~65			100
80	25~35			25~35		35~50		100
80			60~65			35~50		100
150（120）	15~25			15~25		25~35	30~45	100

选择骨料级配时，应从实际出发，将试验所选出的最优级配与料场中骨料的生产级配结合起来考虑，对各级集料用量进行必要的调整与平衡，确定出实际使用的级配。这样做是为了减少弃料，避免浪费。

施工现场分级堆放的石子中往往有超径与逊径现象存在。所谓超径，就是在某一级石子中混杂有超过这一级粒径的石子；所谓逊径，就是混杂有小于这一级粒径的石子。超、逊径的出现将直接影响骨料的级配和混合料性能，因此必须加强施工管理，并经常对各级石子的超、逊径进行检验。一般规定，超径石子含量不得大于5%，逊径石子含量不得大于10%。如果超过规定数量，最好进行二次筛分，否则应调整骨料级配，以保证工程质量。

（3）超径颗粒与逊径颗粒

某一粒级粗骨料中所含大于该公称粒级上限粒径的颗粒，称为该粒级的超径颗粒；所含小于该公称粒级下限粒径的颗粒，称为该粒级的逊径颗粒。混凝土配制时，应严格控制各粒级粗骨料的超、逊径颗粒含量。

5）粗集料的力学性质

土木水利工程用粗集料的力学性质，主要是指压碎值和磨耗值，其次是磨光值、道瑞磨耗值和冲击值，以及坚固性。交通行业不同道路等级抗滑表层集料的磨光值、道瑞磨耗值和冲击值有不同的技术要求，如表4.8所示。

表4.8　抗滑表层和集料技术要求

指标	高速公路、一级公路	其他公路
石材磨光值（PSV）不大于	42	35
道瑞磨耗值（AAV）不大于	14	16
集料冲击值（AIV）不大于（%）	28	30

（1）集料压碎值

集料压碎值反映了集料在连续增加的荷载下，抵抗压碎的能力。它作为相对衡量石材强度的一个指标，用以评价公路路面和基层用集料的质量。图4.16所示为集料压碎值试验设备。

（2）集料磨光值

现代高速交通的条件对路面的抗滑性提出更高的要求。作为高速公路沥青路面用集料，在车辆轮胎的作用下，它不仅要求具有高的抗磨耗性，而且要求具有高的抗磨光性。集料磨光值试验见图4.17。

图4.16　集料压碎值试验设备

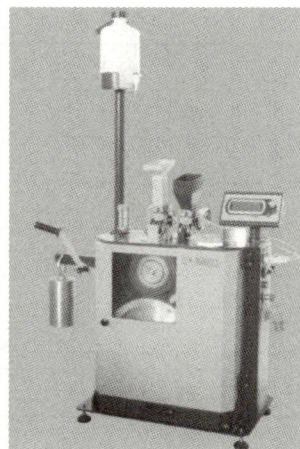

图4.17　集料磨光值试验

集料磨光值越高，表示其抗滑性越好。抗滑面层应选用磨光值高的集料，如玄武岩、安山岩、砂岩和花岗岩等。几种典型集料的磨光值示例见表4.9。

表4.9　几种典型岩石的磨光值

岩石名称		石灰岩	角页岩	斑岩	石英岩	花岗岩	玄武岩	砂岩
磨光值（PAV）	平均值	43	45	56	58	59	62	72
	范围	30～70	40～50	43～71	45～67	45～70	45～81	60～82

（3）集料冲击值

集料冲击值反映集料抵抗多次连续重复冲击荷载作用的性能。

（4）集料磨耗值

集料磨耗值用于评定抗滑表层的集料抵抗车轮磨耗的能力。试验设备见图 4.18 和图 4.19。

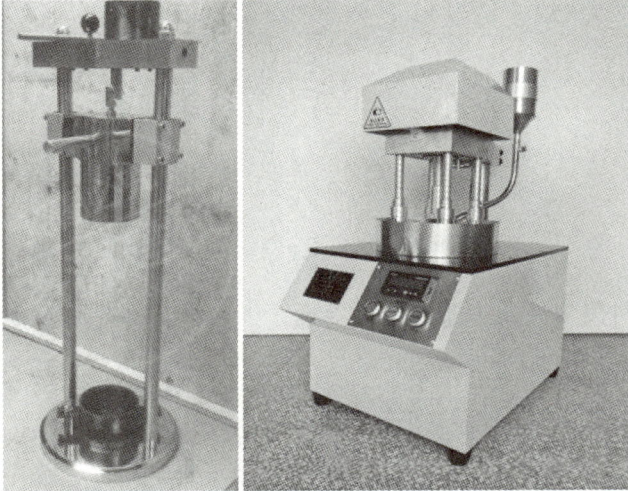

图 4.18　道瑞磨耗试验设备

图 4.19　狄法尔式磨耗试验设备

（5）坚固性

除前述的将母岩加工成规则试块进行抗冻性和坚固性试验，对已轧制成的碎石或天然的卵石，亦可采用规定级配的各粒级集料。对于有抗冻、耐磨、抗冲击性能要求的粗骨料，要求测定其坚固性，即用硫酸钠溶液法检验。对于在严寒及寒冷地区室外使用并经常处于潮湿或干湿交替状态下有抗冻要求的混凝土，粗骨料试样经 5 次浸泡烘干循环后，其质量损失应不大于 5%。

► 4.4.4　细集料的技术性质

1）细集料的物理性质

（1）细集料的表观密度

细集料的表观密度按式（4.10）计算：

$$\rho_a = \frac{m_s}{m_s + m_1 - m_2} \tag{4.10}$$

式中：ρ_a——细集料的表观密度；

$\quad m_s$——细集料的烘干质量（g）；

$\quad m_1$——水及容量瓶的总质量（g）；

$\quad m_2$——试样、容量瓶及剩余水的总质量（g）。

细集料表观密度按规定考虑水温影响进行修正。

（2）细集料的饱和面干密度

细集料的饱和面干密度按式（4.11）计算：

$$\rho_s = \frac{m_s}{m_3 + m_1 - m_2} \tag{4.11}$$

式中：ρ_s——细集料的饱和面干密度；

m_s——细集料的烘干质量(g);

m_1——满水及容量瓶的总质量(g);

m_2——饱和面干试样、水及容量瓶的总质量(g);

m_3——饱和面干试样的总质量(g)。

(3)细集料的含水率

细集料的含水率可按式(4.12)计算:

$$\omega = \frac{m_3 - m_0}{m_0} \times 100\% \tag{4.12}$$

式中:ω——细集料的含水率(%);

m_0——干燥后细集料的质量(g);

m_3——吸水后细集料的总质量(g)。

(4)细集料的堆积密度

细集料在自然状态下的堆积密度是反映细集料棱角性的主要指标。堆积密度越大,说明细集料的棱角性越好。堆积密度试验用具如图4.20所示。

图4.20 堆积密度试验用具

细集料的堆积密度按式(4.13)计算:

$$\rho = \frac{m_1 - m_0}{v} \tag{4.13}$$

式中:ρ——自然状态下细集料的堆积密度(g/cm^3)

m_0——容量筒的质量(g);

m_1——试样和容量筒的总质量(g)。

(5)细集料的空隙率

细集料空隙率可按式(4.14)计算:

$$n = \left(1 - \frac{\rho}{\rho_a}\right) \times 100\% \tag{4.14}$$

式中:n——细集料的空隙率(%);

ρ_a——细集料的表观密度(g/cm^3);

ρ——自然状态下细集料的堆积密度(g/cm^3)。

2）颗粒形状及表面特征

细骨料的颗粒形状及表面特征会影响其与胶材的黏结及混合物拌和物的流动性。机制山砂的颗粒多具有棱角,表面粗糙,与胶材黏结较好,用它拌制的混合料强度较高,但拌和物的流动性较差。河砂等天然砂的颗粒外观圆润,表面光滑,与胶材黏结较差,用其拌制的混合料强度较低,但拌和物的流动性较好。

3）有害杂质

工程中的有害杂质有云母、黏土及淤泥、硫化物及硫酸盐、有机杂质及轻物质等。云母呈薄片状,表面光滑,与水泥石黏结极弱,会降低混凝土的强度及耐久性。黏土、淤泥等黏附在砂粒表面,阻碍砂与胶材的黏结,降低混合物的流动性、强度及耐久性等。当黏土以团块存在时,危害性更大。有机物、硫化物及硫酸盐,其可溶性物质能与水泥的水化产物起反应,对水泥有侵蚀作用。轻物质(如煤和褐煤等),质轻、颗粒软弱,与胶材黏结力很低,使混合物强度降低。所以砂中有害杂质的含量应符合有关规范的要求。

海砂中常含有氯盐,会引起钢筋锈蚀。为防止钢筋混凝土或预应力钢筋混凝土结构受到腐蚀,一般工程不宜用海砂。若受条件限制必须采用海砂时,应限制砂中含盐量。必要时,应使用淡水对砂进行淋洗,也可在混凝土中掺入占水泥质量为 0.6% ~1.0% 的亚硝酸钠,以抑制钢筋锈蚀。

4）石粉含量

若砂有活性成分等,应进行专门试验,不同工程对细集料有害杂质或活性成分含量的限值,可参阅有关规范。

（1）细集料的亚甲蓝

一般采用细集料的亚甲蓝(纯度为 98.5%)试验来评定细集料中是否含有膨胀性黏土矿物,以评定细集料的洁净程度。亚甲蓝值按式(4.15)计算:

$$MBV = \frac{V}{m} \times 10 \tag{4.15}$$

式中:MBV——亚甲蓝值(g/kg),表示每千克 0 ~2.36 mm 粒级试样所消耗的亚甲蓝克数;

m——试样质量(g);

V——所加入的亚甲蓝溶液的总量(mL)。

公式中的系数 10 用于将每千克试样消耗的亚甲蓝溶液体积换算成亚甲蓝质量。

（2）细集料的砂当量

由于集料中的含泥量对水泥混凝土和沥青混凝土的性能均有很大的影响,一般采用细集料砂当量试验来测定细集料(含天然砂、人工砂、石屑等)中小于 0.075 mm 颗粒部分的塑性特性,以确定含泥量的多少。细集料的砂当量按式(4.16)计算:

$$SE = \frac{h_2}{h_1} \times 100 \tag{4.16}$$

式中:SE——试样的砂当量(%);

h_2——试筒中用活塞测定的集料沉淀物的高度(mm);

h_1——试筒中絮凝物和沉淀物的总高度(mm)。

5）砂的细度模数与颗粒级配

砂子的粗细程度是指不同粒径的砂粒混合在一起后的平均粗细程度。

砂的颗粒级配是指不同粒径砂粒的搭配分布情况。从图 4.21 中可发现:一定量的砂子中,如果砂颗粒粗细相同,则砂的空隙最大;而如果是粒径大小不同的颗粒相互搭配,则空隙就减小了。为此,要想减少砂子颗粒间的空隙,就必须由大小不同的颗粒进行搭配组合。当砂中含有较多的粗粒径砂,并以适当的中粒径砂及少量细粒径砂填充其空隙间时,可使砂子的空隙率和总表面积均较小,即构成了良好的级配,用它配制混凝土便可节约水泥用量和提高混凝土强度。

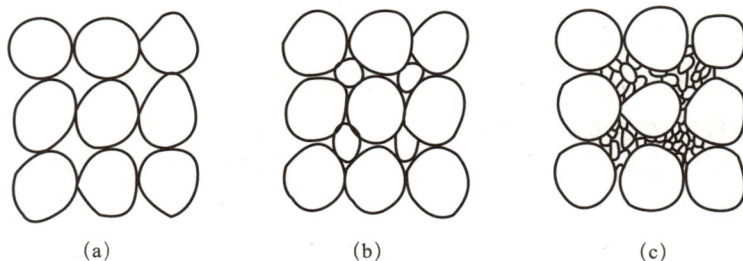

| (a) | (b) | (c) |

图 4.21　骨料在不同级配下的空隙情况

砂的粗细程度和颗粒级配常用筛分析法进行测定,并用细度模数表示砂的粗细,用级配区表示砂的颗粒级配。

对细集料按规定条件取烘干试样 500g 在一整套标准筛上进行筛分试验,分别求出试样存留在各筛上的质量,然后计算其细度模数、颗粒级配有关参数。细集料的标准筛筛孔尺寸为 4.75 mm、2.36 mm、1.18 mm、0.6 mm、0.3 mm、0.15 mm、0.075 mm。

(1)细度模数

砂子粗细程度常用细度模数 M_f 表示,它是指不同粒径的砂颗粒配制在一起后的平均粗细程度,是评价细集料粗细程度的一种指标。筛分析法试验时,采用的方孔筛筛孔边长为 4.75 mm、2.36 mm、1.18 mm、0.6 mm、0.3mm、0.15 mm,按孔径由大到小依次从上往下放置,将取样缩分所得的 500g 干砂倒入最上面一只筛(公称直径为 4.75 mm 的方孔筛)并进行充分筛分,然后称得余留在各个筛上砂的筛余量 G_i。将各筛上的筛余量与底盘上的剩余量之和与筛分前的试样总量相比,若误差小于 1%,则计算出各筛上的分计筛余百分率 a_i(各筛上的筛余量占砂样总量的百分率)及累计筛余百分率 A_i(该筛及比该筛粗的所有筛的分计筛余百分率之和),计算方法见表 4.10。

表 4.10　分计筛余与累计筛余的关系

砂的公称粒径(mm)	方孔筛筛孔边长(mm)	筛余量 G_i(g)	分计筛余百分率 a_i(%)	累计筛余百分率 A_i(%)
4.75	4.75	G_1	$a_1 = G_1/500 \times 100$	$A_1 = a_1$
2.36	2.36	G_2	$a_2 = G_2/500 \times 100$	$A_2 = a_1 + a_2$
1.18	1.18	G_3	$a_3 = G_3/500 \times 100$	$A_3 = a_1 + a_2 + a_3$
0.6	0.6	G_4	$\alpha_4 = G_4/500 \times 100$	$A_4 = a_1 + a_2 + a_3 + a_4$
0.3	0.3	G_5	$a_5 = G_5/500 \times 100$	$A_5 = a_1 + a_2 + \alpha_3 + \alpha_4 + a_5$
0.15	0.15	G_6	$a_6 = G_6/500 \times 100$	$A_6 = a_1 + a_2 + a_3 + a_4 + a_5 + a_6$
	底盘	G_7		

对于水泥混凝土用细集料,其细度模数按式(4.17)计算:

$$M_f = \frac{(A_2 + A_3 + A_4 + A_5 + A_6) - 5A_1}{100 - A_1} \qquad (4.17)$$

式中：M_f——细度模数；

A_1、A_2、A_3、A_4、A_5、A_6——分别为 4.75 mm、2.36 mm、1.18 mm、0.6 mm、0.3 mm、0.15 mm 各筛上累计筛余百分率（%）。

对于沥青混凝土面层及各种路面的基层、底基层用细集料，其细度模数按式(4.18)计算：

$$M_f = \frac{A_{4.75} + A_{2.36} + A_{1.18} + A_{0.6} + A_{0.3} + A_{0.15}}{100} \tag{4.18}$$

式中：M_f——细度模数；

$A_{4.75}$、$A_{2.36}$…$A_{0.15}$——4.75 mm、2.36 mm…0.15 mm 各筛的累计筛余百分率（%）。

对于细砂或特细砂，根据筛分结果可按照规定计算其平均粒径（修约间隔 0.01mm），如式(4.19)所示。

$$d_m = 0.5 \times \left(\frac{a_2 + a_3 + a_4 + a_5 + a_6}{0.0024a_2 + 0.02a_3 + 0.17a_4 + 1.3a_5 + 11a_6} \right)^{\frac{1}{3}} \tag{4.19}$$

式中：d_m——细骨料颗粒的平均粒径（mm）；

$a_2 \sim a_6$——分别为 2~6 号筛的筛余量（g）。

细度模数越大，表示细集料越粗。砂的粗度按细度模数一般可分为如下 4 级：

$M_f = 3.7 \sim 3.1$ 为粗砂；

$M_f = 3.0 \sim 2.3$ 为中砂；

$M_f = 2.2 \sim 1.6$ 为细砂；

$M_f = 1.5 \sim 0.7$ 为特细砂。

细度模数的数值主要决定于累计筛余量。由于在累计筛余的总和中，粗颗粒分计筛余的"权"比细颗粒大，所以它的数值很大程度决定于粗颗粒含量。另外，细度模数的值与小于 0.15 mm 的颗粒含量无关，所以虽然细度模数在一定程度上能反映砂的粗细概念，但并未能全面反映砂的粒径分布情况，因为不同级配的砂可以具有相同的细度模数。

在配合比相同的情况下，若砂子过粗，拌出的混合料如混凝土黏聚性差，容易产生分离、泌水现象；若砂子过细，虽然拌制的混凝土黏聚性较好，但流动性显著减小，为满足流动性要求，需耗用较多的水泥，混凝土强度也较低。因此，混凝土用砂不宜过粗，也不宜过细，以中砂较为适宜。在相同质量条件下，细砂的总表面积大，粗砂的总表面积小，粗砂配制混凝土所需的水泥浆用量比细砂的省。按《水工混凝土施工规范》（SL 677—2024）的要求配制水工混凝土时，人工砂的细度模数宜为 2.4~2.8，天然砂的细度模数宜为 2.2~3.0，使用山砂、海砂及粗砂、特细砂应经试验论证。

应当注意的是，砂的细度模数不能反映砂的级配优劣，细度模数相同的砂，其级配不一定相同，而且还可能存在较大差异。因此，混凝土用砂除考虑细度模数，还应同时考虑颗粒级配。

（2）颗粒级配

细集料的级配指颗粒粗细搭配，指不同粒径的砂粒的组合情况，原理是采用不同粒径颗粒分别占总量的各自百分比进行配制，即将大、小砂颗粒适当掺配。当砂由较多的粗颗粒、适当的中等颗粒及少量的细颗粒组成时，粗、中颗粒搭接嵌挤起骨架作用，细颗粒填充在粗、中颗粒间，使整个堆积体空隙率及总表面积都较小，构成良好的级配。使用较好级配的砂，不仅节约水泥或沥青等建材，而且还可以提高混凝土或沥青混合料的强度及密实性等。

级配是集料各级颗粒的配置情况，细集料的级配可通过细集料的筛分试验确定。

砂的级配常用各筛上累计筛余百分率来表示。对于细度模数为 3.7~1.6 的砂，按 0.6 mm 筛孔的筛上累计筛余百分率分为3个区间(表4.11)。级配较好的砂,各筛上累计筛余百分率应允许稍有超出界限,但各筛超出的累积总量不应大于5%。

表4.11 砂的颗粒级配区

筛孔尺寸 (mm)	累计筛余(%)			筛孔尺寸 (mm)	累计筛余(%)		
	1 区	2 区	3 区		1 区	2 区	3 区
9.5	0	0	0	0.6	85~71	70~41	40~16
4.75	10~0	10~0	10~0	0.3	95~80	92~70	85~55
2.36	35~5	25~0	15~0	0.15	100~90	100~90	100~90
1.18	65~35	50~10	25~0				

将砂的细度模数控制在中砂范围时,若小于0.15 mm的石粉含量过少,往往使混凝土拌和物的黏聚性较差;但若石粉含量过多,又会使混凝土用水量增大并影响混凝土强度及耐久性。故混凝土用砂的石粉含量一般控制在6%~10%。沥青混合料或水工混凝土用砂石粉含量则按相关规定经试验后选择合适用量。

若砂子用量很大,选用时应贯彻就地取材的原则。若有些地区的砂料过粗、过细或级配不良时,在可能的情况下,应将粗、细两种砂掺配使用,以调节砂的细度,改善砂的级配。

除特细砂,砂的颗粒级配可按600 μm筛孔的累计筛余百分率,分成3个级配区(表4.12、图4.22)。级配较好的砂,其各筛上的累计筛余百分率应处在同一级配区内(除4.75 mm和600 μm筛档,其余各筛的累计筛余百分率可略超出界线,但各级累计筛余超出值总和应不大于5%)。

表4.12 砂的颗粒级配区

方孔筛		累计筛余百分率(%)		
		级配区		
		Ⅰ 区	Ⅱ 区	Ⅲ 区
4.75 mm		10~0	10~0	10~0
2.36 mm		35~5	25~0	15~0
1.18 mm		65~35	50~10	25~0
600 μm		85~71	70~41	40~16
300 μm		95~80	92~70	85~55
150 μm	天然砂	100~90	100~90	100~90
	机制砂	97~85	94~80	94~75

注:对于砂浆用砂,4.75 mm筛孔的累计筛余百分率应为0。

一组砂样经过筛分析试验后,可根据各筛上的累计筛余百分率在图中绘制出筛分曲线,并据此来判断砂的粗细:若筛分曲线超过Ⅰ区右下侧分界线,则表示砂子过粗;若筛分曲线超过Ⅲ区左上侧分界线,则表示砂子过细。

配制混凝土时,宜优先选用Ⅱ区砂。当采用Ⅰ区砂时,应适当提高砂率,并保持足够的水泥用量,以满足混凝土拌和物的和易性要求;当采用Ⅲ区砂时,宜适当降低砂率,以保证混凝土的强度。配制泵送混凝土时,宜选用中砂。如果砂的自然级配不符合级配区的要求,要采用人工级配的方法来改善,最简单的措施就是将粗、细砂按适当比例进行试配、掺合使用。为调整级配,在不得已时也可将砂加以过筛,

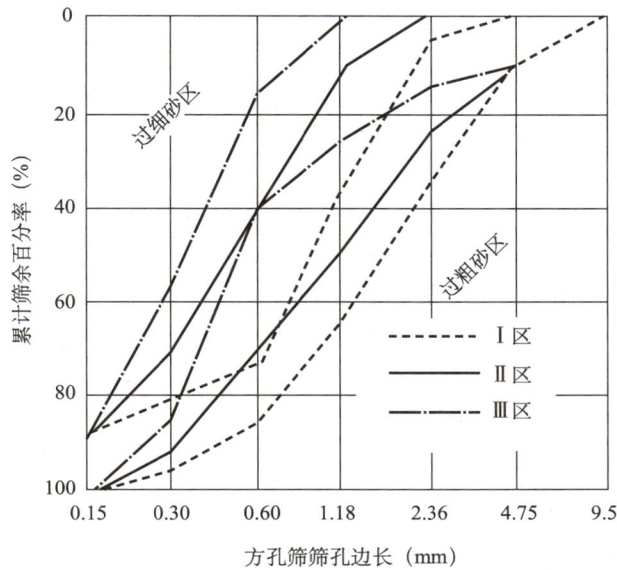

图 4.22　砂的级配曲线

筛除其中过粗或过细的颗粒。

4.5　集料的级配设计

土木水利工程材料大多数以母岩机械加工碎石、砂按比例组成混合物的形式与各种胶材(如水混或沥青)等组成拌和物,生成水泥混凝土或沥青混合料。集料的组成设计尤为重要。

1)集料的级配理论

(1)级配曲线

级配组成是指各种不同粒径的集料,按照一定的比例搭配,以达到较好的粗细搭配。级配组成包括连续级配和间断级配。

连续级配是某一集料在标准筛孔在套筛中进行筛析时,所得的级配曲线平顺圆滑、连续不间断,相邻粒径的粒料搭接嵌挤在一起。这种由大到小,逐级粒径均有,按比例互相搭配组成的集料称为连续级配。

间断级配是在集料中剔除一个(或几个)颗粒粒径,形成一种间断不连续的混合料,这种混合料称为间断级配集料。

连续级配曲线和间断级配曲线如图 4.23 所示。

(2)级配理论

目前常用的级配理论主要有最大密度曲线理论和粒子干涉理论。最大密度曲线理论主要描述了连续级配的粒径分布。粒子干涉理论不仅可用于计算连续级配,而且也可用于计算间断级配。

①最大密度曲线理论。

最大密度曲线是通过大量试验提出的一种理想曲线。W. B. 富勒和他的同事研究认为:固体颗粒按粒度大小有规则地组合排列,粗细搭配,可以得到密度最大、空隙最小的混合料。初期研究理想曲线是:细集料以下的颗粒级配为椭圆形曲线,粗集料为与椭圆曲线相切的直线,由这两部分组成的级配曲线可

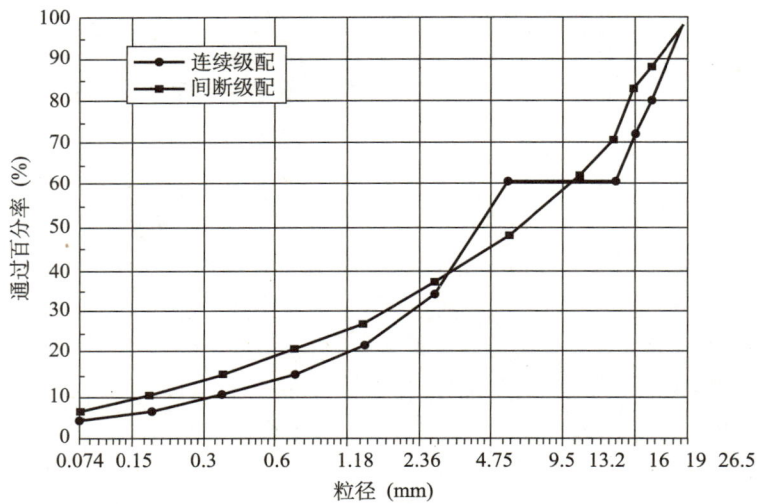

图 4.23　连续级配曲线和间断级配曲线

以达到最大的密度。这种曲线计算比较繁杂，后来经过许多研究改进，提出简化的"抛物线最大密度理想曲线"。该理论认为：集料的颗粒级配曲线越接近抛物线，其密度越大。下面简单介绍两种曲线公式。

最大密度曲线公式：根据上述理论，当集料的级配曲线为抛物线时，最大密度理想曲线集料各级粒径 d_i 与通过量 p_i 的关系如式(4.20)所示：

$$p_i^2 = kd_i \tag{4.20}$$

式中：d_i——集料各级粒径(mm)；

　　　p_i——集料各级粒径的通过量(%)；

　　　k——常数。

当集料各级粒径等于最大粒径 D 时，则通过量 $p_i = 100\%$。即 $d_i = D$ 时，$p_i = 100$。故：

$$k = 100^2 \times \frac{1}{D} \tag{4.21}$$

当要计算任一级集料粒径的通过量时，可用式(4.20)代入式(4.21)得：

$$p_i = 100 \times \left(\frac{d_i}{D}\right)^{0.5} \tag{4.22}$$

式中：D——矿质混合料的最大粒径(mm)；

　　　其他符号含义同前。

式(4.22)就是最大密度理想曲线的级配组成计算公式。根据这个公式，可以计算出矿质混合料最大密度时各级粒径 d_i 的通过量 p_i。

最大密度曲线 n 幂公式：最大密度曲线是一种理论的级配曲线。A. N. Talbol 将 W. B. 富勒曲线的指数 0.5 改成 n，认为指数不应该是一个常数，而应该是一个变数，如式(4.23)所示：

$$p_i = 100 \times \left(\frac{d_i}{D}\right)^n \tag{4.23}$$

式中：d_i——集料各级粒径(mm)；

　　　p_i——集料各级粒径的通过量(%)；

　　　D_i——矿质混合料的最大粒径(mm)；

　　　n——实验指数。

研究认为，沥青混合料中 $n = 0.45$ 时，密度最大；水泥混凝土中 $n = 0.25 \sim 0.45$ 时，施工和易性较好。

通常使用的集料的级配范围(包括密度级配和开级配)n 为 0.3 ~ 0.7。因此在实际应用时,矿质混合料的级配曲线应该允许在一定范围内波动,可以假定 n 分别为 0.3 和 0.7 以计算混合料的级配上限和下限。

②粒子干涉理论。

C. A. G. 魏矛斯研究认为,为了达到最大密度,前一级颗粒之间空隙应由次一级颗粒所填充,其余空隙又由再次小颗粒所填充,但填隙的颗粒粒径不得大于其间隙的距离,否则大、小颗粒粒子之间势必发生干涉现象,如图 4.24 所示。

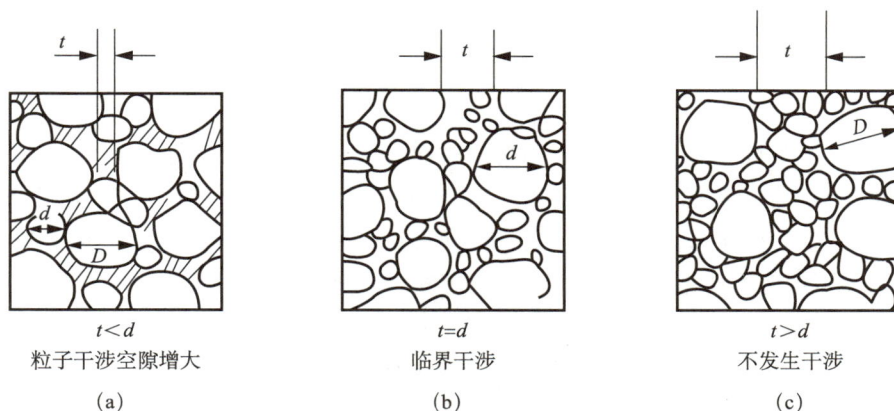

图 4.24　颗粒粒子之间发生干涉现象

为避免干涉,大、小粒子之间应按一定数量分配。在临界干涉的情况下可导出前一级颗粒的距离应为

$$t = \left[\left(\frac{\psi_0}{\psi_s} \right)^{\frac{1}{3}} - 1 \right] \times D \qquad (4.24)$$

式中:t——前粒级的间隙距离(即等于次粒级的粒径 d);

　　　D——前粒的粒径;

　　　ψ_0——次粒级的理论实积率(实积率即堆积密度与表观密度之比);

　　　ψ_s——次粒级的实用实积率。

当处于临界干涉状态时,$t = d$,则式(4.24)可写成式(4.25):

$$\psi_s = \frac{\psi_0}{\dfrac{d}{D} + 1} \qquad (4.25)$$

式(4.25)即为粒子干涉理论公式。应用时如已知集料的堆积密度和表观密度,即可求得集料理论实积率 ψ_0。连续级配时,$d/D = 1/2$,则可按式(4.25)求得实用实积率 ψ_s。由实用实积率可计算出各级集料的配量(即各级分计筛余)。据此计算的级配曲线与富勒最大密度曲线近似。后来,R. 瓦利特又发展了粒子干涉理论,提出了间断级配矿质混合料的计算方法。

2)级配曲线

按前述级配理论公式计算出各级集料在矿质混合料的通过百分率,以通过百分率为纵坐标轴、粒径为横坐标轴,绘制成曲线,即为理论级配曲线。但由于矿料在轧制过程中的不均匀性,以及混合料配制时的误差等因素影响,使所配制的混合料往往不可能与理论级配完全符合。因此,必须允许配料时的合成级配在适当的范围内波动,这就是级配范围。

常用筛孔约按 1/2 递减,筛分曲线如按常坐标绘制,则必然造成疏后密,不便于绘制和查阅。为此,通常用半对数坐标代替,即横坐标轴颗粒粒径(即筛孔尺寸)采用对数坐标,而纵坐标轴通过(或存留)百分率采用常坐标。

采用半对数坐标系绘制级配范围曲线的方法,首先要按对数计算出各种颗粒粒径(即筛孔尺寸)在横坐标轴上的位置,而表示通过(或存留)百分率的纵坐标则按普通算术坐标绘制。绘制好纵、横坐标后,最后将计算所得的各颗粒粒径 d_i 的通过百分率 p_i 绘制在坐标图上,再将确定的各点连接为光滑的曲线。

本章小结

岩石和集料是土木水利工程中使用量比较大的材料,其性能对土木水利工程质量具有极大的影响。现代土木水利工程,特别是高速公路工程对集料有着严格的要求。级配是集料的核心性能,应认真加以理解,并掌握标准筛、筛余百分率、累计筛余百分率、通过百分率及细集料的细度模数等概念及其换算关系。在土木水利工程中,为了使集料更有效地相互填充,以达到较高的密度并起到节约胶凝材料的作用,常将各种不同粒径的集料,按照一定的比例搭配起来。现行的施工规范中都详细地规定了各种级配范围,是施工必须严格遵守的质量要求。一种集料的级配往往很难完全符合某一级配范围的要求,因此必须采用两种或两种以上的集料配合起来才能符合级配范围的要求。级配组成设计的任务就是确定组成混合料各集料的比例。

思考题

4.1 岩石按地质成因可分为哪几类?

4.2 石材有哪几项主要物理性能指标?简述它们的含义及其对建筑结构与路用石材性能的影响。

4.3 天然石料是根据什么指标划分等级的?分为几个等级?

4.4 工程中常用石材有哪几种?它们各有何特点?它们常用在工程中哪些部位?

4.5 简述岩浆岩、沉积岩、变质岩的形成及主要特征。

4.6 比较花岗岩、石灰岩、大理岩、砂岩的性质和用途,并分析它们具有不同性质的原因。

4.7 试论述影响石材抗压强度的主要因素(内因和外因)。

4.8 集料磨光值、磨耗值和冲击值分别表征石材的什么性能?这些数值对路面抗滑层用集料有什么实际意义?

4.9 石材与沥青的黏附性取决于石材的什么性质?

4.10 集料的主要物理常数有哪几项?简述它们的含义及其与石材物理常数的不同之处。

4.11 什么是分计筛余百分率、累计筛余百分率、通过百分率及细度模数?

4.12 什么是级配?试述集料级配的表示方法有哪些。

4.13 简述最大密度曲线理论的含义及表达方式。

4.14 n 幂最大密度公式对最大密度曲线公式理论有什么发展?它在实际应用中应考虑什么问题?

4.15 简述试算法和图解法的基本原理和计算步骤。

第 **5** 章

无机胶凝材料

【**本章重点**】土木工程中常常需要将散粒材料(如砂和石子)或块状材料(如砖和石块)黏结成为整体,具有这种黏结作用的材料,统称为无机胶结材料或无机胶凝材料。胶凝材料,确切地说是指经过自身的物理化学作用后,能够由液态或半固态变成坚硬固体的物质。胶凝材料按其化学成分可分为有机和无机两大类。无机胶凝材料按其硬化时的条件又可分为气硬性胶凝材料与水硬性胶凝材料。

气硬性胶凝材料只能在空气中硬化,也只能在空气中保持或继续提高其强度,如石灰、石膏、水玻璃等。水硬性胶凝材料不仅能在空气中硬化,而且能更好地在水中硬化,保持并继续提高其强度,如各种水泥。

【**本章要求**】掌握气硬性胶凝材料与水硬性胶凝材料的概念、过火石灰与欠火石灰,以及它们对石灰质量的影响;了解石灰的熟化与硬化过程以及石灰的主要特性及在建筑中的应用;了解石膏的主要品种、建筑石膏的凝结硬化过程、建筑石膏的主要特性及用途。

有机胶凝材料是以天然的或合成的有机高分子化合物为主要成分,如沥青、各种合成树脂等。无机胶凝材料是以无机化合物为主要成分,如石灰、石膏、水泥等。根据其凝结硬化条件分为气硬性和水硬性两类。气硬性胶凝材料只能在空气中凝结硬化,也只能在空气中保持和发展强度,常包括石膏、石灰、水玻璃和菱苦土等。水硬性胶凝材料既能在空气中凝结硬化,也能在一定条件下与水结合并凝结硬化,如各种水泥等。

5.1 石膏

▶ 5.1.1 石膏的原料、生产及品种

石膏是以硫酸钙为主要化学成分的气硬性无机胶凝材料。目前常用的有建筑石膏、高强石膏等。

1)石膏的原材料

（1）天然二水石膏

天然二水石膏（$CaSO_4 \cdot 2H_2O$）又称生石膏，是生产工程用石膏的主要原料。纯净的天然二水石膏矿石呈无色透明或白色，含有各种杂质的呈灰色、褐色、黄色、红色、黑色等颜色。

（2）天然无水石膏

天然无水石膏（$CaSO_4$）又称硬石膏，比天然二水石膏致密，质地较硬，难溶于水，可作为生产水泥的原料。

（3）工业石膏

工业石膏是指含有 $CaSO_4 \cdot 2H_2O$ 与 $CaSO_4$ 混合物的一些工业生产后化工副产品或废渣。例如磷石膏是制造磷酸时的废渣，以及盐石膏、硼石膏、钛石膏等。

2)石膏的生产及品种

石膏生产主要工序是破碎、加热与磨细。由于制备方法、加热方式和温度的不同，生产出的石膏的性质和质量也不同。

（1）建筑石膏

将主要成分为二水石膏的原材料加热至 107～170 ℃时，产物为 β 型半水石膏，其化学反应式如下：

$$CaSO_4 \cdot 2H_2O \longrightarrow CaSO_4 \cdot \frac{1}{2}H_2O + 1\frac{1}{2}H_2O$$

建筑石膏以 β 型半水石膏为主要成分，晶体较细，不添加任何外加剂，调制成一定稠度的浆体时，需水量较大，并且大量水分在石膏硬化时蒸发，使石膏内部形成许多孔隙，导致强度较低。主要用于制作石膏建筑制品。

（2）高强石膏

高强石膏是将二水石膏置于具有一定条件（0.13 MPa、124 ℃）的过饱和蒸汽条件下蒸压，或置于某些盐溶液中沸煮加工而得，也称为 α 型半水石膏。高强石膏的晶粒较粗、较致密，需水量较小，硬化后的石膏内部孔隙较少，强度比建筑石膏稍高。主要用于制作石膏板材等。

（3）高温煅烧石膏

天然石膏在 600～900 ℃下煅烧后经磨细而得到的产品也称地板石膏。高温下二水石膏不但完全脱水成为无水硫酸钙（$CaSO_4$），并且部分硫酸钙分解成氧化钙，少量的氧化钙是无水石膏与水进行反应的激发剂。高温煅烧石膏凝结硬化慢，但耐水性和强度高，耐磨性好。主要用于铺设地面。

▶ 5.1.2　石膏的凝结与硬化

石膏与水拌和后，最初是具有可塑性的石膏浆体，然后逐渐变稠失去可塑性称为凝结，浆体逐渐变成具有一定强度的固体称为硬化。

石膏在凝结硬化过程中，与水进行如下水化反应：

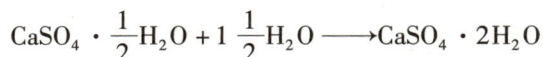

$$CaSO_4 \cdot \frac{1}{2}H_2O + 1\frac{1}{2}H_2O \longrightarrow CaSO_4 \cdot 2H_2O$$

半水石膏加水后首先进行的是溶解，然后产生上述水化反应，生成二水石膏。由于二水石膏在水中的溶解度（20 ℃下为 2.05）较半水石膏在水中的溶解度（20 ℃下为 8.16 g/L）小得多，因此二水石膏不断从过饱和溶液中沉淀而析出胶体微粒。二水石膏析出，破坏了原有半水石膏的平衡浓度，这时半水石膏会进一步溶解来补充溶液浓度。如此不断循环进行半水石膏的溶解和二水石膏的析出，这一过程大约会持续 7～12 min,直到半水石膏完全转化为二水石膏为止。

随着水化的进行,二水石膏胶体微粒的数量不断增多,它比原来的半水石膏颗粒细得多,即总表面积增大,因而可吸附更多的水分。同时因水分的蒸发和部分水分参与水化反应而成为化合水,致使自由水减少,因此使得浆体变稠而失去可塑性,这就是初凝。在浆体变稠的同时,二水石膏胶体微粒逐渐变为晶体,最初形成的可塑性浆体中的水分由于提供水化和自行蒸发而逐渐减少,二水石膏的胶体微粒不断增多,浆体稠度逐渐增大,晶体之间的摩擦力、黏结力逐渐增大,浆体强度也随之增加,直到完全失去可塑性,石膏强度一直发展,称为石膏的终凝。随着浆体变稠,胶体微粒凝聚成晶体,晶体逐渐长大、共生和相互交错,使凝结的浆体逐渐产生强度,最后发展成具有一定强度的固体。全过程称为石膏的凝结硬化过程。图 5.1 所示为石膏凝结硬化示意图。

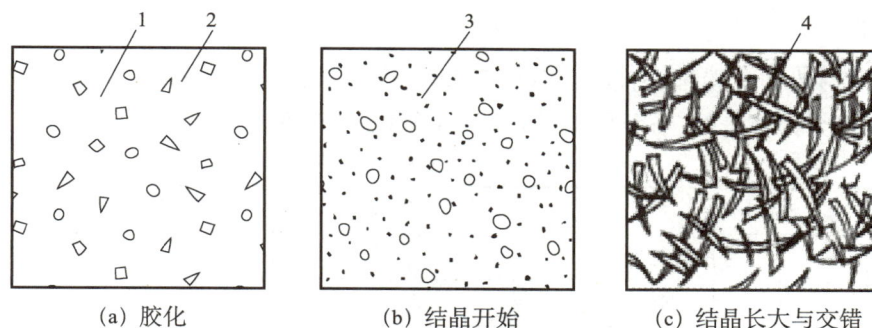

(a) 胶化　　　　　　(b) 结晶开始　　　　　(c) 结晶长大与交错

图 5.1　石膏凝结硬化示意

1—半水石膏;2—二水石膏胶体微粒;3—二水石膏晶体;4—交错的晶体

▶ 5.1.3　石膏的特性、质量要求及应用

1)石膏的特性

(1)凝结硬化快

石膏加水拌和后的浆体初凝时间不小于 6 min,终凝时间不超过 30 min,一星期左右完全硬化。初凝时间较短使施工成型困难,为延缓其凝结时间,可以掺入缓凝剂,使半水石膏溶解度降低或者降低其溶解速度,使水化速度减慢。常用的缓凝剂有 0.1%～0.2%的动物胶、1%的亚硫酸盐酒精废液,也可以用硼砂、柠檬酸等。

(2)硬化初期有微膨胀性

其他胶凝材料硬化过程中往往产生收缩,而石膏却略有膨胀,而且不开裂,膨胀率为 0.05%～0.15%。这一性质使得石膏可以单独使用,尤其在装饰材料中,利用其微膨胀性塑造的各种建筑装饰制品,形体饱满密实,表面光滑细腻,干燥时不开裂。

(3)硬化后孔隙率高

石膏水化的理论需水量约为 18.61%,为使石膏浆体具有可塑性,常要加入 50%～70%的水,这些多余的自由水蒸发后留下许多孔隙,使石膏制品具有多孔性,其孔隙率达 40%～60%,因此石膏制品容重小、隔热保温性能好、吸声性强。但因吸水率大,其耐水性、抗渗性和抗冻性差。

(4)防火性较好

石膏硬化后的主要成分是 $CaSO_4 \cdot 2H_2O$,当遇到 100 ℃以上温度作用时,结晶水蒸发,这部分水约占总质量的 21%。蒸发的水蒸气吸收热量降低表面温度,脱水后的无水石膏又是良好的绝热体,因而可阻止火势蔓延,起到防火作用。

（5）强度低

一等品建筑石膏凝结硬化 1 d 的强度为 5 ~ 8 MPa,7 d 后达到的最高强度为 8 ~ 12 MPa。

（6）保温隔热和吸声性能好

硬化后的建筑石膏中具有许多开口孔隙和闭口孔隙,因此其保温隔热性和吸声性能好,导热系数一般为 0. 121 ~ 0. 205 W/(m·K)。

（7）吸湿性好,耐水性和抗冻性差

石膏制品的吸湿性好,可调节室内的温湿度。但在潮湿条件下,石膏吸湿后,水分会减弱晶粒之间的吸引力,导致石膏的强度降低（软化系数为 0.3 ~ 0.45）。如果长时间浸在水中,会因为二水石膏晶体的溶解,导致石膏破坏。石膏制品吸水后受冻,由于其孔隙率大、强度低,很容易因抗冻性差遭到破坏。

2）石膏的质量要求

石膏不含杂质时为白色粉末,密度为 2.6 ~ 2.75 g/cm³,堆积密度为 800 ~ 1 000 kg/m³。按抗折强度、抗压强度和细度分为优等品、一等品和合格品三个等级,如表 5.1 所示。

表 5.1　石膏的技术要求

技术指标		优等品	一等品	合格品
2h 湿强度（MPa）	抗折强度 ≥	2.5	2.1	1.8
	抗压强度 ≥	4.9	3.9	2.9
细度（%）	0.2 mm 方孔筛筛余 ≤	5.0	10.0	15.0
凝结时间 （min）	初凝时间 ≥	6		
	终凝时间 ≤	30		

3）石膏的应用

石膏常用于室内抹灰、粉刷、油漆打底层,也可制作各种建筑装饰制件和石膏板等。目前生产的石膏板,主要有纸面石膏板、石膏空心条板、石膏装饰板、纤维石膏板。

石膏在储存中需要防雨防潮,储存期一般不超过 3 个月,过期或受潮都会使石膏制品强度显著降低。

5.2　石灰

石灰是以碳酸钙为主要化学成分的气硬性无机胶凝材料。

▶ 5.2.1　石灰的原料与生产

石灰的生产原料为石灰石、白云质石灰石或其他含碳酸钙为主的天然原料。对这些原料加以煅烧（温度常控制在 900 ~ 1 000 ℃）,碳酸钙将分解为氧化钙,生成呈块状的生石灰,化学反应式如下:

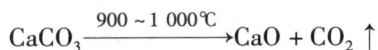

$$CaCO_3 \xrightarrow{900 ~ 1\,000℃} CaO + CO_2 \uparrow$$

由于生产原料中多少含有一些碳酸镁,因而生石灰中还含有次要成分氧化镁。氧化镁含量 ≤5% 的生石灰称为钙质石灰,氧化镁含量 >5% 的称为镁质石灰。镁质石灰熟化较慢,但硬化后强度稍高。由于煅烧时火候不匀,石灰中常含有欠火石灰和过火石灰。欠火石灰中碳酸钙未完全分解,过火石灰的表面有一层深褐色的熔融物。

5.2.2　石灰的熟化与硬化

1）石灰的熟化

生石灰熟化成熟石灰粉或石灰膏再使用。生石灰加水进行水化，称为熟化或消解，将生石灰用适量水经消化和干燥而成的粉末，主要成分为 $Ca(OH)_2$，称为熟石灰。其反应式如下：

$$CaO + H_2O \Longrightarrow Ca(OH)_2$$

熟化时放出大量热（1 kg 生石灰放热 1 160 kJ），体积增大 1 ～ 2.5 倍。熟石灰有两种形式：石灰膏和熟石灰粉。

将块状石灰石用大量水（为生石灰体积的 3 ～ 4 倍）消化，或将消石灰粉和水拌和所得达一定稠度的浆状物即为石灰浆，其主要成分为 $Ca(OH)_2$ 和水。石灰浆中的水分约占 50%，容重为 1 300 kg/m³ ～ 1 400 kg/m³。1 kg 生石灰可熟化成 1.5 kg ～ 3 kg 石灰浆。欠火石灰不能熟化。当石灰中含有过火石灰时，它将在石灰浆体硬化以后才发生水化作用，于是会因产生膨胀而引起崩裂或隆起现象。因此，为消除上述现象，应将熟化后的石灰浆在消化池中储存 2 ～ 3 周，即陈伏。陈伏期间，石灰膏表面淋有一层水，以隔绝空气，防止与 CO_2 作用产生碳化。生石灰熟化成石灰粉，常采用淋灰的方法（即每堆放 0.5 m 高的生石灰块，淋 60% ～ 80% 的水，分层堆放再淋水），以能充分消解而又不过湿成团为度，消石灰粉在使用以前，也应有类似石灰浆的陈伏时间。生石灰可以直接磨细制成生石灰粉使用。

2）石灰的硬化

石灰浆硬化过程包括干燥硬化和碳化硬化两部分。

（1）干燥硬化

石灰浆在干燥过程中，因水分蒸发形成孔隙网，留在孔隙内的自由水由于水的表面张力，在孔隙最窄处具有凹形弯月面，从而产生毛细管压力，使石灰颗粒更加紧密而获得强度。这种强度不高，再遇水时又会丧失。

在干燥过程中，因水分蒸发会引起 $Ca(OH)_2$ 溶液过饱和而结晶析出产生强度，但是析出的晶体数量较少，因此强度不高。

（2）碳化硬化

碳化是指氢氧化钙与空气中的二氧化碳化合生成碳酸钙结晶，并释出水分。反应式如下：

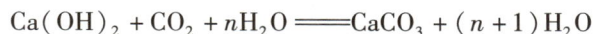

$$Ca(OH)_2 + CO_2 + nH_2O \Longrightarrow CaCO_3 + (n+1)H_2O$$

碳化作用实际是二氧化碳与水形成碳酸，然后与氢氧化钙反应生成碳酸钙，如果含水量过小，处于干燥状态时，碳化反应几乎停止。若含水过多，孔隙中几乎充满水，二氧化碳气体渗透量少，碳化作用只在表层进行，所以碳化作用只有在孔壁充水、而孔中无水时，碳化作用才能进行较快，当材料表面形成碳酸钙达到一定厚度时，碳化作用极为缓慢，且阻止了内部水分的脱出，使氢氧化钙结晶速度缓慢，所以石灰凝结硬化较慢。

5.2.3　石灰的特性、质量要求与应用

1）石灰的特性

（1）保水性好

熟石灰粉或石灰膏与水拌和后，保持水分不泌出的能力较强。保水性较好的主要原因是氢氧化钙颗粒直径约为 1 μm，其表面吸附一层较厚的水膜，由于颗粒数量多，总表面积大，可吸附大量水。工程中

将它掺入水泥砂浆中配制成混合砂浆,以提高水泥砂浆保水性。

(2)凝结硬化慢、强度低

由于空气中的二氧化碳含量低,碳化后形成的碳酸钙硬壳阻止二氧化碳向内部渗透,妨碍水分向外蒸发,因此使 $CaCO_3$ 和 $Ca(OH)_2$ 结晶体生成缓慢且量少,所以石灰强度较低,如按1∶3配成的石灰砂浆,28 d 强度通常小于 0.5 MPa。

(3)耐水性差

未硬化的石灰浆体处于潮湿环境中,由于水分蒸发不出去,硬化不完全;已硬化的石灰浆体由于 $Ca(OH)_2$ 易溶于水,导致耐水性较差。

(4)体积收缩大

石灰浆体凝结硬化过程中,蒸发出大量水分,由于毛细管失水收缩,引起体积紧缩大。

2)石灰的质量要求

生石灰的质量是以石灰中活性氧化钙和氧化镁、过火和欠火石,以及其他杂质含量多少作为主要指标。根据规范规定,建筑生石灰按有效氧化钙 + 氧化镁含量、产浆量、未消化残渣含量和二氧化碳含量四个项目的指标,分为优等品、一等品和合格品三个等级,各等级应满足表 5.2 的要求。

表 5.2　建筑生石灰技术指标

项目	钙质生石灰			镁质生石灰		
	优等品	一等品	合格品	优等品	一等品	合格品
CaO + MgO 含量(%)不小于	90	85	80	85	80	75
未消化残渣含量(5 mm 圆孔筛筛余量)(%)不大于	5	10	15	5	10	15
二氧化碳含量(%)不大于	5	7	9	6	8	10
产浆量(L/kg)不小于	2.8	2.3	2.0	2.8	2.3	2.0

3)石灰的应用

石灰常用于生产建筑材料和制品。

(1)石灰乳涂料和砂浆

熟石灰粉或石灰膏掺加大量水,可配成石灰乳涂料,用于内墙及天棚的粉刷。用石灰膏或熟石灰粉配制的石灰砂浆或水泥石灰砂浆建筑工程中用量较大。

(2)石灰土和三合土

熟石灰粉与黏土配合称为石灰土,再加入砂等生产三合土。将生石灰粉或熟石灰粉和黏土按一定比例混合,可配制成石灰土;如在石灰土中加入适量的砂或炉渣等材料即成为三合土。石灰土和三合土经夯实后可获得一定的强度和耐久性。因为石灰中氧化钙或者氢氧化钙与黏土中的二氧化硅和三氧化二铝,在有水条件下,反应生成具有水硬性的水化硅酸钙和水化铝酸钙,能把黏土颗粒黏结在一起,因此提高了黏土的强度和耐久性。它主要应用于建筑物基础、地面垫层,还可用于路面垫层。

(3)硅酸盐制品

硅酸盐制品是指以熟石灰粉或磨细的生石灰与硅质材料(如砂、粉煤灰、火山灰、煤矸石等)为主要原料,经过配料、拌和、成型、养护(常压蒸汽养护或高压蒸汽养护)等工序制得的制品,包括蒸压粉煤灰砖、蒸压灰砂砖和蒸压加气混凝土砌块等。硅酸盐制品还可用于生产蒸压加气板材,主要用作墙体材料。

　　使用石灰时应注意存放,块状生石灰放置太久,会吸收空气中的水分熟化成熟石灰粉,再与空气中二氧化碳作用而成为碳酸钙,失去胶结能力。最好存放在封闭严密的仓库中,防潮防水。存期不宜过长,如需长期存放,可熟化成石灰膏后用砂子铺盖防止碳化。块灰在运输时,应尽量用带棚车或用帆布盖好,防止水淋自行熟化,放热过高引起火灾。由于石灰熟化过程中会放出大量的热并伴随着体积膨胀,所以储存和运输生石灰时应注意安全。

5.3　水玻璃

　　水玻璃俗称泡花碱,是一种能溶于水的硅酸盐,由碱金属氧化物和 SiO_2 结合而成,如硅酸钠($Na_2O \cdot nSiO_4$)、硅酸钾($K_2O \cdot nSiO_2$)等。常使用的水玻璃是硅酸钠的水溶液($Na_2O \cdot nSiO_2$),为无色、青绿色或棕色黏稠液体。水玻璃具有很好的耐酸性能,能抵抗大多数无机酸和有机酸的作用。水玻璃在土木水利工程的主要用途如下:

　　(1)加固地基

　　水玻璃可作为灌浆材料以加固地基。将模数为 2.5～3 的液态水玻璃和氯化钙溶液交替压入地基,两种溶液发生如下化学反应:

$$Na_2O \cdot nSiO_2 + CaCl_2 + mH_2O \Longrightarrow nSiO_2 \cdot (m-1)H_2O + Ca(OH)_2 + 2NaCl$$

　　产物中的硅酸胶体将土壤颗粒包裹并填充其孔隙。它是一种吸水膨胀的冻状凝胶,可因吸收地下水而经常处于膨胀状态,阻止水分的渗透和使土壤固结。产物中的氢氧化钙也可与氯化钙反应生成氧氯化钙,同样也起胶结和填充孔隙的作用。氢氧化钙也有胶结和填充孔隙的作用。因此,将液态水玻璃和氯化钙溶液压入地基不仅可以提高基础的承载能力,而且可以增强不透水性。

　　(2)涂刷材料表面,提高抗风化性能

　　将水玻璃溶液涂刷于混凝土、砖、石、硅酸盐制品等材料的表面,使其渗入材料的缝隙中,可以提高材料的密实性和抗风化性。但不能用水玻璃涂刷石膏制品,因硅酸钠能与硫酸钙反应生成硫酸钠,结晶时体积膨胀,使制品破坏。

　　(3)配制耐酸和耐热砂浆和混凝土

　　水玻璃能抵抗大多数无机酸(氢氟酸除外)的作用,故常与耐酸填料和骨料配制耐酸砂浆和耐酸混凝土。耐酸混凝土的配合比(质量比)一般为水玻璃∶粉末填料∶砂∶石 =(0.6～0.7)∶1∶1∶(1.5～2.0),促硬剂(氟硅酸钠)用量为水玻璃的 12%～15%。

　　(4)配制防水剂

　　以水玻璃为基料,掺入适量的两种、三种或四种矾配制成两矾、三矾或四矾防水剂。将水玻璃溶液掺入砂浆或混凝土中,可使砂浆或混凝土急速硬化,用于堵漏抢修等。

5.4　菱苦土

　　菱苦土即镁质胶凝材料,是以 MgO 为主要成分的气硬性胶凝材料,是一种白色或浅黄色粉末。菱苦土是将菱镁矿($MgCO_3$)在 750～850 ℃温度下煅烧后磨成细粉而成的,颜色为白色或浅黄色,密度为 3.1～3.4 g/cm^3,堆积表观密度为 800～900 kg/m^3。

菱苦土用水拌和时,将生成 $Mg(OH)_2$,它疏松而无胶凝性,硬化慢且强度低。菱苦土常用 $MgCl_2$、$MgSO_4$、$FeCl_3$ 或 $FeSO_4$ 等盐类的水溶液拌和。其中以 $MgCl_2$ 溶液为最好,它硬化较快,强度较高,应用最广。

由白云石($MgCO_3 \cdot CaCO_3$)经煅烧磨细而制得的镁质胶凝材料,称为苛性白云石。其性质及用途与菱苦土相同,但质量稍差。

菱苦土与木质材料能很好地黏结,而且不会腐蚀木质纤维,常用来制造木屑地板、木丝板、刨花板等。它们硬化后具有很高的强度,例如用菱苦土与木屑按 3:1 质量比制成的试件,其抗拉强度一般不低于 3.5 MPa,抗压强度可达 40~60 MPa。菱苦土木屑地板保温性好、有弹性、防火、耐磨、无噪声、不起灰。菱苦土制品吸湿性强、耐水性差,只能用于干燥环境中。菱苦土运输和储存时应避光和免于受潮,且不可久存。

本章小结

土木水利工程中常需要将散粒材料(如砂和石子)或块状材料(如砖和石块)黏结成为整体,具有这种黏结作用的材料,统称为无机胶结材料或无机胶凝材料。胶凝材料是指经过自身的物理化学作用后,能够由液态或半固态变成坚硬固体的物质。胶凝材料按其化学成分可分为有机和无机两大类。无机胶凝材料按其硬化时的条件又可分为气硬性胶凝材料与水硬性胶凝材料。了解的胶凝材料生产、质量要求及工程应用具有一定价值。

思考题

5.1 为什么石灰、石膏、水玻璃及菱苦土被称为气硬性胶凝材料?

5.2 试述石灰的特性及其在工程中的应用。

5.3 石灰"陈伏"的作用是什么?

5.4 试述石膏的特性及其在房屋建筑工程中的应用。

5.5 水玻璃的工程应用如何?

5.6 菱苦土有何特点?

第 **6** 章
水 泥

【本章重点】水泥是基础设施建设中重要的胶凝材料,基于水泥基能生产水泥混凝土、钢筋混凝土、预应力混凝土、自密实混凝土、堆石混凝土等。常用水泥有很多种类,工程中常用通用硅酸盐水泥。

【本章要求】重点掌握硅酸盐水泥生产过程、主要矿物组成、与水作用的特性、影响水泥凝结硬化的主要因素。尤其要求了解硅酸盐水泥的技术性质及各项技术性质的测定方法。了解硅酸盐水泥腐蚀的类型、防止硅酸盐水泥腐蚀的措施。掌握常用水泥各自的组成和主要特点。了解高铝水泥的主要矿物组成和水化产物、特性及使用时应注意的问题。

6.1 硅酸盐水泥

▶ 6.1.1 概述

我国目前使用量最大的水泥是硅酸盐类水泥,国外称为波特兰水泥,它诞生于 19 世纪,有关其诞生年却有各种不同说法。我国的有关文献常把 1824 年作为波特兰水泥的诞生年,照此计算波特兰水泥有 200 年的历史。欧洲把真正工业生产的波特兰水泥定为始于 1843 年,则认为波特兰水泥的历史为 181 年,下面就将这种说法作一简要介绍。

早在 18 世纪,欧洲人就生产出了具有水硬性的石灰,称为水硬石灰。英国工程师 John Smeaton 于 1756 年在承担重建 Eddystone 灯塔时发现并提出,用最纯的和最硬的石灰石生产不出最好的用于水工建筑的胶泥,黏土成分是使胶泥获得耐水性的主要原因,这也是人类第一次通过有计划的试验明确了黏土含量与耐水性间的关系(1791 年发表)。1796 年英国人 James Parker 用伦敦 Septarienton 地区出产的泥灰岩碎块在低于烧结温度的温度下烧制出了罗马水泥。这种罗马水泥 CaO 含量约 55%,SiO$_2$ 含量约 25%,加水后发热,10~20 min 后凝结,具有水硬性。第一次通过人工混合石灰石和黏土再经煅烧生产水泥的试验应归于法国人 L. J. Vicat,他于 18 世纪初做了试验,取得了良好效果,1818 年公布了他的试验成果。当时他提出的黏土含量为 33% ~40% ,1828 年又修改为 27% ~30% ,然而这种方法在法国一直未被采用。与此同时,英国生产出了具有水硬性的水泥。J. Frost 用白垩和黏土混合煅制出了一种水硬性胶凝材料,他称为"英国水泥"。英国的 Joseph Aspdin 于 1824 年 10 月 21 日获得了水泥生产方法的发明专利,专利中对生产方法的叙述是"用石灰石加入一定量含黏土的土壤或黏土,混合物应经过烘干、破碎成合适的块度,放入石灰窑中煅烧至驱除二氧化碳"。他将这种经人工混合烧制的水泥命名为波特兰水泥。这是因为由这种新方法烧制的水泥,其颜色与波特兰石(英国波特兰半岛出产的一种淡黄-白色的鲕状天然石灰石)相近,故由此起名为波特兰水泥。所以人们一般将 1824 年作为波特兰水泥的诞生年,发明人为英国利兹的 Joseph Aspdin。然而无论从对生产方法的专利描述还是从产品性能上看,这种产品都应是用人工配料生产的罗马水泥,并非今天人们认定的波特兰水泥,当时的煅烧温度低,并未达到烧结程度。

1843 年 Joseph Aspdin 的长子 William Aspdin 生产出了真正的波特兰水泥,应用于新建的伦敦议会大厦。W. Aspdin 所用的煅烧温度较高,物料除"弱烧"部分外还有很大一部分达到了烧结,即一部分物料已熔融,另一部分仍为固相,其产品具有更高的强度,性能也远优越于罗马水泥,按 I. Ch. Johnson 法检验的容重达到 1 130 g/L,按现在的标准衡量应属波特兰水泥。

根据上述的水泥发展过程,欧洲一些国家一般将 1824 年认定为波特兰水泥的诞生年,1843 年为波特兰水泥工业产品的诞生年。

本章以硅酸盐水泥为主要内容,在此基础上介绍其他品种水泥的生产、特点及工程应用。

▶ 6.1.2 硅酸盐水泥的定义、分类、生产概况、熟料矿物组成及其特性

水泥是国民经济建设的重要材料之一,是制造混凝土、钢筋混凝土、预应力混凝土构件的最基本组成材料。水泥品种非常多,按其组成成分分类,可分为硅酸盐类水泥、铝酸盐类水泥、硫铝酸盐类水泥和铁铝酸盐类水泥等。水泥按其性能及用途可分为通用水泥、专用水泥和特性水泥三类。土木工程中最常用的是通用硅酸盐水泥。

1)通用硅酸盐水泥的定义、分类

(1)定义

通用硅酸盐水泥是指以硅酸盐水泥熟料和适量的石膏及规定的混合材料制成的水硬性胶凝材料。

(2)分类

通用硅酸盐水泥按混合材料的品种和掺量分为硅酸盐水泥、普通硅酸盐水泥、矿渣硅酸盐水泥、火山灰质硅酸盐水泥、粉煤灰硅酸盐水泥和复合硅酸盐水泥六种。各品种的组分和代号应符合表 6.1 的规定。

表 6.1 通用硅酸盐水泥的代号和组分

品种	代号	组分(质量百分数)(%)				
		石膏	粒化高炉矿渣/矿渣粉	火山灰	粉煤灰	石灰石
硅酸盐水泥	P·Ⅰ	100	—	—	—	—
	P·Ⅱ	95 ~100	0 ~5	—	—	—
		95 ~100	—	—	—	0 ~5

续表

品种	代号	组分(质量百分数)(%)				
		石膏	粒化高炉矿渣/矿渣粉	火山灰	粉煤灰	替代组分
普通硅酸盐水泥	P·O	80~94	6~20			0~5
矿渣硅酸盐水泥	P·S·A	50~79	21~50	—	—	0~8
	P·S·B	30~49	51~70	—	—	
粉煤灰硅酸盐水泥	P·F	60~79	—	—	21~40	0~5
火山灰硅酸盐水泥	P·P	60~79	—	21~40	—	0~5

品种	代号	组分(质量百分数)(%)					
		石膏	粒化高炉矿渣/矿渣粉	粉煤灰	火山灰	石灰石	砂岩
复合硅酸盐水泥	P·C	50~79	21~50				

2）通用硅酸盐水泥的生产概况

（1）通用硅酸盐水泥的生产原料

硅酸盐水泥熟料：由主要含 CaO、SiO_2、Al_2O_3、Fe_2O_3 的原料，按适当比例磨成细粉烧至部分熔融，得以硅酸钙为矿物成分的水硬性胶凝物质。其中硅酸钙矿物不小于 66%，氧化钙和氧化硅质量比不小于 2.0。

石膏：天然石膏应符合 GB/T 5483 中规定的 G 类或 M 类混合石膏，品味（质量分数）≥55%。工业副产石膏是 GB/T 21371 中规定 d 的技术要求。

混合材料：是指这类材料磨成粉末后，与石灰、石膏或硅酸盐水泥加水拌和后能发生水化反应，在常温下能生成具有水硬性的胶凝物质；以及人工或天然的矿物质材料，磨成细粉后与石灰、石膏或硅酸盐水泥加水拌和后，不能或很少生成水硬性胶凝物质的材料，掺加的目的主要是起填充作用、增加水泥产量、降低水泥强度等级、降低水泥成本和水化热、调节水泥的某些性质等。符合 GB/T 203、GB/T 1596、GB/T 2847 标准要求的粒化高炉矿渣粉/矿渣粉、粉煤灰、火山灰质混合材料，以及石灰石和砂岩均为适用的混合材。

水泥助磨剂：水泥粉磨时允许加入助磨剂，其加入量应不大于水泥质量的 0.5%，助磨剂应符合 GB/T 26748 的规定。

生产通用硅酸盐水泥的原料主要是石灰质原料和黏土质原料两类。石灰质原料（如石灰石、白垩、石灰质凝灰岩等）主要提供 CaO；黏土质原料（如黏土、黏土质页岩、黄土等）主要提供 SiO_2、Al_2O_3 及少量的 Fe_2O_3。有时以上两种原料的化学组成不能满足要求，还要加入少量校正原料（如铁矿粉、黄铁矿渣、砂岩等）进行调整。

（2）通用硅酸盐水泥的生产工艺

通用硅酸盐水泥生产第一流程是水泥生料的配料与磨细；第二流程将配制完成并磨到一定细度生料高温煅烧熔融形成熟料；第三流程是将熟料与适量石膏等共同磨细冷却到适当温度后得到硅酸盐水泥。熟料加入石膏和不同种类的混合材料粉磨，可制得不同品种的通用硅酸盐水泥。生产工艺概括为"两磨一烧"，其流程如图 6.1 所示。

3）水泥熟料矿物组成及其特性

为便于理解，以硅酸盐水泥为例介绍水泥相关特点。

石灰质原料　黏土质原料　校正原料 } 按一定比例配料后磨碎 → 生料 —1 450 ℃煅烧→ 石膏　熟料　混合材料 } 磨细 → 通用硅酸盐水泥（Ⅰ型硅酸盐水泥不加混合料）

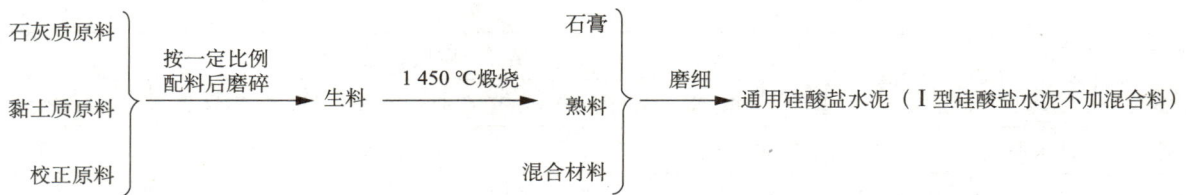

图6.1　通用硅酸盐水泥生产流程

硅酸盐水泥熟料的主要化学成分是由石灰质原料来的 CaO,由黏土质原料来的 SiO_2、Al_2O_3 和 Fe_2O_3。经过高温煅烧后,以上4种化学成分化合为熟料中的主要矿物组成:硅酸三钙($3CaO \cdot SiO_2$,简式为 C_3S)、硅酸二钙($2CaO \cdot SiO_2$,简式为 C_2S)、铝酸三钙($3CaO \cdot Al_2O_3$,简式为 C_3A)和铁铝酸四钙($4CaO \cdot Al_2O_3 \cdot Fe_2O_3$,简式为 C_4AF)。

硅酸盐水泥熟料的矿物组成和含量范围如表6.2所示。其中硅酸三钙和硅酸二钙的总含量在70%以上,铝酸三钙和铁铝酸四钙的含量在25%左右。除了主要熟料矿物外,硅酸盐水泥熟料中还含有少量的游离氧化钙、游离氧化镁和碱等,它们的总含量一般不超过水泥质量的10%。

表6.2　硅酸盐水泥熟料的矿物组成和含量范围

矿物组成	化学组成	常用缩写	含量(%)	矿物组成	化学组成	常用缩写	含量(%)
硅酸三钙	$3CaO \cdot SiO_2$	C_3S	37～60	铝酸三钙	$3CaO \cdot Al_2O_3$	C_3A	7～15
硅酸二钙	$2CaO \cdot SiO_2$	C_2S	15～37	铁铝酸四钙	$4CaO \cdot Al_2O_3 \cdot Fe_2O_3$	C_4AF	10～18

水泥熟料是由种不同特性的矿物所组成的混合物。因此,改变熟料矿物成分之间的比例,水泥的性质即发生相应的变化。例如,为了使水泥具有凝结硬化快、强度高的性能,就必须适当提高熟料中 C_3S 和 C_3A 的含量;为了使水泥具有较低的水化热,就应降低 C_3A 和 C_3S 的含量。

▶ 6.1.3　硅酸盐水泥的水化反应与凝结硬化

硅酸盐水泥中主要的4种产物与水接触后都会后发生反应,称为水泥的水化反应。水泥加水拌和后,最初形成具有可塑性又有流动性的浆体,经过一定时间,水泥浆体逐渐变稠失去塑性,这一过程称为凝结。随时间继续增长产生强度,强度逐渐提高,并变成坚硬的固态物体称为水泥石,这一过程称为硬化。硅酸盐水泥的水化过程及水化产物相当复杂,各种熟料矿物水化以及与混合材料的水化互有影响。水泥凝结与硬化是一个连续的复杂的物理化学变化过程,这些变化影响了水泥一系列的技术性能。因此,了解水泥的凝结与硬化过程,对于了解水泥的性能有着重要的意义。

1)硅酸盐水泥的水化反应

目前认为,水泥颗粒与水接触后,水泥熟料各矿物中的铝酸三钙首先发生水化反应,其次是硅酸三钙和铁铝酸四钙水化反应,最后是硅酸二钙水化反应。在硅酸盐水泥的水化过程中,生成新的水化物,并放出一定的热量。

水泥熟料矿物中,硅酸三钙和硅酸二钙水化产物为水化硅酸钙和氢氧化钙,水化硅酸钙不溶于水,以胶粒析出,逐渐凝聚成凝胶体(C-S-H 凝胶),氢氧化钙在溶液中很快达到饱和,以晶体析出;铝酸三钙和铁铝酸四钙水化后生成水化铝酸三钙和水化铁酸钙,水化铝酸三钙以晶体析出,水化铁酸钙以胶粒析出,而后凝聚成相应的凝胶。

由于在硅酸盐水泥熟料中掺入了适量石膏,石膏与水化铝酸三钙反应生成了高硫型的水化硫铝酸钙($3CaO \cdot Al_2O_3 \cdot 3CaSO_4 \cdot 31H_2O$)，以针状晶体析出，也称为钙矾石。当石膏耗尽后，部分高硫型的水化硫铝酸钙晶体转化为低硫型的水化硫铝酸钙晶体($3CaO \cdot Al_2O_3 \cdot CaSO_4 \cdot 12H_2O$)。水泥中掺入适量石膏，与铝酸三钙发生反应，调节凝结时间，如不掺入石膏或石膏掺量不足，水泥会发生瞬凝现象。

（1）铝酸三钙

铝酸三钙与水作用时，反应极快，水化放热非常大，生成水化铝酸三钙，化学反应式如下：

$$3CaO \cdot Al_2O_3 + 6H_2O \Longrightarrow 3CaO \cdot Al_2O_3 \cdot 6H_2O$$

水化铝酸三钙为立方晶体，易溶于水。

（2）硅酸三钙

水泥熟料矿物中，硅酸三钙含量最高。硅酸三钙与水作用时，反应较快，水化放热大，生成水化硅酸钙及氢氧化钙，化学反应式如下：

$$2(3CaO \cdot SiO_2) + 6H_2O \Longrightarrow 3CaO \cdot 2SiO_2 \cdot 3H_2O + 3Ca(OH)_2$$

水化硅酸钙几乎不溶于水，而立即以胶体微粒析出，并逐渐凝聚而成为凝胶。氢氧化钙呈六方晶体，它易溶于水。由于氢氧化钙的溶解，使溶液的石灰浓度很快达到饱和状态。因此，各矿物成分的水化主要是在石灰饱和溶液中进行的。

（3）铁铝酸四钙

铁铝酸四钙与水作用时，反应也较快，水化放热中等，生成水化铝酸三钙及水化铁酸钙，化学反应式如下：

$$4CaO \cdot Al_2O_3 \cdot Fe_2O_3 + 7H_2O \Longrightarrow 3CaO \cdot Al_2O \cdot 6H_2O + CaO \cdot Fe_2O_3 \cdot H_2O$$

（4）硅酸二钙

硅酸二钙与水作用时，反应较慢，水化放热小，生成水化硅酸钙，也有氢氧化钙析出，化学反应式如下：

$$2(2CaO \cdot SiO_2) + 4H_2O \Longrightarrow 3CaO \cdot 2SiO_2 \cdot 3H_2O + Ca(OH)_2$$

为调节水泥凝结时间而掺入的少量石膏，与水化铝酸钙作用，生成水化硫铝酸钙，也称钙矾石，化学反应式如下：

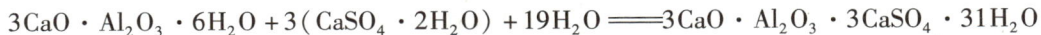

$$3CaO \cdot Al_2O_3 \cdot 6H_2O + 3(CaSO_4 \cdot 2H_2O) + 19H_2O \Longrightarrow 3CaO \cdot Al_2O_3 \cdot 3CaSO_4 \cdot 31H_2O$$

各种水泥熟料矿物的水化特性见表6.3。

表6.3 水泥熟料矿物的水化特性

性能	硅酸三钙（C_3S)	硅酸二钙（C_2S)	铝酸三钙（C_3A)	铁铝酸四钙（C_4AF)
水化、硬化速度	快	慢	最快	快
28 d 水化热	高	低	最高	中
强度	高	早期低，后期高良	低	低
耐化学侵蚀性	中		差	优
干缩性	中	小	大	小

由表6.3可知，水泥中各熟料矿物的含量决定着水泥某一方面的性能，当改变各熟料矿物的含量时，水泥性质即发生相应的变化。例如提高熟料中 C_3S 的含量，可以制得强度较高的水泥；减少 C_3A 和 C_3S 的含量，而提高 C_2S 的含量，可以制得水化热低的水泥。

综上所述，硅酸盐水泥与水作用后，生成的主要水化产物有水化硅酸钙、水化铁酸钙凝胶体、氢氧化钙、水化铝酸三钙和水化硫铝酸钙晶体。在完全水化的水泥石中,水化硅酸钙凝胶约占 70% ,氢氧化钙晶体约占 20% ,高硫型水化硫铝酸钙和低硫型水化硫铝酸钙晶体及其他占 7% ~ 10% 。

2)水泥的凝结硬化

水泥的凝结硬化是人为划分的,实际上是一个连续而复杂的物理化学变化过程。

水泥颗粒发生水化反应形成具有可塑性的水泥浆体,随着时间的流逝,水化产物增多,水泥浆逐渐变稠失去塑性,但尚不具有强度,这个过程称为水泥的凝结。随龄期产生明显的强度并逐渐发展成为坚硬的水泥石,这个过程称为水泥的硬化。

首先,水泥加适量的水拌和,水泥颗粒与水刚接触,水泥颗粒表面的水泥熟料溶解于水,然后立即与水开始快速而剧烈地进行水化反应,生成的水化产物溶于水中,先后析出水化硅酸钙凝胶、水化硫铝酸钙、水化铝酸三钙和氢氧化钙等水化产物,包在水泥颗粒的表面。在水化初期,由于水化物尚不多,包裹凝胶体膜层的水泥颗粒之间还是分离的,相互间引力较小,此时水泥浆具有良好的塑性[图6.2(b)]。由于各种水化物的溶解度很小,水化物的生成速度大于水化物向溶液中扩散的速度,一般在几分钟内,随着水泥颗粒不断水化,水泥颗粒周围的溶液很快成为水化产物的饱和溶液。水化产物通常称为凝胶体,以水化硅酸钙凝胶为主体,其中水化产物数量最多的水化硅酸钙是大小为 $10 \sim 10\ 000 \text{Å} (\text{Å} = 10^{-8} \text{cm})$ 的粒子或结晶,氢氧化钙、水化铝酸钙和水化硫铝酸钙是结晶程度较高的物质,凝胶混合物比表面积很大,具有黏结能力。随着水化反应的进行,凝胶体膜层不断增厚、破裂、延伸、扩展,形成了网状结构,水泥浆体逐渐变稠,黏度不断增高,失去塑性。这就是水泥的凝结过程。

其次,水泥颗粒与水进一步接触继续水化,在饱和溶液中生成的水化产物从溶液中析出,包裹在还未水化反应的水泥颗粒表面。未水化的水泥颗粒分散在水中,成为水泥浆体[图6.2(a)]。水泥颗粒不断水化,随着水化时间的延长,新生水化物增多,包在水泥颗粒表面的水化物膜层逐渐增厚,颗粒间的空隙逐渐缩小,而包有凝胶体的水泥颗粒则逐渐接近,以至相互接触,在接触点借助于范德华力,凝结成多孔的空间网络,形成凝聚结构[图6.2(c)]。凝聚结构的形成使水泥浆开始失去可塑性,即水泥达到初凝,但此时还不具有强度。

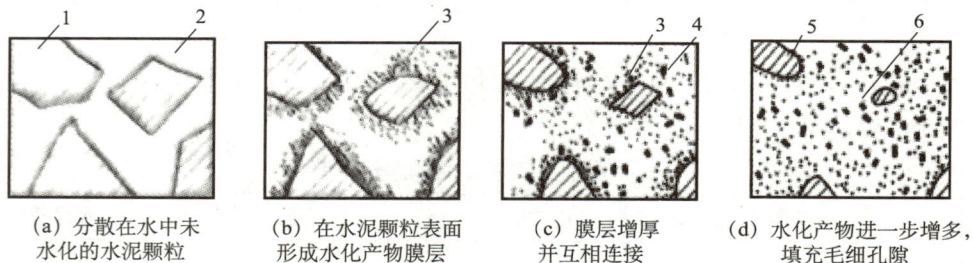

(a)分散在水中未水化的水泥颗粒 (b)在水泥颗粒表面形成水化产物膜层 (c)膜层增厚并互相连接 (d)水化产物进一步增多,填充毛细孔隙

图6.2 水泥凝结硬化过程示意图

1—水泥颗粒;2—水;3—凝胶;4—晶体;5—未水化的水泥颗粒内核;6—毛细孔

最后,随着以上过程的不断进行,固态的水化物不断增多,水化产物不断生成并填充水泥颗粒之间空隙,未水化反应的水泥颗粒越来越少,颗粒间的接触点数目不断增加,结晶体和凝胶体互相贯穿形成的凝聚——结晶网状结构不断加强。而固相颗粒之间的毛细孔不断减小,结构逐渐紧密,使水泥浆体完全失去可塑性,此时称为水泥的终凝,由此开始进入硬化阶段[图6.2(d)],水泥浆体逐渐产生强度。水泥浆体由可塑态逐渐失去塑性,进而硬化产生强度,这样一个物理化学变化过程可根据物态变化分为4个阶段描述,即初始反应期、潜伏期、凝结期和硬化期。

由上述内容可见,水泥的水化反应和凝结硬化是从水泥颗粒表面开始进行的,逐渐深入到水泥的内核。初始的水化速度较快,水化产物增长较快,水泥石的强度提高也快。由于水化产物增多,堆积在水泥颗粒周围的水化物不断增加,以致阻碍水分继续透入,水分渗入水泥颗粒内部的速度和数量大大减小,水化速度也随之大为降低。常规状态下,当水化物增多时,部分水泥颗粒内核很难完全接触到水进行水化反应,经过长时间(28 天、3 个月,甚至 1 年)的水化反应以后,仍剩余尚未水化的水泥颗粒内核。因此,硬化的水泥石是由水化产物(凝胶体和晶体)、未水化的水泥颗粒内核、水(自由水和吸附水)和孔隙(毛细孔和凝胶孔)组成的非均质混合物,也可称为复合材料。

关于水泥熟料矿物在水泥石强度发展过程中所起的作用,通常可认为硅酸三钙的水化产物在最初约 28 d 以内对水泥石强度起决定性作用;硅酸二钙的水化产物在约 28 d 以后才发挥其强度作用,大约经过 1 年,与硅酸三钙的水化产物一起对水泥石强度发挥相等的作用;铝酸三钙的水化产物在 1 ~ 3d 较短的时间内对水泥石凝结、硬化、强度起作用;铁铝酸四钙的水化产物在水泥水化时所起的作用,认识还存在分歧,各方面试验结果也有较大差异。多数研究者认为铁铝酸四钙水化速率不低,但到后期由于生成凝胶而阻止了水泥颗粒进一步的水化反应。

▶ **6.1.4　影响水泥凝结硬化的因素**

为了在工程建设中采取有效措施调节水泥的性能,必须了解水泥凝结硬化的影响因素。影响水泥凝结硬化的因素有矿物成分、石膏掺量、细度,还有养护龄期、养护环境的温湿度、拌和用水量等。

(1)水泥矿物成分

影响水泥凝结硬化最主要的因素是水泥的矿物组成的成分及比例。水泥加水后的水化反应特点可参见前面的叙述,不同矿物成分单独和水反应时,所表现出来的特点是不同的。如水泥中提高 C_3A 的含量,将使水泥的凝结硬化加快,同时水化热增大。一般来讲,若在水泥熟料中掺加混合材料,将使水泥的抗侵蚀性提高,水化热降低,早期强度降低。

(2)水泥细度

水泥颗粒的粗细程度直接影响水泥的水化反应、凝结硬化、强度发展及水化热释放等。这是因为水泥颗粒越细,其总表面积越大,与水的接触面积也越多,因此水化反应速度越快,凝结硬化也相应加快,早期强度较高。经研究,水泥颗粒过细,易与空气中的水分及二氧化碳反应,过细的水泥硬化后产生的收缩也较大,水泥磨得越细,消耗能源越多成本也越高,水泥也不容易存放。

(3)石膏掺量

石膏作为生产水泥所需的调凝剂,主要用于调节水泥的凝结时间,是生产水泥不可缺少的组分。水泥熟料在不加入石膏的情况下,熟料中的 C_3A 很快溶于水中,生成具有促凝作用的铝酸钙水化物,使水泥产生瞬时凝结,同时放出大量的热量。加入适量的石膏后,水泥在水化时,石膏很快与 C_3A 作用产生很难溶于水的水化硫铝酸钙(钙矾石),它沉淀在水泥颗粒表面形成保护膜,减少了溶液中的铝离子,从而阻碍了 C_3A 的水化反应并延缓了水泥浆体的凝结速度。这是石膏起缓凝作用或起调节改善水泥凝结时间的机理。

石膏掺量一般为水泥质量的 3% ~ 5%,具体掺量应通过试验确定。石膏的掺量太少,缓凝效果不显著:在磨细水泥熟料时,若不掺入少量石膏,则所获得的水泥浆可在很短时间内迅速凝结。这是由于铝酸钙电离出的 Al^{3+},而高价离子可促进胶体凝聚。石膏的掺量过多,会生成一种促凝物质,使水泥产生快凝。若水泥中石膏掺量超过规定的限量,还会引起水泥强度的降低,严重时会引起水泥安定性不良,使水泥石产生膨胀性破坏。适宜的石膏掺量,主要取决于水泥中 C_3A 的含量和石膏中 SO_3 的含量,同时也与水泥细度及熟料中 SO_3 的含量有关。

（4）外加剂

外加剂的使用大大改善了水泥制品的性能。硅酸盐水泥水化和凝结硬化受 C_3S、C_3A 的制约，凡对 C_3S 和 C_3A 的水化能产生影响的外加剂，都能改变硅酸盐水泥的水化和凝结硬化性能。如加入适量促凝剂（$CaCl_2$、Na_2SO_4 等）就能促进水泥的水化和凝结硬化，提高早期强度。相反，掺加缓凝剂（如木钙、糖蜜类等）会延缓水泥的水化和凝结硬化，影响水泥早期强度发展。

（5）养护条件

温度对水泥的凝结硬化有明显的影响。水泥制作产品成型后需要养护，养护环境要求有适合的温度和湿度，以利于水泥的水化和凝结硬化过程，利于水泥的强度发展。水泥的水化反应及凝结硬化过程必须在水分充足的条件下进行。环境湿度大，水分不易蒸发，水泥的水化及凝结硬化能够保持足够的用水。如果环境干燥，水泥中的水分蒸发迅速，当水分蒸发完后，水化作用将无法进行，会导致水泥不能充分水化，同时硬化也将停止，强度不再增长，严重时会使水泥石产生裂缝。如果养护温度过高，水泥的水化速度加快，早期强度发展也快，导致生成物内部局部不均匀。如果养护温度低于 0℃，水泥的水化反应停止，强度不但不会增长，甚至会因水结冰而导致水泥石冻裂破坏。通常提高养护温度可加速水化反应，水泥早期强度能较快发展，但会降低后期强度。因此，使用水泥时必须注意养护，使水泥在适宜的温度及湿度环境中进行凝结硬化。

（6）养护龄期

水泥的水化、凝结硬化是一个较长时期内不断进行的过程，随着水泥颗粒内各熟料矿物水化程度的提高，凝胶体不断增加，毛细孔不断减少，使水泥石的强度随龄期增长而增加。实践证明，随着时间的延续，水泥的水化程度在不断增大，水化产物也不断增加。因此，水泥石强度的发展是随龄期而增长的，一般在 28 d 内强度发展最快，28 d 后显著减慢。但只要在温暖与潮湿的环境中，水泥强度的增长可延续几年，甚至几十年。

（7）拌和用水量

在水泥用量不变的情况下，选用合适的单位用水量拌制水泥。拌和用水量少，不能保证完全水化反应；拌和用水量过大，会增加硬化水泥石中的毛细孔数量，降低水泥石的强度，同时延长水泥的凝结时间。所以在实际工程中，调整水泥混凝土流动性大小时，应在不改变水灰比的情况下，增减水泥浆的用量。为了保证水泥制品（如混凝土）的性能，尤其是耐久性，还规定了最大水灰比和最小水泥用量。

▶ 6.1.5 硅酸盐水泥的技术要求

水泥各项技术要求均应严格遵守国家标准。

1）化学指标

化学指标应符合表 6.4 的规定。

2）碱含量指标

水泥中碱含量按 $Na_2O + 0.658K_2O$ 计算值表示。混凝土工程中有许多碱－骨料反应，即水泥中的碱和骨料中的活性二氧化硅在潮湿状态下会发生反应，生成膨胀性的碱硅酸盐凝胶，导致混凝土开裂。因此，当使用活性骨料时，要使用低碱水泥。若使用活性骨料，用户要求提供低碱水泥时，水泥中的碱含量应不大于 0.60% 或由买卖双方协商确定。

表6.4　化学指标

品种	代号	化学指标(质量百分数,%)				
		不溶物	烧失量	三氧化硫	氧化镁	氯离子
硅酸盐水泥	P·Ⅰ	≤0.75	≤3.0	≤3.5	≤5.0[a]	≤0.06[c]
	P·Ⅱ	≤1.50	≤3.5			
普通硅酸盐水泥	P·O	—	≤5.0			
矿渣硅酸盐水泥	P·S·A	—	—	≤4.0	≤6.0[b]	
	P·S·B	—	—		—	
火山灰质硅酸盐水泥	P·P	—	—	≤3.5	≤6.0	
粉煤灰硅酸盐水泥	P·F	—	—			
复合硅酸盐水泥	P·C	—	—			

注:[a]如果水泥压蒸试验合格,则水泥中氧化镁的含量(质量分数)允许放宽至6.0%;

　　[b]如果水泥中氧化镁的含量(质量分数)大于6.0%时,需进行水泥压蒸安定性试验并合格;

　　[c]当有更低要求时,该指标由买卖双方协商确定。

3)物理指标

(1)密度与堆积密度

硅酸盐水泥的密度一般为 $3.1 \sim 3.2$ g/cm³,普通硅酸盐水泥、复合硅酸盐水泥略低,矿渣硅酸盐水泥为 $2.8 \sim 3.0$ g/cm³,火山灰质硅酸盐水泥、粉煤灰硅酸盐水泥为 $2.7 \sim 2.9$ g/cm³。水泥堆积密度除与矿物组成、细度有关,主要取决于堆积的紧密程度。一般堆积密度为 $900 \sim 1\,200$ kg/m³,紧密状态下可达 $1\,600$ kg/m³。水泥的密度、堆积密度是比较重要的两个物理指标,在进行混凝土、砂浆配合比设计和水泥储运时都会用到。

(2)标准稠度用水量

标准稠度用水量是指水泥拌制成标准稠度、特定的塑性状态时所需的用水量与水泥质量的比值(用百分数表示),也称需水量。由于用水量多少对水泥的一些技术性质如强度、凝结时间等有重大影响,测定技术指标必须要有统一的标准即采用标准稠度用水量,测定的结果才有可比性。硅酸盐水泥的标准稠度用水量与矿物组成及细度有关,一般为 $24\% \sim 30\%$。

(3)凝结时间

凝结时间分为初凝时间和终凝时间,按标准规定试验进行测定。初凝时间是水泥在标准稠度状态下从加水到水泥浆开始失去塑性为止所需的时间;终凝时间是水泥在标准稠度状态下从加水拌和时起,至水泥浆完全失去塑性并开始产生强度所需的时间。

水泥凝结时间测定试样用标准稠度水泥净浆,试验温度控制在 $(20 \pm 2)℃$,湿度 $>90\%$。硅酸盐水泥的初凝时间不小于 45 min,终凝时间不大于 390 min。普通硅酸盐水泥、矿渣硅酸盐水泥、火山灰质硅酸盐水泥、粉煤灰硅酸盐水泥和复合硅酸盐水泥的初凝时间不小于 45 min,终凝时间不大于 600 min。

水泥的初凝时间不宜过快是为了保证有足够的时间在初凝之前完成混凝土浇筑施工成型等各工序的操作;水泥的终凝时间不宜过迟是为了使混凝土在浇筑完毕后能尽早完成凝结硬化,以利于下一道工序及早进行。水泥的凝结时间在施工中具有重要意义。

(4)细度

水泥的细度是指水泥颗粒的粗细程度。水泥颗粒的粗细对水泥的性质有很大的影响。水泥颗粒越细,水泥与水接触表面积越大,水化越充分,水化速度越快。所以相同矿物组成的水泥,其细度越大,早期强度越高,凝结速度越快,析水量越少。部分试验研究表明,水泥颗粒粒径在 45 μm 以下,水化比较充分;水泥颗粒粒径在 75 μm 以上,一般水化不会完全。水泥细度提高,可使水泥混凝土的强度提高,工作性能得到改善,但在空气中的硬化收缩性增大,使混凝土发生裂缝的可能性增加。此外,磨制特细的水泥将消耗较多的粉磨能量,成本提高。

硅酸盐水泥的细度以比表面积表示,应不低于 300 m²/kg 且不高于 400 m²/kg;普通硅酸盐水泥、矿渣硅酸盐水泥、火山灰质硅酸盐水泥、粉煤灰硅酸盐水泥和复合硅酸盐水泥的细度以筛余表示,要求 45 μm 方孔筛筛余不大于 5%。

(5)安定性

水泥的安定性是指水泥在凝结硬化过程中体积变化的均匀性是否良好。如果水泥在凝结硬化过程中体积变化均匀,则判定安定性合格,否则为安定性不合格。水泥安定性不合格,会使水泥制品、混凝土构件产生膨胀性裂缝,影响工程质量,甚至引起严重的工程事故。

引起水泥安定性不合格的原因有如下 3 个:

①熟料中游离氧化钙过多。水泥熟料中含有游离氧化钙,其中部分过烧的氧化钙在水泥凝结硬化后,会缓慢与水生成 $Ca(OH)_2$。该反应会使体积膨胀,使水泥石发生不均匀体积变化。

②熟料中游离氧化镁过多。水泥中的氧化镁在水泥凝结硬化后,会与水生成 $Mg(OH)_2$。该反应比过烧的氧化钙与水的反应更加缓慢,且体积膨胀,会在水泥硬化几个月后导致水泥石开裂。

③石膏掺量过多。当石膏掺量过多时,水泥硬化后,在有水存在的情况下,石膏会继续与固态的水化铝酸钙反应生成高硫型水化硫铝酸钙(即钙矾石),体积约增大 1.5 倍,引起水泥石开裂。

国家标准规定,水泥的安定性可采用沸煮法检验,包括雷氏法和试饼法两种。雷氏法是测定水泥浆在雷氏夹中沸煮硬化后的膨胀值,其膨胀量在规定值内的为安定性合格。试饼法是将标准稠度的水泥净浆做成试饼,在水中沸煮 3 h,用肉眼观察其表面是否有裂纹,用直尺检查是否有翘曲现象,两者均无的水泥称为安定性合格。当试饼法和雷氏法两者结论有矛盾时,以雷氏法结论为准。

沸煮法只能检验水泥熟料中游离氧化钙过多的情况,而对游离氧化镁、石膏过量不适用。国家标准规定,在水泥生产中要严格控制游离氧化镁和石膏的含量,其中氧化镁和三氧化硫的含量在化学指标中已做定量限制。

(6)水化热

水泥与水接触发生水化反应时所放出的热量,称为水泥的水化热。水泥的大部分水化热在凝结硬化的初期放出,如硅酸盐水泥,1~3 d 龄期内水化放热量为总热量的 50%,7 d 龄期为 75%,6 个月为 83%~91%。水化热的大小和释放速率主要取决于水泥熟料的矿物组成、混合材料的种类和数量、水泥的细度、外加剂的种类、养护条件等因素。一般水泥强度等级高,水化热大;水泥颗粒细,水化速度快;掺速凝剂时,其早期水化热多。冬季施工,水化热有利于水泥的正常凝结硬化,防止产生冻害;而大体积混凝土施工,高水化热是不利的,容易产生温度应力裂缝。

(7)强度

水泥的强度是采用规定试验方法测定的指标,重点衡量水泥胶结能力的强弱,是划分水泥强度等级的依据,也是评价水泥质量的重要指标。

本方法为按国家标准《水泥胶砂强度检验方法(ISO 法)》(GB/T 17671—2021)规定采用 40 mm×40 mm×160 mm 棱柱体的水泥胶砂抗压强度和抗折强度的测定。试验是由按质量计的一份水泥、三份中国 ISO 标准砂和半份的水(水灰比为 0.50)拌制的一组或多组塑性胶砂制成试件。经振实等操作后将试件连模一起在标准养护箱的湿气中养护 24 h,脱模后在标准养护箱的水中养护,带模养护试件的养护箱温度应保持在(20±1)℃,相对湿度不低于 90%,分别按规定步骤测定指定龄期如 3 d 和 28 d 的抗压强度和抗折强度,根据测定结果对照国家标准,确定硅酸盐水泥的强度等级。硅酸盐水泥的强度等级分为 42.5、42.5R、52.5、52.5R、62.5、62.5R 六个等级,其中代号 R 表示早强型水泥。

不同品种、不同强度等级的硅酸盐水泥,各龄期强度应符合表6.5的规定。

表 6.5 通用硅酸盐水泥的强度指标

品种	强度等级	抗压强度(MPa)		抗折强度(MPa)	
		3d	28d	3d	28 d
硅酸盐水泥	42.5	≥17.0	≥42.5	≥4.0	≥6.5
	42.5R	≥22.0		≥4.5	
	52.5	≥22.0	≥52.5	≥4.5	≥7.0
	52.5R	≥27.0		≥5.0	
	62.5	≥27.0	≥62.5	≥5.0	≥8.0
	62.5R	≥32.0		≥5.5	
普通硅酸盐水泥	42.5	≥17.0	≥42.5	≥4.0	≥6.5
		≥22.0		≥4.5	
	42.5R	≥22.0	≥52.5	≥4.5	≥7.0
		≥27.0		≥5.0	
		≥27.0	≥62.5	≥5.0	≥8.0
	52.5	≥17.0	≥42.5	≥4.0	≥6.5
	52.5R	≥22.0		≥4.5	
	62.5	≥22.0	≥52.5	≥4.5	≥7.0
	62.5R	≥27.0		≥5.0	
矿渣硅酸盐水泥、火山灰质硅酸盐水泥、粉煤灰硅酸盐水泥、	32.5	≥12.0	≥32.5	≥3.0	≥5.5
	32.5R	≥17.0		≥4.0	
	42.5	≥17.0	≥42.5	≥4.0	≥6.5
	42.5R	≥22.0		≥4.5	
	52.5	≥22.0	≥52.5	≥4.5	≥7.0
	52.5R	≥27.0		≥5.0	
复合硅酸盐水泥	42.5	≥17.0	≥42.5	≥4.0	≥6.5
	42.5R	≥22.0		≥4.5	
	52.5	≥22.0	≥52.5	≥4.5	≥7.0
	52.5R	≥27.0		≥5.0	

(8)放射性核素限量

内照射指数 I_{Ra} 应不大于 1.0,外照射指数 I_r 应不大于 1.0。

▶ 6.1.6 硅酸盐水泥的特性与应用

硅酸盐水泥的特性与其应用是相适应的,硅酸盐水泥具有以下特性。

1)凝结硬化快,强度高

由于硅酸盐水泥熟料中硅酸三钙和铝酸三钙含量高,所以硅酸盐水泥凝结硬化快,早期和后期强度高,主要用于重要结构的高强混凝土、预应力混凝土和有早强要求的混凝土工程。

2)抗冻性好

由于硅酸盐水泥凝结硬化快,早期强度高,因此适用于寒冷地区和严寒地区遭受反复冻融的混凝土工程。

3)耐磨性好

硅酸盐水泥强度高,耐磨性好,可应用于路面和机场跑道等混凝土工程中。

4)抗碳化性能好

硅酸盐水泥凝结硬化后,水化产物中氢氧化钙浓度高,水泥石的碱度高,再加上硅酸盐水泥混凝土的密实度高,开始碳化生成的碳酸钙填充混凝土表面的孔隙,使混凝土表面更密实,有效地阻止了进一步碳化。

5)耐腐蚀性差

由于硅酸盐水泥熟料中硅酸三钙和铝酸三钙含量高,其水化产物中易腐蚀的氢氧化钙和水化铝酸三钙含量高,因此耐腐蚀性差,不宜长期使用在含有侵蚀性介质如软水、酸和盐的环境中。

6)水化热高

硅酸盐水泥熟料中硅酸三钙和铝酸三钙含量高,水化热高且释放集中,不宜用于大体积混凝土工程中。

7)耐热性差

硅酸盐水泥混凝土在温度不高(100~250℃)时,尚存的游离水使水泥水化继续进行,混凝土的密实度进一步增加,强度有所提高。当温度高于250℃时,水泥中的水化产物——氢氧化钙分解为氧化钙,如遇到潮湿的环境,氧化钙熟化体积膨胀,使混凝土遭到破坏。当水泥受热温度约为300℃时,体积收缩,强度开始下降。温度达700~1000℃时,强度降低很多,甚至完全破坏。因此,硅酸盐水泥不宜应用于有耐热性要求的混凝土工程中。

▶ 6.1.7 水泥石的腐蚀与防止

1)水泥石的腐蚀

通用硅酸盐水泥硬化后形成的水泥石,在正常的环境条件下有较好的耐久性。但当水泥石长期处于有某些腐蚀性介质环境中时,会引起水泥石强度降低,严重的甚至引起混凝土的破坏,这种现象称为水泥石的腐蚀。

水泥石的腐蚀主要有软水腐蚀、酸性腐蚀、强碱腐蚀、盐类腐蚀。

(1)软水腐蚀(溶出性侵蚀)

软水腐蚀又称淡水侵蚀或溶出性侵蚀。雨水、雪水、蒸馏水、工业冷凝水及含重碳酸盐很少的河水及湖水都属于软水。当水泥石长期与这些水分接触时,水泥中的氢氧化钙最先溶出(每升水中能溶解氢氧化钙 1.3 g 以上）。在静水及无压力水作用下,由于周围的水易被溶出的氢氧化钙所饱和而使溶解作用停止,溶出仅限于结构的表面,所以影响不大。但是,若水泥石在流动的水中或有压力的水中,溶出的氢氧化钙将不断被冲走。由于石灰浓度的继续降低,还会引起其他水化物的分解溶解。侵蚀作用不断深入内部,使水泥空隙增大,强度逐渐下降,使水泥石结构遭受进一步破坏,以致全部溃裂。

溶出性侵蚀的强弱程度与水质的暂时硬度有关。硬度是指每升水中的重碳酸盐含量,1 L 水中有 10 mg 的 CaO 时,称为 1 度。当水质较硬时,氢氧化钙的溶解度较小,同时水中的重碳酸盐与水泥石中的氢氧化钙反应,生成几乎不溶于水的碳酸钙,沉积在水泥石的孔隙内,不仅起到密实的作用,而且还可阻止外界水的渗入和内部氢氧化钙的溶出。其化学反应方程式为

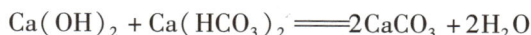

$$Ca(OH)_2 + Ca(HCO_3)_2 = 2CaCO_3 + 2H_2O$$

在实际工程中,将与软水接触的水泥混凝土构件事先在空气中硬化一定时间,形成碳酸钙外壳,可对溶出性侵蚀起到防止作用。

（2）酸性腐蚀

在工业污水、地下水中常溶解有较多的二氧化碳。水中的二氧化碳与水泥石中的氢氧化钙反应,所生成的碳酸钙如继续与含碳酸的水作用,则变成易溶解于水的碳酸氢钙,由于碳酸氢钙的溶失以及水泥石中其他产物的分解,而使水泥石结构破坏。其化学反应方程式为

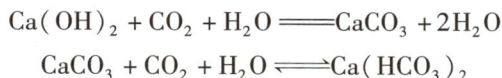

$$Ca(OH)_2 + CO_2 + H_2O = CaCO_3 + 2H_2O$$
$$CaCO_3 + CO_2 + H_2O = Ca(HCO_3)_2$$

碳酸钙与含碳酸的水进行的反应是一种可逆反应。当水中的二氧化碳含量较多时,上述反应向右进行,将水泥石中微溶于水的氢氧化钙转变为易溶于水的碳酸氢钙,从而加速了溶解速度,使水泥石的孔隙增加。同时,由于氢氧化钙浓度的降低,也会引起其他水化物的分解,使腐蚀作用进一步加剧。

工业废水、地下水、沼泽水中常含有一定量的无机酸和有机酸。各种酸对水泥石均有不同程度的侵蚀作用。它们与水泥石中的氢氧化钙作用后生成的化合物,或易溶于水,或产生体积膨胀,导致水泥石破坏。而且由于氢氧化钙被大量消耗,引起水泥石的碱度降低,促使其他水化物大量分解,从而会引起水泥石强度的急剧下降。

各类酸中,对水泥石腐蚀作用最快的是无机酸中的盐酸、氢氟酸、硝酸、硫酸等,有机酸中的醋酸、蚁酸、乳酸等。如盐酸（HCl）和硫酸（H_2SO_4）与水泥石中的氢氧化钙作用,分别生成易溶于水的氯化钙（$CaCl_2$）和体积膨胀的二水石膏（$CaSO_4 \cdot 2H_2O$）,反应式如下:

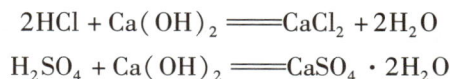

$$2HCl + Ca(OH)_2 = CaCl_2 + 2H_2O$$
$$H_2SO_4 + Ca(OH)_2 = CaSO_4 \cdot 2H_2O$$

生成的二水石膏或在水泥石孔隙中产生膨胀破坏,或再与水泥石中的水化铝酸三钙作用,生成高硫型水化硫铝酸钙,其破坏性更大。

（3）强碱腐蚀

碱类溶液在浓度不大时,一般对水泥石没有大的侵蚀作用,可以认为是无害的。但铝酸盐含量较高的硅酸盐水泥在遇到强碱（如 NaOH、KOH）时,会受到侵蚀破坏。其化学反应式为

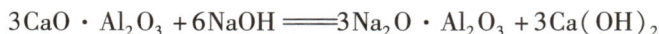

$$3CaO \cdot Al_2O_3 + 6NaOH = 3Na_2O \cdot Al_2O_3 + 3Ca(OH)_2$$

以上反应生成的铝酸钠易溶于水。当水泥石被 NaOH 浸透后,又在空气中干燥,水泥石中的 NaOH 会与空气中的 CO_2 作用,反应式为

$$2NaOH + CO_2 = Na_2CO_3 + H_2O$$

生成的 Na_2CO_3 在水泥石毛细孔中结晶沉积,使水泥石胀裂。

(4)盐类腐蚀

绝大多数的硫酸盐(硫酸钡除外)对水泥石都有显著的侵蚀作用,这主要是由于硫酸盐与水泥石中的氢氧化钙起置换反应,生成硫酸钙(二水石膏),硫酸钙再与水泥石中固态的水化铝酸三钙作用,生成比原体积增加 1.5 倍以上的高硫型水化硫铝酸钙,反应式为

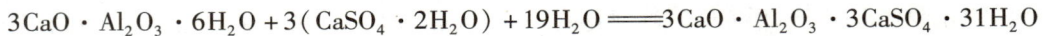

$$3CaO \cdot Al_2O_3 \cdot 6H_2O + 3(CaSO_4 \cdot 2H_2O) + 19H_2O \Longrightarrow 3CaO \cdot Al_2O_3 \cdot 3CaSO_4 \cdot 31H_2O$$

高硫型水化硫铝酸钙体积膨胀较大(1.5~2.5 倍),对水泥石有极大的破坏作用,所以俗称水泥杆菌。总之,硫酸盐的腐蚀实质上是一种膨胀性化学腐蚀。

在地下水、海水及某些工业废水中,常有氯化镁、硫酸镁等镁盐存在,这些镁盐会与水泥石中的氢氧化钙反应,生成可溶性钙盐及无胶结能力的松散物——氢氧化镁,其化学反应式为

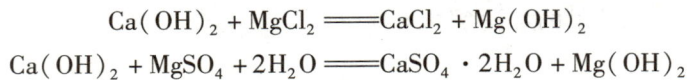

$$Ca(OH)_2 + MgCl_2 \Longrightarrow CaCl_2 + Mg(OH)_2$$

$$Ca(OH)_2 + MgSO_4 + 2H_2O \Longrightarrow CaSO_4 \cdot 2H_2O + Mg(OH)_2$$

因此,硫酸镁对水泥石起镁盐和硫酸盐的双重腐蚀作用。

综上所述,从结果来看,水泥石腐蚀的类型可分为两类:一类是水泥中的某些水化产物逐渐溶失;另一类是水泥的水化产物与腐蚀性介质反应,产物或是易溶于水,或是松散无胶结能力,或是结晶膨胀。

在实际工程中,由于环境介质比较复杂,单一介质对水泥石造成的腐蚀几乎不存在,而是几种腐蚀类型同时存在,相互影响。造成水泥石腐蚀的外在原因为腐蚀性介质,内在原因包括两方面:一方面是水泥石中存在着氢氧化钙和水化铝酸三钙等易腐蚀的组分,另一方面是水泥石本身不密实,内部存在很多腐蚀性介质容易进入的毛细孔通道。

2)水泥石腐蚀的防止

实际工程中针对具体情况可采取以下防止措施:

(1)合理选择水泥品种

根据侵蚀环境特点,合理选用水泥品种。如当水泥石遭受软水侵蚀时,可选用水化物中氢氧化钙含量较少的水泥,如选用硅酸三钙含量低的水泥;当水泥石遭受硫酸盐侵蚀时,可选用铝酸三钙含量较低的抗硫酸盐水泥,如选用掺混合材料水泥。

(2)提高水泥石密实度

提高施工质量和水泥石的密实度,也是防止水泥石腐蚀的重要措施。水泥石的密实度越高,其抗渗透能力越强,环境中的侵蚀介质越难渗入。因此,在施工中应合理选择水泥混凝土的配合比,尽量降低水灰比,改善骨料级配,掺加外加剂等,提高水泥石的密实度。另外,还可在混凝土表面进行碳化处理,使其表面进一步密实,也可减少侵蚀介质渗入内部。

(3)表面加做保护层

当侵蚀作用较强,上述防止措施不能奏效时,可在水泥石的表面加做一层耐侵蚀介质的材料,如耐酸石材、玻璃、陶瓷、沥青、涂料、塑料等。

▶ 6.1.8 混合材料

为了调整水泥强度等级,扩大使用范围,改善水泥的某些性能,增加水泥的品种和产量,充分利用工业废料,节约水泥熟料,提高水泥产量,降低水泥成本,在生产水泥时掺入的天然或人工的矿物质材料称为混合材料。所谓混合材料就是天然或人工的矿物材料,一般多采用磨细的天然岩或工业废渣。

混合材料按其性能可分活性混合材料和非活性混合材料。

磨细的混合材料与石灰、石膏或硅酸盐水泥一起,加水拌和后能发生化学反应,生成有一定胶凝性的物质,且具有水硬性,这种混合材料称为活性混合材。活性混合材的这种性质称为火山灰性。因为最初发现火山灰具有这样的性质,因而得名。活性混合材料中一般均含有活性氧化硅和活性氧化铝,它们能与水泥水化生成的氢氧化钙作用,生成水硬性凝胶。属于活性混合材料的有:粒化高炉矿渣、火山灰质混合材料和粉煤灰。

1)粒化高炉矿渣

粒化高炉矿渣是在高炉冶炼生铁时,为了使铁矿石易于熔融,常加入一定量的石灰石作为助熔剂。石灰石在高温下分解出的氧化钙与铁矿石中的黏土质废渣化合,生成含有硅酸盐和铝酸盐的熔融矿渣,浮在铁水的表面,这些矿渣经骤冷处理,可成为质地疏松、多孔的细小颗粒,称为粒化高炉矿渣。高炉矿渣是冶炼生铁时的副产品,每生产 1 t 生铁,将排渣 0.30 ~ 1.0 t,它已成为建材工业的重要原料之一,是水泥工业活性混合材料的主要来源。粒化高炉矿渣是将炼铁高炉的熔融矿渣经急速冷却处理而成的质地疏松、多孔的粒状物。一般用水淬方法进行急冷,故又称水淬高炉矿渣。

粒化高炉矿渣的活性除取决于化学成分,还取决于它的结构状态。粒化高炉矿渣在骤冷过程中,熔融矿渣任其自然冷却,就会凝固成块,呈结晶状态,活性极小,属非活性混合材料。粒化高炉矿渣的化学成分有 CaO、MgO、Al_2O_3、SiO_2、Fe_2O_3 等氧化物和少量的硫化物。在一般矿渣中,CaO、SiO_2、Al_2O_3 含量占 90% 以上,其化学成分与硅酸盐水泥的化学成分相似,只不过 CaO 含量较低,而 SiO_2 含量偏高。

国家标准规定用质量系数 (K) 评定粒化高炉矿渣的质量,其含义为

$$K = (CaO + MgO + Al_2O_3)/(SiO_2 + MnO + TiO_2)$$

质量系数反映了矿渣中活性组分与低活性和非活性组分之间的比例关系。质量系数越大,则矿渣的活性越高。国家标准规定,水泥用粒化高炉矿渣的质量系数不得小于 1.2。

2)火山灰质混合材料

凡天然或人工的以氧化硅、氧化铝为主要成分的物质材料,本身磨细加水拌和并不硬化,但与气硬性的石灰混合后,再加水拌和,不但能在空气中硬化,而且能在水中继续硬化的,称为火山灰质混合材料。

火山灰质混合材料是以活性氧化硅和活性氧化铝为主要成分的矿物材料。火山灰质混合材料没有水硬性,但具有火山灰性,即在常温下能与石灰和水作用生成水硬性的水化物。

火山灰质混合材料的品种很多。天然的火山灰质混合材料有火山灰、凝灰岩、浮岩、沸石岩、硅藻土和硅藻石等;人工的火山灰质混合材料有烧黏土、煤矸石、粉煤灰、煤渣、页岩灰、硅质渣等。火山灰质混合材料按其活性成分及组成结构,又可分为含水硅酸质、火山玻璃质和烧黏土质混合材料。

3)粉煤灰

粉煤灰是火力发电厂以煤粉作燃料,煤粉在锅炉中燃烧后,是从煤粉炉烟道气体中收集的粉末。目前我国电力工业以煤为主,每年排出粉煤灰量达 5 000 万吨以上。随着电力工业的发展,其排出量还将逐年增加,如不加以很好地利用,就会占用农田,堵塞江河、污染环境。粉煤灰中含有较多的 SiO_2 和 Al_2O_3,两者总含量可达 60% 以上,其性质与火山灰质混合材料基本相同。由于它是由煤粉悬浮态燃烧后急冷而成的,为密实球形玻璃质结构,所以多呈粒径为 1 ~ 50 μm 的实心或空心的玻璃态球粒状。就其化学成分和具有火山灰性来看,也具有与火山灰质混合材料不同的特点,因此我国水泥标准中将其单独列出。

国家标准规定,用于水泥的粉煤灰分 Ⅰ 级和 Ⅱ 级灰两种,其质量应满足表 6.6 的要求。

表6.6　用于水泥中的粉煤灰技术指标

序号	指标	级别	
		Ⅰ级	Ⅱ级
1	烧失量(%),不大于	5	8
2	含水量(%),不大于	1	1
3	三氧化硫(%),不大于	3	3
4	28 d 抗压强度比(%),不小于	75	62

各种活性混合材料在应用时,其质量应符合国家标准的规定。

上述活性混合材料都含有大量的活性氧化硅和活性氧化铝,它们只有在氢氧化钙饱和溶液中,才会发生明显的水化反应,生成水化硅酸钙和水化铝酸钙,反应式如下:

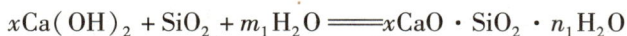

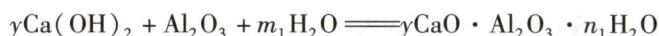

$$x\mathrm{Ca(OH)_2 + SiO_2} + m_1\mathrm{H_2O} = x\mathrm{CaO \cdot SiO_2} \cdot n_1\mathrm{H_2O}$$

$$y\mathrm{Ca(OH)_2 + Al_2O_3} + m_1\mathrm{H_2O} = y\mathrm{CaO \cdot Al_2O_3} \cdot n_1\mathrm{H_2O}$$

可见,溶液中的石灰是激发活性混合材料活性的物质,故称为激发剂。激发剂分碱性激发剂和硫酸盐激发剂。上述的氢氧化钙即为碱性激发剂;石膏为硫酸盐激发剂,它的作用是进一步与水化铝酸钙化合生成水化硫铝酸钙。

4)非活性混合材料

凡不具有活性或活性很低的人工或天然的矿物质材料称为非活性混合材料。这类材料与水泥成分不起化学反应,或者化学反应甚微。它的掺入仅能起调节水泥强度等级、增加水泥产量、降低水化热等作用。实质上非活性混合材料在水泥中仅起填充料的作用,所以又称为填充性混合材料。石英砂、石灰石、黏土、慢冷矿渣,以及不符合质量标准的活性混合材料均可加以磨细作为非活性混合材料应用。

非活性混合材料的质量要求,主要是应具有足够的细度,不含或极少含对水泥有害的杂质。

6.2　其他硅酸盐水泥

▶ 6.2.1　普通硅酸盐水泥

由硅酸盐水泥熟料、5%~20%混合材料、适量石膏磨细制成的水硬性胶凝材料,称为普通硅酸盐水泥(简称普通水泥),代号 P·O。

普通硅酸盐水泥中掺入少量混合材料的作用,主要是调节水泥强度等级,由于混合材料掺加量较少,其矿物组成的比例仍在硅酸盐水泥范围内,所以其性能、应用范围与同强度等级硅酸盐水泥相近,有利于合理选用。但普通硅酸盐水泥较硅酸盐水泥早期硬化速度稍慢,其3 d强度稍低,抗冻性及耐磨性也较硅酸盐水泥稍差。普通硅酸盐水泥被广泛应用于各种混凝土工程中。

▶ 6.2.2　矿渣硅酸盐水泥

由硅酸盐水泥熟料和粒化高炉矿渣、适量石膏磨细制成的水硬性胶凝材料称为矿渣硅酸盐水泥(简称矿渣水泥),代号 P·S·A 和 P·S·B。矿渣硅酸盐水泥加水后,其水化反应分两步进行。首先是水泥熟料矿物与水作用,生成氢氧化钙、水化硅酸钙、水化铝酸钙等水化产物。这一过程与硅酸盐水泥水化时基本相同。而后,生成的氢氧化钙与矿渣中的活性氧化硅和活性氧化铝进行二次反应,生成水化硅酸钙和水化铝酸钙。

矿渣水泥中加入的石膏,一方面可调节水泥的凝结时间,另一方面又是激发矿渣活性的激发剂。因此,石膏的掺加量可比硅酸盐水泥稍多一些。矿渣水泥中的 SO_3 的含量不得超过 4%。

矿渣水泥与硅酸盐水泥相比有如下特点:

(1)早期强度低,后期强度高

矿渣水泥的水化首先是熟料矿物水化,然后生成的氢氧化钙才与矿渣中的活性氧化硅和活性氧化铝发生反应。同时,由于矿渣水泥中含有粒化高炉矿渣,相应熟料含量较少,因此凝结稍慢,早期(3 d、7 d)强度较低。但在硬化后期,28 d 以后的强度发展将超过硅酸盐水泥。一般矿渣掺入量越多,早期强度越低,但后期强度增长率越大。为了保证其强度不断增长,应长时间在潮湿环境下养护。硅酸盐水泥与矿渣水泥强度对比如图 6.3 所示。

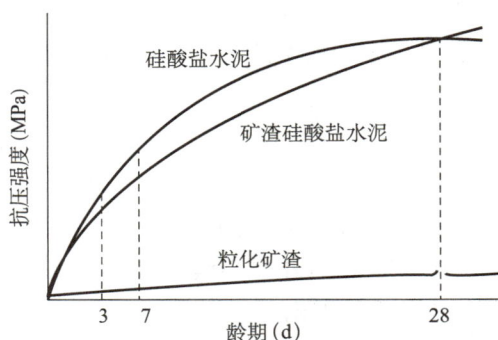

图 6.3 硅酸盐水泥与矿渣水泥强度对比

此外,矿渣水泥受温度影响的敏感性较硅酸盐水泥大。在低温下硬化很慢,显著降低早期强度;而采用蒸汽养护等湿热处理方法,则能加快硬化速度,并且不影响后期强度的发展。矿渣水泥适用于采用蒸汽养护的预制构件,而不宜用于早期强度要求高的混凝土工程。

(2)具有较强的抗溶出性侵蚀及抗硫酸盐侵蚀的能力

由于水泥熟料中的氢氧化钙与矿渣中的活性氧化硅和活性氧化铝发生二次反应,水泥中易受腐蚀的氢氧化钙大为减少,同时因掺入矿渣而使水泥中易受硫酸盐侵蚀的铝酸三钙含量也相对降低。因而矿渣水泥抗溶出性侵蚀能力及抗硫酸盐侵蚀能力较强。

矿渣水泥可用于受溶出性侵蚀以及受硫酸盐侵蚀的水工及海工混凝土。

(3)水化热低

矿渣水泥中硅酸三钙和铝酸三钙的含量相对减少,水化速度较慢,故水化热也相应较低。此种水泥适用于大体积混凝土工程。

► 6.2.3 火山灰质硅酸盐水泥

由硅酸盐水泥熟料、火山灰质混合材料、适量石膏磨细制成的水硬性胶凝材料称为火山灰质硅酸盐水泥(简称火山灰水泥),代号 P·P。

火山灰水泥加水后,其水化反应和矿渣水泥一样,也是分两步进行的。火山灰水泥和矿渣水泥在性能方面有许多共同点,如早期强度较低,后期强度增长率较大,水化热低,耐蚀性较强,抗冻性差等。火山灰水泥常因所掺混合材料的品种、质量及硬化环境的不同而有其本身的特点。

（1）抗渗性及耐水性高

火山灰水泥颗粒较细，泌水性小，当处在酸潮湿环境中或在水中养护时，火山灰质混合材料和氢氧化钙作用，生成较多的水化硅酸钙胶体，使水泥石结构致密，因而具有较高的抗渗性和耐水性。

（2）在干燥环境中易产生裂缝

火山灰水泥在硬化过程中干缩现象较矿渣水泥更显著。当处在干燥空气中时，形成的水化硅酸钙胶体会逐渐干燥，产生干缩裂缝。在水泥石的表面上，由于空气中的二氧化碳能使水化硅酸钙凝胶分解成碳酸钙和氧化硅的粉状混合物，使已经硬化的水泥石表面产生"起粉"现象。因此，在施工时应特别注意加强养护，需要较长时间保持潮湿状态，以免产生干缩裂缝和起粉。

（3）耐蚀性较强

火山灰水泥耐蚀性较强的原理与矿渣水泥相同。但当混合材料中活性氧化铝含量较高时，在硬化过程中氢氧化钙与氧化铝相互作用生成水化铝酸钙，此种情况下则不能很好地抵抗硫酸盐侵蚀。

火山灰水泥适用于蒸汽养护的混凝土构件、大体积工程、抗软水和硫酸盐侵蚀的工程，特别适用于有抗渗要求的混凝土结构。不宜用于干燥地区及高温车间，也不宜用于有抗冻要求的工程。由于火山灰水泥中所掺的混合材料种类很多，所以必须区分出不同混合材料所产生的不同性能，使用时加以具体分析。

▶ 6.2.4　粉煤灰硅酸盐水泥

由硅酸盐水泥熟料和粉煤灰、适量石膏磨细制成的水硬性胶凝材料称为粉煤灰硅酸盐水泥（简称粉煤灰水泥），代号 P·F。粉煤灰本身就是一种火山灰质混合材料，因此实质上粉煤灰水泥就是一种火山灰水泥。粉煤灰水泥凝结硬化过程及性质与火山灰水泥极为相似，但由于粉煤灰的化学组成和矿物结构与其他火山灰质混合材料有所差异，因而构成了粉煤灰水泥自身的特点。

（1）早期强度低

粉煤灰呈球形颗粒，表面致密，内比表面积小，不易水化。粉煤灰活性的发挥多在后期，所以这种水泥早期强度发展速率比矿渣水泥和火山灰水泥更低，但后期可明显地超过硅酸盐水泥。粉煤灰水泥强度与龄期的关系如图 6.4 所示。

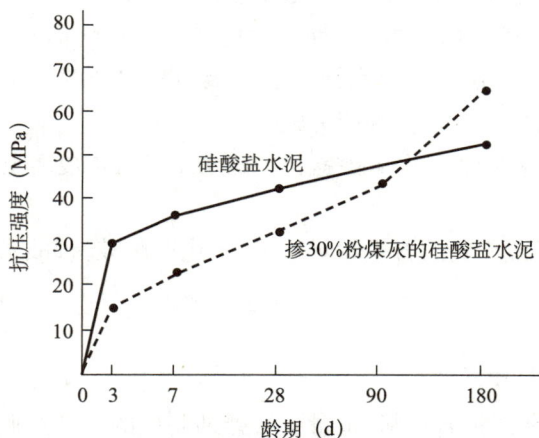

图 6.4　粉煤灰水泥强度与龄期的关系

（2）干缩性小，抗裂性高

由于粉煤灰表面呈致密球形，吸水能力弱，与其他掺混合材水泥相比，其标准稠度需水量较小，干缩性也小，因而抗裂性较高。但球形颗粒的保水性差，泌水较快，若处理不当，易引起混凝土产生失水裂缝。

由上述特点可知,粉煤灰水泥适用于大体积水工混凝土工程及地下和海港工程,对承受荷载较迟的工程更为有利。

▶ 6.2.5 复合硅酸盐水泥

由硅酸盐水泥熟料、两种或两种以上规定的混合材料、适量石膏磨细制成的水硬性胶凝材料,称为复合硅酸盐水泥(简称复合水泥),代号 P·C。水泥中混合材料总掺量(按质量百分比计)应大于 20%,但不超过 50%。水泥中允许用不超过 8% 的窑灰代替部分混合材料,掺矿渣时混合材料掺量不得与矿渣水泥重复。

掺入复合水泥的混合材料有多种,包括符合国家标准的粒化高炉矿渣、粉煤灰、火山灰质及石灰石混合材料。复合水泥扩大了混合材料的使用范围,既利用了混合材料资源,缓解了工业废渣的污染问题,又大大降低了水泥的生产成本。

复合水泥中同时掺入两种或两种以上的混合材料,它们在水泥中不是每种混合材料作用的简单叠加,而是相互补充。例如矿渣与石灰石复掺,使水泥既有较高的早期强度,又有较高的后期强度增进率;又如火山灰与矿渣复掺,可有效地减少水泥的需水量。同时掺入两种或多种混合材料,可更好地发挥混合材料各自的优良特性,使水泥性能得到全面改善。复合水泥的性能与所掺主要混合材料的品种有关。当以矿渣为主要混合材料时,其性质与矿渣水泥接近;当以火山灰质材料为主要混合材料时,其性质与火山灰水泥接近。故使用复合水泥时,应当了解水泥中主要混合材料的品种。为此,规定在包装袋上要标明主要混合材料的名称。

6.3 其他品种水泥

实际工程中最常使用的是通用水泥,同时也会综合使用专用水泥和特性水泥。

▶ 6.3.1 中热、低热硅酸盐水泥及低热矿渣硅酸盐水泥

中热、低热硅酸盐水泥及低热矿渣硅酸盐水泥适用于要求水化热较低的大坝和大体积混凝土工程。中热水泥主要用于大坝溢流面或大体积建筑物的层面和水位变动区等部位,要求较低水化热和较高耐磨性、抗冻性的工程;低热矿渣水泥适用于大坝或大体积建筑物的内部及水下等要求低水化热的工程。中热硅酸盐水泥、低热硅酸盐水泥、低热矿渣硅酸盐水泥的定义如下:

(1)中热硅酸盐水泥

以适当成分的硅酸盐水泥熟料,加入适量石膏,磨细制成的具有中等水化热的水硬性胶凝材料,称为中热硅酸盐水泥(简称中热水泥),代号 P·MH。

(2)低热硅酸盐水泥

以适当成分的硅酸盐水泥熟料,加入适量石膏,磨细制成的具有低水化热的水硬性胶凝材料,称为低热硅酸盐水泥(简称低热水泥),代号 P·LH。

(3)低热矿渣硅酸盐水泥

以适当成分的硅酸盐水泥熟料,加入粒化高炉矿渣、适量石膏,磨细制成的具有低水化热的水硬性胶凝材料,称为低热矿渣硅酸盐水泥(简称低热矿渣水泥),代号 P·SLH。水泥中矿渣掺量(按质量百分

比计)为 20% ~ 60%。允许用不超过混合材料总量 50% 的磷渣或粉煤灰代替部分矿渣。

为了减少水泥的水化热及降低放热速率,特限制中热水泥熟料中 C_3A 的含量不得超过 6%,C_3S 含量不得超过 55%;低热水泥熟料中 C_2S 的含量不小于 40%;低热矿渣水泥熟料中 C_3A 的含量不得超过 8%。

生产中热或低热水泥时,熟料中游离 CaO 的含量不得超过 1%;生产低热矿渣水泥时,熟料中游离 CaO 的含量不得超过 1.2%。当有低碱要求时,中热水泥和低热水泥中的碱含量不得超过 0.6%;低热矿渣水泥中的碱含量不得超过 1.0%。

以上三种水泥的细度在 80 μm 方孔筛上的筛余量不得超过 12%;初凝时间不得早于 60 min,终凝时间不得迟于 12 h;水泥安定性必须合格。

中热水泥、低热水泥及低热矿渣水泥的强度等级及各龄期强度指标、各龄期水化热上限值分别见表 6.7、表 6.8。

表 6.7　中热水泥、低热水泥及低热矿渣水泥各龄期强度指标

品种	强度等级	抗压强度（MPa）			抗折强度（MPa）		
		3 d	7 d	28 d	3 d	7 d	28 d
中热水泥	42.5	12.0	22.0	42.5	3.01	4.5	6.5
低热水泥	42.5	—	13.0	42.5	—	3.5	6.5
低热矿渣水泥	32.5	—	12.0	32.5	—	3.0	5.5

表 6.8　中热水泥、低热水泥及低热矿渣水泥各龄期水化热上限值

品种	强度等级	水化热（kJ/kg）	
		3 d	7 d
中热水泥	42.5	251	293
低热水泥	42.5	230	260
低热矿渣水泥	32.5	197	230

▶ 6.3.2　高铝水泥

高铝水泥也称矾土水泥,是以铝矾土和石灰石为原料,经高温煅烧得到以铝酸钙为主要成分的熟料,经磨细而成的水硬性胶凝材料。这种水泥与上述硅酸盐水泥不同,属于铝酸盐系列的水泥。它是一种快硬、早强、耐腐蚀、耐热的水泥。

1)高铝水泥的矿物成分和水化产物

高铝水泥的主要矿物成分是铝酸一钙(CaO·Al_2O_3,简写为 CA)和二铝酸一钙(CaO·$2Al_2O_3$,简写为 CA_2),此外尚有少量硅酸二钙及其他铝酸盐。

铝酸一钙具有很高的水硬活性,其特点是凝结正常,硬化迅速,是高铝水泥强度的主要来源。

二铝酸一钙的早期强度低,但后期强度能不断增高。高铝水泥中增加 CA_2 含量,水泥的耐热性提高,但含量过多,将影响其快硬性能。

高铝水泥的水化过程主要是指铝酸一钙的水化过程。一般认为其水化反应随温度不同而不同。当温度小于 20℃时,主要水化产物为水化铝酸一钙(CaO·Al_2O_3·$10H_2O$,简写为 CAH_{10});温度在 20 ~

30℃时,主要水化产物为水化铝酸二钙($2CaO \cdot Al_2O_3 \cdot 8H_2O$,简写为$C_2AH_8$);当温度大于30℃时,主要水化产物为水化铝酸三钙($3CaO \cdot Al_2O_3 \cdot 6H_2O$,简写为$C_3AH_6$)。此外,尚有氢氧化铝凝胶($Al_2O_3 \cdot 3H_2O$)。

二铝酸一钙(CA_2)的水化反应与铝酸一钙相似,但其水化速度极慢。硅酸二钙水化后则生成水化硅酸钙凝胶。

水化铝酸一钙和水化铝酸二钙为片状或针状晶体,它们互相交错搭接,形成坚强的结晶连生体骨架,同时所生成的氢氧化铝凝胶填塞于骨架空间,形成比较致密的结构。经5~7 d后水化产物的数量就很少增加,强度即趋向稳定。因此高铝水泥早期强度增长得很快,而后期强度增加得不太显著。硅酸二钙的数量很少,在硬化过程中不起很大的作用。

随着时间的推移,CAH_{10}或C_2AH_8会逐渐转化为比较稳定的C_3AH_6,这个转化过程随着环境温度的上升而加速。由于晶体转化,水泥石内析出游离水,增大了孔隙体积,同时也由于C_3AH_6本身强度较低,所以水泥石的强度明显下降。一般浇灌5年以上的高铝水泥混凝土,剩余强度仅为早期强度的1/2,甚至只有几分之一。

2)高铝水泥的技术性质

(1)密度与堆积密度

高铝水泥的密度为$3.20 \sim 3.25$ g/cm^3,堆积密度为$1\,000 \sim 1\,300$ kg/m^3。

(2)细度

根据国家标准,高铝水泥的细度在0.080 mm方孔筛上的筛余量不得超过10%。实际生产中,筛余量一般在5%左右。

(3)凝结时间

GB/T 201—2015规定,其初凝时间不得早于40 min,终凝时间不得迟于10 h。

(4)强度

高铝水泥的强度发展很快,以1 d、3 d抗压、抗折强度确定的强度等级见表6.9。高铝水泥划分为4个强度等级,各龄期的强度值不得低于3 d强度的指标。

在自然条件下,高铝水泥长期强度下降,并达到最低值。应用时,应以高铝水泥配制的混凝土最低稳定强度值为准。

表6.9 高铝水泥的强度要求

水泥标号	抗压强度(MPa)		抗折强度(MPa)	
	1 d	3 d	1 d	3 d
32.5	35.5	41.7	3.9	4.4
42.5	45.1	51.5	4.9	5.4
52.5	54.9	61.3	5.9	6.4
62.5	64.7	71.1	6.9	7.4

3)高铝水泥的特性与应用

高铝水泥与硅酸盐水泥相比有如下特性:

(1)早期强度增长快

高铝水泥的1 d强度即可达3 d强度的80%以上,属快硬型水泥,适用于紧急抢修工程和早期强度要求高的特殊工程,但必须考虑这种水泥后期强度的降低。使用高铝水泥时,要控制其硬化温度。最适宜的硬化温度为15 ℃左右,一般不得超过25 ℃。如果温度过高,水化铝酸二钙会转化为水化铝酸三钙,使强度降低。在湿热条件下,强度下降更为剧烈。所以高铝水泥不适用于蒸汽养护的混凝土制品,也不适用于在高温季节施工的工程。

（2）水化热大

高铝水泥硬化时放热量较大,而且集中在早期放出,1 d内即可放出水化热总量的70%～80%,而硅酸盐水泥仅放出水化热总量的25%～50%。因此这种水泥不宜用于大体积混凝土工程,但适用于寒冷地区冬季施工的混凝土工程。

（3）抗硫酸盐侵蚀性强

高铝水泥水化时不析出氢氧化钙,而且硬化后结构致密,因此它具有较好的抗硫酸盐及抗海水腐蚀的性能。同时,它对碳酸水、稀盐酸等侵蚀性溶液也有很好的稳定性。但晶体转化成稳定的水化铝酸三钙后,孔隙率增加,耐蚀性也相应降低。

高铝水泥对碱液侵蚀无抵抗能力,故应注意避免碱性腐蚀。

（4）耐热性好

高铝水泥在高温下仍保持较高强度。用这种水泥配制的混凝土在900 ℃温度下,还具有原强度的70%,当达到1 300 ℃时尚有50%左右的强度。这些尚存的强度是水泥石中各组分之间产生固相反应,形成陶瓷坯体所致。因此,高铝水泥可作为耐热混凝土的胶结材料。

高铝水泥一般不得与硅酸盐水泥、石灰等能析出氢氧化钙的胶凝材料混合作用,在拌和浇灌过程中也必须避免互相混杂,并不得与尚未硬化的硅酸盐水泥接触,否则会引起强度降低并缩短凝结时间,甚至还会出现"闪凝"现象(即浆体迅速失去流动性,以致无法施工,但可以与已经硬化的硅酸盐水泥接触)。

► 6.3.3 快硬硅酸盐水泥

凡以适当成分的生料,烧至部分熔融,所得以硅酸钙为主要成分的硅酸盐水泥熟料,加入适量石膏,磨细制成具有早期强度增长率较高的水硬性胶凝材料,称为快硬硅酸盐水泥,简称快硬水泥。

生产快硬硅酸盐水泥的方法与生产硅酸盐水泥的方法基本相同,只是要求较严格地控制生产工艺条件,要求原料中含有害杂质较少。应提高熟料中硬化最快的矿物成分含量,即希望 C_3S 和 C_3A 的含量高些。C_3S 含量为50%～60%,C_3A 含量可达8%～14%,再适当增加石膏掺量(可达8%)和粉磨细度,即可制得快硬硅酸盐水泥。

快硬硅酸盐水泥的质量标准与硅酸盐水泥略有差别,根据规定,细度要求在0.080 mm方孔筛上的筛余量不得超过10%。凝结时间初凝规定不得早于45 min,终凝不得迟于10 h。由于这种水泥强度发展较快,所以规定以3 d抗压、抗折强度确定其强度等级,共分为32.5、37.5和42.5三个强度等级。其各龄期强度不得低于表6.10所列数值。

表 6.10　快硬硅酸盐水泥强度指标值

水泥强度等级	抗压强度（MPa）		抗折强度（MPa）	
	1 d	3 d	1 d	3 d
32.5	15.0	32.5	3.5	5.0
37.5	17.0	37.5	4.0	6.0
42.5	19.0	42.5	4.5	6.4

快硬水泥的水化热较高,这是由于水泥细度高,水化活性大,硅酸三钙和铝酸三钙的含量较高。快硬水泥的早期干缩率较大。由于水泥石比较致密,不透水性和抗冻性往往优于硅酸盐水泥。

由于快硬水泥凝结硬化快,早期强度增长率较快,故适用于紧急抢修工程、军事工程、冬季施工的工程及预应力钢筋混凝土构件。

快硬水泥在运输及储存过程中容易风化、受潮,因此须特别注意防潮。一般保存期不应超过一个月,否则应重新进行检验,合格后方可使用。

▶ **6.3.4 膨胀水泥**

一般硅酸盐水泥在空气中硬化时,通常都表现为收缩,收缩的数值随水泥的品种、熟料的矿物组成、水泥的细度、石膏的加入量及用水量的多少而定。由于收缩,水泥混凝土制品内部会产生微裂缝,这样不但使水泥混凝土的整体性破坏,而且会使混凝土的一系列性能变坏。例如,抗渗性和抗冻性下降,使外部侵蚀性介质(腐蚀性气体、水汽)透入,直接接触钢筋产生锈蚀。在浇注构件的接头或建筑物之间的连接处以及填塞孔洞、修缝隙时,由于水泥石的干缩,也达不到预期的效果。当用膨胀水泥配制混凝土时,在硬化过程中产生一定程度的膨胀,就可以克服或改善上述缺点。

按基本组成,膨胀水泥可以分为以下4种:
①硅酸盐膨胀水泥:以硅酸盐水泥为主,外加高铝水泥和石膏组成;
②铝酸盐膨胀水泥:以高铝水泥为主,外加石膏组成;
③硫铝酸盐膨胀水泥:以无水硫铝酸钙和硅酸二钙为主要矿物,外加石膏组成;
④铁铝酸钙膨胀水泥:以铁相、无水硫铝酸钙和硅酸二钙为主要矿物,加石膏制成。

调整各种组成的配合比例,可以得到不同膨胀值的水泥。根据膨胀值的大小不同,可分为膨胀水泥和自应力水泥。膨胀水泥的线膨胀率一般在1%以下,相当于或稍大于普通水泥的收缩率,它可用来补偿水泥的收缩。自应力水泥的线膨胀率一般为1%~3%,其膨胀结果不仅使水泥避免收缩,而且尚有一定的最后线膨胀值,在限制条件下,可使水泥混凝土受到压应力,从而达到了预应力的目的。自应力水泥适用于制造自应力钢筋混凝土压力管及其配件。

6.4 水泥的应用

水泥是土木工程建设中最重要的材料之一,是决定混凝土性能和价格的重要原料。在工程中,合理选用、使用、运输及储存水泥是保证工程质量、杜绝质量事故的重要措施。

1)水泥品种的选用

水泥品种应根据混凝土工程特点、所处的环境条件和施工条件等进行选择。一般可以采用通用硅酸盐水泥,即硅酸盐水泥、普通硅酸盐水泥、矿渣硅酸盐水泥、火山灰质硅酸盐水泥、粉煤灰硅酸盐水泥和复合硅酸盐水泥六种,必要时也可采用膨胀水泥、自应力水泥或快硬硅酸盐水泥等其他品种水泥。所用水泥的性能必须符合现行国家有关标准的规定。在满足工程要求的前提下,应选用价格较低的水泥品种,以节约成本。

2)水泥强度等级的选择

水泥强度等级应与混凝土的设计强度等级相适应。原则上配制高强度等级的混凝土,应选用强度等级高的水泥;配制低强度等级的混凝土,应选用强度等级低的水泥。采用强度等级高的水泥配制低强度等级混凝土时,会使水泥用量偏少,影响混凝土的和易性和耐久性,必须掺入一定数量的矿物掺合料。采用强度等级低的水泥配制高强度等级混凝土时,会使水泥用量过多,不经济而且会影响混凝土的其他技术性质。通常,混凝土强度等级为 C30 以下时,可采用强度等级为 32.5 的水泥;混凝土强度等级大于 C30 时,可采用强度等级为 42.5 以上的水泥。

3)水泥的运输和储存

水泥在运输和储存过程中不得混入杂物,应按不同品种、强度等级和出厂日期分别加以标明。水泥储存时应先存先用,对散装水泥应分库存放,而袋装水泥一般堆放高度不超过 10 袋,并且保证下垫上盖。

水泥存放不可受潮,受潮的水泥表现为结块、凝结速度减慢、强度降低。水泥的储存期不宜太久,常用水泥一般不超过 3 个月,因为研究显示 3 个月后水泥强度会降低 10% ~20%,6 个月后降低 15% ~30%,1 年后降低 25% ~40%,铝酸盐水泥一般不超过 2 个月。过期水泥应重新检测是否合格,再决定能否使用于工程项目。

本章小结

水泥是现代土木水利工程的基础材料,水泥的生产和使用有多年的历史,在可预见的将来还会大量使用。目前,世界上水泥的品种已达 200 多种。

水泥加水拌和后,其凝结与硬化是一个连续、复杂的物理化学变化过程,这些变化决定了水泥一系列的技术性能。水泥的水化反应是由颗粒表面逐渐深入到内层的。当水化物增多时,堆积在水泥颗粒周围的水化物不断增加,以致阻碍水分继续透入,使水泥颗粒内部的水化越来越困难,经过长时间(几个月,甚至几年)的水化以后,多数颗粒仍剩余尚未水化的内核。因此,硬化后的水泥石是由凝胶体(凝胶和晶体)、未水化水泥颗粒内核和毛细孔组成的不匀质结构体。水泥的水化反应及凝结硬化过程必须在水分充足的条件下进行。环境湿度大,水分不易蒸发,水泥的水化及凝结硬化就能够保持足够的化学用水。如果环境干燥,水泥浆中的水分蒸发过快,当水分蒸发完后,水化作用将无法进行,硬化即停止,强度不再增长,甚至还会在制品表面产生干缩裂缝。因此,使用水泥时必须注意养护,使水泥在适宜的温度及湿度环境中进行硬化,从而不断增长其强度。

水泥作为大量应用的土木水利工程材料,国家标准对其各项性能有着明确的规定和要求,必须掌握水泥各主要性能指标的检测方法、目的和标准要求。

思考题

6.1　什么是硅酸盐水泥?生产硅酸盐水泥时,为什么要加入适量石膏?

6.2　试分析硅酸盐水泥强度发展的规律和主要影响因素是什么?

6.3　什么是水泥的体积安定性?体积安定性不良的原因及危害有哪些?

6.4　影响硅酸盐水泥水化热的因素有哪些?水化热的高低对水泥的使用有什么影响?

6.5　硅酸盐水泥的强度等级是如何检验的?

6.6　分析水泥石受到环境水侵蚀破坏的主要原因是什么?可采取哪些措施进行预防?

6.7 什么是活性混合材料？什么是非活性混合材料？两者在水泥中的作用如何？

6.8 为什么矿渣硅酸盐水泥、火山灰质硅酸盐水泥、粉煤灰硅酸盐水泥不宜用于在较低温度下施工的工程或早期强度要求高的工程？

6.9 铝酸盐水泥的主要矿物成分是什么？它为什么不能与硅酸盐类水泥或含石灰的材料混合使用？

6.10 水泥石中的氢氧化钙是由什么矿物成分水化而生成的？氢氧化钙对水泥石的抗软水及抗硫酸盐侵蚀有利还是有害？为什么？

6.11 为什么生产硅酸盐水泥时掺入适量石膏对水泥不会起破坏作用，而水泥石在有硫酸盐的环境介质生成石膏时就有破坏作用？

6.12 简述各种掺混合材料水泥的共性与特性。

6.13 为什么矿渣水泥的早期强度低，而后期强度却超过同强度等级的普通水泥？

第 **7** 章
水泥混凝土

【**本章重点**】混凝土强度保证率与配制强度；混凝土施工质量管理；混凝土配合比的设计计算、试拌调整及基准配合比确定影响混凝土拌和物和易性的因素分析；影响混凝土抗压强度的因素；提高混凝土耐久性的措施等。

【**本章要求**】重点掌握水泥混凝土的原材料要求、主要技术性能及影响因素，普通水泥混凝土的配合比设计方法及常用外加剂的性能和应用，混凝土的施工工艺、混凝土质量控制的主要内容及评价指标，特殊工程的特种混凝土的性能。重点熟悉砂的粗细程度与颗粒级配，粗骨料的最大粒径和颗粒级配，混凝土拌和物和易性的评价方法和指标，混凝土拌和物流动性（坍落度）的选择，混凝土的立方体抗压强度及强度等级，混凝土的抗渗性、抗冻性、抗腐蚀性、抗碳化性、抗磨性、抗碱-骨料反应，减水剂、引气剂、粉煤灰、粒化高炉矿渣与硅灰的特性及应用等。

7.1 概述

混凝土是由胶凝材料、水、粗集料、细集料、外加剂及掺合料按适当比例配制，在一定时间内、采用机械设备、现代工艺拌制成混合物，其拌和均匀、成型密实，并经过凝结硬化后形成的具有一定强度和耐久性的复合材料。

在土木水利工程中，应用最广的混凝土品种以水泥为胶凝材料，称为水泥混凝土。

目前水泥混凝土仍在向着高强、高性能、复合等方向发展，在 21 世纪水泥混凝土仍将作为一种主要的土木水利工程材料发挥作用。

混凝土作为一种土木水利工程材料，具有如下许多优点：

①抗压强度高。现投入工程使用的已有抗压强度达到 150 MPa 的混凝土，而实验室内可以配制出抗压强度超过 300 MPa 的混凝土，能满足现代土木水利工程对材料的要求。

②可根据不同要求配制各种不同性质的混凝土。在一定范围内,通过调整混凝土的配合比,可以很方便地配制出具有不同强度、流动性、抗渗性等性能的混凝土。

③在凝结前具有良好的可塑性。可以通过一定的施工手段浇筑成型各种形状、尺寸的结构体,与现代施工机械及施工工艺具有较好的适应性。

④由于水泥混凝土与钢筋有牢固的黏结力,能制成坚固耐久的钢筋混凝土构件,进一步扩大了水泥混凝土的使用范围。

⑤可以充分取用当地砂石料,以降低混凝土结构体的工程造价。随着今后再生骨料的开发利用,还可进一步降低混凝土的工程造价。

混凝土也存在如下一些缺点:

①抗拉强度小,一般只有其抗压强度的1/15~1/10,受拉时变形能力小,易开裂。很多工况下,必须配制钢筋混凝土才能更好使用。

②自重大,不利于提高有效承载能力,也给施工安装带来一定困难。

③达到满足设计强度前需要较长时间的养护,施工期较长。

7.2　混凝土的分类

为了适应不同的应用工况,混凝土有不同的性质,相应的具有不同的种类。混凝土的分类方法很多,常见的有以下几种分类方法:

1)按胶凝材料分类

按所用胶凝材料的种类不同,可分为水泥混凝土、沥青混凝土及聚合物混凝土等。

2)按矿物掺合料种类分类

根据所掺用矿物掺合料种类的不同,可分为粉煤灰混凝土、硅灰混凝土、磨细矿渣混凝土、纤维混凝土等。

3)按性能和用途分类

按混凝土性能和用途的不同,可分为结构混凝土、保温混凝土、装饰混凝土、大体积混凝土、水工混凝土、海工混凝土、道路混凝土、防水混凝土及特种混凝土(如耐热混凝土、耐酸混凝土、防辐射混凝土等)。

4)按表观密度分类

根据混凝土拌和物表观密度ρ_0的大小,常将混凝土划分为普通混凝土、重混凝土和轻混凝土三大类。

①普通混凝土:指ρ_0为1 900~2 500 kg/m³,用天然或人工的砂、石作骨料配制而成的混凝土。它广泛应用于水工隧洞、大坝、房屋及桥梁等建筑结构体中,其中常用普通混凝土的ρ_0一般为2 400 kg/m³左右。

②重混凝土:指$\rho_0 > 2$ 500 kg/m³,用重晶石、钢屑等特别密实、特别重的特殊骨料配制而成的混凝土。该类混凝土主要用于防辐射工程中。

③轻混凝土:指$\rho_0 \leqslant 1$ 900 kg/m³的混凝土,可分为轻骨料混凝土、多孔混凝土、大孔混凝土三大类。

5)按施工工艺分类

根据施工工艺的不同,可划分为预拌混凝土、现场搅拌混凝土、泵送混凝土、喷射混凝土、碾压混凝土、离心混凝土、真空混凝土等。

6)按配筋方式分类

按配筋方式的不同,可分为素混凝土、钢筋混凝土、钢丝网混凝土、纤维混凝土、预应力混凝土等。

7)按拌和物的和易性分类

按混凝土拌和物的和易性不同,可分为超干硬性混凝土、特干硬性混凝土、干硬性混凝土、半干硬性混凝土、低塑性混凝土、塑性混凝土、流动性混凝土、大流动性混凝土。

7.3 水泥混凝土的组成材料

普通混凝土的基本组成材料是水泥、水、粗骨料、细骨料、外掺料和外加剂。其中粗骨料、细骨料的含量占混凝土总体积的 2/3 以上,而且它们一般不与水泥、外掺料发生化学反应,体积也不易变化,故在混凝土中主要起到骨架作用,抑制结构体变形。而水泥、外掺料加水搅拌形成的水泥浆,则具有较好的流动性和黏聚性,它包裹在细骨料(砂子)表面并填充砂子颗粒间的空隙,形成水泥砂浆,水泥砂浆又包裹在粗骨料(碎石)表面并填充粗骨料间的空隙而形成混凝土。混凝土的结构示意如图7.1所示。水泥浆在硬化前主要起到了较好的润滑作用,赋予混凝土拌和物一定的流动性,以方便施工浇筑;凝结硬化后主要起到了胶结作用,将散粒状的粗骨料、细骨料胶结成为一个具有强度、密实的整体。

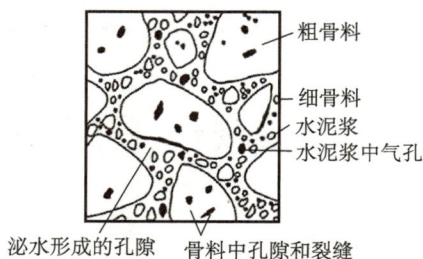

图7.1 混凝土结构示意

▶ 7.3.1 水泥

水泥是混凝土中的胶凝材料,与普通混凝土的其他组成材料相比,具有价格高、对混凝土性能影响明显的特点。为此,配制混凝土时,应恰当选择水泥,以便获得较好的技术经济效果。

1)水泥品种的选择

配制混凝土时,应在充分了解水泥特性的基础上,结合混凝土工程特点、所处环境条件及施工工艺等恰当选择水泥品种。

2)水泥强度的选择

一般应结合水泥的用途、混凝土所处的环境条件等选择适宜强度的水泥。一般来说,高强度等级的水泥适宜配制高强度等级的混凝土或对早期强度有特殊要求的混凝土;而低强度等级的水泥,适宜配制低强度等级的混凝土或配制砌筑砂浆等。

▶ 7.3.2 细骨料与粗骨料

混凝土用骨料按粒径大小不同有细骨料和粗骨料之分。粒径小于 4.75 mm 的颗粒称为细骨料,又称为砂;粒径大于 4.75 mm 的颗粒称为粗骨料,又称为石子。

普通混凝土常用的细骨料有天然砂和机制砂两大类。天然砂是自然形成的,经人工开采和筛分的粒径小于 4.75 mm 的岩石颗粒,包括河砂、山砂、湖砂、淡化海砂,但不包括软质、风化的岩石颗粒。机制砂俗称人工砂,是经除土处理,由机械破碎、筛分制成的粒径小于 4.75 mm 的岩石、矿山尾矿或工业废渣颗粒。有些工程中还会用到混合砂,它是由天然砂和机制砂按一定比例组合而成的砂。

普通混凝土常用的粗骨料有卵石和碎石两种。卵石是由自然风化、水流搬运和分选、堆积形成的粒径大于 4.75 mm 的岩石颗粒。碎石是由天然岩石、卵石或矿山废石经机械破碎、筛分制成的粒径大于 4.75 mm 的岩石颗粒。

混凝土用砂、卵石、碎石的质量要求主要包括含泥量与泥块含量、有害杂质含量、粗细程度、颗粒级配及最大粒径、物理力学性质等。建设工程中混凝土及其制品用砂应符合《建设用砂》(GB/T 14684—2022)的要求;建设工程(除水工建筑物外)中混凝土及其制品用卵石、碎石应符合《建设用卵石、碎石》(GB/T 14685—2022)的要求;水工建筑物中混凝土用卵石、碎石应符合《水工混凝土施工规范》(DL/T 5144—2015)的要求。

1)含泥量、泥块含量和石粉含量

天然砂、石子中的黏土和淤泥,以及人工砂中的石粉,因颗粒极细,易黏附在骨料表面,阻碍水泥石与骨料的胶结,降低混凝土的强度、抗渗性、抗冻性及抗冲耐磨性等,同时因混凝土单位用水量的增加而增大混凝土的干缩率。若黏土等以团块形式存在,则会在混凝土中形成薄弱部分,对其质量影响更大。

①含泥量:天然砂及卵石、碎石中粒径小于 75 μm 的颗粒含量。

②石粉含量:机制砂中粒径小于 75 μm 的颗粒含量。

③泥块含量:砂的泥块含量是指砂中原粒径大于 1.18 mm,经水浸洗、手捏后小于 600 μm 的颗粒含量;石子的泥块含量是指卵石、碎石中原粒径大于 4.75 mm,经水浸洗、手捏后小于 2.36 mm 的颗粒含量。

砂、石子中的含泥量、泥块含量、石粉含量应分别符合表 7.1、表 7.2 的规定。

表 7.1 砂中的含泥量、泥块含量、石粉含量

项目		GB/T 14684—2022		
		Ⅰ 类	Ⅱ 类	Ⅲ 类
天然砂	含泥量(按质量计,%)	≤1.0	≤3.0	≤5.0
	泥块含量(按质量计,%)	0	≤1.0	≤2.0
机制砂	石粉含量(%)	≤10.0* ≤1.0▲	≤1.0* ≤3.0▲	≤10.0* ≤5.0▲
	泥块含量(按质量计,%)	0	≤1.0	≤2,0

注:①*适用于亚甲蓝 MB 值≤1.4 或快速法试验合格的情况,且要求 Ⅰ 类砂 MB 值≤0.5,Ⅱ 类砂 MB 值≤1.0,Ⅲ 类砂 MB 值≤1.4 或合格;而▲适用于 MB 值>1.4 或快速法试验不合格的情况。亚甲蓝 MB 值是用于判定机制砂中粒径小于 75 μm 颗粒的吸附性能的指标。

②砂按技术要求可分为 Ⅰ 类、Ⅱ 类、Ⅲ 类。其中,Ⅰ 类宜用于强度等级大于 C60 的混凝土,Ⅱ 类宜用于强度等级为 C30 ~ C60 及抗冻、抗渗或其他要求的混凝土,Ⅲ 类宜用于强度等级小于 C30 的混凝土和建筑砂浆。

表 7.2　卵石、碎石中的含泥量、泥块含量

项目	GB/T 14685—2022			DL/T 5144—2015	
	Ⅰ类	Ⅱ类	Ⅲ类	D_{20}、D_{40}粒径级*	D_{80}、D_{150}(D_{120})粒径级*
卵石含泥量(质量分数,%)	≤0.5	≤1.0	≤1.5	≤1.0	≤0.5
碎石泥粉含量(质量分数,%)	≤0.5	≤1.5	≤2.0		
泥块含量(质量分数,%)	≤0.1	≤0.2	≤0.7	不允许	不允许

注:① * D_{20}、D_{40}、D_{80}、D_{150}(D_{120})分别表示 5～20 mm(小石)、20～40 mm(中石)、40～80 mm(大石)、80～150(120) mm(特大石)粒径分级。
　　②卵石、碎石按技术要求可分为Ⅰ类、Ⅱ类、Ⅲ类,其用途要求与砂相同。

2) 有害物质

混凝土用砂、石子应坚实、清洁,不应混有草根、树叶、树枝、煤块、炉渣等杂物,以保证混凝土的质量。但骨料中还常含有一些有害物质,主要包括云母、黏土、轻物质(表观密度小于2.000 kg/m³ 的物质,如煤屑、炉渣等)、硫化物、硫酸盐、有机物及氯盐等。云母、黏土及轻物质会黏附在砂的表面,影响水泥石与砂的黏结,从而降低混凝土的强度和耐久性。硫化物、硫酸盐及有机物会对水泥石产生腐蚀作用,从而影响混凝土的强度和耐久性。氯盐(其含量以氯离子质量计)的存在,则会引起钢筋发生锈蚀。

砂、石子中的有害物质含量应分别符合表 7.3、表 7.4 的规定。

表 7.3　砂中的有害物质含量

项目	GB/T 14684—2022		
	Ⅰ类	Ⅱ类	Ⅲ类
云母(质量分数,%)	≤1.0	≤2.0	≤2.0
轻物质(质量分数,%)	≤1.0	≤1.0	≤1.0
硫化物及硫酸盐含量(按SO_3质量计,%)	≤0.5	≤0.5	≤0.5
氯化物含量(以氯离子质量计,%)	≤0.01	≤0.02	≤0.06
贝壳(按质量计,%)▲	≤3.0	≤5.0	≤8.0
有机质含量(用比色法试验)	合格	合格*	合格*

注:①* 当试验过程中试样上部的溶液颜色浅于标准色时,则试样有机物含量合格;当颜色深于标准色时,则应配制成水泥砂浆做进一步强度对比试验;当原试样制成的水泥砂浆强度不低于清洗有机物后试样制成的水泥砂浆强度的95%时,则认为有机物含量合格。
　　②▲该指标仅适用于海砂,其他砂种不作要求。

表 7.4　卵石、碎石中的有害物质含量

项目	GB/T 14685—2022			DL/T 5144—2015
	Ⅰ类	Ⅱ类	Ⅲ类	
硫化物及硫酸盐含量(按SO_3质量计,%)	≤0.5	≤1.0	≤1.0	≤0.5
有机质含量(用比色法试验)	合格*	合格*	合格*	浅于标准色

注:* 当试验过程中试样上部的溶液颜色浅于标准色时,则试样有机物含量合格;当颜色深于标准色时,则应配制成混凝土做进一步强度对比试验;当原试样制成的混凝土强度不低于淘洗试样制成的混凝土强度的95%时,则认为有机物含量合格。

当粗、细骨料中含有活性骨料时,如果混凝土中所用的水泥又含有较多的碱,就有可能发生碱-骨料反应而导致混凝土破坏,所以应对其进行碱活性检验。当判定骨料存在潜在碱-碳酸盐反应危害时,不得用作混凝土骨料;当判定骨料存在潜在碱-硅酸盐反应危害时,应控制混凝土中的含碱量不超过3 kg/m³,或

采取能抑制碱－骨料反应的有效措施。

3）坚固性及压碎指标

坚固性是指骨料在自然风化和其他外界物理化学因素作用下抵抗破裂的能力。以骨料试样经硫酸钠饱和溶液 5 次浸渍循环后的总质量损失百分率（％）来表示，应符合相关规定。

4）骨料的物理力学性质

（1）颗粒形状和表面特征

细骨料的颗粒形状和表面特征会影响其与水泥石的黏结及混凝土拌和物的流动性。山砂和人工砂的颗粒形状粗糙尖锐、多棱角，与水泥石黏结较好，所拌制的混凝土强度较高，但拌和物的流动性较差；河砂、海砂的颗粒多呈圆球形，表面光滑，与水泥石黏结较差，所拌制的混凝土强度较低，但拌和物的流动性好。

碎石和卵石的颗粒形状、表面特征及其对混凝土性质的影响与细骨料类似。另外，粗骨料中还存在针、片状颗粒（凡卵石、碎石颗粒的长度大于该颗粒所属粒级的平均粒径 2.4 倍者为针状颗粒，厚度小于平均粒径 0.4 倍者为片状颗粒），它们会使骨料的空隙率增大，浪费水泥，而且受力后容易被折断破坏，使混凝土强度降低，为此应限制卵石、碎石中的针、片状颗粒含量不得过多，应符合表 7.5 的规定。对泵送混凝土而言，针、片状颗粒含量不宜大于 10％。

表 7.5　卵石、碎石中的针、片状颗粒含量

项目	GB/T 14685—2011			DL/T 5144—2001
	Ⅰ 类	Ⅱ 类	Ⅲ 类	
针、片状颗粒总含量（按质量计，％）	≤5	≤10	≤15	≤15*

（2）表观密度、堆积密度和空隙率

测定砂、石子的表观密度、堆积密度和空隙率，目的在于方便计算混凝土配合比和估算骨料的开采加工量、运输量。其值应符合如下规定：砂的表观密度不小于 2 500 kg/m³，松散堆积密度不小于 1 400 kg/m³，空隙率不大于 44％；卵石、碎石的表观密度不小于 2 600 kg/m³，连续级配松散堆积空隙率应满足 Ⅰ 类 ≤43％、Ⅱ 类 ≤45％、Ⅲ 类 ≤47％。

砂、石子的表观密度反映骨料颗粒的致密程度，对骨料的品质影响较大，一般砂子的表观密度为 2 600～2 700 kg/m³。

骨料的堆积密度及空隙率与紧密程度有关，对于粗骨料，其堆积密度还与其颗粒形状，针、片状颗粒含量及颗粒级配等关系较大。干砂在自然状态下的堆积密度为 1 400～1 600 kg/m³，在振实情况下的堆积密度为 1 600～1 700 kg/m³。

（3）骨料的含水状态

根据骨料开口孔隙吸水饱满程度及颗粒表面吸附水膜的情况，一般可将骨料的含水状态分为 4 种：干燥状态、气干状态、饱和面干状态和湿润状态，如图 7.2 所示。

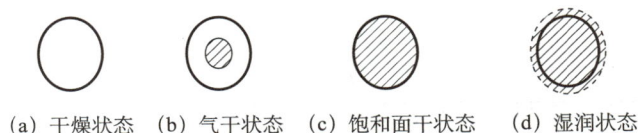

　（a）干燥状态　（b）气干状态　（c）饱和面干状态　（d）湿润状态

图 7.2　骨料含水时各种状态

含水率等于 0 时称为干燥状态；含水率与空气湿度相平衡时称为气干状态；骨料表面干燥而内部开口孔隙吸水达饱和时称为饱和面干状态；骨料不仅开口孔隙充满水，而且表面还吸附有一薄层水时称为

湿润状态。在混凝土配合比设计过程中,工业与民用建筑工程常以骨料干燥状态为基准,而水利水电工程常以骨料饱和面干状态为基准。

骨料中所含水分的质量占骨料烘干后质量的百分比,称为含水率 ω。

粗骨料的吸水率大小与颗粒的致密程度有关,粗骨料的颗粒越坚实,孔隙率越小,其品质就越好,吸水率也就越小,反之吸水率就大。若粗骨料的吸水率过大,会使混凝土的耐水性降低、抗冻性变差。所以,一般要求粗骨料的吸水率满足Ⅰ类≤1%、Ⅱ类及Ⅲ类≤2%。

(4)粗骨料的强度

为了满足所配制混凝土的强度要求,粗骨料必须具有足够的强度。

碎石的强度可用岩石的抗压强度和压碎指标值表示,当混凝土强度等级≥C60时,应进行岩石抗压强度检验;岩石强度首先应由生产单位提供,工程中可采用压碎指标值进行质量控制。

卵石的强度可用压碎指标值表示。

进行岩石立方体抗压强度试验时,先将生产骨料所用的岩石加工成70 mm×70 mm×70 mm的立方体试件或 $\phi70$ mm×70 mm的圆柱体试件,然后置于水中浸泡48h,以测定水饱和状态下的抗压强度。岩石的抗压强度应比所配制混凝土的强度至少高20%,且火成岩抗压强度应不小于80 MPa,变质岩应不小于60 MPa,水成岩应不小于30 MPa。

粗骨料压碎指标测定是将试样风干后筛除大于19.0 mm及小于9.5 mm的颗粒,并去除针、片状颗粒,取粒径为9.5~19.0 mm的一定量石子装入压碎指标测定仪的圆筒内,在压力机上按1kN/s的速率均匀加荷到400 kN并稳定5 s,卸荷后用孔径2.36 mm的方孔筛筛除被压碎的细粒,它的质量占试样总质量的百分数即为压碎指标值。粗骨料的压碎指标应符合相关规定。

▶ 7.3.3 混凝土拌和及养护用水

混凝土拌和用水和混凝土养护用水总称为混凝土用水,按水源可分为饮用水、地表水、地下水、再生水、混凝土企业设备洗刷水和海水等。凡符合《生活饮用水卫生标准》(GB 5749—2022)要求的饮用水,可不经检验直接作为混凝土用水。而地表水、地下水、再生水和混凝土企业设备洗刷水,在使用前应进行检验;当发现水受到污染和对混凝土性能有影响时,也应立即检验。

1)混凝土拌和用水

混凝土企业设备洗刷水不宜用于预应力混凝土、装饰混凝土、加气混凝土和暴露于腐蚀环境的混凝土,不得用于使用碱活性或潜在碱活性骨料的混凝土。

海水含盐量较高,特别是较高的氯离子含量会导致混凝土中的钢筋锈蚀,使结构物破坏;而且海水会引起混凝土表面潮湿和泛霜,影响混凝土表面的质量。因此,未经处理的海水严禁用于钢筋混凝土和预应力混凝土,在无法获得水源的情况下,海水可用于素混凝土,但不宜用于装饰混凝土。

混凝土拌和用水不应有漂浮明显的油脂和泡沫,不应有明显的颜色和异味,其水质要求应符合表7.6的规定。另外,对于地表水、地下水、再生水的放射性还应符合《生活饮用水卫生标准》(GB 5749—2022)的规定。

表7.6 混凝土拌和用水水质要求

项目	预应力混凝土	钢筋混凝土	素混凝土
pH 值	≥5.0	≥4.5	≥4.5
不溶物(mg/L)	≤2 000	≤2 000	≤5 000

续表

项目	预应力混凝土	钢筋混凝土	素混凝土
可溶物(mg/L)	≤2 000	≤5 000	≤10 000
Cl^-(mg/L)*	≤500	≤1 000	≤3 500
SO_4^{2-}(mg/L)	≤600	≤2 000	≤2 700
碱含量(mg/L)®	≤1 500	≤1 500	≤1 500

注:①* 对于设计使用年限为100年的结构混凝土,氯离子含量不得超过 500 mg/L;对于使用钢丝或经热处理钢筋的预应力混凝土,氯
　　离子含量不得超过 350 mg/L。
　　②® 碱含量按 $Na_2O + 0.658K_2O$ 计算值来表示。采用非碱活性骨料时,可不检验碱含量。

在进行水样检验时,其被检验水样应与饮用水样进行水泥凝结时间对比试验,对比试验的水泥初凝时间差及终凝时间差均不应大于 30 min;同时,初凝和终凝时间应符合《通用硅酸盐水泥》(GB 175—2023)的规定。被检验水样应与饮用水样进行水泥胶砂强度对比试验,被检验水样配制的水泥胶砂 3 d 和 28 d 强度不应低于饮用水配制的水泥胶砂 3 d 和 28 d 强度的 90%。

2)混凝土养护用水

满足混凝土拌和用水要求即可满足混凝土养护用水要求,但混凝土养护用水要求可略低于混凝土拌和用水要求。对于硬化混凝土的养护用水,可不检验不溶物、可溶物、水泥凝结时间和水泥胶砂强度,而要重点控制 pH 值、氯离子含量、硫酸根离子含量和放射性指标等。

7.4　混凝土外加剂

在混凝土搅拌之前或拌制过程中加入的,用以改善混凝土性能的材料、掺量不大于胶材质量 5%(特殊情况除外)的物质称为混凝土外加剂,简称外加剂。由于工程技术的不断发展对混凝土提出了更高的要求,而且外加剂能显著改善混凝土的性能,故它在工程中应用的比例越来越大,因此外加剂逐渐成为混凝土中的第五种组成成分。

早在 20 世纪 30 年代初,国外就已注意到外加剂的研制和应用。首先是美国的 E. W. S. Cripture 在 1935 年研制成了以木质素磺酸盐为主要成分的"普蜀里"(Pozzolitb)减水剂;50 年代初日本从美国引进了这种减水剂的生产技术。1963 年日本花王石碱公司的服部健一等研制出以 β-萘磺酸甲醛缩合物为主要成分的"玛依太"(Mighth)减水剂。70 年代美国从日本引进了制造高效减水剂的专利。1964 年联邦德国研究出以三聚氰胺甲醛缩合物为主要成分的"梅尔明"(Melment)成效减水剂。1974 年日本从联邦德国引进了这种减水剂。此外,糖蜜类、葡萄糖类等其他类型的外加剂发展得也很快,外加剂种数已越过 300 种。

▶ 7.4.1　混凝土外加剂的分类与品种

1)按照外加剂功能分类

混凝土外加剂种类繁多,根据《混凝土外加剂术语》(GB/T 8075—2017),混凝土外加剂按其主要使用功能分为 4 类:

①改善混凝土拌和物流变性能的外加剂,包括各种减水剂和泵送剂等;
②调节混凝土凝结时间、硬化性能的外加剂,包括缓凝剂、促凝剂和速凝剂等;

③改善混凝土耐久性的外加剂,包括引气剂、防水剂、阻锈剂和矿物外加剂等;

④改善混凝土其他性能的外加剂,包括膨胀剂、防冻剂、着色剂等。

2)按外加剂化学成分分类

(1)无机物类

主要是一些电解质盐类,如 $CaCl_2$、Na_2SO_4 等早强剂,还有某些金属单质(如铝粉)加气剂,以及少量氢氧化物等。

(2)有机物类

这类物质种类很多,其中大部分属于表面活性剂的范畴,有阴离子型、阳离子型、非离子型以及两性表面活性剂等,其中以阴离子表面活性剂应用最多。还有一些有机物,它本身并不明显地具有表面活性作用,但也可以在某种用途中作为外加剂使用。

(3)复合型类

各种外加剂往往仅仅在某一方面或某些方面有较好性能,功能单一。因而可将有机与有机,或有机与无机等数种外加剂复合使用,使其具有多种功能,以满足实际工程多方面的需要。

目前建筑工程中应用较多、较成熟的外加剂有减水剂、早强剂、引气剂、调凝剂、防冻剂、膨胀剂等,后面将逐一加以介绍。

▶ 7.4.2 常用外加剂的性能和使用

1)减水剂

减水剂是指在不影响新拌混凝土工作性的条件下,能使用水量减少,或在不改变用水量的条件下,可改善混凝土的工作性,或同时具有以上两种效果,又不显著改变新拌混凝土含气量的外加剂。

高效减水剂是指在不改变新拌混凝土工作性条件下,能大幅度减少用水量,并显著提高混凝土强度,或在不改变用水量的条件下,可显著改善新拌混凝土工作性的减水剂。

减水剂往往还具有一些辅助作用,由此可将减水剂分为早强减水剂(兼有早强作用的减水剂)、缓凝减水剂(兼有缓凝作用的减水剂)、引气减水剂(兼有引气作用的减水剂)。

目前使用的混凝土减水剂大多是表面活性物质。因此,它对混凝土拌和物主要起表面活性作用。一般将具有乳化、分散、浸透及起泡等作用的物质,或作为溶质能使溶液的表面张力显著降低的物质,称为表面活性剂。

(1)减水剂的分类与组成

减水剂按其主要化学成分分为木质素磺酸盐系、多环芳香族磺酸盐系、水溶性树脂磺酸盐系、糖钙以及腐殖酸盐等。

(2)减水剂的减水机理

尽管各种减水剂成分不同,但均为表面活性剂,所以其减水作用机理相似。表面活性剂是具有显著改变(通常为降低)液体表面张力或二相界面张力的物质,其分子由亲水基团和憎水基团两个部分组成。表面活性剂加入水溶液中后,其分子中的亲水基团指向溶液,憎水基团指向空气、固体或非极性液体并作定向排列,形成定向吸附膜而降低水的表面张力和二相间的界面张力。

表面活性剂按其亲水基团能否在水中电离,以及电离出的离子类型又可分为:

①阴离子表面活性剂:亲水基端能解离出阳离子,而使亲水基因带负电荷。

②阳离子表面活性剂:亲水基端能解离出阴离子,而使亲水基团带正电荷。

③两性表面活性剂:具有两种亲水基因,既能解离出阴(负)离子,又能解离出阳(正)离子,或通过

电离,亲水基团同时带上正负电荷。

④非离子表面活性剂:亲水基团不解离出离子,其本身具有极性,能吸附水分子。

目前水泥混凝土减水剂主要为阴离子表面活性剂。目前研究认为,减水剂对新拌混凝土主要有下列作用:

①吸附－分散作用:水泥在加水搅拌后,会产生一种絮凝状结构。产生这种絮凝状结构的原因有很多,可能是水泥矿物($C2S$、$C3S$、$C3A$ 和 $C4AF$ 等)在水化过程中所带电荷不同,产生异性电荷相互吸引而絮凝;或是水泥颗粒在溶液中的热运动,在某些边棱角处互相碰撞,相互吸引而形成的;或是水泥矿物水化后溶剂化水膜产生某些缔合作用等。由于上述原因,在这些絮凝状结构中,包裹着很多拌和水,从而降低了新拌混凝土的工作性。施工中为了保持新拌混凝土所需的工作性,就必须在拌和时相应地增加用水量,这样会促使水泥石结构中形成过多的孔隙,从而严重影响硬化混凝土一系列的物理力学性质。

当加入减水剂后,减水剂的憎水基团定向吸附于水泥质点表面,亲水基团朝向水溶液形成单分子(或多分扩)的吸附[图 7.3(a)]。由于减水剂的定向排列,使水泥质点表面均带有相同电荷,在电性斥力的作用下,不但使水泥－水体系处于相对稳定的悬浮状态,还在水泥颗粒表面形成一层溶剂化水膜[图 7.3(b)],同时使水泥絮凝状的絮凝体内的游离水释放出来(图 7.4),因而达到减水的目的。

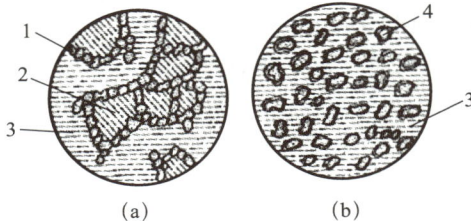

图 7.3　减水剂分散作用

1—未水化反应的水泥颗粒;2—已部分水化反应水泥颗粒生成物中包裹的游离水;
3—游离水;4—带有电性排斥力和部分水化产物包裹的水泥颗粒

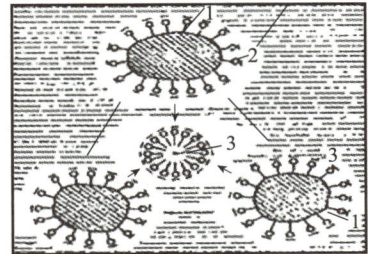

图 7.4　减水剂润滑作用

1—水泥颗粒;2—减水剂;3—极性气泡

②润滑作用:减水剂在水泥颗粒表面吸附定向排列,其亲水端极性很强,带有负电,很容易与水分子中氢键产生缔合作用,再加上水分子间的氢键缔合,使水泥颗粒表面形成一层稳定的溶剂化水膜,它不仅能阻止水泥颗粒间的直接接触,还在颗粒间起润滑作用。同时,伴随着减水剂的加入,也引进一定量的细微气泡(图 7.4),这些细微气泡是由减水剂的定向排列形成的分子膜,它们与水泥颗粒吸附膜带有相同电荷,因此气泡与水泥颗粒间也由于电性斥力而使水泥颗粒分散,从而增加水泥颗粒间的滑动能力。减水剂吸附机理如图 7.5 所示。

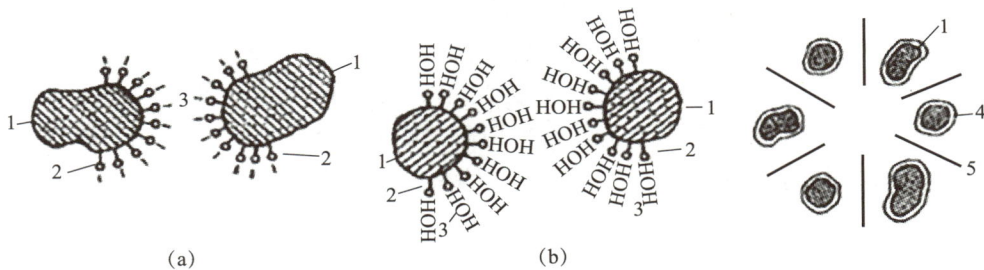

图 7.5　减水剂吸附机理

1—未水化反应的水泥颗粒;2—定向排列的减水剂分子;3—电性排斥力;4—部分水化产物包裹的水泥颗粒;5—游离水存在区域

③湿润作用:水泥加水拌和后,颗粒表面被水湿润,其湿润状况对新拌混凝土的性能有很大影响。

掺加减水剂后,由于减水剂在水泥颗粒表面定向排列,不仅能使水泥颗粒分散,而且能增大水泥的水化面积,影响水泥的水化速度。

综上可知,由于减水剂的吸附－分散作用、润滑作用和湿润作用,只要掺加很少量的减水剂,就能使新拌混凝土的工作性显著地改善;同时由于混合料孔隙和分散程度的改善,混凝土硬化后的性能也得到改善。

(3)减水剂的技术经济效益

减水剂的出现,被誉为"继钢筋混凝土和预应力钢筋混凝土之后的混凝土发展的第三个里程碑"。其掺量虽然很少,但对混凝土的性能却有非常大的改善,减水剂已成为现代高性能混凝土必备的一种组分。使用减水剂对混凝土主要有下列技术经济效益:

①在保证混凝土工作性和水泥用量不变的条件下,可以减少用水量、提高混凝土强度,特别是高效减水剂可大幅度减小用水量,有利于制备早强、高强混凝土,从而减小水灰比,提高混凝土强度和耐久性。

②在混凝土配合比不变的条件下,可增大混凝土的流动性。如采用高效减水剂可制备大流动混凝土和泵送混凝土,从而使混凝土的施工条件得到改善。

③在保证混凝土工作性和强度不变的条件下,可以在减少拌和水量的同时,节约水泥用量,降低工程成本。

(4)减水剂的种类

减水剂的种类繁多,按凝结时间可分为标准型、早强型、缓凝型三种;按是否引气可分为引气型和非引气型两种;按其化学成分和减水效果可分为普通减水剂和高效减水剂两大类。

普通减水剂又称塑化剂,要求减水率≥5%,龄期3~7 d的混凝土的压缩强度提高10%,28 d强度提高5%以上。普通减水剂主要有木质素系减水剂、糖蜜系减水剂、羟基酸及其盐(如柠檬酸、酒石酸)等。

高效减水剂又称超塑化剂,能大幅度减少用水量和提高混凝土拌和物的和易性。要求减水率≥10%,龄期1 d混凝土强度提高30%以上,3 d强度提高25%以上,7 d强度提高20%以上,28 d强度提高15%以上。高效减水剂主要有萘系高效减水剂、蒽系高效减水剂、三聚氰胺系高效减水剂、氨基磺酸盐系高效减水剂、聚羧酸系高效减水剂、脂肪族高效减水剂等。

2)引气剂

引气剂是指在搅拌混凝土过程中能引入大量均匀分布、稳定而封闭的微小气泡的外加剂。在每1 m³混凝土中可生成500~3 000个直径为50~1 250 μm(大多在200 μm以下)的独立气泡。

引气剂吸附在水－气界面上,能显著降低表面张力,在搅拌力作用下产生大量气泡;引气剂分子定向排列在泡膜界面上,阻碍泡膜内水分子的移动,增加了泡膜的厚度及强度,使气泡不易破灭;水泥等微细颗粒吸附在泡膜上,水泥浆中的氢氧化钙与引气剂作用生成的钙皂沉积在泡膜壁上,也提高了泡膜稳定性。所以,加入混凝土中的引气剂能够产生均匀、稳定、封闭、互不连通的微小气泡,避免了毛细管道的形成,缓和了自由水受冻结所产生的膨胀压力,因此可改善混凝土的耐久性。

引气剂与减水剂相比各有特点,减水剂比较适用于强度要求较高、水灰比较小的混凝土;而引气剂比较适用于抗冻性要求较高的混凝土,以及如水工大体积混凝土等强度要求不太高、水灰比较大的混凝土。有时为了提高混凝土的耐久性且不影响抗压强度,可将引气剂和减水剂进行复合掺用。由于引气型减水剂不仅起引气作用,还能减水,故能提高混凝土强度,节约水泥用量,因此应用范围更广。引气剂已逐渐被引气型减水剂代替。

引气剂可用于抗渗混凝土、抗冻混凝土、抗硫酸盐侵蚀混凝土、泌水严重的混凝土、贫混凝土、轻混凝土,以及对饰面有要求的混凝土等,但引气剂不宜用于蒸养混凝土及预应力混凝土。

3）泵送剂

泵送剂是指能改善混凝土拌和物泵送性能的外加剂。

泵送混凝土要求具有良好的流动性和在压力条件下保持较好的稳定性，即混凝土应具有坍落度大、黏聚性好、泌水率小等特点。

能改善混凝土泵送性能的外加剂有减水剂、高效减水剂、缓凝减水剂、缓凝高效减水剂、引气减水剂等。

4）早强剂

早强剂是用于加速混凝土早期强度发展的外加剂。早强剂能加速水泥的水化和硬化，缩短养护期，使混凝土在短期内即能达到拆模强度，从而提高了模板和场地的周转率，加快了施工进度。早强剂可在常温、低温和负温（不低于 -5 ℃）条件下加速混凝土的硬化过程，多用于冬季施工和抢修工程。

早强剂主要有无机盐类（氯盐类、磷酸盐类）、有机胺类及复合物三大类。

5）调凝剂

各种混凝土工程（如建筑工程、水利工程、海港工程、公路交通及铁路建设等）对水泥、混凝土的凝结时间往往有不同要求；不同地区、不同气候条件对凝结时间的要求也有差别。如水工大坝工程，由于其体积庞大，混凝土散热慢，容易产生温度应力，对工程质量极为不利，因此希望水泥水化放热速度低些，即混凝土凝结、硬化慢些；一些铁路隧道、矿山井巷经常使用喷射混凝土，要求混凝土能在很短时间内就得凝结，否则会使混凝土拌和物逐渐坍落，不能达到所需形状。此外，不同季节、不同地区对混凝土凝结速度的要求也不同。如南方气候炎热，夏季施工时希望混凝土凝结慢些，否则可能未等成型就凝结了，无法继续施工；北方地区冬天寒冷，施工时要求混凝土凝结硬化快些，尽早具有起码的强度，以抵抗冰冻的破坏作用。上述要求都希望工地现场能控制混凝土的凝结时间。由此便出现了用于调节水泥混凝土凝结时间的外加剂，称为调凝剂。调凝剂又分为加快水泥混凝土凝结速度的速凝剂和减慢水泥混凝土凝结速度的缓凝剂。

（1）速凝剂

速凝剂是指能使混凝土迅速凝结硬化的外加剂。速凝剂主要有无机盐类和有机物类两类。

速凝剂主要用来配制喷射混凝土，以用于矿山井巷、铁路隧道、公路边坡、水工隧洞等地下工程的喷锚支护施工中，还可用于堵漏抢险工程中。

（2）缓凝剂

缓凝剂是指能延缓混凝土凝结时间，又不明显影响混凝土后期强度的外加剂。

6）膨胀剂

在混凝土硬化过程中因化学作用能使混凝土产生一定体积膨胀的外加剂称为膨胀剂。

7）防冻剂

混凝土防冻剂是指能使混凝土在负温度下硬化，并在规定养护条件下达到预期性能的外加剂。

8）其他外加剂

除以上所述的混凝土外加剂，混凝土工程中的常用外加剂还有防水剂、阻锈剂、着色剂、保水剂、增稠剂及减缩剂等。

▶ 7.4.3 外加剂的选择和使用

人们在试验和实践中发现，尽管在混凝土中掺外加剂可以有效地改善混凝土的技术性能，取得显著的技术经济效果,但是正确和合理的使用,对外加剂的技术经济效果有十分重要影响。如使用不当,会酿成事故。因此,应注意以下几方面。

1)外加剂品种的选择

在选择外加剂时,应根据工程需要、现场的材料条件,参考有关资料,通过试验确定。在混凝土配制过程中,应注意观察所选择的外加剂与水泥的适应性,若两者不相适应,则经常会出现一些与所用外加剂的技术性能不相符的非正常现象,如速凝、长期不凝、大量泌水等。

2)外加剂掺量的确定

混凝土外加剂均有适宜掺量范围,若掺量过小,往往达不到预期效果;若掺量过大,则会影响混凝土质量,甚至造成质量事故。因此,使用时应在参考产品说明书中的推荐掺量的基础上,通过试验试配来确定其最佳掺量。

3)外加剂的掺加方法

外加剂的掺量一般都很少,使用时必须保证它能均匀分散于混凝土拌和物中,为此一般不能直接加入混凝土搅拌机内。对于可溶于水的外加剂,应先配成一定浓度的溶液,随水加入搅拌机。对于不溶于水的外加剂,应与适量水泥或砂混合均匀后,再加入搅拌机内。另外,根据外加剂掺入时间的不同,混凝土外加剂有同掺法、滞水掺入法及后掺法三种掺加方法。

(1)同掺法

同掺法是将外加剂与水化合均匀后,再加入到搅拌机中与其他材料一起搅拌均匀。这种方法的优点是施工方便,但由于它使混凝土一开始水化就有外加剂介入,立即被吸附到水泥颗粒表面,从而降低了外加剂在液相中的浓度。因此,效果较差,坍落度损失较大。

(2)滞水掺入法

滞水掺入法是指在混凝土拌和物已加水搅拌 1～3 min 后,再加入外加剂并继续搅拌至规定的时间以达到混合均匀。该法搅拌时间较长,混凝土的生产效率较低。

(3)后掺法

后掺法是指已拌和均匀的混凝土拌和物运输到浇筑地点后,才加入外加剂并再次搅拌均匀。该法是水泥水化反应进行了一段时间后才加入外加剂,从而使得液相中外加剂的浓度不会很快降低,效果比较好,坍落度损失较小。

实践证明,后掺法效果最好,能充分发挥外加剂的功能,因此在实际工程中宜优先选用。

7.4.4 外加剂的储运保管要求

混凝土外加剂大多为表面活性物质或电解质盐类,具有较强的反应能力,敏感性较高,对混凝土性能影响很大,所以在储存和运输中应加强管理,一般应注意以下几点:

①失效的、不合格的外加剂,禁止使用;

②长期存放、质量未经检验明确的外加剂,禁止使用;

③不同品种、不同类别的外加剂应分别储存运输;

④应注意防潮、防水,避免受潮后影响功效;

⑤有毒的外加剂必须单独存放,专人管理,并不得用于饮水工程等;

⑥有强氧化性的外加剂必须进行密封储存。

7.5　混凝土矿物掺合料

在混凝土(砂浆)拌制时掺入的质量大于水泥质量 5% 的矿物质粉末,称为矿物掺合料,简称掺合料。在混凝土中掺入的天然矿物质粉末(如粉煤灰、硅灰)或人造矿物质粉末(如磨细天然沸石、粒化高炉矿渣粉),由于其含有活性 SiO_2 和 Al_2O_3 成分,会与水泥水化产物中的 $Ca(OH)_2$ 发生二次水化反应,化学反应式如下:

$$xCa(OH)_2 + SiO_2 + mH_2O = xCaO \cdot SiO_2 \cdot (x+m)H_2O$$
$$yCa(OH)_2 + Al_2O_3 + nH_2O = yCaO \cdot Al_2O_3 \cdot (y+n)H_2O$$

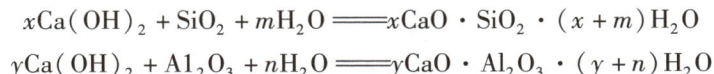

水化反应生成具有胶凝性质的新物质,从而可以起到节约水泥、改善混凝土性能、调节混凝土强度等级的功效,具有显著的技术、经济和环境效益。因此,掺合料已成为目前混凝土中的第六大组分而得到广泛应用。

混凝土中使用的掺合料种类很多,下面就常用的几种进行介绍。

▶ 7.5.1　粉煤灰

粉煤灰是从燃煤电厂煤粉炉烟道气体中收集到的粉末。

按其排放方式的不同,可分为干排灰和湿排灰两种。湿排灰含水量大,活性降低较多,质量不如干排灰。工程中常用的粉煤灰为干排灰。干排灰按收集方法的不同,又分为静电收尘灰和机械收尘灰两种。静电收尘灰颗粒细,质量好;机械收尘灰颗粒较粗,质量较差。按其处理方式的不同,可分为原状灰和磨细灰。未经加工的称为原状灰,经磨细处理的称为磨细灰。

按含钙量大小,可分为高钙灰(CaO 含量 >10%)和低钙灰(CaO 含量 <10%)。我国绝大多数电厂排放的粉煤灰都是低钙灰。

按煤种的不同,可分为 F 类和 C 类。F 类粉煤灰是由无烟煤或烟煤煅烧收集的粉煤灰;C 类粉煤灰是由褐煤或次烟煤煅烧收集的粉煤灰,其 CaO 含量一般大于 10%。

1)粉煤灰的技术要求

对于拌制混凝土和砂浆用的粉煤灰,一般分为 I 级、II 级和 III 级三个等级,《用于水泥和混凝土中的粉煤灰》(GB/T 1596—2017)及《水工混凝土掺用粉煤灰技术规范》(DL/T 5055—2007)对其技术品质的应要求如表 7.7 所示。

表 7.7　拌制混凝土和砂浆用粉煤灰的技术要求

项目	粉煤灰种类	指标		
		I 级	II 级	III 级
细度(45 μm 方孔筛筛余)(%)	F 类及 C 类	≤12.0	≤25.0	≤45.0
需水量比(%)	F 类及 C 类	≤95.0	≤105.0	≤115.0
烧失量(%)	F 类及 C 类	≤5.0	≤8.0	≤15.0
含水量(%)	F 类及 C 类	≤1.0		
三氧化硫(%)	F 类及 C 类	≤3.0		

续表

项目	粉煤灰种类	指标		
		Ⅰ级	Ⅱ级	Ⅲ级
游离氧化钙(%)	F类	≤1.0		
	C类	≤4.0		
安定性(雷氏夹法)(mm)	F类及C类	≤5.0		

Ⅰ级粉煤灰一般为静电收尘灰,品质最好,它适用于钢筋混凝土和跨度小于6m的预应力钢筋混凝土。

Ⅱ级粉煤灰多为机械收尘灰,适用于钢筋混凝土及素混凝土。

Ⅲ级粉煤灰主要用于素混凝土,但对于设计强度等级≥C30的素混凝土,所掺用的粉煤灰宜采用Ⅰ、Ⅱ级灰。大多数机械收尘的原状灰,其含碳量或粗颗粒含量较高,属Ⅲ级灰。

2)粉煤灰的掺用方法与效果

粉煤灰具有形态效应、活性效应和微集料效应,可使混凝土在掺入粉煤灰后起到节约水泥和改善混凝土性能的双重效果,因此在配制大体积混凝土、抗渗结构混凝土、地下工程混凝土、水下工程混凝土、碾压混凝土、泵送混凝土、抗硫酸盐侵蚀和抗软水侵蚀混凝土、蒸养混凝土、轻骨料混凝土等时,宜掺用粉煤灰。

形态效应是指粉煤灰由其外观形貌、内部结构、表面性质、颗粒级配等物理性状所产生的效应。在高温燃烧过程中形成的粉煤灰颗粒,多数为尺寸仅几微米至几十微米的玻璃微珠,表面比较光滑,类似于球形颗粒,故掺入混凝土中能起到滚球润滑作用,从而可提高混凝土拌和物的流动性或减少拌和用水量。

活性效应是指粉煤灰中的活性成分所产生的化学效应。粉煤灰的化学成分主要有 SiO_2、Al_2O_3 和 Fe_2O_3 等,其中 SiO_2 和 Al_2O_3 的含量一般在60%以上,具有较强的火山灰活性,加入到混凝土中可吸收 $Ca(OH)_2$ 生成水化硅酸钙凝胶和水化铝酸钙晶体,成为胶凝材料的一部分,从而起到增强作用。同时,粉煤灰代替了部分水泥将有效降低水化热,可防止大体积混凝土产生温度裂缝。

微集料效应是指粉煤灰中的微细颗粒均匀分布在水泥浆内,并且长时间内以固体微粒形态存在,故可填充空隙和毛细孔,以改善混凝土的孔隙结构、增大结构体密实度,从而可以明显提高混凝土的抗渗性和抗化学侵蚀能力。

根据使用条件和方法不同,混凝土掺用粉煤灰的方法有等量取代法、外加法、超量取代法三种。

(1)等量取代法

掺入混凝土中的粉煤灰取代等质量的水泥时,称为等量取代法。此时,可节约水泥并可减少混凝土发热量。资料表明,粉煤灰取代20%的水泥时,可使7 d水化热降低约11%,取代30%水泥时可降低25%。同时,它可以改善混凝土和易性,提高混凝土抗渗性。但由于粉煤灰活性降低,混凝土早期及28 d龄期强度降低,但随着龄期的延长,掺粉煤灰混凝土的强度可逐步赶上基准混凝土(不掺粉煤灰的混凝土)。这种方法主要适用于掺加Ⅰ级粉煤灰配制大体积混凝土。

(2)外加法

外加法又称粉煤灰代砂法,它是指所掺入的粉煤灰代替同体积的砂。此时,由于在保持水泥用量不变的条件下掺入了粉煤灰,使得混凝土中胶凝材料的总用量增大,为此混凝土拌和物的黏聚性和保水性将显著优于基准混凝土,同时混凝土的强度也将高于基准混凝土,抗渗性等有所改善。

（3）超量取代法

超量取代法是掺入的粉煤灰数量大于所取代水泥的数量，即一部分粉煤灰代替等质量的水泥，另一部分粉煤灰代替同体积的砂。该法的目的是增加混凝土中胶凝材料的用量，减小水胶比，以补偿粉煤灰取代水泥而造成的混凝土强度降低。

在混凝土中掺用粉煤灰可获得较好的技术、经济效果，但也会使混凝土的抗碳化能力降低，不利于防止钢筋锈蚀；同时因混凝土早期强度较低，抗冻性相对较差。为此，钢筋混凝土在掺用粉煤灰的同时往往还会掺用阻锈剂，低温条件下的粉煤灰混凝土适宜同时掺入早强剂或防冻剂。这种在混凝土中同时掺用掺合料和外加剂的掺配技术，称为双掺技术。

▶ 7.5.2 硅灰

硅灰又称为硅粉或凝聚硅灰，它是在冶炼硅铁合金或工业硅时，通过烟道排出的硅蒸气氧化后，经收尘器收集得到的无定形二氧化硅为主要成分的产品，即将高纯度的石英、焦炭投到电弧炉内，在 2 000℃ 温度下冶炼过程中，石英被还原成硅的同时，有 10% ~15% 的硅化为蒸气，在烟道内随气流上升遇氧结合成一氧化硅（SiO）气体，逸出炉外时，SiO 遇冷空气后进一步氧化成二氧化硅（SiO_2），最后冷凝成极微细的颗粒。日本将这种 SiO_2 颗粒称为"活性硅"，法国称为"硅尘"，其他多数国家称为"冷凝硅烟灰"，我国则常称为"硅灰"或"硅粉"。

1）硅灰的技术要求

为使硅灰具有较好的活性，其物理性能、化学性能及胶砂性能应符合《高强高性能混凝土用矿物外加剂》（GB/T 18736—2017）的规定，如表 7.8 所示。

表 7.8　硅灰的技术要求

项目		指标
物理性能	比表面积（$m^2 \cdot kg^{-1}$）	≥15 000
	含水率（质量分数）（%）	≤3.0
化学性能	SiO_2（%）	≥85
	Cl^-（%）	≤0.10
	烧失量（%）	≤6
胶砂性能	需水量比（%）	≤125
	3d 活性指数（%）	≥90
	7d 活性指数（%）	≥95
	28d 活性指数（%）	≥115

2）硅灰的作用效果与应用

硅灰掺入混凝土中，可以获得较好的技术效果，被广泛应用于各类工程中。

（1）改善混凝土拌和物的和易性

将硅灰加入混凝土中，可显著改善拌和物的黏聚性和保水性，使混凝土完全不离析、几乎不泌水，所以它适宜配制高流态混凝土、泵送混凝土及水下浇筑混凝土等。但由于硅粉颗粒极细，比表面积大，其需水量远高于普通水泥的需水量，所以混凝土的流动性会因加入硅灰而降低，为了保持混凝土的流动性，必须与高效减水剂联合使用才能取得良好的效果。

在普通水泥浆液中掺入 5% ~10% 的硅灰后,浆液的稳定性可明显提高,不易泌水,故可用于基础灌浆工程中以提高浆液的可灌性。

(2)提高混凝土强度

硅灰加入到混凝土中,其极细的球状小颗粒将填充于水泥颗粒空隙之中,改善水泥颗粒级配和粒径分布,使水泥浆体密实;而且硅灰具有很高的活性,它与水泥水化产物中的 $Ca(OH)_2$ 发生二次水化反应生成水化硅酸钙凝胶体,又可填塞毛细管通道,使大孔和连通孔减少,水泥石结构体更加密实,可显著提高混凝土强度,故常可采用掺入硅灰来配制高强混凝土。实践证明,在选用品质优良的粗细骨料、高强度等级水泥及掺入适量高效减水剂的情况下,在混凝土中掺用 10% ~15% 的硅灰,可配制出 C100 的超高强混凝土。为保证硅灰在混凝土中能充分地分散均匀,当硅灰的掺量增多时,高效减水剂的掺量也应相应增加,否则混凝土强度不会提高。当硅灰掺量为 4% ~6% 时,可有效抑制混凝土的碱–骨料反应;当掺量达 10% ~20% 时,混凝土的抗渗性可提高到 W20 以上,抗冻性也明显提高。由于混凝土孔隙结构的改善、抗渗性能的提高,可明显降低混凝土渗透性及减少游离 $Ca(OH)_2$ 的含量,有效抵抗 SO_4^{2-}、Cl^- 等的渗透,减少 Cl^- 侵入混凝土后腐蚀钢筋产生顺筋裂缝,从而提高混凝土的抗侵蚀性。所以,硅灰可用于有抗侵蚀性要求的混凝土工程中。

(3)改善混凝土的孔隙结构,提高混凝土的耐久性

混凝土中掺入硅灰后,虽然水泥石的总孔隙与不掺时基本相同,但其大孔隙减少,微细孔隙增加,水泥石的孔隙结构得以显著改善,故可提高混凝土的耐久性。采用硅灰混凝土护面,可显著提高混凝土结构体的抗磨和抗气蚀性能,减小混凝土的损坏,延长其寿命,故它广泛用于水工建筑物中的抗冲刷部位和高速公路路面工程中。

(4)减小混凝土的回弹量,提高喷射混凝土的施工性能

普通喷射混凝土的回弹量较大,喷射施工时有 30% ~40% 的混凝土产生回落,既造成原材料的浪费,又影响施工进度。若在混凝土中掺入 3% ~5% 的硅灰,能够显著提高混凝土的凝聚性和黏附性,使喷射混凝土的回弹量减少 10% 以上,增大喷射混凝土的一次成型厚度,缩短工期,故硅灰也常用于喷射混凝土施工中。当然,也应注意硅灰混凝土易产生塑性开裂和早期收缩,所以施工过程中必须加强早期养护,特别在高气温、低湿度、高风速情况下浇筑硅粉混凝土时,更应注意采取防范措施。

▶ 7.5.3 粒化高炉矿渣粉

以粒化高炉矿渣为主要原料,可掺加少量石膏磨制成一定细度的粉体,称为粒化高炉矿渣粉,简称矿渣粉。

作为原材料的粒化高炉矿渣是炼铁过程中产生的工业副产品。在冶炼过程中,氧化铁在高温下还原成金属铁,并将矿石中的 SiO_2、Al_2O_3 等杂质与石灰等化合成矿渣使之与铁水分离,这些熔融状态的矿渣经过急速冷却后形成了粒化高炉矿渣。与粉煤灰、硅灰相比,粒化高炉矿渣还需要通过一个粉磨过程,将其磨成细粉后,达到相当细度且符合相应活性指数的粉体,再作为混凝土的矿物掺合料使用,故也常将其称为超细矿渣粉或超细粒化高炉矿渣粉。

1)粒化高炉矿渣粉的技术要求

《用于水泥、砂浆和混凝土中的粒化高炉矿渣粉》(GB/T 18046—2017)对粒化高炉矿渣粉的技术指标作了如表 7.9 所列的规定。

表 7.9　粒化高炉矿渣粉的技术要求

项目		级别		
		S105	S95	S75
密度($g \cdot cm^{-3}$)		$\geqslant 2.8$		
比表面积($m^2 \cdot kg^{-1}$)		$\geqslant 500$	$\geqslant 400$	$\geqslant 300$
活性指数/%	7 d	$\geqslant 95$	$\geqslant 70$	$\geqslant 55$
	28 d	$\geqslant 105$	$\geqslant 95$	$\geqslant 75$
流动度比(%)		$\geqslant 95$		
初凝时间比(%)		$\leqslant 200$		
含水量(质量分数)(%)		$\leqslant 1.0$		
SO_3(质量分数)(%)		$\leqslant 4.0$		
Cl^-(质量分数)(%)		$\leqslant 0.06$		
烧失量(质量分数)(%)		$\leqslant 1.0$		
玻璃体含量(质量分数)(%)		$\geqslant 85$		
放射性		$I_{Ra} \leqslant 1.0$ 且 $I_r \leqslant 1.0$		

2)粒化高炉矿渣粉的作用效果与应用

粒化高炉矿渣粉应用于混凝土中,改善了混凝土结构中水泥水化产物(或二次水化产物)中的空隙的薄弱环节(或部位),从而使混凝土的拌和物性能、力学性能和长期耐久性能等得以显著改善。

(1)改善混凝土的孔隙结构,提高混凝土的耐久性

掺入粒化高炉矿渣粉,可改善混凝土细微颗粒的级配,即改善粉体材料在混凝土中的粒度分布,产生密实堆积填充效应,使混凝土的孔隙结构优化,即大孔数量减少,小孔数量增加,平均孔径降低,分布更为合理;空隙率降低,特别是水泥水化产物之间的空隙大大减小,使混凝土的结构更为密实。

由于混凝土密实度提高、孔隙结构改善,使得掺粒化高炉矿渣粉的混凝土有相当好的抗渗性和抗冻性。

试验表明,掺入粒化高炉矿渣粉的混凝土,会产生适度的体积微膨胀,在钢筋和骨料的约束下,可产生一定的预压应力,以抵消混凝土在硬化过程中因体积收缩而产生的拉应力,并补偿部分水化热引起的温度应力,从而减少或避免了混凝土裂缝的产生,即混凝土的抗裂性显著提高。

粒化高炉矿渣粉中含有丰富的活性 SiO_2 等成分,能够与水泥水化产物中的 $Ca(OH)_2$ 进行二次水化反应,从而降低了混凝土硬化结构体中水泥胶体与 SO_4^{2-} 反应生成钙矾石的机会,一定程度上抑制了 SO_4^{2-} 等的侵蚀破坏。另外,粒化高炉矿渣粉的掺用减少了水泥用量,即减少了水泥中引入的碱含量,从而降低了混凝土发生碱-骨料反应的破坏可能性。

(2)改善混凝土拌和物的和易性

由于粒化高炉矿渣粉是细微球状体,其表面光滑,且性能稳定,在混凝土中能够起到滚球润滑作用,减小了摩擦阻力,有效地改善了混凝土拌和物的和易性,特别是流动性提高,泌水量显著降低,故适用于配制泵送混凝土。

(3)提高混凝土的强度

混凝土中掺入粒化高炉矿渣粉,改善了混凝土的微结构,增加了结构体密实度;同时粒化高炉矿渣

粉中含有丰富的活性 SiO_2 等,能够与水泥水化产物 $Ca(OH)_2$ 发生二次水化反应,生成密实度更高的硅酸凝胶,故可提高混凝土的强度,适用于配制高强混凝土。

实践证明,要配制 C50 混凝土,单独采用水泥就有相当大的难度。但若掺加粒化高炉矿渣粉及高效减水剂,便可配制出 C60 及以上的高强度等级混凝土。

但应注意的是,若粒化高炉矿渣粉的掺量过大(超过50%),混凝土 28 d 强度将会降低,因此必须确定其最佳掺量。确定粒化高炉矿渣粉的最佳掺量,应符合以下两点:

①必须满足各类工程和各种施工工艺的要求;

②必须满足混凝土的和易性、凝结时间和强度的要求。

(4)降低混凝土的水泥用量和水化热

试验证明,在混凝土强度一定的情况下,掺加粒化高炉矿渣粉可大幅降低水泥用量,同时可减小水化热释放量和推迟峰值的出现时间。所以,粒化高炉矿渣粉可用于大体积混凝土,以防止温度裂缝的产生。

粒化高炉矿渣粉的生产成本低于水泥,使用其作为掺合料可以获得显著的技术、经济效益。根据国内外经验,使用粒化高炉矿渣粉掺合料配制高强或超高强混凝土是行之有效的、比较经济实用的技术途径,是当今混凝土技术发展的趋势之一。

► 7.5.4 其他掺合料

除上述几种掺合料,可用作混凝土掺合料的还有天然火山灰质材料和某些工业副产品,如钢渣粉、磷矿渣等。

1)钢渣粉

钢渣粉是利用炼钢厂的副产品——钢渣经磨细加工所得,具有较高的潜在活性,可作为混凝土的独立组分来改善混凝土的有关性能。钢渣粉的矿物组成取决于钢渣的碱度:低碱度钢渣中主要成分为 Fe_2O_3,并固溶有 MnO、CaO;在高碱度钢渣中以 MgO、FeO、MnO 组成的固溶体为主。由于在磨细的钢渣粉矿物组成中,C_3S 和 C_2S 的含量都比较高,所以可取代部分水泥用以配制混凝土,以节约生产成本。但是由于钢渣粉存在一定量的 f-CaO,会导致混凝土发生体积膨胀,引起安定性不良,产生危害,所以使用时应当首先进行安定性检验。钢渣粉可以提高混凝土的流动性,延长混凝土的初凝与终凝时间,当按常用掺量20%掺入时,与基准混凝土相比,掺加钢渣粉的混凝土拌和物初始坍落度增大10~20 mm,同时坍落度损失明显降低。钢渣粉混凝土的各项力学性能优于普通混凝土,尤其是混凝土的抗弯强度和劈裂强度有明显改善,用其代替部分粗骨料配制的混凝土还具有良好的耐磨性,所以钢渣粉适用于道路混凝土工程中。单掺钢渣粉对混凝土 28 d 强度影响较小,后期强度增长较快,而早期强度会有所降低。但钢渣与矿渣复合粉在碱性激发剂的作用下与单掺钢渣粉混凝土相比,早期抗压强度明显提高,后期则基本相当。因此,可通过钢渣与矿渣复合粉掺加少量碱性激发剂共同作用来改善混凝土的早期强度。

2)磷矿渣

磷矿渣是采用粒化电炉法生产黄磷时所排放出的水淬磷酸盐类工业废渣。通常每制取 1 t 黄磷就能产生 8~10 t 的磷矿渣,由于磷矿渣是一种工业废渣,且其中的磷和氟会造成一定的环境污染,因此综合利用磷矿渣在经济和环保方面有着重要意义。磷矿渣主要由微晶玻璃体组成,其内部结构是畸变的硅酸盐网络,是含钙量比较低的熔体在水淬时形成的特殊结构,将它作为掺合料用于配制混凝土,具有如下优点:

①磷矿渣掺入混凝土后,可大幅度减少水泥水化热,使混凝土热峰值出现时间推迟,温升小,是避免或减少大体积混凝土温度裂缝的有效措施。

②磷矿渣内 MgO 含量较高,掺入混凝土后使其具有微膨胀性,可补偿混凝土收缩变形。

③磷矿渣混凝土后期强度高,且强度增长快。

④磷矿渣混凝土抗拉强度高,极限拉伸值大,耐久性好。

⑤磷矿渣对混凝土有较大的缓凝作用,能降低施工强度,可避免施工冷缝的出现,保证混凝土上下浇筑层结合完好。

⑥磷矿渣混凝土性能价格比优越,生产成本低,按取代水泥率20%计,每立方米混凝土生产成本可降低 8~10 元,具有很高的经济价值。

7.6　水泥混凝土的主要技术性质

水泥混凝土一般可划分为两个阶段与状态:凝结硬化前的塑性状态,即混凝土拌和物(或称新拌混凝土);硬化之后的坚硬状态,即硬化混凝土(常简称混凝土)。因此,本小节将围绕两种状态的混凝土来阐述其主要技术性质。

▶ 7.6.1　混凝土拌和物的性能

1)和易性

混凝土的和易性,也称工作性,是指混凝土拌和物在一定的施工条件下易于施工操作(拌和、运输、浇筑、振捣)并获得质量均匀、成型密实的性能。混凝土拌和物的和易性是一项综合技术性质,它包括流动性、黏聚性和保水性三个方面的性能。

(1)流动性

流动性是指混凝土拌和物在自重或机械(振捣)力作用下能产生的流动并均匀密实地填满模板的性能。流动性的大小直接影响施工的难易程度,也影响混凝土的质量,流动性过小(拌和物过稠),混凝土难以振捣,易造成内部孔隙增加;流动性过大(拌和物过稀),会分层离析,影响混凝土的均匀性。

(2)黏聚性

黏聚性是指混凝土拌和物各组成材料之间有一定的黏聚力,不致在施工过程中产生分层和离析的现象。黏聚性不好的拌和物,石子和砂浆容易离析,振捣后会出现蜂窝、麻面、空洞等现象。

(3)保水性

保水性是指混凝土拌和物具有一定的保水能力,不致在施工过程中出现严重的泌水现象。保水性差的混凝土拌和物在发生泌水的过程中,水分渗过的地方容易形成连通的孔隙,而且泌出的水分会在石子下面形成水隙,减弱水泥浆与石子的黏结能力,这些都将影响混凝土的密实性,降低混凝土的强度、抗渗性能等。

混凝土拌和物的流动性、黏聚性和保水性有其各自独立的内涵,彼此间既互相关联,又互相矛盾。流动性很大时,往往黏聚性和保水性差;适当减小流动性时,黏聚性和保水性会有所变好。所以,在某种具体条件下三个方面得到相对统一,就称混凝土拌和物获得了良好的和易性。

2)和易性的测定方法

目前,尚没有能够全面反映混凝土拌和物和易性的测定方法,通常是定量测定流动性,并辅以其他方法或直接观察(结合经验)定性评定黏聚性和保水性,然后综合评定混凝土拌和物的和易性。

(1)坍落度法与坍落扩展度法

将搅拌好的混凝土拌和物按一定方法装入圆台形坍落度筒内,并按一定方式插捣,待装满刮平后,垂直平稳地向上提起坍落度筒,量测筒高与坍落后混凝土试体最高点之间的高度差(mm),即为该混凝土拌和物的坍落度值(图7.6)。作为流动性指标,坍落度越大,表示流动性越好。当混凝土拌和物的坍落度大于220 mm时,一般加测坍落扩展度值,即用钢尺测量混凝土扩展后最终的最大直径和最小直径,在这两个直径之差小于50 mm的条件下,用其算术平均值作为坍落扩展度值,否则试验无效,须重做。坍落度可以合理表示塑性或流动性混凝土拌和物的稠度(即流动性),拌和物坍落度小于10 mm的混凝土称为干硬性混凝土;坍落度为10~90 mm的混凝土称为塑性混凝土;坍落度为100~150 mm的混凝土称为流动性混凝土;坍落度不低于160 mm的混凝土称为大流动性混凝土。

在测定坍落度的同时,应观察混凝土拌和物的黏聚性及保水性,以全面地评定混凝土拌和物的和易性。

将捣棒在已坍落的混凝土锥体侧面轻轻敲打,如果混凝土锥体逐渐下降,表示黏聚性良好;如果锥体突然倒塌、部分崩裂或石子离析,则表明黏聚性不好。对坍落度超过220 mm的混凝土拌和物,如果发现粗骨料在中央集堆、水泥浆从边缘析出,表示此混凝土拌和物抗离析性不好,即黏聚性较差。

坍落度筒提起后,如有较多的稀浆从底部析出,混凝土锥体也因失浆而骨料外露,表明此混凝土拌和物的保水性能不好;如无此种现象,表示此混凝土拌和物保水性良好。

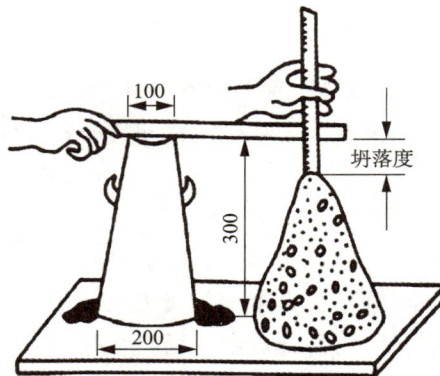

图7.6 坍落度法试验

(2)维勃稠度法

对于坍落度值小于10 mm的干硬性混凝土,常采用维勃稠度法测定拌和物的维勃稠度,以评价混凝土拌和物的稠度。维勃稠度法适用于骨料最大粒径不超过40 mm,维勃稠度为5~30 s的混凝土拌和物稠度测定。试验时,将坍落度筒放在直径为40 mm、高度为200 mm圆筒中,圆筒安装在专用的振动台上,如图7.7所示。按坍落度试验的方法将混凝土拌和物装入坍落度筒内后再拔去坍落筒,并在混凝土锥体顶上放置一个透明圆盘,然后开动振动台并记录时间,从开始振动至透明圆盘底面被水泥浆布满瞬间,所经历的时间(以s计)即为混凝土拌和物的维勃稠度值(VC值)。塑性或流动性混凝土拌和物的坍落度等级划分、干硬性混凝土拌和物的维勃稠度等级划分,应符合《普通混凝土配合比设计规程》(JGJ 55—2011)及《混凝土质量控制标准》(GB 50164—2011)的规定,如表7.10所列。

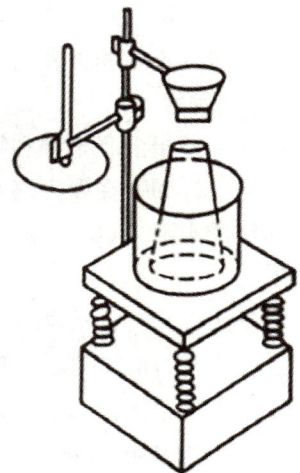

图7.7 维勃稠度仪试验

表 7.10　混凝土拌和物的坍落度等级、维勃稠度等级划分

坍落度等级划分		维勃稠度等级划分	
等级	坍落度（mm）	等级	维勃稠度（s）
S_1	10 ~ 40	V_0	≥31
S_2	50 ~ 90	V_1	30 ~ 21
S_3	100 ~ 150	V_2	20 ~ 11
S_4	160 ~ 210	V_3	10 ~ 6
S_5	≥220	V_4	5 ~ 3

注:坍落度测定结果在分级评定时,其表达取舍至邻近的 10 mm。

3）流动性（坍落度）的选择

混凝土拌和物的流动性（坍落度）应根据结构类型、构件截面大小、钢筋疏密、施工工艺和捣实方法等确定,其基本原则如下:

①结构、构件的截面尺寸较大时,选用较小的坍落度。

②结构、构件的钢筋配置较疏时,选用较小的坍落度。

③机械振捣时,选用较小的坍落度;人工振捣时,选用较大的坍落度。

针对不同情况,可参照表 7.11 选用混凝土拌和物的坍落度值。

表 7.11　混凝土的坍落度选择

规范	混凝土类别或施工条件	坍落度（mm）
《水工混凝土施工规范》（SL 677—2024）	素混凝土	10 ~ 40
	配筋率不超过 1% 的钢筋混凝土配	30 ~ 60
	筋率超过 1% 的钢筋混凝土	50 ~ 90
	泵送混凝土	140 ~ 220

选用较大坍落度的混凝土拌和物,显然更有利于施工操作,但会伴随黏聚性和保水性变差,容易产生离析、泌水现象,而且水泥用量也会增加。为此,从技术、经济方面综合考虑,流动性（坍落度）的选用原则是,在便于施工操作并能保证混凝土振捣密实的条件下,应尽可能取用较小的坍落度,以便节约水泥并获得质量较高的混凝土。

▶ 7.6.2　影响混凝土拌和物和易性的因素分析

影响混凝土拌和物和易性的主要因素有水泥浆用量、水泥浆稠度、含砂率、原材料种类、施工工艺等。

1）水泥浆用量（单位用水量 W）的影响

在混凝土拌和物中,水泥浆的作用是填充骨料空隙,包裹骨料形成润滑层,从而赋予拌和物流动性。

混凝土拌和物在保持水灰比不变的情况下,水泥浆用量越多,流动性越大,反之越小。但水泥浆用量过多,黏聚性及保水性变差,对强度及耐久性产生不利影响;水泥浆用量过小,黏聚性差。因此,水泥浆不能用量太少,但也不能太多,应以满足拌和物流动性、黏聚性、保水性要求为宜。

2）水泥浆稠度（水胶比 W/B 或水灰比 W/C）的影响

当水泥品种一定时,水泥浆的稠度取决于水胶比 W/B（或水灰比 W/C）的大小。水胶比（W/B）是指混凝土拌和物中用水量与胶凝材料质量（即水泥与矿物掺合料的用量之和）之比;当混凝土为不掺掺合料的普通混凝土时,即为用水量与水泥质量之比,常称为水灰比（W/C）。

当 W/B（W/C）过小时,水泥浆干稠,拌和物流动性过低,给施工造成困难。当 W/B（W/C）过大时,

水泥浆稀,使拌和物的黏聚性和保水性变差,产生离析、流浆及泌水现象,并严重影响混凝土的强度和耐久性。故混凝土拌和物的水胶比 W/B(水灰比 W/C)不得过大,也不得过小,应根据混凝土强度和耐久性的要求合理选用。混凝土常用水胶比 W/B(水灰比 W/C)的取值范围为 0.40 ~ 0.80。

无论是水泥浆的用量还是水泥浆的稠度,实际上对混凝土拌和物流动性起决定作用的主要是单位体积混凝土的用水量多少,即在配制混凝土时,若所用粗、细骨料种类及比例一定,当水胶比 W/B(水灰比 W/C)在一定范围内(0.40 ~ 0.80)变动时,为获得要求的流动性,所需拌和用水量基本上是一定的,该性质称为"恒定用水量法则"或"固定用水量定则"。

混凝土配合比设计时,拌和物的用水量可参照表 7.12、表 7.13 初步选用。

表 7.12　塑性、干硬性混凝土初选用水量

单位:kg/m³

混凝土种类	拌和物稠度		卵石最大粒径(mm)				碎石最大粒径(mm)			
	项目	指标	10	20	31.5	40	16	20	31.5	40
塑性混凝土	坍落度 (mm)	10 ~ 30	190	170	160	150	200	185	175	165
		35 ~ 50	200	180	170	160	210	195	185	175
		55 ~ 70	210	190	180	170	220	205	195	185
		75 ~ 90	215	195	185	175	230	215	205	195
干硬性混凝土	维勃稠度 (s)	16 ~ 20	175	160		145	180	170		155
		11 ~ 15	180	165		150	185	175		160
		5 ~ 10	185	170		155	190	180		165

注:①本表适用于骨料含水状态为干燥状态。
　　②本表用水量系采用中砂时的取值。当采用细砂或粗砂时,用水量可增加或减少 5 ~ 10 kg/m³。
　　③掺用各种外加剂或掺合料时,用水量应相应调整。
　　④水胶比为 0.40 ~ 0.80 的混凝土可按表中数据选取用水量;当混凝土水胶比小于 0.40 时,用水量可通过试验确定。

表 7.13　常态、碾压混凝土初选用水量

单位:kg/m³

混凝土种类	拌和物稠度		卵石最大粒径(mm)				碎石最大粒径(mm)			
	项目	指标	20	40	80	150	20	40	80	150
常态混凝土	坍落度 (mm)	10 ~ 30	160	140	120	105	175	155	135	120
		30 ~ 50	165	145	125	110	180	160	140	125
		50 ~ 70	170	150	130	115	185	165	145	130
		70 ~ 90	175	155	135	120	190	170	150	135
碾压混凝土	维勃稠度 (s)	10 ~ 20		110	95			120	105	
		5 ~ 10		115	100			130	110	
		1 ~ 5		120	105			135	115	

注:①本表适用于骨料含水状态为饱和面干状态。
　　②常态混凝土是指混凝土拌和物坍落度为 10 ~ 100 mm 的混凝土;碾压混凝土是指利用振动碾振动压实的混凝土。
　　③本表适用于细度模数为 2.6 ~ 2.8 的天然中砂。当使用细砂或粗砂时,对采用坍落度控制的普通混凝土,用水量需增加或减少 3 ~ 5 kg/m³;对采用维勃稠度控制的碾压混凝土,用水量需增加或减少 5 ~ 10 kg/m³。
　　④采用人工砂时,用水量需增加 5 ~ 10 kg/m³。
　　⑤掺入火山灰质掺合料时,用水量需增加 10 ~ 20 kg/m³;采用Ⅰ级粉煤灰时,用水量可减少 5 ~ 10 kg/m³。
　　⑥采用外加剂时,用水量应根据外加剂的减水率作适当调整,外加剂的减水率应通过试验确定。
　　⑦水胶比为 0.40 ~ 0.70 的混凝土可按表中数据选取用水量;对水灰比小于 0.40 的混凝土以及采用特殊成型工艺的混凝土,用水量应通过试验确定。

3)含砂率(β_s)的影响

混凝土含砂率简称砂率,它是指混凝土中砂的质量占砂、石总质量的百分率。

砂率过大,骨料的空隙率及总表面积大,拌和物干稠,流动性降低;砂率过小,砂浆数量不足,流动性降低,而且会影响黏聚性和保水性。上述情况表明:砂率大小影响拌和物的和易性及水泥用量。因此,配制混凝土时砂率不宜过大,也不宜过小,应有一个合理值,即合理砂率或称最佳砂率。

合理砂率是指在用水量及水泥用量一定的情况下,能使混凝土拌和物获得最大的流动性,且能保持黏聚性及保水性良好时的砂率值(图7.8);或指在水灰比一定的情况下,混凝土拌和物获得所要求的流动性及良好的黏聚性和保水性,而水泥用量为最少时的砂率值(图7.9)。

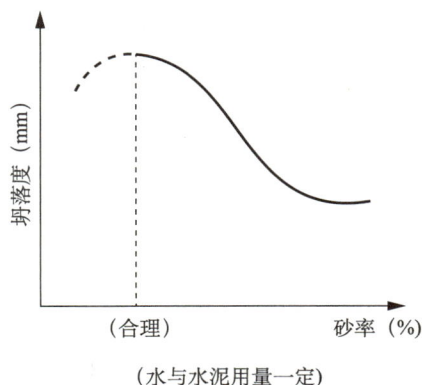

图 7.8　含砂率与坍落度间的关系　　　　　图 7.9　含砂率与水泥用量的关系

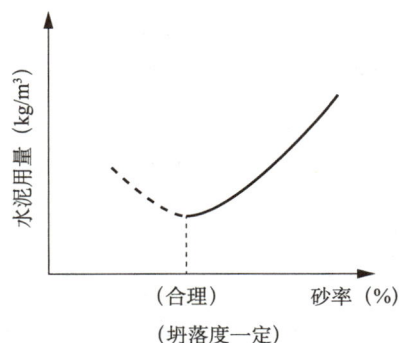

在混凝土配合比设计过程中,合理砂率值可根据经验总结参照表 7.14、表 7.15 选取。

表 7.14　混凝土砂率初选表

单位:%

水胶比(W/B)	卵石最大粒径(mm)			碎石最大粒径(mm)		
	10	20	40	16	20	40
0.40	26~32	25~31	24~30	30~35	29~34	27~32
0.50	30~35	29~34	28~33	33~38	32~37	30~35
0.60	33~38	32~37	31~36	36~41	35~40	33~38
0.70	36~41	35~40	34~39	39~44	38~43	36~41

注:①本表数值是中砂的选用砂率,对细砂或粗砂,可相应地减少或增加砂率。
　　②只用一个单粒级粗骨料配制混凝土时,砂率应适当增大。
　　③采用人工砂配制混凝土时,砂率可适当增大。
　　④坍落度为 10~60 mm 的混凝土,可根据粗骨料品种、最大公称粒径及水胶比按表中数据选取砂率;对坍落度小于 10 mm 的混凝土,其砂率应经试验确定;对坍落度大于 60 mm 的混凝土,其砂率可经试验确定,也可在表中数据的基础上,按坍落度每增大 20 mm,砂率增大 1% 的幅度予以调整。

表 7.15　常态、碾压混凝土砂率初选表

单位:%

混凝土种类	水胶比(W/B)	骨料最大粒径(mm)			
		20	40	80	150
常态混凝土	0.40	36~38	30~32	24~26	20~22
	0.50	38~40	32~34	26~28	22~24
	0.60	40~42	34~36	28~30	24~26
	0.70	42~44	36~38	30~32	26~28

续表

混凝土种类	水胶比（W/B）	骨料最大粒径（mm）			
		20	40	80	150
碾压混凝土	0.40		32～34	27～29	
	0.50		34～36	29～32	
	0.60		36～38	32～34	
	0.70		38～40	34～36	

注：①本表适用于卵石、细度模数为 2.6～2.8 的天然中砂拌制的混凝土。

②本表中的碾压混凝土适用于维勃稠度 VC 值为 5～12 s。

③砂的细度模数每增减 0.1，砂率相应增减 0.5%～1.0%。

④使用碎石时，砂率需增加 3%～5%。

⑤使用人工砂时，砂率需增加 2%～3%。

⑥掺用引气剂时，砂率可减小 2%～3%；掺用粉煤灰时，砂率可减小 1%～2%。

⑦坍落度为 10～60 mm 的混凝土，可根据粗骨料品种、最大公称粒径及水胶比按表中数据选取砂率；对坍落度小于 10 mm 的混凝土，其砂率应经试验确定；对坍落度大于 60 mm 的混凝土，其砂率可经试验确定，也可在表中数据的基础上，按坍落度每增大 20 mm 砂率增大 1% 的幅度予以调整。

4）组成材料性质的影响

（1）水泥品种的影响

水泥对混凝土拌和物和易性的影响主要表现在水泥的需水性上。使用不同水泥拌制的混凝土，其和易性由好至坏：粉煤灰硅酸盐水泥→普通硅酸盐水泥、硅酸盐水泥→矿渣硅酸盐水泥（流动性大，但黏聚性差）→火山灰质硅酸盐水泥（黏聚性和保水性好，但流动性差）。

（2）骨料性质的影响

①品种的影响：与卵石、河砂、海砂拌制的混凝土拌和物相比，碎石、山砂及人工砂拌制的混凝土拌和物流动性较差，但黏聚性较好。

②级配的影响：采用级配良好的骨料拌制混凝土，其拌和物具有较好的和易性和保水性，而且在水泥浆用量一定的情况下会提高流动性。

③最大粒径的影响：当骨料用量一定时，粗骨料的最大粒径越大，则骨料的总比表面积越小，所拌制的混凝土拌和物流动性大。

（3）外加剂的影响

外加剂（如减水剂、引气剂等）对混凝土的和易性有很大的影响。少量的外加剂能使混凝土拌和物在不增加水泥用量的条件下，获得良好的和易性。

（4）掺合料的影响

掺合料的品质和掺量对混凝土拌和物的和易性影响较大。如掺入优质粉煤灰可以显著改善混凝土拌和物的和易性；但若掺入品质较差的粉煤灰，则往往会使混凝土拌和物的流动性降低。

5）拌和物存放时间及环境温度的影响

存放时间越长，水分蒸发，坍落度下降。环境温度升高，水分蒸发及水化反应加快，坍落度会相应下降。

6）施工工艺的影响

对于配合比相同的混凝土拌和物，机械拌和时的坍落度损失大于人工拌和时的坍落度损失，且搅拌时间越长，坍落度损失越大。

▶ 7.6.3 改善混凝土拌和物和易性的措施

1)调节混凝土的材料组成

①采用级配良好的砂、石料。

②选用细度模数适宜的中砂;在可能的条件下,尽量采用最大粒径较大的石子。

③选用合理砂率,在满足黏聚性及保水性的前提下,应尽可能使用较低的砂率。

④当拌和物坍落度太小时,保持水灰比不变,增加适量的水泥浆;当拌和物坍落度太大时,保持砂率不变,增加适量的砂、石。

⑤掺加各种外加剂(如减水剂、引气剂等)。

⑥提高振捣机械设备的效能。

2)凝结时间

水泥的水化反应与凝结是混凝土拌和物产生凝结的最主要原因,另外,水灰比也会显著影响混凝土拌和物的凝结。但不同工程配制混凝土的水灰比值,与水泥凝结时间测定时的标准稠度水泥净浆的水灰比有所不同,所以说混凝土拌和物的凝结时间与所用水泥的凝结时间有关,但与水泥的凝结时间并不一致。一般来说,在其他条件不变的情况下,混凝土所用水泥的凝结时间越长,则混凝土拌和物的凝结时间也相应较长;混凝土的水灰比越大,则混凝土拌和物的凝结时间也较长。

混凝土拌和物的凝结时间还受到其他因素的影响,如混凝土掺用缓凝剂(速凝剂)将明显延长(缩短)拌和物的凝结时间;混凝土掺用粉煤灰将延长拌和物的凝结时间;外界环境温度高、气候干燥时,拌和物的凝结时间会缩短。

一般通过贯入阻力法测定混凝土拌和物的凝结时间。试验时,先用5 mm标准筛从混凝土拌和物中筛除砂浆,待拌和均匀后按规定的方法装入到上口径160 mm、下口径150 mm、净高150 mm的砂浆试样筒中,然后每隔一定时间把贯入阻力仪的测针均匀地贯入到待测砂浆中一定深度(25±2)mm,测定其贯入阻力值(贯入阻力测试在0.2~28 MPa下应至少进行6次),并绘制出贯入阻力与时间之间的关系曲线,以3.5 MPa和28 MPa画两条平行于横坐标的直线,分别与曲线相交的两个交点的横坐标即为混凝土拌和物的初凝时间和终凝时间,如图7.10所示。初凝时间表示施工时间的极限,终凝时间表示混凝土力学强度开始发展。

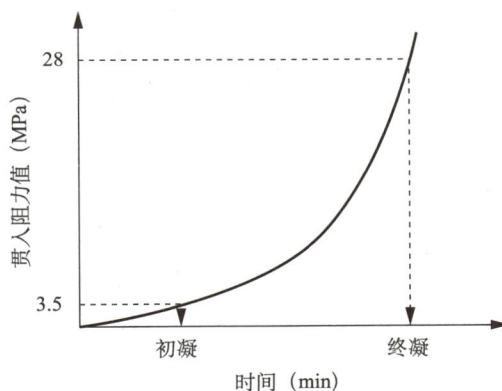

图7.10 混凝土拌和物的凝结时间

▶ 7.6.4 硬化混凝土的强度性能

混凝土硬化后的结构状态及组成一种非匀质的颗粒型复合材料。从宏观上看,混凝土是由相互胶结的各种不同形状大小的颗粒堆积而成的。但如果深入观察其内部结构,则会发现它具有三相(固相、液相和气相)的多微孔结构,硬化混凝土是由粗、细集料和硬化水泥浆组成的,而硬化水泥浆由水泥水化物、未水化水泥颗粒、自由水、气孔等组成,并且在集料表面及集料与硬化水泥浆体之间也存在孔隙及裂缝等。通过显微镜观察到,在混凝土内从粗集料表面至硬化水泥浆体有一厚度为20~100 μm的区域,通常称为过渡层。在这一区域层内,材料的化学成分、结构状态与区外浆体有所不同。在过渡层内富集有 Ca(OH)$_2$ 晶体,且水灰比高、孔隙率大。因此过渡层结构比较疏松、密度小、强度低,从而在石子表面和硬化水泥浆之间形成一弱接触层,对混凝土强度和抗渗性都很不利。混凝土硬化后。在受力前,其内部已存在大量内部看不到的原始裂缝. 其中以界面(石子与硬化水泥浆的黏结面)微裂缝为主。这些微裂缝是由于水泥浆在硬化过程中产生的体积变化(如化学减缩、湿胀、干缩等)与粗集料体积变化不一致而形成的。另外,由于混凝土成型后的泌水作用,在粗集料下方形成水隙,待混凝土硬化后,水分蒸发,也形成界面微裂缝。以上这些界面微裂缝分布于粗集料与硬化水泥浆黏结面处,对混凝土强度影响极大。

硬化混凝土的强度有抗压强度、劈裂抗拉强度、抗弯强度、抗剪强度等几种形式,其中以抗压强度值最大。因此,混凝土较适宜用作受压为主的结构和构件。

混凝土的各种强度及耐久性往往与抗压强度有着密切联系,故工程中常将抗压强度作为混凝土结构设计的主要参数和质量评价的主要指标。

1)混凝土的抗压强度

(1)混凝土承受正向压力变形及破坏过程

《混凝土物理力学性能试验方法标准》(GB/T 50081—2019)规定,以边长为 150 mm 的立方体标准试件,在标准条件下养护至 28 d 龄期(采用标准养护室时,应控制室内温度为(20 ± 2)℃、相对湿度为95% 以上;在没有标准养护室时,可在温度为(20 ± 2)℃的不流动的 Ca(OH)$_2$ 饱和溶液中养护),用标准试验方法测得的极限抗压强度值,称为混凝土立方体抗压强度(简称混凝土抗压强度),以 f_{an} 或 f_a 表示。

混凝土受外力作用时,其内部产生了拉应力。这种拉应力很容易在具有几何形状为楔形的微裂缝顶部形成应力集中,随着拉应力的逐渐增大,导致微裂缝的进一步延伸、汇合、扩大,最后形成几条可见的裂缝。试件就随着这些裂缝形成而破坏。

混凝土在外力作用下的变形和破坏过程,也就是内部裂缝的发生和发展过程,它是一个从量变发展到质变的过程。只有当混凝土内部的微观破坏发展到一定量级时,才会使混凝土的整体遭受破坏。

(2)混凝土立方体抗压强度

按照《混凝土物理力学性能试验方法标准》(GB/T 50081—2019),制作边长为 150 mm 的立方体试件,在标准条件(温度(20 ± 3)℃,相对温度90% 以上)下,养护到 28 d 龄期,测得的抗压强度值为混凝土立方体试件抗压强度(简称立方体抗压强度),以 f_{cu} 表示。抗压强度试验及正常抗压强度试验和理想抗压强度试验破坏见图 7.11 和 7.12。

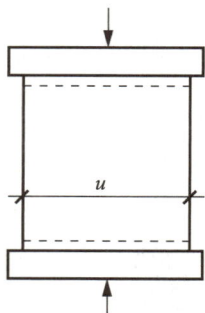

图 7.11 抗压强度试验　　图 7.12 正常抗压强度试验和理想抗压强度试验破坏

测定混凝土立方体试件抗压强度,也可以按粗集料最大粒径的尺寸而选用不同的试件尺寸。但在计算其抗压强度时,应乘以换算系数,以得到相当于标准试件的试验结果(选用边长为 10 cm 的立方体试件,换算系数为 0.95,选用边长为 20 cm 的立方体试件,换算系数为 1.05)。目前美、日等国采用 $\phi15$ cm × 30 cm

圆柱体为标准试件,所得抗压强度值约等于 15 cm×15 cm×15 cm 立方体试件抗压强度的 0.8。这是由于试件尺寸、形状不同,会影响试件的抗压强度值。试件尺寸越小,测得的抗压强度值越大。因为混凝土立方试件在压力机上受压时,在沿加荷方向发生纵向变形的同时,也按泊松比效应产生横向变形。压力机上、下两块压板(钢板)的弹性模量比混凝土大 5~15 倍,而泊松比则不大于混凝土的 2 倍。所以,在荷载下压板的横向应变小于混凝土的横向应变(指都能自由横向变形的情况),因而上、下压板与试件的上、下表面之间产生的摩擦力,对试件的横向膨胀起着约束作用,对强度有提高作用。越接近试件的端面,这种约束作用越大。因此,相同高度、相同面积的圆柱体试件与立方体试件相比,圆柱体试件强度测值比立方体的小;棱柱体因为高宽比大,试体中间部分受环箍效应影响小,故强度测定值偏低。

在压板和试件表面间加润滑剂,则环箍效应大大减小,试件将出现直裂破坏(图 7.12),测出的强度也较低。立方体试件尺寸较大时,环箍效应的相对作用较小,测得的立方抗压强度因而偏低。反之,试件尺寸较小时,测得的抗压强度就偏高。另一方面的原因是,由于试件中的裂纹、孔隙等缺陷将减少受力面积和引起应力集中,因而降低强度。随着试件尺寸增大,存在缺陷的概率也增大,故较大尺寸的试件测得的抗压强度偏低。

(3)立方体抗压强度标准值

用标准试验方法测定的抗压强度总体分布中的一个值,强度低于该值的百分率不超过 5%(即具有 95% 保证率的抗压强度),以 N/mm² 即 MPa 计。立方体抗压强度标准值以 $f_{cu,k}$ 表示。

立方体抗压强度 f_{cu} 只是一组混凝土试件抗压强度的算术平均值,并未涉及数理统计、保证率的概念,或者说只有 50% 的保证率。而立方体抗压强度标准值 $f_{cu,k}$ 是按数理统计方法确定,具有不低于 95% 保证率的立方体抗压强度。采用立方体抗压强度标准值来表征混凝土的强度,对于实际工程来讲,大大提高了安全性。

在实际工程中,也可根据粗骨料最大粒径,选用不同尺寸的非标准试件来测定混凝土抗压强度,一般是粗骨料最大粒径的 3 倍。由于试件尺寸会影响抗压强度值,故应在非标准试件测得的抗压强度基础上乘以相应的尺寸换算系数,以将其转换成边长为 150 mm 的立方体标准试件的抗压强度值。采用边长为 100 mm 的立方体试件时,尺寸换算系数取 0.95;采用边长为 200 mm 的立方体试件时,尺寸换算系数取 1.05;采用边长为 300 mm 的立方体试件时,尺寸换算系数取 1.15;采用边长为 450 mm 的立方体试件时,尺寸换算系数取 1.36。

混凝土强度等级划分、评定时,不直接采用试验测得的混凝土立方体抗压强度 f_{cu},而是采用立方体抗压强度标准值 $f_{cu,k}$。依据《混凝土结构设计规范》(2015 年版)(GB 50010—2010)的规定,立方体抗压强度标准值 $f_{cu,k}$ 是指按照标准方法制作养护的边长为 150 mm 的立方体试件,在 28d 龄期用标准试验方法测得的具有 95% 保证率的抗压强度。规范指出,根据立方体抗压强度标准值将混凝土划分为 C15、C20、C25、C30、C35、C40、C45、C50、C55、C60、C65、C70、C75 及 C80 等 14 个强度等级,"C"为混凝土强度符号,"C"后面的数字为混凝土立方体抗压强度标准值。

对于水利枢纽工程混凝土来说,其结构复杂,所以不同工程部位有不同保证率 P 要求,如大体积混凝土一般要求 $P=80\%$,体积较大的钢筋混凝土工程要求 $P=85\%~90\%$,薄壁结构工程要求 $P=95\%$ 等,而且对于水工大体积混凝土而言,设计龄期一般不采用 28d,而普遍采用 90d 或 180d 龄期。因此,水工混凝土强度等级常用 $C_{80}15$、$C_{180}20$……方式表示,其含义是在保证率为 80% 的情况下,90 d 龄期的立方体抗压强度标准值为 15 MPa、180 d 龄期的立方体抗压强度标准值为 20 MPa……

(4)混凝土的轴心抗压强度

在实际工程中,混凝土构件形式各异,并非都是立方体,如工民建的混凝土结构绝大部分是棱柱体或圆柱体的,因此在混凝土结构设计中,有时采用轴心抗压强度值作为计算依据。为了使测得的混凝土强度接近于混凝土结构的实际情况,在钢筋混凝土结构计算中,计算轴心受压构件(如柱子、桁架的腹杆等)时,都是采用混凝土的轴心抗压强度 f_{ck} 作为依据。

按标准规定,测轴心抗压强度时,采用 150 mm×150 mm×300 mm 棱柱体作为标准试件。如有必要,也可采用非标准尺寸的棱柱体试件,但其高宽比(h/a)应为 2~3。棱柱体试件是在与立方体试件相同的条件下制作的,测得的轴心抗压强度 f_{ck} 比同截面的立方体强度值 f_{cu} 小,棱柱体试件高宽比(h/a)越大,轴心抗压强度越小。但当 h/a 达到一定值后,强度就不再降低。因为这时在试件的中间区段已无环箍效应,形成了纯压状态。但是过高的试件在破坏前,由于失稳产生较大的附加偏心,又会降低其抗压的试验强度值。

关于轴心抗压强度 f_{ck} 与立方抗压强度 f_{cu} 之间的关系,许多组棱柱体和立方体试件的强度试验表明:在立方抗压强度 f_{cu} = 10~55 MPa 时,轴心抗压强度 f_{ck} 与 f_{cu} 之比为 0.70~0.80。

目前,我国以 150 mm×150 mm×300 mm 的棱柱体试件作为混凝土轴心抗压强度的标准试件。大量试验结果表明,混凝土标准试件的轴心抗压强度与标准试件的立方体抗压强度之间有着密切的关系,可采用《混凝土结构设计规范》中的式(7.1)或表7.16来估算混凝土的轴心抗压强度标准值 f_{ck}。

$$f_{ck} = 0.88\alpha_1\alpha_2 f_{cu} \tag{7.1}$$

式中:f_{ck}——混凝土轴心抗压强度标准值(MPa);

$\quad f_{cu}$——混凝土立方体抗压强度标准值(MPa);

$\quad \alpha_1$——棱柱体强度与立方体强度之比值,混凝土强度≤C50,取 α_1 = 0.76,C80 混凝土,取 α_2 = 0.82,中间按线性插值;

$\quad \alpha_2$——C40 以上混凝土需考虑的脆性折减系数,混凝土强度 C40,取 α_2 = 1.00,C80 混凝土,取 α_2 = 0.87,中间按线性插值。

表 7.16　混凝土轴心抗压强度标准值

混凝土强度等级	C15	C20	C25	C30	C35	C40	C45	C50	C55	C60	C65	C70	C75	C80
f_{ck}(MPa)	10.0	13.4	16,7	20.1	23.4	26.8	29.6	32.4	35.5	38.5	41.5	44.5	47.4	50.2

(5)不同强度等级混凝土的适用性

一般情况下,C15 多用于垫层、基础、地坪及受力不大的结构;C20~C25 常用于普通混凝土结构的梁、板、柱、楼梯及屋架;C25~C30 常用于大跨度结构、耐久性要求较高的结构、预制构件等;C30 以上常用于预应力钢筋混凝土结构、吊车梁及特种构件等。

2)混凝土的抗拉强度

混凝土的抗拉强度只有抗压强度的 1/20~1/10,且随着混凝土强度等级的提高,比值有所降低,也就是当混凝土强度等级提高时,抗拉强度的增加不及抗压强度提高得快。因此,混凝土在工作时一般不依靠其抗拉强度。但抗拉强度对于其开裂现象有重要意义,在结构设计中抗拉强度是确定混凝土抗裂度的重要指标。有时也用它来间接衡量混凝土与钢筋的黏结强度等。

(1)劈裂抗拉强度

由于混凝土轴心抗拉强度试验的装置设备困难,以及夹具易引入二次应力等原因,我国规定,采用 150 mm×150 mm×150 mm 的立方体作为标准试件,这样测得的强度称为劈裂抗拉强度。

在结构设计中,不考虑混凝土承受拉力,而是在混凝土中配以钢筋,由钢筋来承受拉力。但确定抗裂度时,须考虑抗拉强度,它是结构设计中确定混凝土抗裂度的重要指标。混凝土抗拉强度可采用轴心抗拉法或劈裂抗拉法试验测试。常用的是劈裂抗拉法,根据所测得的破坏荷载,可依据式(7.2)计算出劈裂抗拉强度。

$$f_{pl} = \frac{2F}{\pi A} = 0.637\,\frac{F}{A} \tag{7.2}$$

式中:f_{pl}——混凝土劈裂抗拉强度(MPa);

　　　F——试件破坏荷载(N);

　　　A——试件劈裂面面积(mm^2)。

在混凝土结构设计中,可根据《混凝土结构设计规范》按式(7.3)或表7.17来选取混凝土的轴心抗拉强度标准值f_{pl}。

$$f_{pl} = 0.88 \times 0.395 \times f_{cu,k}^{0.55} \times (1 - 1.645\delta)^{0.45} \times \alpha_2 \tag{7.3}$$

式中:f_{pl}——混凝土轴心抗拉强度标准值(MPa);

　　　$f_{cu,k}$——混凝土设计抗压强度标准值(MPa);

　　　δ——混凝土立方体强度采用的变异系数,按表7.18选用。

其他符号含义同前。

表 7.17　混凝土轴心抗拉强度标准值

混凝土强度等级	C15	C20	C25	C30	C35	C40	C45	C50	C55	C60	C65	C70	C75	C80
f_{pl}	1.27	1.54	1.78	2.01	2.20	2.39	2.51	2.64	2.74	2.85	2.93	2.99	3.05	3.11

表 7.18　混凝土立方体强度采用的变异系数 δ 取值

混凝土强度等级	C15	C20	C25	C30	C35	C40	C45	C50	C55	C60 ~ C80
δ	0.21	0.18	0.16	0.14	0.13	0.12	0.12	0.11	0.11	0.10

(2)混凝土的抗弯拉强度

道路路面或机场道面用水泥混凝土,主要承受弯拉荷载的作用,因此以抗弯拉强度(或称抗折强度)为主要强度指标,抗压强度作为参考强度指标。根据规定,不同交通量分级的水泥混凝土计算抗折强度如表7.19所列。

表 7.19　混凝土计算抗折强度

交通量分级	特重	重	中等	轻
混凝土计算抗折强度 f_{cf}(MPa)	5.0	4.5	4.5	4
相应抗压强度 f_{cu}(MPa)	35.5	30	30	25

7.6.5　混凝土强度波动规律与统计参数

1)混凝土强度的波动规律

在正常施工条件下,同一种混凝土的强度值总是波动的。实践证明,对某种混凝土进行随机取样测试强度,则其强度分布曲线接近于正态分布,如图7.13所示。其概率密度函数$\varphi(f)$为

$$\varphi(f) = \frac{1}{\sigma\sqrt{2\pi}}\,e^{-\frac{(f-m_{fu})^2}{2\sigma^2}} \tag{7.4}$$

式中:f——混凝土强度值;

　　　m_{fu}——混凝土强度总体的平均值;

σ——混凝土强度总体的标准差。

令随机变量 $t = \dfrac{f - m_{f_{cu}}}{\sigma}$，可将一般正态分布转换为标准正态分布，如图 7.14 所示。此种分布是正态分布中 $m_{f_{cu}} = 0,\sigma = 1$ 的一种特例，其概率密度函数为

$$\varphi(t) = \frac{1}{\sqrt{2\pi}}\mathrm{e}^{-\frac{t^2}{2}} \tag{7.5}$$

式中：t——概率度。

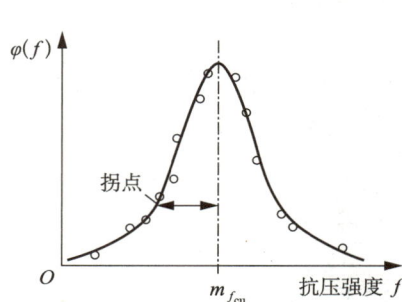

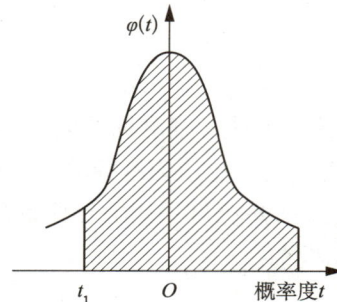

图 7.13　正态分布　　　　　　　　　图 7.14　标准正态分布

在标准正态分布曲线上，大于等于 t_1 所出现的概率 $P(t)$ 可由式(7.23)计算，它相当于图 7.19 中的阴影部分面积。不同的 t 值所对应的 $P(t)$ 值，可从数理统计学书中查得，现摘录一部分列于表 7.20。

$$P(t) = \int_{t_1}^{+\infty}(t)\,\mathrm{d}t = \frac{1}{\sqrt{2\pi}}\int_{t_1}^{+\infty}\mathrm{e}^{-\frac{t^2}{2}}\,\mathrm{d}t \tag{7.6}$$

表 7.20　不同 t 值的 $P(t)$ 值

t	3.00	2.00	1.00	0	-0.50	-0.84	-1.00	-1.28	-1.645	-2.00	-3.00
$P(t)(\%)$	0.1	2.3	15.9	50.0	69.0	80.0	84.1	90.0	95.0	97.7	99.9

2）混凝土的质量均匀性及强度统计参数

为了确定混凝土强度总体的分布特征，需要借助数理统计的方法，从混凝土总体中抽出一部分混凝土（称为样本）制成试件，测得一批（n 组）强度试验数据，计算出下列统计参数。

（1）平均强度 $m_{f_{cu}}$

$$m_{f_{cu}} = \frac{1}{n}\sum_{i=1}^{n}f_{\mathrm{cu},i} \tag{7.7}$$

（2）标准差 σ

$$\sigma = \sqrt{\frac{1}{n-1}\left(\sum_{i=1}^{n}f_{\mathrm{cu},i}^2 - nm_{f_{cu}}^2\right)} \tag{7.8}$$

式中：σ——混凝土强度标准差，精确到 0.1 MPa；

　　　$f_{\mathrm{cu},i}$——统计周期内第 i 组混凝土立方体试件的抗压强度值，精确到 0.1 MPa；

　　　$m_{f_{cu}}$——统计周期内 n 组混凝土立方体试件的抗压强度的平均值，精确到 0.1 MPa；

　　　n——统计周期内相同强度等级混凝土的试件组数，该值不得少于 30 组。

（3）离差系数（变异系数）C_v

$$C_v = \frac{\sigma}{m_{f_{cu}}} \tag{7.9}$$

混凝土强度标准差 σ 或离差系数 C_v 是决定强度分布特性的重要参数。σ 值越大（或 C_v 越大），强度分布曲线越矮而宽，强度离散性越大，质量越不均匀，如图 7.15 所示。在施工质量控制中，可将 σ（或 C_v）作为评定混凝土均匀性的指标。水利水电工程用混凝土，按 σ 大小及试件强度值不低于强度标准值的百分率（P），将混凝土的生产质量水平划分为四级（表 7.21）。

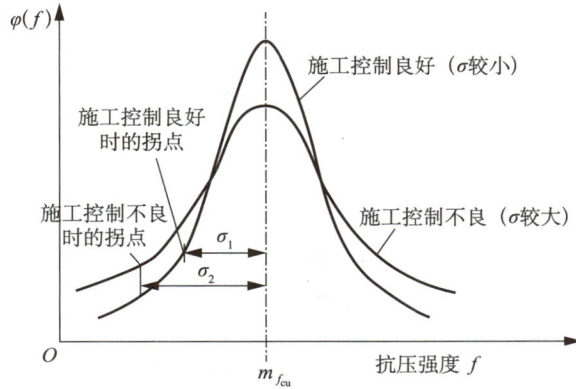

图 7.15　不同标准差对应分布曲线

表 7.21　强度分布曲线对应的标准差

评定指标		质量等级			
		优秀	良好	一般	差
不同强度等级下的混凝土强度标准差 σ（MPa）	$\leqslant C_{90}20$	<3.0	3.0~3.5	3.5~4.5	>4.5
	$C_{90}20 \sim C_{90}35$	<3.5	3.5~4.0	4.0~5.0	>5.0
	$>C_{90}35$	<4.0	4.0~4.5	4.5~5.5	>5.5
强度不低于强度标准值的百分率 P（%）		$\geqslant 90$		$\geqslant 80$	<80

《混凝土质量控制标准》（GB 50164—2011）对建设工程的普通混凝土质量控制作出了相关规定：混凝土工程宜采用预拌混凝土，其强度标准差 σ 宜符合表 7.22 的规定。

表 7.22　混凝土生产管理水平

生产场所	强度标准差		
	< C20	C20 ~ C40	$\geqslant$ C45
预拌混凝土搅拌站、预制混凝土构件厂	$\leqslant 3.0$	$\leqslant 3.5$	$\leqslant 4.0$
施工现场搅拌站	$\leqslant 3.5$	$\leqslant 4.0$	$\leqslant 4.5$

3）混凝土强度保证率与配制强度

（1）混凝土强度保证率

混凝土强度保证率是指混凝土强度总体中，大于等于设计强度的强度值出现的概率 P（%）。它可用正态分布曲线上的阴影部分面积来表示（图 7.21）。不同类型的工程对混凝土强度保证率的要求不同。混凝土强度保证率的计算，可根据混凝土设计强度 $f_{cu,k}$、强度平均值 $m_{f_{cu}}$、标准差 σ 或离差系数 C_v 按式（7.10）计算出概率度 t：

$$t = \frac{f_{cu,k} - m_{f_{cu}}}{\sigma} = \frac{f_{cu,k} - m_{f_{cu}}}{C_v \, m_{f_{cu}}} \tag{7.10}$$

由概率度 t 查表,即可求得该混凝土的强度保证率 $P(\%)$ 。

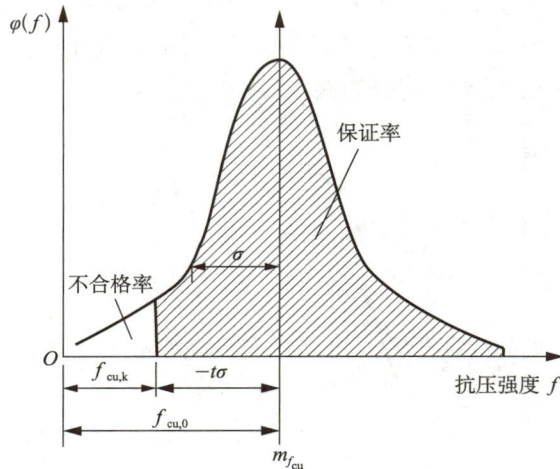

图 7.16 混凝土强度保证率

（2）混凝土配制强度

工程中配制混凝土时,如果所配制的混凝土强度等于设计强度,这时其强度保证率仅为 50% 。因此,为了保证普通混凝土工程具有设计所要求的 95% 强度保证率,则在进行混凝土配合比设计时,必须使混凝土的配制强度大于设计强度。对于强度等级已知的混凝土,配制强度应按式（7.11）或式（7.12）计算。

当混凝土的设计强度等级 < C60 时

$$f_{cu,0} \geqslant f_{cu,k} - t\sigma \tag{7.11}$$

当混凝土的设计强度等级 ≥ C60 时

$$f_{cu,0} \geqslant 1.15 f_{cu,k} \tag{7.12}$$

式中: $f_{cu,0}$ ——混凝土配制强度（MPa）;

$f_{cu,k}$ ——混凝土设计强度等级（即混凝土立方体抗压强度标准值,MPa）;

σ ——混凝土强度标准差（MPa）;

t ——概率度,根据设计要求的保证率确定,对于工业与民用建筑及一般构筑物所采用的普通混凝土,设计龄期一般采用 28d,则要求强度保证率 $P = 95\%$,此时概率度 $t = -1.645$,对于水工混凝土,设计龄期则常采用 90d 或 180d,其强度保证率 P 应符合设计要求,概率度 t 对应地从表 7.31 中取用。

（3）混凝土强度标准差

①当具有 1~3 个月的同一品种、同一强度等级混凝土的强度资料,且试件组数不少于 30 组时,其混凝土强度标准差 σ 应按式（7.8）进行计算,且应符合以下规定:

a. 工业与民用建筑及一般构筑物所采用的普通混凝土:对于强度等级不大于 C30 的混凝土,当混凝土强度标准差计算值不小于 3.0 MPa 时,应按式（7.8）计算结果取值;当混凝土强度标准差计算值小于 3.0 MPa 时,应取 3.0 MPa。对于强度等级大于 C30 且小于 C60 的混凝土,当混凝土强度标准差计算值不小于 4.0 MPa 时,应按式（7.8）计算结果取值;当混凝土强度标准差计算值小于 4.0 MPa 时,应取 4.0 MPa。

b. 水利水电工程水工混凝土:对于强度等级不大于 C25 的混凝土,当混凝土强度标准差计算值不小于 2.5 MPa 时,应按式（7.8）计算结果取值;当混凝土强度标准差计算值小于 2.5 MPa 时,应取 2.5 MPa。对于强度等级不小于 C30 的混凝土,当混凝土强度标准差计算值不小于 3.0 MPa 时,应按式(7.8)计算结果取值;当混凝土强度标准差计算值小于 3.0 MPa 时,应取 3.0 MPa。

②当无近期的同一品种、同一强度等级混凝土的强度资料时,计算配制强度用的标准差 σ 可按相关规范的规定取用:对于工业与民用建筑及一般构筑物所采用的普通混凝土及水工混凝土,可根据最新规范取值,见表 7.23、表 7.24。

表 7.23　普通混凝土强度标准差 σ 选用值

混凝土强度等级	≤C20	C25 ~ C45	C50 ~ C55
σ(MPa)	4.0	5.0	6.0

表 7.24　水工混凝土强度标准差 σ 选用值

混凝土强度等级	≤C15	C20 ~ C25	C30 ~ C35	C40 ~ C45	C50
σ(MPa)	3.5	4.0	4.5	5.0	5.5

4)混凝土施工质量管理图

混凝土强度的质量控制要以实测的强度数据为基础,利用质量管理图进行控制。

质量管理图是混凝土生产过程质量控制的有力工具,它用横坐标表示浇筑时间或试验编号,用纵坐标表示强度试验值,并以配制强度 $f_{cu,0}$ 作为中心线,以 $(f_{a,0}-2\sigma, f_{a,0}+2\sigma)$ 区间的上下界线作为上下警戒线,以 $(f_{cu,0}-3\sigma, f_{cu,0}+3\sigma)$ 区间的上下界线作为上下控制线,得到混凝土施工质量管理图(图 7.17),施工时可用它来区分混凝土质量的正常波动和异常波动,从而判明生产过程是否处于稳定状态。生产实践证明,当混凝土施工处于统计控制状态时,由正常原因造成的混凝土强度波动服从正态分布,混凝土强度的特征值在区间 $(f_{cu,0}-2\sigma, f_{cu,0}+2\sigma)$ 和 $(f_{cu,0}-3\sigma, f_{cu,0}+3\sigma)$ 内的概率分别为 95.45% 和 99.73%。混凝土强度值落在区间 $(f_{cu,0}-2\sigma, f_{cu,0}+2\sigma)$ 和 $(f_{ca,0}-3_{6,0}, f_{ca,0}+3\sigma)$ 之外的事件,显然都是小概率事件,而小概率事件在一次试验中是几乎不可能发生的,若发生此种事件,说明生产过程中必存在某种异常原因,应及时查明和排除;而若强度值全部落在上下控制线内,且其排列和分布是随机的,则认为生产过程处于稳定状态,无异常情况。

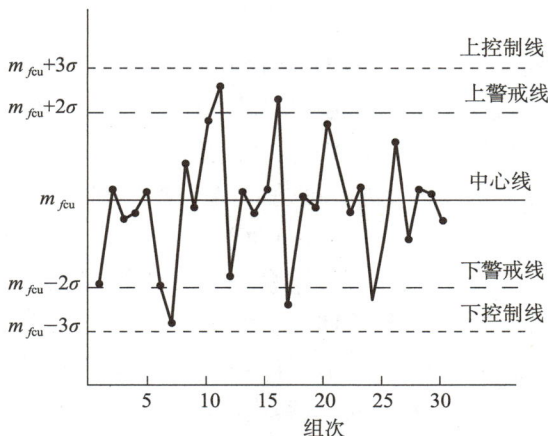

图 7.17　混凝土施工质量波动图

在具体施工过程中,依据混凝土浇筑时间或试验顺序依次将抗压强度试验值作为散点绘制到坐标图中(图 7.17),根据质量管理图内散点的分布和走势情况连接成点线图。在正常生产的情况下,点线图中散点是在靠近中心线的两边分布的,靠近中心线的散点多些,远离中心线的散点少些。如果连续一批散点显著地偏离中心线一方,则说明施工中产生了系统性的变动因素,混凝土强度总体已有所变化;如果较多散点自高向低(或自低向高)逐渐变动,则表面混凝土强度总体在逐渐改变;如果连续出现散点超出了控制线(特别是下控制线)的情况,说明混凝土质量发生重大问题,应立即查明原因,加以解决。

混凝土强度的质量是以 28d 龄期标准试件的强度为准,而 28d 后采集到的数据强度具有滞后性,不能为当前混凝土生产控制提供实时的质量信息,因此通常可以采用水胶比分析、早期推定混凝土强度等快速试验的方法,间接推定混凝土 28d 的强度,以便及时获得混凝土强度的信息,对混凝土浇筑前及浇筑过程中进行必要的调整,保证混凝土浇筑后的质量符合质量控制的要求。

▶ 7.6.6　混凝土强度的检验评定

硬化混凝土的质量控制,主要是检验混凝土的抗压强度,并应分批进行检验评定。一个检验批的混凝土应由强度等级相同、试验龄期相同、生产工艺条件和配合比基本相同的混凝土组成,具体宜根据《混凝土强度检验评定标准》(GB/T 50107—2010)规定的检验评定方法要求制订检验批的划分方案和相应的取样计划。

混凝土强度检验评定分为统计方法和非统计方法两种。对大批量、连续生产混凝土的强度应按统计方法评定,对小批量或零星生产混凝土的强度应按非统计方法评定。

1)统计方法评定

①当连续生产的混凝土,生产条件在较长时间内保持一致,且同一品种、同一强度等级混凝土的强度变异性保持稳定时,应由连续的 3 组试件组成一个检验批,其强度应同时符合下列规定:

$$m_{f_{cu}} \geqslant f_{cu,k} + 0.7\,\sigma_0 \tag{7.13a}$$

$$f_{cu,min} \geqslant f_{cu,k} - 0.7\,\sigma_0 \tag{7.13b}$$

同时

$$f_{cu,min} \geqslant 0.85 f_{cu,k}（混凝土强度等级 \leqslant C20 时） \tag{7.14}$$

$$f_{cu,min} \geqslant 0.90 f_{cu,k}（混凝土强度等级 > C20 时） \tag{7.15}$$

检验批混凝土立方体抗压强度的标准偏差 σ_0,应按式(7.16)计算:

$$\sigma_0 = \sqrt{\frac{1}{n-1}\left(\sum_{i=1}^{n} f_{cu,i}^2 - n m_{f_{cu}}^2\right)} \tag{7.16}$$

式中:$m_{f_{cu}}$——同一检验批混凝土立方体抗压强度的平均值(MPa),精确到 0.1 MPa;

$f_{cu,min}$——同一检验批混凝土立方体抗压强度的最小值(MPa),精确到 0.1 MPa;

$f_{cu,k}$——混凝土立方体抗压强度标准值(MPa),精确到 0.1 MPa;

σ_0——检验批混凝土立方体抗压强度的标准差(MPa),精确到 0.1 MPa,当检验批混凝土强度标准差 σ_0 计算值小于 2.5 MPa 时,应取 2.5 MPa;

$f_{cu,i}$——前一检验期内同一品种、同一强度等级的第 i 组混凝土试件的立方体抗压强度代表值(MPa),精确到 0.1 MPa,该检验期不应少于 60 d,也不得大于 90 d;

n——前一检验期内的样本容量,在该期间内样本容量不应少于 45 组。

②其他情况下,当样本容量不少于 10 组时,其强度应同时满足下列要求:

$$m_{f_{cu}} \geqslant f_{cu,k} + \lambda_1 S_{f_{cu}} \qquad f_{cu,min} \geqslant \lambda_2 f_{cu,k} \tag{7.17}$$

同一检验批混凝土立方体抗压强度的标准差 $S_{f_{cu}}$ 应按式(7.18)计算:

$$S_{f_{cu}} = \sqrt{\frac{1}{n-1}\left(\sum_{i=1}^{n} f_{cu,i}^2 - n m_{f_{cu}}^2\right)} \tag{7.18}$$

式中:$S_{f_{cu}}$——同一检验批混凝土立方体抗压强度的标准差(MPa),精确到 0.1 MPa,当检验批混凝土强度标准差 $S_{f_{cu}}$ 计算值小于2.5 MPa 时,应取 2.5 MPa;

　　λ_1、λ_2——合格评定系数,按表 7.25 取用;

　　n——本检验期内的样本容量。

表 7.25　混凝土强度的统计方法合格评定系数

合格评定系数	试件组数		
	10 ~ 14	15 ~ 19	≥20
λ_1	1.15	1.05	0.95
λ_2	0.90	0.85	

2)非统计方法评定

当用于评定的样本容量小于 10 组时,应采用非统计方法评定混凝土强度。

按非统计方法评定混凝土强度时,其强度应同时满足下列规定:

$$m_{f_{cu}} \geq \lambda_3 f_{cu,k} \quad f_{cu,min} \geq \lambda_4 f_{cu,k} \qquad (7.19)$$

式中:λ_3、λ_4——合格评定系数,按表 7.26 取用。

表 7.26　混凝土强度的非统计方法合格评定系数

合格评定系数	混凝土强度等级	
	< C60	≥ C60
λ_3	1.15	1.10
λ_4	0.95	

3)混凝土强度的合格性评定

当检验结果能满足上述规定时,则该批混凝土强度应评定为合格;当不能满足上述规定时,该批混凝土强度应评定为不合格。对评定为不合格批的混凝土,可按国家现行的有关标准进行处理。

▶ 7.6.7　影响混凝土强度的因素

1)材料组成对混凝土强度的影响

(1)水泥强度和水胶比

混凝土受力破坏时,其破坏形式有 3 种:其一是硬化水泥石与骨料间的分界面破坏即黏结面破坏;其二是硬化水泥石本身发生破坏;其三是骨料本身的破坏。对于强度较低的普通混凝土,因骨料强度往往大大超过水泥石强度和黏结面强度,常见的破坏形式是前两种,一般不会发生第 3 种破坏形式。

所以说,普通混凝土的强度首先取决于水泥石与骨料表面的黏结强度,其次是水泥石强度,而它们又取决于水泥强度和水胶比的大小,即水泥强度和水胶比是影响普通混凝土强度的主要因素。由于水泥水化时所需的结合水很少(理论上只占水泥质量的23.4%左右),但在拌制混凝土时,为了获得必要的流动性,常需用较多的水(占胶凝材料质量的30% ~ 70%),即采用较大的水胶比。当混凝土硬化后,多余的水分就残留在混凝土中形成微裂缝、水泡或蒸发后形成气孔,造成混凝土内部的不密实以及局部不均匀,大大地减少了混凝土抵抗荷载的有效断面,而且可能在孔隙周围产生应力集中。同时,多余的水分产生泌水时,混凝土的微细裂隙也将增加,导致水泥石与骨料间的黏结强度降低。因此,在水泥强度等级相同的情况下,水胶比越大,水泥石的强度越低,与骨料黏结强度也越小,混凝土的强度就越低。需要指出的是,如果水胶比太小,拌和物过于干硬,在一定的捣实成型条件下,无法保证浇筑质量,混凝土中将出现较多的蜂窝、孔洞而使强度降低。混凝土强度与水胶比的关系如图7.18所示。

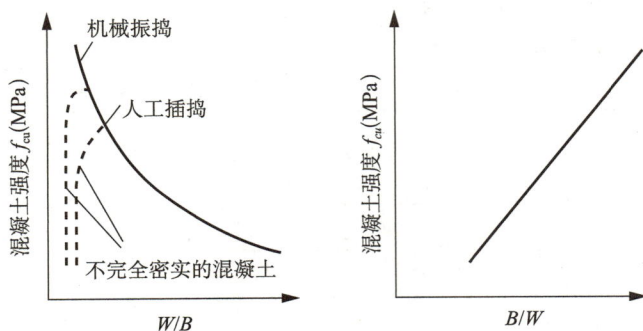

图7.18　混凝土强度与水胶比的关系

(2)骨料的影响

1930年瑞士J.保罗米提出混凝土抗压强度f_c与水泥强度f_{ce}和灰水比C/W的直线关系式为

$$f_c = A \times f_{ce} \times \left(\frac{1}{\dfrac{W}{C}} - B \right) \qquad (7.20)$$

式中:A、B——试验常数。

水灰比不是影响水泥混凝土强度的唯一的因素,但在实际应用中,由于水灰比公式计算简便,仍为各国广泛采用。

当骨料级配良好、表面粗糙、砂率适当时,由于组成了坚固、密实的骨架,有利于混凝土强度的提高。当混凝土骨料中有害杂质较多,品质低,级配不好时,会降低混凝土的强度。骨料强度也对高强度混凝土的强度产生较大影响。对于高强度混凝土,若选用的骨料强度较低,在混凝土破坏时是有可能同时发生3种破坏形式的,所以说影响高强度混凝土强度的主要因素是水泥强度、水胶比及骨料强度。

上述两方面因素对混凝土抗压强度的影响,可用保罗米公式反映出来,即

$$f_{cu,0} = A \times \gamma_f \times \gamma_s \times f_{ce} \times \left(\frac{1}{\dfrac{W}{C}} - B \right) \qquad (7.21)$$

式中:$f_{cu,0}$——混凝土的配制强度(MPa);

f_{ce}——胶凝材料28d胶砂抗压强度值(若混凝土不掺矿物掺合料,则为水泥28d胶砂抗压强度值),MPa,可实测,当无实测值时,可用水泥强度等级乘以相关系数γ_0确定;

W/C(W/B)——水灰比(水胶比),即混凝土中胶凝材料与水的质量比(若混凝土不掺矿物掺合料,则为水灰比,即水与水泥的质量比);

A、B——回归系数,应通过试验由建立的胶水比与混凝土强度关系式确定,当不具备试验统计资料时,可按最新规范推荐的经验值选用,即骨料含水以干燥状态为基准时,若采用碎石,$A = 0.53$,$B = 0.20$,若采用卵石,$A = 0.48$,$B = 0.03$。骨料含水以饱和面干状态为基准时,则应对系数作相应修正;

γ_f、γ_s——粉煤灰影响系数和粒化高炉矿渣粉影响系数,可按表7.27选用;

γ_0——水泥强度等级值的富余系数,可按实际统计资料确定,当缺乏实测统计资料时,也可按表7.28选用。

表 7.27　粉煤灰影响系数和粒化高炉矿渣粉影响系数

掺量(%)	粉煤灰影响系数 γ_f	粒化高炉矿渣粉影响系数 γ_s
0	1.00	1.00
10	0.85 ~ 0.95	1.00
20	0.75 ~ 0.85	0.95 ~ 1.00
30	0.65 ~ 0.75	0.90 ~ 1.00
40	0.55 ~ 0.65	0.80 ~ 0.90
50	—	0.70 ~ 0.85

注:① 采用 I 级、II 级粉煤灰宜取上限值。
　②采用 S75 级粒化高炉矿渣粉宜取下限值,采用 S95 级粒化高炉矿渣粉宜取上限值,采用 S105 级粒化高炉矿渣粉可取上限值
　　加 0.05。
　③当超出表中的掺量时,粉煤灰和粒化高炉矿渣粉的影响系数应通过试验确定。

表 7.28　水泥强度等级值的富余系数

水泥强度等级值	32.5	42.5	52.5
富余系数 γ_0	1.06	1.08	1.10

根据大量的实验资料统计结果提出水灰比 W/C、水泥实际强度 f_{ce} 与混凝土 28d 立方体抗压强度 $f_{cu,28}$ 的关系,如式(7.22)所示:

$$f_{cu,28} = A \times f_{ce} \times \left(\frac{1}{\dfrac{W}{C}} - B \right) \tag{7.22}$$

式中: $f_{cu,28}$ ——混凝土 28d 龄期的立方体抗压强度(MPa);

　　　f_{ce} ——水泥实际强度(MPa);

　　　W/C——水灰比;

　　　A、B——经验常数。

水灰比公式的建立使混凝土设计成为可能。该公式具有以下两方面的作用:

①当已知所用水泥标号和水灰比时,可用此公式估算混凝土 28d 可能达到的抗压强度值;

②当已知所用水泥标号及要求的混凝土强度时,用此公式可估算应采用的水灰比值。

但这一经验公式一般只适用于流动性混凝土和低流动性混凝土,对干硬性混凝土则不适用。同时,对于流动性混凝土,也只是在原材料相同、工艺措施相同的条件下,A、B 才可视作常数。如果原材料或工艺条件改变,则 A、B 系数也随之改变。因此必须结合工地的具体条件,如施工方法及材料的质量等,进行不同的混凝土强度试验,求出符合当地实际情况的 A、B 系数,这样既能保证混凝土的质量,又能取得较好的经济效益。

混凝土强度与胶水比间的关系式在工程中有两个用途:可根据所用的水泥强度和水胶比估计所配制混凝土的 28d 强度;也可根据要求的混凝土 28d 强度,以及所选用水泥的强度来计算应采用的水胶比。

（3）粗集料的表面特征

粗集料的表面状态主要是指粗集料表面的粗糙程度。碎石表面粗糙,黏结力比较大;卵石表面光滑,黏结力比较小。因而在水泥标号和水灰比相同的条件下,碎石混凝土的强度往往高于卵石混凝土的

强度。实践证明,当水灰比大于 0.65 时,碎石混凝土与卵石混凝土的强度基本相同,而当水灰比小于 0.40 时,碎石混凝土的强度可比卵石混凝土高 30%。粗集料表面特征对水泥混凝土强度的影响,从水灰比公式中常数 A、B 的取值中也可以看出。

(4)浆集比

混凝土中水泥浆的体积和集料体积之比(简称浆集比),对混凝土的强度也有一定的影响,特别是高标号的混凝土更为明显。在水灰比相同的条件下,增加浆集比,即增加水泥浆用量,可以获得更大的流动性,从而使混凝土更易于成型为密实结构,同时水泥浆的增加,也可以更有效地包裹集料颗粒,使集料可以通过硬化水泥浆层有效地传递荷载,因此适当增加浆集比可以提高混凝土的强度,这也是配制高强度混凝土常需大水泥剂量的一个原因。但当浆集比过大时,由于水泥浆会引入大量的水,从而使硬化后的水泥混凝土中的孔隙体积增加,同时,水泥浆硬化过程中产生的收缩也会形成微裂缝,这些都不利于水泥混凝土的强度,因此在达到最优浆集比后,混凝土的强度随着浆集比的增加而降低。

2)养护条件对混凝土强度的影响

(1)温度及湿度

温度对混凝土早期强度的影响尤为显著。一般情况下,在温度为 4~40℃ 时,提高养护温度可以促使水泥的溶解、水化相硬化,使水泥早期强度提高。

不同品种的水泥对温度有不同的适应性,因此需要有不同的养护温度。对于硅酸盐水泥和普通水泥,若早期养护温度过高(40℃以上),水泥水化速率加快,生成的大量水化物聚集在未水化水泥颗粒周围,妨碍水泥进一步水化,使此后的水化速度减慢。而且这些快速生成的水化产物结晶粗大,孔隙率高,因此对混凝土后期强度增长不利。对于掺大量混合材的水泥(如矿渣水泥、火山灰水泥、粉煤灰水泥等),因有一个二级水化反应的问题,提高养护温度不但有利于早期水泥水化,而且对混凝土后期强度增长有利。养护温度高,水泥水化速度快,混凝土强度的发展也快;反之,在低温下混凝土强度发展迟缓。当温度降到 0℃ 以下时,水泥将停止水化,强度停止发展,而且易使硬化混凝土结构遭到破坏。因此,冬季施工时,混凝土应特别注意保温养护,防止早期受冻破坏。

水是水泥水化的必要条件。周围环境的湿度对水泥的水化作用能否正常进行有显著影响:温度适当,水泥水化能顺利进行,使混凝土强度得到充分发展;如果湿度不够,混凝土会失水干燥而影响水泥水化作用的正常进行,甚至停止水化。因为水泥水化只能在被水填充的毛细管内发生。而且混凝土中大量自由水在水泥水化过程中逐渐被产生的凝胶所吸附,内部供水化反应的水越来越少。这不仅严重降低混凝土的强度,而且因水化作用未能完成,使混凝土结构疏松,渗水性增大,或形成收缩裂缝,从而影响耐久性。

所以,为了使混凝土正常硬化,必须在成型后一定时间内维持周围环境有一定温度和湿度。混凝土在自然条件下养护,称为自然养护。自然养护的温度随气温变化,为保持潮湿状态在混凝土凝结以后,表面应覆盖草袋等物并不断浇水,这样也同时能防止其发生不正常的收缩。使用普通水泥时,浇水保湿应不少于 7 d;使用矿渣水泥和火山灰水泥或在施工中掺用减水剂时,不少于 14 d;如用矾土水泥时,不得少于 3 d;对于有抗渗要求的混凝土,不少于 14 d。如果湿度不够,水泥水化反应不能正常进行,甚至停止水化,会严重降低混凝土强度。因此,在混凝土浇筑完毕后,应在 8~12 h 内进行覆盖并保湿养护;在夏季施工的混凝土,要特别注意浇水保湿。

(2)龄期

龄期是指混凝土在正常养护条件下所经历的时间。混凝土的强度随龄期的增长而提高,早期显著,后期逐渐缓慢。普通硅酸盐水泥配制的混凝土,在标准养护条件下,其强度发展大致与龄期的常用对数

成正比关系,其经验公式如式(7.23)所示:

$$\frac{f_{cu,n}}{f_{cu,28}} = \frac{\lg n}{\lg 28} \tag{7.23}$$

式中:n——养护龄期,$n \geqslant 3$ d;

　　$f_{cu,n}$——混凝土 n 天龄期的抗压强度(MPa);

　　$f_{cu,28}$——混凝土 28 d 龄期的抗压强度(MPa)。

可根据早期强度估算混凝土 28 d 的强度,或推算 28 d 前混凝土达到某一强度所需的养护天数,如确定生产施工进度(混凝土的拆模、构件的起吊、放松预应力钢筋、制品堆放、出厂等)的日期。但影响水泥混凝土强度的影响因素很多,强度发展不可能一致,故式(7.23)也只能作为参考。

3)试验条件对混凝土强度的影响

在试验条件方面,试件尺寸、试件形状、表面状态、加荷速度等均对混凝土强度测定结果产生影响。

4)施工工艺的影响

机械化的施工操作容易保证混凝土的拌和和浇筑质量,有助于提高混凝土均匀性和密实度,从而提高强度。因此在混凝土施工时,应尽量采用机械搅拌和振捣。

另外,采用水泥裹砂法的混凝土可以提高水泥石与骨料间界面的黏结强度,提高混凝土的强度。其具体做法是,先在砂子、碎石的表面以较小水胶比的水泥浆包成一层外壳,然后将剩余水量加入进行搅拌,成为流动性较好的混凝土。

5)混凝土的成熟度

混凝土养护过程中所经历的时间和温度的乘积的总和,称为混凝土的成熟度 N,也称作度时积,单位为 h·℃ 或 d·℃。混凝土的强度与成熟度之间的关系很复杂,它不仅取决于水泥的性质和混凝土的质量(强度等级),而且与养护温度和养护制度有关。当混凝土的初始温度在某一范围内,并且在所经历的时间内不发生干燥失水的情况下,混凝土的强度和成熟度的对数呈线性关系。它是比用自然龄期 n 建立混凝土强度函数更合理的基本参数。在混凝土工程中,利用成熟度来控制混凝土的养护、脱模、切缝等工序的时间,具有非常实际的意义。

▶ 7.6.8　提高混凝土强度的措施

1)采用高强度水泥和低水胶比

水胶比是影响混凝土强度的重要因素。在相同的配合比情况下,所用水泥的强度等级越高,混凝土的强度就越高。因此,在满足混凝土拌和物和易性及最低水泥用量要求的前提下,采用低水胶比和高强度等级水泥,可显著提高混凝土的强度和耐久性。也可使用早强水泥,它的 3 d 强度可比普通水泥提高 50% ~100%,但这种水泥价格较高,会提高工程造价。

由水泥混凝土强度公式可知,减小水灰比是提高水泥混凝土强度的有效途径;单位体积用水量的减小可以减少硬化后混凝土中的孔隙体积,也有利于提高强度。但采用此措施的同时,往往会造成新拌混凝土工作性的降低,使施工困难。因此需要特殊的工艺相配合,如采用碾压工艺或掺加减速剂。

2)掺加混凝土外加剂和掺合料

外加剂是配制高强混凝土的必备组分,常用来提高水泥混凝土强度和促进强度发展的外加剂有减速剂、高效减速剂、早强剂等。具有高活性的掺合料,如超细粉煤灰、硅灰等,可以使水泥的水化产物进一步发生反应,生产大量的凝胶物质,使混凝土更趋密实,强度也进一步得到提高。

如在混凝土中掺入减水剂,若保持流动性和水泥用量不变,则可显著减少用水量,降低水胶比,提高混凝土强度;在混凝土中掺入早强剂,可提高混凝土的早期强度;在混凝土中掺入硅粉等矿物质掺合料,可配制高强度混凝土。

3)采用湿热处理

湿热处理可分为蒸汽养护和蒸压养护两类。

蒸汽养护是将成型后的混凝土制品放在 100 ℃ 以下的常压蒸汽中进行养护,以加快混凝土强度发展的速度。混凝土经 16 ~ 20 h 的蒸汽养护后,其强度可达到标准养护条件下 28 d 强度的 70% ~ 80%。

蒸压养护是将混凝土在 175 ℃ 和 0.8 MPa 的蒸压釜中进行养护。这种方法对掺有混合材料的水泥更为有效。

在高温、高压蒸汽下,水泥水化时析出的氢氧化钙不仅能充分与活性的氧化硅结合,而且也能与结晶状态的氧化硅结合而生成含水硅酸盐结晶,从而加速水泥的水化和硬化,提高了混凝土的强度。

4)采用机械搅拌和振捣

混凝土施工过程中,采用机械搅拌、机械振捣成型,可在满足施工和易性要求的情况下,减少拌和用水量,降低水胶比。同时,混凝土拌和物被振捣后,其颗粒互相靠近,并将空气排出,使混凝土内部孔隙大为减少,从而使混凝土密实度和强度大幅提高。机械搅拌比人工拌和更能使混凝土拌合物均匀,特别在拌和低流动性混凝土拌和物时效果更显著。

► 7.6.9 混凝土的变形性能

水泥混凝土在凝结硬化过程中以及硬化后,受到外力及环境因素的作用,都会发生相应的变形。水泥混凝土的变形对于混凝土的结构尺寸、受力状态、应力分布、裂缝开裂等都有明显影响。混凝土的变形包括非荷载作用下的变形和荷载作用下的变形。

非荷载作用下的变形主要是由混凝土内部及环境因素引起的各种物理化学的变形,分为混凝土的化学收缩、干湿变形及温度变形。荷载作用下的变形,分为短期荷载作用下的变形及长期荷载作用下的变形,是混凝土构件在受力过程中,根据其自身特定的本构关系产生的变形。

1)非荷载作用下的变形

(1)化学收缩(自生体积变形)

在混凝土硬化过程中,由于水泥水化产物的固体体积比反应前物质的总体积小,从而引起混凝土的收缩,称为化学收缩,也称为自生体积变形。化学收缩的特点是:收缩值较小,不能恢复,对混凝土结构没有破坏作用,但在混凝土内部可能产生微细裂缝而影响承载性能和耐久性。一般在混凝土成型后 40 多天内增长较快,以后就渐趋稳定。混凝土化学收缩值为 $(4 \sim 100) \times 10^{-6}$ mm/mm。

(2)干湿变形(物理收缩)

由混凝土周围环境湿度的变化而引起混凝土的体积变化统称为干湿变形。它表现为干缩湿胀,即混凝土在空气中散失水分时,会引起体积收缩,称为干燥收缩(简称干缩),当空气相对湿度为 30% ~ 50% 时,碳化最激烈,收缩值也最大。同时,混凝土受潮时又会发生体积膨胀,称为湿胀。

混凝土的湿胀变形量很小,一般无破坏作用。但干缩变形对混凝土危害较大,干缩能使混凝土表面产生较大的拉应力而导致开裂,从而使混凝土的抗渗、抗冻、抗侵蚀等耐久性能降低,因此在设计时应加以考虑。

干湿变形是混凝土最常见的非荷载变形。干湿变形取决于周围环境的湿度变化。混凝土在干燥过程中,首先发生气孔水和毛细水的蒸发。气孔水的蒸发并不引起混凝土的收缩。毛细孔水的蒸发使毛细孔中形成负压,随着空气湿度的降低负压逐渐增大,产生收缩力,导致混凝土收缩。当毛细孔中的水蒸发完后,如继续干燥,则凝胶体颗粒的吸附水也发生部分蒸发,由于分子引力的作用,粒子间距离变小,使凝胶体紧缩。混凝土这种收缩在重新吸水以后大部分可以恢复。当混凝土在水中硬化时,体积不变,甚至轻微膨胀。这是由于胶体粒子的吸附水膜增厚,胶体粒子间的距离增大。膨胀值远比收缩值小,一般没有坏作用。一般条件下混凝土的极限收缩值为$(50 \sim 90) \times 10^{-6}$ mm/mm。收缩受到约束时,往往会引起混凝土开裂,故施工时应予以注意。通过试验得知:

①混凝土的干燥收缩是不能完全恢复的。即混凝土干燥收缩后,即使长期再放在水中也仍然有残余变形保留下来。通常情况,残余收缩约为收缩量的30%~60%。

②混凝土的干燥收缩与水泥品种、水泥用量和用水量有关。采用矿渣水泥比采用普通水泥的收缩大;采用高标号水泥,由于水泥颗粒较细,混凝土收缩也较大;水泥用量多或水灰比大者,收缩量也较大。

③砂石在混凝土中形成骨架,对收缩有一定的抵抗作用。故混凝土的收缩量比水泥砂浆小得多。而水泥砂浆的收缩量又比水泥净浆小得多。集料的弹性模量越高,混凝土的收缩越小,故轻集料混凝土的收缩一般比普通混凝土大得多。另外,砂、石越干净,混凝土捣固得越密实,收缩值也越小。

④在水中养护或在潮湿条件下养护可大大减少混凝土的收缩,采用普通蒸养可减少混凝土收缩,压蒸养护效果更显著。

因此,为了减少混凝土的收缩量,应该尽量减少水泥用量,砂、石集料要洗干净,尽可能采用振捣器捣固和加强养护等。

（3）温度变形

混凝土与其他材料一样,也具有热胀冷缩的性质。混凝土的温度膨胀系数约为10×10^{-5} mm/mm℃,即温度升高1℃,每米膨胀0.01 mm。温度变形对大体积混凝土及大面积混凝土工程极为不利。一般的室温变化对混凝土没有太大影响,但是温度变化很大时,则会对混凝土产生严重影响。另外,混凝土的温度变形,除受温度升高或降低的影响,还显著受到混凝土结构内部与外部的温度差影响,所以温度变形对大体积混凝土、大面积混凝土工程极为不利,易使这些混凝土造成温度裂缝。

混凝土是热的不良导体,散热较慢,在混凝土硬化初期,释放的大量水化热将在混凝土内部蓄积而使混凝土的内部温度升高,这种现象对大体积混凝土来说尤为明显,有时可使内外温差高达50~70℃。较大的混凝土内外温差将使内部混凝土的体积产生较大膨胀,而外部混凝土随气温降低而收缩,一般研究认为内外温差高于20℃将使得混凝土产生较大拉应力,导致混凝土产生裂缝,即温度裂缝。因此,对于大体积混凝土工程,必须设法采取有效措施,以减少因温度变形而引起的混凝土质量问题,如采用低热水泥、减少水泥用量、掺加缓凝剂、采用人工降温、设温度伸缩缝,以及在结构内配置温度钢筋等。

（4）影响混凝土变形收缩的因素

由非荷载因素引起的混凝土的变形,特别是收缩变形,常对混凝土的性能产生不利的影响,如造成预应力损失、开裂等。因此在配制、生产水泥混凝土时,应注意加以控制。影响混凝土收缩的因素,大致可分为组成材料的品种、质量、级配等内因与介质温度、湿度、约束钢筋等外因。后者影响比前者更大些。

①集料含量:混凝土产生收缩的主要组分是水泥石,增加集料的相对含量即可减少收缩。

②集料的质量:混凝土配合比一定时,采用弹性模量值较高的集料,可以减少收缩。

③单位用水量:水泥水化后残留的水分形成大量毛细孔,随着环境湿度的变化,毛细水的挥发会引起内应力,使混凝土收缩,因此减小单位用水量可以减小收缩。

④单位水泥用量:在混凝土中,水泥与水经水化反应而生成凝胶,会产生化学减缩,同时凝胶吸湿则膨胀,干燥则收缩。因此减小水泥剂量,也有利于减小收缩。

⑤相对湿度:周围介质的相对湿度是影响混凝土收缩的重要因素,相对湿度越低,混凝土收缩越大。

⑥养护方法:延长养护期,可以推迟混凝土收缩的开始,但影响甚微。在水中养护混凝土膨胀(100 ~ 200)×10^{-6}mm/mm。普通蒸汽养护可使混凝土收缩减少,压蒸汽养护对混凝土收缩减少更为显著。

⑦外加剂:不同化学外加剂对混凝土收缩影响不同,其中氯化钙对混凝土收缩影响最大。

(5)减少变形收缩的措施

由上述影响因素分析可知:要减少混凝土的收缩.可采取下列措施:

①正确设计密级配集料,提高集浆比,使集料在混凝土中形成密实骨架;

②采用弹性模量较高的岩石所轧制的集料;

③在混凝土配比中除了采用较低的单位用水量和低的水灰比,还应重视水泥品种的选用,选用C4AF 含量较高者;

④正确选用外加剂,不掺加氯盐早强剂;

⑤采用蒸养或压蒸养护。

2)荷载作用下的变形

(1)在短期荷载作用下的变形(弹塑性变形)

混凝土是一种由水泥石、砂、石、游离水、气泡、微裂缝等组成的不均质的多组分复合材料,属于弹塑性体,在受外荷载作用时既产生弹性变形,又产生塑性变形,其应力 – 应变关系曲线如图 7.19 所示。其中,卸荷后能恢复的应变 $\varepsilon_弹$ 称为弹性应变,剩余的不能恢复的应变 $\varepsilon_塑$ 则称为塑性应变。当混凝土受到重复荷载作用时,随着重复次数的增加,塑性应变也将逐渐增加,最终导致混凝土疲劳破坏。混凝土在短期荷载作用下产生变形并破坏,主要是混凝土因塑性变形的发生导致内部产生裂缝并逐步扩展的结果。在应力 – 应变曲线上,任一点的应力 σ 与其应变 ε 的比值,称为混凝土在该应力下的变形模量,它反映混凝土所受应力与所产生应变之间的关系。

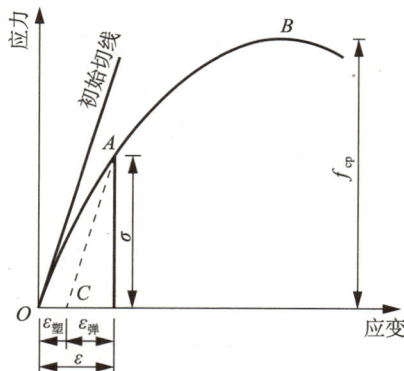

图 7.19　混凝土受压时的应力 – 应变关系曲线

在混凝土和钢筋混凝土结构设计中,常采用的变形模量是按标准方法测得的混凝土静力弹性模量 E_c(以 GPa 计),简称弹性模量。混凝土弹性模量与混凝土强度有密切关系,当缺乏试验资料时,根据《混凝土结构设计规范》(GB 50010—2010)按式(7.24)或表 7.29 选用。

$$E_c = \frac{10^5}{2.2 + \frac{34.7}{f_{cu,k}}} \tag{7.24}$$

表7.29　混凝土弹性模量

混凝土强度等级	C15	C20	C25	C30	C35	C40	C45	C50	C55	C60	C65	C70	C75	C80
$E_c(\times 10^4 GPa)$	22.0	25.5	28.0	30.0	31.5	32.5	33.5	34.5	35.5	36.0	36.5	37.0	37.5	38.0

注:①当有可靠试验数据时,弹性模量可根据实测数据确定。

②当混凝土中掺有大量矿物掺合料时,弹性模量可按规定龄期根据实测数据确定。

在实际工程中,不同用途的混凝土结构,对混凝土弹性模量的要求是不一样的。对于一般建筑物的混凝土结构,要求在受力时仅产生较小的变形,即须有足够的刚度,所以要求混凝土具有足够高的弹性模量;但对于水利水电工程中的混凝土防渗墙,为了保持混凝土防渗墙刚性体与大坝柔性体间在受力过程中的变形协调性,要求混凝土在受力时能承受较大的变形,所以要求混凝土具有较小的弹性模量。影响混凝土弹性模量的主要因素除了混凝土强度,主要还有骨料的含量及其弹性模量、外加剂及掺合料、养护条件及龄期等。当骨料用量多、弹性模量较大时,混凝土的弹性模量较大;混凝土中掺入引气剂、黏土等,可显著降低混凝土的弹性模量;养护较好及龄期较长时,混凝土的弹性模量就较大;蒸汽养护的混凝土,弹性模量比标准养护的低。

混凝土的强度越高,弹性模量越高,两者存在一定的相关性。当混凝土的强度等级由C10增加到C60时,其弹性模量大致由1.75×10^4 MPa增至3.60×10^4 MPa。

混凝土的弹性模量随其集料与水泥石的弹性模量而异。由于水泥石的弹性模量一般低于集料的弹性模量,所以混凝土的弹性模量一般略低于其集料的弹性模量。在材料质量不变的条件下,混凝土的集料含量较多、水灰比较小、养护较好及龄期较长时,混凝土的弹性模量就较大。蒸汽养护的弹性模量比标准养护的低。

混凝土的弹性模量与钢筋混凝土构件的刚度很有关系,一般建筑物须有足够的刚度,在受力下保持较小的变形,才能发挥其正常使用功能,因此所用混凝土须有足够高的弹性模量,但模量高,则分担的荷载也大。

水泥混凝土在不同的应力状态下,有不同的弹性模量,常用的有静力抗压弹性模量和静力抗折弹性模量。

混凝土弹性模量和混凝土的强度一样,受其组成相的孔隙率影响。混凝土强度越高,弹性模量亦较高。在组成相中,首先是粗集料,混凝土中高弹性模量的粗集料含量越多,混凝土的弹性模量越高。其次,水泥浆体的弹性模量决定于其孔隙率。控制水泥浆体的孔隙率因素,如水灰比、含气率、水化程度等,均会对弹性模量有影响。此外,养护条件也对混凝土弹性模量有影响,如蒸汽养护混凝土的弹性模量比潮湿养护的要低。最后,弹性模量也与测试条件和方法等有关,如在潮湿状态下的模量值比干燥时的高。

(2)在长期荷载作用下的变形(徐变)

在恒定荷载的长期作用下,混凝土的塑性变形随时间延长而不断增加,这种变形称为徐变,一般要延续2~3年才趋向稳定。如图7.20所示。

在加荷瞬间产生瞬时变形,随着时间的延长,又产生徐变变形。荷载初期,徐变变形增长较快,以后逐渐变慢并稳定下来。卸荷后,一部分变形瞬时恢复,其值小于在加荷瞬间产生的瞬时变形;在卸荷后的一段时间内变形还会继续恢复,称为徐变恢复;最后残存的不能恢复的变形,称为残余变形。一般认为,混凝土徐变是水泥石凝胶体在长期荷载作用下的黏性流动,并向毛细孔中移动,同时吸附在凝胶粒子上的吸附水由荷载应力而向毛细孔迁移渗透的结果。

从水泥凝结硬化过程可知,随着水泥的逐渐水化,新的凝胶体逐渐填充毛细孔,使毛细孔的相对体

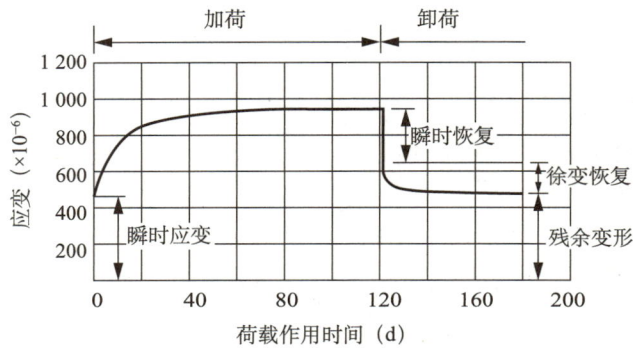

图7.20　混凝土徐变曲线

积逐渐减小。在荷载初期或硬化初期,由于未填满的毛细孔较多,凝胶体的移动较易,故徐变增长较快。以后由于内部移动和水化的进展,毛细孔逐渐减小,徐变速度因而越来越慢。

混凝土徐变的有利影响是:可消除钢筋混凝土内的应力集中,使应力重新分配,从而使混凝土构件中局部应力得到缓和。对于大体积混凝土,能消除一部分由于温度变形所产生的破坏应力。其不利影响是:对于预应力钢筋混凝土结构,徐变会使钢筋的预加应力受到损失(预应力减小),使构件强度减小。

3) 混凝土的耐久性

土木水利工程采用混凝土作为主要材料,其能抵抗周围环境介质作用并在设计年限范围内保持其良好的使用性能和外观完整性,从而维持混凝土结构的安全、正常使用的能力,称为混凝土的耐久性。环境对混凝土结构的物理和化学作用以及混凝土结构抵御环境作用的能力,是影响混凝土结构耐久性的因素。在以前的混凝土结构设计中,往往忽视了环境对结构的作用。许多混凝土结构在达到预定的设计使用年限前,就出现了钢筋锈胀、混凝土劣化剥落等影响结构性能及外观的耐久性破坏现象,需要大量投资进行修复甚至拆除重建。耐久性是一个综合性的指标,包含的内容很多,如抗渗性、抗冻性、抗侵蚀性、碳化反应、碱-骨料反应等。

(1)抗渗性

抗渗性是指混凝土抵抗水、油等液体在压力作用下渗透的性能。它不仅关系到混凝土的挡水防水作用,还直接影响混凝土的抗冻性和抗侵蚀性。抗渗性较差的混凝土,水分容易渗入内部,若遇冰冻或水中含有侵蚀性溶质,混凝土容易受到冻害或侵蚀破坏。

混凝土的抗渗性一般采用抗渗等级表示,也有采用相对渗透系数来表示的。抗渗等级是采用28 d龄期的标准试件按标准试验方法进行试验(根据水工建筑物开始承受水压力的时间,也可利用60 d或90 d龄期的试件测定抗渗等级),用每组6个试件中4个未出现渗水(即2个出现渗水)时的最大水压力来表示的,分为 W2、W4、W6、W8、W10、W12 六级,即表示混凝土在标准试验条件下能抵抗 0.2 MPa、0.4 MPa、0.6 MPa、0.8 MPa、1.0 MPa、1.2 MPa 的压力水而不渗水。抗渗等级≥W6级的混凝土称为抗渗混凝土。

水工混凝土结构设计中,抗渗等级应按《水工混凝土结构设计规范》(SL 191—2008)的规定,根据混凝土结构所承受的水头、水力梯度及下游排水条件、水质条件和渗透水的危害程度等因素确定,并不应低于表7.30的规定值。

表7.30　混凝土抗渗等级的最小允许值

项次	结构类型及运用条件	抗渗等级
1	大体积混凝土结构的下游面及建筑物内部	W2

续表

项次	结构类型及运用条件		抗渗等级
2	大体积混凝土结构的挡水面	$H < 30$	W4
		$30 \leqslant H < 70$	W6
		$70 \leqslant H < 150$	W8
		$H \geqslant 150$	W10
3	素混凝土及钢筋混凝土结构构件的背水面可自由渗水者	$i < 10$	W4
		$10 \leqslant i < 30$	W6
		$30 \leqslant i < 50$	W8
		$i \geqslant 50$	W10

注:①表中 H 为水头(m), i 为水力梯度。
　　②当结构表层设有专门可靠的防渗层时,表中规定的混凝土抗渗等级可适当降低。
　　③承受侵蚀性水作用的结构,混凝土抗渗等级应进行专门的试验研究,但不应低于 W4。
　　④埋置在地基中的结构构件(如基础防渗墙等),可按照表中项次 3 的规定选择混凝土抗渗等级。
　　⑤对背水面可自由渗水的素混凝土及钢筋混凝土结构构件,当水头 H 小于 10 m 时,其混凝土抗渗等级可根据表中项次 3 降低一级。
　　⑥对严寒、寒冷地区且水力梯度较大的结构,其抗渗等级应按表中的规定提高一级。

　　混凝土的抗渗性主要与其密实度及内部孔隙的大小和构造特征有关。混凝土内部互相连通的孔隙和毛细管通路,以及由于在混凝土施工成型时,振捣不密实产生的蜂窝、孔洞都会造成混凝土渗水。渗水通道的多少主要与水泥品种、水胶比大小、外加剂及施工工艺等有关。当水泥品种一定时,水胶比越大,混凝土抗渗性越差。对于抗渗混凝土,对其水胶比值作了如表 7.31 所示的限制。与普通水泥相比,矿渣水泥配制的混凝土抗渗性较差,但火山灰水泥配制的混凝土抗渗性较好;掺用引气剂等外加剂,由于改变了混凝土中的孔隙结构,截断了渗水通道,故可显著提高混凝土的抗渗性;施工中加强振捣、养护也可改善混凝土的质量,从而提高其抗渗性。

表 7.31　抗渗混凝土最大水胶比和最小胶凝材料用量

混凝土抗渗等级	最大水胶比		最小胶凝材料用量(kg/m³)
	C20～C30 混凝土	C30 以上混凝土	
W6	0.60	0.55	320
W8～W12	0.55	0.50	
> W12	0.50	0.45	

　　影响混凝土抗渗性的因素有水灰比、水泥品种、集料的最大粒径、养护方法、外加剂及掺合料等。

　　①水灰比:混凝土水灰比对其抗渗性能起决定性作用。水灰比越大,其抗渗性越差。在成型密实的混凝土中.水泥石的抗渗性对混凝土的抗渗性影响最大。

　　②集料的最大粒径:在水灰比相同时,混凝土集料的最大粒径越大,其抗渗性越差。这是由于集料和水泥浆的界面处易产生裂隙和较大集料下方易泌水形成孔穴。

　　③养护方法:蒸汽养护的混凝土,其抗渗性较潮湿养护的混凝土要差。在干燥条件下,混凝土早期失水过多,容易形成收缩裂隙,因而降低混凝土的抗渗性。

　　④水泥品种:水泥的品种、性质也影响混凝土的抗渗性能。水泥的细度越大,水泥硬化体孔隙率越小,强度就越高,则其抗渗性越好。

⑤外加剂:在混凝土中掺入某些外加剂,如减水剂等,可减小水灰比,改善混凝土的和易性,因而可改善混凝土的密实性,即提高了混凝土的抗渗性能。

⑥掺合料:在混凝土中加入掺合料,如掺入优质粉煤灰,由于优质粉煤灰能发挥其形态效应、活性效应、微集料效应和界面效应等,可提高混凝土的密实度,细化孔隙,从而改善了孔结构和集料与水泥石界面的过渡区结构,因而提高了混凝土的抗渗性。

(2)抗冻性

混凝土的抗冻性是指混凝土在吸水饱和状态下,经受多次冻融循环作用,能保持强度和外观完整性的能力。混凝土受冻融作用而破坏的原因是,混凝土中水结冰后体积膨胀并直接挤压孔壁,当膨胀压力超过混凝土的抗拉强度时,混凝土就会产生微细裂缝,反复冻融循环将使塑性变形不断积累、裂缝不断扩展,反复冻融循环使裂缝不断扩展最终导致混凝土强度降低直至破坏。因此,在寒冷地区,特别是在接触水又受冻的环境下的混凝土,要求具有较高的抗冻性能。

混凝土抗冻性一般以抗冻等级表示。抗冻等级是以28 d 龄期的标准试件在吸水饱和后于 $-25 \sim 20$ ℃的冻融液中进行反复冻融循环[保持试件中心温度 $(-18 \pm 2) \sim (5 \pm 2)$ ℃],以达到相对动弹性模量下降至初始值的60%或质量损失率达5%中任一条件时所能承受的最大冻融循环次数来确定(通常每做25次冻融循环对试件检验1次)。混凝土的抗冻等级可分为 F50、F100、F150、F200、F250 和 F300 六级,分别表示混凝土能够承受反复冻融循环的次数为 50、100、150、200、250 和 300 次。抗冻等级 $\geqslant$ F50 的混凝土称为抗冻混凝土。

对于有抗冻要求的混凝土结构,其抗冻等级应按相关规定或《水工混凝土结构设计规范》(SL 191—2008)的规定,根据气候特点、冻融循环次数、表面局部小气候条件、水分饱和程度、结构构件重要性和检修条件等参照规定选用。

影响混凝土抗冻性的因素有混凝土内部因素和环境外部因素。混凝土内部因素主要有混凝土原材料的性质、水胶比、养护龄期、外加剂及混凝土结构体密实度等;环境外部因素主要是指混凝土的孔隙构造特征和孔隙充水程度。

(3)混凝土的碳化

混凝土内水泥石中的 $Ca(OH)_2$ 与潮湿空气中的 CO_2 发生化学反应,生成 $CaCO_3$ 和水,使混凝土中的 $Ca(OH)_2$ 浓度降低,这种现象称为混凝土的碳化。

碳化会对混凝土产生不利影响,它减弱了对钢筋的保护作用,硬化混凝土孔隙中充满饱和的 $Ca(OH)_2$ 溶液,pH 值为 12~13,在这种碱性环境中,混凝土构件中的钢筋表面能形成一层难溶的 Fe_2O_3 和 Fe_3O_4 钝化膜,对钢筋具有良好的保护作用,但是当碳化深度超过钢筋混凝土保护层时,钝化膜就遭到破坏,钢筋产生锈蚀,并由此引起混凝土体积细微膨胀,使保护层出现裂缝、剥离等破坏现象,混凝土的强度降低。此外,碳化还会引起混凝土收缩,使混凝土表面产生细微裂缝,从而使混凝土抗拉、抗折能力降低。表层混凝土碳化填充在水泥石的孔隙中,提高了混凝土的密实度,使混凝土的抗压强度增大,防止有害介质的侵入。

影响碳化的主要因素是 CO_2 的浓度、环境湿度、水胶比及水泥品种等。CO_2 浓度高,碳化速度快;环境湿度在50%~75%时,碳化速度最快,而湿度小于25%(干燥环境)或达到100%(处于水中)时,碳化作用将停止;水胶比越大,碳化速度越快;矿渣水泥配制的混凝土,抗碳化能力较差。

为了提高混凝土抗碳化能力,可采取如下措施:

①合理选用水泥品种;

②使用减水剂,提高混凝土的密实度;

③采用水胶比小、单位水泥用量较大的混凝土配合比;

④加强混凝土浇筑振捣质量,加强养护;

⑤在混凝土表面涂刷保护层,防止二氧化碳侵入等。

(4)碱 – 骨料反应

碱 – 骨料反应是指混凝土内水泥中的碱性氧化物(此处专指 Na_2O 和 K_2O)含量较高时. 它会与集料中所含的活性 SiO_2 发生化学反应,并在集料表面生成一层复杂的碱 – 硅酸凝胶,其反应式如下:

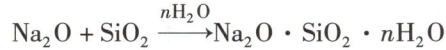

$$Na_2O + SiO_2 \xrightarrow{nH_2O} Na_2O \cdot SiO_2 \cdot nH_2O$$

这种凝胶吸水后,会产生很大的体积膨胀(约增大 3 倍以上),从而导致混凝土胀裂,这种现象称为碱 – 骨料反应。

混凝土原材料中水泥、外加剂、掺合料及水中的碱(Na_2O 或 K_2O)与活性骨料(如蛋白石、玉髓、鳞石英及结晶有缺欠的石英、隐晶石英等含活性氧化硅的骨料;含有玉髓、微晶石英的千枚岩等层状硅酸盐骨料;白云石、白云质石灰岩等碳酸盐骨料)中的活性成分反应,在水参与情况下,反应生成物吸水膨胀使混凝土产生内部应力,导致混凝土膨胀开裂,失去设计性能。按活性骨料中有害矿物的种类不同,碱 – 骨料反应一般可分为碱 – 硅酸盐反应和碱 – 碳酸盐反应两大类。

发生碱 – 骨料反应必须具备以下 3 个条件:

①混凝土中含碱量较高[水泥含碱当量($Na_2O + 0.658K_2O$)百分数大于 0.6% ,或混凝土中含碱量超过 3.0 kg/m^3];

②骨料中含有相当数量的活性成分;

③潮湿环境,有充分的水分或湿空气供应。

碱 – 骨料反应速度极慢,但造成的危害极大,而且无法弥补,从外观上看,在少钢筋约束的部位多产生网状裂缝,在受钢筋约束的部位多沿主筋方向开裂,很多情况下还可看到从裂缝溢出白色或透明胶体的痕迹。

预防碱 – 骨料反应的措施有:

①尽量采用非活性骨料。

②选用低碱水泥,并严格控制混凝土中总的含碱量。

③在混凝土中掺入适量的粉煤灰、磨细矿渣等掺合料,可延缓或抑制混凝土的碱 – 骨料反应。

④改善混凝土的结构,如在混凝土中掺用引气剂,使其中含有大量均匀分布的微小气泡,可减小膨胀破坏作用;保证施工质量,防治因振捣不密实产生的蜂窝、麻面及因养护不当产生的干缩裂缝等,能防止水分侵入混凝土内部,从而起到制止碱 - 骨料反应的作用。

⑤改善混凝土的使用条件。应尽量使混凝土结构处于干燥状态,特别是要防止经常受干湿交替变化,必要时还可以在混凝土表面进行防水处理。

(5)抗侵蚀性

当混凝土所处的环境水有侵蚀性时,混凝土便会遭受侵蚀,通常有软水侵蚀、硫酸盐侵蚀、镁盐侵蚀、碳酸侵蚀、一般酸类侵蚀与强碱侵蚀等。海水中的氯离子还会对钢筋起锈蚀作用,促使混凝土破坏。混凝土的抗侵蚀性与所用水泥品种、混凝土的密实程度和孔隙特征有关。

(6)抗磨性及抗气蚀性

对于水工混凝土、受挟砂高速水流冲刷的溢洪道混凝土、受反复冲击动荷及循环磨损的道路路面混凝土,要求具有较高的耐磨性。混凝土的耐磨性与混凝土强度、原材料的特性及配合比等密切相关,选用坚硬耐磨的骨料与颗粒分布较宽、强度等级较高的硅酸盐水泥配制成的高强度混凝土,若经振捣密实,并保证表面平整光滑,则具有较高的耐磨性。对于有抗磨要求的混凝土,其强度等级应不低于 C35,并可采用真空作业施工,以提高其耐磨性。对于受磨损特别严重的部位,可采用耐磨性较强的材料加以防护。

对于表面凹凸不平、断面突变或急速转弯的渠道、溢洪道等结构体,当高速水流流经时会出现气蚀现象,在结构体表面产生高频、局部且具有冲击性的应力而剥蚀混凝土。气蚀现象的产生与建筑物类型、水流条件等因素有关。解决气蚀问题的方法是在设计、施工及运行中消除发生气蚀的原因,并在结构体过水表面采用抗气蚀性较好的材料。对混凝土来说,提高抗气蚀性的主要途径是采用 C50 以上等级的混凝土,控制粗骨料的最大粒径不大于 20 mm,掺用硅粉和高效减水剂,严格控制施工质量,保证所浇筑混凝土结构密实、表面光滑平整。

(7)提高混凝土耐久性的途径

由于混凝土的耐久性包括许多内容,而影响因素又是多方面的,当混凝土所处环境和使用条件变化时,对其所要求的耐久性也各有侧重。例如承受水压作用的混凝土侧重要求抗渗性;承受反复冰冻作用的混凝土侧重要求抗冻性;遭受环境水侵蚀的混凝土侧重要求具有抗侵蚀性等。尽管耐久性的影响因素不尽相同,但其主要因素基本一样,故可采取以下措施来提高混凝土的耐久性:

①合理选择水泥品种和标号。

②选用品质良好的集料,如集料的坚固性、有害杂质含量、级配等都应考虑。

③保证混凝土的密实度。密实度是影响混凝土耐久性的关键。为保证混凝土密实度,必须严格控制水灰比并保证足够的水泥用量。因此标准规定,应按混凝土使用时所处的环境条件,考虑其满足耐久性要求所必要的水灰比及水泥用量,如表 7.32 所列。

表 7.32 满足耐久性要求所必要的水灰比及水泥用量

环境条件		结构物类别	最大水灰比			最小水泥用量(kg/m³)		
			素混凝土	钢筋混凝土	预应力混凝土	素混凝土	钢筋混凝土	预应力混凝土
干燥环境		正常的居住和办公用房内	不作规定	0.65	0.60	200	260	300
潮湿环境	无冻害	高湿度室内 室内部件 在非侵蚀性土或水中的部件	0.70	0.60	0.60	225	280	300
	有冻害	经受冻害的室外部件 在非侵蚀性土或水中经受冻害的部件 高湿度且经受冻害中的室内部件	0.55	0.55	0.55	250	280	300
有冻害和除冰剂的潮湿环境		经受冻害和除冰剂作用的室内和室外部件	0.50	0.50	0.50	300	300	300

注:当用活性掺合料取代部分水泥时,表中的最大水灰比及最小水泥用量是指替代前的水灰比和水泥用量。

④改善混凝土的孔隙特征以减少大的开孔,因此可采取降低水灰比、掺加减水剂或引气剂等外加剂、掺入适量混合材料等措施,以改善混凝土的孔结构。

⑤采用机械施工以保证搅拌均匀、振捣密实,同时加强养护,特别是早期养护。

7.7 普通水泥混凝土的配合比设计

▶ 7.7.1 概述

混凝土的性能取决于混凝土的组成材料、配合比和施工质量。混凝土的配合比是指混凝土中各组成材料用量之间的比例关系。常用的表示方法有两种:一种是以每 1 m³ 混凝土中各材料的用量(kg)来表示的,另一种是以水泥用量为1,表示出各材料用量之间的比例关系,分别称为质量表示法和比例表示方法(表7.33)。

表7.33 各材料用量之间的比例关系

组成材料	水泥	水	砂	石	外掺材料	外加剂
质量表示法	300 kg/m³	180 kg/m³	720 kg/m³	1 200 kg/m³	100 kg/m³	4 kg/m³
比例表示法	0.75	0.45	1.8	3	0.25	0.01

组成材料的掺量不同,所配制出的水泥混凝土的性能也明显不同,而不同的应用场合,对水泥混凝土的性能要求也不同。因此配合比设计的任务就是根据原材料的技术性能及施工条件,确定出满足工程要求的混凝土各组成材料的用量。混凝土配合比除了影响混凝土的性能,还影响工程造价。因此,良好的配合比是制备优质而经济的混凝土的基本条件,在进行配合比设计时,必须根据本工程的设计要求、施工工艺及原材料等基本资料进行计算和试验。

▶ 7.7.2 配合比设计的基本要求

虽然不同性质的工程对混凝土的具体要求有所不同,但通常情况下,混凝土配合比设计,应满足下列4项基本要求:

(1)满足结构物设计强度的要求——水泥的强度、水灰比

水泥混凝土作为土木水利工程中一种主要的承重材料,在结构设计时都会对不同的结构部位的水泥混凝土提出不同的设计强度要求,浇筑后的混凝土经养护至规定龄期,应达到设计要求的强度。为了保证结构物的可靠性,在配制混凝土配合比时,必须要考虑结构物的重要性、施工单位的施工水平等因素,采用一个比设计强度高的配制强度,才能满足设计强度的要求。配制强度定得太低,结构物不安全;定得太高,又浪费资金。

(2)满足施工工作性的要求——单位体积用水量

按照结构物断面尺寸和形状、配筋的疏密以及施工方法和设备确定工作性(坍落度或维勃稠度),以确保水泥混凝土能够在现有的施工设备和施工水平下,形成稳定密实的混凝土结构。混凝土拌和物应具有与施工条件相适应的和易性,便于施工时浇筑振捣密实,并能保证混凝土的均匀性。

(3)满足环境耐久性的要求——最大水灰比、最小水泥用量

硬化后的混凝土应具有与工程环境条件相适应的耐久性,如抗渗性、抗冻性、抗侵蚀性等。根据结构物所处环境条件,如严寒地区的混凝土结构、地下结构、桥梁墩台在水位升降范围等部位的混凝土结构,由于环境较恶劣,为保证结构的长期有效性,在设计混凝土配合比时应考虑混凝土的耐久性,必须限制混凝土的最大水灰比和最小水泥用量。

(4)满足经济性的要求——水泥用量

在满足设计强度、工作性和耐久性等工程所需性能的前提下,混凝土配合设计中尽量降低高价材料

的用量,并考虑应用当地材料和工业废料(如粉煤灰等),以配制成性能优越、价格便宜的混凝土,混凝土各种组成材料的配合比应经济合理,尽量降低成本。

▶ 7.7.3 混凝土配合比设计的三参数

混凝土的组成材料确定后,混凝土配合比的设计就是根据混凝土性能的要求,确定混凝土设计所必需的三个关键参数——水灰比、砂率和单位用水量。这三大基本参数与混凝土的各项性能密切相关。其中,水灰比对混凝土的强度和耐久性起决定作用;砂率对混凝土拌和物的黏聚性和保水性有很大影响;单位用水量是影响混凝土拌和物流动性的最主要因素。在配合比设计中只要正确地确定这三个参数,就能设计出经济合理的混凝土配合比,这三大参数的具体确定原则标示于图 7.21 中。

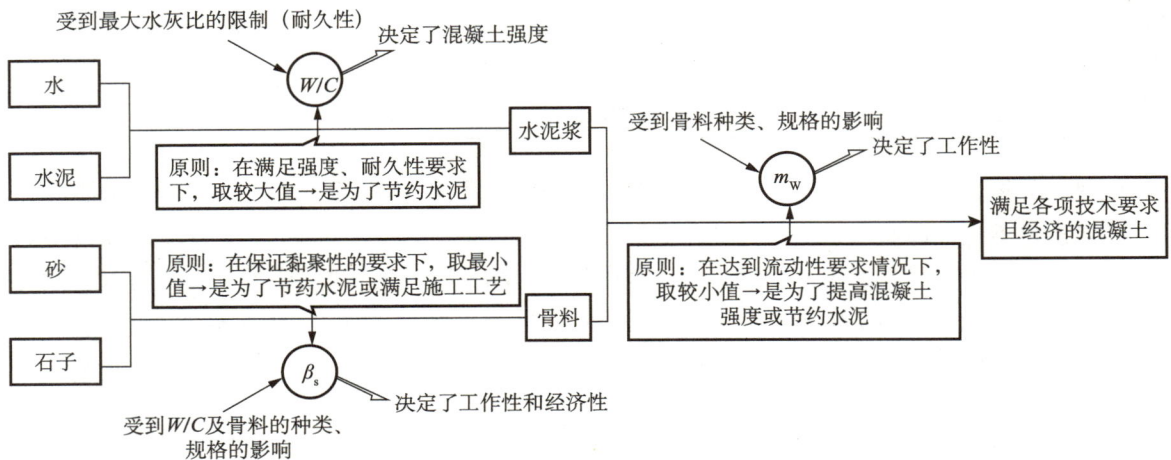

图 7.21 混凝土配合比参数

1)水灰比 W/C

水与水泥及外掺材料发生水化反应组成水泥浆体。在水与水泥、外掺材料选定后性质固定的条件下,水泥浆体的性能取决于水与水泥、外掺材料的比例,这一比例称为水灰比,或称为水胶比。

2)砂率 β_s

粗集料(石)和细集料(砂)组成矿质混合料。粗细集料即砂石原材根据工程实情已选定后,矿料骨架的性能取决于砂与石之间的用量比例,这一比例称为砂石比。但现行混凝土配合比设计方法对砂石之间的用量比例,是采用砂率表示的。砂率是指 1 m^3 混凝土中砂的质量占砂石总质量的百分率(%)。

3)用水量 m_w

水泥浆与集料组成混凝土拌和物。在水泥浆与集料性质固定的条件下,拌和物的性能取决于水泥浆与集料的比例,这一比例称为浆集比。但现行混凝土配合比设计方法对水泥浆与集料之间的比例关系,是用单位体积用水量(简称用水量)表示的。单位体积用水量,是指 1 m^3 混凝土拌和物中用水的质量(kg/m^3)。在水灰比固定的条件下,用水量既定,水泥或胶材用量亦随之确定。在 1 m^3 拌和物中,水与水泥或胶材用量既定,集料的总用量也确定。故用水量表示了水泥浆与集料之间的用量比例关系。

▶ 7.7.4 普通水泥混凝土的配合比设计

1)配合比设计的基本资料

配合比设计是一个非常复杂的反复试验判断验证决策的过程。为了使设计过程清晰,通常在配合比设计前,首先要对工程的设计、混凝土要求、原材料、施工工艺和水平等情况进行必要的了解,以作为配合比设计所必备的资料。将设计过程分为4个不同的阶段(初步配合比设计、基准配合比设计、实验室配合比设计和工地配合比设计),在不同设计阶段需综合考虑不同的影响因素。。

配合比设计的基本资料,主要包括以下3个方面:

①根据混凝土结构设计要求,确定混凝土强度等级,计算配制混凝土过程中应控制的配制强度。

②根据混凝土所处环境条件或抗冻等级及抗渗等级的要求,确定混凝土的最大水灰比和最小水泥用量。

③根据混凝土对各种原材料性能的基本要求,确定原材料的基本技术数据,综合考虑各种因素,选定原材料。原材料的情况主要包括以下内容:

a. 水泥品种、强度等级和实际强度、密度、生产日期、生产厂家及运距等;

b. 砂、石品种、表观密度及堆积密度、含水率、级配、最大粒径、压碎值等;

c. 拌和用水的质量、水源及储存等;

d. 外加剂品种、名称、特性、适宜剂量及价格。

④工程性质、施工环境、混凝土搅拌和振捣方法、要求的坍落度、施工单位的施工及管理水平、构件形状及尺寸,以及钢筋的疏密程度等。

混凝土配合比设计包括配合比的理论计算、实验室试配与调整及施工工地的换算调整等环节,具体步骤详见图7.22。

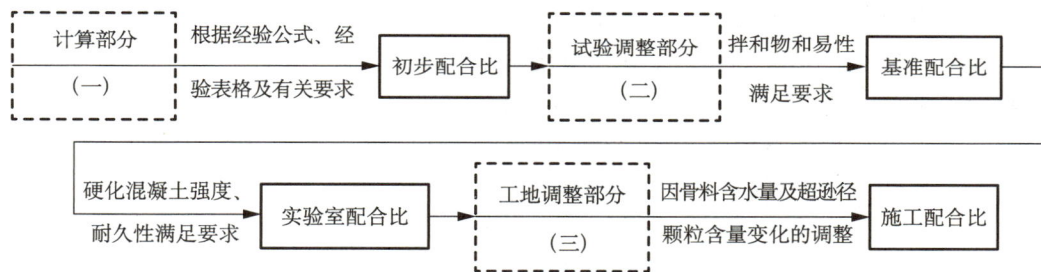

图 7.22　混凝土配合比设计步骤

工业与民用建筑及一般构筑物所采用的普通混凝土,其配合比设计依据《普通混凝土配合比设计规程》(JGJ 55—2011)进行;水利水电工程水工混凝土,其配合比设计依据《水工混凝土试验规程》(DL/T 5150—2017)、《水工混凝土配合比设计规程》(DL/T 5330—2015)进行。本节内容主要结合《普通混凝土配合比设计规程》(JGJ 55—2011)的要求对普通混凝土的配合比设计过程进行详细阐述。

2)初步配合比的计算

(1)确定配制强度 $f_{cu,0}$

对于设计强度等级已知的混凝土,其配制强度按式(7.11)或式(7.12)确定。

(2)确定水胶比 W/B

①根据所计算的配制强度,按式(7.19)计算满足设计强度等级要求的水胶比。

②对有抗渗、抗冻等耐久性要求的混凝土,还应根据表7.31和表7.32,考虑对应的最大水胶比要求。

③在满足强度、耐久性要求的基础上,还应根据混凝土结构所处的环境条件,复核水胶比是否满足《混凝土结构设计规范》(2015年版)(GB 50100—2010)所提出的最大水胶比限制要求(表7.31)。若根据①、②步初步确定的水胶比大于表7.31规定的最大水胶比,应取表7.31规定的最大水胶比作为混凝

土初步配合比的水胶比。

（3）确定单位用水量 m_w 和外加剂用量 m_a

确定混凝土单位用水量时，应先考虑工程类型与施工条件，确定混凝土拌和物的适宜流动性，再根据混凝土的水灰比、流动性及骨料种类、规格等初步选取混凝土用水量。

①塑性混凝土或干硬性混凝土用水量的确定。

每立方米塑性混凝土或干硬性混凝土的用水量，按规范相应要求查表7.12确定。

②流动性或大流动性混凝土的用水量及外加剂用量确定。

掺外加剂时，每立方米流动性或大流动性混凝土的用水量 m_{wa} 可按式（7.25）计算：

$$m_{wa} = m_w(1 - \beta) \tag{7.25}$$

式中：m_{wa}——计算配合比每立方米混凝土的用水量（kg）；

m_w——未掺外加剂时推定的满足实际坍落度要求的每立方米混凝土用水量（kg），以表7.12或表7.13中90 mm坍落度的用水量为基础，按每增大20 mm坍落度相应增加5 kg用水量来计算，当坍落度增大到180 mm以上时，随坍落度增加，相应的用水量可减少；

β——外加剂的减水率（%），应经混凝土试验确定。

每立方米混凝土中外加剂用量 m_a 应按式（7.26）计算：

$$m_a = m_b \times \beta_a \tag{7.26}$$

式中：m_a——计算配合比每立方米混凝土中的外加剂用量（kg）；

m_b——计算配合比每立方米混凝土中的胶凝材料用量（kg），按式（7.27）确定；

β_a——外加剂掺量（%），应经混凝土试验确定。

（4）计算胶凝材料用量 m_2、矿物掺合料用量 m_j、水泥用量 m_c

①每立方米混凝土的胶凝材料用量 m_b 应按式（7.27）计算，并应进行试拌调整，在满足拌和物性能的情况下，取经济合理的胶凝材料用量。

$$m_b = \frac{m_{wa}}{W/C} \tag{7.27}$$

式中：m_b——计算配合比每立方米混凝土中的胶凝材料用量（kg），除配制≤C15混凝土，混凝土的最小胶凝材料用量应符合的规定，对抗渗混凝土、抗冻混凝土，其最小胶凝材料用量还应分别符合规定；

W/C——混凝土水胶比。

表7.34　混凝土的最小胶凝材料用量

最大水胶比	最小胶凝材料用量（kg/m³）		
	素混凝土	钢筋混凝土	预应力混凝土
0.60	250	280	300
0.55	280	300	300
0.50	320		
≤0.45	330		

②每立方米混凝土的矿物掺合料用量 m_f 应按式（7.28）计算：

$$m_f = m_b \times \beta_f \tag{7.28}$$

式中：m_f——计算配合比每立方米混凝土中的矿物掺合料用量（kg）；

    β_f——矿物掺合料掺量,应通过试验确定,采用硅酸盐水泥或普通硅酸盐水泥时,钢筋混凝土及抗冻混凝土中矿物掺合料最大掺量宜符合规定,预应力混凝土中矿物掺合料最大掺量宜符合规定,对基础大体积混凝土,粉煤灰、粒化高炉矿渣粉和复合掺合料的最大掺量可增加 5%,采用掺量大于 30% 的 C 类粉煤灰的混凝土,应以实际使用的水泥和粉煤灰掺量进行安定性试验。

    ③每立方米混凝土的水泥用量 m_c 应按式(7.29)计算:

$$m_c = m_b - m_f \tag{7.29}$$

式中:m_c——计算配合比每立方米混凝土中的水泥用量(kg)。

    (5)初步估计含砂率 β_s

    混凝土的砂率应根据骨料技术指标、混凝土拌和物性能和施工要求,参考既有历史资料确定。

    在无历史经验资料时,对于坍落度为 10~60 mm 的混凝土,其砂率可根据骨料种类、规格及混凝土的水胶比,参考表 7.14、表 7.15 选用;对坍落度小于 10 mm 的混凝土,其砂率应经试验确定;对坍落度大于 60 mm 的混凝土,其砂率可经试验确定,也可在表 7.14、表 7.15 的基础上,按坍落度每增大 20 mm 砂率增大 1% 的幅度予以调整。

表 7.35　钢筋混凝土及抗冻混凝土中矿物掺合料最大掺量

矿物掺合料种类	水胶比	最大掺量(%)	
		采用硅酸盐水泥时	采用普通硅酸盐水泥时
粉煤灰	≤0.40	45	35
	>0.40	40	30
粒化高炉矿渣粉	≤0.40	65	55
	>0.40	55	45
钢渣粉	—	30	20
磷渣粉	—	30	20
硅灰	—	10	10
复合掺合料	≤0.40	65(60)	55(50)
	>0.40	55(50)	45(40)

  注:①采用其他通用硅酸盐水泥时,宜将水泥混合材掺量 20% 以上的部分计入矿物掺合料。
    ②复合掺合料各组分的掺量不宜超过单掺时的最大掺量。
    ③在混合使用两种或两种以上矿物掺合料时,矿物掺合料总掺量应符合表 7.35 中复合掺合料的规定。
    ④括号中的有关参数适用于抗冻混凝土。

表 7.36　预应力混凝土中矿物掺合料最大掺量

矿物掺合料种类	水胶比	最大掺量(%)	
		采用硅酸盐水泥时	采用普通硅酸盐水泥时
粉煤灰	≤0.40	35	30
	>0.40	25	20
粒化高炉矿渣粉	≤0.40	55	45
	>0.40	45	35

续表

矿物掺合料种类	水胶比	最大掺量(%)	
		采用硅酸盐水泥时	采用普通硅酸盐水泥时
钢渣粉	—	20	10
磷渣粉	—	20	10
硅灰	—	10	10
复合掺合料	≤0.40	55	45
	>0.40	45	35

注:①采用其他通用硅酸盐水泥时,宜将水泥混合材掺量20%以上的部分计入矿物掺合料。

②复合掺合料各组分的掺量不宜超过单掺时的最大掺量。

③在混合使用两种或两种以上矿物掺合料时,矿物掺合料总掺量应符合表中复合掺合料的规定。

(6)计算砂、石用量 m_s、m_c

砂、石的用量可用质量法或体积法计算确定。

①质量法(假定表观密度法)。

根据经验,在原材料稳定的情况下,混凝土拌和物的表观密度接近一个固定值。因此,可假定每立方米混凝土拌和物的质量为 m(即表观密度)。砂率的计算见式(7.31):

$$m_w + m_c + m_s + m_g + m_f + m_a = m_{cp} \tag{7.30}$$

$$\beta_s = \frac{m_s}{m_s + m_g} \times 100\% \tag{7.31}$$

式中: m_w、m_c、m_f、m_a、m_s、m_g——计算配合比每立方米混凝土中水、水泥、矿物掺合料、外加剂、砂、石的用量(kg);

m_{cp}——每立方米混凝土拌和物的假定质量,其值可取 2 350~2 450 kg/m³, 具体可参考表7.37;

β_s——砂率(%)。

表7.37 混凝土拌和物质量假定值

混凝土种类	石子最大粒径(mm)				
	20	40	80	120	150
普通混凝土(kg/m³)	2 380	2 400	2 430	2 450	2 460
引气混凝土(kg/m³)	2280(5.5%)	2320(4.5%)	2350(3.5%)	2380(3.0%)	2390(3.0%)

注:①本表适用于骨料表观密度2 600~2 650 kg/m³ 的混凝土。

②骨料表观密度每增减100 kg/m³,混凝土拌和物质量相应增减60 kg/m³;混凝土含气量每增减1%,拌和物质量相应增减1%。

③表中括弧内的数字为引气混凝土的含气量。

②体积法(绝对体积法)。

假定 1 m³ 混凝土拌和物中各组成材料的绝对体积和所含空气的体积之和,恰好等于 1 m³,则可按式(7.32)计算砂、石的用量。

$$\frac{m_c}{\rho_c} + \frac{m_f}{\rho_f} + \frac{m_w}{\rho_w} + \frac{m_s}{\rho_s} + \frac{m_g}{\rho_g} + 0.01\alpha = 1 \tag{7.32}$$

$$\beta_s = \frac{m_s}{m_s + m_c} \times 100\% \tag{7.33}$$

式中: ρ_w——水的密度(kg/m³),可取 1 000 kg/m³;

ρ_c——水泥的密度（kg/m³），可按《水泥密度测定方法》（GB/T 208—2014）测定，也可取 2 900 ~ 3 100 kg/m³；

ρ_f——矿物掺合料的密度（kg/m³），可按《水泥密度测定方法》（GB/T 208—2014）测定；

ρ_s、ρ_g——砂、石的表观密度（kg/m³），应按《建设用砂》（GB/T14684——2022）、《建设用卵石、碎石》（GB/T 14685—2022）测定；

α——混凝土含气量百分数，在不使用引气剂或引气型外加剂时，α 可取为1。

通过以上步骤可求出 1 m³ 混凝土中水、水泥、矿物掺合料、砂和石子的用量，即混凝土初步配合比。上述计算的配合比是利用经验公式和经验资料得到的，因此不一定符合实际情况，必须通过试配、调整，使混凝土的各项性能符合技术要求，最后确定混凝土的配合比。

3）基准配合比设计

基准配合比设计阶段主要是对初步配合比所确定的混凝土的工作性能加以试验验证，并依据试验结果对配合比进行适当的调整。混凝土配合比的试配与调整分为拌和物的和易性调整、硬化混凝土的强度及耐久性调整。

（1）试拌调整，检查混凝土拌和物的和易性

试拌材料要求试配混凝土所用各种原材料，要与实际工程使用的材料相同，粗、细集料的称量均以干燥状态为基准，干燥状态是指集料通过烘干设备在规定条件下烘干，其含水率小于0.5%，粗集料含水率小于0.2%。

搅拌方法和拌和物数量混凝土搅拌方法，应尽量与生产时使用方法相同。按初步配合比称取 20 ~ 25 L 混凝土代表物所需的各组成材料进行试配（粗骨料最大公称粒径≤31.5 mm 时，混凝土试配的最小搅拌量为20 L；粗骨料最大公称粒径为40 mm 时，混凝土试配的最小搅拌量为25 L。当采用搅拌机进行试配搅拌时，搅拌量还不应小于搅拌机公称容量的1/4 且不大于搅拌机公称容量，混凝土拌和均匀后应测定其流动性，并检查其黏聚性和保水性。

（2）校核工作性，调整配合比

取试拌的混凝土混合料，按照标准的坍落度试验方法测试其坍落度，如发现坍落度不满足工程要求，则应在保证水灰比不变的条件下，调整水泥浆的用量，并换算成单位体积用水量。一般每增加 10 mm 坍落度，需增加2% ~5%的水泥浆量。按照新的配合比再进行试拌和测试，以检验其坍落度，直至满足要求。在进行坍落度试验时，还应观察新拌混凝土的保水性和黏聚性，并据此适当调整砂率，重新计算后，再进行试拌和测试。如果流动性不满足要求，或黏聚性和保水性不好，则应在保持水胶比不变的条件下，相应调整用水量或砂率。

当流动性低于要求时，可保持水胶比不变，在适宜范围内适当增加外加剂用量或适当增加水泥浆用量（一般坍落度每增减10 mm，需增加水泥浆用量1% ~2%）；当流动性太大时，可保持砂率不变，适当增加砂、石用量。

如出现含砂不足，黏聚性和保水性不良，可适当增大砂率；反之，应适当减小砂率。通过对新拌混凝土的各种性能的测试，在初步配合比的基础上，经过反复修正得到的配合比 m_{c1}、m_{w1}、m_{s1}、m_{g1}、m_{a1}、m_{f1}，称为基准配合比。

4）实验室配合比设计

实验室配合比设计阶段主要是在基准配合比的基础上，进一步地验证和调整配合比的水灰比。

（1）制作试件、检验强度

为校核混凝土的强度，至少拟定3个不同的配合比，其中一个为按上述得出的基准配合比，另外两

个配合比的水灰比值,应较基准配合比分别增加及减少 0.05(或 0.10),其用水量应该与基准配合比相同,但砂率值可增加或减少 1%。外加剂掺量也可作减少或增加的微调。进行混凝土强度及耐久性试验的试件成型时,混凝土拌和物的性能应满足设计和施工的要求(当不同水胶比的混凝土拌和物坍落度或维勃稠度与要求值的差超过允许偏差时,可通过增减用水量进行适当调整)。

每个配合比的混凝土应至少制作一组试件,标准养护至设计龄期后进行强度试验(在没有特殊规定的情况下,混凝土强度试件在 28 d 龄期进行抗压试验;当规定采用 60 d 或 90 d 等其他龄期的设计强度时,混凝土强度试件则在相应龄期进行抗压试验)。

若所设计的混凝土对抗渗、抗冻等其他方面还有特殊要求,还应成型抗渗、抗冻等试件,并按《普通混凝土配合比设计规程》(JGJ 55—2011)的有关规定进行相应检验试验。

(2)测试强度,调整配合比

将制作好的强度试件放在标准养护室中养护 28 d,测试其强度。根据其强度与水灰比的关系作图,由图形确定配制强度所需的水灰比,并根据此水灰比和砂率,重新计算混凝土的配合比。根据三组不同配合比的混凝土强度试验结果,宜通过绘制强度与胶水比的线性关系图或用插值法确定略大于配制强度 $f_{cu,0}$ 所对应的胶水比 B/W,并按下列原则确定每立方米混凝土的材料用量:

①用水量及外加剂用量:应在基准配合比用水量的基础上,根据确定的水胶比进行调整。

②胶凝材料用量:由用水量(mm)乘以经试验确定的胶水比(B/W)计算确定。在此基础上可进一步确定水泥用量和矿物掺合料用量。

③砂、石用量:在基准配合比中的砂、石量的基础上,应根据用水量和胶凝材料用量进行调整。

(3)校正混凝土配合比

校核湿表观密度,调整配合比测试新拌混凝土的湿表观密度,如实测值与假定值的误差超过 2%,必须对配合比进行修正,将以上调整确定的配合比中每项材料用量均乘以校正系数 δ,即得确定的设计配合比(即实验室配合比)。检验硬化混凝土的强度及耐久性,由此得到的配合比 m_{c2}、m_{w2}、m_{s2}、m_{g2}、m_{a2}、m_{f2},称为实验室配合比。按照实验室配合比配制的混凝土既满足新拌混凝土工作性要求,又满足混凝土强度和耐久性要求,是一个完整的配合比。但在实际使用时,还需根据现场的一些具体情况,再进一步加以调整。

混凝土的配合比经试配、调整确定后,还应根据实测的混凝土表观密度,按以下方法作必要的校正:

①根据以上确定的材料用量计算混凝土的表观密度计算值:

$$\rho_{c,c} = m_{w0}' + m_{g0}' + m_{f0}' + m_{a0}' + m_{s0}' + m_{g0}' \tag{7.34}$$

②计算混凝土配合比校正系数 δ:

$$\delta = \frac{\rho_{c,t}}{\rho_{c,c}} \tag{7.35}$$

5)施工配合比设计

(1)对实验室配合比进行换算和调整

实验室确定的配合比是在室内标准条件下通过试验获得的。而在施工工地现场,砂、石等原材料的含水状态、级配等会发生变化,气候条件、混凝土运输及结构物浇筑条件等也会变化,为保证混凝土质量,应根据条件变化对实验室配合比进行换算和调整,得出施工配合比,以供现场施工配制混凝土使用,确保实验室配合比能够在施工中得以准确、有效地执行。

假设施工现场实测砂、石含水率(以%计)分别为 a、b,则施工配合比的各种材料单位用量为

$$m_{c3} = m_{c2}$$

$$m_{s3} = m_{s2} \times (1 + a)$$
$$m_{g3} = m_{g2} \times (1 + b)$$
$$m_{w3} = m_{w2} - m_{s2} \times a - m_{g2} \times b$$

假设工地砂、石料的实测含水率(或表面含水率,以%计)分别为 ω_s、ω_g,则按下列计算方法将混凝土实验室配合比换算为施工配合比。

$$m_{co} = m'_{co}$$
$$m_{f0} = m'_{f0}$$
$$m_{s0} = m'_{s0}$$
$$m_{s0} = m'_{s0} \times (1 + \omega_s)$$
$$m_{g0} = m'_{g0} \times (1 + \omega_g)$$
$$m_{w0} = m'_{w0} - m'_{s0} \times \omega_s - m'_{g0} \times \omega_g$$

(2)骨料含超、逊径颗粒时的换算、调整

当某级骨料含有超径颗粒时,则将其计入上一粒级,并增加本粒级用量;当含有逊径颗粒时,则将其计入下一粒级,并增加本粒级用量。各粒级骨料的换算、调整量可按式(7.36)计算。

$$校正量 = (本级超径量 + 本级逊径量) - (下一级超径量 + 上一级逊径量) \tag{7.36}$$

由此得到的配合比称为工地配合比,可以直接用于施工的混凝土配合比。在商品混凝土拌和站、预制构件厂及施工现场,必须根据新进场的原材料情况和天气情况经常进行现场配合比设计。

7.8 混凝土的质量控制

▶ 7.8.1 混凝土质量控制的主要内容及评价指标

混凝土的质量控制是保证混凝土结构工程质量的一项非常重要的工作。在实际工程中,由于原材料、施工条件以及试验条件等许多复杂因素的影响,混凝土的质量总会产生波动。引起混凝土质量波动的因素有正常因素和异常因素两大类:正常因素是不可避免的微小变化的因素,如砂、石材料质量的微小变化,称量时的微小误差等,这些是不可避免也不易克服的因素,它们引起的质量波动一般较小,称为正常波动;异常因素是不正常的变化因素,如原材料的称量错误等,这些是可以避免和克服的因素,它们引起的质量波动一般较大,称为异常波动。混凝土质量控制的目的是及时发现和排除异常波动,使混凝土的质量处于正常波动状态。

混凝土的质量是通过其性能来表达的,如混凝土的强度、坍落度等。这些性能在正常稳定连续生产的情况下,其数量指标可用随机变量描述,因此可用数理统计方法来控制、检验和评定其质量。在混凝土的各项质量指标中,混凝土的抗压强度与其他性能有较好的相关性,即混凝土抗压强度的波动既反映了混凝土强度的变异,又能较好地反映混凝土质量的波动情况。因此,通常以混凝土抗压强度作为评定和控制混凝土质量的指标。

参考《混凝土结构工程施工质量验收规范》(GB 50204—2015)基本规定,混凝土的质量控制包括混凝土浇筑前质量控制和混凝土浇筑后质量控制两个方面。

1)混凝土浇筑前质量控制

混凝土浇筑前质量控制是指在混凝土生产之前,首先对混凝土的原材料、配合比和施工工艺进行的控制,包括对水泥、水、砂、石、外加剂和掺合料等原材料的性能进行必要的检验和评定;其次,按设计的混凝土配合比进行试生产,取得足够的强度试验数据,经过统计分析后,确定施工工艺参数,作为进行生产控制的参数;最后,正式进行混凝土浇筑施工。

2)混凝土浇筑后质量控制

混凝土浇筑后质量控制是指在混凝土浇筑过程中以及浇筑后,按照相关规定满足抽检频率及批次情况下,对混凝土工程进行质量控制。它包括控制浇筑过程中材料称量、搅拌、运输、浇筑、振捣、养护,控制浇筑成型后强度、裂缝、外观质量等项内容。主要目的是根据混凝土强度、施工工作性和工艺参数的实测数据,借助标准差、变异系数、质量控制图等质量控制工具,对生产过程采取必要措施加以控制,保证浇筑后混凝土的质量满足要求。

施工是影响水泥混凝土性能质量的重要阶段,同时也是混凝土工程的重要内容。现代混凝土的施工基本是机械化施工,大量专业化的施工机械加快了施工速度,提高了施工质量。水泥混凝土的施工主要包括搅拌、振捣和养护三个阶段。

▶ **7.8.2 水泥混凝土的搅拌**

水泥混凝土的搅拌目的是使全部集料颗粒的表面部被水泥浆包裹,使混凝土各组分混合成一种宏观均匀的物质,且在由搅拌机往外卸料的过程中,这种匀质性也要保持不变。机械搅拌所用的搅拌机一般分强制式和自落式两种。

强制式搅拌机又称螺旋流动式搅拌机,它的特点是搅拌槽浅而面积大,没有两根水平轴,轴上安装螺旋状的搅拌叶片,取定最佳片数的搅拌叶片在轴上按45°分度,这两根搅拌轴由齿轮进行同步驱动。投入搅拌机内的材料在两轴间垂直面的运动与沿着搅拌槽壁面的运动相结合,形成8字形流动路线,于是材料在迅速达到均匀化的同时,水泥净浆就包裹在砂、石的表面,从而获得具有良好流动性的混凝土拌合料。这种搅拌方式称为"螺旋回转"方式。向搅拌机加料时应先装砂子,然后装入水泥和掺合料,使水泥和掺合料不直接与料斗接触,避免水泥和掺合料黏附在料斗上,然后装入石子,同时开启水阀,使定量的水均匀洒布于拌和料上,外加剂采用同掺或后掺法加入。拌和时间不宜过长或过短,一般为1~2 min,保证搅拌均匀为准。

自落式鼓筒型搅拌机机型陈旧、搅拌质量差、生产率低、能耗高、噪声大、粉尘污染大,已经不适用于目前的建筑施工。

▶ **7.8.3 水泥混凝土的振捣**

拌和好的混凝土通过运输车或采用泵送工艺输送到现场,根据结构设计,浇筑到适当的模具中,终凝后形成满足设计要求具有特定几何形状的构件。新拌混凝土在运输和浇筑过程中,须注意初凝和终凝时间,同时避免产生离析和坍落度损失等现象。

为了使浇筑好的水泥混凝土形成密实的结构,一般需进行一定的振捣工艺。混凝土采用振捣的方法可使颗粒材料相互分散,排除气泡,并充满模具,使之形成为一个均匀密实体。常用的振捣机械和主要有以下3种:

①内部振动器(插入式):目前工地使用较为普遍,它适用于大体积和配筋较稀的混凝土工程。

②表面振动器(平板式):因其振动深度较小,只适宜厚度不大于250 mm的钢筋混凝土单层配筋板、厚度不超过120 mm的双层配筋板,以及可以采用分层振捣的素混凝土结构物。采用表面振动器时,要求集料的最大粒径不超过板厚的1/4。

③外部振动器(附着式振动器):将振动器附着固定在模板外侧横挡或竖挡上,其振动作用通过模板

传到混凝土中,因此振动作用范围不能很深,一般为 300 mm 左右。这种振捣器适用于配筋较密的薄壁结构和不便使用插入振捣器的构件,它要求模板结构坚固严密,最好使用钢模。

▶ 7.8.4 水泥混凝土的养护

养护是指在特定的时间段内,给混凝土以充分的湿度与适当的温度,使混凝土免受有害的环境因素的影响,以促进混凝土中的胶凝材料水化,提高混凝土的密实程度和强度。为使水泥混凝土有适宜的硬化条件,利于强度的增长,水泥混凝土浇筑振捣密实后,必须进行一定时间的养护。如在早龄期不保持潮湿状态,水分就会急剧地蒸发。这不仅使水泥的水化反应迟缓,而且在低强度状态下就开始干燥收缩,从而在混凝土表面产生裂缝。

进行潮湿养护时,常用的方法有自然养护和高温养护。

1)自然养护

自然养护的基本方法是用湿麻袋、草帘等遮盖,防止风吹日晒,并经常洒水或喷雾保持潮湿。自然养护适用于现浇和预制混凝土构件。一般塑性混凝土在正常气温(20℃)的情况下,在浇筑后 10 ~ 12 h 开始养护;如在气温较高或干燥的情况下,应及早养护,避免混凝土早期失水,影响混凝土的质量。干硬性混凝土在浇筑后 1 ~ 2 h 就应开始养护。养护期间,当使用普通水泥时,在潮湿环境中养护不少于 7 d,在干燥环境中养护不少于 14 d;使用火山灰或矿渣水泥时,在潮湿环境中养护不少于 14 d,在干燥环境中养护不少于 21 d。

在不便洒水喷雾的情况下,可以采用覆盖塑料薄膜或表面喷涂涂料,以保持混凝土内的水分,避免蒸发散失,特别是冬季覆盖塑料薄膜,可以完全不用洒水,夏季可减少洒水次数。气温在 5℃ 以下时,不得对混凝土浇水,只能覆盖塑料薄膜以保温保湿。

塑料薄膜养护是将塑料溶液喷洒在混凝土表面,溶液挥发后,塑料与混凝土表面结合成一层薄膜,使混凝土表面与空气隔绝,使混凝土中的水分不再挥发,而完成水化作用。这种养护方法一般适用于表面积大的混凝土施工和缺水地区。

2)高温养护

(1)蒸汽养护

蒸汽养护是缩短养护时间的有效方法之一。混凝土在较高温度和较高湿度条件下,水泥的水化速度加快,可迅速达到要求强度。施工现场出于条件限制,现浇预制构件一般可采用临时性地面或地下养护坑,上盖养护罩或用简易的帆布、油布覆盖。

蒸汽养护分为如下 3 个阶段:

①升温阶段:由混凝土原始温度上升到养护温度的阶段。温度不能快速上升,否则会使混凝土表面因体积膨胀太快而产生裂缝。

②恒温阶段:混凝土强度增长最快的阶段。恒温的温度随水泥品种不同而异,普通水泥的养护温度不得超过 80℃;矿渣水泥、火山灰水泥心可提高到 90 ~ 95℃。一般恒温时间为 5 ~ 8 h,恒温加热阶段应保持 90% ~ 100% 的相对湿度。

③降温阶段:在降温阶段内,混凝土已经硬化,如果降温过快,混凝土会产生表面裂缝,因此也要控制降温速度。

(2)蒸压养护

对于在工厂生产的预制混凝土构件,为了达到高强、早强和加快模具周转的目的,可以利用专用的蒸压釜进行蒸压养护。

7.9　碾压混凝土

碾压混凝土是 20 世纪 70 年代末发展起来的一种混凝土,由于使用机械设备碾压方式施工而得名。20 世纪 80 年代以后,由于碾压混凝土筑坝可加快工程建设速度和具有巨大经济效益而得到迅速发展,碾压混凝土材料也在研究和应用过程中得到不断改善。本节着重介绍碾压混凝土的概念、对原材料的要求、碾压混凝土的主要技术性质及其应用。

▶ 7.9.1　碾压混凝土的概念

以适宜干稠的混凝土拌和物,薄层铺筑,用振动碾碾压密实的混凝土,称为碾压混凝土。

筑坝用碾压混凝土有如下 3 种主要类型:

(1)超贫碾压混凝土(水泥固结砂、石碾压混凝土)

这类碾压混凝土中,胶凝材料总量不大于 110 kg/m³,其中粉煤灰或其他掺合料用量大多不超过胶凝材料总量的 30%。此类混凝土胶凝材料用量少,水胶比大(一般达到 0.9～1.5),混凝土孔隙率大,强度低,多用于建筑物的基础或坝体的内部,而坝体的防渗则由其他混凝土或防渗材料承担。

(2)干贫碾压混凝土

该类混凝土中胶凝材料用量为 120～130 kg/m³,其中掺合料占胶凝材料总量的 25%～30%,水胶比一般为 0.7～0.9。

(3)高掺合料碾压混凝土

这类碾压混凝土中胶凝材料用量 140～250 kg/m³,其中掺合料占胶凝材料质量的 50%～75%。这类混凝土具有较好的密实性及较高的抗压强度和抗渗性,水胶比为 0.45～0.7。

筑坝用碾压混凝土的配合比参数是水胶比、掺合料比例、砂率及浆砂比。配合比设计时,除应考虑混凝土的强度、耐久性、可碾性及经济性,还应使混凝土拌和物具有较好的抗粗骨料分离的能力以及使混凝土具有较低的发热量。碾压混凝土中一般应掺缓凝减水剂,必要时还掺入引气剂。实验室碾压混凝土配合比一般需经过现场试碾压,经调整后才用于正式施工。

▶ 7.9.2　碾压混凝土的原材料

碾压混凝土由水泥、掺合料、水、砂、石子及外加剂等材料组成。

(1)水泥

碾压混凝土中使用的水泥,其主要技术指标应符合现行国家标准。从原则上说,凡适用于水工常态混凝土使用的水泥均可用于配制碾压混凝土。重要的大体积建筑物的内部混凝土,应该使用强度等级 32.5 级及以上的低热(或中热)硅酸盐水泥或普通硅酸盐水泥。一般建筑物及临时工程的内部混凝土,可选用掺混合材料的 32.5 级的水泥。我国已建水工碾压混凝土工程大多使用强度等级为 32.5 级或 42.5 级的普通硅酸盐水泥或硅酸盐水泥。

(2)掺合料

碾压混凝土所用的掺合料一般应选用活性掺合料,如粉煤灰、粒化高炉矿渣以及火山灰或其他火山灰质材料等。当缺乏活性掺合料时,经试验论证,也可以掺用适量的非活性掺合料。掺合料的细度应与水泥细度相似或更细,以改善拌和物的工作性。对掺合料的其他技术要求,见 7.5 节。

碾压混凝土中掺入掺合料的品种及掺量,应考虑所用水泥中已掺有混合材料的状况。

（3）骨料

用于碾压混凝土的骨料包括细骨料（砂）和粗骨料（石子）,其主要技术要求与 7.3 节所述基本相同。由于干硬的碾压混凝土拌和物易发生粗骨料分离,为提高拌和物的抗分离性,粗骨料最大粒径一般不超过 80 mm,并应适当降低最大粒径级在粗骨料中所占的比例。砂中含有一定量的微细颗粒（小于 0.16 mm 的颗粒）可改善拌和物的工作性,增进混凝土的密实性,提高混凝胶结性能和减少胶凝材料用量,最佳含量应通过试验确定。

（4）外加剂

碾压混凝土中一般都掺适量的缓凝减水剂。在严寒地区使用的碾压混凝土,还应考虑掺用引气剂,以提高混凝土的抗冻性。碾压混凝土中掺有较多的掺合料且拌和物较干硬,会使引气剂的引气效果下降,同时施工方法也造成部分气泡破灭,故碾压混凝土中达到相同含气量时,常须掺入较常态混凝土多的引气剂。例如掺入松香热聚物类引气剂时,其掺量（占胶凝材料质量百分数）达 0.015% ~0.020% 才能使碾压混凝土含气量达到 4% ~5% 。

▶ 7.9.3　碾压混凝土拌和物的工作性

1）工作性的含义

碾压混凝土拌和物的工作性包括工作度、可塑性、易密性及稳定性等。

工作度是指混凝土拌和物的干硬程度。可塑性是指拌和物在外力作用下能够发生塑性流动,并充满模型的性质。易密性是指在振动碾等压实机械作用下,混凝土拌和物中的空气易于排出,使混凝土充分密实的性质。稳定性是指混凝土拌和物不易发生粗骨料分离和泌水的性质。

碾压混凝土拌和物工作度用 VC 值表示,即在规定振动频率、振幅及压强条件下,拌和物从开始振动至表面泛浆所需时间的秒数。

VC 值越大,拌和物越干硬。VC 值的大小还与可塑性、易密性和稳定性密切相关。VC 值越大,拌和物的可塑性越差;反之则越好。VC 值过大,拌和物过于干硬,混凝土拌和物不易被碾实,空气含量很多,且不易排出,施工过程中粗骨料易发生分离;VC 值过小,拌和物透气性较差,在碾压过程中气泡不易通过碾压层排出,拌和物也不易碾压密实且碾压完毕后混凝土易发生泌水。因此,VC 值过大或过小均不利于拌和物的易密性和稳定性。

碾压混凝土拌和物 VC 值的选择应与振动碾的能量、施工现场温湿度等条件相适应,过大或过小都是不利的。根据已有经验,施工现场混凝土拌和物的 VC 值一般选为 5 ~12 s 较合适。从拌和机口到现场摊铺完毕,VC 值增大 2 ~5 s。

2）影响拌和物工作度的主要因素

碾压混凝土拌和物的 VC 值受多种因素的影响,主要有水胶比及单位用水量、粗细骨料的特性及用量、掺合料的品种及掺量、外加剂、拌和物的停置时间等。

若其他条件不变,VC 值随水胶比的增大而降低;在水胶比不变的情况下,随单位用水量的增大,拌和物 VC 值减小;在水胶比和单位用水量不变的情况下,随着砂率的增大,VC 值增大,但若砂率过小,VC 值反而增大;在其他条件不变时,适当增加砂中微细颗粒含量,拌和物的 VC 值减小;用碎石代替卵石将使拌和物的 VC 值增大。当掺合料需水量比小于 100% 时,掺合料的掺入可降低拌和物的 VC 值;相反则增大 VC 值。掺入减水剂或引气剂,可以使拌和物的 VC 值降低。随着拌和物停置时间的延长,VC 值增大。

► 7.9.4　硬化碾压混凝土的特性

1）硬化碾压混凝土的强度特性

碾压混凝土的强度与普通混凝土的强度有很多相似之处,如影响普通混凝土强度的因素无一例外地影响碾压混凝土强度,拉压强度比基本相同。但是,不同类型碾压混凝土的强度特性具有不同特点。超贫及干贫碾压混凝土的强度受胶凝材料用量的影响;高掺合料碾压混凝土的强度明显受掺合料的品质及掺量影响。由于碾压混凝土中掺用大量掺合料且一般都掺有缓凝剂,因此碾压混凝土的早期强度较低,28 d以后强度发展较快,90 d以后其强度仍显著增长。工程中碾压混凝土强度设计龄期都不短于90 d。

2）碾压混凝土的受力变形特性

试验表明,强度等级相同的碾压混凝土和普通混凝土的弹性模量没有明显不同,但碾压混凝土早期强度增长比普通混凝土慢,故碾压混凝土的早期弹性模量低于普通混凝土。

碾压混凝土的极限拉伸值与碾压混凝土类型有关。超贫或干贫碾压混凝土的极限拉伸值小于普通混凝土;高掺合料碾压混凝土的极限拉伸值与普通混凝土相当,且随其龄期延长而明显增长。当碾压混凝土与普通混凝土强度等级相近时,碾压混凝土的徐变值较小,但早期加荷时,其徐变值大于普通混凝土。

3）碾压混凝土的物理性能及耐久性

当混凝土的主要原材料相同时,碾压混凝土的导温系数、导热系数、比热及温度变形系数等与普通混凝土没有明显的差别。碾压混凝土的绝热温升明显低于普通混凝土。碾压混凝土的干缩率及自生体积变形明显小于普通混凝土。设计合理的碾压混凝土,其90 d龄期的抗渗等级可达W8以上。通过加大引气剂的掺量可使碾压混凝土拌和物的含气量达4%～5%,此时混凝土的抗冻等级可达到F200～F300。胶凝材料用量相同且掺合料比例相同时,碾压混凝土的抗冲磨强度较普通混凝土高。

碾压混凝土是薄层摊铺、碾压法施工的混凝土,其层与层之间的结合可能是混凝土的薄弱区域。碾压混凝土层面结合状况既取决于混凝土拌和物的工作性,又与施工工艺及施工质量密切相关。

► 7.9.5　碾压混凝土的配合比设计

碾压混凝土的配合比设计方法至今尚无统一的规定,目前已有的几种方法都是以不同的假设或经验而建立的。下面仅简要介绍配合比设计步骤。

1）收集配合比设计所需的资料

进行碾压混凝土配合比设计之前应收集与配合比设计有关的全部文件及技术资料,包括混凝土所处的工程部位、工程设计对混凝土提出的技术要求(如强度、变形、抗渗性、耐久性、热学性能、拌和物凝结时间、VC值、表观密度等)、施工队伍的施工技术水平、工程拟使用的原材料的品质及单价等。

2）初步配合比设计

（1）初步确定配合比参数

在进行配合比参数选择前,需确定粗骨料的最大粒径和各级粗骨料所占的比例。对于大体积水工建筑物的内部混凝土,最大粗骨料粒径一般取为80 mm。各粒级粗骨料所占比例可根据粗骨料的振实堆积表观密度较大、粗骨料分离较少的原则通过试验确定。配合比参数(如水胶比、掺合料比例、浆砂比和砂率等)的选择可通过以下方法进行:

①单因素试验分析法。碾压混凝土的各个配合比参数对混凝土各种性能的影响程度不同,因此为选择某参数,应取其影响最显著的性能,在其他参数不变的条件下进行单因素试验,以确定该参数的取值。例如,水胶比及掺合料比例可以通过它们对混凝土的抗压强度和耐久性的影响加以选择;浆砂比可以通过考察它对砂浆振实表观密度的影响确定;砂率可根据混凝土振实表观密度试验确定最佳值并考虑拌和物的骨料分离情况选定。

②正交试验设计法。可将 4 个配合比参数作为正交试验设计的因子,每个因子取 3 ~ 4 个水平,选择适当的正交表安排试验。用直观分析法或方差分析法分析各因子水平与拌和物及混凝土主要性能的关系,从而选择出配合比参数。

③工程类比法。对于中小工程,当不便于通过试验确定配合比参数时,可以参考类似工程初步选定配合比参数,进行初步配合比设计。

(2)计算每 1 m³ 碾压混凝土中各种材料用量

①绝对体积法或假定表观密度法。当配合比参数确定了水胶比、掺合料掺用比例、浆砂比及砂率时,可按绝对体积法或假定表观密度法计算每 1 m³ 混凝土中各种材料用量。

②填充包裹法。该法假设胶凝材料浆包裹砂粒并填充砂的空隙形成砂浆,砂浆包裹粗骨料并填充粗骨料的空隙,形成混凝土。胶凝材料浆体积与砂空隙体积的比值用 α 表示,砂浆体积与粗骨料空隙体积的比值用 β 表示。碾压混凝土的 α 值一般取 1.1 ~ 1.3,β 值一般取 1.2 ~ 1.5。根据上述假设,则有:

$$C/\rho_c + F/\rho_F + W/\rho_W = \alpha \frac{10 P_S S}{\gamma'_s} \tag{7.37}$$

$$1\ 000 - 10 V_a - G/\rho_G = \beta \frac{10 P_G G}{\gamma'_G} \tag{7.38}$$

从而求得:

$$G = \frac{1\ 000 - 10 V_a}{\beta \times \dfrac{10 P_G}{\gamma'_s} + \dfrac{1}{\rho_G}} \tag{7.39}$$

$$S = \frac{\beta \times \dfrac{10 P_G}{\gamma'_G} \times G}{\alpha \times \dfrac{10 P_S}{\gamma'_s} + \dfrac{1}{\rho_s}} \tag{7.40}$$

若水胶比 $K_1 = \dfrac{W}{C + F}$,掺合料比例 $K_2 = \dfrac{F}{C + F}$,则:

$$C = \frac{\alpha \times \dfrac{10 P_S}{\gamma'_s} \times S}{K_1 + \dfrac{K_1 K_2}{1 - K_2} + \dfrac{1}{\rho_c} + \dfrac{K_2}{(1 - K_2) \times \rho_F}} \tag{7.41}$$

$$F = \frac{K_2}{1 - K_2} \times C \tag{7.42}$$

$$W = K_1 \times (C + F) \tag{7.43}$$

式中:C、F、S、G、W——混凝土中水泥、掺合料、砂、石子及水用量(kg/m³);

　　　P_S、P_G——砂、石子的振实状态空隙率(%);

　　　V_a——混凝土孔隙体积百分数(%);

　　　ρ_S、ρ_G——砂、石子的视密度(g/cm³);

γ'_s、γ'_c ——砂、石子的振实状态堆积表观密度(kg/m^3)。

根据以上各式可计算出每 1 m^3 碾压混凝土的各种材料用量。

3)试拌调整

按初步确定的配合比称取各种材料进行试拌,测定拌和物的 VC 值,必要时进行调整使其满足设计要求;试拌时也应考虑拌和物的抗分离性。试拌调整完成后,测定拌和物的实际表观密度,并计算出实际配合比的各种材料用量。

4)室内配合比确定

与普通混凝土配合比设计过程一样,需对试拌调整过的混凝土配合比检验其强度及耐久性能指标合格后可确定为室内配合比。试验方法按《水工碾压混凝土试验规程》(DL/T 5433—2009)规定的方法进行。

5)施工现场配合比换算、碾压试验及配合比调整

在目前条件下,一个工程在进行碾压混凝土施工之前都必须进行现场碾压试验。其目的除了确定碾压施工参数、检验施工生产系统的运行和配套情况、落实施工管理措施,还可以通过现场碾压试验检验设计出的碾压混凝土配合比对施工设备的适应性(包括可塑性、易密性等)及拌和物的抗分离性能。碾压试验之前必须根据施工现场砂、石材料的含水情况及超、逊径情况,进行现场配合比换算,方法与普通混凝土换算方法相同。通过碾压试验,可以视情况对混凝土配合比进行必要的调整。

目前我国已建成多座碾压混凝土坝,取得了良好的技术经济和社会效益。此外,也有很多碾压混凝土坝正在设计和施工建造过程中。可以预见,今后利用碾压混凝土材料筑坝和进行围堰工程等施工,将会更为广泛。

本章小结

组成普通水泥混凝土原材料包括水泥、外掺材料、水、粗集料、细集料和外加剂,各自种类和比例不同,所配制出的水泥混凝土的性能也相应的有所变化。为配制出满足性能要求的水泥混凝土,必须对其原材料进行严格的检验。对于水泥混凝土的性能,在不同的时期有不同的要求。在施工阶段,主要要求混凝土可以方便地进行施工;在使用期,要求混凝土既能承担一定的荷载,又能经受环境因素的作用,使其性能在一定时间内可以基本保持不变。

影响新拌混凝土的工作性的因素主要有:a. 内因——组成材料的性质及其用量,包括单位体积用水量、集浆比、水灰比、砂砾以及水泥、集料等原材料的性能;b. 外因——环境条件(如温度、湿度和风速)以及时间等两个方面。

工作性只是水泥混凝土众多性能中的一部分,因此当决定采取某项措施来调整和易性时,还必须同时考虑对混凝土其他性质(如强度、耐久性)的影响,不能以降低混凝土的强度和耐久性来换取和易性。强度是混凝土硬化后的主要力学性能,并且与其他性质关系密切。应理解水泥混凝土的立方体抗压强度、立方体抗压强度标准值及水泥混凝土强度等级之间的关系。

影响硬化后水泥混凝土强度的因素是多方面的,归纳起来主要有材料组成、制备方法、养生条件和试验条件等四大方面。其中,组成材料和养生条件是影响水泥混凝土强度的最主要因素,也是工程中应加以控制的主要因素。

材料组成是混凝土强度形成的内因,主要取决于组成材料的质量及其在混凝土中的比例,影响水泥

混凝土强度的最主要内因就是水泥的强度等级和水灰比。

必须结合工地的具体条件,如施工方法及材料的质量等,进行不同的混凝土强度试验,这既能保证混凝土的质量,又能取得较高的经济效果。由于水泥混凝土的强度是依靠水泥水化产生的水化产物的胶结作用提供的。组成材料的掺量不同,所配制出的水泥混凝土的性能也明显不同,而不同的应用场合,对水泥混凝土的性能要求也不同。因此配合比设计的任务就是根据原材料的技术性能及施工条件,确定出满足工程要求的混凝土各组成材料的用量。

思考题

7.1　普通混凝土的组成材料有哪些? 在混凝土凝结硬化前后各起什么作用?

7.2　骨料的颗粒级配是什么含义? 选用级配良好的骨料配制混凝土有何意义? 骨料级配良好的标准是什么?

7.3　什么是混凝土拌和物的和易性? 如何进行试验分析评价?

7.4　影响混凝土拌和物和易性的因素有哪些? 影响规律如何?

7.5　若混凝土拌和物的黏聚性和保水性不好,可用什么措施解决?

7.6　当混凝土拌和物出现下列情况时,分别应作如何调整? ①坍落度太小;②坍落度太大,且伴有泌水现象;③插捣难,黏聚性差,有泌水现象,且易产生崩塌现象。

7.7　什么是合理砂率? 采用合理砂率配制混凝土有何技术、经济意义?

7.8　影响混凝土强度的因素有哪些? 采用哪些措施可提高混凝土强度?

7.9　引起混凝土变形的因素有哪些? 采用什么措施可减小混凝土的变形?

7.10　什么是混凝土的耐久性? 提高混凝土耐久性的方法措施有哪些?

7.11　抗渗性大小对混凝土耐久性的其他方面有何影响? 可以采用哪些措施来提高混凝土的抗渗性?

7.12　什么是减水剂? 简述减水剂的作用机制和掺入减水剂的技术经济效果。

7.13　常用的早强剂有哪些? 试评价其优缺点。

7.14　什么是引气剂? 引气剂对混凝土性能有何影响? 主要用于哪些工程中?

7.15　粉煤灰混凝土中粉煤灰的掺用方法有哪几种? 其作用效果如何?

7.16　什么是混凝土强度保证率? 如何计算混凝土配制强度?

7.17　简述混凝土质量控制的方法。

7.18　工程中对所使用的混凝土有哪些基本要求? 混凝土配合比设计时需要确定的三大参数是什么? 如何确定?

7.19　什么是混凝土初步配合比、基准配合比、实验室配合比?

7.20　现有甲、乙两种砂,各取干砂样 500 g 做筛分试验,其结果如表 7.38 所示。

表 7.38　筛分试验结果

筛孔公称直径(μm)		5.00	2.50	1.25	630	315	160	底盘
筛余量(g)	甲砂	0	0	50	100	150	150	50
	乙砂	50	150	100	100	75	25	0

(1)试计算两种砂的细度模数,评价其粗细和颗粒级配情况;

（2）若将两种砂混合掺配成 $\mu_g = 2.7$ 的中砂,请问甲、乙两种砂各应占多少?

7.21 现浇框架结构梁,混凝土设计强度等级 C25,施工要求坍落度 30~50 mm,施工单位无历史统计资料。采用的原材料为:普通硅酸盐水泥强度等级为 42.5 级,$\rho_c = 3\,000$ kg/m³;天然河砂 $\mu_f = 2.6$,$\rho_{S0} = 2\,600$ kg/m³;卵石 $D_M = 20$ mm,$\rho_{C0} = 2\,650$ kg/m³;自来水。试计算初步配合比。

7.22 某混凝土试拌调整后,各材料用量分别为:水泥 3.1 kg、水 1.86 kg、砂 6.24 kg、碎石 12.84 kg,并测得拌和物表观密度为 2\,450 kg/m³。试求 1 m³ 混凝土的各材料实际用量。若施工现场砂的含水率为 $\omega_s = 4\%$,石子的含水率为 $\omega_c = 1\%$,试求其施工配合比。

7.23 某工地施工现场采用的混凝土施工配合比为:水泥 312 kg、水 130 kg、砂 710 kg、碎石 1\,300 kg,采用的 42.5 级普通硅酸盐水泥,其实测 28 d 抗压强度为 35.5 MPa,砂的含水率为 $\omega_s = 3\%$,碎石的含水率为 $\omega_c = 1.5\%$。若混凝土强度标准差为 4 MPa,请问该配合比能否满足混凝土设计强度等级 C20 的要求?

7.24 现有干砂 500 g,其筛分结果见表 7.39,试判断该砂的级配是否合格? 属何种砂? 计算该砂的细度模数。

表 7.39　干砂筛分结果

筛孔尺寸(mm)	5.0	2.5	1.25	0.63	0.315	0.16	<0.16
筛余量(g)	25	50	100	125	100	75	25

7.25 现有粗、细两种砂,筛分结果见表 7.40,试问这两种砂可否单独用于配制混凝土? 若不能,则应以什么比例混合后才能使用? 若要配制出细度模数为 2.7 的砂,两种砂各应取什么比例?

表 7.40　粗、细砂的筛分结果

筛孔尺寸(mm)		5.0	2.5	1.25	0.63	0.315	0.16	<0.16
筛余量(g)	粗砂	50	150	150	75	50	25	0
	细砂	0	25	25	75	120	245	10

7.26 为什么工程设计者和质量控制人员都非常重视混凝土的抗压强度?

7.27 当工程所用砂子的粗细程度或颗粒级配不满足要求时,有何措施?

7.28 有 3 个商品混凝土搅拌站生产的混凝土,实际混凝土平均抗压强度均为 24 MPa,设计要求混凝土强度等级都是 C20,离差系数值分别为 0.15、0.18、0.20。3 个搅拌站生产的混凝土强度保证率能否达到要求?

7.29 实验室试拌混凝土(以气干状砂、石为准),经调整后各种材料用量为:42.5 MPa 普通硅酸盐水泥 4.5 kg、水 2.7 kg、砂 9.9 kg、碎石 18.9 kg,测得拌和物的表观密度为 2\,480 kg/m³。试求:

（1）每立方米混凝土的各种材料用量是多少?

（2）当施工现场砂子含水率为 3.5%,石子含水率为 1% 时,求施工配合比是多少?

（3）如果将实验室配合比直接用于现场,则现场混凝土的实际配合比将如何变化? 对混凝土的强度将产生多大的影响?

7.30 混凝土计算配合比为 1∶2.13∶4.31,水灰比为 0.58,在试拌调整时,增加了 10% 的水泥浆用量。试求:

（1）该混凝土的基准配合比是多少?

（2）若基准配合比混凝土的水泥用量为 320 kg/m³,求每立方米混凝土中其他材料的用量是多少?

7.31　混凝土配合比设计过程中,在保证混凝土技术性能要求条件下,怎样做才能使配制出的混凝土更具有经济性?

7.32　如何利用混凝土施工质量管理图对混凝土质量进行控制和管理?

7.33　为建立混凝土强度-水灰比关系曲线,设计四种混凝土配合比。要求坍落度为 30 ~ 50 mm,拟用原材料为:水泥为 32.5 级矿渣水泥,$\rho_C = 3.0$ g/cm³;砂为中砂,$\rho_S = 2.60$ g/cm³;石为 5 ~ 40 mm 碎石,$\rho_G = 2.70$ g/cm³。混凝土 28 d 强度要求见表 7.41,试将 15L 混凝土各项材料用量填入表 7.4,并总结其规律。

表 7.41　混凝土强度对应材料用量

编号	混凝土 28 d 强度（MPa）	15L 混凝土的材料用量(kg)			
		水泥	水	砂	石
1	15				
2	20				
3	25				
4	30				

7.34　某工程在一个月内浇筑的某部位混凝土,各班测得混凝土标准养护 28 d 抗压强度如下(单位:MPa):20.6、14.6、27.0、11.0、18.2、18.2、19.8、24.2、18.2、13.0、21.0、27.8、19.4、18.2、21.4、21.4、16.4、18.2、11.4、13.8、21.0、17.0、17.6、18.8、15.6、23.8、15.0、25.8、34.8、33.8、26.0、32.6。试件尺寸为 15 cm × 15 cm × 15 cm,该部位混凝土设计要求 C15。试求:

(1)混凝土平均强度、标准差 σ 及保证率 P 是多少?

(2)按规范规定,该混凝土 28 d 按月统计的保证率 P 不得小于 80%,混凝土强度 σ 不宜大于 4.5 MPa,应争取控制在 3.5 MPa 以下。据此评定该混凝土是否合格?若强度保证率符合要求,而 σ 值不合要求,这批混凝土质量水平如何?能否通过验收?

第 **8** 章

砂　浆

【本章重点】砂浆的技术性质及其测定方法，以及砌筑砂浆配合比设计方法。

【本章要求】了解砂浆的主要组成材料、新拌砂浆的流动性与保水性、砂浆的强度和强度等级、预拌砂浆（商品砂浆）的应用。

8.1　概述

为了改善砂浆的和易性，常掺入适量的外加剂和掺合料。砂浆按胶凝材料的不同，可分为水泥砂浆、石灰砂浆、聚合物砂浆和混合砂浆等。混合砂浆可分为水泥石灰混合砂浆、水泥黏土砂浆和水泥粉煤灰砂浆等。

砂浆主要用于砌筑砖石结构（如基础、墙体等），也用于建筑物内外表面（墙面、地面、天棚等）的抹面。砂浆按用途可分为砌筑砂浆、抹面砂浆、装饰砂浆和特种砂浆（如绝热砂浆、防水砂浆、耐酸砂浆等）。按所用胶结材料不同分为水泥砂浆、石灰砂浆、混合砂浆（常用的是水泥石灰混合砂浆）。

近年来，随着我国墙体材料改革和建筑节能工作的深入，各种新型墙体材料替代传统普通黏土砖而大量使用，对建筑砂浆的质量和技术性能提出了更高的要求，传统的砂浆已不能满足使用要求。预拌砂浆、干粉砂浆、专用砂浆、自流平砂浆等应运而生，且使用量逐年快速增长。

建筑砂浆与混凝土的差别仅限于不含粗骨料，可以说是无粗骨料的混凝土。因此，有关混凝土性质的规律，如和易性、强度和耐久性等的基本理论和要求原则上也适用于砂浆。但砂浆为薄层铺筑或粉刷，基底材料各自不同，并且在房屋建筑中大多是涂铺在多孔而吸水的基底上的，由于这些应用上的特点，对砂浆性质的要求及影响因素又与混凝土不尽相同。施工工艺和施工条件的差异，对砂浆也提出了与混凝土不尽相同的技术要求。合理选择和使用砂浆，对于保证工程质量、降低工程造价具有重要意义。

土木工程中,要求砌筑砂浆具有如下性质:

①新拌砂浆应具有良好的和易性;

②硬化砂浆应具有一定的强度、良好的黏结力等力学性质;

③硬化砂浆应具有良好的耐久性。

8.2 建筑砂浆的组成材料

建筑砂浆是将砖、石、砌块等黏结成为砌体的砂浆。它起着胶结块材和传递荷载的作用,是砌体的重要组成部分。建筑砂浆的主要组成材料有水泥、细骨料、掺合料、外加剂、水等。

▶ 8.2.1 水泥

1)水泥的品种

普通水泥、矿渣水泥、粉煤灰水泥、火山灰水泥、复合水泥等常用品种水泥都可以用来配制建筑砂浆。砌筑水泥是专门用来配制砌筑砂浆和内墙抹面砂浆的少熟料水泥,强度低,配制的砂浆具有较好的和易性。建筑砂浆水泥品种的选择与混凝土相同。另外,对于一些有特殊用途的砂浆,如用于预制构件的接头、接缝,或用于结构加固、修补裂缝等的砂浆,应采用膨胀水泥;装饰砂浆应采用白水泥、彩色水泥等。

2)水泥强度等级

应根据砂浆强度等级选择水泥的强度等级。为了合理地利用资源、节约材料,配制砂浆时尽量选用低强度等级水泥和砌筑水泥。在配制砌筑砂浆时,所选择水泥强度等级一般为砂浆强度等级的3~5倍。但水泥砂浆采用的水泥强度等级不宜大于32.5级,水泥混合砂浆采用的水泥强度等级不宜大于42.5级。如果水泥强度等级过高,可适当掺入掺合料。不同品种的水泥,不得混合使用。

3)水泥用量

水泥砂浆中水泥用量不宜小于200 kg/m³,水泥混合砂浆中水泥和掺合料总量应为300~350 kg/m³。

▶ 8.2.2 细骨料

配制砂浆的细骨料最常用的是天然砂。砂应符合混凝土用砂的技术性质要求。由于砂浆层较薄,砂的最大粒径应有所限制,理论上不应超过砂浆层厚度的1/5~1/4,例如砖砌体用砂浆宜选用中砂,最大粒径以不大于2.5 mm为宜;石砌体用砂浆宜选用粗砂,砂的最大粒径以不大于5.0 mm为宜;光滑的抹面及勾缝的砂浆宜采用细砂,其最大粒径以不大于1.2 mm为宜。用于装饰的砂浆,还可采用彩砂、石渣等。

砂子中的含泥量对砂浆的和易性、强度、变形性和耐久性均有影响。为保证砂浆的质量,尤其是在配制高强度砂浆时,应选用洁净的砂。因此,对砂的含泥量应予以限制:对强度等级为M2.5以上的砌筑砂浆,含泥量不应超过5%;对强度等级为M2.5的砂浆,含泥量不应超过10%。

当细骨料采用人工砂、细炉渣、细矿渣等时,应根据经验并经试验,确定其技术指标要求。

▶ 8.2.3 掺合料

当采用高强度等级水泥配制低强度等级砂浆时,因水泥用量较少,砂浆易产生分层、离析及泌水。

在施工现场为改善砂浆的和易性、节约胶凝材料用量、降低砂浆成本,在配制砂浆时可掺入磨细生石灰、石灰膏、石膏、粉煤灰、黏土膏、电石膏等材料作为掺合料。

粉煤灰、生石灰等掺合料的要求应符合相应的规定,掺量可经试验确定。所用生石灰须先熟化成石灰膏,熟化时间不得少于 7 d,陈伏两周以上为宜;如用磨细生石灰粉,其熟化时间不得少于 2 d,否则会因过火石灰颗粒熟化缓慢、体积膨胀,使已经硬化的砂浆产生鼓泡、崩裂现象。沉淀池中储存的石灰膏,应采取防止干燥、冻结和污染的措施。严禁使用脱水硬化的石灰膏。消石灰粉不得直接使用于砂浆中。对于磨细后细度符合要求的生石灰粉,不需要加工淋灰,可直接使用。

采用黏土或亚黏土制备黏土膏时,宜用搅拌机加水搅拌,通过孔径不大于 3 mm × 3 mm 的网过筛,使黏土膏达到所需细度,以保证其塑化效果。

▶ 8.2.4　外加剂

为了改善新拌砂浆的和易性与硬化后砂浆的各种性能或赋予砂浆某些特殊性能,常在砂浆中掺入适量外加剂。例如为了改善砂浆和易性,提高砂浆的抗裂性、抗冻性及保温性,可掺入微沫剂、减水剂等外加剂;为了增强砂浆的防水性和抗渗性,可掺入防水剂等;为了增强砂浆的保温隔热性能,除选用轻质细骨料,还可掺入引气剂提高砂浆的孔隙率。混凝土中使用的外加剂,对砂浆也具有相应的作用。应通过试验确定外加剂的品种和掺量。外加剂加入后应充分搅拌使其均匀分散,以防产生不良影响。用于砂浆的外加剂又称为砂浆剂,近年已生产出许多满足不同用途的专用砂浆剂。使用外加剂,不用再掺加石灰膏等掺合料就可获得良好的工作性能,还可以节约能源,保护自然资源。

▶ 8.2.5　聚合物

在许多特殊的场合可采用聚合物作为砂浆的胶凝材料,由于聚合物为链型或体型高分子化合物,且黏性好,在砂浆中可呈膜状大面积分布。因此,可提高砂浆的黏结性、韧性和抗冲击性,同时也有利于提高砂浆的抗渗、抗碳化等耐久性能,但是可能会使砂浆的抗压强度降低。常用的聚合物有聚醋酸乙烯酯、甲基纤维素醚、聚乙烯醇、聚酯树脂、环氧树脂等。

▶ 8.2.6　水

拌和砂浆用水与混凝土拌和用水的要求相同,应选用无有害杂质的洁净水。

8.3　建筑砂浆的主要技术性质

砂浆与混凝土相比,只是在组成上没有粗骨料,因此砂浆的搅拌时间、使用时间对砂浆的强度有影响:砂浆搅拌要均匀,时间不能太短,也不宜过长,一般要求搅拌时间不得少于 90 s(自全部材料装入搅拌筒到出料)。掺外加剂时,砂浆机械搅拌时间不得少于 240 s,也不宜超过 360 s。砂浆应随拌随用,必须在 4 h 内使用完毕,不得使用过夜砂浆。试验资料表明:5 MPa 强度的过夜砂浆,捣碎加水制成试块,经 28 d 标准养护,强度只能达到 3 MPa;2.5 MPa 强度的过夜砂浆,捣碎加水制成试块,经 28 d 标准养护,强度只能达到 1.4 MPa。

▶ 8.3.1　新拌砂浆的和易性

新拌砂浆与新拌混凝土一样,必须具备良好的和易性。和易性良好的砂浆,不仅在运输和施工过程中不易产生分层、析水现象,而且容易在砖石基底上铺成均匀的薄层,并能与基底紧密黏结,从而既便于施工操作、提高工效,又能保证施工质量。砂浆的表观密度是指砂浆拌和物在捣实后的单位体积的质量,以此确定每立方米砂浆拌和物中各组成材料的实际用量。水泥砂浆的表观密度不应小于 $1\ 900\ kg/m^3$,水泥混合砂浆的表观密度不应小于 $1\ 800\ kg/m^3$。

砂浆的和易性包括流动性和保水性两个方面。

1)流动性

流动性又称稠度,是指砂浆在自重或外力作用下流动的性能。流动性用沉入度表示,用砂浆稠度仪测定。沉入度是指以质量为 300 g、顶角为 30°的圆锥体,在 10 s 内沉入砂浆的深度(mm)。沉入度越大,说明砂浆的流动性越好。

无论是采用手工操作,还是机械喷涂施工,都要求砂浆具有一定的流动性。

砂浆的流动性与许多因素有关。胶凝材料的用量,用水量,砂粒粗细、形状、级配,以及砂浆的搅拌时间、放置时间,环境的温度、湿度等都会影响砂浆的流动性。砂浆流动性的选择与砌体材料及施工天气情况有关。对于多孔吸水的砌体材料和干热的天气,要求砂浆的流动性大些;相反,对于密实不吸水的材料和湿冷的天气,可要求流动性小些。一般情况可参考表8.1选择砂浆的流动性。

表8.1 砂浆的流动性

单位:mm

砌体种类	干燥气候	寒冷气候	抹灰工程	机械施工
烧结普通黏土砖砌体	80～90	70～80	准备层	80～90
普通混凝土空心砌块	60～70	50～60	底层	70～80
轻骨料混凝土砌块	70～90	60～80	面层	70～80
石砌体	40～50	30～40	石膏浆面层	

2)保水性

砂浆的保水性是指新拌砂浆保持水分的能力,也表示砂浆中各组成材料不易分离的性质。保水性不好的砂浆,在施工过程中容易出现泌水和分层离析现象,砌筑时水分易被基面所吸收,砂浆变得干涩,难以铺摊均匀,使砌体的砂浆饱满度降低。同时,也影响胶凝材料的正常硬化,不但降低砂浆本身的强度,而且使砂浆与砌体材料的黏结不牢,致使砌体质量不良。因此,为了保证砌体的质量,要求砂浆具有良好的保水性。

砂浆的保水性常用分层度筒测定,并以分层度(单位为 mm)表示。将搅拌均匀的砂浆,先测其沉入度,装入分层度测定仪,静置30 min 后,去掉上部200 mm 厚的砂浆,再测其剩余部分砂浆的沉入度,先后两次沉入度的差值称为分层度。保水性良好的砂浆其分层度是较小的。砂浆的分层度以 10～20 mm 为宜,不应大于30 mm。分层度大的砂浆,容易产生离析,不便于施工;分层度接近于0 的砂浆,其保水性太强,在砂浆硬化过程中容易产生干缩裂缝。

砂浆保水性的优劣与材料组成有关。如果砂浆中砂和水的用量过多,胶凝材料不足,则砂浆的保水性就不好。若掺入适量的石灰膏、黏土膏或粉状工业废料(如粉煤灰等)保水性良好的无机掺合料,则砂浆保水性可得到显著改善。如果砂子过粗,易于下沉,使水上浮,也容易分层离析。在砂浆中掺入有机塑化剂,可以有效地改善砂浆的流动性和保水性,其原理及效果均与它们在混凝土中的作用相似。外加剂的品种和掺量应通过物理力学性能试验确定。

► 8.3.2 硬化砂浆的技术性质

硬化后的砂浆应具有一定的抗压强度、黏结强度、耐久性及工程所要求的其他技术性质。试验结果表明，黏结强度、耐久性均与抗压强度有一定的相关关系，抗压强度提高，黏结强度和耐久性随之提高。抗压强度试验简单准确，故在工程实践中以抗压强度作为砂浆的主要技术指标。

1)强度和强度等级

砂浆强度是以边长为 70.7 mm 的立方体试块，按标准条件养护至 28 d 测得的抗压强度值确定的。砌筑砂浆强度等级分为 M20、M15、M10、M7.5、M5 和 M2.5 六个等级。影响砂浆抗压强度的因素较多，其组成材料的种类也较多，因此很难用简单的公式准确地计算出其抗压强度。在实际工作中，多根据具体的组成材料，采用试配的办法经过试验来确定其抗压强度。对于普通水泥配制的砂浆，可参考式(8.1)—式(8.2)计算其抗压强度。

①用于不吸水底面(如密实的石材)的砂浆，其强度与混凝土相似，主要取决于水泥强度和水灰比。其计算公式为

$$f_{m,0} = Af_{ce}\left(\frac{C}{W} - B\right) \tag{8.1}$$

式中：$f_{m,0}$——砂浆 28 d 的抗压强度(MPa)；

$\quad\quad f_{ce}$——水泥实测抗压强度(MPa)；

$\quad\quad C/W$——灰水比；

$\quad\quad A、B$——系数，可根据试验资料统计确定。

②用于吸水底面(如砖或其他多孔材料)时，即使砂浆用水量不同，但因砂浆具有保水性能，经过底面吸水后，保留在砂浆中的水分几乎是相同的。因此，砂浆的强度主要取决于水泥强度等级及水泥用量，而与水灰比没有关系。其计算公式为

$$f_{m,0} = \alpha f_{ce}Q_c/1\,000 + \beta \tag{8.2}$$

式中：$f_{m,0}$——砂浆 28 d 的抗压强度(MPa)；

$\quad\quad f_{ce}$——水泥实测抗压强度(MPa)；

$\quad\quad Q_c$——每立方米砂浆的水泥用量(kg)；

$\quad\quad \alpha、\beta$——砂浆的特征系数，其中 $\alpha = 3.03$，$\beta = -15.09$，各地区也可用本地区试验资料确定 α、β 值，统计用试验组数不得少于 30 组。

在一般建筑工程中，砖混多层住宅采用 M5 或 M10 砂浆；办公楼、教学楼及多层商店工程多采用 M2.5 ~ M10 砂浆；平房宿舍、商店等工程多采用 M2.5 ~ M5.0 砂浆；食堂、仓库、锅炉房、变电室、地下室、工业厂房及烟囱等多采用 M2.5 ~ M10 砂浆；检查井、雨水井、化粪池等可采用 M5.0 砂浆。

2)黏结力

砖石砌体是靠砂浆把许多块状的砖石材料黏结成为一个坚固整体的，因此要求砂浆对砖石必须有一定的黏结力。一般情况下，砂浆的抗压强度越高，其黏结力也越大。此外，砂浆的黏结力与砖石表面状态、清洁程度、湿润情况以及施工养护条件等都有密切关系。如砌砖要事先浇水湿润，表面不沾泥土，就可以提高砂浆与砖之间的黏结力，保证墙体的质量。

砌筑砂浆的黏结力，直接关系到砌体的抗震性能和变形性能，可通过砌体抗剪强度试验测评。试验表明，水泥砂浆中掺入石灰膏等掺加料，虽然能改善和易性，但会降低黏结强度。而掺入聚合物的水泥砂浆，其黏结强度会明显提高，所以砂浆外加剂中常含有聚合物组分。我国古代在石灰砂浆中掺入糯米

汁、黄米汁,也是为了提高砂浆的黏结力。

聚合物砂浆与普通砂浆相比,具有抗拉强度高、拉压弹性模量低、干缩变形小、抗冻、抗渗、抗冲耐磨、与混凝土黏结强度高,并且具有一定的弹性、抗裂性能高的特点。这对解决砌体裂缝、渗漏、空鼓、脱落等质量通病非常有利。

▶ 8.3.3 砂浆的变形与耐久性

1)砂浆的变形性能

砂浆在承受荷载或温度和湿度发生变化时,均会发生变形,如果变形过大或不均匀,会降低砌体及面层质量,引起沉降或开裂。砂浆在承受荷载或在温度变化时,会产生变形。抹面砂浆在空气中也容易产生收缩等变形,变形过大也会使面层产生裂纹或剥离等质量问题。因此,要求砂浆具有较小的变形性。

砂浆变形性的影响因素很多,如胶凝材料的种类和用量、用水量、细骨料的种类、级配和质量以及外部环境条件等。

（1）结构变形对砂浆变形的影响

砂浆属于刚性材料,墙体结构变形会引起砂浆裂缝。当地基不均匀沉降、横墙间距过大、砖墙转角应力集中处未加钢筋、门窗洞口过大、变形缝设置不当等使墙体因强度、刚度、稳定性不足而产生结构变形,超出砂浆允许变形值时,砂浆层将开裂。

（2）温度变化对砂浆变形的影响

温度变化导致建筑材料膨胀或收缩,但不同材质有不同的温度系数和变形应力。热膨胀在界面产生温度应力,一旦温度应力大于砂浆的抗拉强度,将使材料发生相对位移,导致砂浆产生裂缝。例如外墙水泥砂浆大部分暴露在阳光下,砂浆层温度有可能会大大地超过气温,甚至高出室外温度 1 倍以上,加上日照时间变化及寒冬酷暑温差的变化,产生的温度应力较大,使外墙水泥砂浆产生温度收缩裂缝。虽然温度应力产生的裂缝较为细小,但如此反复,裂纹就会不断扩大。

（3）湿度变化对砂浆变形的影响

外墙抹面砂浆长期裸露在空气中,往往因湿度的变化而膨胀或收缩。湿度引起的变形与水泥砂浆的含水量变化和干缩率有关。由湿度引起的变形中,膨胀值是其收缩值的 1/9。水泥砂浆的干缩速率是一条逆降的曲线,初期干缩迅速,时间长会逐渐减缓。这种收缩是不可逆的,而湿度变化造成的收缩是一种干湿循环的可逆过程。当收缩应力大于砂浆的抗拉强度时,砂浆必然产生裂缝。

在砌筑工程中,不同砌体材料的吸水性差异很大。而砌体材料的含水率高低引起的干缩率不同,含水率越大,干燥收缩越大。砌筑砂浆若保水性不良,用水量较多,砂浆的干燥收缩也会增大。砌筑砂浆的干缩变形系数与砌体材料的不同,在界面上会产生拉应力,引起砂浆开裂,降低抗剪强度和抗震性能。

在实际工程中,可通过掺加抗裂性材料,提高砂浆的塑性和韧性,改善砂浆的变形性能。例如配制聚合物水泥砂浆、阻裂纤维水泥砂浆（以水泥砂浆为基体和非连续的短纤维或者连续的长纤维为增强材料所组成的水泥基复合材料）、膨胀类材料抗裂砂浆等。

2)耐久性

硬化后的砂浆要与砌体一起承受周围介质的物理化学作用,因而砂浆应具有一定的耐久性。试验证明,砂浆的耐久性随抗压强度的增大而提高,即它们之间存在一定的相关性。砂浆应与基底材料有良好的黏结力、较小的收缩变形。对防水砂浆或直接受水和受冻融作用的砌体,砂浆还应有抗渗性和抗冻性的要求。在砂浆配制中除控制水灰比,常加入外加剂来改善抗渗和抗冻性能,如掺入减水剂、引气剂及防水剂等,并通过改进施工工艺,填塞砂浆的微孔和毛细孔,增加砂浆的密度。

具有抗冻性要求的砂浆,经过多次冻融试验后,质量损失率不得大于 5%,抗压强度损失率不得大于 25%。

8.4　建筑砂浆的配合比

▶ 8.4.1　砌筑砂浆配合比设计

砌筑砂浆要根据工程类型及砌筑部位的设计要求来确定砂浆的品种和强度等级,再按所要求的砂浆强度等级确定其配合比。

确定砂浆配合比时,一般情况下可以查阅有关手册或资料来选择,也可以通过计算来确定。如需计算,应先确定水泥、石灰膏和砂的用量,然后再加入适量的水进行搅拌,达到施工所需的稠度。但无论采用哪种方法,都应通过试验调整及验证后才能使用。

水泥混合砂浆配合比计算步骤如下:

1)砂浆的配制强度

为保证砂浆具有 95% 的强度保证率,砂浆的配制强度推荐按式(8.3)确定:

$$f_{m,0} = k \times f_{m,k} + 0.645\sigma_0 \tag{8.3}$$

式中:$f_{m,0}$——砂浆的试配强度(MPa),精确至 0.1 MPa;

$f_{m,k}$——砂浆的设计强度(即砂浆抗压强度平均值,MPa);

k——考虑施工水平后选用的安全系数;

σ_0——砂浆现场强度标准差(MPa),精确至 0.01 MPa。

砂浆现场强度标准差应通过有关资料统计得出,当不具有近期统计资料时,其砂浆现场强度标准差 σ_0 和 k 可按表 8.2 取用。

表 8.2　砂浆现场强度标准差 σ_0 及 k 选用值

强度等级	强度标准差 σ_0(MPa)							k
施工水平	M5	M7.5	M10	M15	M20	M25	M30	
优良	1	1.5	2	3	4	5	6	1.15
一般	1.25	1.88	2.5	3.75	5	6.25	7.5	1.2
较差	1.5	2.25	3	4.5	6	7.5	9	1.25

2)计算水泥用量

每立方米砂浆中的水泥用量应按式(8.4)计算:

$$Q_f = \frac{1\,000 \times (f_{m,0} - \beta)}{\alpha \times f_{ce}} \tag{8.4}$$

式中:Q_f——每立方米砂浆的水泥用量(kg);

$f_{m,0}$——砂浆的试配强度(MPa);

f_{ce}——水泥的实测强度(MPa),精确至 0.1 MPa;

α、β——砂浆的特征系数,$\alpha = 3.03$,$\beta = -15.09$。

当计算出每立方米水泥砂浆中的水泥用量不足 200 kg 时,应按 200 kg 采用。

3）计算掺加料用量

水泥混合砂浆的掺加料用量应按式（8.5）计算：

$$Q_D = Q_A - Q_C \qquad\qquad (7.5)$$

式中：Q_D——每立方米砂浆的掺加料用量（kg）；

Q_C——每立方米砂浆的水泥用量（kg）；

Q_A——每立方米砂浆中胶结料和掺加料的总量（kg），一般应为 300～350 kg，若砂较细，含泥较多，可用小值，反之应选用较大值，当计算中水泥用量已超过 350 kg 时，则不必再掺入掺加料，直接使用纯水泥砂浆即可。

石灰膏不同稠度时，其用量应乘以表 8.3 所示的换算系数进行换算。石灰膏、黏土膏和电石膏试配时的稠度，应为（120±5）mm。

表 8.3 石灰膏不同稠度时的换算系数

石灰膏稠度（mm）	120	110	100	90	80	70	60	50	40	30
换算系数	1.00	0.99	0.97	0.95	0.93	0.92	0.90	0.88	0.87	0.86

4）砂的用量

砂浆中的砂子用量，应以干燥状态（含水率小于 0.5%）的堆积密度值为计算值，单位以 kg/m³ 计。

5）用水量

砂浆中的用水量，按砂浆稠度等要求，可根据经验或按表 8.4 选用。

表 8.4 砂浆中用水量选用值

砂浆品种	混合砂浆	水泥砂浆
用水量（kg/m³）	260～300	270～330

注：①混合砂浆中的用水量，不包括石灰膏或黏土膏中的水。

②当采用细砂或粗砂时，用水量分别取上限或下限。

③稠度小于 70 mm 时，用水量可小于下限。

④施工现场气候炎热或干燥季节，可酌量增大用水量。

6）配合比试配、调整与确定

同混凝土配合比设计一样，无论是查表还是通过计算所得到的砂浆初步配合比，都需经过试配，然后进行必要的调整，最后选定符合强度要求的且水泥用量较少的砂浆配合比。试配时应采用工程中实际使用的材料，其搅拌方法应与生产时使用的方法相同。

试配分两步进行：

（1）试拌调整

按计算配合比进行试拌，测定其拌和物的稠度和分层度。若不能满足要求，则应调整用水量或掺加料，直到符合要求为止。稠度和分层度符合要求的配合比即为砂浆基准配合比。

（2）强度校核

砂浆强度试验至少应采用 3 个不同的配合比，其中 1 个为按上述试拌调整所得出的基准配合比，另外 2 个配合比的水泥用量按基准配合比分别增加及减少 10%。在保证稠度和分层度合格的条件下，可将用水量或掺合料用量作相应调整。然后按国家标准规定分别成型试件，测定砂浆强度，并选定符合强度要求且水泥用量较少的砂浆配合比。

砂浆配合比确定后,当原材料有变更时,其配合比必须重新通过试验确定。

▶ 8.4.2 水泥砂浆配合比选用

根据使用及工程实践,供试配的水泥砂浆配合比可按表8.5选用。

表8.5 供试配的水泥砂浆配合比

强度等级	砂浆水泥用量(kg/m³)	砂浆用砂量(kg/m³)	砂浆用水量(kg/m³)
M2.5~M5.0	200~230	砂子的堆积表观密度 (1 450 kg/m³ 左右)	270~330
M7.5~M10	220~280		
M15	280~340		
M20	340~400		

注:①此表水泥强度等级为32.5级,大于32.5级水泥用量宜取下限。
②根据施工水平合理选择水泥用量。
③当采用细砂或粗砂时,用水量分别取上限或下限。
④稠度小于70 mm时,用水量可小于下限。
⑤施工现场气候炎热或干燥季节,可酌情增加用水量。
⑥试配强度应按式(8.3)计算。

▶ 8.4.3 砌筑砂浆配合比计算实例

【例8.1】 要求设计用于砌筑砖墙的M7.5级、稠度为70~100 mm 的水泥石灰混合砂浆配合比。原材料的主要参数:水泥为32.5级普通硅酸盐水泥;砂子为中砂,干松散堆积密度为1 450 kg/m³,含水率为2%;石灰膏稠度为110 mm;企业施工水平一般。

解:(1)计算试配强度$f_{m,0}$

$$f_{m,0} = f_{m,k} + 0.645\sigma_0$$

式中:$f_{m,k} = 7.5$ MPa,$\sigma_0 = 1.88$ MPa(查表),则:

$$f_{m,0} = 7.5 + 0.645 \times 1.88 \approx 8.7 \text{ MPa}$$

(2)计算水泥用量Q_C

$$Q_C = \frac{1\,000(f_{m,0} - \beta)}{\alpha f_{ce}}$$

式中:$f_{m,0} = 8.7$ MPa,$\alpha = 3.03$,$\beta = -15.09$,$f_{ce} = \gamma_a \times f_{ce,k} = 1.0 \times 32.5 = 32.5$ MPa,则:

$$Q_C = \frac{1\,000 \times (8.7 + 15.09)}{3.03 \times 32.5} = 242 \text{kg/m}^3$$

(3)计算石灰膏用量Q_D

$$Q_D = Q_A - Q_C$$

选取$Q_A = 330$ kg/m³,则:

$$Q_D = 330 - 242 = 88 \text{ kg/m}^3$$

石灰膏稠度110 mm 换算成120 mm(查表),得:

$$88 \times 0.99 = 87 \text{ kg/m}^3$$

(4)根据砂子堆积密度和含水率,计算用砂量Q_S

$$Q_S = 1\,450 \times (1 + 2\%) = 1\,479 \text{ kg/m}^3$$

（5）选择用水量 Q_W

根据表 8.5 选择用水量,得:

$$Q_W = 300 \text{ kg/m}^3$$

（6）计算砂浆试配时各材料的用量比例

水泥:石灰膏:砂:水 = 242:87:1 479:300 = 1:0.36:6.11:1.24

经试配、调整,最后确定施工所用的砂浆配合比。

8.5　其他砂浆

本节主要介绍抹面砂浆、特种砂浆、预拌砂浆(商品砂浆)。

▶ 8.5.1　抹面砂浆

抹面砂浆是指涂抹在建筑物或建筑构件表面,起保护基层、增加美观作用的砂浆。根据抹面砂浆功能的不同,一般可将抹面砂浆分为普通抹面砂浆、装饰砂浆、防水砂浆等。

通常,土木工程对抹面砂浆的强度要求并不高,但要求其具有良好的和易性,容易抹成均匀平整的薄层,便于施工,并要具有较强的黏结力,砂浆层要能与底面黏结牢固、长期不开裂或脱落。

抹面砂浆的组成材料与砌筑砂浆基本上是相同的。但为了提高砂浆的黏结能力,抹面砂浆一般比砌筑砂浆所用的胶凝材料要多,有时还需要加入有机聚合物,以便在提高砂浆与基层黏结力的同时,增加硬化砂浆的柔韧性,减少开裂,避免空鼓或脱落。

由于抹面砂浆的暴露面积较大,很容易产生干缩,有时需加入一些纤维材料,以增强其抗拉强度,减少干缩和开裂。砂浆常用的纤维材料有麻刀、纸筋、玻璃纤维等。另外,为了使砂浆具有某些功能,需要选用特殊骨料或掺合料。

1)普通抹面砂浆

普通抹面砂浆对建筑物和墙体起保护作用。它可以抵抗风、雨、雪等自然环境对建筑物的侵蚀,并提高建筑物的耐久性。经过砂浆抹面的墙面或其他构件的表面可以达到平整、光洁和美观的效果。

抹面砂浆通常分为两层或三层进行施工。各层抹灰要求不同,所以每层所选用的砂浆也不一样。底层抹灰的作用是使砂浆与底面能牢固黏结。因此,要求砂浆具有良好的和易性和较高的黏结力,其保水性要好,否则水分就容易被底面材料吸掉而影响砂浆的黏结力。底层表面粗糙些有利于与砂浆的黏结。中层抹灰主要是为了找平,有时可省去不用。面层抹灰要达到平整美观的表面效果。

用于砖墙的底层抹灰,多用石灰砂浆;用于混凝土墙、梁、柱、顶板等的底层抹灰,多用混合砂浆。用于中层的抹灰多用混合砂浆或石灰砂浆。用于面层的抹灰多用混合砂浆、麻刀石灰灰浆或纸筋石灰灰浆。在容易碰撞或潮湿的地方,应采用水泥砂浆,如墙裙、踢脚板、地面、雨篷、窗台以及水池、水井等处,一般多用1:2.5水泥砂浆。在硅酸盐砌块墙面上做抹面砂浆或粘贴饰面材料时,最好在砂浆层内夹一层事先固定好的钢丝网,以免日后发生剥落现象,普通抹面砂浆的参考配合比见表8.6。

表8.6 普通抹面砂浆参考配合比

材料	体积配合比	材料	体积配合比
水泥：砂	1：2～1：3	石灰：石膏：砂	1：0.4：2～1：2：4
石灰：砂	1：2～1：4	石灰：黏土：砂	1：1：4～1：1：8
水泥：石灰：砂	1：1：6～1：2：9	石灰膏：麻刀	100：1.3～100：2.5（质量比）

2）装饰砂浆

粉刷在建筑物内外表面，具有美观装饰效果的抹面砂浆称为装饰砂浆。装饰砂浆的底层和中层抹灰与普通抹面砂浆基本相同。装饰砂浆的面层则要选用具有一定颜色的胶凝材料和骨料，并采用特殊的施工操作工艺，使表面呈现出各种不同的色彩、质地、线条与花纹等装饰效果。

装饰砂浆所采用的胶凝材料有普通水泥、矿渣水泥、火山灰水泥和白水泥、彩色水泥，或是在常用水泥中掺加耐碱矿物颜料配成彩色水泥砂浆。骨料除普通河砂外，常采用色彩鲜艳的大理石、花岗石等色石或细石碴，有时也采用玻璃或陶瓷碎粒。

外墙面的装饰砂浆有如下常用工艺做法：

（1）拉毛

先用1：3的水泥砂浆做底层，再用1：（0.3～0.5）：（0.5～1）的水泥石灰砂浆做面层，在砂浆尚未凝结之前，用抹刀将表面拍拉成凹凸不平的形状。

（2）水刷石

用颗粒细小（粒径约5 mm）的石碴所拌成的砂浆做面层，在水泥初始凝固时，即喷水冲刷表面，使其石碴半露而不脱落。水刷石多用于建筑物的外墙装饰，具有一定的质感，经久耐用。施工分三层进行，首先用1：3水泥砂浆做底层，约12 mm厚，然后用水泥浆做1 mm厚黏结层，再用1：1.25水泥2号石子浆或1：1.5水泥3号石子浆罩面，约11 mm厚。

（3）水磨石

用普通水泥、白色水泥或彩色水泥拌和各种色彩的大理石石碴做面层，硬化后用机械磨平抛光表面。施工程序是先用1：3水泥砂浆做底层，厚约12 mm，再做1 mm厚水泥浆黏结层，最后用1：2.5水泥2号石子或3号石子罩面（按要求配色），面层厚8～10 mm，待硬化后进行抛光处理。水磨石多用于地面装饰，可事先设计图案和色彩，抛光后更具有艺术效果。其除可用作地面外，还可预制做成楼梯踏步、窗台板、柱面、墙裙、踢脚板和地面板等多种建筑构件。水磨石一般都用于室内。

（4）干粘石

在水泥浆面层的整个表面上，黏结粒径5 mm以下的彩色石碴小石子、彩色玻璃碎粒，要求石碴黏结牢固不脱落。干粘石的装饰效果与水刷石相同，而且避免了湿作业，施工效率高，也节约材料。

（5）斩假石

斩假石又称为剁假石，制作情况与水刷石基本相同。在水泥浆硬化后，用斧刃将表面剁毛并露出石碴。斩假石表面具有粗面花岗岩的效果。

装饰砂浆还可采取喷涂、弹涂、辊压等新工艺方法，可做成丰富多彩、多种多样的装饰面层。装饰砂浆操作方便、施工效率高、成本低、耐久性好，目前仍具有一定的使用范围。

3）防水砂浆

用作防水层的砂浆叫作防水砂浆，砂浆防水层又称为刚性防水层。这种防水层仅适用于不受振动和具有一定刚度的混凝土或砖石砌体工程 对于变形较大或可能发生不均匀沉降的建筑物，都不宜采用刚性防水层。

防水砂浆可以用普通水泥砂浆类制作,也可以在水泥砂浆中掺入防水剂来提高砂浆的机器能力,常用的防水剂有氯化物金属盐类防水剂和金属皂类防水剂等。氯化物金属盐类防水剂是由氧化钙、氯化铝和水按一定比例配成的有色液体。其配合比大致为氯化铝:氯化钙:水 = 1:10:11,掺加量一般为水泥质量的 3% ~ 5% 。这种防水剂掺入水泥砂浆中,能在凝结硬化过程中生成不透水的复盐,起促进结构密实的作用,从而提高砂浆的抗渗性能,一般可使用在水池和其他地下建筑物。金属皂类防水剂是由硬脂酸、氨水、氢氧化钾(或硫酸钠)和水按一定比例混合加热皂化而成的。这种防水剂主要是起填充微细孔隙和堵塞毛细管的作用,掺加量为水泥质量的 3% 左右。防水砂浆的配合比,一般采用水泥:砂 = 1:(2.5~3),水灰比应为 0.5 ~ 0.55。水泥应选用 32.5 MPa 以上的普通硅酸盐水泥,砂子最好使用中砂。

防水砂浆的施工对操作技术要求很高,配制防水砂浆时先把水泥和砂干拌均匀后,再把称量好的防水剂溶于拌和水中与水泥、砂搅拌均匀后即可使用。涂抹时,每层厚度为 5 mm 左右,共涂抹 4 ~ 5 层,厚 20 ~ 30 mm。在涂抹前先在润湿清洁的底面上抹一层纯水泥浆,然后抹一层 5 mm 厚的防水砂浆,在初凝前用木抹子压实一遍,第二、三、四层都是同样的操作方法,最后一层要进行压光,抹完后要加强养护。总之,刚性防水层必须保证砂浆的密实性,对施工操作要求高,否则难以获得理想的防水效果。

▶ 8.5.2 特种砂浆

1)聚合物水泥砂浆

聚合物砂浆是一种以有机高分子材料替代部分水泥,并和水泥共同作为胶凝材料的砂浆。常用的聚合物有聚醋酸乙烯、乙烯共聚物乳液、丙烯酸酯共聚乳液、丁苯橡胶乳液等。掺配一定比例的聚合物可克服普通砂浆收缩大、脆性大、黏结强度不高的通病,使砂浆塑性变形能力和黏结强度提高,抗裂效果也明显提高。但使用聚合物砂浆时应注意以下问题:

①聚合物掺量越大,砂浆抗压强度下降越多,但不同的聚合物配出的砂浆强度有一定差异。以聚醋酸乙烯为例,有研究表明:掺量为水泥的 10% ~ 15% 时,水灰比为 0.4 左右时,聚合物水泥砂浆抗压强度比不加聚合物的砂浆抗压强度下降 30% ~ 40%,但抗拉强度和黏结强度均有提高,变形模量下降 30% 以上。

②在水泥砂浆中,水泥水化需要潮湿环境,而聚合物需要干燥环境以失水凝聚成膜。因此,对聚合物砂浆的养护必须既让水泥充分水化又保证聚合物成膜,即早期宜潮湿养护,后期宜适度干燥。

③聚合物砂浆提高了砂浆的黏聚性和保水性,延长了凝结时间。施工时可以减少砌筑和抹灰时的掉灰现象。在基层较干燥、吸水性较强或高温季节施工时,可延长施工操作时间。但对于在垂直立面或非吸水性基面施工来说,易产生坠挂现象。因此,需适当减小水灰比,或添加适量早强剂。

2)保温砂浆

保温砂浆(绝热砂浆)是以水泥、石灰膏、石膏等胶凝材料与膨胀珍珠岩砂、膨胀蛭石、火山渣或石砂、陶砂及聚苯乙烯颗粒等轻质多孔骨料按一定比例配制成的砂浆,具有轻质、保温的特性。常用的保温砂浆有水泥膨胀珍珠岩砂浆、水泥膨胀蛭石砂浆、水泥石灰膨胀蛭石砂浆、聚苯颗粒保温砂浆等。保温砂浆具有轻质和良好的绝热性能,其导热系数为 0.07 ~ 0.1 W/(m·K)。

水泥膨胀珍珠岩砂浆用 32.5 级普通水泥配制时,其体积比为水泥:膨胀珍珠岩砂 = 1:(5~12)、水灰比为 1.5 ~ 2.0,导热系数为 0.067 ~ 0.074 W/(m·K),可用于砖及混凝土内镶表面抹灰或喷涂。水泥石灰膨胀蛭石砂浆是以体积比为水泥:石灰膏:膨胀蛭石 = 3:1:(5~8)配制而成的,其导热系数为

0.076~0.105 W/(m·K),可用于平屋顶保温层及顶棚、内墙抹灰。

聚苯颗粒保温砂浆是将废弃的聚苯乙烯塑料加工破碎成 0.5~4.0 mm 的颗粒,作为轻骨料来配制外墙保温砂浆。砂浆层包括保温层、抗裂保护层和抗渗保护层(或面层是抗裂、抗渗二合一的砂浆层)。

3)吸声砂浆

由轻骨料配制成的保温砂浆,一般具有良好的吸声性能,故也可作为吸声砂浆用。另外,还可用水泥、石膏、砂、锯末配制成吸声砂浆。若在石灰、石膏砂浆中掺入玻璃纤维、矿棉等松软纤维材料也能获得吸声效果。吸声砂浆用于有吸声要求的室内墙壁和顶棚的抹灰。

4)耐腐蚀砂浆

(1)耐碱砂浆

使用 42.5 级以上的普通硅酸盐水泥(水泥熟料中铝酸三钙含量应小于 9%),细骨料可采用耐碱、密实的石灰岩类(石灰岩、白云岩、大理岩等)、火成岩类(辉绿岩、花岗岩等)制成的砂和粉料,也可采用石英质的普通砂。耐碱砂浆可耐一定温度和浓度下的氢氧化钠和铝酸钠溶液的腐蚀,以及任何浓度的氨水、碳酸钠、碱性气体和粉尘等的腐蚀。

(2)水玻璃类耐酸砂浆

在水玻璃和氟硅酸钠配制的耐酸胶结料中,掺入适量由石英岩、花岗岩、铸石等制成的粉末及细骨料可拌制成耐酸砂浆。耐酸砂浆常用作内衬材料、耐酸地面和耐酸容器的内壁防护层。在某些有酸雨腐蚀的地区,建筑物的外墙装修也应采用耐酸砂浆。

(3)硫磺砂浆

硫磺砂浆是以硫磺为胶结料,加入填料、增韧剂,经加热熬制而成的。其采用石英粉、辉绿岩粉、安山岩粉作为耐酸粉料和细骨料。硫磺砂浆具有良好的耐腐蚀性能,几乎能耐大部分有机酸、无机酸、中性和酸性盐的腐蚀,对乳酸也有很强的耐腐蚀能力。

(4)防辐射砂浆

在水泥砂浆中掺入重晶石粉、重晶石砂可配制成具有防 X 射线和 γ 射线能力的砂浆。其配合比一般为水泥:重晶石粉:重晶石砂 =1:0.25:(4~5)。在水泥浆中掺入硼砂、硼酸等可配制成具有防中子射线的砂浆。厚重密实、不易开裂的砂浆可阻止地基中土壤或岩石里的氡(具有放射性的惰性气体)向室内迁移扩散。

(5)自流平砂浆

地面用水泥基自流平砂浆是由水泥基胶凝材料、细骨料、填料及添加剂等组成的,与水(或乳液)搅拌后具有流动性或稍加辅助性摊铺就能流动找平的地面用材料。地坪和地面常采用自流平砂浆。

自流平砂浆有如下特点:

①适用于各种不同基面;

②快速硬化、快速干燥,可连续施工;

③提高工作进度、缩短工期;

④与基底黏结好,不分层、不开裂、不空鼓;

⑤具有低收缩率、高抗压强度和良好的耐磨损性。

自流平砂浆的关键技术如下:

①掺用合适的外加剂;

②严格控制砂的级配和颗粒形态;

③选择合适的水泥和掺合料。

自流平砂浆施工简单、质量可靠,可降低劳动强度。自流平砂浆地坪施工后,为快速交付使用,通常不做养护或养护时间极短。

良好的自流平砂浆可使地坪或地面平整细腻、无须打磨、无尘土污染,省料、省工、省时;施工方便、无需高技能工人,施工快速、高效。当采用自流平砂浆作为基层时,平整的基面确保地材施工的精确度及平整性。使用自流平砂浆后可确保地材在使用时受力均匀,不会在某些部位产生局部受力造成过多磨损及拉扯,延长地材的使用寿命;可提供坚实基面,与地面面层材料有可靠的黏结。

▶ 8.5.3 预拌砂浆(商品砂浆)

1)预拌砂浆(商品砂浆)的含义

预拌砂浆(商品砂浆)是指由专业生产厂家生产的,用于一般工业与民用建筑工程的砂浆。传统的建筑用砂浆都是在施工现场拌制的,这种现场拌制的砂浆由于受条件的限制,计量准确度低、质量稳定性差、收缩性大、黏结强度低、抗渗性差、易剥落,是建筑工程粉刷开裂、起壳、渗漏等质量问题发生的主要原因,另外还会造成浪费和施工环境的污染。同时,随着人们生活水平的提高,这种现场拌制的砂浆也无法满足人们日益增长的各类需求。针对现场拌制砂浆的这些缺点,建筑业逐步形成了集中拌制、规模化生产、用专用运输机械运输的商品建筑砂浆。商品建筑砂浆按产品形式可分为湿拌砂浆和干拌砂浆两种。

2)预拌砂浆的技术优势

预拌砂浆具有品质优良、质量稳定、施工便捷、品种多样、环保性好等诸多优点,相对于传统意义上的砂浆而言,其主要优势如下:

①品种多样的预拌砂浆能满足人们的各种要求。

近年来,随着人们生活水平的提高和建筑业的发展,人们对住房的建筑质量、房屋美观和居住舒适度等提出了很高的要求。经济的快速发展和人们对环保及健康居住的进一步认识,必将促进建筑技术和新型建筑材料的发展。在建筑砂浆方面,质感丰富、品质优良、施工便捷、品种多样、环保性好的预拌砂浆代替传统砂浆已成为必然。

②预拌砂浆是一种绿色环保型建材。

预拌砂浆的生产是大规模集中生产。规模生产不仅原材料损耗低、浪费少、可节约水泥和砂石,还可以大量利用矿渣、炉渣、粉煤灰等工业废料,既减少了对资源的破坏,又有利于解决排渣企业的可持续发展问题。

③定量包装的干拌砂浆,便于运输、存放和施工。

施工单位可根据施工要求和使用量定量采购,一方面解决了城市建筑施工现场狭窄的难题,另一方面消除了施工现场各种原材料堆积如山的状况,减少了原材料在运输过程中造成的飞灰撒漏现象,减小了粉尘、物料、废水对周围环境的污染和对城市市容的影响,促进了文明施工。

④预拌砂浆较好地解决了材料之间性能的协调问题。

不同材料一起使用时,性能相互协调是一个十分重要的问题,否则会影响材料原有功能的发挥。例如小型普通混凝土空心砌块与使用的砌筑砂浆、抹面砂浆性能,尤其是其干燥收缩率一定要趋于一致,否则温度、湿度变化时,也会产生收缩裂缝,导致墙体开裂或失去承重与围护结构的功能。

此外,使用预拌砂浆还可以提高劳动生产率,降低工人的劳动强度和改善工人的劳动条件。

3)预拌砂浆的分类

预拌砂浆按生产的搅拌形式不同可分为干拌砂浆与湿拌砂浆两种;按使用功能不同可分为预拌砂

浆和特种预拌砂浆两种;按用途不同可分为预拌砌筑砂浆、预拌抹灰砂浆、预拌地面砂浆及其他具有特殊性能的预拌砂浆;按照胶凝材料的种类不同可分为水泥砂浆和石膏砂浆。

用于预拌砂浆标记的符号,应根据其分类及使用材料的不同按规定使用:DM——干拌砂浆、DMM——干拌砌筑砂浆、DPM——干拌抹灰砂浆、DSM——干拌地面砂浆、WM——湿拌砂浆、WMM——湿拌砌筑砂浆、WPM——湿拌抹灰砂浆、WSM——湿拌地面砂浆。

4)预拌砂浆对原材料的要求

预拌砂浆所用的材料,不得对环境有污染且不得对人体有害,其相关指标应符合有关规定。

(1)水泥

除预拌地面砂浆外,预拌砂浆宜选用硅酸盐水泥、普通硅酸盐水泥和矿渣硅酸盐水泥,并应符合相应标准的规定。对于预拌地面砂浆,应采用硅酸盐水泥、普通水泥。

水泥进货应具有质量证明文件。水泥进厂时应按批量取样复验,合格后方可使用。

选用水泥时,应考虑水泥出厂后活性(强度)将随时间有所下降而对干拌砂浆成品保存期的影响,必须保证干拌砂浆成品在保存期内强度符合相应等级的要求。

(2)骨料

预拌砂浆用砂应符合相关规定,宜选用中砂且砂的最大粒径应通过 5 mm 筛孔。抹灰砂浆所用砂的最大粒径应通过 2.5 mm 筛孔。

▶ 8.5.4 干拌砂浆

干拌砂浆又称砂浆干拌(混)料、干粉砂浆,是指由专业生产厂家生产、经干燥筛分处理的细骨料与无机胶结料、矿物掺合料和外加剂按一定比例混合而成的一种颗粒状或粉状混合物。在施工现场按使用说明加水搅拌即成为砂浆拌和物。干拌砂浆包括水泥砂浆和石膏砂浆。

干拌砌筑砂浆的等级有 DMM30、DMM25、DMM20、DMM15、DMM10、DMM7.5、DMM5.0。用于混凝土小型空心砌块的砌筑砂浆用 Mb 标记,其等级有 Mb5.0、Mb10、Mb15、Mb20、Mb25、Mb30 等。

干拌抹灰砂浆有 DPM20、DPM15、DPM10、DPM7.5、DPM5.0 等 5 个等级。

干拌地面砂浆有 DSM25、DSM20、DSM15 等 3 个等级。

干拌砂浆所用的骨料必须经干燥处理,干燥后含水率应小于1%。骨料应采用分级筛分,按不同粒级等级分别储存在筒仓内。砂浆干拌料必须采用机械强制搅拌混合,确保各组分混合均匀一致。更换品种时,混合及输送设备必须清理干净。原材料和生产条件发生变化时,应及时调整配合比。干拌砂浆的表观密度要求为:水泥砂浆不应小于 1 900 kg/m³,水泥混合砂浆不应小于 1 800 kg/m³;稠度为 50 ~ 80 mm;分层度为 10 ~ 30 mm。

干拌砂浆分袋装和散装两种。储存期不宜超过 3 个月,超过 3 个月的干拌砂浆在使用前必须重新检验,合格方可使用。

现场搅拌时,干拌砂浆及用水量均以质量计量,除水外不得添加其他成分。干拌砂浆应采用机械搅拌,搅拌时间应符合包装袋或送货单标明的规定。搅拌时间的确定应保证砂浆的均匀性。砂浆应随拌随用,搅拌均匀。

▶ 8.5.5 湿拌砂浆

湿拌砂浆是指由水泥、砂、保水增稠材料、水、粉煤灰或其他矿物掺合料和外加剂等组分按一定比例,经计量、拌制后,用搅拌输送车运至使用地妥善存储,并在规定时间内使用完毕的砂浆拌和物,包括砌筑砂浆、抹灰砂浆和地面砂浆等。

1）湿拌砂浆的等级

湿拌砌筑砂浆的等级有 WMM30、WMM25、WMM20、WMM15、WMM10、WMM7.5、WMM5.0 等 7 个。

湿拌抹灰砂浆的强度等级有 WPM20、WPM15、WPM10、WPM7.5、WPM5.0 等 5 个。

湿拌地面砂浆的强度等级有 WSM25、WSM20、WSM15 等 3 个。

2）湿拌砂浆的生产（搅拌）和运输

湿拌砂浆的搅拌应采用全自动计算机控制的固定式搅拌机,砂浆搅拌时间不宜少于 2min。湿拌砂浆的生产中应测定砂的含水率,依据检测结果及时调整用水量和用砂量。

湿拌砂浆的运输应采用搅拌运输车。在装料及运输过程中,应保持搅拌运输车筒体按一定速度旋转,使砂浆运至储存地点后,不离析、不分层,组分不发生变化,并能保证施工所必需的稠度。严禁在运输和卸料过程中加水。湿拌砂浆在搅拌车中运输的延续时间应符合规定:当气温为 5～35℃时,运输延续时间应不大于 150 min,其他情况应不大于 120 min。

本章小结

砂浆由胶凝材料、细骨料和水等材料按适当比例配制而成。细骨料多采用天然砂。砂浆在建筑工程中是一项用量大、用途广的建筑材料,它主要用于砌筑砖石结构(如基础、墙体等),也用于建筑物内外表面(墙面、地面、天棚等)的抹面。

砂浆按用途不同分为砌筑砂浆、抹灰砂浆、装饰砂浆及特种砂浆等,按所用胶结材料不同分为水泥砂浆、石灰砂浆、混合砂浆(常用的是水泥石灰混合砂浆)。

新拌砂浆的和易性是指新拌砂浆是否便于施工并保证质量的综合性质,其概念与混凝土拌和物和易性相似。和易性好的新拌砂浆便于施工操作,能比较容易地在砖、石等表面上铺砌成均匀、连续的薄层,且与底面紧密地黏结。流动性或称稠度,其概念与混凝土拌和物流动性相同,但表示方法是用沉入度表示的。沉入度是指以质量为 300 g、顶角为 30°的圆锥体,在 10 s 沉入砂浆的深度(mm)。沉入度越大,说明流动性越好。

思考题

8.1 新拌砂浆的和易性与混凝土拌和物的和易性要求有何异同?

8.2 影响砂浆分层度的因素主要有哪些? 如何改进其保水性能?

8.3 影响砂浆强度的因素有哪些?

8.4 新拌砂浆的和易性包括哪两方面的含义? 如何测定? 砂浆和易性不良对工程应用有何影响?

8.5 什么是预拌砂浆? 预拌砂浆的特点有哪些?

8.6 对抹面砂浆和砌筑砂浆组成材料及技术性质的要求有哪些不同,为什么?

8.7 什么是混合砂浆? 工程中常采用水泥混合砂浆有何好处? 为什么要在抹面砂浆中掺入纤维?

第9章 沥青

【本章重点】沥青的主要性能特点；沥青性能与环境的关系；石油沥青的组成和结构（包括组分组成和胶体结构组成）及其对路用性能的影响。

【本章要求】结合现代路面工程和屋面防水工程，掌握沥青性能与组成及环境的关系、测试方法及所表征的路用性能。了解沥青材料的主要技术性能、沥青防水材料的基本性能、不同生产工艺和基属的沥青的性能特点、有关沥青老化和改性的知识。

9.1 沥青的分类与生产

▶ 9.1.1 沥青的分类

沥青材料是由一些极其复杂的高分子碳氢化合物和这些碳氢化合物的非金属（氧、硫、氮）的衍生物所组成的黑色或黑褐色的固体、半固体或液体的混合物。

沥青属于有机胶凝材料，与矿质混合料有非常好的黏结能力，是道路工程重要的筑路材料。沥青属于憎水性材料，结构致密，几乎完全不溶于水和不吸水，因此广泛用于土木水利工程的防水、防潮和防渗。同时沥青还具有较好的抗腐蚀能力，能抵抗一般酸性、碱性及盐类等具有腐蚀性的液体和气体的腐蚀，因此可用于有防腐要求而对外观质量要求较低的表面防腐工程。

有关沥青材料的命名和分类，目前世界各国尚未取得统一的认识。现就我国通用的命名和分类简述如下：

沥青按其在自然界中获得的方式，可分为地沥青和焦油沥青两大类。

1）地沥青

地沥青是天然存在的或由石油精制加工得到的沥青材料。按其产源又可分为天然沥青和石油沥青。

（1）天然沥青

天然沥青是石油在自然条件下，长时间经受地球物理因素作用而形成的产物。我国新疆克拉玛依等地产有天然沥青。

（2）石油沥青

石油沥青是指石油原油经蒸馏等提炼出各种轻质油及润滑油以后的残留物，或将残留物进一步加工得到的产物。

2）焦油沥青

焦油沥青是利用各种有机物（煤、泥炭、木材等）干馏加工得到的焦油，经再加工而得到的产品。焦油沥青按其加工的有机物名称而命名，如由煤干馏所得的煤焦油，经再加工后得到的沥青称为煤沥青。页岩沥青的技术性质接近石油沥青，而其生产工艺接近焦油沥青，目前暂归为焦油沥青类。

▶ 9.1.2　石油沥青的生产

目前大量使用的都是石油沥青，其生产流程示意图如图9.1所示。

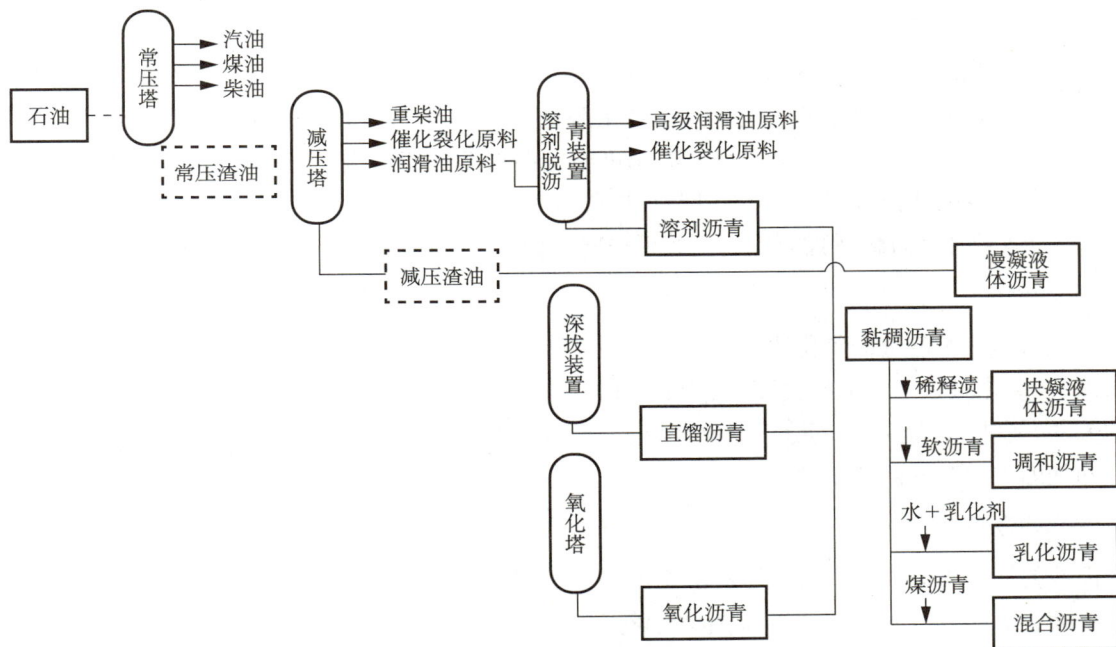

图9.1　石油沥青生产示意图

原油经常压蒸馏后得到常压渣油，再经减压蒸馏后，得到减压渣油。这些渣油都属于低标号的慢凝液体沥青。

为提高沥青的稠度，以慢凝液体沥青为原料，可以采用不同的工艺方法得到黏稠沥青。渣油经过再减蒸工艺，进一步深拔出各种重质油品，可得到不同稠度的直馏沥青。渣油经不同深度的氧化后，可以得到不同稠度的氧化沥青或半氧化沥青。除轻度氧化的沥青属于高标号慢凝沥青，其余沥青都属于黏稠沥青。

有时为施工需要，希望在常温条件下具有较大的施工流动性，在施工完成后短时间内又能凝固而具有高的黏结性，因此在黏稠沥青中掺加煤油或汽油等挥发速度较快的溶剂，这些用快速挥发溶剂作稀释剂的沥青称为中凝液体沥青或快凝液体沥青。

为得到不同稠度的沥青,也可以采用硬的沥青与软的沥青(黏稠沥青或慢凝液体沥青)以适当比例调配,称为调和沥青。按照比例不同所得成品可以是黏稠沥青,也可以是慢凝液体沥青。

快凝液体沥青需要耗费高价的有机稀释剂,同时要求石料必须是干燥的。为节约溶剂和扩大使用范围,可将沥青分散于有乳化剂的水中而形成沥青乳液,这种乳液也称为乳化沥青。

为更好地发挥石油沥青和煤沥青的优点,选择适当比例的煤沥青与石油沥青混合而成一种稳定的胶体,这种胶体称为混合沥青。

目前我国在炼厂中生产沥青的主要工艺方法有蒸馏法、氧化法、半氧化法、溶剂脱沥青法和调配法等。制造方法不同,沥青的性状有很大的差异。

1)蒸馏法

原油经过常压塔和减压塔装置,根据原油中所含的馏分沸点不同,将汽油、煤油、柴油等馏分分离后,可以得到加工沥青的原料(渣油),也可以直接获得针入度级的黏稠沥青。这种直接由蒸馏得到的沥青,称为直馏沥青。与氧化沥青相比,直馏沥青通常具有较好的低温变形能力,但温度感应性大(即温度升高容易变软)。

2)氧化法

以蒸馏法得到的渣油或直馏沥青为原料,在氧化釜(或氧化塔)中,经加热并吹入空气(有时还加入催化剂),减压渣油在高温和吹空气的作用下产生脱氢、氧化和缩聚等化学反应,沥青中低分子量的烃类转变为高分子量的烃类,这样得到稠度较高、温度感应性较低的沥青,称为氧化沥青。与直馏沥青相比,氧化沥青通常具有软化点高、针入度小以及较低的温度感应性,高温时抗变形能力较好,但低温时变形能力较差(即低温时容易脆裂)的特点,主要用作建筑沥青或专用沥青。

3)半氧化法

半氧化法是一种改进的氧化法。为了避免直馏沥青的温度感应性大和深度氧化沥青低温变形能力差的缺点,在氧化时采用较低的温度、较长的时间、吹入较小风量的空气,这样可以用控制温度、时间和风量的方法,使沥青中各种不同分子量的烃组,按人为意志转移,得到不同稠度的沥青,最终达到适当兼顾高温和低温两方面性能的要求。

4)溶剂脱沥青法

非极性的低分子烷烃溶剂对减压渣油中的各组分具有不同的溶解度,利用溶解度的差异可以从减压渣油中除去对沥青性质不利的组分,生产出符合规格要求的沥青产品,即溶剂脱沥青。常用的溶剂有丙烷、丙-丁烷和丁烷等。如以丙烷为溶剂时,得到的沥青含蜡量大大降低,使沥青的路用性能得到改善。

5)调配法

采用两种(或两种以上)不同稠度(或其他技术性质)的沥青,按选定的比例互相调配后,得到符合要求稠度(或其他技术性质)的沥青产品称为调和沥青。调配比例可根据要求指标,用实验法、计算法或组分调节法确定。

6)稀释法

有时为施工需要,希望沥青在常温条件下具有较大的施工流动性,在施工完成后短时间内又能凝固而具有高的黏结性,为此将黏稠沥青加热后掺加一定比例的煤油或汽油等稀释剂,经适当的搅拌、稀释制成的沥青称为稀释沥青或液体石油沥青。液体石油沥青适用于透层、黏层及拌制冷拌沥青混合料。根据其凝固速度的不同,分为快凝、中凝及慢凝液体石油沥青。

7)乳化法

制作液体沥青需要耗费高价的有机稀释剂,同时要求石料必须是干燥的。为节约溶剂和扩大使用范围,可将沥青分散于有乳化剂的水中而形成沥青乳液,即以水来稀释沥青。沥青和水的表面张力差别很大,在常温或高温下都不会相互混溶。但是将黏稠沥青加热至流动态,经过高速离心、剪切、冲击等机械作用,形成粒径为 $0.1\sim5~\mu m$ 的微粒,并分散到有表面活性剂(乳化剂–稳定剂)的水中,由于乳化剂能定向吸附在沥青微粒表面,因而降低了水与沥青的界面张力,使沥青微粒能在水中形成均匀稳定的乳状液,称为乳化沥青。

乳化沥青呈茶褐色,在常温下有良好的流动性。按使用乳化剂的类型可将其分为阳离子乳化沥青、阴离子乳化沥青及非离子乳化沥青。

8)改性沥青

在沥青中掺加橡胶、树脂、高分子聚合物、天然沥青、磨细的橡胶粉或其他材料等外掺剂(改性剂),使其性能得以改善而制成的沥青称为改性沥青。

此外,为更好地发挥石油沥青和煤沥青的优点,选择适当比例的煤沥青与石油沥青混合而成一种稳定的胶体,这种胶体称为混合沥青。

石油沥青又根据其原油的基属分为石蜡基沥青、中间基沥青和环烷基沥青。环烷基原油密度大,也称为沥青基原油,富含环烷–芳烃和胶质–沥青质,最适宜生产道路沥青,并且可用最简单的蒸馏法制取。石蜡基原油密度小、富含烷烃、蜡含量高,难以用简单的蒸馏法或氧化法直接制取符合规格的沥青产品。中间基原油也称为混合基原油,其组成和性质介于环烷基和石蜡基之间。

▶ 9.1.3 煤沥青

煤沥青是由煤干馏的产品——煤焦油再加工而获得的。根据煤干馏的温度不同分为高温煤焦油(700 ℃以上)和低温煤焦油(450~700 ℃)两类。路用煤沥青主要由炼焦或制造煤气得到的高温焦油加工而得。以高温焦油为原料可获得数量较多且质量较佳的煤沥青。而低温焦油则相反,获得的煤沥青数量较少,且往往质量也不稳定。

煤沥青与石油沥青相比,在技术性质上有下列差异:

①温度稳定性较低。煤沥青是一种较粗的分散系,同时树脂的可溶性较高,所以表现为热稳定性较低。在一定温度下,随着煤沥青的黏度降低,减少了热稳定性不好的可溶性树脂,而增加了热稳定性好的油分含量。当煤沥青黏度升高时,粗分散相的游离碳含量增加,但不足以补偿由于同时发生的可溶树脂数量的变化带来的热稳定性损失。

②与矿质集料的黏附性较好。煤沥青组成中含有较多数量的极性物质,它赋予煤沥青高的表面活性,所以煤沥青与矿质集料具有较好的黏附性。

③气候稳定性较差。煤沥青化学组成中含有较高含量的不饱和芳香烃,这些化合物有相当大的化学潜能,它在周围介质(空间中的氧、日光的温度和紫外线以及大气降水)的作用下,老化进程(黏度增加、塑性降低)较石油沥青快。

④耐腐蚀性强。可用于木材等的表面防腐处理。

综上所述,煤沥青的主要技术性质都比石油沥青差,所以建筑工程上很少使用。但它抗腐性能好,故适用于地下防水层或用作防腐材料等。煤沥青与石油沥青的鉴别如表9.1所示。

表9.1　煤沥青与石油沥青的鉴别

鉴别方法	石油沥青	煤沥青
密度	1.0×10^3 kg/m³左右	$(1.25 \sim 1.28) \times 10^3$ kg/m³
燃烧	烟少、无色、有松香味、无毒	烟多、黄色、臭味大、有毒
捶击	声哑、有弹性、韧性好	声脆、韧性差
颜色	呈亮黑褐色	呈浓黑色
溶解	易溶于煤油或汽油中,溶液呈棕黑色	难溶于煤油或汽油中,溶液呈黄绿色

9.2　石油沥青的组成与结构

▶ 9.2.1　组分组成

石油沥青是由多种碳氢化合物及其非金属(氧、硫、氮)的衍生物组成的混合物。所以它的组成元素主要是碳(80%～87%)、氢(10%～15%),其余是非烃元素,如氧、硫、氮等(<3%)。此外,还含有一些微量的金属元素,如镍、钡、铁、锰、钙、镁、钠等,但含量都很少,约为几个至几十个百万分之一。

由于沥青化学组成结构的复杂性,虽然多年来许多化学家致力于这方面的研究,可是目前仍不能直接得到沥青元素含量与工程性能之间的关系。目前对沥青组成和结构的研究主要集中在组分理论、胶体理论和高分子溶液理论。

石油沥青是由多种化合物组成的混合物,由于其结构复杂性,目前分析技术还很难将其分离为纯粹的化合物单体。实际上,在生产应用中并没有这样的必要。因此,许多研究者就致力于沥青化学组分分析的研究。化学组分分析是将沥青分离为化学性质相近,而且与其工程性能有一定联系的几个化学成分组,这些组就称为组分。

许多研究者曾对石油沥青的化学组分提出不同的分析方法。我国现行试验规程中规定有三组分和四组分两种分析法。

1)三组分分析法

石油沥青的三组分分析法是将石油沥青分离为油分、树脂和沥青质三个组分(表9.2)。因为我国富产石蜡基或中间基沥青,在油分中往往含有蜡,故在分析时还应半油蜡分离。由于这种组分分析方法是兼用了选择性溶解和选择性吸附的方法,所以又称为溶解－吸附法。

表9.2　石油沥青三组分分析法的各组分性状

组分\性状	外观特征	平均分子量	碳氢比	含量(%)	物化特征
油分	淡黄色透明液体	200～700	0.5～0.7	45～60	几乎溶于大部分有机溶剂,具有光学活性,常发现有荧光,比重为0.7～1.0
树脂	红褐色黏稠半固体	800～3 000	0.7～0.8	15～30	温度敏感性高,熔点低于100 ℃,比重大于1.0～1.1
沥青质	深褐色固体微粒	1 000～5 000	0.8～1.0	5～30	加热不熔化而碳化,比重为1.1～1.5

油分赋予沥青以流动性,油分含量的多少直接影响沥青的柔软性、抗裂性及施工难度。油分在一定

条件下可以转化为树脂甚至沥青质。

树脂又分为中性树脂和酸性树脂。中性树脂使沥青具有一定塑性、可流动性和黏结性。其含量增加,沥青的黏结力和延伸性增加。除了中性树脂,沥青树脂中还含有少量的酸性树脂,即沥青酸和沥青酸酐,为树脂状黑褐色黏稠状物质,密度大于 $1.0~g/cm^3$,是油分氧化后的产物,呈固态或半固态,具有酸性,能为碱皂化,易溶于酒精、氯仿,而难溶于石油醚和苯。酸性树脂是沥青中活性最大的组分,它能改善沥青对矿质材料的浸润性,特别是提高了与碳酸盐类岩石的黏附性,增加了沥青的可乳化性。

沥青质决定着沥青的黏结力、黏度和温度稳定性,以及沥青的硬度、软化点等。沥青质含量增加时,沥青的黏度和黏结力增加,硬度和温度稳定性提高。

按上述分析方法,对几种不同油源和工艺的典型国产沥青进行组分分析,其结果如表9.3所示。

表9.3 国产沥青组分分析

沥青标号	沥青黏稠度	油源工艺		组分组成(%)			
		油源技术	加工工艺	油分	树脂	沥青质	蜡
AL(S)−4	$C_{60,5}=38~s$	低硫石蜡基	直馏	36.41	30.35	10.32	22.92
AL(S)−4	$C_{60,5}=32~s$	含硫中间基	直馏	39.87	32.46	12.39	16.18
AL(S)−4	$C_{60,5}=34~s$	含硫环烷基	直馏	37.41	37.29	16.40	8.90
A−60	$P_{25℃}=70(0.1~mm)$	低硫石蜡基	氧化	13.64	19.97	33.86	32.53
A−60	$P_{25℃}=62(0.1~mm)$	低硫石蜡基	丙脱	4.06	77.05	14.86	4.03

从表9.3中可看出,相同黏度等级的沥青,由于原油基属的差异,其所含化学组分不同。通常是环烷基沥青较石蜡基沥青含蜡量低,树脂和沥青质含量高,中间基沥青的组分则介于其间。用相同原油为原料生产的沥青,由于工艺条件的不同,其沥青的化学组分也不同。通常是在相同稠度等级的沥青中,氧化沥青的沥青质含量增加,使沥青的高温稳定性得到提高,但其低温抗裂性也相应降低。必须指出,氧化工艺不能降低沥青中的含蜡量,所以从总体上来说,石蜡基原油生产的氧化沥青的性能得不到改善。丙烷脱沥青的含蜡量有所减少,使沥青的低温抗裂性增加,但沥青质仍然不足,所以高温稳定性没有明显改善。目前以石蜡基和中间基原油为原料,用直馏工艺尚不能生产符合 A−60 标号的路用沥青。

溶解−吸附法的优点是组分界限很明确,组分含量能在一定程度上说明其工程性能,但其主要缺点是分析流程复杂,分析时间很长。

2)四组分分析法

L.W.科尔贝特首先提出将沥青分离为饱和分、环烷−芳香分、极性−芳香分和沥青质等的色层分析方法。后来也将上述4个组分称为饱和分、芳香分、胶质和沥青质,这一方法也称为SARA法。我国现行四组分分析法是将沥青分离为沥青质、饱和分、芳香分和胶质。

石油沥青按四组分分析法所得各组分的性状如表9.4所示。

表9.4 石油沥青四组分分析法的各组分性状

组分 \ 性状	外观特征	平均相对密度	平均分子量	主要化学结构
饱和分	无色液体	0.89	625	烷烃、环烷烃
芳香分	黄色至红色液体	0.99	730	芳香烃、含S衍生物
胶质	棕色黏稠液体	1.09	970	多环结构、含S、O、N衍生物
沥青质	深棕色至黑色固体	1.15	3 400	缩合环结构、含S、O、N衍生物

按照四组分分析法,根据 L. W. 科尔贝特的研究,认为饱和分含量增加,可使沥青稠度降低(针入度增大);树脂含量增大,可使沥青的延性增加,在有饱和分存在的条件下,沥青质含量增加,可使沥青获得低的感温性;树脂和沥青质的含量增加,可使沥青的黏度提高。

按上述分析方法,对几种国产沥青进行化学组分的研究,选择其中典型油源长工艺、相同等级(A-60)的 4 种沥青分析结果列于表 9.5 中。

表 9.5　石油沥青的四组分分析

沥青标号	油源工艺		组分组成(%)					技术性质		
	油源基属	加工工艺	饱和分	芳香分	胶质	沥青质	蜡	针入度(0.1 mm)	软化点(℃)	延度25℃(cm)
A-60	低硫石蜡基	半氧化	7.5	22.7	56.7	0.3	12.8	64.5	51.8	12.6
A-60	低硫中间基	丙烷脱	1.3	25.6	63.9	0.2	9.0	62.0	48.3	58.8
A-60	含硫环烷-石蜡基	氧化	10.8	26.1	48.0	10.0	5.1	44.5	51.0	69.3
A-60	低硫环烷基	氧化	8.1	41.6	28.4	20.0	1.9	43.0	51.3	>100

从表 9.5 中可以看出:

①石蜡基沥青化学组分特点是含蜡量高、芳香分和沥青质含量低;环烷基沥青与其相反,含蜡量较低、芳香分和沥青质含量较高,中间基沥青介于其间。由于石蜡基沥青属于少环(多直链烃)低芳香性的结构,所以它的路用性能较差。

②对石蜡基原油采用丙烷脱沥青工艺,可以使沥青组分中的含蜡量降低,饱和分含量相对减少,芳香分相对增加,路用性能可得到适当改善。

► 9.2.2　胶体结构

1)胶体结构的形成

现代胶体理论认为,沥青的胶体结构是以固态超细微粒的沥青质为分散相。通常是若干个沥青质聚集在一起,它们吸附了极性半固态的胶质,而形成"胶团"。由于胶溶剂——胶质的胶溶作用,而使胶团胶溶、分散于液态的芳香分和饱和分组成的分散介质中,形成稳定的胶体。

在沥青中,分子量很高的沥青质不能直接胶溶于分子量很低的芳香分得饱和分的介质中,特别是饱和分为胶凝剂,它会阻碍沥青质的胶溶。沥青之所以能形成稳定的胶体,是因为强极性的沥青质吸附极性较强的胶质,胶质中极性最强的部分吸附在沥青质表面,然后逐步向外扩散,极性逐渐减小,芳香度也逐渐减弱,距离沥青质越远,则极性越小,直至与芳香分接近,甚至到几乎没有极性的饱和分。这样,在沥青胶体结构中,从沥青质到胶质,乃至芳香分和饱和分,它们的极性是逐步递变的,没有明显的分界线。因此只有在各组分的化学组成和相对含量相匹配时,才能形成稳定的胶体。

2)胶体结构分类

根据沥青中各组分的化学组成和相对含量的不同,可以形成不同的胶体结构。沥青的胶体结构可分为如下 3 个类型。

(1)溶胶型结构

当沥青中沥青质分子量较低,并且含量很少(例如在 10% 以下),同时有一定数量的芳香度较高的胶质,这样使胶团能够完全胶溶而分散在芳香分和饱和分的介质中。在此情况下,胶团相距较远,它们之间吸引力很小(甚至没有吸引力),胶团可以在分散介质黏度许可范围之内自由运动,这种胶体结构的沥青称为溶胶型沥青[图9.2(a)]。溶胶型沥青的特点是:流动性和塑性较好,开裂后自行愈合能力较强,而对温度的敏感性强,即对温度的稳定性较差,温度过高会流淌。通常,大部分直馏沥青都属于溶胶型沥青。

(2)溶－凝胶型结构

沥青中沥青质含量适当(例如在15%～25%之间),并有较多数量芳香度较高的胶质。这样形成的胶团数量增多,胶体中胶团的浓度增加,胶团距离相对靠近,它们之间有一定的吸引力。这是一种介于溶胶与凝胶之间的结构,称为溶－凝胶结构,这种结构的沥青称为溶－凝胶型沥青[图9.2(b)]。修筑现代高等级沥青路用的沥青,都应属于这类胶体结构类型。通常,环烷基稠油的直馏沥青或半氧化沥青,以及按要求组分重(新)组(配)的溶剂沥青等,往往能符合这类胶体结构。这类沥青在高温时具有较低的感温性,在低温时又具有较好的形变能力。

(3)凝胶型结构

沥青中沥青质含量很高(例如＞30%),并有相当数量芳香度高的胶质形成胶团。沥青中胶团浓度很大程度地增加,它们之间相互吸引力增强,使胶团靠得很近,形成空间网络结构。此时,液态的芳香分和饱和分在胶团的网络中成为"分散相",连续的胶团成为"分散介质",这种胶体结构的沥青称为凝胶型沥青[图9.2(c)]。这类沥青的特点是:弹性和黏性较高,温度敏感性较小,开裂后自行愈合能力较差,流动性和塑性较低。在工程性能上,凝胶型沥青虽具有较好的温度感应性,但低温变形能力较差。

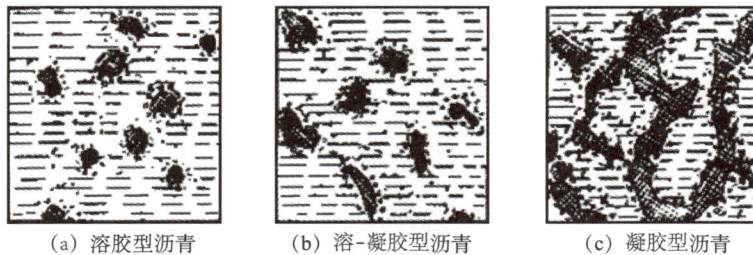

(a) 溶胶型沥青 (b) 溶-凝胶型沥青 (c) 凝胶型沥青

图9.2　沥青胶体结构

3)胶体结构类型的判定

沥青的胶体结构与其工程性能有密切的关系。可以根据流变学的方法和物理化学的方法等确定胶体结构类型。为工程使用方便,通常采用根据其对温度的敏感程度——针入度指数进行判断。沥青针入度指数的确定方法,参见本章"沥青的感温性"。

随着对石油沥青研究的深入发展,有些学者已开始摒弃石油沥青胶体结构观点,而认为它是一种高分子溶液。在石油沥青高分子溶液里,分散相沥青质与分散介质软沥青质(树脂和油分)具有很强的亲和力,而且在每个沥青质分子的表面上紧紧地保持着一层软沥青质的溶剂分子,而形成高分子溶液。石油沥青高分子溶液对电解质具有较大的稳定性,即加入电解质不能破坏高分子溶液。高分子溶液具有可逆性,即随沥青质与软沥青质相对含量的变化,高分子溶液可以是较浓的或是较稀的。较浓的高分子溶液,沥青质含量就多,相当于凝胶型石油沥青;较稀的高分子溶液,沥青质含量少,软沥青质含量多,相当于溶胶型石油沥青;稠度介于二者之间的为溶凝胶型。这是一个新的研究发展方向,目前这种理论应用于沥青老化和再生机理的研究,已取得一些初步的成果。

9.3 石油沥青的主要技术性质

▶ 9.3.1 物理特征常数

1)密度

沥青密度是在规定温度条件下单位体积的质量单位为 kg/m^3 或 g/cm^3。我国《公路工程沥青及沥青混合料试验规程》(JTG E20—2011)规定温度为 15 ℃。沥青密度也可用相对密度表示,相对密度是指在规定温度下,沥青质量与同体积水质量之比。

沥青的密度与其化学组成有密切的关系,通过沥青的密度测定,可以概略地了解沥青的化学组成。通常黏稠沥青的密度为 $0.96 \sim 1.04$ g/cm^3。我国富产石蜡基沥青,其特征为含硫量低、含蜡量高、沥青质含量少,其密度常在 1.00 g/cm^3 以下。

2)热胀系数

沥青在温度上升 1 ℃ 时的长度或体积的变化,分别称为线胀系数和体胀系数,统称热胀系数。

沥青路面的开裂与沥青混合料的温缩系数有关。沥青混合料的温缩系数,主要取决于沥青热学性质。特别是含蜡沥青,当温度降低时,蜡由液态转变为固态,比容突然增大,沥青的温缩系数发生突变,因而易导致路面产生开裂。

▶ 9.3.2 黏滞性(黏性)

石油沥青的黏滞性是反映沥青材料内部阻碍其相对流动的一种特性,以绝对黏度表示,是沥青性质的重要指标之一。

各种石油沥青的黏滞性变化范围很大,黏滞性与组分及温度有关。沥青质含量较高,同时又有适量树脂,而油分含量较少时,黏滞性较大。在一定温度范围内,当温度升高时,黏滞性随之降低,反之则随之增大。绝对黏度的测定方法因材而异,并且较为复杂。工程上常用相对黏度(条件黏度)来表示。

测定沥青相对黏度的主要方法是用标准黏度计和针入度仪。黏稠石油沥青的相对黏度是用针入度仪测定的针入度来表示的,如图 9.3 所示。它反映石油沥青抵抗剪切变形的能力。针入度值越小,表明黏度越大。黏稠石油沥青的针入度是在规定温度 25℃ 条件下,以规定质量 100 g 的标准针,经历规定时间 5 s 贯入试样中的深度,以 l/10 mm 为单位表示,符号为 $P_{(25℃,100 g,5 s)}$。

对于液体石油沥青或较稀的石油沥青,其相对黏度可用标准黏度计测定的标准黏度表示,如图 9.4 所示。标准黏度是在规定温度(20℃、25℃、30℃或60℃)、规定直径(3 mm、5 mm 或 10 mm)的孔口流出 50 cm^3 沥青所需的时间秒数,常用符号"$C_d^t T$"表示,d 为流孔直径,t 为试样温度,T 为流出 50 cm^3 沥青所需的时间。

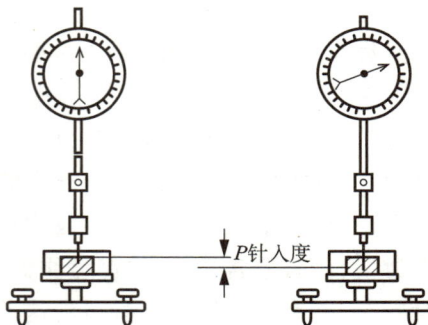

图 9.3 黏稠沥青针入度试验

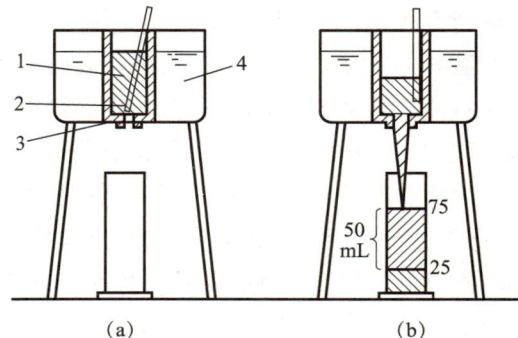

图 9.4 液体沥青标准稠度测定试验

1—沥青;2—实验用活动球杆;3—流孔;4—实验用水

▶ 9.3.3 温度敏感性

温度敏感性是指石油沥青的黏滞性和塑性随温度升降而变化的性能。

因沥青是一种高分子非晶态热塑性物质,没有一定的熔点,当温度升高时,沥青由固态或半固态逐渐软化,使沥青分子之间发生相对滑动,此时沥青就像液体一样发生了黏性流动,称为黏流态。与此相反,当温度降低时,沥青又逐渐由黏流态凝固为固态(或称高弹态),甚至变硬变脆(像玻璃一样硬脆称作玻璃态)。此过程中反映了沥青随温度升降其黏滞性和塑性的变化。

在相同的温度变化间隔里,各种沥青黏滞性及塑性变化幅度不会相同,工程要求沥青随温度变化而产生的黏滞性及塑性变化幅度应较小,即温度敏感性应较小。建筑工程宜选用温度敏感性较小的沥青。因此温度敏感性是沥青性质的重要指标之一。

通常石油沥青中沥青质含量多,在一定程度上能够减小其温度敏感性。在工程使用时往往加入滑石粉、石灰石粉或其他矿物填料来减小其温度敏感性。沥青中含蜡量较多时,会增大温度敏感性。多蜡沥青不能用于土木水利工程,这是因为该沥青温度敏感性大,当温度不太高(60 ℃左右)时就发生流淌,在温度较低时又易变硬开裂。

1)软化点

沥青软化点是反映沥青的温度敏感性的重要指标。由于沥青材料从固态至液态有一定的变化间隔,故规定其中某一状态作为从固态转到黏流态(或某一规定状态)的起点,相应的温度称为沥青软化点。

软化点的数值随采用的仪器不同而异,我国现行的方法是采用环球法软化点。该法是将沥青试样注于内径为 18.9 mm 的铜环中,环上置一质量为 3.5 g 的钢球,在规定的加热速度(5 ℃/min)下进行加热,沥青试样逐渐软化,直至在钢球荷重作用下,使沥青下坠 25.4 mm 时的温度称为软化点,符号为"TR&B"。已有研究认为,沥青在软化点时的黏度约为 1 200 Pa·s,或相当于针入度值 800(1/10 mm)。据此可以认为软化点是一种人为的"等黏温度"。

2)针入度指数

软化点是沥青性能随温度变化过程中的重要的标志点,在软化点之前,沥青主要表现为黏弹态,而在软化点之后主要表现为黏流态。软化点越低,表明沥青在高温下的体积稳定性和承受荷载的能力越差。但仅凭软化点的性质反映沥青性能随温度变化的规律并不全面,目前用来反映沥青感温性的常用指标为针入度指数 PI。

针入度指数是 P. Ph. 普费和 F. M. 范杜尔马尔等提出的一种评价沥青感温性的指标。建立这一指标的基本思路是:根据大量试验结果,沥青针入度值的对数($\lg P$)与温度(T)具有线性关系,如图 9.5 所示。

由图 9.5 可得式(9.1):

$$\lg P = A \times T + K \tag{9.1}$$

式中:A——直线斜率;

K——截距(常数)。

A 表征沥青针入度($\lg P$)随温度(T)的变化率。其值越大,表明温度变化时,沥青的针入度变化得越大,即沥青的感温性大。因此,可以采用斜率 $A = \mathrm{d}(\lg P)/\mathrm{d}T$ 来表征沥青的温度敏感性,故称 A 为针入度–温度感应性系数。

为了计算 A 值,可以根据已知的 25 ℃时的针入度值 $P_{(25\,℃,100\,\mathrm{g},5\,\mathrm{s})}$(1/10 mm)和软化点 TR&B(℃),

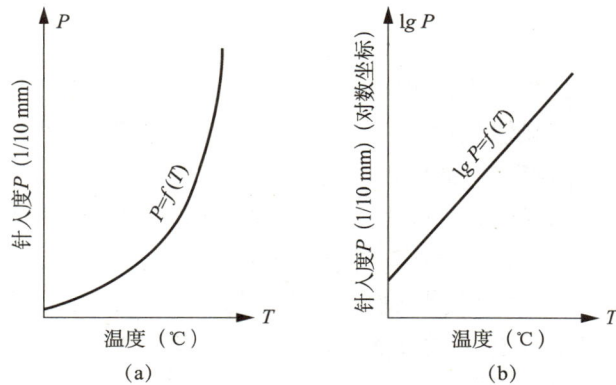

图 9.5 沥青针入度与温度关系

并假设软化点时的针入度值为 800(1/10 mm),由此可建立针入度 – 温度感应性系数的基本公式:

$$A = \frac{\lg 800 - \lg P_{(25\,℃,100\,g,5\,s)}}{TR\&B - 25} \quad (9.2)$$

式中:$P_{(25\,℃,100\,g,5\,s)}$——在 25 ℃、100 g、5 s 条件下测定的针入度值(1/10 mm);

TR&B——环球法测定的软化点(℃)。

按式(9.2)计算得到的 A 值均为小数,为使用方便起见,普费等作了一些处理,改用针入度指数(PI)表示,如式(9.3)所示:

$$PI = \frac{30}{1 + 50A} - 10 = \frac{30}{1 + 50 \times \left(\dfrac{\lg 800 - \lg P_{(25\,℃,100\,g,5\,s)}}{TR\&B - 25}\right)} - 10 \quad (9.3)$$

由式(9.3)可知,沥青的针入度指数为 – 10 ~ 20。针入度指数是根据一定温度变化范围内,沥青性能的变化来计算出的,因此利用针入度指数来反映沥青性能随温度的变化规律更为准确。针入度指数值愈大,表示沥青的感温性愈低。针入度指数是利用 15 ℃、25 ℃ 和 30 ℃ 的针入度回归得到的。

针入度指数不仅可以用来评价沥青的温度敏感性,同时也可以来判断沥青的胶体结构:当 PI < – 2 时,沥青属于溶胶结构,感温性大;当 PI > 2 时,沥青属于凝胶结构,感温性低;介于之间的属于溶凝胶结构。

不同针入度指数的沥青,其胶体结构和工程性能完全不同。相应地,不同的工程条件也对沥青有不同的 PI 要求:一般路用沥青要求 PI > – 2;用作灌缝材料,要求 PI 为 – 3 ~ 1;用作胶黏剂,要求 PI 为 – 2 ~ 2;用作涂料,要求 PI 为 – 2 ~ 5。

▶ 9.3.4 延展性

延展性是指石油沥青在外力作用下产生变形而不破坏(裂缝或断开),除去外力后仍保持变形后的形状不变的性质。它反映的是沥青受力时,所能承受的塑性变形的能力。

石油沥青的延展性与其组分有关,石油沥青中树脂含量较多,且其他组分含量又适当时,则塑性较大。影响沥青塑性的因素有温度和沥青膜层厚度,温度升高,延展性增大;膜层越厚,塑性越高。反之,膜层越薄,塑性越差;当膜层薄至 1 um 时,塑性趋近于消失,即接近于弹性。

在常温下,延展性较好的沥青在产生裂缝时,也可能由于特有的黏塑性而自行愈合。故延展性还反映了沥青开裂后的自愈能力。沥青之所以能制造出性能良好的柔性防水材料,很大程度上取决于沥青的延展性。沥青的延展性对冲击振动荷载有一定吸收能力,并能减少摩擦时的噪声,故沥青是一种优良的道路路面材料。

通常用延度来表征延展性。将沥青试样制成 8 字形标准试件(最小断面为 1 cm²),在规定拉伸速度和规定温度下拉断时的长度(以 cm 计)称为延度。沥青延性试验试件和水槽分别如图 9.6 和图 9.7 所示。常用的试验温度有 25 ℃ 和 15 ℃。

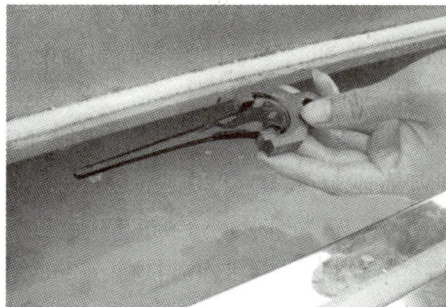

图 9.6 沥青延性试验试件

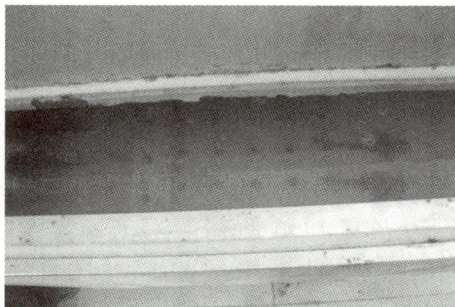

图 9.7 沥青延性试验水槽

▶ 9.3.5 黏附性

黏附性是指沥青与其他材料(这里主要是指集料)的界面黏结性能和抗剥落性能。沥青与集料的黏附性直接影响沥青路面的使用质量和耐久性,所以黏附性是评价道路沥青技术性能的一个重要指标。沥青裹 覆集料后的抗水性(即抗剥性)不仅与沥青的性质有密切关系,还与集料性质有关。

1)黏附机理

沥青与集料的黏附作用是一个复杂的物理 - 化学过程。目前,对黏附机理有多种解释。润湿理论认为,在有水的条件下,沥青对石料的黏附性,可用沥青 - 水 - 石料三相体系(图 9.8)来讨论。设沥青与水的接触角为 θ,石料 - 沥青、石料 - 水和沥青 - 水的界面剩余自由能(简称界面能)分别为 γ_{sb}、γ_{sw}、γ_{bw}。

当沥青 - 水 - 石料体系达到平衡时,必须满足杨格和杜布尔方程,得:

$$\gamma_{sw} + \gamma_{bw}\cos\theta - \gamma_{sb} = 0 \tag{9.4}$$

$$\cos\theta = \frac{\gamma_{sb} - \gamma_{sw}}{\gamma_{bw}} \tag{9.5}$$

一般情况下,$\gamma_{sb} > \gamma_{sw}$,因此 $\theta < 90°$。即在有水的情况下,沥青对集料表面的浸润角较小,水分将逐渐将水分由集料表面剥落下来,从而使沥青的黏结作用丧失,结构变得松散,出现水损害。γ_{sb} 的大小主要取决于集料和沥青的性质,当集料中 CaO 含量增加,而沥青的稠度和沥青酸等极性物质含量增加时,γ_{sb} 降低,即沥青与集料的黏附性得到提高。常见沥青材料如图 9.9 所示。

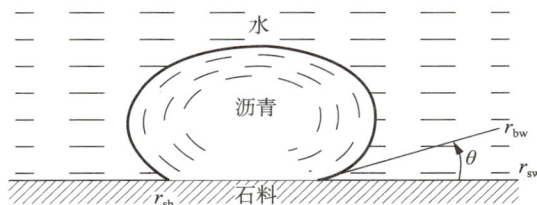

图 9.8 沥青 - 水 - 石料三相界面

2)评价方法

评价沥青与集料黏附性最常采用的方法是水煮法和水浸法。现行试验法规定,沥青与粗集料的黏附性试验,根据沥青混合料的最大粒径决定,大于 13.2 mm 者采用水煮法;小于(或等于)13.2 mm 者采用水浸法。水煮法是选取粒径为 13.2 ~ 19 mm 形状接近正立方体的规则集料 5 个,经沥青裹覆后,在蒸馏水中沸煮 3 min,按沥青膜剥落的情况分为 5 个等级来评价沥青与集料的黏附性。水浸法是选取 9.5 ~ 13.2 mm 的集料 100 g 与 5.5 g 的沥青在规定温度条件下拌和。配制成沥青 - 集料混合料,冷却后浸入 80 ℃ 的蒸馏水中保持 30 min,然后按剥落面积百分率来评定沥青与集料的黏附性。

▶ 9.3.6 耐久性

耐久性是指石油沥青热施工时受高温的作用,以及使用时在热、阳光、氧气和潮湿等因素的长期综合作用下保持良好的流变性能、凝聚力和黏附性的性能。

在阳光、空气和热的综合作用下,沥青各组分会不断递变。低分子化合物将逐步转变成高分子物质,即油分和树脂逐渐减少,而沥青质逐渐增多。实验发现,树脂转变为沥青质比油分变为树脂的速度快得多(约 50%)。因此,石油沥青随着时间的进展,流动性和塑性逐渐减小,硬脆性逐渐增大,直至脆裂,这个过程称为石油沥青的老化。因此沥青的大气稳定性可以用抗老化性能来说明。

我国现行试验规程规定,石油沥青的老化性能是以沥青试样在加热蒸发前后的质量损失百分率、针入度比和老化后的延度来评定的。其测定方法是:先测定沥青试样的质量及其针入度,然后将试样置于烘箱中,在 163 ℃ 下加热蒸发 5 h,待冷却后再测其质量和针入度。计算出蒸发损失质量占原质量的百分数,称为蒸发损失百分率;测得老化后针入度与原针入度的比值,称为针入度比,同时测定老化后的延度。沥青经老化后,质量损失百分率越小,针入度比和延度越大,表示沥青的大气稳定性越好,即老化越慢。

▶ 9.3.7 施工安全性

沥青材料在使用时必须加热,当加热至一定温度时,沥青材料中挥发的油分蒸汽与周围空气组成混合气体,此混合气体遇火焰则易发生闪火。若继续加热,油分蒸汽和饱和度增加,由于此种蒸汽与空气组成的混合气体遇火焰极易燃烧而引发火灾。因此,必须测定沥青加热闪火和燃烧的温度,即闪点和燃点。

闪点是指加热沥青至挥发出的可燃气体和空气的混合物,在规定条件下与火焰接触,初次闪火(有蓝色闪光)时的沥青温度(℃)。

燃点是指加热沥青产生的气体和空气的混合物,与火焰接触能持续燃烧 5 s 以上时,此时沥青的温度即为燃点(℃)。燃点温度通常比闪点温度约高 10 ℃。沥青质含量越多,闪点和燃点相差越多,液体沥青由于轻质成分较多,闪点和燃点的温度相差很小。

闪点和燃点的高低表明沥青引起火灾或爆炸的可能性的大小,它关系到运输、贮存和加热使用等方面的安全性。石油沥青在熬制时,一般温度为 150 ~ 200 ℃,因此通常控制沥青的闪点应高于 230 ℃,但为安全起见,沥青加热时还应与火焰隔离。

9.4 石油沥青的技术标准

根据石油沥青的性能不同,选择适当的技术标准,将沥青划分成不同的种类和标号(等级)以便于沥青材料的选用。目前石油沥青主要划分为三大类:道路石油沥青、建筑石油沥青和普通石油沥青。其中,道路石油沥青是沥青的主要类型,又分为重交通石油沥青、中轻交通石油沥青、乳化石油沥青、液体石油沥青和改性沥青等。

▶ 9.4.1 石油沥青的技术标准

在对沥青划分等级时,主要是根据沥青的针入度以及其他技术指标,常用的沥青分类见表 9.6。

表 9.6 常用的沥青分类

指标种类 \ 沥青种类	单位	重交通石油沥青					建筑石油沥青	
	0.1 mm	AH-130	AH-110	AH-90	AH-70	AH-50	30 号	10 号
针入度(25 ℃,100 g,5 s)	cm	120~140	100~120	80~100	60~80	40~60	25~40	10~25
延度(15 ℃,5 cm/min) 不小于	cm	100				80		
延度(25 ℃,5 cm/min) 不小于	cm						3	1.5
软化点(环球法)	℃	40~50	41~51	42~52	44~54	45~55	≥70	≥90
闪点(COC)不小于	℃	230						
含蜡量(蒸馏法)不大于	%	3						
密度(15 ℃)	g/cm³	实测记录						
脆点	℃						实测记录	
溶解度(三氯乙烯) 不小于	%	99.0						
溶解度(三氯乙烯或苯)不小于	%						99.5	
薄膜加热试验(163 ℃,5 h) 质量损失不大于	%	1.3	1.2	1.0	0.8	0.6	1.0	
针入度比不小于	%	45	48	50	55	58	65	
延度(25 ℃) 不小于	cm	75	75	75	50	40		
延度(15 ℃)	cm	实测记录						

由表 9.5 可以看出,针入度是划分沥青标号的主要指标。

▶ 9.4.2 石油沥青的选用

1)道路石油沥青

通常,道路石油沥青牌号越高,则黏性越小(即针入度越大),延展性越好,而温度敏感性也随之增加。道路石油沥青主要在道路工程中用作胶凝材料,用来与碎石等矿质材料共同配制成沥青混合料。在道路工程中选用沥青材料时,要根据交通量和气候特点来选择。南方高温地区宜选用高黏度的石油沥青,如 AH-50 和 AH-70,以保证在夏季沥青路面具有足够的稳定性,不会出现车辙等破坏形式;而北方寒冷地区宜选用低黏度的石油沥青,如 AH-90 和 AH-110,以保证沥青路面在低温下仍具有一定的变形能力,避免出现开裂。常见沥青材料如图 9.9 所示。

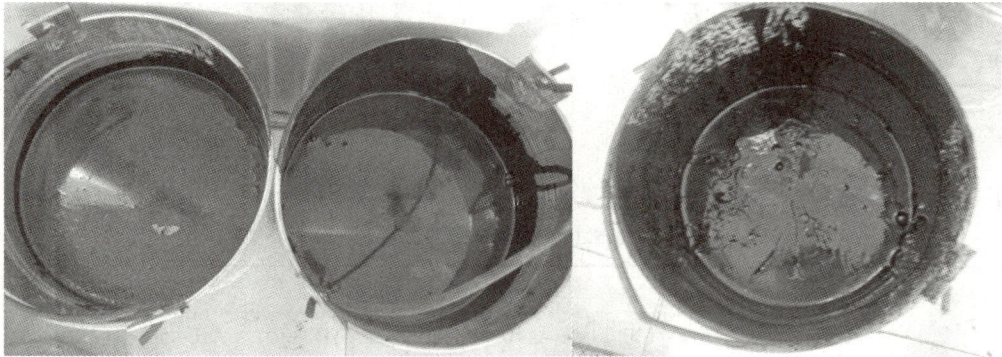

图 9.9　沥青材料

2）建筑石油沥青

建筑石油沥青针入度较小（黏性较大），软化点较高（耐热性较好），但延伸度较小（塑性较小），主要用作制造油纸、油毡、防水涂料和沥青嵌缝膏。它们绝大部分用于屋面及地下防水、沟槽防水防腐蚀及管道防腐等工程。使用时制成的沥青胶膜较厚，增大了对温度的敏感性。同时，黑色沥青表面又是好的吸热体，一般同一地区的沥青屋面的表面温度比其他材料的都高。据高温季节测试，沥青屋面达到的表面温度比当地最高气温高 25～30 ℃。为避免夏季流淌，一般屋面用沥青材料的软化点还应比本地区屋面最高温度高 20 ℃以上，例如武汉、长沙地区沥青屋面温度约达 68 ℃，选用沥青的软化点应在 90 ℃左右。软化点过低，夏季易流淌；但也不宜过高，否则冬季低温易硬脆甚至开裂。所以选用石油沥青时，要根据地区、工程环境及要求而定。

3）普通石油沥青

普通石油沥青含蜡量高达 15%～20%，有的甚至达 25%～35%。由于石蜡是一种熔点低（32～55 ℃）、黏结力差的脂性材料。当沥青温度达到软化点时，蜡已接近流动状态，因此容易产生流淌现象。当采用普通石油沥青黏结材料时，随着时间增长，沥青中的石蜡会向胶结层表面渗透，至表面形成薄膜，使沥青黏结层的耐热性和黏结力降低。因此在工程中一般不宜采用普通石油沥青。

9.5　石油沥青的老化与改性

▶　9.5.1　沥青的老化

沥青在贮运、加工、施工及使用过程中，由于长时间地暴露在空气中，在风雨、温度变化等自然条件的作用下，会发生一系列的物理及化学变化，如蒸发、脱氢、缩合、氧化等。此时沥青中除含氧官能团增多，其他化学组成也有变化，最后使沥青逐渐变脆开裂，不能继续发挥其原有的黏结或密封作用。沥青所表现出的胶体结构、理化性质或机械性能不可逆的劣化称为老化。

沥青的老化会引起沥青物理－力学性质的变化。通常的规律是：针入度变小、延度降低、软化点和脆点升高，表现为沥青变硬、变脆、延伸性降低，导致沥青产生裂缝、松散等破坏。沥青老化后物理－力学性质变化如表 9.7 所示。

在实际应用中，人们要求沥青有尽可能长的耐久性，老化的速度尽可能地慢一些，因而提出了对沥青耐久性的要求。耐久性是沥青使用性能方面一个十分重要的综合性指标。老化带来的性能劣化，引起使用沥青材料的工程经过一定的使用年限后，都要进行大规模的翻修。1977 年美国仅花费在道路维修方面的费用就达 10 亿多美元。因此如何提高沥青的耐久性,延长沥青材料的使用寿命,在国民经济中占有相当重要的地位,同时也是沥青科学专业研究和生产方面的一个十分迫切的课题。

表 9.7 老化沥青和再生沥青的技术性质变化

沥青名称	技术性质			
	针入度(1/10 mm)	延度(cm)	软化点(℃)	脆点(℃)
原始沥青	106	73	48	−6
老化沥青	39	23	55	−4
再生沥青	80	78	49	−10

与老化过程相反,利用某种工艺及材料,以改善沥青的组分组成、胶体结构以及宏观性能,使其工程性能得到一定程度的恢复,此过程称为再生。目前沥青材料的再生是理论界及工程界的一个热点,但由于沥青材料的复杂性,这些工作尚都处于起步阶段。

▶ 9.5.2 沥青的改性

沥青材料无论是用作屋面防水材料还是用作路面胶结材料,都是直接暴露于自然环境中的,而沥青的性能又受环境因素影响较大。同时,现代土木水利工程不仅要求沥青具有较好的使用性能,还要求具有较长的使用寿命。单纯依靠自身性质很难满足现代土木水利工程对沥青的多方面要求。例如,现代高等级公路的交通特点是交通密度大、车辆轴载重、荷载作用时间短,以及车辆行驶速度快和道路容易渠化。这些特点造成沥青路面高温出现车辙、低温产生裂缝、抗滑性很快衰降、使用年限不长。为使沥青路面高温稳定性不易变形、低温不易脆裂、保证安全快速行车、延长使用年限,在沥青材料的技术性质方面,必须提高沥青的流变性能,改善沥青与集料的黏附性,延长沥青的耐久性,才能适应现代交通的要求。

因此,现代土木水利工程中,常在沥青中加入其他材料,以进一步提高沥青的性能,称为改性沥青。目前世界各国所用的沥青改性材料多为聚合物,如橡胶、树脂等。聚合物改性沥青的作用机理至今尚未研究得十分清楚,大量研究证明,大部分聚合物改性沥青中均无任何新物质生成。目前,沥青工作者一般认为,聚合物的掺入主要改变了体系的胶体结构。

为了解释聚合物的改性作用,可以提出一些假设。不妨把聚合物沥青看作是一种复合材料,其中沥青起着基体的作用,聚合物为分散相。复合材料本身作为一个统一的整体,其中各种颗粒的黏合可以认为是各种成分通过表面结合(黏接)所产生的相互间的力学作用。这样制成的复合物,其性能通常都胜过各单一成分的平均或综合性能,即体现了共同作用的效果。

当聚合物浓度不大时,混合物可看作是分散强化复合材料。强化作用是微粒的分散颗粒阻止了基体中的位移运动所致。强化程度与颗粒对位移运动所产生的阻力成正比。当分散相含量占体积的比例为 2% ~4% 时,可以观察到这种作用。分析聚合物含量为 3% ~5% 的聚合物沥青混合物的性能,可以发现冷脆点显著降低,而变形性并未增大。显然,脆点之所以降低,是强度增长所致。

可以认为,聚合物浓度高时,混合物是一种纤维复合材料或片状复合材料,这时基体(沥青)将转变为把荷载传递给纤维的介质,并将在纤维破坏时发生应力再分配。这种复合物的特征是强度、弹性和疲劳破坏强度高,这对于保证材料的使用可靠性是必不可少的。这种复合材料的破坏过程通常是,开始时微裂缝增大,随后,裂缝一碰到高模量橡胶颗粒,即停止发展;接着又由于裂缝顶端发生超应力松弛,以致裂缝增长率减小,甚至完全停止。

1)热塑性树脂类改性沥青

用作沥青改性的树脂主要是热塑性树脂,常被采用的是聚乙烯(PE)和聚丙烯(PP)。它们所组成的改性沥青,主要是用于提高沥青的黏度,改善高温抗流动性,同时可增大沥青的韧性。因此它们对于改善沥青高温性能是显著的,但是低温性能改善有时并不明显。此外,由于无规聚丙烯(APP)具有更为优越的经济性,所以也经常被用于改善沥青,它与聚乙烯和聚丙烯相似,高温改善效果较好,低温效果不明显,且抗疲劳性能较差。

新近的研究认为,单价低廉和耐寒性好的低密度聚乙烯(LDPE)与其他高聚物组成合金,可以得到优良的改性沥青。

2)橡胶类改性沥青

橡胶类改性沥青的性能主要取决于沥青的性能、橡胶的种类和制备工艺等因素。当前合成橡胶类改性沥青中,通常认为改性效果较好的是丁苯橡胶(SBR)。丁苯橡胶改性沥青的性能主要表现为:

①在常规指标上,针入度值减小,软化点升高,常温(25 ℃)延度稍有增加,特别是低温(5 ℃)延度有明显的增加;

②不同温度下的黏度均有增加,随着温度降低,黏度差逐渐增大;

③热流动性降低,热稳定性明显提高;

④韧度明显提高;

⑤黏附性有所提高。

9.6　沥青基防水卷料

▶ 9.6.1　概述

防水卷材是建筑工程防水材料的重要品种之一。它主要包括沥青防水卷材、高聚物改性沥青防水卷材和合成高分子卷材三大类。其中,沥青具有良好的防水性能,而且资源丰富、价格低廉,所以我国目前在防水工程中仍然广泛采用沥青防水卷材。沥青防水卷材是用原纸、纤维织物、纤维毡等胎体浸涂沥青,表面撒布粉状、粒状或片状材料制成可卷曲的片状防水材料。常见的有石油沥青纸胎油毡、石油沥青玻璃布油毡、石油沥青玻纤胎油毡、石油沥青麻布胎油毡等。但是,沥青材料的低温柔性差,温度敏感性大,在大气作用下易老化,防水耐用年限较短,因而属于低档防水卷材。高聚物改性沥青防水卷材和合成高分子卷材是20世纪80年代发展起来的新型防水卷材,由于其优异的性能,应用日益广泛,是防水卷材的发展方向。

防水卷材的品种较多、性能各异,但均必须具备以下性能:

(1)耐水性

要满足建筑防水工程的要求,指在水的作用和被水浸润后其性能基本不变,在压力水作用下具有不透水性。常用不透水性、吸水性等指标表示。

(2)温度稳定性

温度稳定性指在高温下不流淌、不起泡、不滑动,低温下不脆裂的性能,即在一定温度变化下保持原有性能的能力。常用耐热度、耐热性等指标表示。

(3)机械强度、延伸性和抗断裂性

机械强度、延伸性和抗断裂性指防水卷材承受一定荷载、应力或在一定变形的条件下不断裂的性能。常用拉力、拉伸强度和断裂伸长率等指标表示。

(4)柔韧性

柔韧性指在低温条件下保持柔韧性的性能。它对于保证施工性能是很重要的,常用低温弯折性等指标表示。

（5）大气稳定性

大气稳定性指在阳光、热、臭氧及其他化学侵蚀介质等因素的长期综合作用下抵抗侵蚀的能力。常用耐老化性、热老化保持率等指标表示。

▶ 9.6.2 石油沥青防水卷材

目前世界各国的防水卷材仍以石油沥青防水卷材为主。石油沥青防水卷材广泛应用于地下、水工、工业及其他建筑物的防水工程,特别是屋面工程仍普遍采用。

1）石油沥青纸胎油纸和油毡

石油沥青纸胎油纸（简称油纸）是用低软化点石油沥青浸渍原纸（原纸是一种生产油毡的专用纸,主要成分为棉纤维,外加20%～30%的废纸制成）制成的一种无涂盖层的纸胎防水卷材。油纸按原纸1 m²的质量克数分为200和350两个标号,主要用于多层防水层的下层、隔蒸汽层、防潮层及包装等。

石油沥青纸胎油毡（简称油毡）是采用高软化点沥青涂盖油纸的两面,并涂撒防粘隔离材料所制成的一种纸胎防水卷材。涂撒粉状材料（滑石粉）的称为粉毡;涂敷片状材料的（云母片）称为片毡。

油毡幅宽有915 mm和1 000 mm两种规格,每卷面积为（20±0.3）m²。油毡按其原纸纸胎每1 m²质量克数分为200、350和500号三个标号。200号油毡因原纸纸胎较薄,抗拉强度较低,一般只适用于简易防水、临时性建筑防水、建筑防潮及包装等。350号和500号粉毡适用于多层叠层防水层的各层。片毡仅适用于单层防水。石油沥青纸胎油纸和油毡的质量均应符合国家标准的规定。各标号各等级油毡的物理力学性能要求如表9.8所示。

表9.8 防水卷材指标

指标 \ 标号与等级		200 号			350 号			500 号		
		合格	一等	优等	合格	一等	优等	合格	一等	优等
每卷质量不小于（kg）	粉毡	17.5			28.5			39.5		
	片毡	20.5			31.5			42.5		
单位面积浸涂材料质量不小于（g/m³）		600	700	800	1 000	1 050	1 100	1 400	1 450	1 500
不透水性	压力不小于（MPa）	0.05			0.10			0.15		
	保持时间不小于（min）	15	20	30	30		45	30		
吸水率不大于（%）	粉毡	1.0			1.0			1.5		
	片毡	3.0			3.0			3.0		
耐热度	℃	85±2	90±2	85±2		90±2		85±2		90±2
	要求	受热2 h涂盖层应无滑动和集中性气泡								
拉力（25 ℃纵向）不小于（N）		240	270		340	370		440	470	
柔度	℃	18±2			18±2	16±2	14±2	18±2		14±2
	要求	绕φ20 mm圆棒或弯板无裂纹						绕φ25 mm圆棒或弯板无裂纹		

在施工时,石油沥青油纸或油毡只能用石油沥青粘贴,贮运时应竖直堆放,最高不超过两层,要避免

雨淋、日晒、受潮和高温(粉毡不高于 45 ℃,片毡不高于 50 ℃)。

2)其他胎体材料的油毡

为了克服纸胎的抗拉能力低、易腐烂、耐久性差的缺点,通过改进胎体材料,沥青防水卷材的性能得到改善,并发展成玻璃布沥青油毡、玻纤沥青油毡、黄麻织物沥青油毡、铝箔胎沥青胎等一系列沥青防水卷材。

用玻璃纤维布、合成纤维无纺布等胎体材料制成的油毡(制法与纸胎油毡相同),其性能比纸胎油毡要好得多,其抗拉强度高、柔韧性好、吸水率小、延伸率大、抗裂性和耐久性均有很大提高。适用于防水性、耐久性和防腐性要求较高的工程。

沥青玛蹄脂是在沥青中掺入适量粉状或纤维状填充物拌制而成的混合物,主要用于粘贴沥青类防水卷材、嵌缝补漏及作为防腐、防水涂层等。掺入粉状填充料时,合适的掺量一般为沥青质量的 10% ~ 25%;采用纤维态填充料时,其掺入量一般为 5% ~ 10%。

常见沥青防水卷材的特点及使用范围如表 9.9 所示。

表 9.9　沥青防水卷材的特点及使用

卷材种类	特点	使用范围	施工工艺
石油沥青纸胎油毡	是我国传统的防水材料,目前在屋面工程中仍占主导地位;其低温柔性差,防水层耐用年限较短,但价格较低	三毡四油、二毡三油叠层铺设的屋面工程	热玛蹄脂、冷玛蹄脂粘贴施工
玻璃布沥青油毡	抗拉强度高,胎体不易腐烂,材料柔韧性好,耐久性比纸胎油毡提高一倍以上	多用作纸胎油毡的增强附加层和突出部位的防水层	
黄麻胎沥青	油毡抗拉强度高,耐水性好,但胎体材料易腐烂	常用作屋面增强附加层	
铝箔胎沥青油毡	有很高的阻隔蒸汽渗透的能力,防水性能好,且具有一定的抗拉强度	与带孔玻纤毡配合或单独使用,宜用于隔汽层	热玛蹄脂粘贴

▶ 9.6.3　聚合物改性沥青防水卷材

聚合物改性沥青防水卷材是以合成高分子聚合物改性沥青为涂盖层,纤维织物或纤维毡为胎体,粉状、胶状、片状或薄膜材料为覆面材料制成的防水卷材。

1)APP 改性沥青油毡

APP 改性沥青油毡是以无规聚丙烯(APP)改性石油沥青涂覆玻璃纤维无纺布(或聚酯纤维无纺布),撒布滑石粉或用聚乙烯薄膜覆盖制得的防水卷材。与沥青油毡相比,其特点是耐高温和低温柔韧性好、抗拉强度高、延伸率大、耐久性强、单层防水、施工方便。适用于各类屋面,地下防水及水池、隧道、水利工程使用。使用寿命在 15 年以上。

2)SBS 改性沥青柔性油毡

SBS 改性沥青柔性油毡是以聚酯纤维无纺布为胎体,以 SBS 改性石油沥青浸渍涂盖层(面层),以树脂薄膜为防粘隔离层或油毡表面带有砂粒的防水卷材。

用 SBS 改性后的沥青油毡具有良好的弹性、耐疲劳、耐高温、耐低温等性能。它的价格低、施工方便,可以冷作粘贴,也可以热熔铺贴,具有较好的温度适应性和耐老化性能,是一种技术经济效果较好的中档新型防水材料。可用于屋面及地下室防水工程。

3）铝箔塑胶油毡

铝箔塑胶油毡是以聚酯纤维无纺布为胎体,以高分子聚合物(合成橡胶及合成树脂)改性沥青类材料为浸渍涂盖层,以树脂薄膜为底面防粘隔离层,以银白色软质铝箔为表面反光保护层面加工制成的新型防水材料。

铝箔塑胶油毡对阳光的反射率高,具有一定的抗拉强度和延伸率,弹性好,低温柔性好,在 −20 ~ 80 ℃内适应性较强,并且价格较低,是一种中档的新型防水材料。适用于工业与民用建筑工程的屋面防水。

4）沥青再生橡胶油毡

沥青再生橡胶油毡是用 10 号石油沥青与再生橡胶改性材料和填充料(石灰石粉)等经混炼、压延或挤出成型制得的无胎防水卷材。它具有质地均匀、延伸性大、弹性好等优点,并且抗腐蚀性强,不透水性、不透气性、低温柔韧性和抗拉强度均较高。

沥青再生橡胶油毡适用于屋面防水,尤其适用于有保护层的屋面或基层沉降较大(包括不均匀沉降)的建筑物变形经处的防水,也适用于地下结构(如地下室、深基础、贮水池等)的防水及用作浴室、洗衣室、冷库等处的蒸汽隔离层。

按我国行业标准的规定,改性沥青防水卷材以 10 m^2 卷材的标称重量(kg)作为卷材的标号,通常分为 25 号、35 号、45 号和 55 号四种标号。按卷材的物理性能分为合格品、一等品、优等品三个等级。

对于屋面防水工程,国家标准规定,高聚物改性沥青防水卷材适用于防水等级为 I 级(特别重要的民用建筑和对防水有特殊要求的工业建筑,防水耐用年限为 25 年)、II 级(重要的工业与民用建筑、高层建筑,防水耐用年限为 15 年)和 III 级的屋面防水工程。

对于 I 级屋面防水工程,除规定应有的一道合成高分子防水卷材,高聚物改性沥青防水卷材可用于应有的三道或三道以上防水设防的各层,且厚度不宜小于 3 mm。对于 II 级屋面防水工程,在应有的二道防水设防中,应优先采用高聚物改性沥青防水卷材,且所用卷材厚度不宜小于 3 mm。对于 III 级屋面防水工程,应有一道防水设防,或两种防水材料复合使用。如单独使用,高聚物改性沥青防水卷材厚度不宜小于 4 m;如复合使用,高聚物改性沥青防水卷材的厚度不应小于 2 mm。

5）合成高分子防水卷材

合成高分子防水卷材是以合成橡胶、合成树脂或它们两者的共混体为基料,加入适量的化学助剂和填充料等,经混炼、压延或挤出等工序加工而制成的可卷曲的片状防水材料。其中又可分为加筋增强型与非加筋增强型两种。

合成高分子防水卷材具有拉伸强度和抗撕裂强度高、断裂伸长率大、耐热性和低温柔性好、耐腐蚀、耐老化等一系列优异的性能,但价格较高,是一种新型高档防水卷材。常见的有三元乙丙橡胶防水卷材、聚氯乙烯防水卷材、氯化聚乙烯防水卷材、氯化聚乙烯 − 橡胶共混防水卷材等。此类卷材厚度分为 1 mm、1.2 mm、1.5 mm、2.0 mm 等规格,一般单层铺设,可采用冷粘法或自粘法施工。

本章小结

石油是石油沥青的原料。沥青的化学组分、化学结构和胶体结构对沥青的性能显著影响。根据黏度曲线(剪应力与剪变力关系)可评价沥青的流变类型。经典的三大指标(针入度、延度和软化点)在现代流变学研究中仍极为有用。对于高等级路面用沥青,应掌握其感温性、感时性、劲度的含义及测定方法。我国现行的沥青技术标准有重交通石油沥青、中轻交通石油沥青、液体石油沥青、煤沥青和乳化沥青等。它们的技术分级和技术指标按其用途和使用方法各不相同。沥青的老化与改性是现代沥青应用中极为关注的课题。沥青基防水卷材在防水工程中具有广泛应用。

思考题

9.1 现行的石油沥青化学组分分析方法将石油沥青分离为哪几个组分?各化学组分与沥青的路用性质之间有什么关系?石油沥青的主要组分及其特点是什么?组分、结构、性质三者之间怎样互相关联?

9.2 石油沥青可以划分为哪几种胶体结构?如何进行划分?不同的胶体结构对沥青的路用性能有什么影响?

9.3 石油沥青的四大指标和 PI 分别表示沥青的什么性能?其测试条件是什么?

9.4 沥青老化的主要表现是什么?

9.5 石油沥青防水卷材主要有哪几类?各自适用于什么工程?

9.6 常用的改性沥青有哪几类?其性能特点是什么?

9.7 石油沥青的老化与组分有何关系?沥青性质在老化过程中发生了哪些变化?对工程有何影响?

9.8 石油沥青的主要技术性质是什么?影响这些性质的主要因素各是什么?进行沥青试验时为什么特别强调温度?作软化点试验时,如果加热升温速度过快或过慢对试验结果的影响如何?

9.9 划分与确定石油沥青牌号的依据是什么?牌号大小与主要性质的关系有何规律?

9.10 石油沥青的老化与组分有何关系?沥青性质在老化过程中发生了哪些变化?对工程有何影响?

9.11 为什么要对沥青进行改性?改性沥青的种类及其特点有哪些?

9.12 什么是乳化沥青?乳化原理、成膜过程是怎样的?

第 **10** 章

沥青混合料

【本章重点】沥青混合料的技术性质及技术指标、沥青混合料设计方法。

【本章要求】结合现代沥青路面的主要破坏类型，掌握沥青混合料的主要技术性质。通过路面、汽车、材料之间的相互关系，了解沥青混合料的主要技术指标。通过实际施工实例，熟悉沥青混合料的设计要点，包括目标配合比、生产配合比及生产配合比的验证过程。

10.1 沥青混合料的应用与分类

由于沥青混合料路面平整性好、行车平稳舒适、噪声低，被许多国家在建设高速公路时优先采用。而半刚性基层具有强度大、稳定性好及刚度大等特点，被广泛用于修建高等级公路沥青路面的基层或底基层。我国在建或已建成的高速公路路面90%以上采用半刚性基层沥青路面。由于沥青混合料最能适应现代交通的特点，所以它是现代高速公路最主要的路面材料，广泛应用于干线公路和城市道路路面。

沥青混合料是将粗集料、细集料和填料经人工合理选择级配组成的矿质混合料与适量的沥青材料经拌和而成的均匀混合料。国际上对沥青混合料的分类并没有统一的方法，本书参考沥青混合料近年来的发展，对其进行多种分类。

▶ 10.1.1 按沥青混合料路面成型特性分类

根据沥青路面成型时的技术特性可将沥青混合料分为沥青表面处治、沥青贯入式碎石和热拌沥青混合料。

1)沥青表面处治

沥青表面处治是指将沥青与细粒矿料按层铺法(分层洒布沥青和集料，然后碾压成型)或拌和法(先由机械将沥青与集料拌和,再摊铺碾压成型)铺筑成的厚度不超过 3 cm 的沥青路面。沥青表面处治的厚度一般为 1.5 ~ 3.0 cm,适用于三级、四级公路的面层和旧沥青面层上的罩面或表面功能恢复。

2)沥青贯入式碎石

沥青贯入式碎石是指在初步碾压的集料层洒布沥青,再分层洒铺嵌挤料,并借行车压实而形成路面。沥青贯入式碎石路面依靠颗粒间的锁结作用和沥青的黏结作用获得强度,是一种多空隙的结构。其厚度一般为 4 ~ 8 cm,主要适用于二级及二级以下公路面层。

3)热拌沥青混合料

热拌沥青混合料是指把一定级配的集料烘干并加热到规定温度,与加热到具有一定黏度的沥青按规定比例,在给定的温度下拌和均匀而成的混合料。热拌沥青混合料适用于各等级路面,在道路和机场建筑中,热拌热铺的沥青混凝土应用最广。热铺沥青混凝土面层最重要的特点是形成期短,实际上,面层碾压结束并冷却到气温时就基本形成了强度。因此,沥青混凝土混合料铺筑几小时就可以开放交通。在城市以及在不允许中断交通情况下,它对于改建和维修道路具有十分重要的意义。

传统上还可将其分为沥青混凝土和沥青碎石,两者的区别仅在于是否加矿粉填料及级配比例是否严格。

沥青稳定碎石混合料(简称沥青碎石)是指由矿料和沥青组成具有一定级配要求的混合料,通常含有较多的碎石颗粒(粒径 4.75 mm 或 2.36 mm 以上的颗粒),而且对它的级配要求较松。按其空隙率、集料最大粒径、添加矿粉数量的多少,分为密级配沥青碎石(ATB),开级配沥青碎石(OGFC 表面层及ATPB 基层)、半开级配沥青碎石(AM)。

沥青碎石具有较高的强度和稳定性,可以在中等交通道路以及重交通道路上用作面层或面层的下层(即底面层)。用砾石制备的沥青混合料只能在轻交通道路上用作面层。在一些发达国家中,沥青碎石是一种使用广泛的沥青结合料层。

沥青碎石面层具有如下一些特点:

①由于沥青碎石的强度主要靠石料颗粒间的嵌锁力,受沥青软化的影响较小,因此其热稳定性较好。在经常起动和刹车处(如停车站、十字路口等)不易发生搓板状形变。

②沥青碎石的沥青用量较沥青混凝土和沥青贯入式少,因此沥青碎石的工程造价较低。

③沥青碎石混合料可以在中心站集中控制,质量容易得到保证。由于采用的碎石级配较好,压实后密度较大。

④沥青碎石面层的可施工期比沥青贯入式面层长。

沥青碎石的主要缺点是空隙率较大、空气和表面水易透入。空气进入会促使沥青老化;水透入对沥青与矿料的黏结力起有害作用,使沥青易从石料上剥离。特别在夏季高温时期,雨水进入沥青碎石层后在重车作用下容易产生沥青剥落、路面变形,甚至松散和坑洞等病害。因此,开级配沥青碎石用作道路的排水层时,应选用黏度大的沥青和与沥青黏附性好的石料。与沥青黏结不好的酸性石料不宜直接应用,应采用活性添加剂以改善沥青与石料的黏结力。在潮湿多雨地区,使用单层式沥青碎石面层时,为克服沥青碎石透水性大的缺点,宜采用最大粒径为 19 ~ 26.5 mm 且空隙率接近低限的混合料,并应在其上加做封层。

用不同粒级的碎石、天然砂或人工砂、填料和沥青按一定比例在拌和机中热拌所得的混合料称沥青混凝土混合料。这种混合料的矿料部分具有严格的级配要求,压实后所得的材料具有规定的强度和空隙率。

▶ 10.1.2　按沥青混合料施工温度分类

根据所用沥青的稠度和沥青混合料摊铺和压实时的温度,沥青混合料可分成热拌、温拌和冷拌沥青混合料。

制备热拌沥青混凝土混合料时,不少国家采用针入度为40~100的黏稠沥青,沥青和集料在加热状态(约170 ℃)拌和。做面层时,混合料的摊铺温度为120~160 ℃,经压实冷却后,面层就基本形成。

温拌沥青混凝土混合料使用稠度较低的沥青,如针入度为130~200、200~300的沥青或中凝液体沥青;或在低针入度级的黏稠沥青中加入一些添加剂,降低沥青在施工温度区间的黏度;或采用发泡技术,增加沥青混合料的可施工性。混合料可在较低气温下拌和、铺筑,其摊铺温度为60~100 ℃。温拌沥青混凝土面层的形成与沥青和矿料类型、气候条件、混合料摊铺时的温度、交通组成和交通量有关。

冷拌沥青混凝土混合料用慢凝、中凝液体沥青或乳化沥青,在常温下拌和,摊铺温度与气温相同,但不低于10 ℃。混合料摊铺前可贮存4~8个月。面层形成很慢,可能要30~90 d。

▶ 10.1.3　按矿料级配类型分类

根据沥青混合料的材料组成及结构,可将其分为连续级配和间断级配混合料。

连续级配沥青混合料指矿料按级配原则,从大到小各级粒径都有,按比例相互搭配组成的混合料。

间断级配沥青混合料指矿料级配组成中缺少一个或几个档次(或用量很少)而形成的沥青混合料。

▶ 10.1.4　按混合料密实度分类

根据沥青混合料矿料级配组成及空隙率大小,将其分为密级配、半开级配和开级配沥青混合料。

密级配沥青混合料是指按密实级配原理设计组成的各种粒径颗粒的矿料,与沥青结合料拌和而成,设计空隙率较小(对不同交通及气候情况、层位可作适当调整)的密实式沥青混凝土混合料(AC)和密实式沥青稳定碎石混合料(ATB)。按关键性筛孔通过率的不同,又可分为细型、粗型密级配沥青混合料,如表10.1所示。粗集料嵌挤作用较好的沥青混合料也称为嵌挤密实型沥青混合料。

表10.1　粗型和细型密级配沥青混凝土的关键性筛孔通过率

混合料类型	公称最大粒径（mm）	用以分类的关键性筛孔（mm）	粗型密级配		细型密级配	
			名称	关键性筛孔通过率（%）	名称	关键性筛孔通过率（%）
AC – 25	26.5	4.75	AC – 25C	<40	AC – 25F	>40
AC – 20	19	4.75	AC – 20C	<45	AC – 20F	>45
AC – 16	16	2.36	AC – 16C	<38	AC – 16F	>38
AC – 13	13.2	2.36	AC – 13C	<40	AC – 13F	>40
AC – 10	9.5	2.36	AC – 10C	<45	AC – 10F	>45

开级配沥青混合料是指矿料级配主要由粗集料嵌挤组成,细集料及填料较少,设计空隙率为18%左右的混合料,如开级配抗滑磨耗层(OGFC)及排水性沥青稳定碎石基层(ATPB)。

半开级配沥青碎石混合料是指由适当比例的粗集料、细集料及少量填料(或不加填料)与沥青结合料拌和而成,经马歇尔标准击实成型试件的剩余空隙率为6%~12%的半开式沥青碎石混合料（AM）。

▶ 10.1.5　按集料公称最大粒径分类

根据沥青混合料所用集料公称最大粒径的大小，可将其分为特粗式（公称最大粒径等于或大于31.5 mm）、粗粒式（公称最大粒径26.5mm）、中粒式（公称最大粒径16 mm或19 mm）、细粒式（公称最大粒径9.5 mm或13.2 mm）、砂粒式（公称最大粒径小于9.5 mm）沥青混合料。

我国目前主要用矿料的公称最大粒径区分沥青混凝土混合料，并在公称最大粒径之前冠以字母表示混合料的类型。如AC-16表示公称最大粒径为方孔筛16 mm的密实型沥青混凝土混合料。

特粗式沥青混合料通常用于铺筑全厚式沥青路面基层，使面层底部弯拉应力较小，有利于避免结构发生疲劳破坏。

粗粒式沥青混凝土通常用于铺筑面层的下层，它的粗糙表面使它与上层黏结良好。同时也可用于铺筑基层。从提高沥青面层的抗弯拉疲劳寿命出发，采用粗粒式沥青混凝土做底面层明显优于采用沥青碎石。

中粒式沥青混凝土主要用于铺筑面层的上层，或用于铺筑路面中层或下层。粗型中粒式沥青混凝土铺筑的沥青路面，表面有较大的粗糙度，在环境不良路段可保证汽车轮胎与面层有适当的附着力，在高速行车时可使面层表面的摩擦系数降低的幅度小，有利于行车安全，但其空隙率较大和透水性较大，因此耐久性较差。

细型中粒式沥青混凝土具有良好的密水性能，摩擦系数也较好。在城市道路中，沥青路面表层使用最广的是细粒式沥青混凝土。与中粒式和粗粒式沥青混凝土相比，细粒式沥青混凝土的均匀性较好，并有较高的抗腐蚀稳定性。只要矿料的级配组成合适并满足其他技术要求，细粒式沥青混凝土具有足够的抗剪稳定性，可以防止产生推挤、波浪和其他剪切形变。细粒式沥青混凝土的表面构造深度通常达不到要求，抗滑性能较差。

沥青混凝土的使用经验表明，在磨耗、水和正负温度作用下的稳定性等方面，砂质沥青混凝土不仅不低于细粒式沥青混凝土，常常还优于后者。砂质沥青混凝土的造价常低于其他密实沥青混凝土。因此，城市道路面层的上层也常用砂质沥青混凝土铺筑。热拌沥青混合料种类见表10.2。

表10.2　热拌沥青混合料种类

混合料类型	密级配			开级配		半开级配	公称最大粒径（mm）	最大粒径（mm）
	连续级配		间断级配	间断级配				
	沥青混凝土	沥青稳定碎石	沥青玛蹄脂碎石	排水式沥青磨耗层	排水式沥青碎石基层	沥青稳定碎石		
特粗式	—	ATB-40	—	—	ATPB-40	—	37.5	53.0
	—	ATB-30	—	—	ATPB-30		31.5	37.5
粗粒式	AC-25	ATB-25	—	—	ATPB-25	—	26.5	31.5
中粒式	AC-20	—	SMA-20	—	—	AM-20	19.0	26.5
	AC-16	—	SMA-16	OGFC-16	—	AM-16	16.0	19.0
细粒式	AC-13	—	SMA-13	OGFC-13	—	AM-13	13.2	16.0
	AC-10	—	SMA-10	OGFC-10	—	AM-10	9.5	13.2
砂粒式	AC-5	—	—	—	—	AM-5	4.75	9.5

续表

混合料类型	密级配			开级配		半开级配	公称最大粒径(mm)	最大粒径(mm)
	连续级配		间断级配	间断级配		沥青稳定碎石		
	沥青混凝土	沥青稳定碎石	沥青玛蹄脂碎石	排水式沥青磨耗层	排水式沥青碎石基层			
设计空隙率(%)	3 ~ 5	3 ~ 6	3 ~ 4	>18	>18	6 ~ 12		

注:空隙率可按配合比设计要求适当调整。

10.2 沥青混合料的强度构成

► 10.2.1 沥青混合料的组成结构

沥青混合料是一种复杂的多种成分的材料,其结构概念同样也极其复杂。因为这种材料的各种不同特点都与结构概念联系在一起。这些特点包括矿物颗粒的大小及其不同粒径的分布、颗粒的相互位置、沥青在沥青混合料中的特征和矿物颗粒上沥青层的性质、空隙量及其分布、闭合空隙量与连通空隙量的比值等。沥青混合料结构是这种材料单一结构和相互联系结构概念的总和,它包括沥青结构、矿物骨架结构及沥青 – 矿粉分散系统结构等。上述每种单一结构中的每种性质都对沥青混合料的性质产生很大的影响。

随着混合料组成结构研究的深入,对沥青混合料组成结构有如下两种互相对立的理论。

1)表面理论

按传统的理解,沥青混合料是由粗集料、细集料和填料经人工组配成密实的级配矿质骨架。此种矿质骨架由沥青分布其表面,将它们胶结成为一个具有强度的整体。这种理论认识可由图 10.1 表示。

图 10.1 沥青混合料组成结构

2)胶浆理论

胶浆理论认为沥青混合料是一种多级空间网状胶凝结构的分散系。它是以粗集料为分散相而分散在沥青砂浆介质中的一种粗分散系;同样,砂浆是以细集料为分散相而分散在沥青胶浆介质中的一种细分散系;而胶浆又是以填料为分散相而分散在高稠度沥青介质中的一种微分散系。

这三级分散系以沥青胶浆(沥青 – 矿粉系统)最为重要,典型的沥青混合料为弹 – 黏塑性,主要取决于起黏结作用的沥青 – 矿粉系统的结构特点。这种多级空间网状胶凝结构的特点是结构单元(固体颗粒)通过液相的薄层(沥青)而黏结在一起。胶凝结构的强度取决于结构单元产生的分子力。胶凝结构具有力学破坏后结构触变性复原自发可逆的特点。

对于胶凝结构,固体颗粒之间液相薄层的厚度起着很大的作用。相互作用的分子力随薄层厚度的减小而增大,因而系统的黏稠度增大,结构变得更加坚固。此外,分散介质(液相)本身的性质对于胶凝结构的性质也有很大的影响。

可以认为,沥青混合料的弹性和黏塑性的性质主要取决于沥青的性质、黏结矿物颗粒的沥青层的厚度,以及矿物材料与结合料相互作用的特性。沥青混合料胶凝键合的特点也取决于这些因素。

沥青混合料的结构取决于矿物骨架结构、沥青的结构、矿物材料与沥青相互作用的特点、沥青混合料的密实度及其毛细 - 孔隙结构的特点等因素。

矿物骨架结构是指沥青混合料成分中矿物颗粒在空间的分布情况。由于矿物骨架本身承受大部分的内力,因此骨架应由相当坚固的颗粒组成,并且密实。沥青混合料的强度在一定程度上也取决于内摩阻力的大小,而内摩阻力又取决于矿物颗粒的形状、大小及表面特性等。

形成矿物骨架的材料结构,也在沥青混合料结构的形成中起很大作用。应把沥青混合料中沥青的分布特点,以及矿物颗粒上形成的沥青层的构造综合理解为沥青混合料中的沥青结构。为使沥青能在沥青混合料中起到自己应有的作用,沥青应均匀地分布到矿物材料中,并尽可能完全包裹矿物颗粒。矿物颗粒表面上的沥青层厚度,以及填充颗粒间空隙的自由沥青的数量具有重要的作用。自由沥青和矿物颗粒表面吸附沥青的性质,会对沥青混合料的结构产生影响。沥青混合料中的沥青性质取决于原来沥青的性质、沥青与矿料的比值,以及沥青与矿料相互作用的特点。

综上所述,可以认为沥青混合料是由矿质骨架和沥青胶结物构成的,具有空间网络结构的一种多相分散体系。沥青混合料的力学强度主要由矿质颗粒之间的内摩阻力和嵌挤力,以及沥青胶结料及其与矿料之间的黏结力构成。

▶ 10.2.2 沥青混合料骨料的组成结构类型

沥青混合料按其强度构成原则的不同,可分为按嵌挤原则构成的结构和按密实级配原则构成的结构两大类。

1)按嵌挤原则构成的沥青混合料

这类混合料的结构强度是以矿质颗粒之间的嵌挤力和内摩阻力为主、沥青结合料的黏结作用为辅构成的。这类路面以较粗的、颗粒尺寸均匀的矿料构成骨架,沥青结合料填充其空隙,并把矿料黏结成一个整体。这类沥青混合料的结构强度受自然因素(温度)的影响较小。

2)按密实级配原则构成的沥青混合料

这类混合料的结构强度是以沥青与矿料之间的黏结力为主,矿质颗粒间的嵌挤力和内摩阻力为辅构成的。沥青混凝土路面和沥青碎石混合料路面属于此类。这类沥青混合料的结构强度受温度的影响较大。

按级配原则构成的沥青混合料,其结构通常可按下列3种方式组成:

(1)悬浮密实结构

悬浮密实结构[图9.2(a)]是由连续级配矿质混合料组成的密实混合料,由于材料从大到小连续存在,并且各有一定数量,实际上同一档较大颗粒都被较小一档颗粒挤开,大颗粒以悬浮状态处于较小颗粒之中。这种结构通常按最佳级配原理进行设计,因此密实度与强度较高,但受沥青材料的性质和物理状态的影响较大,故稳定性较差。

(2)骨架空隙结构

骨架空隙结构[图9.2(b)]较粗石料彼此紧密相接,较细粒料的数量较少,不足以充分填充空隙。混合料的空隙较大,石料能够充分形成骨架。在这种结构中,粗骨料之间的内摩阻力起重要的作用,其结构强度受沥青的性质和物理状态的影响较小,因而稳定性较好。

（3）骨架密实结构

骨架密实结构［图 9.2（c）］是综合以上两种方式组成的结构。混合料中既有一定数量的粗骨料形成骨架，又根据粗料空隙的多少加入细料，形成较高的密实度。间断级配即按此原理构成。

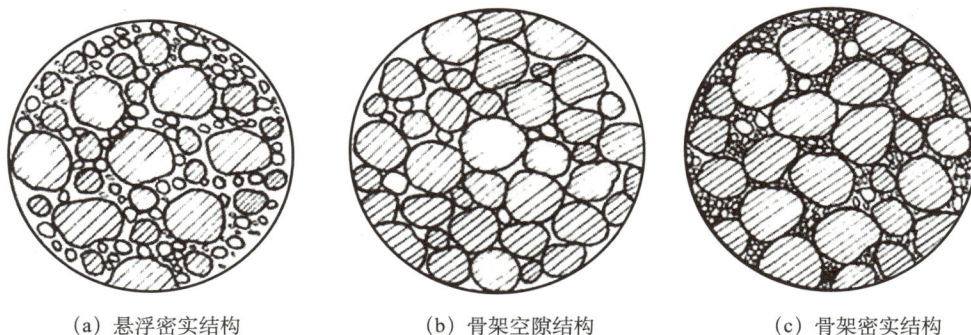

（a）悬浮密实结构　　　　　（b）骨架空隙结构　　　　　（c）骨架密实结构

图 10.2　沥青混合料矿料骨架类型

▶ 10.2.3　沥青混合料的强度理论与强度参数

沥青混合料属于分散体系，是由粒料与沥青材料构成的混合体。根据沥青混合料的颗粒性特征，可以认为沥青混合料的强度构成源于两个方面：沥青与集料间产生的黏结力和骨料与骨料间产生的内摩阻力。

目前，对沥青混合料强度构成特性开展研究时，许多学者普遍采用了摩尔 – 库仑理论作为分析沥青混合料的强度理论，并引用两个强度参数——黏结力 c 和内摩阻角 φ，作为其强度理论的分析指标，如图 10.3 所示。摩尔 – 库仑理论的一般表达式为

$$f(\sigma_{ij}) = \sigma_1 - \sigma_3 - (\sigma_1 + \sigma_3)\sin\varphi - 2c\cos\varphi = 0 \tag{10.1}$$

式中：σ_1——最大主应力；

　　　σ_3——最小主应力；

　　　σ_{ij}——应力状态张量。

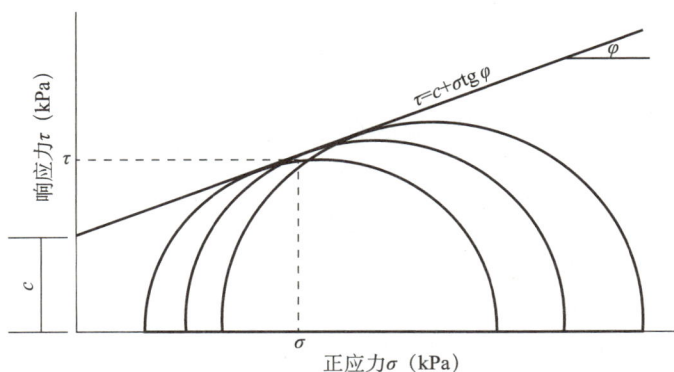

图 10.3　沥青混合料三轴试验确定 c、φ 值的摩尔 – 库仑包络线图

对于组成沥青混合料的两种原始材料——沥青和骨料，通过试验研究和强度理论分析，可以认为纯沥青材料的 $c \neq 0$ 而 $\varphi = 0$；干燥骨料的 $c = 0$ 而 $\varphi \neq 0$。但由此形成的沥青混合料，其 $c \neq 0$ 且 $\varphi \neq 0$，沥青混合料在参数 c、φ 值的确定上需要将理论准则与试验结果结合起来。理论准则采用摩尔 – 库仑理论，而试验结果则可通过三轴试验、简单拉压试验或直剪试验获得。

1)三轴试验

对于三轴试验,其摩尔－库仑的理论表达式为

$$\sigma_1 = \frac{1 + \sin\varphi}{1 - \sin\varphi} \times \sigma_3 + 2c \times \frac{\cos\varphi}{1 - \sin\varphi} \qquad (10.2)$$

显然,在一定的力学加载条件下,如果材料是给定的,则参数 c、φ 值应为常数,σ_1 与 σ_3 之间具有线性关系。同时,众多试验研究结果也表明,在给定试验条件下,σ_1 与 σ_3 之间具有如式(10.3)所示的线性关系:

$$\sigma_1 = k\sigma_3 + b \qquad (10.3)$$

式中,k 与 b 均大于 0。

将式(10.2)、式(10.3)对等,则可得到 c、φ 值的计算公式:

$$\sin\varphi = \frac{k - 1}{k + 1} \qquad (10.4)$$

$$c = \frac{b}{2} \times \frac{1 - \sin\varphi}{\cos\varphi} = \frac{b}{2\sqrt{k}} \qquad (10.5)$$

目前,国内外研究者主要通过三轴试验来确定沥青混合料的 c、φ 值。但是,由于三轴试验在仪器设备方面比较复杂,要求较高,试验所需人力物力较多,在操作上难度大,因此尽管三轴试验能够很好地模拟真实的应力应变状态,但它的实际应用受到一定程度的限制,在工程上难以普及使用。

2)简单拉压试验

沥青混合料的 c、φ 值也可通过测定无侧限抗压强度 R 和抗拉强度 r 予以换算。其换算关系可通过推导获得,也可以直接利用摩尔圆求得。

简单拉压试验确定沥青混合料的 c、φ 值的基本假定是,在试验变量(材料组成变量、力学激励变量)相同的条件下,沥青混合料在压缩和拉伸两种加载方式下的内在参数值相同。

这种试验方法相对于三轴试验,在操作上要容易得多,且在一般试验机上均可以实施,易于推广应用。但其试验结果的准确性依赖于试验技术的完善与提高,特别是拉伸试验。在拉伸试验中,有两个试验技术难关需要克服,即沥青混合料的拉伸试验技术(拉头问题)和试件的偏心受拉问题。通过改进试验技术,这两个困难目前都可以克服。

3)直剪试验

参数 c、φ 值的确定还可以通过沥青混合料的直剪试验来实现。这种试验方法与土的直剪试验非常类似,主要是通过测定不同正压力水平 σ_i 下的抗剪强度 τ_{fi},在 $\tau - \sigma$ 坐标系中绘制库仑直线,从而获得沥青混合料的 c、φ 值。

沥青混合料的直剪试验相对于三轴试验、简单拉压试验,在 c、φ 值的原理上更为直观明了,但在操作上可能更不容易实现,比如因剪切挤压而引起的破坏面不均匀问题。关于这种试验方法的可行性、准确性,以及其试验结果与三轴试验和简单拉压试验结果之间的可比性等方面的研究工作,还有待于进一步探讨,以便确定一种较为有效和简便的方法来获得参数 c、φ 值。

▶ 10.2.4　沥青与矿料之间的相互作用

沥青与矿料之间的相互作用是沥青混合料结构形成的决定性因素。它直接关系到沥青混合料的强度、温度稳定性、水稳定性以及老化速度等一系列重要性能。因此,深入研究沥青与矿料之间相互作用的原理,充分认识并积极地利用与改善这个作用过程具有十分重要的意义。研究表明,沥青与矿料相互

作用时发生的效应是各种各样和特殊的,主要与表面效应有关。

Л. А. 列宾捷尔研究认为,沥青与矿料相互作用后,沥青在矿料表面产生化学组分的重新排列,在矿料表面形成一层扩散结构膜[图 10.4(a)],在此膜厚度以内的沥青称为结构沥青,此膜以外的沥青称为自由沥青。结构沥青与矿料之间发生相互作用,并且沥青的性质有所改变;而自由沥青与矿料距离较远,没有与矿料发生相互作用,仅将分散的矿料黏结起来,并保持原来的性质。

如果颗粒之间接触处由扩散结构膜联结[图 10.4(b)],则会促成沥青具有更高的黏滞度和更大的扩散结构膜的接触面积,从而可以获得更大的颗粒黏着力。反之,如颗粒之间接触处为自由沥青所联结[图 10.4(c)],则具有较小的黏着力。

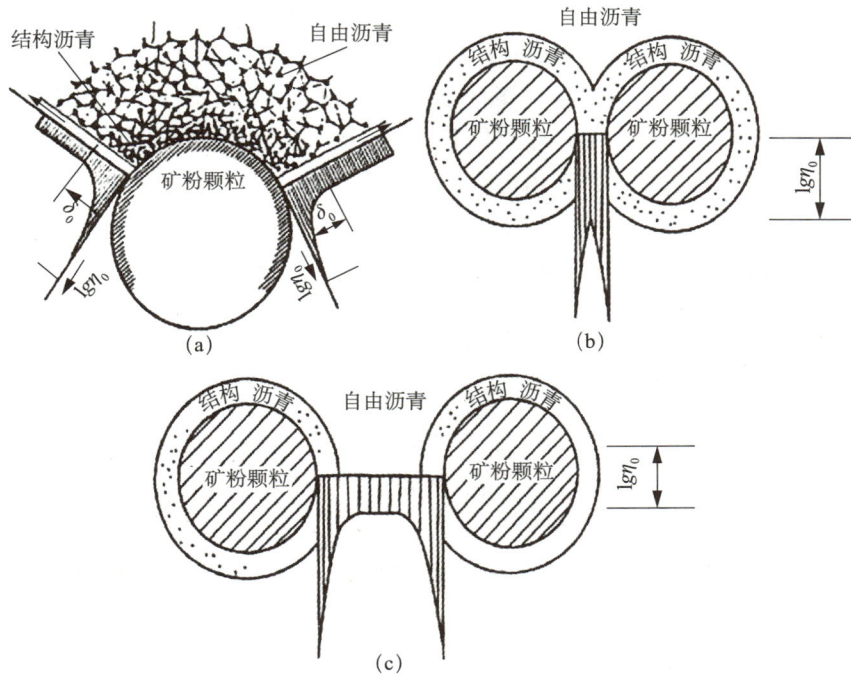

图 10.4　沥青与矿粉作用示意图

按照物理化学观点,沥青与矿料之间的相互作用过程是个比较复杂的、多种多样的吸附过程,包括沥青层被矿物表面的物理吸附过程、沥青 – 矿料接触面上进行的化学吸附过程,以及沥青组分向矿料的选择性扩散过程。

固体或液体的表面和与它进行接触的液态或气态物质分子的黏结性质,以及对气体或液体的吸附现象称为吸附。吸附作用分为物理吸附和化学吸附两种形态。当吸附物质(吸附剂)与被吸附物质之间仅有分子作用力(即范德华力)存在时,则产生物理吸附;当接触的两种相(沥青和矿料)形成化合物时,则产生化学吸附。

在引力作用下发生物理吸附作用,会在矿料表面形成沥青的定向层,此时被吸附的沥青不发生任何化学变化。在化学吸附的情况下,被吸附的沥青发生化学变化。但是,化学吸附作用仅触及被吸附物质的一层分子,而物理吸附时,实际上可能形成几个分子厚度的吸附层。

沥青在矿料表面上的吸附强度很大程度上取决于这些材料之间发生的黏结性质。当存在化学键时(即产生化学吸附时),沥青与矿料的黏结最为牢固。当碳酸盐或碱性岩石与含有足够数量酸性表面活性物质的活化沥青黏结时,会发生化学吸附过程。这种表面活性物质能在沥青与矿料的接触面上形成新的化合物。因为这些化合物不溶于水,所以矿料表面上形成的沥青层具有较高的抗水能力。而当沥青与酸性岩石（SiO_2 含量大于 65% 的岩石）黏结时，不会形成化学吸附化合物，故其间的黏结强度较低，遇水易剥离。

研究表明，碳酸盐和碱性石料每个单位表面上吸附的沥青多于酸性石料，具有更坚固的结构，对于比表面大和吸附力很大的矿料更具有特殊意义。

沥青与矿料表面黏结牢固的必要先决条件是沥青能很好地润湿矿料的表面。由物理化学知识得知，彼此接触物体相互作用过程的特性和强度主要取决于物体的表面性质，首先是表面自由能。

研究物质内部质点（原子、离子、分子）与位于表面的质点之间的相互作用，可以得到关于固体或液体表面能的概念。位于固体或液体内部的每一固体或液体质点，都从各方面承受着围绕它的并和它相类似的质点的引力作用，而位于固体或液体表面的质点，只从一面受到处于固体或液体内部质点的引力作用，而另一面是空气（气相）。由于气体分子彼此相距甚远，因此只有邻近固体或液体表面的气体才产生力场。气体分子对固体或液体表面质点的作用非常小，不能平衡承受从内部质点方面产生的力的作用。

固体或液体表面未平衡（未补偿）元素质点的存在相当于该表面每单位面积具有一定数量的自由能，其数量等于形成表面所消耗的功。该自由能称为表面自由能或表面能力。

润湿是自发的过程，在这一过程中，相接触的三相——矿料、水和空气或沥青体系内，在一定的温度条件下会发生体系的表面自由能的降低现象。

大多数的造岩矿物（如氧化物、碳酸盐、硅酸盐、云母、石英等），均具有亲水性。所有亲水性矿物都具有离子键（有极性的）的晶格，因此当它们分裂时，在表面层可能有未平衡的离子——带自由价的离子。

憎水性矿物具有共价键（原子键）的晶格，或者具有分子键的晶格。有些憎水性材料具有离子和分子键的晶格，即元素质点内部有牢固的离子键，质点之间有分子键。这些元素质点的表面几乎没有未补偿的键。

两种相互接触的物体，例如沥青同矿料的接触表面相互作用所消耗的能量，以黏结作用来表征，这种黏结作用通常简称为黏结力。

能良好地润湿固体干燥表面的液体，并不意味着一定有良好的黏结力。沥青润湿与黏结潮湿矿料表面的能力，取决于固体表面排挤水分的性质和沥青的个别组分在边界层中的选择性吸附，这相应地减小了体系的表面自由能。吸附的结果增加了相界面处被吸附物质的浓度，且减小了界面上的表面自由能。

吸附层的性质取决于被吸附物质的数量、被吸附物质与固体相互作用的性质和能量。这些因素将构成固体 – 液体分界面上二相相互联系的特性。吸附层，特别是在完全饱和的情况下，它类似于很薄的固体膜，具有高的力学强度。这种性质由于周围液体介质（溶剂 – 沥青中的油分）的作用，其能力得到再一次的加强。

化学吸附是沥青中的某些物质（如沥青酸）与矿料表面的金属阳离子产生化学反应，生成沥青酸盐，在矿料表面构成化学吸附层的过程。化学相互作用力的强度超过分子力作用许多倍。化学相互作用的能量转为化学反应的热量时，其数值为数百焦耳/克分子以上；而物理相互作用的能量转为热量时，最大仅为数十焦耳/克分子。因此，当沥青与矿料形成化学吸附层时，相互间的黏附力远大于物理吸附时的黏附力。也只有产生化学吸附时，沥青混合料才可能具有良好的水稳性。

化学吸附产生与否以及吸附程度，取决于沥青及矿料的化学成分。例如石油沥青中因含有沥青酸及沥青酸酐，它能与碱性矿料中的高价金属盐产生化学反应，生成不溶于水的有机酸盐，与低价金属盐反应生成的有机酸盐易溶于水，而与酸性矿料之间只能产生物理吸附。煤沥青中既有酸性物质（如酚类),又有碱性物质(如吡啶类),因而与酸性矿料及碱性矿料均能起化学吸附作用,其吸附程度和生成物的性质仍与矿料的化学成分密切相关。

选择性吸附是指沥青中的某一特定组分由于扩散作用沿着另一相的微孔渗入到其内部。当沥青与矿料相互作用时,选择性扩散产生的可能性及其作用大小,取决于矿料的表面性质、孔隙状况及沥青的组分与活性。

矿料对沥青的选择性吸附作用,主要产生于表面具有微孔(孔隙直径小于 0.02 mm)的矿料,如石灰岩、泥灰岩、矿渣等。此时沥青中活性较高的沥青质吸附在矿料表面,树脂吸附在矿料表层小孔中,而油分则沿着毛细管被吸收到矿料内部。因此矿料表面的树脂和油分相对减少,沥青质增多,于是沥青性质发生变化——稠度提高和黏结力增加,从而在一定程度上改善了沥青混合料的热稳性与水稳性。

沥青与多孔的材料相互作用的特点,一方面取决于表面性质和吸附物的结构(孔隙的大小及其位置),另一方面与沥青的特性(主要是活性和基团组成)有关。矿料表面上如有微孔,会大大改变其与沥青相互作用的条件,微孔具有极大的吸附势能,因而孔中吸附大部分的沥青表面活性组分。当沥青与结构致密的矿料(如石英岩)相互作用时,上述过程失去了必要的条件,因而其对沥青的选择性吸附不显著。

▶ 10.2.5　沥青与初生矿物表面的相互作用

沥青与初生矿物表面的相互作用是一种特殊的作用形式,因为它取决于化学－力学过程。并与上述的化学吸附同时发生。

化学－力学是一个比较新的科学领域,它研究力学作用对各种物质所产生的范围极广的现象。许多研究人员对化学－力学有着极大兴趣,这与在力学作用时有可能在一定条件下引起化学过程有关。因此,利用化学－力学手段进行材料机械加工过程的研究具有非常广阔的前景。

早在 1873 年,卡列.M.里曾经指出,某些化学反应只能在力学作用的条件下才会更有效,或是一般只能在这种作用下才能发生反应。

引起固体中大部分力学－化学过程最重要的因素有:

①化学活性很大的新表面的产生;

②受机械力破坏而形成的颗粒表面层的结构变化;

③初生颗粒表面上进行的化学反应。

固体受机械力作用产生的初生表面的能量状态的研究包括初生表面的带电及其吸附能力的研究、重新形成的颗粒表层结构的研究,以及自由基的产生过程和相互反应过程等。

Б.В.德拉金指出,颗粒经磨碎后成为带电颗粒,且电荷的正负与大小取决于颗粒的大小和物质的性质。初生表面的带电,在矿料的活化过程中起着一定的作用。

决定初生表面具有很高的化学活性的一个因素是自由基的出现。自由基是借助机械力的破坏作用,使化学键断开而产生的。化学键在机械力作用下断开的可能性是史塔乌金捷尔最先提出的。1952年,帕依克和瓦特森证实了在这种情况下可能产生自由基。

自由基是分子的残余部分,或是处于电子受激震状态下的分子。它具有很大的化学活性和很高的反应能力,这种能力与自由化合价有关。自由基易与一般的饱和分子起化学反应。

初生表面很高的活性也与磨碎过程中形成的颗粒表面层的结构变化有关。例如,德姆波斯捷尔等人的研究表明,磨碎的石英表面是由变化了的含结晶硅砂层组成。阿尔姆斯特朗格观测到磨碎石英颗粒表层的非晶形性,并且某些磨碎破坏的深度为 50~100 μm。在磨碎的石英表面上,非晶形层的厚度达 40 nm。

因磨细而产生的颗粒表面层的松散结构,有助于增强其反应能力和吸附能力,从而提高了其活化效果。顺磁共振试验表明,矿料中自由基的浓度随磨碎时间的增长而增大。试验还证明,当沥青与花岗石或石英进行一般的拌和时,只产生矿料与沥青的物理吸附,而在沥青与花岗石或石英一起磨碎的过程中,沥青和矿料之间发生了化学吸附。

在沥青与矿料一起磨碎的过程中,沥青与矿料表面的相互作用,与沥青和早先磨细的矿料拌和时的相互作用有明显的差别,前者化学吸附的沥青量及其随磨碎时间的增长速率均明显高于后者。

▶ 10.2.6 影响沥青混合料强度的因素

沥青混合料的强度由两部分组成:矿料之间的嵌挤力与内摩阻力以及沥青与矿料之间的黏聚力。下文从内因、外因两方面分析沥青混合料强度的影响因素。

1)影响沥青混合料强度的内因

(1)沥青黏度的影响

沥青混凝土是一个具有多级网络结构的分散系。从最细一级网络结构来看,它是各种矿质集料分散在沥青中的分散系,因此它的强度与分散相的浓度和分散介质黏度有密切的关系。在其他因素固定的条件下,沥青混合料的黏聚力随着沥青黏度的提高而增大。因为沥青的黏度反映了沥青内部沥青胶团相互位移时,其分散介质抵抗剪切作用的抗力,因此当沥青混合料受到剪切作用时,特别是受到短暂的瞬时荷载时,具有高黏度的沥青能赋予沥青混合料较大的黏滞阻力,因而具有较高的抗剪强度。在相同的矿料性质和组成条件下,随着沥青黏度的提高,沥青混合料黏聚力有明显的提高,同时内摩擦角也稍有提高。

(2)沥青与矿料化学性质的影响

在沥青混合料中,如果矿粉颗粒之间的接触处由结构沥青膜联结,这样会促成沥青具有更高的黏度和更大的扩散溶化膜的接触面积,因而可以获得更大的黏聚力。反之,如颗粒之间的接触处由自由沥青联结,则具有较小的黏聚力。

沥青与矿料的相互作用不仅与沥青的化学性质有关,还与矿粉的性质有关。H·M·鲍尔雷曾采用紫外线分析法对两种最典型的矿粉(石灰石粉和石英石粉)进行研究,如图10.5所示。研究认为,不同性质矿粉表面会形成不同成分和不同厚度的吸附溶化膜。因此在沥青混合料中,当采用石灰石粉时,矿粉之间更有可能通过结构沥青来联结,因而具有较高的黏聚力。

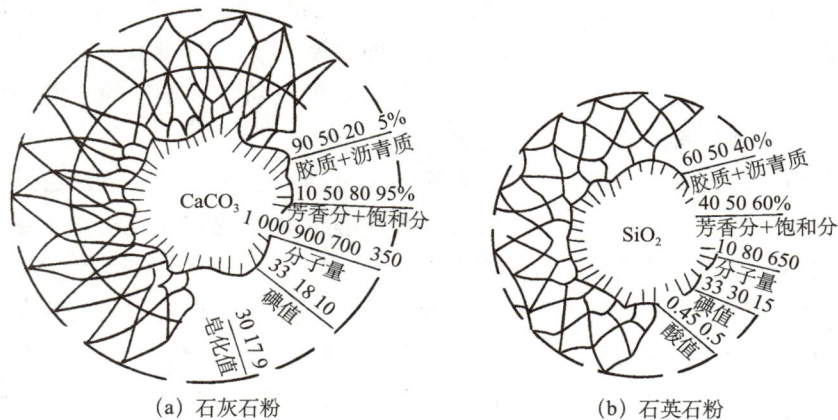

图10.5 石灰石与石英石粉表面结构特征

酸值——中和1 g沥青所耗用的 KOH 毫克数,表示沥青中游离酸的含量;皂化值——皂化1 g沥青所需的 KOH 毫克数,表示沥青中脂肪酸的含量;碘值——1 g沥青所能吸收碘的厘克数,表示沥青的不饱和程度。

（3）矿料比表面的影响

从沥青与矿粉交互作用的原理可知,结构沥青的形成主要是由于矿料与沥青的交互作用,由此引起沥青化学组分在矿料表面的重分布。所以在相同的沥青用量条件下,与沥青产生交互作用的矿料表面积越大,形成的沥青膜越薄,在沥青中结构沥青所占的比率越大,因而沥青混合料的黏聚力也越高。通常,工程应用中以单位质量集料的总表面积来表示表面积的大小,称为比表面积(简称比面)。例如 1 kg 粗集料的表面积为 $0.5 \sim 3$ m^2,其比面即为 $0.5 \sim 3$ m^2/kg,而矿粉用量虽只占 7% 左右,而其表面积却占矿质混合料的总表面积的 80% 以上,所以矿粉的性质和用量对沥青混合料的强度影响很大。为增加沥青与矿料物理 – 化学作用的表面积,在沥青混合料配料时,必须含有适量的矿粉。提高矿粉细度可增加矿粉比面,因此对矿粉细度也有一定的要求:希望小于 0.075 mm 粒径的含量不要过少,但是小于 0.005 mm 部分的矿粉含量也不宜过多,否则将使沥青混合料结成团块,不易施工。

（4）沥青用量的影响

在固定质量的沥青和矿料的条件下,沥青与矿料的比例(即沥青用量)是影响沥青混合料抗剪强度的重要因素。

当沥青用量很少时,沥青不足以形成结构沥青的薄膜来黏结矿料颗粒。随着沥青用量的增加,结构沥青逐渐形成。沥青更为饱满地包裹在矿料表面,使沥青与矿料间的黏附力随着沥青的用量增加而增加。当沥青用量足以形成薄膜并充分黏附矿料颗粒表面时,沥青胶浆具有最优的黏聚力。随后,如沥青用量继续增加,由于沥青用量过多,逐渐将矿料颗粒推开,在颗粒间形成未与矿料交互作用的自由沥青,沥青胶浆的黏聚力随着自由沥青的增加而降低。当沥青用量增加至某一用量后,沥青混合料的黏聚力主要取决于自由沥青,故其抗剪强度几乎不变。随着沥青用量的增加,沥青不仅起着黏结剂的作用,还起着润滑剂的作用,减少了粗集料的相互密排作用,因而减小了沥青混合料的内摩擦角。

沥青用量不仅影响沥青混合料的黏聚力,同时也影响沥青混合料的内摩擦角。通常当沥青薄膜达最佳厚度(即主要以结构沥青黏结)时,具有最大的黏聚力;随着沥青用量的增加,沥青混合料的内摩擦角逐渐降低。

（5）矿质集料的级配类型、粒度、表面性质的影响

沥青混合料的强度与矿质集料在沥青混合料中的分布情况有密切关系。沥青混合料有密级配、开级配和间断级配等结构类型,因此矿料级配类型是影响沥青混合料强度的因素之一。

此外,沥青混合料中矿质集料的粗度、形状和表面粗糙度对其强度都具有极为明显的影响。因为颗粒形状及其粗糙度在很大程度上将决定混合料压实后颗粒间相互位置的特性和颗粒接触有效面积的大小。通常情况下,具有显著的面和棱角,各方向尺寸相差不大,近似正方体,以及具有明显细微凸出的粗糙表面的矿质集料,在碾压后能相互嵌挤锁结而具有很大的内摩擦角。在其他条件相同的情况下,这种矿料组成的沥青混合料较表面平滑的圆形颗粒具有更高的抗剪强度。

许多试验证明,要想获得具有较大内摩擦角的矿质混合料,必须采用粗大、均匀的颗粒。在其他条件相同的情况下,矿质集料颗粒越粗,所配制的沥青混合料具有越大的内摩擦角。相同粒径组成的集料,卵石的内摩擦角较碎石更小。

2）影响沥青混合料强度的外因

（1）温度的影响

沥青混合料是一种热塑性材料,其抗剪强度随着温度的升高而降低。黏聚力随温度升高而显著降低,但是内摩擦角受温度变化的影响较小。

（2）形变速率的影响

沥青混合料是一种黏-弹性材料,其抗剪强度与形变速率有密切关系。在其他条件相同的情况下,变形速率对沥青混合料的内摩擦角影响较小,而对沥青混合料的黏聚力影响较为显著。试验资料表明,黏聚力随变形速率的减小而显著提高,而内摩擦角随变形速率的变化很小。

综上所述,可以认为组成高强度沥青混合料的基本条件是:a. 密实的矿物骨架,这可以通过适当地选择级配和使矿物颗粒最大限度地相互接近来取得;b. 对所用的混合料、拌制和压实条件都适合的最佳沥青用量;c. 能与沥青起化学吸附的活性矿料。

过多的沥青量和矿物骨架空隙率的增大,都会使削弱沥青混合料结构黏聚力的自由沥青含量增多。如前所述,沥青与矿粉在一定配合比下的强度,可以达到二元系统(沥青与矿粉)的最高值,即矿粉在混合料中的某种浓度下,能形成黏结相当牢固的空间结构。

显然,为使沥青混合料产生最高的强度,应设法使自由沥青含量尽可能地少或完全没有。但是,必须保证有某种数量的自由沥青,以确保沥青混合料应有的耐侵蚀性和最佳的塑性。

应指出的是,最好的沥青混合料结构,不是用最高强度来表示,而是所需要的合理强度。这种强度应配合沥青混合料在低温下具有充分的变形能力以及耐侵蚀性。

由于选择空隙率最低的沥青混合料的矿料级配,能减少自由沥青含量,因此许多国家都规定了矿料最大空隙率。此外,自由沥青含量也取决于空隙的填满程度。在配合比正确的沥青混合料中,被沥青所充满的颗粒之间的空隙容积应不超过总空隙的 80% ~85% ,以免在温度升高时沥青溢出。这种可能性是因为沥青比矿质材料具有更高的体积膨胀系数。

此外,自由沥青的填满程度过大,还会导致路面的附着力(摩阻力)降低。

进一步完善沥青混合料的拌制与压实工艺,也能大大减少自由沥青含量,并显著提高沥青混合料的结构强度。

▶ 10.2.7 提高沥青混合料强度的措施

提高沥青混合料的强度包括两个方面:一是提高矿质骨料之间的嵌挤力与摩阻力;二是提高沥青与矿料之间的黏结力。

为了提高沥青混合料的嵌挤力和摩阻力,要选用表面粗糙、形状方正、有棱角的矿料,并适当增加矿料的粗度。此外,合理地选择混合料的结构类型和组成设计,对于提高沥青混合料的强度也具有重要的作用。混合料的结构类型和组成设计还必须根据稳定性方面的要求,结合沥青材料的性质和当地自然条件加以权衡确定。

提高沥青混合料的黏聚力可以采取的措施有:改善矿料的级配组成,以提高其压实后的密实度;增加矿粉含量;采用稠度较高的沥青;改善沥青与矿料的物理-化学性质及其相互作用过程。

改善沥青和矿料的物理-化学性质及其相互作用过程可以通过以下 3 个途径:

①改善沥青的物理-化学性质可采用调整沥青的组分,往沥青中掺加表面活性物质或其他添加剂等方法。

②改善矿料的物理-化学性质,可采用表面活性添加剂使矿料表面憎水化的方法。

③对沥青和矿料的物理-化学性质同时作用的方法。

▶ 10.2.8 表面活性物质及其作用原理

1）表面活性物质的性质

表面活性物质是一种能降低表面张力且相应地吸附在该表面层的物质。表面活性物质大都具有两亲性质,由极性(亲水的)基团和非极性基团两部分组成。极性基团带有偶极矩属于此类基的有羟基、羧基和胺基等。极性基有水合作用能力,是亲水的、可溶的,且能强烈地表现化合价力。非极性基是由具有弱副价力和偶极矩接近于零的碳氢链或芳香族链组成的分子钝化部分,是憎水性的。

表面活性物质吸附在相界面上时,就形成定向分子层。此时,分子的极性基团定向于极性较大的矿料表面,而烃基却朝向外面。由于朝向外面的烃链很大,致使矿料表面(大多数是亲水的)产生憎水性。同时,当表面活性物质的极性基团与矿料表面上的吸附中心产生化学链时,憎水效果会大大增加。使用与该种矿物材料具有化学亲和力的表面活性物质,就能达到这个目的。因此,相界面上表面活性物质分子的定向层改变了表面的分子性质和相互接触相界的反应条件。表面活性物质的作用效果随烃链的长度增大而增强。

表面活性物质吸附在材料表面上并形成定向多分子的(有时是聚合的)分子层时,需要一定的时间。吸附的速度取决于表面活性物质的分子扩散速度,尤其是对于分子量很大的物质。相间界面的特殊性质也决定了沥青 - 矿料系统中表面活性物质的作用效果,这首先涉及沥青润湿矿料条件的改变和沥青层与矿料表面的黏结特性。

润湿条件的改善是形成沥青层和与矿料表面发生黏结的必要条件,这对于沥青路面施工工艺的改善起到重要的作用。例如加速了沥青和矿料的拌和过程,提高了沥青混合料的可压实性,降低了沥青混合料拌制等各个环节的使用温度。

采用表面活性物质可以改善沥青与矿料表面的黏结力,极大地提高沥青路面的耐侵蚀性,并且有助于扩大所用矿料的品种。

表面活性物质按其化学性质,可以分为离子型和非离子型两大类。离子型表面活性物质,又可分为阴离子型活性和阳离子型活性两种基本形式。阴离子型表面活性物质在水中离解时,形成带负电荷的表面活性离子(阴离子);阳离子型表面活性物质是带正电荷的离子(阳离子)。因此,在阴离子型表面活性物质中,分子的烃基包含在阴离子组分内;而在阳离子型表面活性物质中,分子的烃基包含在阳离子组分内。

为了改善沥青与碳酸盐矿料和碱性矿料(石灰石、白云石、玄武岩、辉绿岩等)的黏结力,可使用阴离子型表面活性物质。在这类矿料表面上,可形成不溶于水的化合物(如羧酸钙皂),有助于加强其与沥青的黏结。

当使用酸性矿料(石英、花岗岩、正长岩、粗面岩等)时,可采用阳离子型表面活性物质来改善其与沥青的黏结。

高羧酸、高羧酸重金属盐和碱土金属的盐类(皂),以及高酚物质等,是阴离子型表面活性物质的典型代表。高脂肪胺盐、四代铵碱等是典型的阳离子型表面活性物质。

当前,生产中常使用的阴离子型工业产品及其副产品有油萃取工厂的棉子树脂(棉子渣油)、合成脂肪酸的蒸馏釜残渣、次级脂肪渣油(生产肥皂的副产品)、炼油厂生产的氧化石蜡油等。

根据匈牙利的多保兹和苏联的 Л.C. 谢莫娜耶娃等人的研究,某些阳离子型表面活性物质(如高脂肪族胺)与酸性和碱性岩石矿料都能起化学反应。这类材料与各种矿料综合反应的性能使其有很大前景。

表面活性物质掺入沥青混合料的方法有两种:掺入沥青中或洒在矿料表面上。第一种方法在操作上比较方便,也可以直接在炼油厂将表面活性物质注入沥青中;将表面活性物质洒到矿料表面上,虽然工艺比较烦琐,可是它是一种有效的方法。

2)矿料表面的活化

许多研究表明,在往沥青中掺加表面活性物质的同时,用表面活性添加剂使矿料表面活化,有助于提高沥青混合料的强度。

用各种矿物盐类(钙盐、铁盐、铜盐、铅盐等)以及石灰、水泥等电解质水溶液活化矿料表面,是以吸附理论和吸附层中的离子交换为基础的。由于多价阳离子吸附在未补偿阴离子的矿料表面,或者在表面层的一价阳离子对两个和三个阳离子交换,减小了亲水性,而改善了其与沥青之间相互作用的特性,为形成不溶于水的化合物的化学吸附创造了更好的条件。

通常,矿料表面的改性处理有以下3个目的:

①改善矿料与沥青之间相互作用的条件;

②改善吸附层中的沥青性质;

③扩大矿料的使用品种和改善其性质。

特别值得注意的是,预先物理 – 化学活化是能最有效地利用表面活性添加剂的一种方法。实践证明,产生新表面的时刻是进行化学改性的最好时机,因为这时可以利用只有初生的表面才具有的特殊能态。这种特殊能态会强烈地激发表面的反应能力,有助于与各种改性的活化剂发生相互反应。这种反应在一般的材料加工条件下是有可能发生的。

利用初生表面所产生的效果与处理丧失了原有潜能的旧表面所得到的效果是无法比拟的。新表面的高度活性得到没有及时而合理的利用时,也会引起相反的效果。这是因为初生表面总要吸附各种物质,其中也包括影响以后与沥青相互作用的物质。

10.3　沥青混合料的技术性质

▶ 10.3.1　沥青混合料的高温稳定性

1)高温稳定性

由于沥青混合料的强度与刚度(模量)随温度升高而显著下降,为了保证沥青路面在高温季节行车荷载反复作用下,不致产生诸如波浪、推移、车辙、拥包等病害,沥青路面应具有良好的高温稳定性。

沥青混合料的高温稳定性习惯上是指沥青混合料在荷载作用下抵抗永久变形的能力。稳定性不足的问题,一般出现在高温、低加荷速率以及抗剪切能力不足时,即沥青路面的劲度较低情况下。其常见的损坏形式主要有:

(1)推移、拥包、搓板等

这类损坏主要是由于沥青路面在水平荷载作用下抗剪强度不足,它大量发生在表处、贯入、路拌等次高级沥青路面的交叉口和变坡路段。

(2)车辙

对于渠化交通的沥青混凝土路面,高温稳定性主要表现为车辙。随着交通量不断增长以及车辆行驶的渠化,沥青路面在行车荷载的反复作用下,会由于永久变形的累积而导致路面出现车辙,车辙致使路面发生过量的变形,影响了路面的平整度;轮迹处沥青层厚度减薄,削弱了面层及路面结构的整体强度,从而易于诱发其他病害。雨天路表排水不畅,降低了路面的抗滑能力,甚至会由于车辙内积水而导致车辆飘滑,影响了高速行车的安全。车辆在超车或更换车道时方向失控,影响了车辆操纵的稳定性。可见,车辙的产生严重影响了路面的使用寿命和服务质量。

（3）泛油

泛油是交通荷载作用使混合料内集料不断挤紧、空隙率减小，最终将沥青挤压到道路表面的现象。如果沥青含量太高或者空隙率太小，这种情况会加剧。沥青移向道路表面令路面光滑，溜光的路面在潮湿气候时抗滑能力很差。沥青路面在高温时最容易发生泛油，因此限制沥青的软化点和它在 60℃ 时的黏度可减少泛油情况的发生。

2）车辙试验

车辙试验方法最初由英国道路研究所开发的，由于试验方法本身比较简单，试验结果直观而且与实际沥青路面的车辙相关性甚好，因此在日本、欧洲、北美、澳大利亚等国得到了广泛应用。我国近年来也开展了较多研究，获得了一批成果，并应用于沥青混合料高温稳定性的评价。

沥青混合料动稳定度的测定原理是，用负有一定荷载的轮子，在规定的高温下对沥青混合料板状试件在同一轨迹上作一定时间的反复碾压，形成辙槽，以辙槽深度 RD 和动稳定度 DS（每产生 1 mm 辙槽所需的碾压次数）来评价沥青混合料抗车辙能力，也有通过一定作用次数产生的形变来评价的。从车辙试验得到的时间 - 变形曲线一般为图 10.6 中的形式之一。由此可得到如下指标：

①任何一个时刻的总变形，即车辙深度。

②在变形曲线的直线发展期，通常是求取 45 min、60 min 的变形 D_{45}、D_{60}，按式（10.6）计算动稳定度 DS：

$$DS = \frac{(60 - 45) \times 42}{D_{60} - D_{45}} \times C_1 \times C_2 \tag{10.6}$$

式中：D_{60}——试验时间为 60 min 时的试件变形量（mm）；

D_{45}——试验时间为 45 min 时的试件变形量（mm）；

C_1——试验机类型修正系数，曲柄连杆驱动试件的变速行走方式为 1.0，链驱动试验轮的等速方式为 1.5；

C_2——试验系数，试验室制备的宽 300 mm 的试件为 1.0，从路面切割的宽 150 mm 的试件为 0.8。

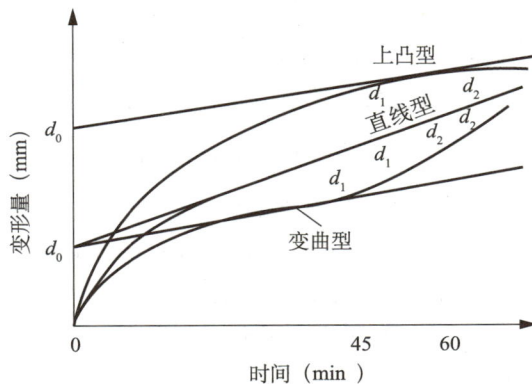

图 10.6　车辙试验得到的时间 - 变形曲线

3）影响车辙的主要因素

影响沥青混合料车辙的因素主要有集料、矿料、混合料类型、荷载、环境等，如图 10.7 所示。沥青混合料的黏结力和内摩擦角决定了沥青混凝土的强度。沥青混凝土的黏结力主要取决于所用沥青的性质和稠度、矿粉和沥青与矿料相互作用的性质。沥青的稠度越大，黏结力越大，沥青混凝土的强度也越高；沥青数量超过最佳值，黏结力降低。矿料的级配组成、矿料颗粒的形状和表面性质都会影响沥青混凝土的内摩擦角。颗粒尺寸增加，内摩擦角也增大；针片状颗粒增加，内摩擦角减小。

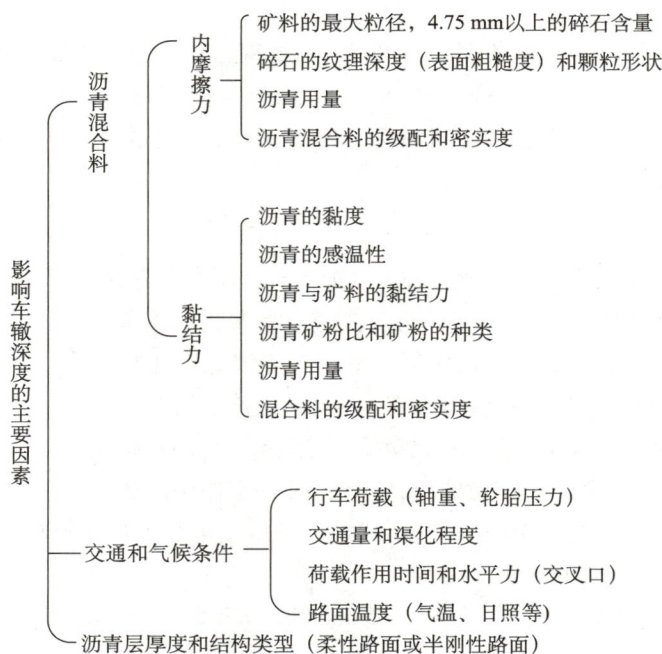

图 10.7　影响车辙试验的因素

（1）沥青的影响

在任何沥青混合料中，沥青使得矿料的内摩擦角降低。沥青含量过多时，内摩擦角值可降低到采用不同矿料显示不出什么差别。沥青含量对沥青混凝土的内摩擦角和黏结力的影响见表 10.3。

表 10.3　沥青含量对沥青混凝土的内摩擦角和黏结力的影响

沥青含量（%）	残余孔隙率（体积%）	内摩擦角（°）	黏结力（MPa）
5	3.3	30	0.19
6	2.5	30	0.15
7	0.7	19	0.06

使用耐热沥青是提高沥青混合料耐热性和抗剪切变形能力的最重要因素之一。耐热沥青的黏度和内聚力在路面使用温度范围内变化很小。为使沥青混合料冬季不会太脆，沥青不应太稠。同时为了使沥青混合料具有必要的耐高温变形能力，沥青同时应具有较高的软化点。因此为了保证沥青混合料必要的抗裂性和耐热性，必须使沥青在较大针入度情况下具有较高的软化点。

近年来，许多国家在沥青中加入聚合物质和橡胶粉，以改善沥青在使用温度范围内的结构力学性质，提高抗变形能力。根据气候状况、交通量大小、沥青混合料的种类及其使用的矿质材料的特性等，正确地选用沥青是获得夏季能抗剪切变形、冬季能抗裂的重要条件。

（2）矿料的影响

矿料对沥青混合料耐热性的影响主要通过它与沥青的相互作用表现出来。矿质材料能够与沥青起化学吸附作用，能够提高沥青混合料的抗变形能力。例如在石灰岩材料颗粒表面，起化学吸附相互作用的薄层沥青的内聚力，大大超过了花岗岩颗粒表面上沥青的内聚力。随着沥青内聚力的增大，沥青混合料的强度和抗变形能力也随之提高。

增大内摩擦角和矿料颗粒间的嵌锁作用，可以提高沥青混凝土的抗剪稳定性。因此，使用接近立方形的有尖锐棱角和粗糙表面的碎石可以提高沥青混凝土的温度稳定性和高温下的抗变形能力。

在矿质混合料中,矿粉对沥青混合料耐热性影响最大。因为矿粉具有大的比表面,特别是活化矿粉,影响更为明显。用石灰岩轧磨的矿粉配制的沥青混合料具有较高的耐热性,而含有石英岩矿粉的沥青混合料耐热性较低。

活化矿粉对于提高沥青混合料的抗剪切能力有特殊作用。由于活化的结果,改变了矿粉与沥青相互作用条件,改善了吸附层中沥青的性能,从本质上改善了沥青混合料的结构力学性质。

活化矿粉与沥青相互作用形成了两个特点:一是形成了较强的结构沥青膜,大大提高了沥青的黏聚力;二是降低了沥青混合料的部分空隙率,因而减少了自由沥青的含量,这对于沥青混合料抗剪切能力有很大的提高。

如图 10.8 所示,沥青含量高时填料品种(粉煤灰或石灰石矿粉)对沥青混凝土的疲劳寿命没有明显影响,但沥青含量较低时,用粉煤灰做填料的沥青混凝土的疲劳寿命明显次于用石灰石矿粉的沥青混凝土。

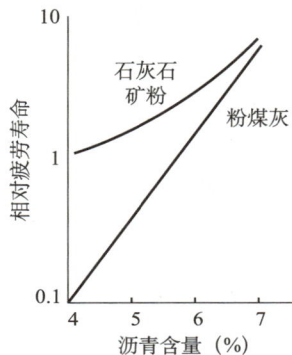

图 10.8　沥青含量与相对疲劳寿命的关系

(3)沥青混合料塑性的影响

沥青混合料产生塑性变形的能力称为塑性。沥青混合料的塑性对路面抗剪强度有很大的影响:塑性越大,抗剪强度越低,高温下抗变形的能力越小。塑性取决于沥青混合料的种类和级配,以及沥青混合料中沥青与矿粉的比例。

在一般情况下,细骨料的沥青混合料比粗骨料的塑性大,碎石数量少的沥青混合料比碎石多的塑性大;混合料中自由沥青越多,塑性越大;空隙率小的混合料比空隙大的高温塑性要大。

(4)矿料级配的影响

沥青混合料的矿料级配对沥青路面抗剪强度的影响很大。矿料级配选择良好的沥青混凝土(中粒式、细粒式)比一般使用的沥青砂塑性小得多,因此抗剪强度较高。

沥青混合料中,必须有足够数量的起骨架作用的碎石($D_{max} \sim 0.5D_{max}$)颗粒,才显示出较大的内摩擦力和抵抗变形能力。研究表明,该级配颗粒大于 60% 沥青混合料才具有良好的耐热稳定性和抵抗变形的能力。为使沥青混合料有良好的和易性和要求的密实性,足够数量的中间颗粒十分必要。间断级配的沥青混合料虽然具有良好的抗变形能力和密实度,但拌和与摊铺的离析较大。

对沥青混合料抗剪强度影响很大的第二个级配因素是矿粉的数量,或者说矿粉与沥青的比值。在一定的范围内,其比值越大,抗剪强度和抵抗变形的能力越高;沥青用量过多,沥青混合料的抗剪强度将急剧下降。当矿粉与沥青比例一定时,较多数量的矿粉将引起沥青混合料抗变形能力的降低。一般建议矿粉与沥青的比值为 0.8 ~ 1.4。

具有一定级配的矿粉对于提高沥青混合料的抗变形能力将起积极影响。矿粉过粗,矿质混合料空隙率增大,为保证耐久性,必然使用过量的沥青填充空隙。过量的沥青将导致剪切强度的下降;如果矿粉过细,不仅易使沥青混合料结团和易性变坏,且矿粉中也不能形成骨架。因此,沥青混合料的抗剪强度仍较低。

（5）沥青混合料剩余空隙率、矿料间隙率和压实度的影响

路面经行车碾压成型后,沥青混合料剩余空隙率对其高温下的抗变形能力有很大影响。研究表明,剩余空隙率达6%～8%的沥青混凝土路面和剩余空隙率大于10%的沥青碎石(表面需加密实防水层)路面,在陡坡路段和停车站处经10年的使用,均平整稳定,未出现波浪、推挤等病害。即使是使用稠度较低、黏结力较小的渣油($C_{60,5}$ = 120 s)作为胶结材料,也能保证必要的高温稳定性;而剩余空隙率为1%～3%的沥青混凝土路面却出现了严重的推挤、波浪等病害,即使用针入度(25 ℃)为70～90的黏稠沥青也会出现上述病害。

矿料间隙率过大或过小都会对沥青混合料的路用性能产生不利影响。矿料间隙率过小,沥青混合料耐久性较差,抗疲劳能力弱,使用寿命短。在实际施工时,部分矿料颗粒的表面仍未被沥青完全裹覆,混合料过于干涩,施工和易性差。有水分作用时,沥青与矿料容易剥离,使混合料松散、解体;矿料间隙率过大,沥青混合料路用性能的影响既有有利的方面,又有不利的方面。有利的一面是沥青混合料的抗疲劳性能较好,不易出现疲劳开裂。不利的一面是沥青混合料的高温稳定性差,容易出现车辙、拥包、推挤等形式的病害。由此可见,在进行沥青混合料组成设计时,根据设计要达到的目的,首先确定沥青混合料的矿料间隙率,进而确定其他混合料组成参数,可使沥青混合料配合比设计针对性强、经济性好。世界上许多国家都对沥青混合料的矿料间隙率取值有明确规定,如表10.4所示。

表10.4 沥青混合料的矿料间隙率

国家	最大粒径						
	37.5	25	19	12.5	9.5	4.75	2.36
日本			14	16			
澳大利亚			14	15	16	17	
美国	12	13	14	15	16	18	21

压实度也是影响车辙的一个重要外部因素。沥青混凝土路面的碾压目的是提高混合料的密度,减少铺层材料间的空隙率,使路面达到规定的密实度,提高沥青路面的抗老化、高温抗车辙、低温抗裂纹、耐疲劳破坏以及抗水剥离等能力。

▶ 10.3.2 沥青混合料的低温抗裂性

1）低温抗裂性

沥青混合料的低温抗裂性是沥青混合料在低温下抵抗断裂破坏的能力。

冬季,随着温度的降低,沥青材料的劲度模量变得越来越大,材料变得越来越硬,并开始收缩。由于沥青路面在面层和基层之间存在着很好的约束,因而当温度大幅度降低时,沥青面层中会产生很大的收缩拉应力或者拉应变,一旦其超过材料的极限拉应力或极限拉应变,沥青面层就会开裂。由于一般道路沥青面层的宽度都不很大,收缩所受到的约束较小,所以低温开裂主要是横向的。另一种是温度疲劳裂缝。这种裂缝主要发生在太阳照射强烈、日温差大的地区。在这种地区,沥青面层白天和夜晚的温度差别很大,在沥青面层中会产生较大的温度应力。这种温度应力会日复一日地作用在沥青面层上,在这种循环应力的作用下,沥青面层会在低于极限拉应力的情况下产生疲劳开裂。温度疲劳开裂可能发生在冬季,也可能发生在别的季节,北方冰冻地区可能发生这种裂缝,南方非冰冻地区也可能发生这种裂缝。

2）沥青混合料的温度收缩系数试验

通常采用间断降温法或连续降温法来测定沥青混合料的温度收缩系数（简称温缩系数）。间断降温法是指温度降到某一预定值后保持恒温 1～2 h，读记收缩形变后再向下降温。

测定时可以将沥青混合料制成长（200±2.0）mm、宽（20±1.0）mm、高（20±1.0）mm 的试件，放在温度为 -20～10 ℃ 的低温箱中，精确地控制降温速率为 5 ℃/h。用沥青收缩试验仪反复测量试件长度随温度的变化，用式（10.7）计算平均线胀缩系数。

$$C = \frac{\Delta L}{\Delta T \times L_0} \tag{10.7}$$

式中：C——平均线胀缩系数（1/℃）；

ε_t——沥青混合料的平均收缩应变；

ΔL——温度下降 ΔT 时的试件长度的变化（cm）；

L_0——试件在起始温度下的长度（cm）；

ΔT——测定时温度的变化范围（℃）。

沥青含量对沥青混凝土的线胀缩系数有明显的影响。因为沥青的胀缩系数比矿料胀缩系数大得多。沥青含量增加后，矿料表面沥青膜的厚度增大，因此也增大了沥青混凝土的胀缩系数。一般说来，增加 1% 的沥青含量，胀缩系数要增加 20%（表 10.5）。

表 10.5　沥青含量与沥青混凝土的线胀缩系数关系

沥青含量（%）	线膨胀系数（1/℃）	线收缩系数（1/℃）	差别	空隙率（%）
4.25	2.196～2.682	2.106～2.556	0.009～0.126	8.1
4.75	2.538～3.456	2.448～3.132	0.009～0.324	4.5
5.25	2.934～4.212	2.862～3.780	0.072～0.432	3.7
5.75	3.150～6.876	3.096～4.536	0.054～2.340	1.2
6.50	3.708～9.414	3.690～5.328	0.099～4.086	0.3

矿料的体膨胀系数远比沥青小，因此矿料对沥青混合料的膨胀系数影响不大。各种石料的平均线膨胀系数也相差不大。表 10.6 列出了主要石料的线膨胀系数。

表 10.6　主要石料的线膨胀系数

石料种类	线膨胀系数（$\times 10^{-6} \cdot ℃^{-1}$）	线收缩系数（$\times 10^{-6} \cdot ℃^{-1}$）
砂岩	4.32～11.70	9.72
花岗岩	3.60～9.18	7.02
玄武岩	4.32～4.68	4.45
石灰岩	3.06～11.88	6.48
石英岩	7.02～10.80	9.54
片岩	7.20～8.46	7.92
矿渣	9.18～11.70	10.80
白云岩	6.66～10.44	9.18

3）劲度模量

沥青混合料的劲度模量是计算温度应力的另一项参数。有些国家以劲度模量作为防止沥青路面发生低温缩裂的控制指标。

劲度模量同一般固体材料的弹性模量有所不同。沥青是黏 – 弹性材料,其劲度模量随温度和荷载作用时间而变化。因此沥青混合料的劲度模量是试件在给定的加荷时间和温度下应力与应变的比值。即

$$S(T,t) = \frac{\sigma}{\varepsilon}(T,t) \tag{10.8}$$

式中:$S(T,t)$——温度为 T,加荷时间为 t 时沥青混合料的劲度模量(MPa);

σ——施加的应力;

ε——该条件下产生的应变。

表 10.7 为用蒸馏法炼制的低蜡黏稠石油沥青在 – 40 ℃时的劲度模量测定结果。试验表明,温度越高,加荷时间越长,劲度模量越小。

表 10.7　低蜡黏稠石油沥青在 – 40 ℃的劲度模量

荷载时间(s)	劲度模量(Pa)	荷载时间(s)	劲度模量(Pa)
1	1.62×10^9	200	7.66×10^8
2	1.55×10^9	500	6.21×10^8
5	1.41×10^9	1 000	5.30×10^8
10	1.31×10^9	2 000	4.40×10^8
20	1.18×10^9	5 000	3.35×10^8
50	9.82×10^8	7 000	3.06×10^8
100	8.76×10^8		

根据沥青混合料的破坏强度、温度收缩系数、劲度模量,可以算出在给定温度下沥青混合料的收缩应力,从而预估其开裂温度,采用相应的有效措施进行防治。

4)沥青混合料的抗拉强度

(1)抗拉强度试验

沥青混合料的抗拉强度常用直接拉伸试验、弯拉试验和劈裂试验测定。由于试验方法不同,测得的同一种沥青混合料的抗拉强度有明显差别。但从抗拉强度与温度关系的规律来说,则是基本相同的。在不同温度下进行沥青混合料的抗拉试验,可以得以沥青混合料的抗拉强度与加载时间的关系、抗拉强度与温度的关系、不同温度下的极限拉应变、劲度模量和脆化点温度等技术指标。

(2)抗拉强度与加载时间的关系

如图 10.9 所示,试验表明,沥青混合料的抗拉强度随加载时间延长而降低。

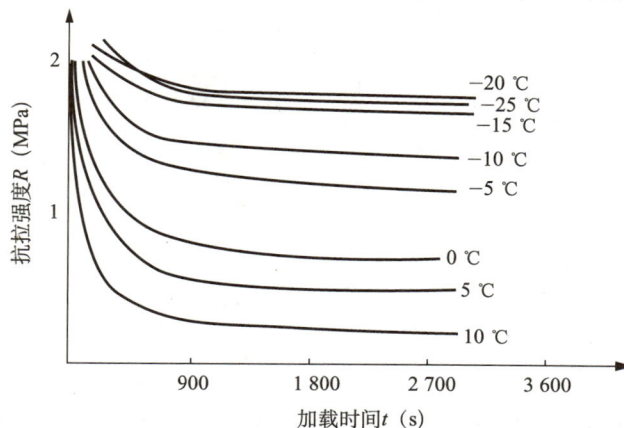

图 10.9　沥青混凝土抗拉强度与加载时间的关系曲线

表 10.8 所示为沥青混凝土在降温速度为 10℃/h 下进行直接拉伸试验后分析所得的结果。

表 10.8　不同沥青混合料的抗拉强度 $R(30, T)$

单位:MPa

温度(℃)		10	5	0	−5	−10	−15	−20	−25
混合料									
AH−200	1 号沥青混凝土	0.07	0.18	0.39	0.62	0.95	0.97	0.92	0.83
	2 号沥青混凝土	0.03	0.09	0.24	0.40	0.63	0.74	0.72	0.68
AH−80	3 号沥青混凝土	0.26	0.49	0.71	1.17	1.37	1.73	1.75	1.67
	4 号沥青混凝土	0.07	0.13	0.46	0.89	0.89	0.97	1.05	0.86

在加载 30 min 和沥青相同时,同一温度下,沥青混凝土的抗拉强度明显大于沥青碎石;矿料组成相同时,AH−80 沥青混合料的抗拉强度明显大于 AH—200 沥青混合料。

(3)抗拉强度与温度的关系

沥青混合料的温度伴随室温下降,其强度连续增加,但到某一温度时,其强度达到峰值,继续降低温度,强度随之下降。弯拉试验和劈裂试验显示有相同的规律性,与强度峰值相应的温度则随试验方法和加载速度(速度快,与强度峰值相应的温度高)而变。

▶ 10.3.3　沥青混合料的极限应变

试验表明,同一沥青混合料在不同温度下的极限应变有明显差别,极限应变随温度降低而变小;不同沥青(品种)混合料在相同温度时的极限应变也有差异;加载速度对极限应变也有明显影响。

弯拉试验所得两种沥青混凝土的极限应变如表 10.9 所示。

表 10.9　弯拉试验所得两种沥青混凝土的极限应变

加载速度(mm/min)		50		5	
混合料的沥青品种		欢−90	壳−90	欢−90	壳−90
试验温度(℃)	20	12 900	19 700	19 800	32 800
	15	11 600	7 400	13 200	16 100
	10	6 630	2 670	11 400	10 600
	5	4 490	2 420	7 530	2 910
	0	2 380	1 910	4 340	2 020
	−10	1 570	1 530	2 310	1 490
	−20	1 500	1 330	1 910	1 380

试验还证明,当沥青相同时,沥青混凝土的破坏应变大于沥青碎石;对于矿料级配相同的沥青混合料,低温延性好的沥青比低温延性差的沥青的破坏应变大。

▶ 10.3.4　沥青混合料的耐久性

沥青混合料的耐久性是路面在施工、使用过程中其性质保持稳定的特性,它是影响沥青路面使用质量和寿命的主要因素。沥青的老化是沥青混合料在加热拌和过程中和受自然因素、交通荷载作用时,沥青的技术性能向着不理想的方向发生不可逆的变化(图 10.10)。受沥青老化的制约,沥青混合料的物理力学性能随着时间的推移逐年降低直至满足不了交通荷载的要求。

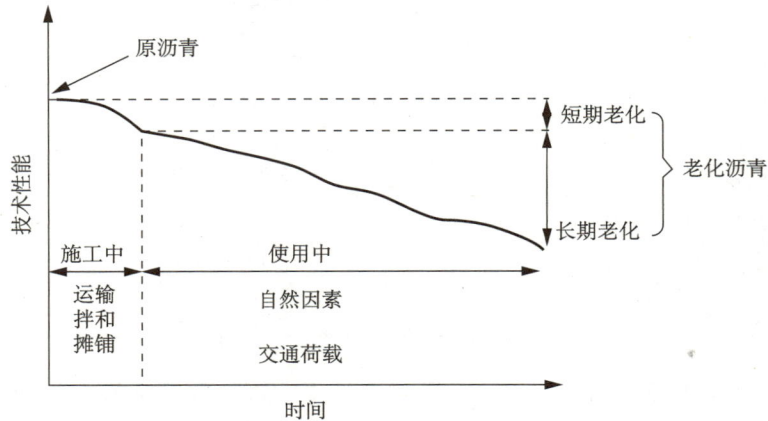

图 10.10　沥青的老化

沥青混合料的拌和、摊铺、碾压以及沥青路面使用过程中,都存在老化问题。老化过程一般也分为两个阶段,即施工过程中加热老化和路面使用过程中的长期老化。抗热老化能力一般用蒸发损失、薄膜烘箱或旋转薄膜烘箱试验评价;长期老化性能用压力老化试验评价。沥青混合料在拌和过程中的老化程度主要与拌和温度、沥青贮存温度、沥青的贮存时间等有关。沥青混料在使用过程中的长期老化与沥青材料、沥青在混合料中所处的形态有关,如混合料空隙率大小,沥青用量及光、氧等自然气候条件有关。当沥青混合料产生老化后,会导致沥青路面路用性能的降低。

按模拟施工条件、使用复杂程度、设备投资费用等七个标准对三种试验方法(烘箱加热法、延时拌和法、微波加热法)有效性的评价结果如表 10.10 所示。

表 10.10　三种试验方法有效性的评价

标准 老化方法	烘箱加热法	延时拌和法	微波加热法
模拟施工条件	好	模拟拌和	不相同
使用复杂程度	易于使用,无特殊设备	易于使用,试验室搅拌器或改变的 RTFOT	易于使用
设备投资费用	中等	中等	中等
现有经验	甚少	无	非常少
可靠性或标准性	不确定	不确定	不确定
对混合料变化的敏感性	不确定	不确定	不确定
其他	与 TFOT 类似	与 RTFOT 类似	

1)沥青的短期老化

沥青的短期老化可分为如下 3 个阶段:

(1)运输和贮存过程的老化

沥青从炼油厂到拌和厂的热态运输的温度一般在 70 ℃左右,进入贮油罐或池中时温度有所降低。调查资料表明,这一阶段里沥青的技术性能几乎没有变化,这可能与油罐密封和接触空气面积小有关。因此,运输过程中沥青的老化非常小。

（2）拌和过程中的热老化

沥青与骨料加热拌和过程中,沥青是在薄膜状态下受到加热,比运输过程中的老化条件严重得多。沥青混合料拌和后,沥青针入度降低到拌和前的 80% ~85% ,这说明拌和过程引起的老化是沥青短期老化最主要的一个阶段。

（3）拌和后施工期的老化

沥青混合料拌和后,运到施工现场摊铺、碾压完毕降温至自然温度,这一过程中裹覆石料的沥青薄膜仍处于高温状态。沥青混合料摊铺、碾压和降温期间,沥青的热老化会进一步发展。

2）沥青的长期老化

沥青混合料的长期老化有以下 4 个特征:

①沥青路面使用性能在早期使用 1 ~4 年之间,沥青的针入度急剧变小;其后继续变小,但变化缓慢。急剧变化的时间主要与气候、交通量和沥青品种有关。

②沥青老化主要发生在路表与大气接触部分。因此,路面表层沥青老化的发展比面层内部的沥青要迅速,在深度 0.5 cm 左右处的沥青针入度降低幅度相当大。

③沥青混合料的空隙率是影响沥青老化的主要因素。交通荷载作用使路面更加密实,空隙率变小,因此路面边缘沥青的老化要比路中行车带沥青的老化严重。

④当路面中沥青针入度减小至 35 ~50 时,路面容易产生开裂;针入度小于 25 时,路面容易产生龟裂。

我国现行规范采用空隙率、饱和度和残留稳定度等指标来表征沥青混合料的耐久性。

► 10.3.5　沥青混合料的疲劳特性

1）疲劳破坏

随着公路交通量日益增长,汽车轴重不断增大,汽车对路面的破坏作用变得越来越明显。路面沥青混凝土使用期间,在气温环境影响下,经受车轮荷载的反复作用,长期处于应力应变交迭变化状态,致使路面结构强度逐渐下降。当荷载重复作用超过一定次数以后,在荷载作用下路面沥青混凝土内产生的应力就会超过其结构抗力,使路面结构出现裂纹,产生疲劳破坏。

2）沥青混合料的疲劳试验

沥青混合料的疲劳是材料在荷载重复作用下产生不可恢复的强度衰减积累所引起的一种现象。荷载的重复作用次数越多,强度的损伤越剧烈,它所能承受的应力或应变值越小,反之亦然。

通常把沥青混合料出现疲劳破坏的重复应力值称作疲劳强度,相应的应力重复作用次数称为疲劳寿命。

疲劳试验的方法可以分为四类:一是实际路面在真实汽车荷载作用下的疲劳破坏试验;二是足尺路面结构在模拟汽车荷载作用下的疲劳试验研究,包括环道试验和加速加载试验;三是试板试验法;四是试验室小型试件的疲劳试验研究。由于前三类试验研究方法耗资大、周期长,开展得并不普遍,因此大量采用的还是周期短、费用少的室内小型疲劳试验,如简单弯曲试验、间接拉伸试验等。

简单弯曲试验主要采用中点加载或三分点加载。三分点加载试验采用的试件尺寸为长 250 mm ×宽 30 mm ×高 35 mm,试验温度为 15 ℃,加荷频率为 5 ~10 Hz,采用应力或应变控制模式,测定试件出现疲劳破坏时的重复作用次数。

间接拉伸试验是沿圆柱形试件的垂直径向面作用平行的反复压缩荷载,这种加载方式在沿垂直径向面,垂直于荷载作用方向产生均匀拉伸应力,试验易于操作,为广大研究人员所采用。试件直径

100 mm,高 63.5 mm,荷载通过宽 12.5 mm 的加载压条作用在试件上。

疲劳试验可采用控制应力和控制应变两种不同的加载模式。

应力控制方式是指在反复加载过程中所施加荷载(或应力)的峰谷值始终保持不变,随着加载次数的增加最终导致试件断裂破坏。这种控制方式以完全断裂作为疲劳损坏的标准。试验结果常采用式(10.9)表示:

$$N_{\mathrm{f}} = k \times \left(\frac{1}{\sigma}\right)^{n} \tag{10.9}$$

式中:N_{f}——试件破坏时加载次数;

k、n——取决于沥青混合料成分和特性的常数;

σ——对试件每次施加的常量应力最大幅值。

应变控制方式是指在反复加载过程中始终保持挠度或试件底部应变峰谷值不变。由于在这种控制方式下试件通常不会出现明显的断裂破坏,一般以混合料劲度下降到初始劲度 50% 或更低作为疲劳破坏标准。试验结果常采用式(10.10)表示:

$$N = C \times \left(\frac{1}{\varepsilon}\right)^{m} \tag{10.10}$$

式中:N——混合料劲度下降为初始劲度 50% 或更低时的次数;

ε——对试件每次施加的常量应变最大幅度;

C、m——取决于沥青混合料成分和特性的常数。

沥青混合料在承受重复常量应力或应变条件下,施加的应力或应变同疲劳寿命之间的关系在双对数坐标上呈线性反比关系。

3)影响沥青混合料疲劳寿命的因素

沥青混合料的疲劳寿命与荷载历史、加载速率、施加应力或应变波谱的形式、荷载间歇时间、试验的方法和试验成型、混合料劲度、混合料的沥青用量、混合料的空隙率、集料的表面性状、温度、湿度等有关。

国外对荷载间歇时间有许多研究,间歇时间大于 0.5 s 时,有间歇时间和无间歇时间疲劳寿命的比值趋于稳定,40 ℃时比值为 5,10 ℃和 25 ℃时比值为 15 ~ 25。

裂缝扩展的影响是一个极为复杂的问题,由于沥青混合料是一种非均匀的复合材料,室内的疲劳试验结果也会受到裂缝扩展的影响,而造成同一种混合料的疲劳试验结果相差数倍,甚至更大。室内的试件是简支状态,而路面沥青混合料是受到基层支承,受力状态由室内的单向弯拉变为室外的双向弯拉,考虑裂缝从底面扩展到顶面,沥青路面实际疲劳寿命可按沥青混合料室内疲劳试验确定的破坏疲劳寿命乘以 20 倍来计算。

▶ 10.3.6 沥青路面的水稳定性

1)水稳定性

沥青路面的水损害与两种过程有关:首先,水能浸入沥青中使沥青黏附性减小,从而导致混合料的强度和劲度减小;其次,水能进入沥青薄膜和集料之间,阻断沥青与集料表面的相互黏结,由于集料表面对水的吸附比沥青强,从而使沥青与集料表面的接触角减小,沥青从集料表面剥落。

剥落破坏包括两种状态:其一是自身的剥落破坏;其二是在交通荷载作用下路面的破坏。许多沥青路面在混合料内部发生剥落破坏时,路面结构并没有发生破坏。如果在路面内部的剥落增加,路面的变形和破坏可能是在荷载重复作用下发生的。剥落破坏可导致坑洞、剥蚀。沥青与集料的黏附性同沥青和集料的物理化学性质有关,一般认为亲水集料比憎水集料更容易引起剥落。

2）影响沥青路面水稳性的因素

影响沥青路面水稳性的因素主要包括以下 4 个方面:

①沥青混合料的性质,包括沥青性质以及混合料类型;

②施工期的气候条件;

③施工后的环境条件;

④路面排水。

总的来说,应用不同的试验方法得到的实验结果存在着一定的相关性,但在某些情况下也存在着非常大的差别。因此,应尽可能使用一种以上的试验来评价沥青混合料的抗剥离性。我国在大量试验研究的基础上,提出了高等级公路沥青混合料水稳定性技术指标建议值,如表 10.11 所示。

表 10.11　高等级公路沥青混合料水稳定性技术要求

年降雨量(m)	>1 000 潮湿区	600~1 000 湿润区	250~500 半干区	<250 干旱区
沥青与石料黏附性,不低于	4 级	4 级	3 级	3 级
沥青马歇尔残留稳定度,不低于(%)	75	70	65	60
冻融劈裂试验,TSR(不低于)		70	65	60

其中,劈裂冻融试验适用于最低气温低于 -21.5 ℃地区,其他地区也可参照使用。

3）减小沥青路面水害的技术措施

为了提高沥青混合料的抗剥离的性能,可以从防止水对沥青混合料的侵蚀以及水浸入后减少沥青膜的剥离这两个途径入手。

（1）路面结构措施

水的来源主要是雨水、地下水及毛细水,将水与沥青面层隔离是最基本的措施。可以采取以下方法来隔水:

①在沥青面层的下层用沥青含量高的沥青砂做下封层,其最小厚度为 2~2.5 cm。

②在沥青面层的下面层或联结层使用空隙很大、集料相互嵌挤作用好的沥青碎石或贯入式结构层。

下封层能阻止地下水或毛细水上升,大空隙下面层能为水提供空隙,用作水流出的通道,以便水能尽快流走。这种方法在水田地区、季节性冻土区、春融期易翻浆路段很有效。

（2）材料选择

通常为了减少剥落的发生,应使用孔隙率小于 0.5% 的粗糙洁净集料。碱性石料比酸性石料具有好的抗水害性。

沥青与集料之间的黏附性主要依赖于沥青本身的黏度,黏度黏大,抗剥离性越好。经过橡胶或树脂改进过的沥青由于黏度大大增加,其抗剥离性能得到很大改善。

（3）掺加抗剥离剂

当沥青与集料之间的黏附性不合格或沥青混合料的水稳性达不到要求时,必须采用掺加抗剥离剂的措施。常用的抗剥离剂有如下两种:

①消石灰:消石灰可以提高沥青的黏性,使集料表面性质改善。一般的石灰石矿粉比表面只有 2 500~3 500 cm^2/g,而消石灰矿粉比表面达 7 000 cm^2/g 以上,这使沥青与集料之间的分子力增加。同

时,由于消石灰使酸性石料表面的负电荷减少,石料表面电位降低,对水的作用减小。一般情况下,消石灰用量约为混合料总量的2%。

②有机分子材料抗剥离剂:这类抗剥离剂均为表面活性剂,利用其极性与集料结合,加强与沥青的黏附。由于集料本身的属性不同,必须使用不同的表面活性剂。通常情况下,抗剥离性能差的石料大部为酸性岩石,故抗剥离剂大都为阳离子型,而且基本上是胺类表面活性剂。但是普通的胺类表面活性剂在高温时易分解,会降低抗剥离能力,所以选择高温时稳定、难分解,且具有阳离子和阴离子两种极性的表面活性剂最为理想。

(4)沥青混合料配合比设计对策

为使沥青混合料的抗剥离能力提高,应使水浸入的可能性减小,密级配沥青混凝土比大空隙的开级配透水性差,水浸入也困难些。按照马歇尔试验配合比设计决定沥青用量时,应使用高限,并适当增加粒径为2.36 mm的集料用量,这些措施将使混合料抗剥离能力得到改善。不过这也可能使高温稳定性降低,所以各项指标必须兼顾。

(5)施工注意事项

集料干燥和良好的拌和是加强沥青与矿料黏附性的最主要措施。潮湿集料不能与沥青充分的黏结,拌和不好,甚至有花白料,更不能防止水分浸入从而造成剥离。所以在雨后集料潮湿时,必须提高加热温度,延长拌和时间。

材料中含有杂质、尘土会影响沥青与石料的黏结。土壤带有负电荷,它是亲水性物质,一定要除去。

压实度不足使空隙率增大,将明显降低抗剥离性能。混合料空隙率为3.5%的马歇尔试验残留物质稳定度达90%的材料,当空隙增大到7.5%时,残留稳定度即降低到80%以下。

▶ 10.3.7　沥青混合料的表面抗滑性

沥青路面的粗糙度与矿质集料的微表面性质、混合料的级配组成以及沥青用量等因素有关。为保证沥青路面的粗糙度不致很快降低,应选择硬质有棱角的石料。研究表明,沥青用量对抗滑性的影响相当敏感,当沥青量超过最佳用量0.5%时就会导致抗滑系数明显降低。

1)影响摩擦系数的因素

路面的摩擦系数除受测试方法的影响,还受其他因素的影响,主要包括路面的干湿情况、沥青材料的种类和用量、矿料表面的粗糙度、轮胎的状况和路面的温度等。

在潮湿状态下,沥青路面抗滑性能降低,主要是由于水分在路面形成了润滑水膜,阻隔了轮胎与路面间的接触。若水膜较厚,水分未能迅速排除,轮胎与路面间形成了全面水膜,造成轮胎离开路面,完全处于由水支持的状态,摩擦系数急剧降低,行车易发生滑溜,这层水膜要在很大的压力下才能排除。为了提高沥青路面的摩擦系数,需要使用表面粗糙、多棱角的硬质骨料,并且应尽量减少沥青材料的用量。

当沥青材料用量偏多时,摩擦系数降低。因此在沥青路面施工中,严格控制沥青材料的用量是提高路面抗滑性能的关键。

矿质骨料的性质对路面摩擦系数有很大影响。沉积岩类矿料的强度和耐磨性较差,用以修筑路面时,在早期虽有一定的抗滑能力,但矿料磨耗之后易形成光滑表面,摩擦系数大为降低。所以从提高路面的抗滑性来看,沥青路面也应选择坚硬和耐磨的矿质骨料。

试验表明,路面的温度对摩擦系数也有一定的影响。在干燥的路面上,温度较低时,温度每增加1 ℃,摩擦系数降低约0.01,这种倾向随温度的上升而减小。在40 ℃左右,温度变化几乎没有影响。对于潮湿路面,温度要上升到 50 ℃ 附近,温度变化才没有影响。

2)提高沥青路面抗滑性能的措施

①提高沥青混合料的抗滑性能。混合料中矿质骨料的全部或一部分选用硬质粒料。若当地的天然石料达不到耐磨和抗滑要求,可改用烧铝矾土、陶粒、矿渣等人造石料。矿料的级配组成宜采用开级配,并尽量选用对骨料裹覆力较大的沥青,同时适当减少沥青用量,使骨料露出路面表面。

②使用树脂系高分子材料对路面进行防滑处理。将黏结力强的人造树脂(如环氧树脂、聚氨基甲酸脂等)涂布在沥青路面上,然后铺撒硬质粒料,在树脂完全硬结之后,将未黏着的粒料扫掉,即可开放交通。这种方法成本较高。

▶ 10.3.8　沥青混合料的施工和易性

要保证室内配料在现场施工条件下顺利的实现,沥青混合料除了应具备前述的技术要求,还应具备适宜的施工和易性。影响沥青混合料施工和易性的因素很多,如当地气温、施工条件及混合料性质等。

单纯从混合料材料性质而言,影响沥青混合料施工和易性的首先是混合料的级配情况,如粗细集料的颗粒大小相距过大、缺乏中间尺寸,混合料容易分层(粗粒集中表面,细粒集中底部);如细集料太少,沥青层不容易均匀地分布在粗颗粒表面;细集料过多则使拌和困难。

此外,当沥青用量过少,或矿粉用量过多时,混合料容易产生疏松不易压实。反之,如沥青用量过多,或矿粉质量不好,则容易使混合料黏结成团块,不易摊铺。

10.4　沥青混合料的技术指标

▶ 10.4.1　沥青混合料试件的制作方法

沥青混合料试验试件有用于马歇尔试验和间接抗拉试验(劈裂法)的圆柱体试件、用于动稳定度试验的板式试件、用于弯曲和温度收缩试验的梁式试件。试件的制作方法也有击实法、轮碾法、静压法、搓揉法和振动成型法等。下文介绍用于马歇尔试验和间接抗拉试验(劈裂法)的圆柱体试件的制作方法。

1)试件尺寸与集料公称最大粒径的关系

由于试件尺寸直接影响击实后试件的空隙率,所以对于圆柱体试件或钻芯试件的直径要求不小于集料公称最大粒径的 4 倍,厚度不小于集料公称最大粒径的 1~1.5 倍;切割成型试件的长度要求不小于集料公称最大粒径的 4 倍,厚度或宽度不小于集料公称最大粒径的 1~1.5 倍;碾压成型的试件厚度不小于集料公称最大粒径的 1~1.5 倍。因此,对于公称最大粒径不大于 26.5 的试件,采用 ϕ 101.6 mm × 63.5 mm 圆柱体试件成型;对于公称最大粒径大于 26.5 mm 的试件,采用 ϕ152.4 mm ×95.3 mm 圆柱体试件成型。

2)沥青黏度与温度的关系

沥青的黏度是温度的函数。试验结果表明,沥青黏度的对数与温度之间呈线性关系,如图 10.11 所示。

沥青混合料的拌和、运输、摊铺与碾压的温度必须与沥青的黏度相结合。如果拌和温度太低,沥青

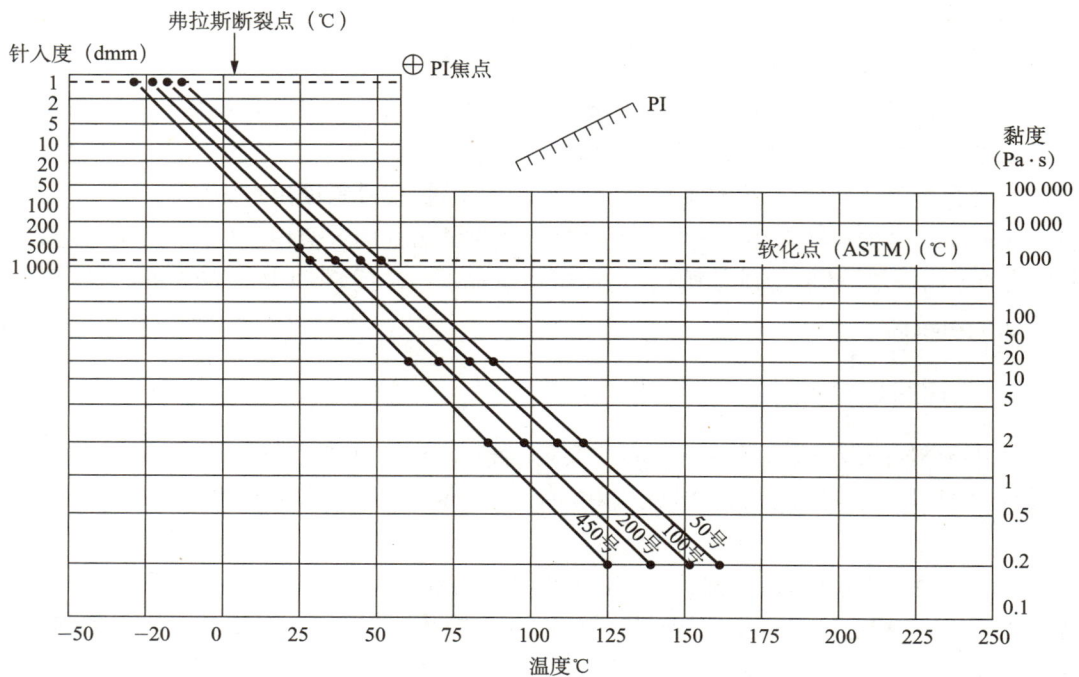

图 10.11　沥青黏度的对数与温度的关系

不易裹覆到沥青表面;如果拌和温度太高,容易导致沥青老化与析漏;如果沥青碾压温度太高,沥青混合料容易出现推移;如果温度太低,则不易碾压成型。

因此,根据沥青的黏度与温度特性,不管沥青种类如何,规定沥青的拌和与碾压应在一定的范围。一般认为,适宜于拌和的沥青表观黏度为(0.17 ± 0.02)Pa·s;适宜于压实的沥青表观黏度为(0.28 ± 0.03)Pa·s。

3)沥青混合料拌和与试件击实

沥青混合料室内试验的材料拌和采用沥青混合料实验室拌和机。将烘干的集料倒入沥青混合料拌和机中,逐步倒入沥青和矿粉,拌和均匀。然后称取试件所需的用量(标准马歇尔试验约 1 200 g,大型马歇尔试件约 4 050 g,用四分法在四个方向用小铲将混合料铲入试模中,并在四周用大螺丝刀插捣 15 次,在中间插捣 10 次。大型马歇尔试件分两次加入,每次捣实次数同上。最后采用机械和人工将击锤从 457 mm 的高度自由下落击实规定的次数(75、50 或 35 次),对于大型马歇尔试件,击实次数取 75 次和 112 次(相应于标准马歇尔次数的 50 次和 75 次)。试件击实一面后,以同样的方式和次数击实另一面。待试件冷却后用脱模机将试件脱出,用于马歇尔试验。

▶　10.4.2　沥青混合料的物理指标

沥青混合料的物理指标采用水中重法或蜡封法测定,其中涉及的主要指标及概念叙述如下。

1)油石比

油石比是沥青混合料中沥青质量与矿料质量的比例,以％计。沥青含量是沥青混合料中沥青质量与沥青混合料总质量的比例,以％计。

2)吸水率

吸水率是试件吸水体积占沥青混合料毛体积的百分率,按式(10.11)计算:

$$S_a = \frac{m_f - m_a}{m_f - m_w} \times 100\% \tag{10.11}$$

式中：m_a——干燥试件在空气中质量(g)；

　　　m_w——试件在水中质量(g)；

　　　m_f——试件的表干质量(g)。

3）表观密度

表观密度 γ_s 是压实沥青混合料在常温干燥条件下单位体积的质量(含沥青混合料实体体积与不吸收水分的内部闭口孔隙)，以 g/cm³计。表观相对密度是表观密度与同温度水的密度的比值。毛体积密度 γ_f 是压实沥青混合料在常温干燥条件下单位体积质量(含沥青混合料实体体积、不吸收水分的内部闭口孔隙、能吸收水分开口孔隙等颗粒表面轮廓线所包含的全部毛体积)，毛体积相对密度是毛体积密度与同温度水的密度之比值。当试件的吸水率小于2%时，用水中重法测定其表观密度；当试件的吸水率大于2%时，用蜡封法测定其表观密度。计算方法分别如式(10.12)、式(10.13)所示。

$$\gamma_s = \frac{m_a}{m_a - m_w} \times \rho_s = \frac{m_a}{m_a - m_w} \times \rho_w \tag{10.12}$$

$$\gamma_f = \frac{m_a}{m_f - m_w} \times \rho_f = \frac{m_a}{m_f - m_w} \times \rho_w \tag{10.13}$$

式中：m_a——干燥试件在空气中的质量(g)；

　　　m_w——试件在水中的质量(g)；

　　　ρ_w——常温水的表观密度(g/cm³)；

　　　m_f——试件的表干质量(g)。

4）理论最大相对密度

理论最大相对密度 γ_t 是压实沥青混合料试件全部为矿料(包括矿料自身内容的孔隙)及沥青所占有时(空隙率为0)的最大密度，以 g/cm³计。可以采用真空法和溶剂法测定，也可以采用式(10.14)计算：

$$\gamma_t = \frac{100 + P_a}{\dfrac{P_1}{\gamma_1} + \dfrac{P_2}{\gamma_2} + \cdots + \dfrac{P_n}{\gamma_n} + \dfrac{P_a}{\gamma_a}} \tag{10.14}$$

式中：$P_1 \cdots P_n$——各种矿料配合比；

　　　$\gamma_1 \cdots \gamma_n$——各种矿料对水相对密度。对于粗集料，宜采用与沥青混合料同一相对密度，即混合料采用表干法、蜡封法或体积法测定的毛体积相对密度时，粗集料也采用对应的毛体积相对密度。混合料采用水中重法测定的表观相对密度时，粗集料也采用表观相对密度。细集料(砂、石屑)和矿粉均采用表观相对密度；

　　　P_a——油石比(%)；

　　　γ_a——沥青的相对密度。

沥青路面施工时，室内试件和现场钻孔试件的最大理论密度建议用真空法测定。

5）试件空隙率

试件空隙率 VV 是压实沥青混合料内矿料及沥青以外的空隙(不包括自身内部的孔隙)的体积占试件总体积的百分率，以%计，可按式(10.15)或式(10.16)计算：

$$VV = \frac{V - (V_s + V_a)}{V} \times 100\% = \left(1 - \frac{V_s + V_a}{V}\right) \times 100\% \tag{10.15}$$

$$VV = \left(1 - \frac{\dfrac{m_a}{V}}{\dfrac{m_a}{V_s + V_a}}\right) \times 100\% = \left(1 - \frac{\gamma_s}{\gamma_f}\right) \times 100\% \tag{10.16}$$

式中：V_s——矿料体积；

V_a——沥青体积。

6)沥青体积百分率

沥青体积百分率 VA 是压实沥青混合料内沥青部分的体积占试件总体积的百分率，以%计，可按式(10.17)计算：

$$VA = \frac{V_a}{V} \times 100\% = \frac{\dfrac{p_a}{\gamma_a}}{\dfrac{100 + P_a}{\rho_s} \times \rho_w} \times 100\% = \frac{P_a \times \rho_s}{(100 + P_a) \times \gamma_a \times \rho_w} \times 100\% \tag{10.17}$$

式中各符号意义同前。

7)沥青饱和度

沥青饱和度是压实沥青混合料试件内沥青部分的体积占矿料骨架以外的空隙部分体积的百分率，以%计，可按式(10.18)计算：

$$VFA = \frac{VA}{VA + VV} \times 100\% = \frac{VA}{VMA} \times 100\% \tag{10.18}$$

式中各符号意义同前。

8)矿料间隙率

矿料间隙率是压实沥青混合料试件内矿料部分以外体积(沥青及空隙体积)占试件总体积的百分率，即试件空隙率与沥青体积百分率之和，以%计，可按式(10.19)计算：

$$VMA = VV + VA \tag{10.19}$$

式中各符号意义同前。

▶ 10.4.3 沥青混合料的力学指标及技术标准

1)马歇尔稳定度试验

马歇尔稳定度试验一般分为马歇尔稳定度试验和浸水马歇尔稳定度试验。马歇尔稳定度试验采用马歇尔试验仪进行。试验前先将马歇尔试件放入(60±1)℃的恒温水槽中恒温 30~40 min(大型马歇尔试件需恒温 45~60 min)，取出放入试验夹具并施加荷载。加载速度为(50±5)mm/min，并用 X-Y 记录仪自动记录传感器压力和试件变形曲线，或采用计算机自动采集数据。根据传感器压力和试件变形曲线按图 10.12 的方法获得试件破坏时的最大荷载为马歇尔稳定度(kN)和达到最大荷载的瞬间试件所产生的垂直流动变形即流值(mm)。

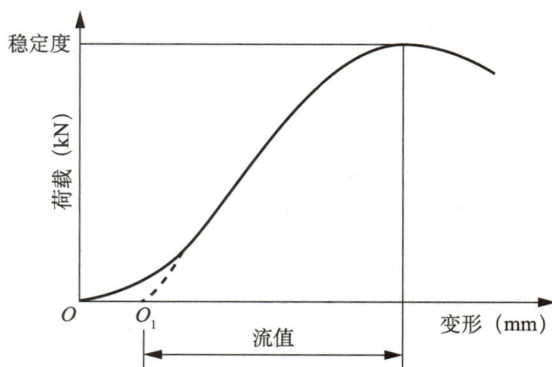

图 10.12 马歇尔稳定度试验

2）沥青混合料的技术标准

我国对热拌沥青混合料的技术标准见表 10.12。该标准按交通性质分为两类：一是高速公路、一级公路、城市快速路、主干道；二是一般公路和城市道路。马歇尔试验指标包括击实次数、稳定度、流值、空隙率、沥青饱和度、残留稳定度。同时我国标准还提出了矿料间隙率（VMA）及高温稳定性的要求（表 10.13）。

表 10.12　沥青混合料马歇尔试验技术标准

试验项目	沥青混合料类型	高等级公路、一级公路、城市快速路、主干道	一般公路、城市道路
击实次数（次）	沥青混凝土	两面各 75	两面各 50
	抗滑表面	两面各 50	两面各 50
稳定度（kN）	Ⅰ型沥青混凝土	7.0	5.0
	Ⅱ型沥青混凝土、抗滑表层	5.0	4.0
流值（0.1mm）	Ⅰ型沥青混凝土	20～40	20～45
	Ⅱ型沥青混凝土、抗滑表层	20～40	20～45
空隙率（%）	Ⅰ型沥青混凝土	3～6	3～6
	Ⅱ型沥青混凝土、抗滑表层	6～10	6～10
	沥青碎石	＞10	＞10
沥青饱和度（%）	Ⅰ型沥青混凝土	70～85	70～85
	Ⅱ型沥青混凝土、抗滑表层	60～75	60～75
残留稳定度（%）	Ⅰ型沥青混凝土	＞75	＞75
	Ⅱ型沥青混凝土、抗滑表层	＞70	＞70

表 10.13　沥青混凝土混合料的矿料间隙率

集料最大径（mm）	31.5	26.5	19.0	13.2	9.5	4.75
VMA（%）不小于	12.5	13	14	15	16	18

对用于沥青路面的上面层和中、下面层的沥青混凝土进行配合比设计时，应通过车辙试验机对其抗车辙能力进行检验。在温度为 60℃、轮压为 0.7 MPa 条件下进行车辙试验的动稳定度，高速公路普通沥青混凝土表面层、中面层应不小于 800 次/mm；一级公路的表面层、中面层的普通沥青混凝土应不小于 600 次/mm；高速公路改性沥青混凝土表面层、中面层应不小于 3 000 次/mm；一级公路的表面层、中面层的改性沥青混凝土应不小于 3 000 次/mm。

10.5　沥青混合料的配合比设计

▶ 10.5.1　试验室配合比设计

沥青混合料组成设计的内容就是确定粗集料、细集料、矿粉和沥青材料相互配合的最佳组成比例，使之既能满足沥青混合料的技术要求，又符合经济性的原则。

沥青混合料配合比设计包括试验室配合比设计、生产配合比设计和试拌试铺配合比调整三个阶段。

试验室配合比设计可分为矿质混合料组成设计和沥青用量确定两部分。它是沥青混合料配合比设计的重点。

▶ 10.5.2 矿质混合料的配合组成设计

矿质混合料配合组成设计的目的是选配一个具有足够密实度,并且具有较大内摩阻力的矿质混合料,并根据级配理论,计算出需要的矿质混合料的级配范围。为了应用已有的研究成果和实践经验,通常是采用推荐的矿质混合料级配范围来确定,依下列步骤进行:

1)确定沥青混合料类型

沥青混合料类型,根据道路等级、路面类型、所处的结构层位,按规范选定。

2)确定矿料的公称最大粒径

沥青路面结构层厚度 h_i 和公称最大粒径 D_{normal} 的比值与路面的耐久性有一定的关系,随着 h_i / D_{normal} 增大,耐疲劳性提高,但车辙量增大。相反,h_i / D_{normal} 减小,车辙量也减少,但耐久性降低。现有研究表明,$h_i / D_{normal} \geq 3$ 时,路面具有较好的耐久性和高温稳定性。例如公称最大粒径为 26.5 mm 的粗粒式沥青混凝土,其结构层厚度应大于 8 cm;公称最大粒径为 19 mm 的中粒式沥青混凝土,其结构层厚度应大于 6 cm;公称最大粒径为 16 mm 的中粒式沥青混凝土,其结构层厚度应大于 5 cm;公称最大粒径为 13.2 mm 的细粒式沥青混凝土,其结构层厚度应大于 4 cm。只有控制了结构层厚度与公称最大粒径之比,混合料才能拌和均匀,易于摊铺。特别是在压实时,易于达到要求的密实度和平整度,保证施工质量。

3)确定矿质混合料的级配范围

根据已确定的沥青混合料类型,查阅规范推荐的矿质混合料级配范围,即可确定所需的级配范围。

4)矿质混合料配合比计算

(1)组成材料的原始数据测定

根据现场取样,对粗集料、细集料和矿粉进行筛分试验,按筛分结果分别绘出各组成材料的筛分曲线,同时测出各组成材料的相对密度,以供计算物理常数用。

(2)计算组成材料的配合比

根据各组成材料的筛分试验资料,采用图解法或电算法,计算符合要求级配范围的各组成材料用量比例。

(3)调整配合比

计算的合成级配应根据下列要求作必要的配合调整:

①通常情况下,合成级配曲线宜尽量接近设计级配中限,尤其应使 0.075 mm、2.36 mm 和 4.75 mm 筛孔的通过量尽量接近设计级配范围中限。

②高速公路、一级公路、城市快速路和主干路等交通量大、车辆载重大的道路,宜偏向级配范围的下限(粗);一般道路、中小交通量和人行道路等,宜偏向级配范围的上限(细)。

③合成的级配曲线应接近连续或有合理的间断级配,不得有过多的犬牙交错。当经过再三调整,仍有两个以上的筛孔超过级配范围时,必须对原材料进行调整或更换原材料重新设计。

▶ 10.5.3 确定最佳沥青用量

沥青混合料的最佳沥青用量,可以通过各种理论计算方法求出。但是由于实际材料性质的差异,按理论公式计算得到的最佳沥青用量仍然要通过试验方法修正,因此理论法只能得到一个供实验的参考数据。可采用马歇尔法确定沥青最佳用量。

我国规定的方法是在马歇尔法和美国沥青学会方法的基础上,结合我国多年研究成果和生产实践总结发展起来的更为完善的方法。使用该法确定沥青最佳用量的步骤如下:

1）制备试样

①按确定的矿质混合料配合比,计算各种矿质材料的用量。

②根据沥青用量的经验范围,估计适宜的沥青用量（或油石比）。

2）测定物理、力学指标

以估计沥青用量为中值,以 0.5% 间隔上下变化沥青用量制备马歇尔试件,试件数不少于 5 组,然后在规定的试验温度及试验时间内用马歇尔仪测定稳定度和流值,同时计算空隙率、饱和度及矿料间隙率。

3）马歇尔试验结果分析

①绘制沥青用量与物理、力学指标关系。以沥青用量为横坐标,以表观密度、空隙率、饱和度、稳定度、流值为纵坐标,将试验结果绘制成沥青用量与各项指标的关系曲线。

②从沥青用量与各项指标的关系曲线中求取相应于稳定度最大值的沥青用量、相应于密度最大的沥青用量,以及相应于规定空隙率范围中值的沥青用量,求取三者平均值作为最佳沥青用量的初始值。

③求出各项指标均符合沥青混合料技术标准的沥青用量范围。

④根据 OAC1 和 OAC2 综合确定沥青最佳用量 OAC,按最佳沥青用量的初始值 OAC1 在图中求取相应的各项指标值,检查其是否符合规范规定的马歇尔设计配合技术标准,同时检验 VMA 是否符合要求。如符合要求,由 OAC1 和 OAC2 综合确定最佳沥青用量 OAC;如不能符合,应调整级配,重新进行配合比设计马歇尔试验,直至各项指标均能符合要求为止。

⑤根据气候条件和交通特性调整最佳沥青用量,由 OAC1 和 OAC2 综合决定最佳沥青 OAC 时,还应根据实践经验和道路的等级、气候条件考虑下面的几种情况进行调整:

a. 对于热区道路以及车辆渠化交通的高速公路、一级公路、城市快速路、主干路,预计有可能造成较大车辙时,可以在中限值 OAC2 与 OAC_{min} 范围内确定,但一般不宜小于中限值 OAC2 的 0.5%。

b. 对于寒区道路以及一般道路,最佳沥青用量可以在中限值 OAC2 与上限值 OAC_{max} 范围内确定,但一般不宜小于中限值 OAC2 的 0.3%。

4）水稳定性检验

水稳定性检验的测定原理按最佳沥青用量 OAC 制作马歇尔试件进行浸水马歇尔试验（或真空饱水马歇尔试验）,检验其残留稳定度是否合格。

如果当最佳沥青用量 OAC 与两个初始值 OAC1、OAC2 相差甚大时,宜将 OAC 与 OAC1 或 OAC2 分别制作试件,进行残留稳定度试验。我国现行规范规定, I 型沥青混凝土残留稳定度不低于 75%, II 型沥青混凝土不低于 70%,如不符合要求,应重新进行配合比设计,或者采用掺加抗剥剂的方法来提高水稳性。

5）抗车辙能力检验

按最佳沥青用量 OAC 制作车辙试验试件,在 60℃ 条件下用车辙试验机对设计的沥青用量检验其动稳定度。

当最佳沥青用量 OAC 与两个初始值 OAC1 和 OAC2 相差甚大时,宜将 OAC1 或 OAC2 分别制作试件进行车辙试验。高速公路、城市快速路不小于 800 次/mm；一级公路及城市干路宜不小于 600 次/mm。如不符合上述要求，应对矿料级配或沥青用量进行调整，重新进行配合比设计，确定矿料级配和沥青用量，经反复调整及综合以上试验结果，并参考以往工程实践经验，综合确定矿料级配和最佳沥青用量。

► 10.5.4　生产配合比设计

在目标配合比确定后，应利用实际施工的拌和机进行试拌以确定施工配合比。在试验前，应首先根据级配类型选择振动筛筛号，使几个热料仓的材料不致相差太多，使各级粒径筛孔通过量符合设计范围要求。试验时，按试验室配合比设计的冷料比例上料、烘干、筛分，然后取样筛分，与试验室配合比设计一样进行矿料级配计算，得出不同料仓及矿料用量比例，接着按此比例进行马歇尔试验。规范规定试验油石比可取试验室配合比得出的最佳油石比及其 ±0.3% 三档试验，从而得出最佳油石比，供试拌试铺使用。

► 10.5.5　生产配合比验证阶段

此阶段即试拌试铺阶段。施工单位进行试拌试铺时，应报告监理部，工程指挥部会同设计、监理、施工人员一起进行鉴别。拌和机按照生产配合比结果进行试拌，首先由在场人员对混合料级配及油石比发表意见，如有不同意见，应适当调整再进行观察，力求意见一致。然后用此混合料在试验段上试铺，进一步观察摊铺、碾压过程和成型混合料的表面状况，判断混合料的级配和油石比。如不满意，应适当调整，重新试拌试铺，直至满意为止。另一方面，试验室密切配合现场指挥在拌和厂或摊铺机房采集沥青混合料试样，进行马歇尔试验，检验是否符合标准要求。同时还应进行车辙试验及浸水马歇尔试验，进行高温稳定性及水稳定性验证。在试铺试验时，试验室还应在现场取样进行抽提试验，再次检验实际级配和油石比是否合格。同时按照规范规定的试验段铺设要求，进行各种试验。当全部满足要求时，便可进入正常生产阶段。

10.6　沥青玛琋脂碎石混合料

沥青玛琋脂碎石（(SMA）是一种以沥青结合料与少量的纤维稳定剂、细集料以及较多的填料（矿粉）组成的沥青玛琋脂，填充于间断级配的粗集料骨架间隙中组成一体所形成的沥青混合料。SMA 混合料属于骨架密实结构，具有耐磨抗滑、密实耐久、抗疲劳、抗高温车辙、减少低温开裂等优点，适用于高等级道路沥青路面的上面层使用。本节介绍 SMA 混合料的技术特性、组成材料及配合比设计方法。

► 10.6.1　SMA 混合料的技术特性

1）高温稳定性

SMA 混合料由相互嵌挤的粗集料骨架和沥青玛琋脂两个部分组成。在材料组成上，粒径 ≥4.75 mm 的粗集料高达 70% ~80%，矿粉用量为 10% 左右，细集料较少。粗颗粒之间有着良好的嵌锁作用，沥青玛琋脂起胶结作用并填充粗集料的骨架空隙，因此 SMA 混合料抵抗荷载变形的能力较强，即使在高温条件下，沥青玛琋脂的黏度下降，但对混合料抗变形能力的影响不大，因而 SMA 混合料有着较强的高温抗车辙能力。

SMA 混合料与 AC 混合料技术性能的对比如表 10.14 所示。从 SMA 混合料的高温车辙试验结果来看,SMA 混合料的动稳定度较 AC 混合料动稳定度高,尤其是采用改性沥青后,SMA 混合料的动稳定度较 AC 混合料提高近 1 倍。

表 10.14　SMA 混合料与 AC 混合料技术性能的比较

沥青混合料类型 试验指标	SMA－16		AC－16I	
	60/70 沥青	SBS 改性沥青	60/70 沥青	SBS 改性沥青
动稳定度(60 ℃)(次/mm)	1 781	4 673	1 200	2 520
劈裂强度(0 ℃)(MPa)	3.275	3.794	3.871	3.743
劈裂模量(0 ℃)(MPa)	2 544	2 098	3 472	3 059
弯拉模量(0 ℃)(MPa)	1 980	1 446	2 393	1 717

2)低温抗裂性

在低温条件下,沥青混合料的抗裂性能主要由结合料的性质决定。由于 SMA 混合料中有着相当数量的沥青玛琋脂,当温度下降混合料收缩使集料颗粒被拉开时,沥青玛琋脂具有较高的黏结能力,其韧性和柔性使得混合料具有良好的低温变形能力。

由表 10.14 可见,在 0 ℃时,与 AC－16I 型混合料相比,SMA 混合料的低温强度有所降低,但低温模量降低幅度大得多,表明 SMA 混合料在低温下变形能力的增大,有利于提高沥青路面抗裂性。

3)耐久性

在 SMA 混合料中,粗集料骨架空隙被富含沥青的玛琋脂密实填充,并将集料颗粒黏结在一起,沥青在集料表面形成较厚的沥青膜。此外,SMA 混合料空隙率较小,沥青与水或空气的接触较少,因而 SMA 混合料的水稳定性和抗老化性较普通沥青混合料为好;又由于 SMA 混合料基本是不透水的,对中、下面层和基层有着较好的保护作用和隔水作用,使沥青路面能保持较高的整体强度和稳定性。

4)表面特征

SMA 混合料一方面要求使用坚硬、粗糙、耐磨的高质量碎石,另一方面采用间断级配的矿料,压实后表面形成的构造深度大,一般超过 1 mm,这使得沥青面层具有良好的抗滑性和耐磨性能,还能减少溅水,减少噪声,提高道路行驶质量。

▶ 10.6.2　SMA 混合料的组成材料及其技术要求

由于 SMA 混合料的骨架结构特性以及对它较高的性能要求,其组成材料的质量除了应满足普通热拌沥青混合料组成材料的基本要求,还应满足一些特殊要求。

1)沥青结合料

在 SMA 混合料中,要求沥青具有较高的黏度,与集料有良好的黏附性。SMA 所用沥青质量必须符合我国重交通道路沥青技术要求,并应采用比当地常用普通热拌沥青混合料所用沥青硬一级的沥青。南方炎热地区可以采用 AH－50;中部及北方温暖地区用 AH－70;寒冷地区用 AH－70 或 AH－90。

对于高速公路、承受繁重交通的重大工程道路、夏季特别炎热或冬季特别寒冷地区的道路,最好采用改性沥青配制 SMA 混合料。用于改性沥青的基质沥青质量必须符合我国重交通道路沥青技术要求,所配制的聚合物改性沥青质量应符合《公路沥青路面施工技术规范》(JTG F40—2004)的技术要求。当以提高沥青混合料抗车辙能力作为主要目标时,改性沥青的软化点最好高于当地年最高路面温度。

2)集料与填料

用于 SMA 混合料中的粗集料应是高质量的轧制碎石,其岩石应坚韧,具有较高的强度和刚度,如玄武岩、砂岩、花岗岩等石料。应严格控制集料中的针片状颗粒含量,集料的颗粒形状应接近立方体,富有棱角,纹理粗糙,其他技术要求见表 10.15。当粗集料与沥青的黏附性等级不能满足表 10.14 的要求时,必须采取有效的抗剥落措施。

表 10.15　沥青路面表层用粗集料的技术要求

技术指标	技术要求	技术指标		技术要求
石料压碎值(%)≤	25	坚固性(%)≤		12
洛杉矶磨耗损失(%)≤	30	针片状颗粒含量(%)≤		15
石料磨光值(PSV)≥	42	水洗法小于 0.075 mm 颗粒含量(%)≤		1
表观密度(t/m³)≥	2.60	软石含量(%)≤		1
吸水率(%)≤	2.0	破碎砾石的百分率(%)≥	一个破碎面	100
与沥青的黏附性等级≥	4		两个破碎面	90

细集料最好使用坚硬的机制砂,也可以从洁净的石屑中筛取粒径为 0.5~3 mm 的部分作为机制砂使用。当采用普通石屑作为细集料时,宜采用石灰岩石屑,石屑中不得含有泥土类杂物。当与天然砂混用时,天然砂的含量不宜超过机制砂或石屑的比例。细集料质量除了满足普通热拌沥青混合料对细集料的要求,棱角性最好大于 45%。

填料必须采用石灰石等碱性岩石磨细的矿粉,矿粉质量应满足普通热拌沥青混合料对矿粉的要求。粉煤灰不得作为 SMA 混合料的填料使用。回收粉尘的比例不得超过填料总量的 25%。其他要求同普通热拌沥青混合料。

3)纤维

SMA 混合料中的常用纤维材料有木质素纤维、矿物纤维、腈纶纤维、涤纶纤维、玻璃纤维等聚合物化学纤维。纤维在 SMA 混合料中的作用是吸油、稳定、增强,并提高 SMA 混合料高温下的抗剪强度。选择纤维时主要应考虑其吸油性、耐热性、与沥青的黏附性等指标。纤维应能承受 250 ℃的高温条件,不变形、不变质、不脆化,化学稳定好,对环境无污染。表 10.16 所示为对木质素纤维的技术要求。

表 10.16　木质素纤维技术要求

试验内容	技术指标
纤维长度(mm)≤	6
灰分含量(%)	18±5,无挥发物
pH 值	7.5±1.0
吸油量的 5 倍≥	-∞
含水量(%)≤	5.0

► 10.6.3　SMA 混合料的配合比设计

1）SMA 混合料配合比设计指标

（1）SMA 混合料设计级配范围

SMA 混合料级配范围的建议值见表 10.17。SMA 混合料的最大粒径应与面层结构设计厚度相匹配，结构设计厚度为集料的公称最大粒径的 2～2.5 倍。

表 10.17　SMA 混合料矿料级配范围

筛孔尺寸规格（cm）	26.5	19	16	13.2	9.5	4.75	2.36	1.18	0.6	0.3	0.15	0.075
SMA-20	100	90~100	72~92	62~82	40~55	18~30	13~22	12~20	10~16	9~14	8~13	8~12
SMA-16	—	100	90~100	65~85	45~65	20~32	15~24	14~22	12~18	10~15	9~14	8~12
SMA-13	—	—	100	90~100	50~75	20~34	15~26	14~24	12~20	10~16	9~15	8~12
SMA-10				100	90~100	28~60	20~32	14~26	12~22	10~18	9~16	8~13

（2）SMA 混合料的体积结构参数

SMA 混合料是石－石接触的骨架嵌挤结构，沥青玛蹄脂填充于骨架间隙中，并将骨架胶结成整体，构成的混合料具有较高的强度、柔韧性和耐久性。因此在 SMA 混合料中必须具有足够数量的粗集料形成骨架嵌挤、互不干涉的体积结构，在进行配合比设计时，首先应考虑的因素是与集料级配有关的体积结构参数。

①粗集料骨架间隙率 VCA：粗集料实体之外的空间体积占整个试件体积的百分率，用于评价按照嵌挤原则设计的骨架型沥青混合料的体积特征，主要用于 SMA 混合料或 OGFC 混合料的组成设计。

a. 捣实状态下粗集料骨架间隙率。

捣实状态下粗集料骨架间隙率是将 4.75 mm（或 2.36 mm）以上的干燥粗集料按照规定条件在容量筒中捣实、所形成的粗集料骨架实体以外的空间体积占容量筒体积的百分率，以 VCA_{DRC} 表示，采用式（10.20）计算：

$$VCA_{DRC} = \left(1 - \frac{\rho}{\rho_b}\right) \times 100\% \tag{10.20}$$

式中：VCA_{DRC}——捣实状态下粗集料骨架间隙率（%）；

ρ——捣实法测定的粗集料装填密度（g/cm³）；

ρ_b——粗集料的平均毛体积密度（g/cm³）。

b. 沥青混合料试件的粗集料间隙率。

压实沥青混合料试件内粗集料骨架以外的体积占整个试件体积的百分率，以 VCA_{mix} 表示，采用式（10.21）计算：

$$VCA_{mix} = \left(1 - \frac{\rho_b \times \rho_{ca}}{\rho_{cm} \times \rho_w}\right) \times 100\% \tag{10.21}$$

式中：VCA_{mix}——沥青混合料粗集料骨架间隙率（%）；

ρ_{ca}——沥青混合料中粒径≥4.75 mm（或 2.36 mm）的粗集料比例（%）；

ρ_{cm}——粗集料的平均毛体积密度（g/cm³）；

ρ_b——沥青混合料实测毛体积密度（g/cm³）；

ρ_w——水的密度,取为 1 g/cm³。

SMA 混合料是按照骨架嵌挤原则设计的,为了充分发挥 SMA 混合料中粗集料石-石骨架的嵌挤作用,在压实状态下,沥青混合料中的粗集料间隙率 VCA_{mix} 必须满足式(10.22)的要求。粗集料骨架间隙率 VCA_{DRC} 能否大于沥青混合料骨架间隙率 VCA_{mix} 是检验粗集料能否形成嵌挤骨架的关键。当不能满足式(10.22)的条件时,混合料的粗集料骨架实际上是被所填充的沥青玛蹄脂撑开了,表明在混合料中或者沥青玛蹄脂过多,或者粗集料骨架间隙过小。因此,粗集料间隙率 VCA 实际上控制了 SMA 混合料中沥青玛蹄脂的总体积。

$$VCA_{mix} \leqslant VCA_{DRC} \tag{10.22}$$

式中:VCA_{mix}——压实状态下沥青混合料中的粗集料间隙率(%);

VCA_{DRC}——捣实状态下粗集料骨架间隙率(%)。

②马歇尔试件的体积参数:矿料间隙率 VMA 足够大是保证加入足量的沥青的前提,否则,在路面使用的压密过程中,过多的沥青会浮于混合料的表面,出现泛油或油斑等病害。由于在 SMA 混合料中沥青用量高于普通沥青混合料,所以对其矿料间隙率的要求较高。

沥青饱和度 VFA 的大小反映沥青混合料中沥青用量是否合适。沥青用量过大会导致路面的泛油和车辙等;沥青用量过小,沥青路面的耐久性不足。压实后 SMA 混合料的空隙率 VV 对沥青路面的使用性能和耐久性有着较大的影响。由于 SMA 混合料的粗级配及高沥青用量特征,较低的空隙率将导致沥青路面出现油斑、泛油或发生车辙,而空隙率过大会降低 SMA 混合料的耐久性。

2)SMA 混合料的力学性能指标

由于马歇尔试验的局限性,在相同的试验条件下,与密级配 AC 型混合料相比,SMA 混合料通常表现为马歇尔稳定度低,流值高,试验结果与这两种混合料在实际路面中的表现不相符,所以马歇尔试验的稳定度和流值不是 SMA 混合料配合比设计的主要指标。马歇尔试验的目的是检测试件的各项体积结构参数,以确定 SMA 混合料的矿料级配。采用浸水试件的残留稳定度评价 SMA 混合料的水稳定性。SMA 混合料的高温抗车辙能力通过车辙试验进行检测,动稳定度应满足要求。

3)析漏试验和飞散试验

谢伦堡沥青析漏试验用以检测沥青混合料在高温状态下从沥青混合料中析出的数量,是确定 SMA 混合料中沥青用量的一种辅助试验方法。谢伦堡沥青析漏试验在施工最高温度下进行,一般非改性沥青混合料的试验温度为 170 ℃,聚合物改性沥青混合料的试验温度为 185 ℃。将拌和好的沥青混合料试样倒入 800 mL 的烧杯中,在规定温度的烘箱中静置 60 min,按式(10.23)计算沥青析漏损失量:

$$\Delta m = \frac{m_2 - m_0}{m_1 - m_0} \times 100\% \tag{10.23}$$

式中:Δm——沥青析漏损失量(%);

m_0——烧杯质量(g);

m_1——烧杯与沥青混合料试样的总质量(g);

m_2——将沥青混合料倒出后,烧杯及黏附在烧杯上的沥青玛蹄脂的质量(g)。

沥青析漏量随着沥青用量增加而增加,根据沥青析漏量的多少,可以确定沥青混合料中有无多余的自由沥青或过多的沥青玛蹄脂,用以限定 SMA 混合料的最大沥青用量。SMA 混合料中虽然需要使用较多的沥青,但无论如何不能超过所有矿料表面所能吸附的最大沥青用量。过多的自由沥青将成为集料颗粒间的润滑剂,使得沥青玛蹄脂上浮,影响路表构造深度,降低混合料的高温稳定性,产生泛油等病害。沥青析漏量的标准取决于在运输过程中混合料不发生沥青滴漏的沥青用量上限,也与气候条件有关。德国标准要求:沥青析漏损失小于 0.2% 为好,0.2% ~ 0.3% 为可以接受,超过 0.3% 为不合格。这个标准适合于德国气候较为温和的地区。试验表明,在我国炎热地区,当沥青析漏量达 0.2% 时,沥青用量已经偏高。

肯塔堡飞散试验用以检验 SMA 混合料中集料与沥青结合料的黏结力的辅助试验,用于确定最低沥青用量。在压实的 SMA 混合料表面,构造深度较大,粗集料外露,在交通荷载的反复作用下,若混合料中沥青用量或黏结力不足,会引起集料的脱落、掉粒或飞散,进而发展为坑槽,造成路面损坏。肯塔堡飞散试验采用沥青混合料的马歇尔试件,试验在洛杉矶磨耗试验机中进行,标准试验温度为 20 ℃,水中养生时间为 20 h。在多雨潮湿地区,也可进行浸水试验,标准试验温度为 60 ℃,水中养生时间为 48 h。飞散损失以试件在洛杉矶磨耗试验机中旋转撞击规定次数后试件的损失质量百分率表示,按式(10.24)计算:

$$\Delta S = \frac{m_0 - m_1}{m_0} \times 100\% \tag{10.24}$$

式中:ΔS——沥青混合料的飞散损失(%);

　　m_0——磨耗试验前试件的质量(g);

　　m_1——磨耗试验后试件的残留质量(g)。

谢伦堡试验和肯塔堡试验往往是同时进行的,前者用于确定沥青用量的上限,后者用于确定沥青用量的下限。通过对两者的综合分析,可以得出一个较为合理的沥青用量范围。

将上述 SMA 混合料配合比设计的技术指标及其相应的要求列入表 10.18。

表 10.18　SMA 混合料的物理力学性能指标和技术要求

技术指标技术要求		使用非改性沥青	使用改性沥青
配合比设计马歇尔试验指标	马歇尔试件击实次数	两面各击实 50 次	
	空隙率 VV(%)	3 ~ 4	
	矿料间隙率 VMA(%)≥	17.0	
	混合料粗集料间隙率 VCA_{mix}(%)	≤粗集料骨架间隙率 VCA_{DRC}	
	沥青饱和度 VFA(%)	75 ~ 85	
	马歇尔稳定度(kN)≥	5.5	6.0
	流值(0.1 mm)	20 ~ 50	20 ~ 50
配合比设计检验指标	谢伦堡沥青析漏量(%)≤	0.20	0.10
	肯塔堡飞散损失量(20 ℃)(%)≤	20	15
	车辙试验的动稳定度(次/mm)>	1 500	3 000
	水稳定性检验　残留稳定度(%)>	75	80
	水稳定性检验　冻融劈裂强度比(%)>	75	80
	渗水系数(mL/min)<	80	

注:对于高温稳定性要求较高的重交通路段或炎热地区,设计空隙率允许放宽至 4.5%;VMA 允许放宽到 16.5%(SMA - 16)或 16.0%(SAMA - 20);VFA 允许放宽到 70%。

▶ 10.6.4　SMA 混合料的配合比设计方法

SMA 混合料的配合比设计原则体现在两个方面:一是粗集料颗粒互相嵌挤组成高稳定性的石 - 石

骨架结构;二是由细集料、沥青结合料和稳定添加剂组成的沥青玛蹄脂填充骨架间隙,并将骨架胶结在一起,沥青玛蹄脂应略有富余,以使混合料获得较好的柔韧性和耐久性。SMA 混合料配合比设计包括目标配合比设计和生产配合比设计,目标配合比设计流程见图 10.13。

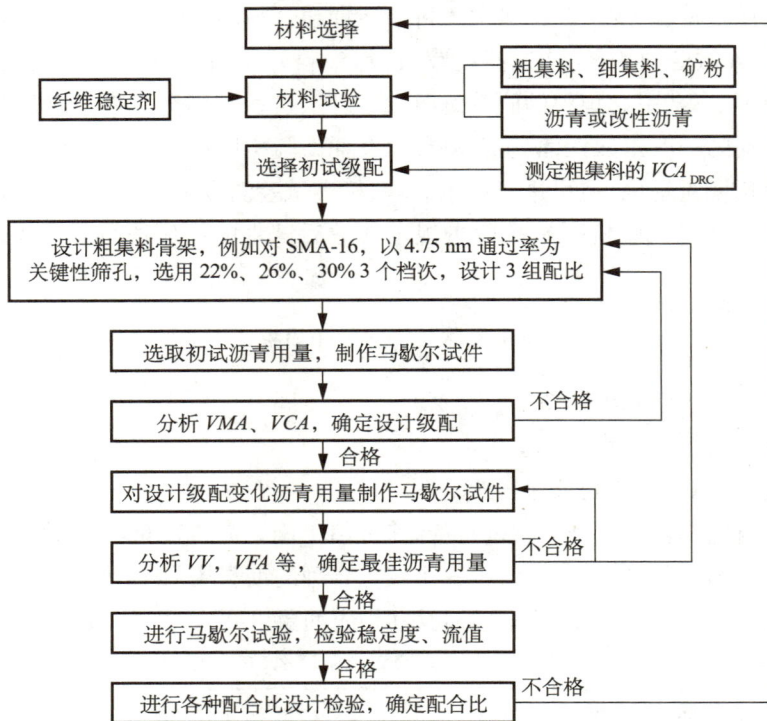

图 10.13　SMA 目标配合比设计流程图

1)原材料选择及其性能测试

按照规定方法精确测定各种原材料的密度,其中粗集料为毛体积密度,石屑、砂和矿粉为表观密度。

2)确定 SMA 混合料的初试级配

调整各种集料用量比例设计 3 组不同的初试级配,3 组级配在 4.75 mm(如果是 SMA - 10,则为 2.36 mm,以下相同)筛的通过率应分别为设计级配范围的中值及中值 ±3% 左右。3 组级配的矿粉数量最好相等,使 0.075 mm 通过率为 10% 左右,在其他筛孔上,3 个级配必须符合所选择的级配范围的要求。

3)试验检测

(1)测试粗集料骨架间隙率

将 3 组初试级配混合料中小于 4.75 mm 的集料筛除,分别测定 4.75 mm 以上各档粗集料的毛体积密度,并按照各档集料比例计算粗集料的平均毛体积密度。用捣实法测定 4.75 mm 以上粗集料的装填密度,计算各组初试级配在捣实状态下粗集料骨架间隙率 VCA_{DRC}。

(2)制作马歇尔试件

马歇尔试件击实次数为双面各击 50 次。按照初试油石比和矿料级配制作马歇尔试件。

(3)试件体积参数的测试

采用表干法测试 SMA 混合料马歇尔试件的毛体积密度。最好采用实测法测定 SMA 混合料试件的最大毛体积密度,当使用改性沥青时用溶剂法测试,使用非改性沥青时也可以采用真空法测定。若采用实测法有困难或难以得到准确结果时,也可以采用 SMA 混合料的理论最大密度代替实测最大毛体积密度。

4)确定 SMA 混合料的设计级配

从 3 组初试级配的试验结果中选择满足 $VCA_{mix} \leq VCA_{DRC}$ 和 $VMA > 16.5\%$ 要求的级配作为设计级配。当有 1 组以上的级配同时满足要求时,以 4.75 mm 通过率大,且 VMA 较大的级配为设计级配。

5)确定 SMA 混合料的沥青用量

根据所选择的设计级配和初试油石比的空隙率结果,以 0.2% ~ 0.4% 为间隔,调整 3 个不同的油石比,再次制作马歇尔试件。然后测试密度,并计算试件空隙率等各项体积参数指标。绘制各项体积指标与油石比的关系曲线,根据要求的设计空隙率确定最佳油石比。

在炎热地区可选择规定的空隙率上限值,寒冷地区可选择靠近空隙率中、下限值。

如果初试油石比的空隙率恰好接近设计要求,可以省略此步骤。

6)SMA 混合料的性能检验

SMA 混合料的配合比确定后,应对混合料进行谢伦堡沥青析漏试验和肯塔堡飞散试验。

SMA 混合料必须进行车辙试验,以验证混合料的高温抗车辙能力。

采用轮碾法成型 SMA 混合料试件,进行表面的渗水系数和构造深度检验。

10.7　常温沥青混合料

常温沥青混合料是指在常温下拌和和铺筑的沥青混合料,也可称作冷铺沥青混合料。常温混合料所用的结合料为液体沥青或乳化沥青,为了节约能源、保护环境,目前较多采用乳化沥青作为结合料。本节重点介绍以乳化沥青为结合料的几种常温沥青混合料的技术特点、组成材料及配合比设计的有关内容。

▶ 10.7.1　乳化沥青混合料

乳化沥青混合料是采用乳化沥青与矿质混合料在常温状态下拌和的,经铺筑与压实成型后形成沥青路面的混合料。根据矿料的级配类型,它分为乳化沥青碎石混合料与乳化沥青混凝土混合料。乳化沥青混合料适用于沥青路面的维修和养护,如铺筑封层、罩面、修补坑槽等,主要目的是封闭路面表面,使空气和水不致侵入路面结构内部,抑制路表结构中混合料的松散,改善道路的表面外观,是一种节约能源、保护环境、方便施工的路面养护维修材料。

1)乳化沥青混合料的强度形成特性

乳化沥青混合料的强度形成过程与热拌沥青混合料有明显的不同。乳化沥青混合料中的乳化沥青必须经过与矿料界面黏附、分解破乳、排水、蒸干等过程才能完全恢复其中沥青的原有黏结性能。由于分散在混合料中的水分不能立即排净,在铺筑初期,这些水分大部分呈游离状态占据着混合料中的空隙,而水的黏度远低于沥青的黏度,在混合料中的"润滑"的作用大大高于沥青,从而降低了矿料颗粒间的内摩阻力,使沥青混合料的强度和稳定性下降。因此,经碾压后的乳化沥青混合料,需要经过比热拌沥青混合料成型过程长得多的时间,才能达到一定的强度。随着乳化沥青混合料的摊铺、碾压及行车压实,水分将逐渐蒸干,乳化沥青混合料的密实度随之增加,强度也随时间而提高。图 10.14 是配合比相同的乳化沥青混合料及热拌沥青混合料试件抗压强度与养生时间的关系。由图 10.14 可见,乳化沥青混合料的初期强度较低,但随着养生龄期的增长而增加。乳化沥青混合料的强度增长速率与试件养生的温度条件有关,在高温条件下养生时,乳化沥青试件的强度增长速率较快。

由于乳化沥青混合料的早期强度较低,应注意做好路面的早期养护,并采用适当的措施提高乳化沥青混合料路面的早期强度。

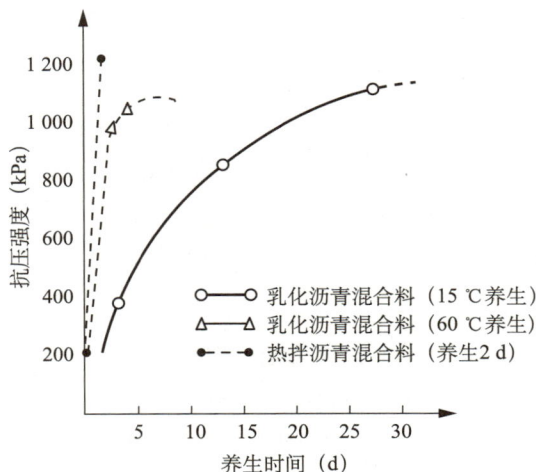

图 10.14　沥青混合料强度与养生时间的关系

2)乳化沥青混合料的材料要求

（1）乳化沥青

乳化沥青混合料可采用的乳化沥青类型见表 10.19。

表 10.19　乳化沥青混合料选用的乳化沥青类型

乳化沥青混合料类型	乳化沥青品种
乳化沥青碎石混合料	BC－1,BA－1
乳化沥青混凝土混合料	BC－1,BA－1,BN－1

（2）集料与填料

在乳化沥青混合料中,对集料和填料的质量和规格要求与热拌沥青混合料基本相同。乳化沥青碎石混合料的级配可参照热拌沥青混合料 AM 型的级配;乳化沥青混凝土混合料的级配可参照热拌沥青混凝土混合料 AC 型的级配。

3)乳化沥青混凝土混合料的配合比设计

乳化沥青混凝土配合比设计内容与热拌沥青混合料配合比设计程序基本相同,是在矿质混合料配合比设计的基础上,采用马歇尔试验确定最佳沥青用量。

（1）修正的马歇尔试验方法

由于乳化沥青混合料在摊铺和碾压后,需要较长的成型时间才能获得强度,在配合比设计试验中需要考虑乳化沥青混合料的这些特性,采取相应的成型和养生措施,尽可能模拟实际情况,使室内试验结果具有指导现场施工的意义。乳化沥青混合料的马歇尔试验方法建立在热拌沥青混合料马歇尔试验方法的基础上,在修正的马歇尔试验方法中,试件成型条件和养生条件均有所不同。

①试件成型与养生:按照马歇尔试验标准方法制备 2 组试件,将其中的 1 组试件在室温下横向放置

24 h,另 1 组试件置于温度(105 ±5)℃烘箱中养生 24 h。养生后的试件立即两面再各击 25 次。

②试件指标测试:将室温条件下养生的 1 组试件在 25 ℃水浴中恒温后测试马歇尔稳定度,在 25 ℃条件下的测试稳定度可以作为乳化沥青混凝土混合料初期强度的评定指标。在烘箱中养生的 1 组试件在 60 ℃水浴中恒温后测试马歇尔稳定度,经过(105 ±5)℃高温养生的试件,在 60 ℃条件下测定的稳定度来评定混合料的后期强度。

乳化沥青混合料各项马歇尔试验技术指标见表 10.20。

表 10. 20 乳化沥青混凝土混合料马歇尔试验技术要求建议值

项目	密级配		粗级配	
	25 ℃	60 ℃	25 ℃	60 ℃
击实次数(次)	50	50	50	50
稳定度(kN)	2.0	4.0	2.5	3.5
流值(0.1 mm)	20 ~ 45	20 ~ 40	20 ~ 45	20 ~ 40
空隙率(%)	—	5 ~ 8	—	6 ~ 10
沥青饱和度(%)	—	60 ~ 75	—	50 ~ 70
密度(g/cm³)	2.20	2.25	2.15	2.20

(2)乳化沥青混凝土混合料的配合比设计程序

①试件成型与指标测试:在乳化沥青混合料中,乳液中的实际沥青用量可比同规格的热拌沥青混合料中的沥青用量少 15% ~ 20% 。

以估算的乳化沥青用量为中点,按 1% 增减乳化沥青用量,称取 5 组矿料和乳化沥青,制备试件。经标准养生后,测试试件的密度等体积参数,分别在 25 ℃ 和 60 ℃条件下,测定试件的稳定度和流值。

②乳化沥青用量的确定:根据各项试验结果,绘制马歇尔稳定度、流值、试件密度、空隙率、沥青饱和度与乳化沥青用量的关系曲线。求出各项指标均能符合要求的乳化沥青用量的公共范围,取该公共范围的中值作为设计乳化沥青用量。

在进行施工时,还需要根据道路条件、施工气候、施工方法等情况对设计乳化沥青用量作适当调整。一般来说,现场使用的沥青乳液用量常较室内试验的最佳用量提高 1.0% ~ 1.5% 。

4)乳化沥青碎石混合料的配合比设计

乳化沥青碎石混合料的配合比,可以参照已有道路的成功经验经试拌决定。确定沥青用量时,应根据当地实践经验以及交通量、气候、石料情况、沥青标号、施工机械等条件综合考虑确定。

▶ 10.7.2 沥青稀浆封层混合料

沥青稀浆封层混合料是由乳化沥青、石屑(或砂)、水泥和水拌制而成的一种具有流动性的沥青混合料,简称稀浆混合料。沥青稀浆封层混合料可以用于沥青路面的养护维修,也可以用于路表加铺抗滑层或磨耗层。由于稀浆混合料施工方便,投资费用少,对道路使用性能有较为明显的改观,所以得到广泛应用。因为沥青稀浆封层仅仅在现有道路加铺了很薄的表层,因此它对道路结构无显著的增强作用。

1)沥青稀浆封层混合料的类型及其适用性

根据乳化沥青特性和使用目的,稀浆封层混合料分为普通乳化沥青稀浆封层(简称普通稀浆封层,代号 ES)和改性乳化沥青稀浆封层,用于精细表面处治封层的改性稀浆封层又简称微表处,代号 MS。

（1）普通沥青稀浆封层混合料

我国现行技术规范参照国际稀浆协会 ISSA 标准,按照矿料级配组成将普通沥青稀浆封层混合料分为 ES－1、ES－2 和 ES－3 三种类型。这三种稀浆混合料的级配范围及适宜的封层厚度要求见表 10.21。

表 10.21　沥青稀浆封层类型与矿料级配范围

类型 筛孔尺寸(mm)	各筛孔通过质量百分率(%)			施工允许 波动范围
	ES－1 MS－1	ES－2 MS－2	ES－3 MS－3	
9.5		100	100	
4.75	100	90～100	70～90	±5%
2.36	90～100	65～90	45～70	±5%
1.18	60～90	45～70	28～50	±5%
0.6	40～65	30～50	19～34	±5%
0.3	25～42	18～30	12～25	±4%
0.15	15～30	10～21	7～18	±3%
0.075	10～20	5～15	5～15	±2%
封层的适宜厚度(mm)	2.5～3	4～6	8～10	

表 10.21 中的 ES－1 型称为细封层,由于矿料颗粒尺寸较小,沥青含量较高。ES－1 型稀浆混合料具有较好的渗透性,有利于治愈路面裂缝,适用于一般交通道路路面上较大裂缝的修补,以及中、轻交通道路的薄层罩面处理,尤其适合于寒冷地区道路及轻交通道路使用。ES－2 型称为中粒式封层,含有足够数量的细集料和乳化沥青,又含有一定数量的粒径较大的颗粒,使得稀浆混合料既能够渗透路面裂缝之中,又兼具一定的抗滑性和耐磨性,用途广泛,是铺筑中等交通道路磨耗层最常用的类型,也适用于旧路修复罩面。ES－3 型称为粗封层,混合料中有一定数量的较大粒径的颗粒,封层表面较为粗糙,适用于一般道路的表层抗滑处理,铺筑高粗糙度的磨耗层。

（2）改性乳化沥青稀浆封层(微表处)混合料

微表处混合料分为 MS－1、MS－2 和 MS－3 三种类型,见表 10.21。其中,微表处混合料 MS－1 型适用于重要道路、桥面铺装的薄层微表处罩面。MS－2 型适用于高速公路、一级公路、城市快速路、主干路的较薄微表处。MS－3 型适用于在高速公路和一级公路上铺筑高粗糙度的磨耗层。高速公路与一级公路的养护维修宜采用微表处,微表处也可作为新建道路的磨耗层。

2）稀浆封层混合料的技术性能

（1）可拌和时间

通过拌和试验预测稀浆混合料破乳前的可拌和时间,为了模拟稀浆混合料施工现场的工作状况,试验温度应考虑施工中可能遇到的最高温度。可拌和时间的长短与沥青品种、乳化剂性能及用量、乳化效果、集料性能、温度等有直接的关系,可适当调整组成材料及其配合比,使可拌和时间符合要求。

（2）稀浆混合料的稠度

稀浆混合料的稠度应满足施工和易性的要求。在进行稀浆封层施工时,若稀浆混合料稠度过大,不便于摊铺成型;而稀浆混合料太稀,封层的稳定性较差,摊铺后容易离析,产生集料下沉沥青上浮的现象,导致成型后的封层表面出现油膜而下部为缺乏结合料的松散集料,与原路面黏结不牢,容易出现起皮脱落等病害。

由于稀浆混合料稠度在很大程度上取决于用水量,所以稠度试验除了用于检验稀浆混合料的施工和易性,另一个作用是在配合比设计中确定适宜的用水量。稀浆混合料中的水由矿料中的水、乳化沥青中的水及拌和时的外加水组成,是稀浆混合料的重要组成部分,也是决定稀浆混合料稠度、摊铺效果、破乳时间以及封层密实度的主要因素。稀浆混合料的用水量应满足施工和易性的要求,又要保证所摊铺的稀浆能够形成稳定、密实的封层。通常用水量控制在矿料用量的 12% ~ 20%,级配较细的稀浆混合料用水量取上限。稀浆混合料的稠度采用稠度试验确定。

(3)稀浆混合料的可操作时间

稀浆混合料的可操作时间包括初凝时间和固化时间。

初凝时间是指拌和后至沥青乳液破乳完成的时间。为了保证有足够的时间对稀浆混合料进行拌和与铺筑操作,初凝时间不宜太短,但初凝时间过长,将延迟开放交通时间,给施工的管理带来困难。

固化时间是指混合料摊铺后开放交通的时间,固化时间不宜太长,否则将给施工和管理带来困难,延误交通。通过掌握稀浆混合料凝结固化速度,从而指导稀浆封层的施工操作。

稀浆混合料的凝结时间可以采用黏结力试验确定。按照稠度试验确定的用水量拌和稀浆混合料。试件置于橡胶底垫下,调节黏结力试验仪的压力,使气压表的压力达到 0.72 MPa,此时橡胶垫对试件的压力为 0.193 MPa,然后通过扳手在(0.7 ~ 1.0)s 内平稳、水平扭转 90° ~ 120°,并读取扭矩表读数和相应的时间,该扭矩就是稀浆混合料的黏结力,以 N·m 计。每隔 15 min 重复测试一次,若固化时间较长,可将间隔时间延长至 30 min。重复试验直至扭矩不再增大为止。绘制黏结力与时间的关系曲线(图10.15),根据图中黏结力与时间的关系确定稀浆混合料凝结时间。

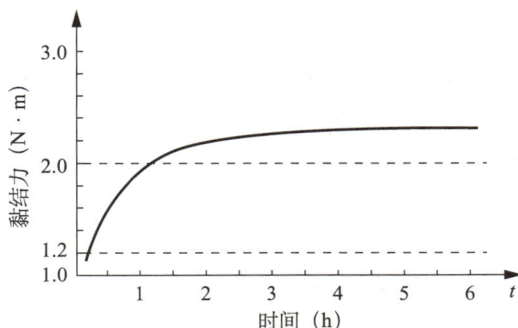

图 10.15　稀浆封层黏结力与时间关系曲线

稀浆混合料的黏结力与时间的关系曲线取决于乳化沥青性质、稀浆混合料配合比、气候温度、摊铺厚度等因素。在气候温度、摊铺厚度等预先假定的条件下,可通过改变乳化沥青品种及稀浆混合料的配合比选择最合理的黏结力与时间的关系。

(4)稀浆混合料的耐磨耗性能

当稀浆混合料成型后,应具备一定的耐磨耗性,以抵抗车辆荷载的磨耗作用。稀浆混合料的耐磨耗性采用湿轮磨耗试验评价。按照规定的方法,成型稀浆混合料试件,置于 60 ℃烘箱中 16 h 以上,烘至恒重。将试件浸入盛有 25℃水的盛样盘中,然后将盛样盘固定在磨耗仪上,用标准磨耗头磨(300 ± 2)s。取出试样,水洗后在 60℃烘箱中烘至恒重,称量试件质量,用式(10.25)计算稀浆混合料的磨耗值。

$$m_d = \frac{m_a - m_b}{A}$$

(10.25)

式中：m_d——乳化沥青稀浆封层混合料的磨耗值(g/m^2)；

A——磨耗头胶管的磨耗面积(m^2)，由仪器说明书提供；

m_a——磨耗前的试样质量(g)；

m_b——磨耗后的试样质量(g)。

湿轮磨耗试验是采用模拟汽车轮胎磨耗的方法，检验稀浆混合料中沥青用量、集料质量以及固化后混合料的耐磨强度，目的是控制稀浆封层混合料的最小沥青用量，并可对稀浆混合料的水稳定性进行初步的判断。

（5）稀浆混合料的碾压试验

碾压试验模拟交通车辆形式条件，测定稀浆混合料中是否有过多沥青，用以控制稀浆混合料中的最大沥青用量。将试样取下清洗干净后，在 60 ℃烘箱中烘至恒重，称量试样的质量。然后将试件重新装在仪器上原来的位置，称取 82 ℃的热砂 200 g 在试件表面摊平，再对试样碾压 100 次后停机。刷去试样上的浮砂，称量试样及吸附砂的总质量，按照式(10.26)计算黏附砂量。

$$LWT = \frac{m_2 - m_1}{A}$$

(10.26)

式中：LWT——乳化沥青稀浆封层混合料单位面积黏附砂量(g/m^2)；

A——试样负荷面积(m^2)；

m_1——第一次 1 000 次碾压后试样的质量(g)；

m_2——第二次 100 次碾压后试样与砂的总质量(g)。

由于沥青用量越高，试样上黏附的砂量就越大，所以根据规定容许的最大黏附砂量，就可确定稀浆混合料的容许最高沥青用量。

（6）黏附性

乳化沥青与矿料的黏附性是在规定的试验条件下，以沥青在矿料表面的裹覆面积表示，用以评定稀浆混合料的抗水剥落性能。

综上所述，将评价乳化沥青稀浆混合料技术性能的各项指标及其要求汇总于表10.22。

表 10.22　稀浆混凝土的技术要求

试验项目		类别		
		普通稀浆封层	改性稀浆封层	微表处
可拌和时间(25 ℃)(s)		120		
稠度值(cm)		2 ~ 3		
黏结力试验 （N·m）	初凝(30 min)的黏结力	1.2		
	开放交通时间的黏结力	2.0		
开放交通时间		急需开放交通时，最短可以缩短至 30 min，如果交通允许阻断，可以延长至 1 ~ 2 h，甚至更长		
负荷轮碾试验的砂黏附量(LWT)(g/m^2) <		540		
湿轮磨耗试验的 磨耗量(g/m^2)	浸水 1 h	800	650	550
	浸水 6 h	800	650	800
沥青膜剥离试验(%)		80	85	90

3）沥青稀浆封层混合料的组成材料及其技术要求

（1）乳化沥青

乳化沥青是稀浆封层混合料的黏结材料，其质量直接影响稀浆封层的质量。各类乳化沥青质量必须符合相关的技术要求。在选择乳化沥青时，还要考虑稀浆混合料的施工和易性，即在乳化沥青与矿料的拌和、摊铺过程中，稀浆混合料均匀、不破乳、不离析、处于良好的流动状态。在需要尽早开放交通路段的道路结构中，应选用凝结速率较快、慢裂快凝的拌和型乳化沥青或改性乳化沥青。在不需要立即通车的路段或在尚未通车的新建道路上使用时，可采用慢裂慢凝型乳化沥青或改性乳化沥青。在普通乳化沥青稀浆掺加水泥时，可以采用非离子型乳化沥青。

稀浆封层所用的乳化沥青或改性乳化沥青类型可以根据表 10.23 选择使用。

表 10.23　稀浆封层混合料用乳化沥青及改性乳化沥青

混合料类型	普通稀浆封层	改性稀浆封层（微表处）
乳化沥青种类	阳离子 BC－1	改性乳化沥青
	阴离子 BA－1	
	非离子 BN－1	

（2）集料

稀浆封层与微表处混合料应选择坚硬、耐磨洁净的集料，不得含有泥土和杂物。粗集料除了应满足热拌沥青混合料用粗集料的质量要求，还应满足表 10.24 的要求。当采用酸性石料时，必须掺加消石灰或抗剥落剂，以满足与沥青黏附性的要求。细集料应采用洁净的优质碱性石料生产的机制砂或石屑，不得使用天然砂。细集料中粒径小于 4.75 mm 部分的砂当量应符合表 10.23 的要求。

表 10.24　稀浆封层用集料的技术要求

混合料类型	普通稀浆封层	改性稀浆封层	微表处
破碎面比例（%）	100	100	100
原石料的表观相对密度（g/cm³） >	2.6	2.6	2.6
原石料的集料压碎值（%） <	30	28	25
原石料的洛杉矶磨耗率（%） <	30	28	25
集料的坚固性损失（%） <	12	12	12
粗集料的吸水率（%） <	3	2	2
粗集料的针片状颗粒含量（%） <	25	20	20
<4.75 mm 细集料的砂当量（%） >	50	55	60

（3）填料和外加剂

填料可以是矿粉、水泥、石灰、粉煤灰等。稀浆混合料中填料的作用不仅是填充混合料的空隙，还可以改善稀浆混合料的施工和易性，如调节稀浆混合料的稠度、破乳和成型速度，并提高稀浆混合料的强度和稳定性。填料的品种和剂量由试验确定，以不影响稀浆混合料性能为度，最好选用硅酸盐水泥作为填料。

为了调节稀浆混合料中乳化沥青的破乳速度，满足拌和、摊铺和开放交通的需要，可以掺加适量外加剂，如氯化钙、氯化铵、氯化钠、硫酸铝等。外加剂可以直接掺入稀浆混合料中，也可以掺入稀浆混合料的某一成分中,但必须能够与这些成分均匀相容。

4)沥青稀浆封层混合料的配合比设计

在稀浆封层施工前,应进行沥青稀浆封层混合料的配合比设计,设计内容包括确定矿料配合比、用水量和最佳沥青用量,确定稀浆混合料的初凝时间及开放交通时间,以指导稀浆封层的施工操作过程。

（1）矿质混合料配合比设计

①稀浆混合料类型的确定:应根据道路使用条件、处治目的、道路等级、环境条件,以及当地砂石材料的质量与规格等参考规定进行选择,经过技术经济论证后确定。

②矿质混合料配合比计算:对所选择的集料、填料进行筛分,根据各档集料的级配组成,计算各档集料的用量比例,矿料的合成级配应满足设计级配范围的要求。

（2）确定稀浆混合料的用水量

稀浆混合料的用水量由稠度试验确定,当稠度不能满足规定的要求或设计要求时,应适当调整用水量,直至合格为止。

（3）确定沥青用量

沥青用量是稀浆混合料配合比设计的最重要的参数。沥青用量太少,稀浆封层可能会松散,而沥青用量过多,可能导致封层的不稳定,表面出现拥包、推挤等病害。按照预估沥青用量及 ±1% 和 ±2% 共 5 个用量制成稀浆混合料试件,分别进行湿轮磨耗试验和碾压试验,得出不同沥青用量下稀浆混合料的磨耗量和黏附砂量。

（4）确定稀浆混合料的初凝时间和开放交通时间

当用水量和沥青用量确定后,拌制稀浆混合料,进行黏结力试验。当黏结力达到 1.2 N·m 时,确定为稀浆混合料的初凝时间;当黏结力达到 2.0 N·m 时,确定为稀浆混合料的固化时间,即开放交通时间。初凝时间和开放交通时间应满足要求。

（5）稀浆混合料配合比的调整

在稀浆封层的施工过程中,如出现破乳速度过快或稀浆混合料固化速度过慢、或稀浆封层固化后产生裂缝、起泡或呈海绵状等问题,应对稀浆混合料的配合比进行调整。当稀浆混合料的固化时间过长,影响道路通行要求时,可通过适当减少用水量、增加水泥用量,或采用凝结速度较快的乳化沥青等措施进行调整。而当稀浆混合料破乳速度过快,无法正常施工时,采用与前述相反的措施,并可以掺加硫酸铝水溶液。当稀浆封层固化后出现发生裂缝时,应调整矿料的级配,并适当增加乳化沥青用量。当稀浆封层出现起泡或呈海绵状现象时,应适当减少水泥用量,减少稀浆混合料的拌和时间,改善乳化沥青的性能。

▶ 10.7.3 其他常温沥青混合料

袋装常温沥青混合料是采用具有级配的矿料与适量的特种结合料,加入适量的软化剂或添加剂,在常温下拌和并袋装密封储存的一种路面养护材料。这种材料可以库存,并可在常温下施工,操作简单,适用于临时性修补工程,或无法采用热拌沥青混合料进行修补的紧急抢修工程。

根据所采用的结合料,袋装常温沥青混合料有溶剂型和乳剂型两类。溶剂型采用液体石油沥青作为结合料,乳剂型采用乳化沥青作为结合料。袋装常温沥青混合料组成材料的质量应符合热拌沥青混合料对组成材料的要求。由于常温混合料成型速度慢,初期强度较低,成型后渗水系数大,不宜选用粗级配或开级配的矿料级配。

1)乳剂型袋装常温沥青混合料

乳化沥青是决定袋装常温沥青混合料质量和储存期的关键材料,宜选用慢裂型乳化沥青作为结合料,并选择高质量沥青材料配制乳化沥青。为保证常温沥青混合料在拌和、储存、摊铺等施工阶段的稳定性,需要加入适量的添加剂,其种类和剂量应通过室内试验确定。

乳剂型袋装常温混合料的配制和储存过程为:按照矿质混合料级配组成,将各种规格的集料按比例输送到搅拌机中,拌和 3~6 s。按照设计沥青用量,将乳化沥青泵入搅拌机,同时加入添加剂,拌和 40~50 s。将拌和均匀的混合料装入储存袋中,每袋质量以 30 kg 左右为宜,用封口机将储存袋封好,不得混入空气,入库储存。不同时期生产的混合料要分别堆放,堆放高度以 3~4 层为宜,并定期检查储存室温度、湿度及混合料储存稳定性。

2)溶剂型袋装常温沥青混合料

采用乳化沥青配制的袋装常温沥青混合料不适宜长期储存,大多为随拌随用。同时乳化沥青混合料需要较长时间才能成型,所修补的坑洞容易松散,一般只适合于轻交通道路使用。采用液体沥青拌制的溶剂型袋装常温沥青混合料的适用性较强,既可铺成 2~3 cm 的薄层,修补较小的坑洞,也可用于修补 5~10 cm 较深的坑槽。用溶剂型袋装常温沥青混合料所修补的路面在行车作用下会进一步压密,强度逐渐提高。经过压实成型的袋装常温沥青混合料,使用性能与热铺沥青路面基本相同,所以这种混合料既可用于高等级道路路面坑槽修补,也可在一般道路养护中使用。

按照使用季节的不同,溶剂型袋装常温沥青混合料可分为夏秋季用和冬春季用两种规格,也可分成夏季用、春秋季用和冬季用三种规格。在气温较高季节使用的袋装常温沥青混合料,采用黏度较高的液体石油沥青拌制;而在低温季节使用的袋装常温沥青混合料,应采用黏度较低液体沥青拌制。

按照矿料的最大公称尺寸,袋装常温沥青混合料的级配组成可以是细粒式或砂粒式,较少采用中粒式或粗粒式。这是由于所修补的对象通常在沥青路面的上面层,结构厚度在 4 cm 左右,不需要较大颗粒的粗粒式混合料。又由于袋装常温沥青混合料的初期黏结性能较差,大颗粒集料容易脱落,降低修补效果。此外,路面上的坑槽有深有浅,较细的混合料既适用于深的坑槽,也适合于浅的坑槽,所以颗粒较小的细粒式或砂粒式袋装常温沥青混合料具有较大的适应性。

10.8　其他沥青混合料

▶ 10.8.1　桥面铺装材料

桥面铺装是铺筑于桥面板上的结构层,其作用是保护桥面板,防止车轮荷载直接磨耗桥面,并避免各种环境因素对桥面板的直接作用,以提高桥面板,尤其是钢桥桥面板的耐久性。桥面铺装有水泥混凝土铺装和沥青混合料铺装两类,本节简要介绍沥青混合料铺装。

1)水泥混凝土桥面的沥青混合料铺装

(1)基本要求

铺筑于大中型的水泥混凝土桥面上的沥青铺装层,应能与混凝土桥面板很好地黏结,并具有防止渗水、抗滑及较高的抗振动冲击能力,这类桥面铺装应进行专门的设计。

小跨径桥面沥青铺装层的各项要求与相接路段的行车道面层结构相同。

(2)桥面沥青铺装层构造

桥面沥青铺装层由防水层、保护层及沥青面层组成,总厚度为 60~100 mm。

①防水层:在立交桥、防水要求高或桥面板位于结构受拉区而可能出现裂缝的桥面上,为了提高桥

面的使用年限、减少维修养护,应在桥面上采用防水层。桥面防水层厚度为 1.0 ~ 5.0 mm,主要类型有沥青涂胶类防水层、高聚物涂胶类防水层或沥青卷材防水层。

沥青涂胶类防水层采用改性乳化沥青、沥青或改性沥青,洒布总用量为 1.6 ~ 2.0 kg/m²,然后撒布一层洁净中砂或小碎石,经碾压成下封层。高聚物涂胶类防水层采用聚氨酯胶泥、环氧树脂、阳离子乳化沥青、聚丁橡胶等高分子聚合物,这类防水层由于施工方便,目前用得较多,其技术指标见表 10.25。沥青卷材防水层采用改性沥青卷材或浸渍沥青无纺布(土工布)通过沥青黏层与桥面黏结。

表 10.25 立交桥、大桥防水层用聚合物改性沥青胶乳的技术指标

技术指标	技术要求	技术指标	技术要求
固体率(%)	≥45	延伸率(%)	>300
低温柔韧性(-15℃,绕 φ 10 mm,2 h)	板无裂缝	涂膜干燥性(h)	表干≤4,实干≤24
透水性(动水压 0.2 MPa,2 h)	无渗透	抗裂性(基层开裂 2 mm)	涂膜无裂缝
耐热性[(80±2)℃,5 h]	无起泡流淌	耐酸性(2% H_2SO_4 水溶液浸泡,10 d)	无变化
流淌温度[(140±2)℃,2 h]	不流淌	耐久性(2% NaOH 水溶液浸泡,10 d)	无变化

②保护层:为了保护防水层,在其上应加铺保护层。保护层可以采用 AC - 10 或 AC - 5 型沥青混凝土,沥青石屑铺筑,厚度约 10 mm。

③面层:面层分承重层和抗滑层。承重层宜采用高温稳定性好的 AC - 16 或 AC - 20 型热拌沥青混凝土混合料,厚度为 4 ~ 6 cm。抗滑层或磨耗层宜采用抗滑表层结构,厚度为 20 ~ 25 mm。为提高桥面铺装的高温稳定性,承重层和抗滑层结合料宜采用高聚物改性沥青。

2)钢桥的沥青混凝土铺装

钢桥面铺装应满足防水性好、稳定性好、抗裂性好、耐久性好以及层间黏结性好的使用性能要求。钢桥桥面铺装由防锈层、防水层和铺装结构层组成,应根据不同地区道路等级以及铺装的功能要求,选择单层式或双层式铺装结构层。当钢桥桥面铺装厚度小于 40 mm 时,应采用单层式沥青铺装层。铺装厚度为 40 ~ 80 mm 时,宜分两层铺筑。

(1)桥面铺装沥青混合料类型

钢桥铺装的沥青混合料类型有沥青玛蹄脂碎石混合料、浇注式沥青混凝土、密级配沥青混凝土混合料。沥青铺装层混合料的选择应充分考虑钢桥面板受力特点、沥青铺装层的功能以及气候环境因素。采用双层式铺装结构时,铺装下层的沥青混合料应具有较好的变形能力,能适应钢桥面板的各种变形,同时还应满足耐久、抗车辙、抗水损害、防水性能要求。而铺装上层的沥青混合料应具有较好的热稳定性,抗车辙能力,同时还应满足耐久、抗裂、抗水损害、抗滑性能要求。采用单层式铺装时,沥青混合料应满足耐久、抗裂、抗车辙、防水、抗水损害、抗滑性能等多方面要求。表 10.26 为钢桥铺装用沥青混合料类型。

表 10.26 钢桥面沥青铺装层适用的混合料类型

结构层次		沥青混合料类型	最大公称粒径(mm)
双层式结构	上层	SMA - 10	9.5
		SMA - 13,GA - 13,AC - 13	13.2
	下层	SMA - 13,GA - 13	13.2
		SMA - 16,GA - 16	16.0
单层式结构		SMA - 13,GA - 13	13.2

（2）桥面铺装沥青混合料组成材料的技术要求

桥面铺装沥青混合料用结合料应具有较高的黏结性、柔韧性等优良性能。其中 SMA 混合料、AC 混合料应采用改性沥青，GA 混合料应采用硬质沥青。改性沥青可以是聚合物改性沥青，硬质沥青由特里尼达湖沥青和石油沥青按一定比例混合而成，改性沥青和硬质沥青主要技术指标应建议满足表 10.27 的技术要求。用于沥青混合料的矿料必须完全符合热拌沥青混合料对矿料的技术要求。

表 10.27　建议的钢桥面沥青铺装胶结料技术要求

试验指标		改性沥青	硬质沥青
针入度(25 ℃,100 g,5 s)(0.1 mm)		40～80	15～30
延度(5 cm/min)(cm)		>20(10 ℃)	>10(25 ℃)
软化点(环球法)\(℃)1		55～80	60～70
溶解度(三氯乙烯)(%)		>99	86～91
黏度(Pa·s)	60 ℃	>4 000	—
	135 ℃	<3	—
回弹率(%)		>70	—
薄膜加热试验(163 ℃,5 h)	针入度比(%)	>65	—
	质量损失(%)	<0.3	<0.5
闪点(℃)		>260	>240
费拉斯脆点(℃)		<-25	—

10.8.2　水泥混凝土路面接缝材料

水泥混凝土面层必须修筑纵向接缝和横向接缝，将面层划分为较小尺寸的板，以减少因伸缩变形和翘曲变形受到约束而产生的内应力，并满足施工的需要。各类接缝的槽口必须采用接缝材料予以填封，以避免杂物和水分的渗入。否则落入接缝的硬质杂物会导致水泥混凝土板边角崩裂，渗入的水分会降低基层的稳定性。水泥混凝土路面接缝材料有接缝板和填缝料类。

1）胀缝接缝板

接缝板是指为了防止水泥混凝土路面面板膨胀压屈置放在胀缝中的预制板，所以接缝板应能适应混凝土板膨胀收缩，施工时不变形，复原率高，耐久性良好。接缝板由杉木板、软木板、泡沫树脂板、泡沫橡胶类和沥青纤维板类等材料制作。高速公路和一级公路路面混凝土胀缝处宜采用泡沫橡胶板、沥青纤维板作为接缝板。其他公路可采用泡沫橡胶板、沥青纤维板、杉木板、杨木板、松木板、纤维板、泡沫树脂板等。胀缝板的质量应符合表 10.28 的技术要求。

表 10.28　胀缝板的技术要求

试验项目	胀缝板种类		
	木材类	塑胶泡沫类	纤维类
压缩应力(MPa)	5.0～20.0	0.2～0.6	2.0～10.0
弹性复原率(%)	≥55	≥90	≥65
挤出量(mm)	<5.5	<5.0	<3.0
弯曲荷载(N)	100～400	0～50	5～40

2）填缝料

（1）填缝料的技术要求

填缝料是指为防止雨水及砂、石等杂物进入水泥混凝土路面面板各种接缝内部，在接缝槽口上部灌入的材料。作为水泥混凝土路面接缝的填缝料，首先要求它与混凝土接缝槽壁能够很好地黏结，回弹性好，适应于缝隙间距的变化，在低温时有较大的延性以适应混凝土板的收缩而不开裂，不溶于水，不渗水，在高温时有较好的热稳定性，不软化、不流淌。此外，还要具有一定的抗砂石嵌入的能力，并且能抵抗自然因素的老化作用，不溶于水、不渗水、便于施工操作等性能。

（2）填缝料的主要技术指标

①填缝料的流动度：表征填缝料在夏季高温时抵抗流动的能力。测定方法是，在平滑的钢板上将填缝料灌注成 3 个 60 mm × 40 mm × 4 mm 的试样，置于 75°倾角的支架上，在（60 ± 1）℃的恒温箱中保持 5 h，测定其长边的流动变形值，即为流动度，以 mm 计。

②填缝料的拉伸量：表征填缝料在低温时，能适应混凝土板的收缩变形且能与板保持黏结的最大延伸能力。测定方法是，将填缝料灌注在两个尺寸 120 mm × 60 mm × 35 mm 水泥砂浆块之间，水泥砂浆块之间放一块接缝板，并在两端放上挡板，使两水泥砂浆块之间形成尺寸 15 mm × 40 mm × 100 mm 的空槽，将填缝料灌入该空槽中，挂平后在 15 ~ 30 ℃条件下养生 24 h。拆除挡板和接缝板，将试件放入（ -10 ± 1）℃的冰箱中冷冻 4 h 后，以 0.05 mm/min 的速度均匀拉伸两个水泥砂浆块，观察拉伸情况，当填缝料从砂浆块表面脱落，或填缝料自身出现裂纹时停止拉伸，记录拉伸长度，以 mm 计。

③填缝料的弹性复原率：评定填缝料适应混凝土板胀缩的弹性恢复能力。测定方法是在（25 ± 1）℃条件下，使总质量为（75 ± 1）g 的球针自由贯入试样 5 s，然后在 10 s 内将球针压入试样 10 mm 深度并稳定 5 s，然后放开球针让其自由回弹 20 s，测定其回弹值。该值与 10 mm 之比，即为弹性复原率。

④常温施工式填缝料的失粘时间和流动度：失粘时间是测定填缝料的凝固时间，特别是双组分聚氨脂类填缝料的固化时间和固化过程。试验时将准备好的填缝料灌入模框中，刮平后盖上聚乙烯薄膜，并压上一块压重板，水平地置于（20 ± 3）℃的养护室中。养护至填缝料不再粘聚乙烯薄膜为止，总养护时间即为失粘时间，以 h 计。

失粘时间试验完成后，可按照上述方法进行流动度试验。

（3）填缝料的技术标准

根据施工方式分类，填缝料有加热施工式、常温施工式等。高速公路、一级公路应优先选用树脂类、橡胶类或改性沥青类的填缝材料及其制品，并宜在填缝料中加入耐老化剂。

①加热施工式填缝料：包括聚氨酯焦油类、聚氯乙烯类、沥青橡胶类、氯丁橡胶类、沥青玛蹄脂等，其技术性能应符合表 10.29 的技术标准。低弹性填缝料适用于气候严寒、寒冷地区的混凝土路面接缝；高弹性填缝料适用于炎热、温暖地区的混凝土路面接缝。

表 10.29　加热施工式填缝料技术要求

项目	技术标准		项目	技术标准	
	低弹性型	高弹性型		低弹性型	高弹性型
针入度（0.01mm）	<50	<90	流动度（mm）	<5	<2
弹性复原率（%）	≥30	≥60	拉伸量（ -10 ℃）（mm）	≥10	≥15

②常温施工式填缝料：包括聚氨酯改性沥青填缝胶、硅树脂类、聚氨酯焦油、密封胶、氯丁橡胶类、沥青橡胶类等，其技术要求见表 10.30。

表 10.30　常温施工式填缝料技术要求

试验项目	低弹性型	高弹性型	试验项目	低弹性型	高弹性型
失粘(固化)时间(h)	6 ~ 24	3 ~ 16	拉伸量(− 10 ℃)(mm)	≥15	≥25
弹性复原率(%)			黏结延伸率(%)	≥200	≥400
流动度(mm)	0		与混凝土的黏结强度(MPa)	≥0.2	≥0.4

填缝时应使用背衬垫条控制形状系数。背衬垫条应具有良好的弹性、柔韧性、不吸水、耐酸碱腐蚀和高温不软化等性能。背衬垫条材料有聚氨酯、橡胶和微孔泡沫塑料等,其形状应为圆柱形,直径比接缝宽度大 2 ~ 5 mm。

▶ 10.8.3　水工沥青混凝土

沥青混凝土是指沥青与矿料经拌和冷却凝固的混合物。水工沥青混凝土是指用于水电水利工程的沥青混凝土的统称。沥青混凝土具有良好的抗渗性、极佳的柔性及自愈闭合的功能,非常适宜作为需要承受不均匀变形的水工防渗体。同时,沥青混凝土防渗体结构简单、工程量较小,可以节省劳动力,缩短工期。因此,虽然水工混凝土在 20 世纪 20 年代才开始应用,却表现出了强劲的发展势头。

水工沥青混凝土按防渗结构型式大体可分为沥青混凝土心墙和沥青混凝土面板两类。沥青混凝土心墙是以沥青混凝土作为防渗体的一种特殊的防渗结构形式。沥青混凝土面板是将沥青混凝土通过浇筑或碾压的方式,在迎水面坝坡形成的一层防渗层。

沥青混凝土按施工方法分为碾压式和浇筑式两大类。碾压式沥青混凝土是主要采用碾压机进行压实的一种沥青混凝土。通过调整骨料级配和沥青用量,可获得不同孔隙率。孔隙率大的沥青混凝土可作为整平胶结层或排水层,孔隙率小的沥青混凝土可作为防渗层。浇筑式沥青混凝土是依靠自重达到密实的一种沥青混凝土。浇筑式沥青混凝土无须压实设备,但沥青用量多,造价较高,并且施工主要采用人工,难以保证质量的稳定性。碾压式沥青混凝土沥青用量少,且便于机械化施工,施工质量易于保证,因而是目前的发展趋势。

1)水工沥青混凝土的组成材料

(1)水工沥青

沥青是沥青混凝土中最重要的组成材料,其质量直接影响沥青混凝土的各项技术性能。配制水工沥青混凝土所用的沥青应选择专用水工沥青,即适合于水利水电工程防渗安全要求的石油沥青。水工沥青可根据气候条件、建筑物的类型、沥青混凝土的种类、施工方法等选择。同一工程宜采用同一厂家、同一标号的沥青。不同厂家、不同标号的沥青,不得混杂使用。水工沥青质量要求见表 10.31。

表 10.31　水工沥青质量技术要求

项目	指标				备注
沥青标号	SG50	SG70	SG90	SG110	
针入度(0.1 mm)	40 ~ 60	61 ~ 80	81 ~ 100	101 ~ 120	(100 g,25 ℃,5 s)
软化点(℃)	49 ~ 57	47 ~ 55	45 ~ 52	43 ~ 49	环球法
延度(cm)	≥150				15 ℃
	≥5	≥10	≥30	≥40	4 ℃

续表

项目		指标				备注
密度		≥1.0				25 ℃
含蜡量(%)		≤2.0				
当量脆点(℃)		≤ −6	≤ −8	≤ −10	≤ −12	
溶解度(%)		≥99.0				
闪点(℃)		≥230				
薄膜烘箱	质量损失(%)	≤0.2	≤0.4	≤0.6	≤0.8	
	针入度比(%)	≥68	≥65	≥60	≥58	
	延度(cm)	≥100				15 ℃
		≥2	≥4	≥8	≥12	4 ℃
	软化点升高(℃)	≤3		≤5		

（2）骨料

骨料是沥青混凝土的骨架组成部分,包括粗骨料和细骨料,占沥青混凝土质量组成的80%左右。骨料一般要求用清洁、坚硬、耐久、均匀的碱性岩石加工制作,并要求粗骨料与沥青的黏结力及细骨料的水稳定性优良。骨料的物理化学性质对沥青混凝土的各项施工性能与工作性能有极大的影响,施工规范对水工沥青混凝土骨料的技术要求作出了具体规定。

①粗骨料:指粒径大于2.5 mm的矿料。粗骨料以质地坚固、表面粗糙、粒形近于方圆形的为好。当骨料中针片状颗粒含量较高时,会降低骨料的密实度和骨料相互嵌挤的程度,使沥青混凝土的孔隙率和渗透系数增大,因此应控制针片状颗粒含量。

防渗沥青混凝土粗骨料的最大粒径,不得超过压实后的沥青混凝土铺筑层厚度的1/3且不得大于25 mm;非防渗沥青混凝土粗骨料的最大粒径,不得超过层厚的1/2且不大于35 mm。

水工沥青混凝土对粗骨料的质量要求如表10.32所示。

表10.32　水工沥青混凝土对粗骨料的质量要求

项目		指标
表观密度(kg/m³)		>2 600
吸水率(%)		<2.5
针片状颗粒含量(%)		<10
坚固性(%)		<12
黏附性		>4级
含泥量(%)		<0.3
超、逊径(%)	超径	<5
	逊径	<10
其他		级配良好,岩质坚硬,在加热条件下不至于引起性质变化

②细骨料:粒径为0.075～2.5 mm的矿料。细骨料应质地坚硬、清洁、级配良好,粒径组成应符合设计、试验提出的级配曲线要求。细骨料可选用河砂、山砂、人工砂等。加工碎石的石屑,应加以利用。

水工沥青混凝土对细骨料的质量要求如表 10.33 所示。

表 10.33　水工沥青混凝土对细骨料的质量要求

项目	人工砂	天然砂
表观密度(kg/m³)	>2 600	>2 600
吸水率(%)	<3	<3
坚固性(%)	<15	<15
石粉含量(%)	<5	
含泥量(%)		<0.3
水稳定等级	>6 级	>6 级
有机物含量	0	小于标准值
轻物质含量(%)		<1
超径(%)	<5	<5
其他	岩质坚硬,在加热条件下不致引起性质变化	

（3）填料

填料是粒径小于 0.075 mm 的矿料。填料在沥青混凝土中既起填充作用,又起增加黏结力的作用。填料与粗骨料一样,一般宜选择岩石加工磨制。在工程中,常用的填料有石灰岩粉、白云岩粉、水泥和滑石粉等,而以石灰岩和白云岩磨细的填料为最好。

水工沥青混凝土对填料的质量要求如表 10.34 所示。

表 10.34　水工沥青混凝土对填料的质量要求

项目		指标
表观密度(kg/m³)		>2 600
含水率(%)		<0.5
亲水系数		<1
其他		不含泥、有机杂质和结块
细度(各粒径的通过率)(%)	0.075 mm	100
	0.040 mm	>80
	0.020 mm	>10

（4）改性剂

改性剂是为改善沥青混凝土的某些技术性能而掺入沥青混合料中的外加剂的统称,其用量虽小,但技术经济影响极大。改性剂根据施工及工作性能的需要可分为改善沥青与矿料黏附性能的抗剥离剂、提高沥青混凝土低温抗裂性能的抗裂剂、提高沥青黏度的增黏剂、提高沥青混凝土热稳定性的热稳定剂、提高沥青及沥青混凝土抗老化能力的抗老化剂等。

改性剂的质量应符合相应的行业标准。水工沥青混凝土需要使用改性剂时,应通过试验确定。使用改性剂的沥青混凝土性能应满足设计要求,并经试验论证。

2）水工沥青混凝土的性能

（1）渗透性能

沥青混凝土的渗透性能用渗透系数来评定。渗透系数的大小取决于骨料的级配、沥青的用量及压实后的密实度。一般情况下,级配良好、沥青用量多、密实度较大的沥青混凝土,渗透系数较小。

沥青混凝土根据不同使用部位的需要,要求具有不同的渗透性能。用于面板的防渗层和心墙时,要求具有良好的抗渗性能,可采用密级配沥青混凝土,渗透系数为 $10^{-10} \sim 10^{-7}$ cm/s;用于面板的基层作排水层时,要求排水通畅,能迅速排除防渗面层的渗漏水,消除对防渗层的不利影响,可采用开级配沥青混凝土,渗透系数可大于 10^{-2} cm/s。

①抗渗性:沥青混凝土的抗渗性也称为不透水性。沥青混凝土能作为水工建筑物的防渗材料,是因为其具有良好的抗渗性能。沥青混凝土的抗渗性与其孔隙率有很大关系,孔隙率越小,渗透系数也越小。试验表明,当孔隙率小于4%时,渗透系数小于 10^{-7} cm/s。工程施工中,只要保证沥青混凝土的孔隙率不大于3%,沥青混凝土基本上是不透水的,能达到不小于 10^{-7} cm/s 的设计要求。

②渗透性:在水工结构防渗设计中,为保证防渗层的渗透水流能及时排出,通常在防渗层的下面设透水层,以保证水工结构的整体安全。一般情况下,透水层选用的是级配碎石或天然级配卵石,并保证其渗透系数不小于 10^{-3} cm/s。

(2)柔性

柔性是指沥青混凝土在自重或外力作用下,能适应变形而不产生裂缝的性能。沥青混凝土适应变形的能力强于其他土工建筑材料,如黏土、水泥混凝土等,这也是它被选作土石坝心墙防渗材料并迅速推广应用的另一个主要原因。

柔性好的沥青混凝土,能适应变形而不易开裂,即使产生裂缝,也不容易扩大,能在其自重和水压力等共同作用下自愈闭合。良好的变形能力无论对于心墙还是面板沥青混凝土,都是十分重要的,只有保证沥青混凝土的变形在其自身允许的范围内,才能保证水工建筑结构的安全运行。

沥青混凝土的柔性主要取决于沥青的性质、用量及矿料的级配等。目前,对沥青混凝土柔性进行评价的方法有小梁弯曲试验、蠕变试验、应力松弛试验等。

(3)温度敏感性

沥青混凝土中的沥青是一种温度敏感性很强的材料,因此沥青混凝土也具有温度的敏感性。沥青混凝土低温开裂、高温流淌的性能给施工及应用带来许多麻烦,必须给予关注。

冬季气温下降,沥青混凝土面层受到基层的约束而不能收缩,产生应力,当应力超过沥青混凝土的极限抗拉强度时,沥青混凝土被拉裂。因此,要求沥青混凝土具有较强的低温变形性能。低温开裂的现象在道路工程和水工结构中都存在,严重影响了沥青混凝土的正常运用,对水工防渗工程的影响后果尤其严重。沥青混凝土的低温性能主要取决于沥青材料的低温性质、沥青与矿料的黏结强度、级配类型及沥青混合料的均匀性。采用黏度较低、温度敏感性小的沥青或掺用改性沥青,可减少或延缓沥青混凝土的低温开裂现象。

沥青混凝土在高温条件下及外荷载长期作用下不发生严重变形或流淌的性质,称为高温稳定性。沥青混凝土的高温稳定性对沥青混凝土路面及水工沥青混凝土面板都会产生较大影响。沥青混凝土的高温稳定性与沥青的品种和含量、矿料的品种及级配有关。评价沥青混凝土高温稳定性的指标主要有马歇尔稳定度和流值、热稳定性系数及斜坡流淌值。

马歇尔稳定度和流值是一种经验性指标,与沥青用量密切相关,通过试验可确定最佳沥青用量,即稳定度最大、流值也控制在规定范围内所对应的沥青用量。目前,我国公路和水工沥青混合料配合比设计中均普遍应用这两种指标,并将马歇尔试验作为施工质量控制的主要方法。

热稳定性系数用式(10.27)计算:

$$K_{\text{T}} = R_{20} / R_{50} \tag{10.27}$$

式中:K_T——热稳定性系数;

　　R_{20}——20 ℃时沥青的抗压强度值;

　　R_{50}——50 ℃时沥青的抗压强度值。

热稳定性系数越小,沥青的稳定性越好。

若配合比设计不当,沥青混凝土面板在夏季容易沿斜坡流淌。因此,配合比设计必须模拟工程实际情况进行斜坡流淌试验。

斜坡流淌试验是将标准马歇尔试件置于与坝面坡度相同的斜坡上(如无要求,一般可采用 1∶1.7),在规定的温度(如无规定,一般可设为 70 ℃)下,保持 4 8h 后测定试件端部所发生的位移,即斜坡流淌值,以 mm 计。斜坡流淌值是一个经验性指标,用来控制沥青混凝土面板的流变变形。

(4)耐久性

耐久性是指沥青混凝土在长期使用过程中能抵抗环境因素作用的性能。由于水工建筑物的使用特性不同,其对沥青混凝土耐久性的要求远远高于道路工程。耐久性是水工防渗结构在水工建筑物应用中最为关注的问题。沥青混凝土的耐久性包括沥青混凝土的水稳定性、抗老化性、抗疲劳性等综合性质。

沥青混凝土的水稳定性是指在浸水条件下,其力学性能变化的特性。当沥青混凝土长期浸在水中时,若沥青与骨料的黏附性不好,水分会浸入沥青与骨料的界面,使沥青与骨料剥离,导致沥青混凝土发生破坏。沥青混凝土的水稳定性主要取决于其孔隙率及沥青与骨料的黏附性,此外还与骨料表面的干燥程度有关。一般认为当孔隙率小于 4% 时,水稳定性是有保障的。沥青混凝土的水稳定性可用水稳定性系数进行评价。水稳定性系数是试件在 20 ℃下水饱和后沥青混凝土抗压强度与未浸水沥青混凝土抗压强度之比。水稳定性系数越大,沥青混凝土的耐久性越好。水工沥青混凝土防渗层一般要求水稳定性系数不得小于 0.85。

沥青混凝土的老化是沥青混凝土在使用过程中,受到空气中氧、水、紫外线等介质作用,沥青发生诸多的物理变化和化学变化,变硬、变脆易裂,甚至彻底丧失其原有使用功能的过程。

沥青混凝土的老化取决于沥青的老化程度,还与施工方法、外界环境因素及其自身的孔隙率有很大的关系。为减缓沥青混凝土老化的速度和程度,应优选使用耐老化性能好的沥青材料,并保证含有足够的沥青。在施工工程中,严格控制热拌和时的温度和拌和时间是降低沥青混凝土老化的有效途径。提高沥青混凝土的压实程度,降低孔隙率,可防止水分渗入并减少阳光对沥青混凝土的老化作用。在沥青材料中添加适当的改性剂,可提高沥青的耐久性。在沥青混凝土表面做封闭层,能很好地防止沥青混凝土面板的老化。

材料在反复荷载作用下,力学性能发生降低的现象称为疲劳。材料的疲劳破坏是指在其交变荷载作用下,内部损伤逐渐累积、产生裂纹、裂纹扩展直至破坏的过程。目前,对沥青混凝土防渗体的疲劳破坏性能研究较少,但对水工混凝土而言,沥青混凝土面板在水位频繁升降、防波堤波浪反复冲击作用下,心墙在上、下游不均衡的、年复一年循环水压的作用下,均可能产生疲劳。这些长期的、循环往复的荷载将对沥青混凝土结构的正常运用构成威胁。因此,进一步深入研究沥青混凝土的疲劳特性,具有十分重要的现实意义。

(5)施工和易性

沥青混凝土的施工和易性是指沥青混合料在拌和、运输、摊铺和碾压等各个施工环节中,与施工条件相适应,既保证质量又便于施工的一种工作性能。

和易性差的混合料不易拌和均匀或摊铺成要求的形状和压实成要求的密实度,有的刚碾压完成表面就出现裂缝或拖拽痕迹。

影响沥青混凝土和易性的主要因素是矿料的级配、沥青的用量和填料的质量。如粗细颗粒的大小相距过大,混合料易离析。沥青用量过少,填料过多,混合料不易压实;反之,沥青用量过多,或填料质量差,则易使混合料黏结成团,不易摊铺。

沥青混合料的和易性主要凭经验判断,目前尚无直接评价的方法和指标,一般是通过合理选择组成材料、控制施工条件等措施来保证沥青混合料的质量,并在现场试验验证过程中解决关于和易性的所有技术问题。

3)水工沥青混凝土的配合比设计

水工沥青混凝土的配合比设计的依据是工程的设计要求,内容是确定沥青混凝土中粗骨料、细骨料、填料和沥青材料相互配合的最佳组成比例,使之既能满足沥青混凝土的各项技术要求,又符合经济性的原则。水工沥青混凝土各组成材料相互配合的比例,应以沥青用量和矿料级配两个设计参数来表示。

目前,水工沥青混凝土配合比设计的方法主要是马歇尔法。马歇尔法是通过室内试验,根据稳定度、流值、密度、孔隙率及相关力学性能指标的分析、论证与优选,提出适宜的沥青混凝土配合比。

水工沥青混凝土配合比设计方法及步骤如下:

(1)材料选择

选择水工沥青混凝土所用的矿料、沥青及掺合料时,各原材料不仅要满足各自的技术指标要求,还必须保证沥青混凝土整体的物理力学性质,使其各项物理化学指标均满足设计及使用要求。除沥青及改性剂外,矿料应尽可能就近采购,以符合经济性的原则。

(2)确定矿料级配

矿料级配是指矿料中不同粒径的颗粒相互之间的比例关系,常以不同粒径颗粒的质量比来表示。矿料级配设计是配合比设计的重点内容之一,其直接影响沥青混凝土的施工质量。

沥青混凝土所用矿料颗粒的粒径尺寸范围较大,而天然或人工生产的一种矿料往往难以满足工程对某一设计级配的范围要求,因此需要将两种或两种以上的矿料配合使用,构成矿料的合成级配。

确定矿料级配需先选择矿料标准级配。可根据有关的技术标准或技术资料,在推荐使用的级配范围内见表10.35,选择一条或几条级配曲线作为矿料标准级配,再根据标准级配曲线确定各种矿料的配合组成,使其构成的合成级配尽可能与标准级配相近。各种矿料的配合组成应根据其各自的筛分试验资料,计算符合要求级配的各种组成材料用量的比例。计算的合成级配应根据要求作必要的级配调整。

表10.35 水工沥青混凝土矿料级配和沥青用量表

级配类型	筛孔尺寸(mm)												沥青用量(按矿料质量计)(%)
	60	35	25	20	15	10	5	2.5	0.6	0.3	0.15	0.075	
	总通过率(%)												
密级配		100	80~100 100	70~90 94~100	62~81 84~95 100	55~75 75~90 96~98	44~61 57~75 84~92	35~50 43~65 70~83	19~30 28~45 41~54	13~22 20~34 30~40	9~15 12~23 20~26	4~8 8~13 10~16	5.5~7.5 6.5~8.5 8.0~10.0
开级配		100	70~100 96~100	50~80 88~98	36~70 71~83	25~58 40~50	10~30 30~40	5~20 14~22	4~12 7~14	3~8 2~8	2~5	1~4 1~4	4.0~5.0 5.0~6.0
沥青碎石	100	35~70	95~100	0~15	55~70		0~8 10~25	0~5 5~15		0~4 4~8		0~3 0~4	3.0~4.0 3.5~4.5

（3）沥青用量的确定

沥青用量有两种不同的表示方法：一是以沥青质量占矿料质量的百分数计，如沥青质量为 8%，则矿料质量为 100%，沥青混合料总质量为 108%；二是以沥青质量占沥青混合料质量的百分数计，如沥青质量为 8%，则矿料质量为 92%，沥青混合料总质量为 100%。前一种表示法将矿料固定为 100%，沥青用量成为独立变量，它的变化不影响矿料的计算，实际应用较为方便，故目前应用较广。如没有特殊说明，沥青用量一般指前一种方法。水工沥青混凝土沥青用量的确定主要采用马歇尔试验法，其步骤如下：

①矿料的用量比初步完成后，根据推荐的沥青用量范围（或经验确定的沥青用量范围），估计适宜的沥青用量。

②以估计的沥青用量为中值，以 0.3% 间隔上下变化沥青用量制备马歇尔试件不少于 5 组，然后测定试件密度、稳定度和流值，同时计算孔隙率、饱和度和矿料间隙率。

③以估计的填料用量为中值，以 1% 间隔上下变化填料用量制备马歇尔试件不少于 5 组，然后测定试件密度、稳定度和流值，同时计算孔隙率、饱和度和矿料间隙率。

④建立沥青用量、填料用量与沥青混凝土各项指标的关系曲线。

⑤根据试验成果选择合适的沥青用量、填料用量。

（4）确定标准配合比

上述配合比设计及试验是围绕马歇尔试验工作展开的，所选配合比是否满足工程要求，还必须进行与工程实际使用性能相对应的各项试验检验。检验时以确定的沥青用量为中值，按 0.3% 间隔上下变化沥青用量，进行沥青混凝土性能试验，如不透水性、稳定性、柔性、蠕变、破坏变形、三轴压缩（c、ϕ、K 等指标）和耐久性的试验。根据试验结果，选定实验室的标准配合比。选择的原则是：各项技术性质全部满足设计要求，而沥青用量最小，并考虑沥青用量稍有波动时，对沥青混凝土的性质影响的较小者。如在试验中不能满足设计要求，则重新进行沥青用量的选择试验。

（5）现场铺筑试验

由于实验室所用的原材料及试验条件与实际施工中的状况存在差距，因此实验室所确定的标准配合比还不能直接用于工程施工，需在实际施工前进行现场铺筑试验，根据试验情况对沥青混凝土配合比进行检验、校正，形成使沥青混凝土的性能全部满足设计要求，同时又便于施工的施工配合比。

4）沥青砂浆

沥青砂浆是由沥青材料、矿物填料和砂混合而成的沥青混合料。工程上常用石油沥青配制沥青砂浆。选料沥青时必须注意适应当地气候条件。砂宜采用天然砂或破碎坚硬岩石而成的砂。沥青砂浆用砂质量要求原则上与普通混凝土一致。

表 10.36 可供沥青砂浆配合比初选时参考，并经砂浆流动性（黏度）及强度试验等确定最佳配合比。

表 10.36　不同用途沥青砂浆的配合比

沥青砂浆名称	用途	材料配合比			
		沥青	矿粉	砂	石棉
乳化沥青砂浆	填缝	1	1.2	2.8	0.06
	护面	1	1.0	4	0.075
热沥青砂浆	填缝	1	1.0	4	
	护面	1	1.5	4	0.100
渣油沥青砂浆	胶结材料	1	1.0	4	

沥青砂浆有热用和冷用两种。热用沥青砂浆是先将沥青材料和矿物粉配制成沥青胶结物,然后将140~160 ℃的砂子加入拌匀而成,使用时的温度为160~180 ℃,以便浇注密实。热用砂浆较密实,几乎无孔隙,浇注后无须碾压,不透水性较好,在水利工程中应用较多。冷用沥青砂浆是采用液体沥青或乳化沥青配制而成的,矿料无须加热干燥,具有施工安全、方便的优点。

5)沥青胶

沥青胶是在沥青中掺入适量的矿质粉料或再掺入部分纤维状填料配制的胶体材料。常用的矿物填料主要有滑石粉、石灰石粉和石棉。

沥青胶主要用于粘贴卷材、嵌缝、接头、补漏、作防水层的底层及水工沥青混凝土防渗面板的封闭层等。

沥青胶用于水工沥青混凝土防渗结构的封闭层,可增加表面密度,延缓老化,增加抗渗性能。因此,要求高温不流淌、低温不开裂,还要有较高的抗渗性。封闭层沥青胶的配合比设计,首先根据经验选取沥青与填料的不同掺配比例,一般为沥青:填料 = (2:3)~(1:4),加热并拌制沥青胶,然后进行沥青胶软化点、斜坡流淌值、低温冻裂等试验,在对试验结果进行分析比较后,再选择确定。沥青胶的设计软化点应选择在95 ℃以上。由试验资料知,1:1沥青胶的软化点比纯沥青软化点高6 ℃,1:1.5沥青胶的软化点比纯沥青软化点约高11 ℃。

6)沥青乳剂

沥青乳剂(乳化沥青、冷底子油)是用来胶合沥青混凝土与刚性体或每层沥青混凝土之间的强黏结剂。沥青乳剂黏度小,具有良好的流动性,涂刷于基层上,能很快渗入基层孔隙中,与基层牢固结合,能有效地提高沥青混凝土与基层的黏结力。

乳化沥青是以沥青为基料,通过强力搅拌,使热融沥青分散在含有乳化剂的水溶液中所形成的乳状液体。

冷底子油是用稀释剂(汽油、柴油、煤油、苯等)对沥青进行稀释的产物。因其多在常温下用于防水工程的底层,故称冷底子油。冷底子油通常是用30%~40%的10号或30号石油沥青与70%~60%的汽油、煤油等溶剂配制。冷底子油应随配随用,或在密闭容器中储存备用。配制冷底子油时,先将沥青加热到160~180 ℃进行脱水,待温度降到100 ℃左右时,十分缓慢地倾入溶剂中搅拌均匀为止。冷底子油应涂刷于干燥的基层上,不宜在有雨、雾、露的环境中施工。

本章小结

沥青混合料是将粗集料、细集料和填料经人工合理选择级配组成的矿质混合料与适量的沥青材料经拌和而成的均匀混合料。沥青混凝土路面平整性好、行车平稳舒适、噪声低,许多国家在建设高速公路时都优先采用。而半刚性基层具有强度大、稳定性好及刚度大等特点,被广泛用于修建高等级公路沥青路面的基层或底基层。

沥青混合料是一种复杂的多种成分的材料,其结构概念同样也是极其复杂的。在固定质量的沥青和矿料的条件下,沥青与矿料的比例(即沥青用量)是影响沥青混合料抗剪强度的重要因素。

沥青混合料在路面中直接承受车辆荷载和大气因素的影响,同时沥青混合料的物理、力学性质受气候因素与时间因素影响较大。为了能使路面给车辆提供稳定、耐久的服务,必须要求沥青路面具有一定的稳定性和耐久性。本章内容涉及较多的概念,如马歇尔稳定度 MS、流值 FL、饱和度 VFA、空隙率 VV、动稳定度 DS、沥青用量 P_b、油石比 P_a、最佳沥青用量 OAC 等,应注意掌握。SMA 混合料是一种间断级配的沥青混合料,具有较好的高温稳定性、低温抗裂性、水稳定性和抗滑性。由于这类混合料的成型期较热拌沥青混合料长,应特别注意路面的早期养护。桥面铺装材料和水泥混凝土路面接缝材料的主要功能是保护并提高主体结构使用质量和使用寿命,对这类材料的质量要求较高,在使用时,应结合使用条件和试验结果进行选择。

思考题

10.1　什么是沥青混合料? 沥青混合料是如何分类的?

10.2　水工沥青混凝土的组成材料有哪几种? 分别有何技术要求?

10.3　水工沥青混凝土有哪些性能要求?

10.4　沥青胶是如何配制的? 试述其特性和用途。

10.5　沥青乳剂有何用途?

10.6　沥青混合料按其组成结构可分为哪几种类型? 各种结构类型沥青混合料的路用特性是什么?

10.7　符号 AC – 16、AM – 20、SMA – 16、OGFC – 16 分别表示哪种类型的沥青混合料?

10.8　什么是沥青混合料的黏结力? 影响黏结力的主要因素有哪些?

10.9　简述沥青混合料应具备的路用性能及其主要影响因素。

10.10　简述沥青混合料高温稳定性的评定方法和评定指标。

10.11　对沥青混合料组成材料主要有哪些技术要求? 这些技术要求对沥青混合料的技术性质有什么影响?

10.12　我国现行热拌沥青混合料配合组成的设计方法是什么? 矿质混合料的组成和沥青最佳用量是如何确定的?

10.13　采用马歇尔法设计沥青混凝土配合比时,为什么由马氏试验确定配合比后还要进行浸水稳定度和车辙试验?

10.14　与连续密级配热拌沥青混合料相比,SMA 混合料材料组成特点是什么?

10.15　简述 SMA 混合料配合比设计的要点,其设计过程与普通热拌沥青混合料有何不同?

10.16　什么是常温沥青混合料? 它是由什么材料组成的? 在技术性能上有何特征?

10.17　简述稀浆封层混合料的主要技术要求、评价方法及评价指标。

10.18　稀浆混合料的用水量对其性能有何影响?

10.19　水泥混凝土桥面沥青铺装、钢桥面沥青铺装包括有哪些结构层次? 各自的功能是什么?

10.20　沥青混合料的空隙率是如何确定的?

10.21　根据表 10.37 给出的测定结果,计算沥青混合料的各项体积特征参数。其中,沥青密度为1.051,集料的有效相对密度为2.703,合成毛体积相对密度为2.680。

表 10.37　测定结果

序号	沥青含量（%）	空气中质量(g)	水中质量(g)	表干质量(g)	最大理论密度(kg/m³)	试件的毛体积密度(kg/m³)	试件的空隙率(%)	矿料间隙率(%)	沥青饱和度(%)
1	4.5	1 157.3	670.0	1 161.9					
2	5.0	1 177.3	685.4	1 180.5					
3	5.5	1 201.9	704.1	1 205.9					

10.22　试设计一级公路沥青路面面层用沥青混凝土混合料配合比组成。

[原始资料]

(1)道路等级:一级公路;路面类型:沥青混凝土;结构层位:两层式沥青混凝土的上面层,设计厚度4.5 cm;气候条件:7月份平均最高气温20~30 ℃,年极端最低气温> -7 ℃。

(2)材料性能:沥青材料,密度1.020 kg/m³,其他各项指标符合技术要求;碎石和石屑:I级石灰岩轧制碎石,饱水抗压强度137 MPa,洛杉矶磨耗率16%,黏附性5级,视密度2.71 kg/m³;细集料:洁净河砂,粗度属中砂,含泥量小于1%,视密度2.68 kg/m³;矿粉:石灰石粉,粒度范围符合要求,无团粒结块,表观密度为2.58 kg/m³;粗、细集料和矿粉级配组成见表10.38。沥青混合料马歇尔试验结果汇总于表10.38,供分析评定参考用。

[设计要求]

(1)根据道路等级、路面类型和结构层次确定沥青混凝土的类型和矿质混合料的级配范围。根据集料的筛析结果(表10.38),确定各档集料的用量比例,对矿质混合料的合成级配进行校核与调整。

表 10.38　沥青混合料用集料的筛析结果

材料名称	筛孔尺寸(mm)									
	16.0	13.2	9.5	4.75	2.36	1.18	0.6	0.3	0.15	0.075
	分率(%)									
碎石	100	95	18	2.0	0	0	0	0	0	0
石屑	100	100	100	82.5	36.1	15.2	3.0	0	0	0
砂	100	100	100	100	91.5	82.2	71.0	35	15	3.0
矿粉	100	100	100	100	100	100	100	100	100	87

(2)根据沥青混凝土的技术要求,通过对马歇尔试验体积参数和力学指标(表10.39)分析,确定最佳沥青用量。

表 10.39　马歇尔试验物理、力学指标测定结果汇总表

试件组号	沥青用量(%)	技术性质					
		表观密度 ρ_a(kg/m³)	空隙率 VV(%)	矿料间隙率 VMA(%)	沥青饱和度 VFA(%)	稳定度 MS(kN)	流值 FL(0.1 mm)
1	4.5	2.366	6.2	17.6	68.5	8.2	20
2	5.0	2.381	5.1	17.3	75.5	9.5	24
3	5.5	2.398	4.0	16.7	84.4	9.6	28
4	6.0	2.382	3.2	17.1	88.6	8.4	31
5	6.5	2.378	2.6	17.7	88.1	7.1	36

第 **11** 章

高分子材料

【本章重点】高分子材料的分类和性能特点。

【本章要求】结合高分子材料在现代土木水利工程中的应用,了解高分子材料的分类和常用高分子材料的性能特点,高分子材料的适用场合和效果,建筑塑料、合成橡胶和合成纤维、合成胶黏剂的性能及在土木工程中的应用。

11.1　概述

以合成高分子化合物为主要成分的材料称为合成高分子材料。在建筑工程中,合成高分子材料不仅可作为装饰、保温、吸声等材料用,还可代替钢材、木材等作为结构材料用。工程中用的塑料、合成橡胶、合成纤维及某些胶黏剂、涂料等都是合成高分子材料。随着有机高分子科学的发展,合成高分子材料的品种及产量的迅速提高,合成高分子材料在工程中的应用将越来越广泛。

在有机化合物中,一般将分子量在 10^4 以上的化合物称为高分子化合物。高分子化合物有天然的和合成的两大类。以高分子化合物为主要成分的材料称为高分子材料,高分子材料也分为天然高分子材料和合成高分子材料,如棉织品、木材、天然橡胶等都是天然高分子材料。天然高分子材料的产量和性能,远远不能满足工程需要。随着有机高分子科学的发展,合成高分子材料的产量和品种迅速增加,用途日益广泛。现代生活中的塑料、橡胶、化学纤维,以及某些胶黏剂、涂料等,都是以高分子化合物为基础材料制成的,这些高分子化合物绝大多数是人工合成的,故称为合成高分子材料。

在土木水利工程中,高分子材料与传统的土木水利工程材料相比,有如下一些特点:

1)密度小、比强度高

高分子化合物的密度一般为 $(0.8 \sim 2.2) \times 10^3 \ kg/m^3$,只有钢材的1/8~1/4,混凝土的 1/3,铝的 1/2,高分子材料的比强度(即强度与表观密度之比)多大于钢材和混凝土制品,是一种轻质高强材料,非

·289·

常适应现代土木水利工程荷载高、跨度大的需要。

2)加工性能良好

高分子材料可以用多种加工工艺(挤出、压铸等)制成不同形状、厚薄不等的产品,能适应不同结构部位的需要。

3)耐化学腐蚀性优良

一般高分子材料对酸、碱等耐腐蚀能力都比金属材料和无机材料强,特别适用于特种土木水利工程的需要。

11.2 合成高分子化合物

▶ 11.2.1 合成高分子化合物的定义

在有机化合物中,通常将分子量大于 10^4 以上的化合物称为高分子化合物。高分子化合物有天然高分子化合物和合成高分子化合物两类。天然高分子化合物是自然界天然存在的,如天然橡胶、纤维、淀粉、蛋白质等。由于天然高分子化合物在性能和产量上远远不能满足人类的需求,因而合成高分子化合物的品种及产量迅速增加,并得以广泛应用。合成高分子化合物是从石油、煤、矿石等提炼出来的小分子单体经聚合反应而成的,如塑料、合成纤维、合成橡胶等。常用的聚合反应方法有加成聚合反应和缩合聚合反应两种。

加成聚合反应又称加聚反应,是由许多相同或不相同的单体(通常称为烯类)在加热或催化剂作用下相互加聚合成大分子的反应。当只有一种单体进行聚合反应时,其生成物称为均聚物,如聚乙烯、聚丙烯等。均聚物的技术性能较为局限,不能满足众多使用要求。由两种或两种以上单体加聚反应而成的生成物称为共聚物,如由丁二烯与丙烯腈共聚生成的丁腈橡胶、由丁二烯与苯乙烯共聚生成的共聚物丁苯橡胶等。由于共聚物可以吸收各种单体均聚物,因而具有良好的综合性能。

缩合聚合反应又称缩聚反应,是由一种或多种单体,在加热和催化剂作用下,逐步相互结合成聚合物并析出低分子副产物(如水、氨、醇等)的反应,其生成物称为缩聚物,如酚醛树脂、环氧树脂、有机硅等。

▶ 11.2.2 合成高分子化合物的结构与性质

1)合成高分子化合物的结构

高分子化合物的分子量一般都很大,但其化学组成和结构单元的组成比较简单。通常由 C、H、O、Si、N 等少数几种元素构成,且都是由一种或几种简单的低分子化合物(结构单元)重复连接形成的,因此合成高分子化合物也称为聚合物或高聚物。能形成高分子化合物的低分子化合物称为单体,组成高分子(大分子链)的重复结构单元叫作链节。

合成高分子聚合物的各种性能由组织结构决定。按高分子链的结合方式,一般有线型、支化型和交链型。线型分子结构是指由链节多次重复而成的长链型分子结构。线型结构的高分子在常温下呈卷曲形状,在拉伸或低温下易呈直线形状。线型高聚物加热可以熔融,易于加工成型,并具有良好的弹性和塑性,适宜制备塑料或合成纤维。支化型分子结构是在线型大分子的主链上又接出一些短支链的分子结构。支化型大分子结构高聚物的支链多,在机械性能上表现为性软、熔融温度低。

具有线型和支化型结构的高分子化合物可以溶解在适当的溶剂中,加热时能塑化、熔融,具有热塑性,通常称为热塑性高分子化合物。基于这一点,具有这两种结构的高分子材料易于加工,可以反复使用。

交链型分子结构是在长链大分子之间由若干支链把它们交联起来,形成一个三维空间网状大分子,即成为交联结构,属于体型结构。这种高分子化合物具有较好的耐热、耐腐蚀性、尺寸稳定、机械强度大、硬度高的特点,但不溶于溶剂,受热时也不熔融,通常称为热固性高分子化合物。

2) 聚合物的物理状态与性能

高分子的聚集态结构是指高分子链之间的排列和堆砌结构。根据物质的聚集态结构,可以把高分子化合物分为晶态和非晶态两大类。非晶态高分子聚合物在不同温度下会呈现出玻璃态、高弹态和黏流态三种物理状态。

（1）玻璃态

在温度降低时,所有分子间的运动及链段内的运动都停止了,聚合物受力后,变形很小,变形与所受力的大小成正比,具有虎克弹性行为,当去除外力后,变形立刻恢复,所表现出的质硬而脆的力学状态与无机玻璃一样,故称为玻璃态,如常温下的塑料。

（2）高弹态

当温度升高时,分子热运动能量增大,分子链段可以自由转动,但大分子链仍被冻结,此时聚合物在较小的外力作用下可产生很大的变形,去除外力后,会慢慢恢复原状,表现出极高的弹性,故称为高弹态。

（3）黏流态

当温度继续上升到适当范围时,整个分子链都能运动,且发生分子间相对运动,聚合物成为可以流动的黏稠液体,称为黏流态。此时施予外力,分子间滑动而产生的变形是不可逆的变形(外力去除后变形不能恢复)。黏流态是聚合物成型时的状态。

玻璃态、高弹态和黏流态是非晶态高分子聚合物以力学状态来区分的三种状态。在室温下,聚合物总是处于三种状态中的一种。

▶ 11.2.3　合成高分子材料的分类

合成高分子材料种类繁多,根据不同的分类方法可将其分为不同的种类。

1) 按聚合反应的类型分类

合成高分子材料根据聚合反应的类型,可分为由单体经加聚合成的加聚聚合物和由单体经缩聚合成的缩聚聚合物。加聚聚合物链节结构的化学式与单体分子式相同,如聚乙烯、聚氯乙烯等。缩聚聚合物链节的化学结构和单体的化学结构不完全相同,如酚醛树脂是由苯酚和甲醛聚合、缩去水分子形成的聚合物。

2) 按受热后性质不同分类

合成高分子材料根据聚合物受热后的性质,可分为热塑性聚合物和热固性聚合物。热塑性聚合物加热后软化,冷却后又硬化成型,随温度变化可以反复进行加工,聚乙烯、聚氯乙烯等烯类聚合物都属于此类。热固性聚合物受热后发生化学变化而固化成型,成型后再受热也不会软化,如环氧树脂。

3) 按性能和用途分类

合成高分子材料按性能和用途,可分为塑料、橡胶、纤维、胶黏剂、涂料等不同类别。其中,塑料、橡胶、纤维称为三大合成材料。

11.3　高分子化合物合成制备方法

合成高分子化合物是由不饱和的低分子化合物(称为单体)聚合而成的。常用的聚合方法有加成聚合和缩合聚合两种。

1)加成聚合

加成聚合反应是由许多相同或不相同的单体(通常为烯类),在加热或催化剂的作用下产生连锁反应,各单体分子中的双键打开,并互相连接起来成为高聚物。所生成的高聚物具有和单体类似的组成结构,其中 n 代表单体的数目,称为聚合度,聚合度越高,分子量越大。加聚反应的特点是反应过程中不产生副产物。

加聚反应生成的高分子化合物称为聚合树脂,它们多在原始单体名称前冠以"聚"字命名。土木水利工程中常用的聚合树脂有聚乙烯、聚氯乙烯、聚苯乙烯、聚甲基丙烯酸甲酯、聚四氟乙烯等。

2)缩合聚合

缩合聚合反应是由一种或多种单体,在加热和催化剂的作用下,逐步相互结合成高聚物,并同时析出水、氨、醇等副产物(低分子化合物)。缩合反应生成物的组成与原始单体完全不同。

缩聚反应生成的高分子化合物称为缩合树脂。缩合树脂多在原始单体名称后加上"树脂"两字命名。土木水利工程中常用的缩合树脂有酚醛树脂、脲醛树脂、环氧树脂、聚酯树脂、三聚氰胺甲醛树脂、有机硅树脂等。

为了使高分子化合物具有特定的工程性能,高分子材料在形成时,通常还需加入一定量的助剂。助剂是一种能在一定程度上改进合成材料的成型加工性能和使用性能,而不明显地影响高分子结构的物质。常用的助剂主要有增塑剂、填充剂、稳定剂、润滑剂、固化剂、阻燃剂、着色剂、发泡剂、抗静电剂等。

11.4　建筑塑料

塑料是以合成树脂为主要原料,加入适量的填料或添加剂后,在一定的温度或压力下制成的一种有机高分子材料。其中,用于建筑工程的塑料称为建筑塑料,在建筑上可作为结构材料、装饰材料、保温材料和地面材料等。

1)塑料的组成

(1)合成树脂

合成树脂是塑料的基本组成材料,在塑料中起胶结作用,能将其他材料牢固地胶结在一起。塑料的性质在很大程度上取决于合成树脂的种类、性质和数量。合成树脂在塑料中的含量一般为 30% ~60%,甚至近于 100%。因此,塑料常以所用的合成树脂命名,如聚乙烯塑料、聚丙烯塑料等。

合成树脂按生产时化学反应的不同,分为聚合树脂(如聚乙烯、聚氯乙烯等)和缩合树脂(如酚醛、环氧聚酯等);按受热时性能改变的不同,又分为热塑性树脂和热固性树脂。

(2)填料

填料也称填充剂,一般占塑料质量的 20% ~25%,为塑料的另一种重要组成成分。加入填料不仅可以降低塑料的成本,还可以改善塑料的性能。例如加入纤维可提高强度,加入石棉可提高塑料的耐热性,加入云母可提高塑料的电绝缘性等。

(3)添加剂

①增塑剂:能增加树脂可塑性,以利于塑料加工的一种添加剂。增塑剂的作用是削弱聚合物分子间的作用力,因而能降低塑料的硬度和脆性,改善塑料的可加工性和制品的柔韧性。

②固化剂:又称硬化剂,其作用是在聚合物中生成横跨键,使分子交联,由受热可塑的线型结构变成体型的热稳定结构。不同种类的树脂应采用不同的固化剂。

③着色剂:一般为有机染料或无机颜料。着色剂可使塑料具有鲜艳的颜色,改善塑料制品的装饰性。对着色剂的要求是色泽鲜明,着色力强,分散性好,耐热耐晒,与塑料结合牢靠,在成型加工温度下不变色、不起化学反应,不因加入着色剂而降低塑料性能。

④稳定剂:为防止光、热、氧化等引起的老化作用,延长使用寿命而加入的添加剂,如抗氧剂、热稳定剂、紫外线吸收剂等。

稳定剂是除了上述添加剂,在塑料生产中还可加入一些其他添加剂,使塑料制品的性能更好,用途更广。例如在塑料里加入金属微粒(如银、铜等)可制成导电塑料;加入一些磁铁粉,可制成磁性塑料;加入特殊的化学发泡剂,可制成泡沫塑料;掺入放射性物质与发光物质,可制成发光塑料(冷光);为阻止塑料燃烧并具有自熄性,可加入阻燃剂。此外,还有抗静电剂、防霉剂等。

2)塑料的主要性质

塑料的品种规格繁多,性能各异,但与传统材料相比较,它具有以下基本特性:

(1)塑料的密度小,比强度高

塑料的密度一般为 0.8 ~ 2.2 g/cm^3,为混凝土的 1/2 ~ 2/3,钢材的 1/4 ~ 1/8,铝的 1/2,这不仅能减轻施工的劳动强度,而且大大降低了建筑物的自重,对高层建筑更具特殊意义。塑料的比强度远大于混凝土、水泥,接近或超过钢材,是一种很好的轻质高强材料。

(2)加工性能好,装饰性能优异

塑料可采用多种方法加工,制成不同形状的产品,适应建筑上不同用途的需要。

(3)导热系数小

塑料的导热性很小,密实塑料的导热率一般为 0.23 ~ 0.70 W/(m·K),泡沫塑料的导热率接近于空气,是良好的隔热、保温材料。

(4)耐化学腐蚀性好,耐水性强

塑料的化学稳定性良好,是憎水性材料,对酸、碱、盐的耐腐蚀性比金属材料和部分无机材料都强。另外,塑料对环境水也有很好的抗腐蚀性。

(5)电绝缘性好

塑料具有良好的电绝缘性,是良好的绝缘材料。

(6)耐热性差

塑料的耐热性一般都较差,软化温度为 100 ~ 200 ℃。塑料的热膨胀系数高,是传统材料的 3 ~ 4 倍,当其与其他材料结合(或复合)使用时,应加以注意。

(7)老化性

在阳光、氧、热等条件作用下,塑料中聚合物的组成和结构发生变化,致使塑料性质恶化,这种现象称为老化。塑料存在老化问题,但通过一定措施,塑料制品的使用寿命可以和其他材料媲美,有的甚至能高于传统材料。

（8）可燃性

塑料大多可燃,聚合物在燃烧时会产生大量有毒的烟雾,这是它作为土木工程材料的一个弱点。目前,研究人员正在研究具有自熄性、难燃甚至不燃的塑料。

3）常用建筑塑料

塑料为多功能材料,可通过调整其组成及工艺条件,制成具有不同性能的材料。

11.5 合成橡胶和合成纤维

▶ 11.5.1 合成橡胶

橡胶具有较高的弹性、不透水性、耐磨性、气密性和电绝缘性等,广泛应用于工业、农业、国防、交通及日常生活中。橡胶按来源不同,分为天然橡胶和合成橡胶。由于天然橡胶远远不能满足生产发展的需要,而合成橡胶在化学结构和性能方面与天然橡胶基本相似,且性能更好,因此为目前主要使用的橡胶品种。

合成橡胶是由各种单体经聚合反应或缩合反应而制成的高弹性聚合物,采用不同的原料（单体）可以合成出不同种类的橡胶。

▶ 11.5.2 合成纤维

纤维按来源可分为两类:一类是天然纤维,如棉、毛、丝、麻等;另一类是化学纤维,化学纤维又分为人造纤维和合成纤维。人造纤维是利用自然界中不能直接纺织的纤维素（如木材、棉短绒）,经过化学处理与机械加工制得的纤维,如人造丝、人造棉等。合成纤维是以石油、天然气为原料,通过人工合成的高分子化合物经纺丝和后加工等环节而制得的化学纤维的统称。

合成纤维因具有强度高,耐磨、耐腐蚀、耐高温、质轻、保暖、电绝缘性好及不怕霉蛀等特点,在国民经济的各个领域得到了广泛的应用。在工程中,合成纤维可作为增强材料,用于配制纤维混凝土及复合材料的增强组分;合成纤维通过针刺或编织而成的透水性土工合成材料——土工布（土工织物）,具有优良的过滤、隔离、加固防护作用,其抗拉强度高、渗透性好、耐高温、抗冷冻、耐老化、耐腐蚀,被广泛应用于高速公路、铁路路基、机场跑道、河床、水坝的构筑以及防洪抢险等重大工程中。

11.6 胶黏剂

胶黏剂又称黏结剂或黏合剂,是一种能在两种材料之间形成薄膜层,并能将两种材料紧密地结合在一起的材料。胶结技术是用胶黏剂将同质或异质物体胶结在一起的技术,是一种不同于铆接、螺栓连接、焊接等连接方法的一种新型连接工艺。胶结技术具有应力分布均匀、质量轻、耐疲劳性、密封性好、施工工艺简单、可在室温或中温下进行等特点,因此适用范围广。但也存在耐老化、耐环境侵蚀性差、黏结强度有限、黏结质量检测困难等缺点。

▶ 11.6.1 黏结机理

胶黏剂能够将物体牢固地黏结在一起,是因为胶黏剂与材料间存在有黏附力及胶黏剂内部本身具有的内聚力。

胶结是综合性强、影响因素复杂的一类技术。人们从不同试验条件出发,从不同角度解释了一些胶结现象,主要有以下 5 种:

1)吸附理论

人们把固体对胶黏剂的吸附看成是胶结主要原因的理论,称为胶结的吸附理论。该理论认为,黏结力的主要来源是黏结剂和被黏结物体表面的分子间的相互作用力,这种作用力即范德华引力和氢键力。

2)化学键理论

化学键理论认为,胶黏剂与被黏结物体分子之间除了存在相互作用力,有时还有化学键产生。化学键是分子内原子之间的作用力,它比分子间的作用力要大一到两个数量级,因此具有较高的胶结强度。

3)扩散理论

扩散理论认为,物质的分子始终处于运动之中,由于胶黏剂的高分子链具有柔顺性,在胶结过程中,因为相互扩散的结果能使更多的胶黏剂分子(或原子)与被黏结物分子之间更加接近,并形成牢固的黏结。

两种聚合物在具有相容性的前提下,当它们相互紧密接触时,由于分子的布朗运动或链段的摆动产生相互扩散现象。这种扩散作用是穿越胶黏剂、被黏结物体的界面交织进行的。扩散的结果导致界面的消失和过渡区的产生。

4)静电理论

静电理论认为,胶黏剂和被黏结物体间存在双电层,黏结是由于双电层的静电引力作用而产生的。

5)机械结合理论

机械结合理论认为,胶黏剂渗透到被黏结物体表面的缝隙或凹凸之处,固化后形成了许多啮合力。胶黏剂主要依靠这些机械啮合力与被黏结物体牢固地黏结在一起。

▶ 11.6.2　胶黏剂的组成与分类

1)胶黏剂的组成

胶黏剂由主体材料(黏料)和辅助材料配制而成。

(1)主体材料(黏料)

黏料也称为基料或胶料,是使两个被黏结物结合在一起时起主要作用的组分,是决定胶黏剂性能的基本成分。常用的黏料有天然高分子化合物(如淀粉、天然橡胶等)、合成高分子化合物(如酚醛树脂、聚醋酸乙烯酯等)、无机化合物(如某些硅酸盐、磷酸盐等)。其中,合成高分子化合物是胶黏剂当中性能最好、用量最多的黏料。

(2)辅助材料

①固化剂:又称硬化剂,它能使原来的线型主体聚合物变成坚硬的体型网状结构,从而使胶黏剂固化。

②增韧剂:树脂固化后一般较脆,加入增韧剂后可提高冲击韧性,改善胶黏剂的流动性、耐寒性与耐振性,但会降低弹性模量、抗蠕变性和耐热性。

③稀释剂:为便于涂布施工和延长使用期,常加入稀释剂。

④填料:增加填料可改善胶黏剂的性能,例如增加胶黏剂的弹性模量,降低线膨胀系数,减小固化收缩率,增加电导率、黏度、抗冲击性;提高使用温度、耐磨性、胶结强度;改善胶黏剂耐水、耐介质性和耐老

化性等。但会增加胶黏剂的密度,增大黏度,而不利于涂布施工,容易造成气孔等缺陷。

⑤偶联剂:在黏结过程中为了在胶黏剂和被黏结物体表面之间获得坚固的黏结界面层,常利用含有反应基团的偶联剂与被黏结物固体表面形成化学键来实现。

2)胶黏剂的分类

①按主要成分分为有机物质胶黏剂和无机物质胶黏剂;

②按胶黏剂来源分为天然胶黏剂和合成胶黏剂;

③按用途分为通用胶黏剂、结构胶黏剂和特种胶黏剂。

▶ 11.6.3 工程中常用的胶黏剂

1)环氧树脂胶黏剂

环氧树脂胶黏剂是以环氧树脂为主要成分,添加适量固化剂、增韧剂、填料、稀释剂等配制而成的胶黏剂。环氧树脂分子中含有羟基、醚基和极活泼的环氧基,具有很强的胶结力,对大部分的材料(如木材、金属、玻璃、塑料、橡胶、皮革、陶瓷、纤维等)都具有良好的黏合性能,故有"万能胶"之称。因树脂固化时无副产物析出,所以体积收缩性小。固化后的环氧树脂具有优良的耐化学腐蚀性、耐热性、耐酸碱性、耐有机溶剂性及良好的电绝缘性,广泛应用于混凝土制品的黏结和修补、室内外装修、水工及地下建筑物的防渗封堵、公路桥梁维修和军事设施加固补强等。

2)酚醛树脂胶黏剂

一般的酚醛树脂胶黏剂具有良好的黏附性、优良的耐热性和耐候性性能,但固化后胶层脆性大,抗冲击性能差,主要用于黏接木材、泡沫塑料和其他多孔性材料。为扩大应用范围,常加入其他高分子化合物来改善性能,提高韧性。改性酚醛树脂胶黏剂可广泛用于黏接金属、陶瓷、玻璃、塑料等多种材料。

3)聚醋酸乙烯乳液胶黏剂

聚醋酸乙烯乳液胶黏剂是由醋酸与乙烯合成醋酸乙烯,再经乳液聚合而成的乳白色稠厚液体,简称白乳胶。聚醋酸乙烯乳液胶黏剂为土木工程中用量最大的一种非结构型胶黏剂。常温固化速度较快,初期黏接强度高,使用简便,不必加热和添加固化剂,黏接层具有较好的韧性和耐久性且不易老化,主要用于胶结各种纤维材料。聚醋酸乙烯乳液胶黏剂耐水性、耐热性及耐寒性差,不适用于潮湿环境、高温环境(通常用于 40 ℃以下)和低温环境(一般不能低于 5 ℃)。

4)丙烯酸酯胶黏剂

丙烯酸脂胶黏剂的类型较多,性能各异。主要有 a－氰基丙烯酸酯胶黏剂、第二代丙烯酸酯胶黏剂、厌氧胶黏剂等。

a－氰基丙烯酸酯胶黏剂(502 胶)不用溶剂,无须加热,在温室下瞬间固化,且强度很高,广泛用于黏接金属、橡胶、塑胶、木材、陶瓷等。

第二代丙烯酸酯胶黏剂黏接强度高,耐久性好,固化速度快,使用方便,广泛应用于应急修补、装配定位、堵漏等。

厌氧胶黏剂简称厌氧胶,是一种新型密封胶黏剂,其主要成分是丙烯酸酯类单体,约占其总配比量的90%以上。它与氧气或空气接触时不会固化,一旦隔绝空气后就迅速聚合固化。厌氧胶黏度变化范围广,品种多,使用方便,固化速度快,强度高、收缩率小、密封性好。它具有良好的耐热、耐压、耐低温、耐冲击、防腐等性能,主要用于螺纹锁紧、管道密封、圆柱零件固持、结构黏接、微孔堵漏等场合。

5）氯丁橡胶胶黏剂

氯丁橡胶胶黏剂是目前合成橡胶胶黏剂中产量最大、用途最广的一个品种。其室温快速固化，黏结强度高，强度形成速度快，使用方便；耐油、耐化学品、耐候性好；胶层柔韧、弹性好、耐冲击性好。能够黏接橡胶、皮革、织物、泡沫、人造革、玻璃、陶瓷、混凝土、木材、金属等多种材料，但耐热、耐寒性差。

▶ 11.6.4　胶黏剂的使用

1）选择合适的品种

选择胶黏剂时要根据实际情况选择，应考虑以下几点：

①所要黏结的材料品种和特性；

②被黏结材料对胶黏剂的特殊要求，如强度、颜色、韧性等；

③周围环境对胶黏剂的要求，如温度、湿度、防潮、防水等。

2）胶粘剂的使用方法

①被黏结物表面处理，如清洁、干燥、打毛等；

②涂胶方法：涂胶工具有刷子、刮刀、喷涂机、滚涂机等；

③施加压力：压紧被黏结物使其表面互相紧密接触，排出空气；

④固化过程：交付使用时考虑；

⑤外界条件的影响，如温度、湿度；

⑥储存与安全：多数胶黏剂可燃，并会放出毒气，因此应按照说明书规定的条件储存，以保证安全和避免胶黏剂失效。

本章小结

高分子材料密度小，强度高，耐化学腐蚀性优良。合成高分子化合物由不饱和的低分子化合物（称为单体）聚合而成。常用的聚合方法有加成聚合和缩合聚合两种。高分子材料的种类主要有树脂、橡胶和共聚物。根据物质的聚集态结构，可以把高分子化合物分为晶态和非晶态两大类。非晶态高分子化合物中，由于长分子链及其柔顺性的不同，常具有三种力学性能不同的状态：玻璃态、高弹态、粘流态。高分子材料在土木水利工程材料中的应用主要有聚合物浸渍混凝土、聚合物水泥混凝土、聚合物胶结混凝土、高聚物改性沥青混合料。

思考题

11.1　什么是高分子化合物？高分子化合物如何分类？

11.2　塑料的主要组成成分有哪些？分别起什么作用？

11.3　建筑塑料有哪些特性？工程中常用的建筑塑料有哪些？

11.4　什么是合成橡胶和合成纤维？各有何特点？

11.5　简述胶黏剂的特点及黏结机理。

11.6　工程中常用的胶黏剂有哪些？各有何用途？

第 **12** 章

无机结合料稳定材料

【**本章重点**】无机结合料稳定材料的组成设计、强度、干缩和温缩的特性。

【**本章要求**】结合无机结合料稳定材料的特点，了解无机结合料稳定材料的强度特性、疲劳特性、干缩特性和温缩特性。了解无机结合料稳定材料的强度、组成设计方法与材料品种等的关系。

12.1　无机结合料稳定材料

▶　12.1.1　无机结合料稳定材料的应用

在粉碎的或原状松散的土中掺入一定量的无机结合料（包括水泥、石灰或工业废渣等）和水，经拌和得到的混合料在压实与养生后，其抗压强度符合规定要求的材料称为无机结合料稳定材料，以此修筑的路面称为无机结合料稳定路面。

无机结合料稳定路面具有稳定性好、抗冻性能强、结构本身自成板体等特点，但其耐磨性差，广泛用于修筑路面结构的基层和底基层。

粉碎的或原状松散的土按照土中单个颗粒（指碎石、砾石、砂和土颗粒）粒径大小和组成，将土分成细粒土、中粒土和粗粒土。不同的土与无机结合料拌和得到不同的稳定材料，例如石灰土、水泥土、石灰粉煤灰土、水泥稳定碎石、石灰粉煤灰稳定碎石等。

无机结合料稳定基层具有强度大、稳定性好及刚度大等特点，被广泛用于修建高等级公路沥青路面和水泥混凝土路面的基层或底基层。

1）无机结合料稳定基层沥青路面

无机结合料稳定基层用于高速公路的沥青路面结构，其合理性主要表现在具有较高的强度和承载能力。一般来说，无机结合料稳定基层材料具有较高的抗压强度和抗压回弹模量，并具有一定的抗弯拉强度,且它们都具有随龄期而不断增长的特性,因此无机结合料稳定基层沥青路面通常具有较小的弯沉和较强的荷载分布能力。由于无机结合料稳定基层的刚度大,使得其上的沥青层弯拉应力值较小,从而提高了沥青面层抵抗行车疲劳破坏的能力,甚至可以认为无机结合料稳定基层上的沥青面层不会产生疲劳破坏。即可以认为无机结合料稳定基层沥青路面的承载能力完全可以由无机结合料稳定基层材料层来满足,而不需要依靠厚沥青面层,沥青面层可仅起功能性作用,这就鼓励人们去减薄面层。

但无机结合料稳定基层沥青路面的使用实践证明,如果面层不够厚,无机结合料稳定基层因温缩或干缩而产生的裂缝会很快反射到沥青路面的面层。初期产生的裂缝对行车无明显影响,但随着表面雨水或雪水的浸入,在行车荷载反复作用下,会导致路面承载力下降,产生冲刷和唧泥现象,加速沥青路面的破坏,影响沥青路面的使用性能。

我国高速公路进入快速增长期,高速公路建设从无到有,还会建设更多高速公路,而无机结合料稳定材料仍将是公路基层、底基层的主要材料。

2)水泥路面

水泥混凝土路面结构层组合较为简单,一般由混凝土面板、基层或垫层组成。水泥混凝土路面基层直接位于面层板之下,是保证路面整体强度、防止唧泥和错台、延长路面使用寿命的重要结构层。目前基层类型主要采用无机结合料稳定基层,如水泥稳定粒料、工业废渣稳定粒料等基层。中等以下交通的道路,除上述类型外,还可采用石灰稳定类基层。

▶ 12.1.2　无机结合料稳定材料的分类

1)水泥稳定材料

在破碎的或原来松散的土(包括各种粗、中、细粒土)中,掺入足量的水泥和水,经拌和得到的混合料,经压实和养生后,当其抗压强度符合规定要求时,称为水泥稳定材料。

根据土的颗粒组成不同,可以将水泥稳定材料具体分为以下 3 类:

(1)水泥稳定粗粒土

这类材料被水泥稳定的土的最大粒径小于 37.5 mm,且其中小于 31.5 mm 的颗粒含量不少于 90%。

(2)水泥稳定中粒土

这类材料被水泥稳定的土的最大粒径小于 26.5 mm,且其中小于 19 mm 的颗粒含量不少于 90%。

(3)水泥稳定细粒土

这类材料被水泥稳定的土的最大粒径小于 9.5 mm,且其中小于 2.36 mm 的颗粒含量不少于 90%。

用水泥稳定砂性土、粉性土和黏性土等细粒土得到的混合料简称为水泥土;用水泥稳定砂得到的混合料简称为水泥砂;用水泥稳定粗粒土和中粒土得到的混合料,视所用原料情况简称为水泥碎石(级配碎石和未筛分碎石)、水泥砂砾等。同时用水泥和石灰综合稳定某种土而得到的混合料,简称为综合稳定土。

水泥稳定材料是一种经济实用的筑路材料,具有较优良的性能,可用于各种交通类别道路的基层和底基层。由于以水泥为主要胶结材料,通过水泥的水化、硬化将集料黏结起来,因此水泥稳定土具有良好的力学性能和板体性。其强度随养护龄期的增加而增加,并且早期强度较高;同时其强度的可调范围较大,由几个兆帕到十几个兆帕。水泥稳定土的水稳定性和抗冻性也较其他稳定材料好。其存在的不足是,水泥稳定土在温度、湿度变化时,易产生裂缝,进而影响面层的稳定性。当细颗粒含量高、水泥用量大时,开裂更为严重。

水泥稳定土作为一种筑路材料,国际上已有几十年的使用历史。1937 年美国成功地铺筑了长度为

3.2 km 的水泥稳定土基层。随后,水泥稳定土在很多国家的道路和机场工程中,都得到了广泛的使用。20 世纪 70 年代初,我国在援外工程中也不同程度地采用了水泥稳定土作为沥青表面处治面层的基层。1974 年我国在辽宁的沈抚南线公路上铺筑了 10 多 km 的水泥稳定土(砂砾)作为高等级沥青面层的基层,这是我国公路上第一次正式较大规模地在路面的基层中使用水泥稳定土。自 20 世纪 80 年代初以来,水泥稳定土已被广泛用于我国各地区的二级和高等级道路上。它不仅被用作沥青路面的基层,还被用作水泥混凝土路面的基层。我国的高速公路多数都采用了水泥稳定粒料(碎石和砾石)作为基层,有些高速公路还采用水泥稳定土作为底基层。

2) 石灰稳定材料

在粉碎的或原来松散的土(包括各种粗、中、细粒土)中,掺入足量的石灰和水,经拌和得到的混合料,在压实及养生后,当其抗压强度符合规定要求时,称为石灰稳定材料。

用石灰稳定细粒土得到的混合料简称石灰土。用石灰稳定中粒土和粗粒土得到的混合料,视所用原材料而定。原材料为天然砂砾土时简称石灰稳定砂砾土;原材料为天然碎石土时简称石灰稳定碎石土。用石灰土稳定级配砂砾(砂砾中无土)和级配碎石(包括未筛分碎石)时,也分别简称为石灰稳定砂砾土和石灰稳定碎石土。

用石灰稳定土铺筑的路面基层和底基层,分别称为石灰稳定土基层和石灰稳定土底基层,或分别简称为石灰稳定基层和石灰稳定底基层。也可在基层或底基层前标以具体简称,如石灰稳定碎石土基层、石灰稳定土底基层等。

石灰土在我国道路上的应用已有几十年历史。在缺乏砂石材料地区,广泛应用石灰土作为各种路面的基层和底基层。

石灰稳定土具有良好的力学性能,并有较好的水稳性和一定程度的抗冻性,其初期强度和水稳性较低,后期强度较高。由于干缩、温缩系数较大,易产生裂缝。石灰稳定土适用于各级公路路面的底基层,可用作二级和二级以下公路的基层,但石灰土不应用作高等级路面的基层。在冰冻地区的潮湿路段以及其他地区的过分潮湿路段,不宜采用石灰土做基层。在只能采用石灰土时,应采取措施防止水分侵入石灰土层。

此外,石灰常与其他结合料(如水泥)一起用作综合稳定土,此时石灰起着活化剂的作用。有时在加石灰的同时,还掺加工业废渣(粉煤灰、煤渣等)或少量的化学添加剂(如 $CaCl_2$、$NaOH$、Na_2CO_3 等)以改善石灰和土之间的相互作用和石灰稳定土的硬化条件。

3) 石灰工业废渣稳定材料

工业废渣包括粉煤灰、煤渣、高炉矿渣、钢渣(已经过崩解达到稳定)及其他冶金矿渣、煤矸石等。一定数量的石灰和粉煤灰或石灰、煤渣与其他集料相配合,加入适量的水(通常为最佳含水量),经拌和、压实及养生后得到的混合料,当其抗压强度符合规定要求时,称为石灰工业废渣稳定材料。

石灰工业废渣材料可分为两大类:石灰粉煤灰类和石灰其他废渣类。

用石灰粉煤灰稳定细粒土(含砂)、中粒土和粗粒土时,视具体情况可分别简称二灰土、二灰砂砾、二灰碎石、二灰矿渣等。其中砂砾、碎石、矿渣、煤矸石等可能是中粒土,也可能是粗粒土,都统称为集料。

石灰工业废渣稳定材料同样是一种经济实用的筑路材料,具有较优良的性能,可用于各种交通类别道路的基层和底基层。由于以石灰为活性激发剂,石灰工业废渣为主要胶结材料,其早期强度较低,但是后期强度与水泥稳定材料基本类似,因此石灰工业废渣稳定材料具有良好的力学性能和板体性。石灰工业废渣稳定材料在温度、湿度变化时也易产生裂缝,当细颗粒含量高时开裂更为严重。石灰工业废渣稳定材料的抗水损害的能力较水泥稳定同样材料抗水损害的能力差,但是其在温度、湿度变化时产生的温缩、干缩系数较水泥稳定同样材料的温缩、干缩系数小。

石灰工业废渣可适用于各级公路的基层和底基层。但二灰土不应用作高等级沥青路面的基层,而只用作底基层。在高速公路和一级公路上的水泥混凝土面板下,二灰土也不应用作基层。

12.2　无机结合料稳定材料的力学性能

▶　12.2.1　无机结合料稳定材料的强度特性

1)水泥稳定材料

(1)水泥稳定土的强度作用原理

在利用水泥来稳定土的过程中,水泥、土和水之间发生了多种非常复杂的作用,从而使土的性能发生了明显的变化。这些作用可以分为:

①化学作用:如水泥颗粒的水化和硬化作用、有机物的聚合作用,以及水泥水化产物与黏土矿物之间的化学作用等。

②物理 - 化学作用:如黏土颗粒与水泥及水泥水化产物之间的吸附作用、微粒的凝聚作用、水及水化产物的扩散和渗透作用、水化产物的溶解、结晶作用等。

③物理作用:如土块的机械粉碎作用、混合料的拌和和压实作用等。

(2)水泥的水化作用

在水泥稳定土中,首先发生的是水泥自身的水化反应,从而产生出具有胶结能力的水化产物,这是水泥稳定土强度的主要来源。

水泥水化生成的水化产物在土的孔隙中相互交织搭接,将土颗粒包复连接起来,使土逐渐丧失了原有的塑性等性质,并且随着水化产物的增加,混合料也逐渐坚固起来。但水泥稳定土中水泥的水化与水泥混凝土中水泥的水化之间还有所不同,原因如下:

①土具有非常高的比表面积和亲水性;

②水泥稳定土中的水泥含量较少;

③土对水泥的水化产物具有强烈的吸附性;

④在一些土中,常存在酸性介质环境。

由于上述特点,在水泥稳定土中,水泥的水化硬化条件较混凝土中差得多。特别是由于黏土矿物对水化产物中的 $Ca(OH)_2$ 具有极强的吸附和吸收作用,使溶液中的碱度降低,从而影响了水泥水化产物的稳定性;水化硅酸钙中的 C/S 会逐渐降低析出 $Ca(OH)_2$,从而使水化产物的结构和性能发生变化,进而影响到混合料的性能。因此在选用水泥时,在其他条件相同时,应优先选用硅酸盐水泥,必要时还应对水泥稳定土进行"补钙",以提高混合料中的碱度。

(3)离子交换作用、化学激发作用、碳酸化作用

①离子交换作用:土中的黏土颗粒由于颗粒细小、比表面积大,因而具有较高的活性,当黏土颗粒与水接触时,黏土颗粒表面通常带有一定量的负电荷,在其周围形成一个电场,这层带负电荷的离子称为电位离子。带负电的黏土颗粒表面进而吸引周围溶液中的正离子,如 K^+、Na^+ 等,而在颗粒表面形成了一个双电层结构,这些与电位离子电荷相反的离子称为反离子。在双电层中电位离子形成了内层,反离子形成外层。靠近颗粒的反离子与颗粒表面结合较紧密,当黏土颗粒运动时,结合较紧密的反离子将随颗粒一起运动,而其他反离子不产生运动,由此在运动与不运动的反离子之间便出现了一个滑移面。

在硅酸盐水泥中，硅酸三钙和硅酸二钙占主要部分，其水化后所生成的氢氧化钙所占的比例也较高，可达水化产物的 25%。大量的氢氧化钙溶于水以后，在土中形成了一个富含 Ca^{2+} 的碱性溶液环境。当溶液中富含 Ca^{2+} 时，因为 Ca^{2+} 的电价高于 K^+、Na^+ 等离子，因此与电位离子的吸引力较强，从而取代了 K^+、Na^+，成为反离子。同时 Ca^{2+} 也使双电层电位的降低速度加快，因而使电动电位减小，双电层的厚度降低，黏土颗粒之间的距离减小，相互靠拢，导致土的凝聚，从而改变土的塑性，使土具有一定的强度和稳定度。这种作用称为离子交换作用。

②化学激发作用：Ca^{2+} 的存在不仅影响到了黏土颗粒表面双电层的结构，而且在这种碱性溶液环境下，土本身的化学性质也将发生变化。土的矿物组成基本上都属于硅铝酸盐，其中含有大量的硅氧四面体和铝氧八面体。在通常情况下，这些矿物具有比较高的稳定性，但当黏土颗粒周围介质的 pH 值增加到一定程度时，黏土矿物中的部分 SiO_2 和 Al_2O_3 的活性将被激发出来，与溶液中的 Ca^{2+} 进行反应，生成新的矿物。这些矿物主要是硅酸钙和铝酸钙系列，其组成和结构与水泥的水化产物有很多类似之处，并且同样具有胶凝能力。生成的这些胶结物质包裹着黏土颗粒表面，与水泥的水化产物一起将黏土颗粒凝结成一个整体。因此，氢氧化钙对黏土矿物的激发作用将进一步提高水泥稳定土的强度和水稳定性。

③碳酸化作用：水泥水化生成的 $Ca(OH)_2$，除了可与黏土矿物发生化学反应，还可以进一步与空气中的 CO_2 发生碳化反应并生成碳酸钙晶体。碳酸钙生成过程中产生体积膨胀，也可以对土的基体起到填充和加固作用，只是这种作用相对来讲比较弱，并且反应过程缓慢。

2）石灰稳定材料

石灰加入土中后，由于石灰与土的相互作用，使土的性质得到了改善，以满足工程的要求。在初期，主要表现为土的结团、塑性降低、最佳含水量的增加和最大干密度的减小等。在后期，由于结晶结构的形成，提高了其板体性、强度和耐久性。土是由许多颗粒（包括黏土胶体颗粒）组成的分散体系，其化学组成和矿物成分很复杂。所以石灰加入土中后，除了产生物理吸附作用，还要产生复杂的物理化学作用和化学作用。作用的程度与外界因素（湿度、温度等）有关，因湿度、温度的不同而有差异，因此，对石灰稳定土作用原理的研究是一个复杂的综合性课题。国内外研究资料表明，石灰与土的作用可以归纳为以下 4 种反应过程：

（1）离子交换作用

石灰加入土中后，氢氧化钙能够溶解于水，其进入溶液内并离解成带正电荷的钙离子和带负荷的氢氧根离子，即

$$Ca(OH)_2 \longrightarrow Ca^{2+} + 2OH^-$$

同样，石灰中的氢氧化镁离解成镁离子和氢氧根离子。当土中的黏土胶体颗粒的扩散层大都是一价的 K^+、Na^+ 等离子时，由 Ca^{2+} 和 Mg^{2+} 与土的吸附综合体中的低价阳离子 K^+、Na^+ 进行交换作用。交换的结果使得胶体扩散层的厚度减薄，电动电位降低，范德华引力增大，颗粒之间结合得更紧密，这样就加强了石灰土的凝聚结构，其结果导致土的分散性、湿坍性和膨胀性降低。这种离子交换作用在初期进行得很迅速，随着 Ca^{2+} 和 Mg^{2+} 在土中的扩散逐步地进行，这是土加入石灰后初期性质得到改善的主要原因。

（2）氢氧化钙的碳酸化反应

石灰加入土中后，氢氧化钙从空气中吸收水分和二氧化碳可以生成不溶解的碳酸钙，此种反应称为氢氧化钙的碳酸化反应，简称碳化反应。其化学反应式为：

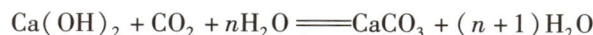

$$Ca(OH)_2 + CO_2 + nH_2O \Longrightarrow CaCO_3 + (n+1)H_2O$$

碳酸化反应实际上是二氧化碳与水形成碳酸，然后与氢氧化钙反应生成碳酸钙，所以这种反应不能在没有水分的全干状态下进行。碳酸钙是具有较高的强度和水稳性的结晶体。碳酸钙晶粒或是互相共

生,或与土粒等共生,从而对土起到一种胶结作用,使土得到加固。此外,当发生碳化反应时,碳酸钙固相体积比氢氧化钙固相体积稍有增大,使石灰土更加紧密,从而使它坚固起来。石灰土的碳化反应主要取决于环境中二氧化碳的浓度,CO_2 可能由混合料的孔隙渗入,或随雨水渗入,也可能由土本身产生,但数量不多,所以碳酸化反应是一个最慢的过程。特别是当表面生成一层碳酸钙层后,阻碍 CO_2 进一步渗入,因此碳化过程更加缓慢。氢氧化钙的碳酸化反应是个相当长的缓慢的反应过程,也是形成石灰土后期强度的主要原因之一。

(3)火山灰反应、氢氧化钙的结晶反应

①火山灰反应:石灰加入土中后,氢氧化钙与土中的活性氧化硅和氧化铝作用,生成水化硅酸钙和水化铝酸钙,此种反应称为火山灰反应。其反应式为

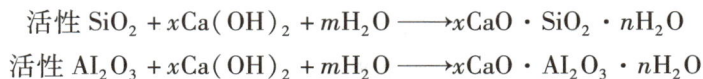

$$活性\ SiO_2 + xCa(OH)_2 + mH_2O \longrightarrow xCaO \cdot SiO_2 \cdot nH_2O$$
$$活性\ Al_2O_3 + xCa(OH)_2 + mH_2O \longrightarrow xCaO \cdot Al_2O_3 \cdot nH_2O$$

生成的水化硅酸钙和水化铝酸钙的化学组成是不固定的,其类型和结晶程度不仅与石灰土中 CaO/SiO_2 或 CaO/Al_2O_3 的比值有关,而且与温度、湿度等有关。它们具有水硬性,是一种强度较高、水稳性较好的反应生成物。由于其形成、长大以及晶体之间互相接触和连生,使得土颗粒之间的联结得到加强,即增加了土颗粒之间的固化凝聚力,因此提高了石灰土的强度和水稳定性,并促使石灰土在相当长的时期内增长强度。

②氢氧化钙的结晶反应:石灰加入土中后,氢氧化钙溶解于水,形成 $Ca(OH)_2$ 的饱和溶液,随着水分的蒸发和石灰土反应的进行,特别是石灰剂量较高时,有可能会引起土中溶液某种程度的过饱和。$Ca(OH)_2$ 晶体即从过饱和溶液中析出,从而产生 $Ca(OH)_2$ 的结晶反应。其反应式为

$$Ca(OH)_2 + nH_2O \longrightarrow Ca(OH)_2 \cdot nH_2O$$

此种反应使 $Ca(OH)_2$ 由胶体逐渐成为晶体,晶体相互结合,并与土粒等结合起来形成共晶体。结晶的 $Ca(OH)_2$ 溶解度较小(其溶解度与不定形的 $Ca(OH)_2$ 相比,几乎小一半),因而促使石灰土强度和水稳定性有所提高。

综上所述,石灰土强度提高的主要原因是石灰土中的离子交换反应以及石灰、石灰与土发生化学反应的结果。在石灰土的四种不同反应中,离子交换反应的速度快,它们发生在石灰加入土中后的较短一段时间内,是石灰土初期发生的主要反应。石灰土的离子交换反应首先使得土的凝聚结构得到了加强,从而改善了土的初期性质。而后三种化学反应(氢氧化钙的碳酸化反应、火山灰反应和氢氧化钙的结晶反应),主要生成几种结晶程度不一的反应生成物,如碳酸钙、水化硅酸钙、水化铝酸钙和氢氧化钙等。随着这些结晶体的大量生成,石灰土的结构进一步强化。在石灰土的硬化过程中,生成的晶体彼此交叉、接触,在土粒之间由于晶体连生而形成了牢固的结晶结构网。结晶结构不同于凝聚结构的地方在于,粒子之间的相互作用力不是分子间力,而是化学键力,因而其具有大得多的强度。由于作用力性质的变化,所以结晶结构网破坏以后不具有触变复原的性能。由此可见,石灰或石灰与土的化学反应对强度的影响更为显著,它们贯穿着石灰土强度发展始终。当然,三种化学反应在石灰土硬化过程中所起的作用又有所不同,火山灰反应是在长时期范围内继续获得强度的一种反应,这种反应引起强度的增长随着土的类型和气候不同而有很大的变化。反应最慢的是氢氧化钙的碳酸化反应,它是石灰土后期强度继续增长的主要原因之一。

3)石灰工业废渣稳定材料

(1)粉煤灰

粉煤灰是以煤为燃料的火力发电厂排出的一种工业废料。在火力发电厂的锅炉中,磨成一定细度

的煤粉在 1 100 ~ 1 600 ℃ 的高温下剧烈燃烧,其不可燃烧部分随尾气排出,经收尘器收集下来的细灰称为粉煤灰。

煤粉在高温燃烧过程中,煤粉中所含的黏土质矿物呈熔化状态,在表面张力的作用下形成液滴,当随尾气排出炉外时,由于经受急速冷却,而形成粒径为 1 ~ 50 um 的球形颗粒。并且由于煤粉中某些物质的分解、挥发产生气体,而使熔融的玻璃颗粒形成空心的玻璃球,有时玻璃球的球壁还呈蜂窝状结构,因此粉煤灰的密度要比同矿物组成的其他矿物小得多,通常为 1 900 ~ 2 400 kg/m³,松散密度为 600 ~ 1 000 kg/m³,比表面积为 2 700 ~ 3 500 cm³/g;高钙粉煤灰密度较大,一般为 2 500 ~ 2 800 kg/m³,松散容重为 800 ~ 1 200 kg/m³。粉煤灰颗粒除了有空心玻璃球状,还有开口的大颗粒,以及空心玻璃球中包裹着鱼卵状的许多小颗粒,也有因细小而致密的颗粒在烟气中相互撞击,黏结而成葡萄状的组合颗粒等。

粉煤灰随着含碳量和铁含量的不同,颜色可以由灰白到黑色变化,其外观和颜色均与水泥类似,使用过程中应注意加以区分,避免错用。根据收尘的方法不同,粉煤灰的生产又分为干排法和湿排法。干排法是利用压缩空气输送除尘器收集下来的粉煤灰,湿排法是利用水进行输送。干排粉煤灰颗粒较细,活性较高;而湿排粉煤灰颗粒粗大,同时由于部分活性成分已先行水化,因此活性较低。

(2)粉煤灰的颗粒组成与性能

粉煤灰的颗粒组成是影响粉煤灰质量的主要指标。粉煤灰的粒径分布与原煤种类、煤粉细度以及燃烧条件等有关。当在水泥浆中加入部分粉煤灰时,由于球形粉煤灰颗粒可以在水泥浆中起到润滑作用,因此可以起到降低用水量的作用。粉煤灰中表面光滑的球形颗粒含量越多,其需水量越小。通常认为,粉煤灰颗粒越细,其球形颗粒含量越高,组合颗粒越少,因此需水量较小;同时粉煤灰颗粒较细时,其比表面积较大,水化反应界面增加,因此活性较高。当粉煤灰平均粒径较大,组合颗粒又多时,其需水量必然增加,同时活性也下降。一般认为,粒径为 5 ~ 30 μm 的粉煤灰颗粒,其活性较好。我国规定,粉煤灰的细度以 80 μm 的方孔筛上的筛余量不大于 8% 为宜。当粉煤灰颗粒较粗时,可以进行粉磨,将粗大多孔的组合颗粒打碎,使粒径减小、比表面积增加;而较细的球形颗粒由于很难磨碎,仍保持原来的形状,因此通过粉磨可以有效地改善粉煤灰的质量。同时也可以将粒径大于 0.2 mm 的粉煤灰颗粒作为集料使用。

(3)粉煤灰的化学组成

粉煤灰的化学组成主要为氧化硅、氧化铝,两者总含量可达 60% 以上,我国大多数粉煤灰的化学成分如表 12.1 所示。

表 12.1　粉煤灰的化学组成

成分	SiO_2	Al_2O_3	Fe_2O_3	CaO	MgO	SO_3	烧失量
含量(%)	40 ~ 60	15 ~ 40	3 ~ 10	2 ~ 5	0.5 ~ 2.5	<2	1 ~ 20

粉煤灰的化学成分属于 $CaO - Al_2O_3 - SiO_2$ 体系,但随着煤种、煤粉细度以及燃烧条件的不同,粉煤灰的化学成分也有较大的波动。粉煤灰的活性取决于 Al_2O_3、SiO_2 的含量。美国、印度、土耳其、韩国等国家的粉煤灰规范中,对低钙粉煤灰中的 $SiO_2 + Al_2O_3 + Fe_2O_3$ 含量都规定为不小于 70%,日本规范中规定 SiO_2 的含量应在 45% 以上。我国的粉煤灰中 $SiO_2 + Al_2O_3 + Fe_2O_3$ 含量都大于 70%。过去常认为粉煤灰中的 CaO 是次要组分,并不重视。近 10 年来,对它的重要性才有了较明确的认识。CaO 对粉煤灰的活性极为有利,有些粉煤灰由于原料特殊,其 CaO 含量可达 34% ~ 45%,加水后粉煤灰可自行水化。通常,CaO 含量在 5% 以下的粉煤灰称为低钙粉煤灰;CaO 含量为 5% ~ 15% 的粉煤灰称为中钙粉煤灰;CaO 含量在 15% 以上的粉煤灰称为高钙粉煤灰。有时为了生产高钙粉煤灰,在煤粉燃烧时,甚至可以采

用"人工增钙"的方法。在低钙粉煤灰中,CaO 基本上固溶于玻璃相中,在高钙粉煤灰中,CaO 除大部分被固溶外,还有一部分是以游离态存在的。在低钙粉煤灰中,CaO 含量虽然不多,但与 CaO 结合的富钙玻璃相的活性仍明显提高;在高钙粉煤灰中,游离的 CaO 可以起到激发玻璃相活性的作用,但游离 CaO 通常呈"死烧状态",有时会引起安定性不良。

粉煤灰的烧失量主要是指粉煤灰中未燃尽的煤的含量,通常用粉煤灰在 900 ~ 1 000 ℃下,灼烧 30 min 后的质量损失表示。烧失量过大,说明燃烧不充分,对粉煤灰的质量影响较大。由于炭粒粗大、多孔,具有较强的饱水能力,且炭粒的大气稳定性较差,当粉煤灰中的含碳量高时,其需水量也必然增加,而使材料的强度下降、收缩增加,耐久性下降。并且未燃尽的煤粉遇水后会在表面形成一层憎水层,阻碍水分向粉煤灰内部的渗入,从而影响粉煤灰的水化反应。同时炭粉也是造成材料体积变化和大气稳定性差的原因。我国规定,粉煤灰的烧失量不应大于8%,过大时可用浮选法等处理,以改善质量。

(4)石灰粉煤灰的水化活性

粉煤灰的活性是指粉煤灰的火山灰性质。天然的或人造的火山灰材料,本身并无胶凝性能。但是,常温下当有水存在时,这些粉状材料能与石灰发生化学反应,生成具有胶凝性能的水硬性水化产物,材料的这一性能称为火山灰性质。从粉煤灰的化学组成可以看出,粉煤灰和硅酸盐水泥同属于 $SiO_2 - Al_2O_3 - CaO$ 系统,性能上有很多相似之处。粉煤灰中玻璃相也是在高温下形成的亚稳相,因此在适当条件下,也具有通过水化而向稳定相转化的趋势。

由于粉煤灰中的 CaO 含量较少,所以通常不能自行水化。但在适宜的激发条件下,粉煤灰的活性可以发挥出来,激发条件包括生石灰、熟石灰、水泥水化生成的 $Ca(OH)_2$、石膏、碱性物质等,特别是 $Ca(OH)_2$,由于其活性非常高,因此对粉煤灰具有明显的激发效果。其发生主要的反应如下:

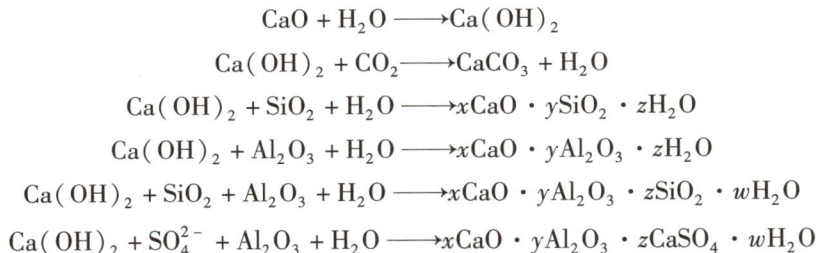

$$CaO + H_2O \longrightarrow Ca(OH)_2$$
$$Ca(OH)_2 + CO_2 \longrightarrow CaCO_3 + H_2O$$
$$Ca(OH)_2 + SiO_2 + H_2O \longrightarrow xCaO \cdot ySiO_2 \cdot zH_2O$$
$$Ca(OH)_2 + Al_2O_3 + H_2O \longrightarrow xCaO \cdot yAl_2O_3 \cdot zH_2O$$
$$Ca(OH)_2 + SiO_2 + Al_2O_3 + H_2O \longrightarrow xCaO \cdot yAl_2O_3 \cdot zSiO_2 \cdot wH_2O$$
$$Ca(OH)_2 + SO_4^{2-} + Al_2O_3 + H_2O \longrightarrow xCaO \cdot yAl_2O_3 \cdot zCaSO_4 \cdot wH_2O$$

粉煤灰中水分的存在往往会使其活性降低,易于结团。因此应加以控制,使用前也应进行测定。湿排粉煤灰中含水量可达45%以上。露天堆放的干排粉煤灰,为了避免扬尘,常进行洒水,使粉煤灰的含水量增加。

(5)粉煤灰的技术要求

①含碳量:用800 ~ 900 ℃下的烧失量来表示。由于粉煤灰中碳含量过多会影响粉煤灰的活性,所以规范中规定粉煤灰的烧失量不应超过20%。美国的一些州规定粉煤灰的烧失量不得超过10%,而我国一些地区的粉煤灰虽然烧失量高达18%,但与石灰一起稳定集料和土,仍能达到规定的强度要求。

②氧化物含量:指粉煤灰中的 SiO_2、Al_2O_3、Fe_2O_3 在粉煤灰中的总含量。粉煤灰中的氧化物含量对二灰混合料的强度有明显影响,因此规范中规定氧化物含量应大于70%。

③细度:粉煤灰的颗粒细度直接影响其与石灰和水泥混合后,反应的速度和反应生成物的数量,从而影响混合料的强度。粉煤灰的颗粒越细,比表面积越大,粉煤灰的活性越强,从而混合料也越高。规范中规定粉煤灰的比表面积宜大于2 500 m^2/g。

④含水量:粉煤灰在储存和运输过程中,为了防止扬尘造成污染,经常会洒入适量的水。如粉煤灰的含水量过多,易造成粉煤灰活性降低和混合料计量上的不准确。规范中规定粉煤灰的含水量不宜超

过 35% 。

▶ 12.2.2 无机结合料稳定材料的强度因素

无侧限抗压强度试验的主要目的是通过测试无机结合料稳定材料试件的无侧限抗压强度是否满足需要,以确定所需的结合料剂量。

1)试件制备

无侧限抗压强度试验都采用高:直径 = 1:1 的圆柱体试件,采用静力压实法制备试件。根据土的最大粒径不同,采用不同尺寸的试模。细粒土:试模的直径 × 高 = 50 mm × 50 mm;中粒土:试模的直径 × 高 = 100 mm × 100 mm;粗粒土:试模的直径 × 高 = 150 mm × 150 mm。

对于同一组无机结合料剂量的混合料,每组所需制备的试件数量(即平行试验的数量)与土的种类及操作的水平有关。对于无机结合料稳定细粒土,每组至少应制备 6 个试件;对于无机结合料稳定中粒土和粗粒土,每组至少应分别制备 9 和 13 个试件。

试件制备时,首先称取一定量的风干的土样,按最佳含水量计算出所需加水量,将水均匀地洒在土样中,重复拌和均匀后,放在密闭的容器中浸润备用,浸润时间与击实试验相同。

在浸润后的试料中,按预定的水泥剂量,掺入水泥并充分拌和均匀,同样应在 1 h 内制备成试件,否则应予以作废。根据试件的大小,称取一定质量的试料,称取质量 m_1,m_1 按式(12.1)计算:

$$m_1 = \rho_d V(1 + \omega) \tag{12.1}$$

式中:ρ_d——混合料的干密度;

V——试件体积;

ω——混合料的含水量。

将试模的下压柱放在试模的下部,但需外露 2 cm 左右,将称好的试料按规定方法倒入试模中,并均匀插实,然后将上压柱放入试模中,也外露 2 cm 左右。将这个试模,包括上、下压柱,放在反力框架内的千斤顶上或压力机上,加压直到上、下压柱都压入试模中为止,维持压力 1 min。解除压力后,取下试模进行脱模。用水泥稳定有黏结性的材料时,制件后可以立即脱模。用水泥稳定无黏结性的材料时,最好过几小时后再脱模,以确保试件不在脱模过程中破坏。

2)强度测试

试件从试模中脱出并称量后,应立即放到密封湿气箱和恒温室中进行保温养生,但大、中试件应先用塑料薄膜包覆。养生时间视需要而定,作为工地控制,通常都只取 7 d。整个养生期间的温度,在北方地区应保持 20 ℃,在南方地区应保持(25 ± 2)℃。在养生期的最后一天,应将试件浸泡在水中进行养护,浸泡前应再次称量试件的质量。在养生期间,试件的质量损失应符合下列规定:小试件质量损失不超过 1 g,中试件质量损失不超过 4 g,大试件质量损失不超过 10 g,超过此规定的试件应予以作废。

将已浸水一昼夜的试件从水中取出,吸干试件表面的可见自由水,并称量试件的质量和高度。将试件放在材料强度试验仪上,以 1 mm/min 的变形速度进行加载,记录试件破坏时的最大压力 $P(N)$。从破坏的试件内部取有代表性的样品测定其含水量。

3)结果分析

试件的无侧限抗压强度 R_c 采用下列相应公式进行计算:

计算出试验结果的平均值和偏差系数 $C_v(\%)$,在若干次平行试验中的偏差系数应符合表12.2的规定。对于不符合规定的应重新做,并应增加平行试件数量。

表 12.2　偏差系数

试件尺寸	小试件	中试件	大试件
$C_v(\%)$ 不大于	10	15	20

取试件平均强度,满足式(12.2)的试件中的最小剂量,作为稳定土所需的无机结合料剂量。

$$\overline{R} = \frac{R_d}{1 - Z_\alpha \times C_v} \tag{12.2}$$

式中: R_d——设计抗压强度,其值见表 12.3—表 12.5;

$\quad\quad C_v$——试验结果的偏差系数(以小数计);

$\quad\quad Z_\alpha$——标准正态分布表中,随保证率(或称置信度 α)而变的系数:高速公路和一级公路,应取保证率为 95%,相应 $Z_\alpha = 1.645$;一般公路,应取保证率为 90%,相应 $Z_\alpha = 1.282$。

不同稳定材料的强度标准如表 12.3—表 12.5 所示。

表 12.3　水泥稳定土的强度标准

公路等级	一级和高速公路		二级和二级以下公路	
使用的层位	基层	底基层	基层	底基层
抗压强度(MPa)	3~5①	1.5~2.5①	2.5~3②	1.5~2.0②

注:①设计累计标准轴次小于 12×10^6 的高速公路用低限值;设计累计标准轴次大于 12×10^6 的高速公路用中限值;主要行驶重载车辆的高速公路应用高限值。某一高速公路应采用一个值,而不是某一个范围。

　　②二级以下公路用低限值;二级公路用中限值;主要行驶重载车辆的公路应用较高的值。某一具体公路应采用一个值,而不是某一个范围。

表 12.4　石灰稳定土的强度标准

单位:MPa

公路等级	二级和二级以下公路	高速和一级公路
基层	≥0.8①	≥0.8
底基层	0.5~0.7②	

注:①在低塑性土(塑性指数小于 7)地区,石灰稳定砂砾土和碎石土的 7 d 浸水抗压强度应大于 0.5 MPa(100 g 平衡锥测液限)。

　　②低限用于塑性指数小于 7 的黏性土,高限用于塑性指数大于 7 的黏性土。

表 12.5　二灰混合料的强度标准

单位:MPa

公路等级	二级和二级以下公路	高速和一级公路
基层	0.6~0.8	0.8~1.1
底基层	≥0.5	≥0.6

注:设计累计标准轴次小于 12×10^6 的高速公路用低限值;设计累计标准轴次大于 12×10^6 的高速公路用中限值;主要行驶重载车辆的高速公路应用高限值。某一高速公路应采用一个值,而不是某一个范围。

4)影响无机结合料稳定材料强度的因素

(1)环境温度的影响

环境温度越高,无机结合料稳定材料内部的化学反应就越快和越强烈,因此其强度也越高。试验证明,无机结合料稳定材料的强度在高温下形成和发展得很快,当温度低于 5 ℃到 0 ℃时,无机结合料稳定材料的强度就难于形成且基本没有增长。而当温度低于 0 ℃时,如无机结合料稳定材料遭受反复冻融,其强度还可能下降,在伴随有自由水侵入的情况下,无机结合料稳定材料甚至会遭受破坏。

因此,无机结合料稳定材料基层应在温度高于 5 ℃的条件下进行施工,并在第一次冰冻(-5~-3 ℃)到来之前半个月(水泥稳定土)到一个月(石灰稳定土和石灰粉稳定土)停止施工。

(2)龄期的影响

无机结合料稳定材料的化学反应要持续一个相当长的时间才能完成。即使是早期强度高的水泥稳定土,在水泥终凝后,水泥混合料的硬结过程也常延续到 1~2 年以上。因此,在大致相同的环境温度下,无机结合料稳定材料的强度和刚性(回弹模量或弹性模量)都随龄期而不断增长。尤其是具有慢凝性质的石灰粉煤灰稳定材料和石灰稳定材料的硬结过程相当长。

由于材料的强度不仅与材料品种有关,还与试验与养生条件有关。根据《公路工程无机结合料稳定材料试验规程》(JTG E51—2009)的规定,材料组成设计以 7 d 的无侧限抗压强度为准。而路面设计中不仅要求材料的抗压弹性模量,还要求材料的抗拉强度或间接抗拉强度(劈裂强度)、材料在标准条件下参数及在现场制件条件下的参数、材料强度与模量与时间的变化关系等。所以一般规定水泥稳定材料设计龄期为 3 个月,石灰或二灰稳定材料设计龄期为 6 个月。

12.3 无机结合料稳定材料的干缩与温缩

▶ 12.3.1 概述

水泥(石灰或石灰粉煤灰)与各种细料土(中粒土或粗粒土)和水经拌和、压实后,由于蒸发和混合料内部发生水化作用,混合料的水分不断减少。由于水的减少而发生的毛细管作用、吸附作用、分子间力的作用、材料矿物晶体或凝胶间层层间水的作用和碳化收缩作用等,会引起无机结合料稳定材料产生体积收缩。由于水泥水化作用混合料水分减少而产生的收缩约占总收缩的 17%。无机结合料稳定材料产生体积干缩的程度或干缩性(最大干缩性应变和平均干缩系数)的大小与结合料的含量、小于 0.5 mm 的细土含量和塑性指数、小于 0.002 mm 的黏粒含量和矿物成分、制件(室内试件)含水量和龄期等因素有关。

描述材料干缩(或温缩)的指标主要有干缩(或温缩)应变、干缩系数、干缩(或温缩)量、失水量、失水率和平均干缩(或温缩)系数。

干缩(或温缩)应变(ε_d 或 ε_t)是水分损失(或温度改变)引起试件单位长度的收缩量,以 10^{-6} 计。

干缩系数 α_d 是某失水量时,试件单位失水率的干缩应变,以 10^{-6} 计。

平均干缩(或温缩)系数(α_d 或 α_t)是某失水量时,试件的干缩(或温缩)应变与试件的失水量之比,以 $10^{-6}/\Delta w$ 计。

失水量 Δw 是试件失去水分的质量,以 g 计。

失水率 α_w 是试件单位质量的失水量,以%计。

干缩(或温缩)量 Δl 是水分损失(温度改变)时试件的收缩量,以 10^{-3} mm 计。

▶ 12.3.2 无机结合料稳定材料的干缩特性

干缩性大的无机结合料稳定材料基层铺成后,在铺筑沥青面层前就可能产生干缩裂缝。例如石灰土、水泥土或水泥石灰土基层碾压结束后,如果不及时养生或养生结束后未及时铺筑沥青封层或沥青面层,只要曝晒 2~3 d 就可能出现干缩裂缝。随曝晒时间增长,裂缝会越来越严重,将基层表面切割数平方米大小的小块。即使是用干缩性小的石灰粉煤灰稳定粒料和水泥稳定粒料铺筑的基层,在养生结束后,如曝晒时间过久(时间长短随各地当时的气候条件而变),一般也会产生间距为 5～10 cm 的横向干缩裂缝。干缩裂缝主要是横向裂缝,大部分间距是 3～10 m;也有少数纵向裂缝,缝的顶宽为 0.5～3 mm。这种裂缝会逐渐向上扩展并通过沥青面层逐渐向下扩展与基层裂缝相连。由这两种方式形成的沥青面层的裂缝都俗称"反射裂缝"。因此,在铺筑沥青面层前,采取措施防止无机结合料稳定材料基层开裂是个十分重要的问题。

在采用干缩性大的无机结合料稳定材料做沥青路面的基层时,如果沥青面层较薄而又处于较干旱地区,即使在铺筑沥青面层时并未开裂,在路面使用过程中基层混合料的含水量仍能明显减少并产生干缩裂缝(先于沥青面层开裂),从而促使沥青面层开裂,产生反射裂缝。试验证明,石灰土的干缩性特别严重,而且当失水量为 2.5% 左右时,其干缩系数达到最大值,产生高达 $(1\ 200～1\ 500)×10^{-6}$ 的干缩应变。在这样大的干缩应变下,石灰土必将开裂。在干旱和半干旱地区以及在较薄沥青面层下,石灰土的含水量损失 2.5% 左右是很可能的,因此,石灰土最容易先于沥青面层开裂。

在采用干缩性小的无机结合料稳定材料做沥青路面的基层时,如果施工碾压时的含水量合适,且能保护基层在铺筑沥青面层前不开裂,则在铺筑较厚沥青面层后,一般情况下基层不会先于沥青面层开裂。例如水泥砂砾在失水量为 50% 最大失水量时的半风干状态所产生的干缩应变只有 $(13～18)×10^{-6}$ [干缩系数只有 $(5.3～8.0)×10^{-6}$],密切式二灰砂砾在失水量为 50% 最大失水量时的半风干状态所产生的干缩应变为 $(25～37)×10^{-6}$ [干缩系数为 $(13.5～15.5)×10^{-6}$]。这样小的干缩应变不会使基层产生干缩裂缝。在有沥青面层覆盖的情况下,在一般地区无机结合料稳定材料基层混合料干燥到相当于风干状态也是不可能的。另一方面,在潮湿多雨地区,较厚沥青面层下的无机结合料稳定材料往往能保持其含水量接近施工时的最佳含水量。因此,如能保持无机结合料稳定材料基层在铺筑沥青面层前不开裂,较厚沥青面层铺筑后,一般情况下无机结合料稳定材料面层不会再先于沥青面层产生干缩裂缝。

就无机结合料稳定材料的干缩性而言,稳定细粒土的干缩系数大于稳定中粒土和稳定粗粒土的干缩系数。在稳定细粒土(如水泥和石灰土)中,稳定塑性指数大的黏性土混合料干缩性系数大于稳定塑性指数小的粉性土或砂性土混合料的干缩系数。此外,石灰粉煤灰土的干缩系数小于石灰土和水泥土的干缩系数。在稳定中粒土和粗粒土中,稳定粒料土的干缩系数大于稳定不含细土的粒料干缩系数,而且细土的含量越多,混合料的干缩系数越大。

▶ 12.3.3　无机结合料稳定材料的温缩特性

无机结合料稳定材料基层内部的温度变化和温差会产生温度应力。在寒冷季节,无机结合料稳定材料基层表面温度低,基层顶部会产生拉应力;在暖和季节,无机结合料稳定材料基层底部温度低(特别在薄沥青面层的情况下),基层底部可能产生温度应力(拉应力)。这个拉应力与行车荷载在基层底部产生的拉应力相结合,会促使基层底面开裂。因此,无机结合料稳定材料基层材料温度收缩特性(或程度)对沥青路面,特别是薄沥青面层的开裂有重要影响。

不同无机结合料稳定材料的温缩性质有很大差异。石灰土、水泥土和石灰煤灰土等稳定细粒土的温缩性(包括温缩系数和温缩应变)最大。但是,除非在日温差大的地区,通常即使是稳定细粒土基层,如在养生过程中或在养生后能较及时地铺筑沥青面层,在正常温度下就不致产生温缩裂缝。因为沥青面层,特别是较厚的沥青面层对无机结合料稳定材料基层有很好的隔温保护作用,使基层顶面受到的温度变化幅度明显小于沥青面层或暴露基层表面所受到的温度变化幅度。在面层厚 10 cm 的情况下,无机结合料稳定材料基层中的温度梯度可降低 40%。这些都将明显减小无机结合料稳定材料基层顶部产生的温度拉应力。此外,基层顶面的温度变化速度也较面层表面的温度变化速度要慢,有利于基层材料中的温度应力的松弛。但是,无机结合料稳定材料基层,即使是温缩性最小的水泥稳定粒料和石灰粉煤灰稳定粒料基层,较长时期的暴露或在上仅有一薄的沥青封层,会受到日温产生的温度应力的反复作用。此温度应力与基层顶面产生的干缩应力相结合,更容易引起无机结合料稳定材料基层开裂。在冰冻地区,暴露的无机结合料稳定材料基层容易受到负温度作用而开裂,温缩性大的基层材料更是如此。此外,在冬季,暴露的温缩性大的无机结合料稳定材料层受到水和反复冻融的作用,其上层还容易冻坏变松。基层一旦开裂,在其上铺筑沥青面层后,就容易在沥青表面层内形成反射裂缝或对应裂缝。因此,在基层养生结束后,应立即铺筑沥青面层。

在冰冻地区,特别是在重冰冻地区,温缩性大的半刚性材料基层上为薄的温缩系数,在冬季气温急剧降低时,半刚性基层会产生温度收缩裂缝,裂缝张开很容易将沥青面层拉裂并形成反射裂缝,从而增加沥青面层内裂缝的总数。无机结合料稳定材料的刚性越大,铺筑无机结合料稳定材料基层时的温度与冬季温度之间的差别越大,无机结合料稳定材料基层就越容易产生温度裂缝,裂缝的间距也越小(即单位长度内的裂缝数量多),缝的开口也越宽。观测表明,大部分横向裂缝将在水泥稳定土层铺筑后的第1个冬季出现;在第2年、第3年的冬季,在原来未发生裂缝的路段上(特别是第1个冬季比较温和的情况下)也可能出现少量裂缝;然后情况开始稳定,不再出现新的裂缝。多数情况下,缝的间距为3~15 m。冬季,缝的宽度达3~30 mm;夏季,多数场合下缩小到不足1 mm。

▶ 12.3.4 无机结合料稳定材料收缩机理分析

1)温度收缩机理

无机结合料稳定材料由固相(组成其空间骨架结构的原材料颗粒和其间的胶结构)、液相(存在与固相表面与空隙中的水和水溶液)和气相(存在于空隙中的气体)组成。所以无机结合料稳定材料的外观胀缩性是其基本体的固相、气相和液相的不同温度收缩性的综合效应的结果。

一般而言,气相与大气相通,在综合效应中影响较小。无机结合料稳定材料的外观胀缩性由固相、液相胀缩和两者的综合作用组成。

(1)固相外观胀缩性

无机结合料稳定材料固相颗粒大部分为结晶体和部分非结晶体,其热学性质由质点间的键性和热运动以及结构组成决定。

组成晶体的质点间的键性一般较强,质点的热运动只能在其平衡位置附近热振荡。晶体的势能曲线是不严格对称的左陡右缓的复杂曲线。在一定的温度下,晶体质点有一定的动能。因为势能曲线在最低点不对称,热振动趋于向势能增加的方向移动更大的距离。当材料系统在环境中得到热能时,平均间距 右移,质点间距离随温度的升高而增大。

影响晶体热胀缩性的因素有晶体内质点间的键力、离子电荷、质点间距、晶体与晶体类型、晶格的空间结构。质点间的键力越强、离子间的间距越小和离子电荷越大时,热胀缩系数越小;晶体质点的配位数越大,则热胀缩系数越大;层状晶体,垂直于层面方向的热胀缩系数要大于层向的热胀缩系数;紧密堆积的结构热胀缩系数大于敞旷结构的热胀缩系数。

①三种主要黏土为蒙脱石、伊利石、高岭石,都为层状结构。蒙脱石晶胞层间为范德华力,键力最弱。高岭石晶胞层间由氢键相连,键力较强。伊利石晶胞层间由静电力相连,键力居中。三种矿物均有较高的热胀缩性,且各向异性性质。垂直于层面方向的热胀缩系数要大于平行于层向的热胀缩系数。土中坚实的原生矿物的热胀缩性一般小于黏土矿物的热胀缩性。

②石灰中 CaO 为正方形晶体,各向异性,其线胀系数 $\alpha_t = 12.9 \times 10^{-6}/°C$;Ca(OH)$_2$ 和 Mg(OH)$_2$ 晶体为扩展到二维空间的层状结构,层间为范德华力键合,故热胀缩性呈各向异性,键力较小,热胀缩性较大,垂直于层面方向的热胀缩系数 $\alpha_t = 33.4 \times 10^{-6}/°C$,平行于层向的热胀缩系数 $\alpha_t = 9.8 \times 10^{-6}/°C$。

③粉煤灰中的玻璃体矿物组成主要为 SiO$_2$(40%~60%) 和 Al$_2$O$_3$(20%~35%)。由于玻璃结构为空心结构,尽管 SiO$_2$ 和 Al$_2$O$_3$ 都具有较大的热胀缩性,但整体材料的热胀缩性较小,α_t 一般小于 $8 \times 10^{-6}/°C$。

④CaCO$_3$ 结晶体为复三方偏三面不规则型大晶体,其热胀系数也各向同性,垂直于 c 轴的热胀系数 $\alpha_t = 6 \times 10^{-6}/°C$,平行于 c 轴的热胀系数 $\alpha_t = 25 \times 10^{-6}/°C$。

⑤火山灰及水泥水化反应的生成物中,C-S-H 凝胶体是主要成分,它由微小晶体组成,是在微观上无序而宏观上有序的层状体。这种晶体具有较大的热胀缩性,一般情况下 $\alpha_t = (10 \sim 20) \times 10^{-6}/°C$。

综上所述,就组成矿物的颗粒而言,原材料一般有较小的热胀缩性,其中黏土矿物的热胀缩性较大,粉煤灰的热胀缩性最小;而新生成胶结物的热胀缩性较大。

由于组成固相复合材料的矿物具有不同的热胀缩性,但又胶结为整体材料,所以其热胀缩性是各组成单元间的综合效应。

(2)水对无机结合料稳定材料热胀缩性的影响

无机结合料稳定材料内部广泛分布有空隙,包括大空隙、毛细孔和胶凝孔。自由水存在于大空隙中;毛细水存在于毛细孔和胶凝孔中;表面结合水存在于一切固体表面;层间水存在于晶胞和凝胶物层间;结构水和结晶水存在于矿物晶体结构内部。

水对无机结合料稳定材料的热胀缩性的影响较大,主要通过 3 种作用来实现,即扩张作用、毛细管张力和冰冻作用。

水有相当大的热胀缩系数(常温下达 $70 \times 10^{-6}/°C$),比固相部分的热胀缩系数大 4~7 倍。温度升高时,水的扩张压力使颗粒间距离增大而产生膨胀。

只有当含水量在一定范围内时,才存在毛细管张力;当材料过干或过湿时,毛细管张力消失。因此,在干燥和饱和状态下,材料的温缩系数应比含有非饱和状态下的值小。同时各空隙中的水在其冰点温度以下冻结时,体积增大 9%,从而引起膨胀。

2)干燥收缩机理

干燥收缩是无机结合料稳定材料因内部含水量变化而引起的体积收缩现象。

干燥收缩的基本原理是由于水分蒸发而发生的毛细管张力作用、吸附水及分子间力作用、矿物晶体或胶凝体的层间水作用、炭化脱水作用而引起的整体的宏观体积的变化。

①毛细管张力作用:当水分蒸发时,毛细管水分下降,弯液面的曲率半径变小,致使毛细管压力增大,从而产生收缩。

②吸附水及分子间力作用:毛细水蒸发完结后,随着相对湿度的继续变小,无机结合料稳定材料中的吸附水开始蒸发,使颗粒表面水膜变薄,颗粒间距变小,分子力增大,导致其宏观体积进一步收缩。这一阶段的收缩量比毛细管作用的量大得多。

③矿物晶体或胶凝体的层间水作用:随着相对湿度的继续变小,无机结合料稳定材料中的层间水开始蒸发,使晶格间距变小,导致其宏观体积进一步收缩。

④炭化脱水作用:Ca(OH)$_2$ 和 CO$_2$ 反应生成 CaCO$_3$ 中析出水而引起体积收缩。

无机结合料稳定材料基层一般在高温季节修建,成型初期基层内部含水量大,且尚未被沥青面层封闭,基层内部的水分必然要蒸发,从而发生由表及里的干燥收缩。同时,环境温度也存在昼夜温度差。

所以,修建初期的无机结合料稳定材料基层同时受到干燥收缩和温度收缩的综合效果,但此时以干燥收缩为主。

经过一定时期的养生,无机结合料稳定材料基层上铺筑沥青面层后,基层内相对湿度增大,使材料的含水量有回升且趋于平衡,这时的无机结合料稳定材料基层以温度收缩为主。

本章小结

在粉碎的或原状松散的土中掺入一定量的无机结合料(包括水泥、石灰或工业废渣等)和水,经拌和得到的混合料在压实与养生后,其抗压强度符合规定要求的,称为无机结合料稳定材料,以此修筑的路面称为无机结合料稳定路面。无机结合料稳定路面具有稳定性好、抗冻性能强、结构本身自成板体等特点,但其耐磨性差,广泛用于修筑路面结构的基层和底基层。常用的无机结合料稳定材料有水泥稳定材料、石灰稳定土材料、石灰工业废渣稳定材料等。

思考题

12.1　无机结合料稳定材料可以分几类? 各类材料的路用性能有何特点?

12.2　无机结合料稳定材料的强度有何特点? 请分析在工程中应该注意的问题(工程处在不同环境条件下如高温、低温、潮湿、大风等)。

12.3　请分析水泥稳定材料和石灰粉煤灰稳定材料干缩的区别与联系。

12.4　说明石灰粉煤灰稳定材料配合比设计的过程。

12.5　分析水泥稳定材料与石灰粉煤灰稳定材料早期强度的特点。

第 **13** 章

功能材料

【本章重点】吸声材料、绝热材料及防水材料的作用原理及基本要求。

【本章要求】了解吸声材料、绝热材料及防水材料的特点。

13.1　吸声材料

▶　13.1.1　吸声材料的作用及基本要求

1)材料的吸声性能

声音源于物体的振动,声音在传播过程中,一部分由于声能随着距离的增大而扩散,另一部分则因空气分子的吸收而减弱。当声波遇到材料表面时,大多数材料都有一定的吸声作用,材料吸声性能的优劣常用吸声系数表示。吸声系数 A 表示材料吸声性能大小的量值,是指声波遇到材料表面时被吸收的声能 E 与入射声能 E_0 之比,即

$$A = E/E_0$$

假如入射能的 60% 被吸收,其余的 40% 被反射,则该材料的吸声系数 A 就等于 0.6。当入射声能 100% 被吸收,无反射时,吸声系数等于 1。一般材料的吸声系数为 0~1。

材料的吸声特性除与声波方向有关,还与声波的频率有关。同一材料对于高、中、低不同频率的吸声系数是不同的。为了全面反映材料的吸声性能,规定取 125、250、500、1 000、2 000、4 000 Hz 等六个频率的吸声系数来表示材料的频率特性,凡六个频率的平均吸声系数大于 0.2 的材料,称为吸声材料。材料吸声系数越高,吸声效果越好。

吸声材料的种类是很多的,多孔材料是普遍应用的吸声材料,它具有大量内外连通的微孔,通气性良好,当声波入射到材料表面,很快顺着微孔进入材料内部,孔隙内空气分子受到摩擦和黏滞阻力,或使细小纤维作机械振动,而使声能转变为热能。这类材料吸声的先决条件是声波易于进入微孔,不仅材料

内部是多孔的,材料表面上也应是多孔的。

2)影响多孔吸声材料的吸声效果的主要因素

（1）材料的表观密度

对同一种多孔材料（如超细玻璃纤维）,当其表观密度增大（孔隙率减小）时,它对低频的吸声效果有所提高,而对高频的吸声效果有所降低。

（2）材料的厚度

增加厚度可提高低频吸声效果,而对高频吸声影响不大。

（3）孔隙特征

孔隙小,吸声效果好,粗大孔隙效果差。如果材料中孔隙大部分为封闭气孔,因空气不能进入,就不能作为多孔吸声材料（如聚氯乙烯泡沫塑料）。当材料表面涂刷油漆或材料吸湿时,材料孔隙被油漆或水分堵塞,吸声效果也大大降低。

▶ 13.1.2 选用吸声材料的基本要求

为了保持室内良好的音响效果,减少噪声,改善声波的传播,在音乐厅、电影院、大会堂、播音室及工厂噪声大的车间等内部的墙面、地面、天棚等部位,应适当选用吸声材料,选用时应注意如下要求:

①为了发挥吸声材料的作用,必须选择气孔是开放的、互相连通的材料。开放连通的气孔越多,吸声性能越好。这与绝热材料有着完全不同的要求。同样都是多孔材料,但由于使用功能不同,对气孔的要求也不同,绝热材料希望是封闭的、不连通的气孔。

②尽可能选用吸声系数较高的材料,以求得到较好的技术经济效果。

③安装时应考虑减少材料受碰撞的机会和因吸湿引起的胀缩影响,因为多数吸声材料强度较低,多孔吸声材料吸湿性较大。

13.2 绝热材料

▶ 13.2.1 绝热材料的作用及基本要求

绝热材料是指为防止建筑物和暖气设备（如暖气管道等）的热量散失,或隔绝外界热量的传入（如冷藏库等）而选用的材料。本节主要讨论建筑用绝热材料。

在任何介质中,当两处存在着温度差时,在这两部分之间就会产生热的传递现象,热能将由温度较高的部分转移至温度较低的部分。当房屋内部的空气与室外的空气之间存在着温度差时,就会通过房屋外围结构（主要是外墙、门窗、屋顶等）产生传热现象。冬天,由于室内气温高于室外气温,热量从室内经围护结构向外传递,造成热损失。夏天,室外气温高,热的传递方向相反,即热量经由围护结构传至室内而使室温提高。

为了保持室内有适于人们工作、学习与生活的气温环境,房屋的围护结构所采用的建筑材料必须具有一定的保温隔热性能,在冬天不致使热量从室内向外传递,在夏天不致使热量从室外向室内传递。围护结构保温隔热性能好,可使室内冬暖夏凉,节约供暖和降温的能源。据统计,它可节省能源消耗25%~50%。因此,合理使用绝热材料具有重要的节能意义。

材料的导热系数是衡量材料保温隔热性或绝热性的主要指标,导热系数越小,则绝热性越好。影响材料导热系数的因素主要是材料的化学组成、结构、孔隙率与孔隙特征、含水率及介质的温度,其中以孔隙率(或表观密度)与含水率的影响最大。同类材料,其导热系数可根据表观密度来确定。表观密度越小,导热系数也越小,许多材料建立了 $\lambda = f(\gamma_0)$ 形式的经验公式。材料的含水量增大,导热系数也随之增加。至于材料含水量大小,应根据材料在房屋围护结构中实际使用的条件来估计。实际使用条件包括当地的气候条件、房间的使用性质、房间的朝向和围护结构的构造方式等。对于多数绝热材料,可取空气相对湿度为80% ~85%时材料的平衡含水率作为参考值,对选用的材料作导热系数测定时,也尽量在此条件下进行。

对绝热材料的基本要求是,导热系数不大于 0.23 W/(m·K),表观密度不大于 600 kg/m³,而抗压强度大于 0.3 MPa。

在建筑工程中,绝热材料主要用于墙体和屋顶的保温绝热以及热工设备、热力管道的保温,有时也用于冬季施工的保温,在冷藏室和冷藏设备上也普遍使用。

在选用绝热材料时,应综合考虑结构物的用途、使用环境温度、湿度及部位、围护结构的构造、施工难易程度、材料来源、技术经济效益等。

▶ 13.2.2　常用的绝热材料

1)无机绝热材料

(1)纤维状材料

无机绝热材料是由矿物材料制成的,呈纤维状、散粒状或多孔构造,可制成片、板、卷材或壳状等形式的制品。无机绝热材料的表观密度较大,但不易腐朽,不会燃烧,有的能耐高温。

纤维状材料是以矿棉、玻璃棉或石棉为主要原料的产品,由于不燃、吸声、耐久、价格便宜、施工简便,广泛用于住宅建筑和热工设备的表面。

矿棉是用岩石(玄武岩)或高炉矿渣的熔融体,以压缩空气或蒸汽喷成的玻璃质纤维材料。前者称为岩石棉,后者称为矿渣棉。它们的生产工艺和成品性能相近,所以统称为矿物棉或矿棉。

矿棉的表观密度与纤维直径有关,如一级品的矿渣棉在 19.6 kPa 压力下,表观密度在 100 kg/m³ 以下,导热系数小于 0.044 W/(m·K)。岩石棉最高使用温度为 700 ℃,矿渣棉为 600 ℃。

矿棉使用时易被压实,多制成 8 ~10 mm 的矿棉粒填充在坚固外壳(如空心墙或楼板)中。

矿棉毡是在熔融体形成纤维时,将熔融沥青喷射在纤维表面,再经加压而成。矿棉毡表观密度为 135 ~160 kg/m³,导热系数为 0.048 ~0.052 W/(m·K),最高使用温度为 250 ℃,适用于墙体及屋面的保温。

用酚醛树脂为黏结剂成型的矿棉板,表观密度小于 150 kg/m³,导热系数低于 0.046 W/(m·K),抗折强度为 0.2 MPa。板的耐火性高,吸湿性小,可代替高级软木板用于冷藏库及建筑物的隔热

(2)玻璃棉及其制品

玻璃纤维是由玻璃熔融物制成的纤维,其中短纤维(150 mm 以下)组织蓬松,类似棉絮,常称作玻璃棉。玻璃棉表观密度为 100 ~150 kg/m³,导热系数低于 0.035 ~0.058 W/(m·K)。含碱玻璃棉最高使用温度为 300 ℃,无碱玻璃棉最高使用温度为 600 ℃。与矿棉相似,也可制成沥青玻璃棉毡和酚醛树脂玻璃棉板。玻璃棉制品可用于围护结构的保温。

(3)粒状材料

粒状绝热材料主要有膨胀蛭石和膨胀珍珠岩。

蛭石是一种天然矿物,在 850 ~1 000 ℃的温度下煅烧时,体积急剧膨胀,单个颗粒的体积能膨胀5 ~20 倍,蛭石在热膨胀时很像水蛭(蚂蟥)蠕动,因而得名。煅烧膨胀后为膨胀蛭石。

膨胀蛭石的主要特性是：堆积密度为 80～200 kg/m³，导热系数为 0.046～0.070 W/m·K，可在 1 000～1 100 ℃温度下使用，不蛀，不腐，但吸水性较大，膨胀蛭石可以呈松散状。将其铺设于墙壁、楼板、屋面等夹层中，有隔热、隔声的作用。使用时应注意防潮，以免吸水后影响隔热效果。

膨胀蛭石也可与水泥、水玻璃等胶凝材料配合，浇制成板，用于墙体、楼板和屋面等构件的隔热。水泥制品通常用 10%～15% 的水泥、85%～90% 的膨胀蛭石（按体积计），用适量的水经拌和、成型和养护而成。制品的表观密度为 300～400 kg/m³，相应的导热系数为 0.08～0.10 W/(m·K)，抗压强度为 0.2～1 MPa，耐热温度为 600 ℃。水玻璃膨胀蛭石制品是以膨胀蛭石、水玻璃和适量氟硅酸钠（Na_2SiF_6）配制而成的，其表观密度为 300～400 kg/m³，相应的导热系数为 0.079～0.084 W/(m·K)，抗压强度为 0.35～0.65 MPa，耐热温度为 900 ℃。

膨胀珍珠岩是由天然珍珠岩煅烧膨胀而得，呈蜂窝泡沫状的白色或灰白色颗粒，是一种高效能的绝热材料。具有表观密度小、导热系数低、低温绝热性好、吸声强、施工方便等特点。建筑上广泛用于围护结构、低温及超低温保冷设备、热工设备等处的保温绝热，也用于制作吸声材料。

膨胀珍珠岩制品是以膨胀珍珠岩为骨料，配合适量胶凝材料（如水泥、水玻璃、沥青、磷酸盐等），经过搅拌、成型、养护（干燥或焙烧）而制成的具有一定形状的板、块、管、壳等制品，水泥膨胀珍珠岩制品表观密度为 300～400 kg/m³，导热系数为 0.058～0.087 W/(m·K)，抗压强度为 0.5～1.0 MPa。

（4）多孔材料

泡沫混凝土及加气混凝土即为常用的多孔绝热材料，此外还有以下品种：

①微孔硅酸钙：它是一种新型绝热材料，是用 65% 硅藻土、35% 石灰，再加入前两者总重 5% 的石棉、水玻璃和水、经拌和、成型、蒸压处理和烘干等工艺过程而制成的。可用于建筑工程的围护结构及管道的保温，其效果较水泥膨胀珍珠岩和水泥膨胀蛭石好。这种制品的表观密度为 250 kg/m³，导热系数为 0.041 W/(m·K)，抗压强度为 0.5 MPa，使用温度达 650 ℃。

②泡沫玻璃：它采用碎玻璃 100 分、发泡剂（石灰石、碳化钙或焦炭）1～2 份配料，经粉磨混合、装模，在 800 ℃温度下烧成，形成大量封闭不相连通的气泡，气孔率达到 80%～90%，气孔直径为 0.1～5 mm。泡沫玻璃具有表观密度小（150～600 kg/m³）、导热系数低（0.06～0.13 W/m·K）、机械强度较高（0.8～15 MPa）、不透水、不透气、能防火、抗冻性高等特点，且易加工，可锯截钻孔、钉钉等。

2）有机绝热材料

（1）泡沫塑料

泡沫塑料是以各处合成树脂为基料，加入一定剂量的发泡剂、催化剂、稳定剂等辅助材料，经加热发泡而成的一种新型绝热、吸声、防震材料。目前我国生产的泡沫塑料有聚苯乙烯泡沫塑料、聚氯乙烯泡沫塑料、聚氨酯泡沫塑料及脲醛泡沫塑料等。建筑中硬质泡沫塑料用得较为普遍。

（2）软木及软木板

软木及软木板的原料为栓皮栎或黄菠萝树皮，胶料为皮胶、沥青或合成树脂。其工艺过程是：对于不加胶料的，将树皮轧碎、筛分、模压、烘焙（400 ℃左右）而成；对于加胶料的，在模压前加入胶料，在 80 ℃的干燥室中干燥一昼夜而制成。软木板具有表观密度小（150～350 kg/m³）、导热系数低[0.052～0.70 W/(m·K)]、抗渗和防腐性能高等特点。软木板多用于冷藏库隔热。

（3）木丝板

木丝板是以木材下脚料经机械制成均匀木丝，加入水玻璃溶液与普通水泥混合，经成型、冷压、干燥、养护而制成。木丝板多用作天花板、隔墙板或护墙板。其表观密度为 300～600 kg/m³，抗弯强度为 0.4～0.5 MPa，导热系数 0.11～0.26 W/(m·K)。

（4）蜂窝板

蜂窝板是由两块较薄的面板牢固地黏结在蜂窝芯材两面而制成的板材,也称蜂窝夹层结构。

蜂窝状芯材通常用浸渍过酚醛、聚酯等合成树脂的牛皮纸、玻璃布或铝片,经过加工粘合成六角形空腹的整块芯材,面板为浸渍过树脂的牛皮纸、玻璃布、胶合板或玻璃钢等。

蜂窝板的特点是强度大、导热系数小、抗震性能好,可制成轻质高强的结构用板材,也可制成绝热性良好的非结构用板材和隔声材料。如在蜂窝中填充脲醛泡沫塑料,则绝热性能更好。

13.3　防水材料

▶ 13.3.1　概述

防水材料是保证房屋建筑免受雨水、地下水与其他水分侵蚀、渗透的重要材料,是建筑工程中不可缺少的建筑材料,在公路、桥梁、水利等工程中也有广泛的应用。

目前广泛使用的沥青基防水材料是传统的防水材料,也是目前应用最多的防水材料,但是其使用寿命较短。石油化工的发展以及各类高分子材料的出现,为研制性能优良的新型防水材料提供了广阔的原料来源。纵观世界防水材料总的发展趋势,防水材料已向橡胶基和树脂基防水材料或高聚物改性沥青系列发展;油毡的胎体由纸胎向玻纤胎或化纤胎方面发展;密封材料和防水涂料由低塑性的产品向高弹性、高耐久性产品的方向发展;防水层的构造也由多层向单层防水发展;施工方法则由热熔法向冷粘贴法发展。沥青基防水材料已在其他章节中介绍,本节主要介绍橡胶基和树脂基防水材料。

用传统的石油沥青油毡做建筑防水,除了有要消耗大量的原纸、施工条件差(热施工)和污染环境等缺点,主要还存在低温脆裂、高温流淌、易起鼓、老化龟裂、腐烂变质等缺陷。为此,屋面、卫生间、外墙板缝以及地下室渗漏等“四漏”问题成了目前建筑工程防水常见的质量通病。特别是屋面漏水,大约有50%以上的建筑物在建成后 3 年即出现渗漏水现象,70%以上的建筑物存在不同程度的渗漏。因此,为提高防水工程的质量,延长其使用寿命,解决石油沥青基防水制品的供应不足问题,研究新型防水材料已成为目前建筑防水工程迫切需要解决的课题。此外,高层建筑和大位移工业建筑的增加,也对建筑防水材料提出了更高的要求。合成高分子材料因其高弹性、大延伸、耐老化、冷施工及单层防水等诸多优点,已成为新型防水材料发展的主导方向,其产品主要有橡胶基、树脂基以及橡塑共混型的各种防水卷材、防水涂料及密封材料。

▶ 13.3.2　橡胶

1）天然橡胶

橡胶是有机高分子化合物的一种,具有高聚物的特征与基本性质,其最主要的特性是在常温下具有极高的弹性。在外力作用下它很快发生变形,变形可达百分之数百,但当外力除去后,又会恢复到原来的状态,而且保持这种性质的温度区间范围很大。橡胶分为天然橡胶和合成橡胶两种。

（1）天然橡胶

天然橡胶产自热带的橡胶树,其主要成分是异戊二烯高聚体,另外还有少量水分、灰分、蛋白质及脂肪酸等。在橡胶树的浆汁中加入少量醋酸、氯化锌或氟硅酸钠即凝固。凝固体经压制后成为生橡胶,再经硫化处理则得软质橡胶(熟橡胶)。目前世界天然橡胶的年产量约为 300 万吨,远远不能满足日益发展的需要,因而合成橡胶工业得到了迅速发展。虽然合成橡胶的综合性能不如天然橡胶,但它具有某些天然橡胶所不具备的特性,且原料来源较广,因而目前在土建工程中应用的主要是合成橡胶。

(2)橡胶的硫化与改性

在生产橡胶制品时,生橡胶粗坯需经定型和硫化,才能得到既有弹性又保证强度而且不变形的橡胶制品。硫化是指用硫磺(一般用量为2%~3%)把生橡胶料经过化学和物理方法处理后,使橡胶分子从线型结构变为体型结构的过程。硫化的目的是提高橡胶的强度、变形能力和耐久性,减少其可塑性。硫化处理有时也可不用硫磺。

橡胶配方中可加入填充料以改进橡胶的性能。常用的填充料有炭黑、碳酸镁、氧化镁、氧化铁等,其用量按具体要求而定。这些填充料在橡胶中除了具有填充作用,有的还可能发生化学结合,可起改性和降低成本作用。

(3)橡胶的老化与防护

橡胶在阳光、热、空气(氧和臭氧)或机械力的反复作用下,会出现变色、变硬、龟裂、发黏,同时机械强度降低,这种现象叫老化。老化的基本原因是橡胶分子氧化,致使其大分子链断裂破坏。老化最易在大分子中的双链或其左右开始,因此含双链结构越少,老化越慢。

为了防止老化,一般采取加入容易优先与氧或氧化产物发生化学反应的化学药品——防老剂,如蜡类、二苯基对苯二胺、二辛基对苯二胺、苯基环己基对苯二胺等。

2)合成橡胶

合成橡胶的生产过程一般可以看作由两步组成:首先将基本原料制成单体,而后将单体合成为橡胶。制成单体的基本原料主要为石油、天然气、煤、木材和农产品等,由这些材料制取乙醇、丙酮、乙醛,以及饱和的与不饱和的碳氢化合物等单体,再经聚合或缩合反应而制得各种合成橡胶。建筑工程中常用的合成橡胶有以下6种。

(1)氯丁橡胶(CR)

氯丁橡胶由氯丁二烯聚合而成。与天然橡胶比较,氯丁橡胶的绝缘性较差、密度较大,但抗拉强度、透气性和耐磨性较好。

氯丁橡胶为浅黄色及棕褐色弹性体,密度为1.23 g/cm³,溶于苯和氯仿,在矿物油中稍溶胀而不溶解,硫化后不易老化,耐油、耐热、耐燃烧(遇火便分解出 HCl 气体阻止燃烧),耐臭氧。耐酸碱腐蚀性好,黏结力较高,脆化温度为−55~−35 ℃,热分解温度为230~260 ℃,最高使用温度为120~150 ℃。氯丁橡胶的硫化剂一般不用硫磺,而用4%的氧化镁与5%氧化锌的混合物。它在90~100 ℃的空气中硫化,并有自硫化的特点。

(2)丁苯橡胶(SBR)

丁苯橡胶是应用最广、产量最多的合成橡胶,它由丁二烯和苯乙烯共聚而成。丁苯橡胶为浅黄褐色,其延性与天然橡胶接近,加入炭黑后,强度与天然橡胶相仿。密度随苯乙烯含量而不同,通常为0.91~0.97 g/cm³,不溶于苯和氯仿,耐老化性、耐磨性、耐热性较好,但耐寒性、黏结性较差,脆化温度为−52 ℃,最高使用温度为80~100 ℃。能与天然橡胶混合使用。

(3)丁基橡胶(IIR)

丁基橡胶由异丁烯与少量异戊二烯在低温下加聚而成。丁基橡胶是无色弹性体,密度为0.92 g/cm³左右,能溶于5个碳以上的直链烷烃或芳香烃的溶剂中。它是耐化学腐蚀、耐老化、不透气性和绝缘性最好的橡胶,并具有抗撕裂性能好、耐热性好、吸水率小等优点。但丁基橡胶的弹性较差,加工温度高,黏结性差,难与其他橡胶混用。丁基橡胶的耐寒性较好,脆化温度为−79 ℃,最高使用温度为150 ℃。

（4）乙丙橡胶（EPM）和三元乙丙橡胶（EPDM 或 EPT）

乙丙橡胶是乙烯与丙烯的共聚物。乙丙橡胶的密度仅为 0.8 g/cm³ 左右，是最轻的橡胶，而且耐光、耐热、耐氧及臭氧、耐酸碱、耐磨等都非常好，也是最廉价的合成橡胶。

乙烯和丙烯聚合时，它们的双键打开，一个接一个地连接起来成为高分子化合物。乙烯 和丙烯都只有一个双键。聚合时双键既经打开，聚合物中就再也没有双键，成为结构完全饱和的橡胶，这使硫化困难。因此在乙丙橡胶共聚反应时，加入第三种非共轭双键的二烯烃单体，借此在所得橡胶的分子侧链中引入不饱和键，这样就得到三元乙丙橡胶，它可用硫进行硫化。目前三元乙丙橡胶已经得到普遍发展和应用，主要的问题是要选择合适的第三种单体，它不仅要求这种单体价格不能太贵，还要求它与乙烯、丙烯共聚时有较高的活性，而且要求它得到的共聚物易于硫化，产品性能优良。目前最常用的有双环戊二烯，乙二烯及乙叉降冰片烯等。

（5）丁腈橡胶（NBR）

丁二烯与丙烯腈的共聚物，称为丁腈橡胶。它的特点是对于油类及许多有机溶剂的抵抗力极强，其耐热、耐磨和抗老化的性能胜于天然橡胶，但缺点是绝热性较差、塑性较低、加工较难、成本较高。

（6）再生橡胶

再生橡胶是以废旧轮胎和胶鞋等橡胶制品或生产中的下脚料为原料，经再生处理而制得的橡胶。这种橡胶原料来源广、价格低，建筑上使用较多。

再生处理主要是指脱硫。脱硫并不是把橡胶中的硫磺分离出来，而是通过高温使橡胶产生氧化解聚，使大体型网状橡胶分子结构被适度地氧化解聚，变成大量的小体型网状结构和少量链状物。脱硫过程中破坏了原橡胶的部分弹性，而获得了部分塑性和黏性。

▶ 13.3.3　合成高分子防水卷材

1）橡胶基防水卷材

合成高分子化合物防水卷材是一种新型防水制品，其特点是高弹性、大延伸、耐老化、冷施工、单层防水和使用寿命长，其品种可分为橡胶基、树脂基和橡塑共混基三大类。

橡胶基防水卷材以橡胶为主体原料，再加入硫化剂、软化剂、促进剂、补强剂和防老剂等助剂，经过密炼、拉片、过滤、挤出（或压延）成型、硫化、检验和分卷等工序而制成。橡胶基防水卷材是单层防水，搭接处用氯丁橡胶或聚氨酯橡胶等黏合剂进行冷粘，施工工艺简单。常见的橡胶基防水卷材有如下 4 种：

（1）三元乙丙橡胶防水卷材

它以三元乙丙橡胶为主体制成，是目前耐老化性最好的一种卷材，使用寿命可达 50 年。其耐候性、耐臭氧性、耐热性和低温柔性超过氯丁与丁基橡胶，比塑料优越得多。它还具有质量轻、抗拉强度高、延伸率大和耐酸碱腐蚀等特点。它对煤焦油不敏感，但遇机油时将产生溶胀。

国内三元乙丙橡胶防水卷材产品的主要技术性能为：低温冷脆温度 −46.7 ℃；抗拉强度 7.5 MPa；伸长率 450%；直角撕裂强度 25 kN/m；经 80 ℃、168 h 热老化后，其抗拉强度和伸长率的保持率分别为 105% 和 93%。

三元乙丙橡胶防水卷材的适用范围非常广，可用于屋面、厨房、卫生间等防水工程，也可用于桥梁、隧道、地下室、蓄水池、电站水库、排灌渠道、污水处理等需要防水的部位。

三元乙丙橡胶卷材防水性能虽然很好，但工程造价较高，是二毡三油防水做法造价的 2~4 倍，目前在我国属于高档防水材料。但从综合效应分析，其应用经济效益还是十分显著的。目前在美、日等国，其用量已占合成高分子防水卷材总量的 60% ~ 70%。

（2）氯丁橡胶防水卷材

它是以氯丁橡胶为主要原料制成的防水卷材。其抗拉强度达 12.4 MPa 以上，伸长率达 300% 以上，断裂永久变形为 5%，–40 ℃ 时冷脆性合格。同时其耐油性、耐日光、耐臭氧，耐候性等好。与三元乙丙橡胶卷材相比，除耐低温性稍差外，其他性能基本类似。其使用年限可达 20 年以上。

（3）EPT/IIR 防水卷材

这种卷材是以三元乙丙橡胶与丁基橡胶为主要原料制成的弹性防水卷材。配以丁基橡胶的主要目的是降低成本但又能保持原来良好的性能。其抗拉强度为 7.5 MPa 以上，伸长率为 450% 以上，撕裂强度为 25 kN/m 以上，低温冷脆温度达 –53 ℃，各项性能与三元乙丙橡胶基本类似。这种卷材除了应用于高级建筑和高层建筑的防水工程，目前在普通工业与民用建筑中也开始推广应用。

（4）丁基橡胶防水卷材

丁基橡胶防水卷材以丁基橡胶为主要原料而制成。其中加入的异戊二烯很少（0.5% ~ 3%），目的是使分子链上带有少量的不饱和双键便于硫化，而对耐候性影响不大。这种卷材的最大特点是耐低温性很好，特别适用于严寒地区的防水工程及冷库防水工程。

其他橡胶基防水卷材还有自粘型彩色三元乙丙复合防水卷材、再生橡胶防水卷材等。

2）树脂基防水卷材、橡塑 共混基防水卷材

聚氯乙烯（PVC）防水卷材是以聚氯乙烯树脂为基料，掺入一定量助剂和填充料而制成的柔性卷材。助剂中软化剂（煤焦油）、增塑剂（邻苯二甲酸二辛酯）的存在，使卷材的变形能力和低温柔性大大提高。填充料铝矾土为活性氧化物，除起填充作用，还特别能吸收聚氯乙烯中分解出的氯化氢，阻止其降解反应。同时铝矾土在制品中还起光屏蔽剂作用，防止聚氯乙烯分子链老化断裂。故活性氧化物填料的加入，能大幅度地提高制品的耐热性和耐老化性能。

PVC 防水卷材按《聚氯乙烯（PVC）防水卷材》（GB 12952—2011），有 S 型和 P 型两种，S 型以煤焦油与聚氯乙烯树脂混溶料为基料，P 型以增塑聚氯乙烯为基料。除柔性 PVC 卷材，还有 PVC 复层卷材及自粘性 PVC 卷材等品种。自粘性防水卷材是在卷材的一面涂以压敏胶粘剂并贴上一层隔离纸，施工时只要将隔离纸撕去，即可将卷材直接粘贴在已清理干净的基面上，施工极为方便。

（1）氯化聚乙烯（CPE）防水卷材

CPE 防水卷材的主体材料为氯化聚乙烯树脂。氯化聚乙烯是由氯取代聚乙烯分子中部分氢原子而制成的无规氯化聚合物。聚乙烯经氯化改性后，其耐候性、耐臭氧性和耐热老化性均明显提高，物理机械性能明显改善，还增强了阻燃性及与其他高聚物的相容性。

由于 CPE 卷材的耐磨性十分优良，除用于防水工程，还可作为室内地面材料，兼有防水与装饰效果。Ⅱ 型卷材用玻璃纤维网格布为骨架制成，抗拉强度显著提高（可达 18.2 MPa），其他性能及价格与 Ⅰ 型卷材基本相似。

（2）橡塑共混基防水卷材

这类防水卷材兼有塑料和橡胶的优点，弹塑性好，耐低温性能优异。主要品种有氯化聚乙烯和橡胶共混型离心水卷材、聚氯乙烯和橡胶共混型防水卷材等。氯化聚乙烯卷材原来的伸长率只有 100%，而与橡胶共混改性后，伸长率提高数倍，达 450% 以上，而且有些性能与三元乙丙橡胶卷材接近，其抗拉强度达 7.5 MPa 以上，直角撕裂强度大于 25 kN/m，低温冷脆温度为 48 ℃（原来为 –28 ℃）。这种卷材可采用多种黏结剂粘贴，冷施工操作较简单。

▶ ### 13.3.4　密封材料

密封材料的应用已有悠久的历史,通常装配门窗玻璃用的油灰及填嵌公路、机场跑道和桥面板接缝用的沥青膏等,均属这类材料。但随着建筑构件及建筑物本身体积的日益显著扩大,造成绝对变形及不均匀变形增大,同时建筑构造也日趋复杂,这就迫切要求研制出与之相适应的新的密封材料,以保证能经得起极度变形及较大温差而不致破裂或同基层脱开,同时在暴露于外界的恶劣条件下仍能保持坚固耐久,而且使用简便、可靠。常用防水密封材料可分为弹性密封膏、弹塑性密封膏及塑性密封膏等三大类。

弹性密封材料是目前发展的新型密封材料中的主要品种,有单组分型和双组分型两大类。单组分型又可分为无溶剂型、溶剂型和乳液型三种。按其基础聚合物的不同可分为硅酮系、聚氨酯系、聚硫系及丙烯酸系等系列。

1)弹性密封膏

（1）聚氨酯密封膏

以聚氨酯为主要组分,再配加其他组分材料而制成,是最好的密封材料之一。聚氨酯密封材料一般为双组份,配制时必须采用二步法合成,即先制备预聚体(A 组分),然后用交联剂(B 组分)固化而获得弹性体。

聚氨酯密封膏的预聚体通常为带有苯环的链式结构,与固化剂调合后,能进一步产生化学反应而交联成无规体型结构。因此,这种密封膏的弹性大、黏结力强、防水性优良。又由于大多数不饱和双键存在于苯环中,因此密封膏的耐油性、耐候性、耐磨性及耐久性等很好。聚氨酯密封材料对于混凝土具有良好的黏结性,而且不需要打底。虽然混凝土是多孔吸水材料,但吸水并不影响它同聚氨酯的黏结。所以聚氨酯密封膏可以用作混凝土屋面和墙面的水平或垂直接缝的密封材料,例如北京饭店新楼挂墙板的接缝即是采用此密封材料。聚氨酯密封膏尤其适用于游泳池工程,同时它还是公路及机场跑道的补缝、接缝的好材料,也可用于玻璃和金属材料的嵌缝。

（2）聚硫橡胶密封膏、有机硅橡胶密封膏、丙烯酸类密封膏

①聚硫橡胶密封膏:它是以液态聚硫橡胶为基料,再加入硫化剂、增塑剂、填充料等拌制成均匀的膏状体。具有良好的耐油性、耐溶剂性、耐老化性、耐冲击性、低透气性及良好的低温挠屈性和黏结性。

聚硫橡胶密封膏的弹性好、黏结力强、适应温度范围宽(-40 ~80 ℃)、低温柔性好、抗紫外线暴晒以及抗冰雪和水浸能力强。还可根据可灌性、流平性及抗下垂性等不同要求,配制出不同类型的密封材料。美国、英国、加拿大和日本等国已使用聚硫橡胶密封材料几十年,除用于建筑工程,还用于水库、堤坝、游泳池及其他工业部门,效果极佳,属优质的密封材料。

②有机硅橡胶(硅酮)密封膏:有机硅橡胶为线型聚硅氧烷,或称硅酮。用这种材料制得的密封膏因分子中有大量重复的硅氧键,故具有良好的耐候性、耐久性、耐热性和耐寒性,而且使用时操作方便、毒性小。硅酮密封材料的突出优点是弹性大、拉伸压缩循环性能好,适用于高移动量(±50%)的场合。

③丙烯酸类密封膏:由丙烯酸类树脂掺入填料、增塑剂、分散剂等配制而成,分溶剂型和水乳型两种。目前应用的以水乳型为主。丙烯酸类密封材料在一般建材基底(包括砖、砂浆、大理石、花岗石、混凝土等)上不产生污渍。它具有优良的抗紫外线性能,伸长率很大,初期固化阶段为200% ~600%,经过热老化、气候老化试验后达完全固化时,伸长率为100% ~350%。在 -34 ~80 ℃内均能具有良好的性能,并具有自密性。

丙烯酸类密封膏主要用于建筑物的屋面、墙板、门、窗嵌缝。由于其耐水性不够好,故不宜用于长期浸水的工程。丙烯酸类密封材料比橡胶类便宜,属于中等价格和性能的产品。目前国内研制的 YJ - 5 型建筑密封膏即属于此类。

2)弹塑性密封膏

(1)氯丁橡胶基密封膏

氯丁橡胶基密封材料是以氯丁橡胶和丙烯系塑料为主体材料,再掺入少量增塑剂、硫化剂、增韧剂、防老剂,溶剂及填充料等配制而成的,是一种黏稠的溶剂型膏状体。目前国内研制的 YJ - 1 型建筑密封膏即属于这种类型,其成膜硬化大体上经过两个阶段:第一个阶段是密封膏随其溶剂挥发,分散相胶体微粒逐步靠拢、聚结而排列在一起;第二阶段是胶体微粒的接触面增大,开始变形,由于它们的自粘性高而互相结合,自然硫化成为坚韧的定型弹性体。这种密封膏有如下特性:

①密封膏与砂浆、混凝土、铁、铝及石膏板等有良好的黏结能力,黏结强度为 0.1 ~ 0.4 MPa。

②具有优良的延伸性和回弹性能,伸长率可达 500%,恢复率为 69% ~ 90%。可用于工业厂房屋面及墙板嵌缝,可适应由于振动、沉降、冲击及温度化等引起的各种变化。

③具有特好的抗老化、耐热和耐低温性能,耐候性也很好。一般 70 ℃温度下垂直悬挂 5 h 不流淌,在 - 35 ℃温度下弯曲 180°不裂不脆,挥发率在 2.3%以下。

④有良好的挤出性能,便于施工。在最高气温下施工垂直缝,密封膏不流淌,故其可用于垂直墙面的纵向缝、水平缝及各种异形变形缝。

具有上述特点的还有 YJ - 4 型建筑密封膏,其主要成分与 YJ - 1 相近,不同的是 YJ - 4 型属于水乳型。

(2)聚氯乙烯嵌缝接缝膏

聚氯乙烯嵌缝接缝膏是以煤焦油和聚氯乙烯树脂粉为基料,按一定比例加入增塑剂、稳定剂及填充料等,在 140 ℃温度下塑化而成的弹塑性热施工的膏状密封材料,又称聚氯乙烯胶泥(PVC 胶泥)。常用品种有 802 和 703 两种。

PVC 胶泥具有良好的黏结性、防水性、弹塑性、耐热、耐寒、耐腐蚀和抗老化等性能,且表观密度小、原料易得、成本低廉。除适用于一般工程,还适用于生产硫酸、盐酸、硝酸、NaOH 等有腐蚀性气体的车间的屋面防水工程。PVC 胶泥除可以热用,也可以冷用,冷用时需加溶剂稀释。

(3)塑料油膏

塑料油膏是用废旧聚氯乙烯塑料代替聚氯乙烯树脂粉而制成的,其他原料及生产同 PVC 胶泥,各项性能也与 PVC 胶泥相似,但低温柔度性比其好,常用的有 604 塑料油膏。

▶ 13.3.5 合成高分子防水涂料

合成高分子防水涂料属高档防水涂料,它比沥青基及改性沥青基防水涂料具有更好的弹性和塑性,更能适应防水基层的变形,从而能进一步提高建筑防水效果,延长使用寿命。其所用基料为合成树脂或合成橡胶,如聚氨酯、丙烯酸酯、硅酮橡胶、SBS 橡胶等。通常采用双组分或单组分配制而成。常用品种如下:

1)聚氨酯防水涂料

聚氨酯防水涂料为双组分型,其中甲组分为含异氰酸基的聚氨酯预聚物,乙组分由含多羟基或胺基的固化剂及填充剂、增韧剂、防霉剂和稀释剂等组成。甲、乙两组分按一定的比例配合拌匀涂于基层后,在常温下即能交联固化,形成具有柔韧性、富有弹性、耐水、抗裂的整体防水厚质涂层。

聚氨酯防水膜固化时无体积收缩,它具有优异的耐候、耐油、耐臭氧、不燃烧等特性。涂膜具有橡胶般的弹性,故延伸性好、抗拉强度及抗撕裂强度也较高。其使用范围宽($-30 \sim 80$ ℃),耐久性好(当涂膜厚为 $1.5 \sim 2.0$ mm 时,耐用年限在 10 年以上)。聚氨酯涂料对材料具有良好的附着力,因此与各种基材(如混凝土、砖、岩石、木材、金属、玻璃及橡胶等)均能黏结牢固,且施工操作较简便。

聚氨酯涂料是目前世界各国最常用的一种树脂基防水涂料,它可在任何复杂的基层表面施工,适用于各种基层的屋面、地下建筑、水池、浴室、卫生间等工程的防水。例如北京长城饭店的屋面防水,即采用了这种防水涂料,其防水效果很好。聚氨酯涂料施工时,需首先进行基层表面处理,然后涂布底胶,待底胶固化后再行涂刷聚氨酯防水层,一般刷两遍,第二遍的涂刷方向应与第一遍垂直,以确保防水施工质量。最后可在第二遍涂层尚未固化前,撒上少量干净石渣,以对防水层起保护作用。也可在施工第二遍涂料时,随刷随贴一层玻璃布,以增强防水效果。

近年来,法国研制出一种聚氨酯泡沫涂料,将这种涂料喷涂于基层后产生发泡,由于大量封闭气泡的封闭存在,造成涂层同时具有防水与保温的双重作用。

2)丙烯酸脂防水涂料

丙烯酸酯防水涂料是以丙烯酸酯共聚乳液为基料而配制成的水乳型涂料,其涂膜具有一定的柔韧性和耐候性。由于丙烯酸酯色浅,故易配制成多种颜色的防水涂料。

我国目前的建筑屋面防水层以黑色居多,这种黑色屋面夏天吸收太阳热多,从而显著降低了建筑物屋盖的绝热效果,而且随着高层建筑的日益增多,黑色屋面有损城市景观。为此,国外已大量采用浅色和彩色的屋面防水涂料,这可大大改善屋面的绝热和美观效果,尤其对于那些造型奇特的屋面,如球形屋面、落地拱形屋面、贝壳形屋面等,采用彩色防水涂料将更突显时代装饰感。

国产 AAS(丙烯酸丁酯 – 丙烯腈 – 苯乙烯)绝热防水涂料,目前应用较广,它由面层涂料和底层涂料复合组成。其中,面层涂料以 AAS 共聚乳液为基料,再掺入高反射的氧化钛白色颜料及玻璃粉填料而制成;底层涂料由水乳型再生橡胶乳液掺入一定量碳酸钙和滑石粉等配制而成。这种复合涂料对阳光的反射率可高达 70% ,故将其涂于屋面具有良好的绝热性,可较黑色屋面降低温度 $25 \sim 30$ ℃。

AAS 防水绝热涂料具有良好的耐水、耐碱、耐污染、耐老化、抗裂、抗冻等性能,且无毒、无污染,冷作业,施工方便。当加入颜料后则可制成彩色防水涂料。主要适用于混凝土、金属等屋面,起防水、防腐、降温等作用;也适用于厨房、厕所中防水隔汽。当喷涂于石油贮罐、油船、冷冻车船等表面,既可起防锈降温作用,又可减少石油蒸发损耗,以及降低制冷能耗。另外,由于 AAS 涂料黏结力强、耐磨性好,故它还可涂于路面用作道路的标志。

3)有机硅防水涂料

有机硅防水涂料是以有机硅橡胶为基料配制而成的水乳型乳液,当其失水后则固化形成网状结构的高聚物膜层。它具有良好的防水、耐候、弹性、耐老化性及耐高温和低温等性能,无毒无味,在干燥的混凝土基层上渗透性较好。有机硅涂料中含固量高达 50% 。因此只需涂刷一道即可,且膜层较厚。其延伸率高,可达 700% ,故抗裂性很好。

这种涂料施工时,需作基层表面处理,适当打底,以提高涂料对基层的黏结力。可用于混凝土、砂浆、钢材等表面防水或防腐,也可用于修补工程,用于修补时需涂刷四遍。

今后我国防水涂料的发展方向是:以水乳型取代溶剂型防水涂料;厚质防水涂料取代薄质防水涂料;浅色、彩色防水涂料取代深色防水涂料;多功能复合防水涂料取代单一功能的防水涂料。

13.4　装饰材料

▶ 13.4.1　装饰材料的功能

1）室外装饰材料的功能

（1）保护墙体

外墙除需要承担结构荷载,主要是根据生产、生活需要作为围护结构,达到遮挡风雨、保温隔热、隔声防水等目的。外墙所处环境是比较复杂的,直接受到风吹、日晒、雨淋、冻害的袭击,以及空气中腐蚀气体和微生物的作用。选用材性适当的外墙装修材料,不仅可以有效地提高建筑物的耐久性,还能弥补和改善墙体在功能方面的不足。例如,冷库建筑隔热要求高,如果外墙面用白光反光强的装修材料,这样在保护墙体同时,还可进一步减少太阳辐射热对库内温度的影响,节约制冷能源。

（2）装饰立面

这是装修材料的主要功能。外装修的处理效果主要是由质感、线型及色彩三方面反映。

①质感:质感就是质地的感觉,主要是通过线条的粗细、凹凸不平程度、对光线吸收和反射强弱不一产生观感上的区别。质感不仅取决于饰面材料的性质,而且取决于施工方法。同种材料使用不同的施工方法,会产生不同的质的感觉,如对于普通的抹灰砂浆,拉条施工可产生饰面砖的感觉,而拉毛压光会产生石材纹理的感觉。

②线型:线型是与建筑物立面密切关联的。分格缝、窗外墙凹凸线条、粗细的比例与花饰的配合也是构成外饰面装饰效果的因素。这一因素不仅取决于建筑的立面处理,也与装修材料的选型有关。

③色彩:色彩是构成一个建筑物外观,乃至影响周围环境的重要因素。利用材料本色来达到设计要求是最经济、合理、可靠的。如古建筑所用的青砖、红砖都能长期保持它的彩色效果,且耐久性高。

为了达到丰富和活泼的特色,往往通过饰面材料或涂刷材料来增加外装饰的色彩。无机材料的天然石材、饰面陶瓷、彩色玻璃等的颜色在大气条件下可以经久不变;而以颜料作为着色因素的粉刷、涂料、涂层,尽管人们十分注意选择着色颜料,但是在大气及周围环境的作用下,会引起不同程度的污染和退色。因此,在选择饰面用颜料时必须考虑耐污染性、颜色稳定性,使建筑物能保持较好的预期效果。

2）室内装修材料的功能

（1）保护墙体、楼板及地坪

装修材料对一般墙体(以砖或轻骨料混 凝土等作为墙体材料)的保护作用并不明显,但是对采用新型材料的复合墙体的保护作用却极为明显。例如,纸面石膏板耐水性差,需要在其表面防湿处理;加气混凝土强度不大,表面和边角经不起磕碰,需要一定的保护。此外,如浴室的墙面、厨房、厕所的墙裙,以及一般房间的墙根等部位,即使采用一般墙体材料,也需要用装修材料加以保护。

普通的楼板或地坪均为钢筋混凝土或混凝土。地面材料起保护作用,可以解决耐磨损、撞击或防止有害介质渗入楼板内引起钢筋的锈蚀。

（2）保证使用条件

装修材料可使墙体易于保持清洁,获得较好的反光性,使室内的亮度比较均匀,能改善墙体热工和声学性能,甚至能在一定程度上调节室内的湿度。

对于标准高的建筑,其地面材料要兼有保温、隔音、吸音和增加弹性的功能。

（3）装饰室内

室内的装饰效果同样也是由质感、线型和色彩三个因素构成。不同的是,人们对内饰面的距离比外墙近得多,所以其质感要细腻逼真(如丝织物、麻布、锦缎、木纹);线型可以是细致的,也可以是粗犷的不同风格;色彩则根据人们的爱好及房间内在的性质来决定。

通过上述对装修材料功能的了解,再根据使用条件和所处的环境,就可以确定出材料应具备的性质和有关要求,这是合理选择材料的基础。至于具体的选用,则应根据建筑设计要求和施工条件来决定。

▶ 13.4.2　无机装饰材料

1）天然石材

天然石材是指采自天然岩体经加工而成的块状或板状材料的总称。建筑装修所用的石材主要是大理石和花岗石两大类。

（1）大理石

大理石是沉积或其变质的碳酸盐类岩石的商品名称。它包括大理岩、白云岩、灰岩、砂岩、页岩和板岩。这类岩石构造致密,强度也较高,但硬度不大,易于加工和磨光。因含杂质不同,而有不同颜色和花纹,这是评价其装饰性的主要指标。

大理石多磨成光面以板材形式用作室内的饰面材料,如墙裙、柱面、栏杆、楼梯和地面等。大理石不宜用作室外饰面材料,因为在空气中的二氧化硫及水作用下,会生成易溶于水的石膏,使表面失去光泽,变得粗糙,降低装饰效果。

（2）花岗石

凡是作为石材开采而用作装修材料的各类岩浆岩均称为花岗石,它包括花岗岩、安山岩、辉绿岩、辉长岩、片麻岩等。应用最广的是花岗岩,它全部是结晶体,主要矿物成分为石英、长石、少量云母与暗色矿物。其颜色主要由长石的颜色及少量云母与暗色矿物的分布情况而定,通常呈灰、黄、红及蔷薇色。优质花岗岩品粒细,构造密实,石英含量多,云母含量少,无风化迹象。花岗岩的强度、耐久性及耐磨性均高,但耐火性差,因石英在高温时发生晶型转变而膨胀。

花岗石板按用途可加工成不同的板材,包括：

①剁斧板材：表面粗糙,具有规则的条状斧纹;

②机刨板材：表面平整,具有相互平行的刨纹;

③粗磨板材：表面平滑,无光;

④磨光板材：表面光亮,色泽鲜明,晶体裸露。

在建筑中,花岗石是一种高级饰面材料,适用作勒脚、柱面、踏步、地面及外墙饰面等。

2）饰面陶瓷

（1）饰面陶瓷

饰面陶瓷或称饰面烧土制品。

（2）内墙面砖

内墙面砖一般都上釉,所以有釉面砖、瓷砖或釉面瓷砖之称。釉面砖所用原料与外墙面砖基本相同。釉面砖有各种颜色,而以浅色居多。表面的釉层有不同类型,如光亮釉、花釉、珠光釉、结晶釉等。釉面砖按形状分为正方形、长方形及配件砖(圆边、阴角、阳角、压顶等)。釉面砖多用于卫生间、厨房、实验室、医院、精密仪器车间等墙面。由釉面砖组成的瓷砖壁画,以及一些彩色釉面砖可用作大型公共建筑的内部装饰。

（3）地砖

地砖或称铺地砖，是以难熔黏土为主要原料，掺加非可塑性掺料和助熔剂而制成的。地砖一般不上釉，颜色多为暗红、淡黄或彩色图案。有的地砖表面带有凹凸花纹，既美观又防滑。地砖形状有方形、长方形和六边形。地砖耐磨性高，可用于人流较多的建筑物地面，如售票厅、站台、百货商店、展览厅等处，也可用作车间、实验室、走廊地面等。

（4）陶瓷锦砖

陶瓷锦砖是边长小于 40 mm 的陶瓷砖板，旧称马赛克或铺地瓷砖。陶瓷锦砖过去仅用于铺地，现在也用于外墙或内墙的贴面，因此也称作墙地砖。

陶瓷锦砖是以优质黏土和高岭土为主要原料烧制而成的，有上釉与不上釉两种。目前生产的多为不上釉的。基本形状为正方形、长方形和六边形。正方形的尺寸为 15.2 mm × 15.2 mm ～ 39.0 mm × 39.0 mm，厚 4.5 ～ 5 mm。按要求将陶瓷锦砖拼成各种图案，并反贴在牛皮纸（铺贴纸）上，每张纸尺寸为 30 cm × 30 cm，故有"纸皮砖"之称。施工时将贴在纸上的锦砖铺在地面或墙面的砂浆上，然后用水将铺贴纸用毛刷刷水润湿，半小时后可将纸揭开。

陶瓷锦砖质地坚实、经久耐用、色泽花色多样、耐磨、耐化学腐蚀、可在 -20 ～ 100 ℃ 温度下使用。适用于工业与民用建筑的洁净车间、门厅、走廊、餐厅、卫生间及实验室等处的地面和墙面。陶瓷锦砖也是高级建筑物的外墙饰面材料。

（5）琉璃制品

琉璃制品是我国首创的建筑装修材料，由于它多用于园林建筑中，故有园林陶瓷之称。琉璃制品多用难熔黏土为主要原料。制品表面上釉，釉料以石英、铅丹为主要原料，加入着色剂而成。釉色有金黄色、蓝色和绿色，后来又发展有翡翠绿、孔雀蓝、紫晶等十多种。

琉璃制品是我国独特的建筑艺术制品之一，使用历史悠久，造型古朴，富有传统的民族特色。琉璃制品具有使用、装饰等多种功能，其产品包括琉璃瓦、琉璃砖、建筑装饰制品（琉璃两眼窗、线砖、栏杆等）及室内外陈设用工艺制品。

3）玻璃

各种建筑材料中，玻璃是唯一能用透光性来控制和隔断空间的材料。建筑玻璃正向多品种多功能的方向发展，兼具装饰性与适用性的玻璃新品种不断问世，从而为现代建筑设计提供了更大的选择性，如平板玻璃已由过去单纯作为采光材料，而向控制光线及热量、节约能源、控制噪声、提高装饰效果等多功能方向发展。在现代建筑中，越来越多地运用玻璃门窗、玻璃幕墙及玻璃制品，因而减轻了建筑结构的自重。

4）人造石材

人造石材或称未经焙烧的人造石材，属于无机胶凝材料制品。

（1）装饰砂浆

即装饰用抹灰砂浆，它由普通水泥或白色、彩色硅酸水泥与白色或彩色石碴组成。

①水磨石：由普通硅酸盐水泥或彩色水泥与大理石破碎的石碴（约 5 mm）按 1∶1.8 ～ 1∶3.5 的配比，再加入适量的耐碱颜料，加水拌和后，浇注在水泥砂浆的基底上，待硬化后表面磨光，涂草酸上蜡而成。水磨石有现浇和预制两种。水磨石彩色丰富，装饰质感接近于磨光的天然石材，但造价较低。水磨石多用于室内地面、柱面、墙裙、楼梯踏步和窗台板等。

②水刷石：原材料与水磨石相同，拌和料涂抹在基底之后，待初凝后，把面层水泥浆冲刷掉，露出石碴，远看颇似花岗岩，多用于外墙饰面。

③斩假石：又称剁斧石，原料与水磨石相同，但石碴粒径稍小，为 2 ~ 6 mm。硬化后表面用斧刃剁毛。斩假石表面酷似新铺的灰色花岗岩，用于外墙饰面。

④干粘石：以白水泥、耐碱颜料、107 胶黏剂（有时加石灰膏）加水拌成色浆，铺设在外墙面上，待初凝后，以 3 mm 以下的石屑、彩色玻璃碎粒或粒度均匀的石子用机械喷射在色浆面层上，即可得干粘砂、干粘玻璃或干粘石。其装饰效果与水刷石相似，但色彩更为丰富。

（2）装饰混凝土

装饰混凝土是指具有一定颜色、质感、线型或花饰的，结构与饰面结合的混凝土墙体或构件。装饰混凝土可分为清水混凝土和露骨料混凝土两类。

①清水混凝土：清水混凝土有两种做法。一种是用模板或衬模（衬于模板内）浇注混凝土，根据模板或衬模的线型、花饰不同，形成一定的装饰效果。颜色可以是混凝土本色，也可内掺或在表层中掺以矿物颜料，还可以在表面喷以涂料。

另一种做法是浇注混凝土后制作饰面，即在平模浇注混凝土后铺一层砂浆，用手工或机具做出线型、花饰、质感，如抹刮、滚压、用麻布袋或塑料网做出花饰等。

②露骨料混凝土：这种混凝土是在浇筑后或硬化后，通过各种手段使混凝土的骨料外露，达到一定装饰效果。

浇注后露骨料工艺既适用于现浇混凝土，又适用于预制混凝土。主要做法有水洗法、酸洗法、缓凝剂法。

缓凝剂法是在浇注混凝土前，于底模上涂刷缓凝剂或铺放涂布有缓凝剂的纸。当混凝土已达到拆模强度时，即进行拆模，但在缓凝剂作用下，混凝土表层水泥浆不硬化，用水冲洗去掉水泥浆露出骨料。如果要在浇注后混凝土表面露骨料，也可以铺贴涂布有缓凝剂的纸。

硬化后露骨料工艺的主要做法有水磨、凿剁、喷砂、抛球等。

抛球法的主要设备是抛球机，混凝土制品以 1.5 ~ 2 m/min 的速度通过抛球室，抛球机以 65 ~ 80 m/s 的线速度抛出铁球，击掉混凝土表面的砂浆，露出骨料。

除上述无机胶凝树料制品，用于饰面的还有仿大理石石膏板、石膏花饰及水泥花砖等。

5）铝及铝合金

在建筑装修工程中使用最多的金属材料是铝及铝合金。近十几年来工程上大量采用了铝合金门窗、商店橱窗、装饰板及吊顶材料。

（1）铝

纯铝的晶体结构为面心立方晶格，密度为 2.7 g/cm³，具有良好的导热性和导电性，熔点低，易于加工和焊接，热膨胀系数大（22×10^{-6}），约为钢的 2 倍。在空气中，铝表面能形成一层致密的 Al_2O_3 氧化膜，抵御大气腐蚀。但遇碱和氯盐，会破坏氧化膜，产生强烈腐蚀。

纯铝按纯度分为工业高纯铝和工业纯铝。工业纯铝牌号为 L1 ~ L5，牌号越大，纯度越低。纯铝的塑性高（$\delta = 32\% ~ 40\%$），强度低（$\sigma_b = 80 ~ 110$ MPa）。当加入锰、镁、铜、硅、锌等元素制成合金铝后，其强度及硬度有显著提高。

（2）铝合金

铝和许多元素都能形成有限固溶体，元素在铝中的溶解度随温度降低而减少。

根据铝合金的成分及生产工艺特点，可分为变形铝合金和铸造铝合金。合金元素含量小于一定量（例如 A1 - Cu 合金，Cu 含量为 5.65%）的铝合金，在加热时能形成单一的固溶体组织，塑性较高，适于锻造、压延、挤压等变形加工，称为变形铝合金。合金元素大于一定含量的铝合金，冷却时流动性好，适于铸造生产,称为铸造铝合金。变形铝合金包括防锈铝合金、硬铝合金、超硬铝合金及锻造铝合金。

▶ 13.4.3 有机装饰材料

1)塑料制品

(1)墙面装饰材料

墙面装饰材料包括用于装修工程的塑料制品及涂料。

塑料制品在装修工程中可作为墙面装修材料、地面材料及其他装修用异型件。塑料制品在墙面装修工程中主要用于内墙面。按制品的形式可分为板材与卷材。

①板材:常见的板材包括三聚氰胺装饰板、塑料面砖、合成石装饰板等。

a. 三聚氰胺装饰板:是用三聚氰胺甲醛树脂浸渍的表层纸和木纹纸各一张,与 7~9 层浸渍酚醛树脂的牛皮纸叠合后,在高温高压下压制而成的纸质层积塑料板。可仿制多种珍贵树种的木纹,表面硬度大,强度高,耐热,耐燃烧,耐一般酸、碱、油脂、酒精等化学侵蚀,并易洗涤。多用于建筑内部墙面、柱面、墙裙等处。

b. 塑料面砖:多用聚氯乙烯、聚苯乙烯等热塑性塑料,加入较多填料,以提高尺寸的稳定性和降低成本,用热压、挤出或浇注成型。其外观类似于传统的釉面砖。塑料面砖为薄板、质轻、耐腐蚀、美观适用。其用途与上述三聚氰胺装饰板相同,此外,它还适用于受腐蚀车间及对清洁要求较高的车间作为内墙装饰。

c. 合成石装饰板:合成石或称人造石,它是以不饱和聚酯树脂为胶结材料,掺以各种矿物填料(如石英砂、硅石粉、碳酸钙等)加入反应促进剂制成的。合成石具有天然石材的花纹和质感,但质量轻、强度高、厚度薄。此外,还具有耐酸、碱,抗污染等优点。合成石的色彩和花纹可根据设计意图,采用不同的填料,制成仿大理石、仿花岗石、仿玛瑙石、仿玉石的制品。主要用于室内墙面、柱面、台面、门套的装饰以及铺设地面,还可以制成卫生洁具。

②卷材:饰面卷材主要是塑料墙纸。常见塑料墙纸有如下两类:

a. 普通墙纸:以 80 g/m^2 的纸作基材,涂塑 100 g/m^2 左右糊状聚状聚氯乙烯树脂,经印花、压花而成。普通壁纸花色品种多,适用面广,价格低。用于一般住房和公共建筑的内墙装饰。

b. 发泡墙纸:以 100 g/m^2 的纸作基材,涂塑 300~400 g/m^2 掺有发泡剂的糊状聚氯乙烯树脂,印花后再加热发泡而成。发泡墙纸有高发泡、低发泡压花、低发泡印花压花等品种。高发泡墙纸发泡率大,表面呈富有弹性的凹凸花纹,具有装饰、吸声和隔热的功能,适用于会议厅和剧场。低发泡压花墙纸是在聚氯乙烯塑料层中加入少量发泡剂,发泡后厚度增加,压花后立体感增强,有一定隔热作用。低发泡印花压花(化学压化)墙纸是在印花时在某些颜料油墨中加入发泡抑制剂,它渗入聚氯乙烯塑料层中,当发泡时印有这些颜色油墨的地方发泡受到抑制,形成凹下的花纹,立体感强。这种墙纸有弹性,印刷图案得到透明面层纸的保护。适用于室内墙裙和内走廊的装饰。

塑料墙纸的质量主要从外观和物理性能来评定,物理性能包括退色性(光老化)、耐摩擦、湿强度和施工性等。

(2)地面材料

与传统的地面材料(木材、水泥、菱苦土、陶瓷)相比,塑料在很大程度上更符合地面的综合要求。塑料地面耐磨、美观、卫生、施工简便,是亟待开发的材料。

塑料地面材料按使用形式分为卷材、板材及整体地面。在民用建筑中多采用卷材或板材,而在遭受强烈侵蚀(化工企业、食品工业、畜舍等)或严重磨损(金属加工企业、体育馆等)的场所宜采用整体地面。

①塑料地面卷材:分为无基层卷材和有基层卷材。

a. 无基层卷材:以聚氯乙烯塑料为主要原料,经辊炼、压延而成。由于增塑剂用量多而填料少,所以较柔软,脚感软舒适。该卷材有一定弹性,耐凹陷性能较好,但不宜与烟头等燃烧物接触,只适用于民用住宅中。无基层卷材分为两层,面层含较多树脂,底层含大量的填料,这样可起到提高耐磨性和节约树脂的效果。

b. 有基层卷材:为双层或多层复合的塑料卷材。基层一般为纺织物,面层用较柔软的材料,如软质聚氯乙烯塑料、软质聚氯乙烯石棉塑料或印花的透明聚氯乙烯薄膜。双层复合卷材要求两层之间有一定的剥离强度。为使卷材印有各种花纹图案,可用三层复合,即透明的聚氯乙烯塑料面层、不透明的聚氯乙烯塑料中间层,下面为基层。印花方法有两种,一种是印在中间层上,另一种是印在透面层的反面。这种卷材质地柔软,有一定弹性,其制造方法与人造革相似。在多层复合的卷材中,如果中间层为发泡的聚氯乙烯塑料,采用化学压花方法,可获得装饰效果好、富有弹性的印花发泡地面卷材。

②塑料地面板材:或称塑料地砖,尺寸一般为 300 mm×300 mm,厚度为 2~5 mm,是热压成型的塑料制品。常用的有聚氯乙烯石棉地砖、聚氯乙烯地砖、聚氯乙烯再生橡胶地砖。

a. 聚氯乙烯石棉地砖:是以石棉为填料的半硬质塑料。具有成本低、装饰质量高、尺寸稳定性好、耐凹陷性好、容易粘贴等优点。

b. 聚氯乙烯地砖:是以碳酸钙代替石棉为填料的塑料制品。石棉纤维有损健康,现已开始限制使用,我国生产的塑料地面板材大多是不含石棉的地砖。

c. 聚氯乙烯再生橡胶地砖:由聚氯乙烯面层(厚约 0.5 mm)和再生橡胶底层(厚约 1.5 mm)复合而成。具有防潮、消音、脚感舒适等优点,因面层较薄、使用寿命较短,故不宜在公共建筑等使用频繁的场所应用。

③整体塑料地面:是由树脂、填料、颜料等搅拌成胶泥后,在现场涂布,经固化而成的。根据树脂的种类,胶泥分为水溶性树脂(如聚醋酸乙烯)胶泥及热固性树脂(如不饱和聚酯树脂)胶泥。

水溶性树脂胶泥是水泥混合的,在水泥硬化的同时,聚醋酸乙烯固化。施工方法与水泥砂浆相同。这种地面平整、清洁,适用于一般民用建筑。

用热固性树脂胶泥涂布的地面,具有较高的强度和化学稳定性,但造价较高,适用于耐磨性和卫生条件要求高的场所,如医院手术室、仪表车间、化工车间等。

地面材料的技术性质包括尺寸稳定性、耐凹陷性、耐热性、耐燃性、耐化学性、耐污染性和抗静电性等。

(3)塑料异型件

塑料异型件是指断面形状较为复杂的长条制品。塑料异型件在建筑中有广泛的用途。如楼梯扶手、踢脚板、画镜线、百叶窗、楼梯防滑条等。

塑料门窗框也属异型件,塑料门窗扇也多由异型件组成。

塑料异型件一般采用聚氯乙烯或聚乙烯塑料,用挤压法成型。异型形式多样,色彩和透明度各不相同,安装方便,装饰效果好,符合建筑工业化的要求。例如聚氯乙烯塑料楼梯扶手,可盘成圈供给工地,安装也很方便,先将扶手加热至 50~70℃,趁热套在楼梯栏杆上的金属托架上,冷却后扶手便完全固定。采用异型件可节约大量木材,这类制品过去一直是用木材制作的,因断面形状复杂,木材有效使用率仅占 50%。

2)涂料

（1）涂料的组成材料

涂料是指涂于物体表面能形成具有保护、装饰或其他特殊功能的连续性薄膜（涂膜）的材料。涂料过去俗称"油漆"，因为其主要原料是植物油。随着合成材料工业的发展，聚合物已成为涂料的主要原料，"油漆"一词已名不符实了，故统称为涂料。至于具体涂料名称，按习惯仍沿用"漆"字。

涂料的组成材料有成膜物质、颜料、助剂和分散介质。

①成膜物质：或称涂料的胶结剂，它是胶结其他组分形成涂膜的主要物质。涂料通常就是根据成膜物质来命名的，成膜物质有油类和聚合物两类。

油料是天然产物，来自植物种子。常用的油料有亚麻籽油、桐油等。这类油料中含有较多的不饱和分子，所以称为干性油。

用于涂料的聚合物，属于天然树脂的有松香、虫胶；属于合成树脂的有酚醛树脂、醇酸树脂、聚乙烯醇树脂、丙烯酸树脂等。

②颜料：是构成涂膜的组分之一，可称作次要成膜物质。常用的颜料为不溶于水及油的无机颜料。颜料除作为着色剂，还起着填充和骨架作用，以提高涂膜的密实性。颜料应有一定的细度，对底色有足够的遮盖力和较高的稳定性（即不褪色）。颜料与成膜物质的配比是否合理，混合是否均匀，是决定涂料性能和涂膜质量优劣的重要因素。常用的颜料有钛白、氧化铁红、群青、铬酸铅等。

③助剂：是指改进涂料性能和提高涂膜质量的各种掺加剂的总称，如促进乳液或分散体系的稳定剂、增加涂膜柔韧性的增塑剂、防止涂膜老化的防老剂等。

④分散介质：涂料必须有一定的流动性，以便涂装施工。因此，要求有足够数量的分散介质。涂料涂装后，分散介质被基底吸收一部分，大部分挥发到空气中，并不留在涂膜内。涂料按分散介质性质不同分为溶剂型涂料、水溶性涂料和乳液涂料。

溶剂型涂料的分散介质是有机溶剂，如二甲苯、乙醇、丙酮等。这种分散介质大都易燃，有毒，污染环境，所以应用范围逐渐减小，主要用于木材或金属表面的涂装。

水溶性涂料及乳液涂料的分散介质均为水。前者要用水溶性合成树脂作为成膜物质；后者要在水中加适量的乳化剂。这类涂料克服了溶剂型涂料的一系列缺点，并且能节约大量的有机溶剂，是涂料的发展方向，目前广泛用于内、外墙面的装饰。

（2）常用涂料

①溶剂型涂料：常用的有清漆、色漆等。

a. 清漆：是一种不含颜料的透明涂料，由成膜物质、溶剂和助剂组成。种类很多，具有代表性的是虫胶清漆和醇酸清漆。

虫胶清漆是虫胶溶于酒精而成，具有快干的特点。在木材涂饰中用来封闭木材多孔的表面。

醇酸清漆是由干性醇酸树脂加助剂（包括催干剂）制成。干性醇酸树脂是醇酸树脂用不饱和脂肪酸或干性油、半干性油等经改性制得。涂料的附着力和耐久性较好，但涂膜较软，耐碱、耐水性差。适合涂装木器，可显示出底色和花纹。

b. 色漆：是指加入颜料（有时也加入填料）而呈现某种颜色的、具有遮盖力的涂料的统称。包括磁漆、底漆、调合漆、防锈漆等。

磁漆是在清漆中掺加颜料而成的，如醇酸磁漆、酚醛磁漆等。磁漆的涂膜除有光泽，还有鲜艳的色彩，性质比同类清漆更稳定，多用于室内木材和金属表面，如加有适量的干性油，也可用于室外。

底漆是施于物体表面的底层涂料。底漆通常要注明主要颜料的名称，如酚醛铁红底漆、醇酸锌黄底漆等。底漆应对基材有良好的附着力,并与面层涂膜牢固结合。底漆主要供金属表面使用。

②水溶性涂料:常用的有聚乙烯醇水玻璃涂料、聚乙烯醇缩甲醛涂料等。

a. 聚乙烯水玻璃涂料:以聚乙烯醇树脂的水溶液和水玻璃作为成膜物质,加入颜料和助剂而成。是国内使用较广泛的内墙涂料,商品名称为“106 涂料”。涂膜干燥快、无毒、无味,表面光滑而无光,与混凝土、砂浆或轻质墙板均有较好的附着力,除潮湿环境外均可使用。

b. 聚乙烯醇缩甲醛涂料:由聚乙烯醇缩甲醛胶状溶液与颜料组成。商品名称为“107 涂料”,多作为内墙涂料。聚乙烯醇缩甲醛溶液(107 胶)也可单独使用,作为罩面涂料。聚乙烯醇缩甲醛涂料用于外墙时,不宜单独使用,可与白水泥或一般水泥砂浆配成聚合物砂浆使用,然后在涂膜上用甲基硅醇钠憎水剂溶液罩面。

③乳液涂料:是将合成树脂以 $0.1 \sim 0.5 \ \mu m$ 的微粒,分散于含有乳化剂的水中构成乳液,再加颜料及助剂而成的。常见的用于外墙的乳液涂料有苯丙乳液涂料、彩砂乳液涂料等。

a. 苯丙乳液涂料:是以苯乙烯、甲基丙烯酸甲酯、甲基丙烯酸、丙烯酸丁酯四元共聚乳液,配合颜料制成的。涂料的耐水性、耐污染性、大气稳定性及抗冻性都较好,成本也不高,是有发展前景的一种涂料。国内已研制成 LB - 苯丙有光乳液涂料和 LT - 1 外用乳液涂料,经实际使用考察,性能良好。

b. 彩砂乳液涂料:是以乳液涂料(如苯丙乳液涂料)为基料,加入着色骨料(彩色瓷粒或石英砂)及助剂而成的。涂料可刷涂、喷涂或辊涂,施工方便。涂膜色泽耐久,大气稳定性和耐水性好,做成的墙面有立体质感,装饰效果如天然石材。

本章小结

本章介绍的功能材料有吸声材料、绝热材料、防水材料和装饰材料。多孔材料是普遍应用的吸声材料,多孔性吸声材料具有大量内外连通的微孔,通气性良好,当声波入射到材料表面,很快顺着微孔进入材料内部,孔隙内空气分子受到摩擦和黏滞阻力,或使细小纤维作机械振动,而使声能转变为热能,这类材料吸声的先决条件是声波易于进入微孔,不仅材料内部,在材料表面上也应是多孔的。绝热材料是指防止建筑物和暖气设备(如暖气管道等)的热量散失,或隔绝外界热量的传入(如冷藏库等)而选用的材料。防水材料是保证房屋建筑免受雨水、地下水与其他水分侵蚀、渗透的重要材料,是建筑工程中不可缺少的建筑材料,在公路、桥梁、水利等工程中也有广泛的应用。目前广泛使用的沥青基防水材料是传统的防水材料,也是目前应用最多的防水材料。室外装修材料可以保护墙体、装饰立面;室内装饰材料可以保护墙体、楼板及地坪,保证使用条件,装饰室内。装饰材料可以分为无机装饰材料和有机装饰材料。

思考题

13.1　为什么有些建筑物内部要采用吸声材料和结构,而住宅建筑通常不采用?

13.2　多孔吸声材料具有怎样的吸声特性? 随着材料表观密度、厚度的增加,其吸声特性有何变化?

13.3　简述橡胶基和树脂基防水材料的主要品种、特性和应用。

13.4 简述防水材料的类别及特点。

13.5 油纸、油毡及改性沥青防水卷材的标号如何确定？它们都适用于哪些工程？

13.6 简述合成高分子防水卷材的特点及其适用范围。

13.7 简述防水涂料的常用品种及组成。

13.8 简述防水密封材料的品种、特点及适用范围。

第 **14** 章
烧土制品与玻璃

【本章重点】生产烧土制品的主要过程、成型方法类型,干燥与焙烧方式,以及制品上釉的目的。

【本章要求】了解烧土制品与玻璃的生产工艺、技术规格与要求,以及烧土制品分类。

14.1 烧结普通砖的生产与技术指标

▶ 14.1.1 黏土原料

1)黏土的组成

黏土的主要组成矿物称为矿物。黏土矿物是具有层状结晶结构的含水铝硅酸盐($x\mathrm{Al_2O_3} \cdot y\mathrm{SiO_2} \cdot z\mathrm{H_2O}$),常见的黏土矿物有高岭石、蒙脱石、伊利石等。黏土中除含有黏土矿物,还含有石英、长石、褐铁矿、黄铁矿以及碳酸盐、磷酸盐、硫酸盐类矿物等杂质。杂质直接影响制品的性质,例如细分散的褐铁和碳酸盐会降低黏土的耐火度;块状的碳酸钙焙烧后形成石灰杂质,遇水膨胀,制品胀裂而破坏。

黏土的颗粒组成直接影响黏土的可塑性。可塑性是黏土的重要特性,它决定了制品成型性能。黏土含有不同粗细的颗粒,其中极细(尺寸小于 0.005 mm)的片状颗粒,使黏土获得较高的可塑性。这类颗粒称为黏土物质,含量越多,可塑性越高。

2)黏土焙烧时的变化

黏土焙烧后能成为石质材料,这是黏土极为重要的特性。

黏土在焙烧过程中会发生一系列的变化,具体过程因黏土种类不同而有很大差别。一般的物理化学变化大致如下:焙烧初期,黏土中自由水逐渐蒸发,当温度达 110 ℃时,自由水完全排出,黏土失去可塑性。但这时如果加水,黏土仍可恢复可塑性。温度升至 425~800 ℃时,有机物烧烬,黏土矿物及其他矿物的结晶水脱出。这时,即使再加水,黏土也不可能恢复可塑性。随后,黏土矿物发生分解。继续加热至 1 000 ℃以上时,已分解的黏土矿物将形成新的结晶硅酸盐矿物。新矿物的形成使焙烧后的黏土具有耐水性、强度和热稳定性(抵抗温度激变的本领)。与此同时,黏土中的易熔化合物形成一定数量的熔融体(液相),熔融体包裹未熔融颗粒,并填充颗粒之间的空隙。由于上述两个原因(新矿物和液相的形成),焙烧后的黏土冷却后便转变成石质材料。随着熔融体数量的增加,焙烧后的黏土中开口孔隙率减小,吸水率降低,强度、耐水性和抗冻性提高。烧结普通砖及其多孔烧土制品的温度为 950 ~ 1 000 ℃。

黏土在焙烧过程中变得密实,并转变为石质材料的性质称为黏土的烧结性。烧结范围与黏土组成有关,此范围越宽,焙烧的制品越不易变形,因而可获得烧结程度高的密实制品。生产普通黏土砖的易熔黏土(耐火度很低的黏土)烧结范围很窄,只有 50 ~ 100 ℃,耐火黏土的烧结温度高达 400 ℃。

▶ 14.1.2 烧土制品生产

烧土制品生产工艺的简繁,因产品不同而异。烧结普通砖、黏土空心砖的工艺过程:采土→原料调制→制坯→干燥→焙烧→制品;饰面烧土制品(饰面陶瓷)的工艺过程:原料调制→成型→干燥→上釉→焙烧→制品。也有的制品在成型、干燥后先焙烧(素烧),然后上釉再焙烧一次(釉烧)。

1)原料调制与成型

原料调制的目的是破坏黏土原料的天然结构,剔除有害杂质,粉碎大的原料,然后与其他原料及水拌和成均匀的、适合成型的坯料。根据制品的种类和原料性质,将坯料调成不同状态以供成型。坯料成型后通常称作生坯。

2)成型方法

(1)塑性法成型

用含水量为 15% ~ 25% 的可塑性良好的坯料,通过挤泥机挤出一定断面尺寸的泥条,切割性差的坯料,在压力机上成型。由于生坯含水量小,有时可不经干燥立即进行焙烧,简化了工艺。外墙面砖及地砖多用此法成型。

(2)半干压或干压法成型

用含水量低(半干压法成型为 8% ~ 12%,干压法成型为 4% ~ 6%)、可塑性差的坯料,在压力机上成型。由于生坯含水量小,有时可不经干燥立即进行焙烧,简化了工艺。外墙面砖及地砖多用此法成型。

(3)注浆法成型

用含水量高达 40% 呈泥浆状态的坯料,注入石膏模型中,石膏吸收水分,坯料变干获得制品的形状。此法适合成型形状复杂或薄壁制品,如卫生陶瓷、内墙面砖等。

3)干燥与焙烧

成型后的生坯,其含水量必须降至 8% ~ 10% 方能入窑焙烧,因而要进行干燥。干燥是生产工艺的重要阶段,制品裂缝多半是在这个阶段形成的。干燥分自然干燥与人工干燥。前者是在露天下阴干,后者是利用焙烧窑余热在室内干燥。

焙烧是生产工艺的关键阶段。焙烧是在连续作用(装窑、预热、焙烧、保温和冷却、出窑等过程可同时进行,即一边在装窑,而另一边在出窑)的隧道窑或轮窑中进行。有的制品(如内墙面砖、外墙面砖等)在焙烧时要放在匣钵内,防止温度不均和窑内气体对制品外观的影响。

4)上釉

釉是覆盖在制品表面上的玻璃态薄层。上釉的目的是提高制品的强度和化学稳定性,获得美观和清洁的效果。釉料是熔融温度低、容易形成玻璃态的材料。制釉所用矿物原料的纯度要求较高，有些是化工原料。

14.1.3　烧结普通砖的生产

我国在2000多年前就掌握了烧制黏土砖瓦的技术。普通砖一直是土木水利工程中应用最广泛的材料，之后虽然有混凝土材料的出现和发展，但由于黏土砖有其特有的优点，故至今仍然是我国主要的墙体材料之一。

1)烧结普通砖的主要品种

烧结普通砖是指以黏土、页岩、煤矸石或粉煤灰为主要原料，经焙烧而成标准尺寸的实心砖。烧结普通砖为矩形体，标准尺寸为 240 mm × 115 mm × 53 mm。

2)普通黏土砖的生产

生产普通黏土砖的原料为易熔黏土，从颗粒组成来看，以砂质黏土或砂土最为适宜。为了节约燃料，可将煤渣等可燃性工业废料掺入黏土原料中，用此法焙烧的砖称为内燃砖，我国各地砖石普遍采用这种烧砖法。生产工艺过程为：采土→配料调制→制坯→干燥→焙烧→成品。

普通黏土砖一般是用塑性法挤出成型。泥条的切割面(即砖的大面，是砌筑时的砌筑面)比较粗糙，易与砂浆黏结。

普通黏土砖是在隧道窑或轮窑中焙烧的，燃料燃烧完全，窑内为氧化气氛，砖坯在氧化气氛中烧成出窑，制得红砖再经浇水闷窑，使窑内形成还原气氛，促使砖内的红色高价氧化铁(Fe_2O_3)还原成青灰色的低价氧化铁(FeO)，制得青砖。青砖耐久性较高，但生产效率低，燃料耗量大。

普通黏土砖焙烧温度应适当，否则会出现欠火砖或过火砖。欠火砖是焙烧温度低、火候不足的砖，其特征是黄皮黑心、声哑、强度低、耐久性差。过火砖是焙烧温度过高的砖，其特征是颜色较深、声音清脆、强度与耐久性均高，但导热系数较大，而且产品多有弯曲变形。

14.1.4　烧结普通砖的技术性质

1)强度

烧结普通砖按抗压强度分为五个等级。

2)耐久性

为了确定砖的耐久性，需进行下列试验：

(1)抗冻试验

吸水饱和的砖在 -15 ℃下经15次冻融循环，质量损失和裂缝长度不超过规定，即认为抗冻性合格。在温暖地区(计算温度在 -10 ℃以上)可以不考虑砖的抗冻性。

(2)泛霜试验

泛霜也称起霜，是砖在使用过程中的一种盐析现象。砖内过量的可溶盐受潮吸水溶解，随水分蒸发而沉积于砖的表面，形成白色粉状附着物，在砖表面形成絮团状斑点，影响建筑的美观。如果溶盐为硫酸盐，当水分蒸发呈晶体析出时，产生膨胀，使砖面剥落。经试验的砖不应出现起粉、掉屑和脱皮现象。

(3)石灰爆裂试验

它是指砖的坯体中夹有石灰块，有时也由掺入的内燃料(煤渣)代入，砖吸水后，由于石灰逐渐熟化而膨胀产生的爆裂现象。试验后砖面上出现的爆裂点不应超过规定。

（4）吸水率试验

砖的吸水率大小反映孔隙率的大小，也可反映砖的导热性、抗冻性和强度的大小。

3）外观指标

砖的外观指标包括尺寸偏差、弯曲、缺棱、裂缝、混等率（指本等级产品中混入低于该等级产品的百分数）等九项指标。

根据强度等级、耐久性和外观指标，将烧结普通砖分为优等品（A）、一等品（B）和合格品（C）。

▶ 14.1.5 烧结普通砖的应用

烧结普通砖是传统的墙体材料，主要用于砌筑建筑的内、外墙、柱、拱、烟囱和窑炉。烧结普通砖在应用时，应充分发挥其强度、耐久性和隔热性能均较高的特点。用于砌筑墙体和烟囱时，这些特点能得到发挥，而用于砌筑填充墙（非承重的墙体）和基础时，上述特点得不到发挥。

在应用时，必须认识到砖砌体（如砖墙、砖柱等）的强度不仅取决于砖的强度，而且受砂浆性质的影响。砖的吸水率大，一般为 15% ~ 20%，在砌筑时能吸收砂浆中的水分，如果砂浆保持水分的能力差，砂浆就不能正常硬化，导致砌体强度下降。为此，在砌筑时除了要合理配制砂浆，还要使砖润湿。

用小块的烧结普通砖作为墙体材料，施工效率低、墙体自重大，亟待改革。墙体改革的技术方向，主要是发展轻质、高强、空心、大块的墙体材料，力求减轻建筑物自重和节约能源，并为实现施工技术现代化和提高劳动生产率创造条件。

14.2 建筑陶瓷的生产与技术指标

▶ 14.2.1 建筑陶瓷的生产

建筑陶瓷是指用于建筑饰面或作为建筑构件的陶瓷制品，它属精陶或粗瓷类。主要品种有内外墙贴面砖、地砖、陶瓷锦砖及室内外卫生用陶瓷等。

建筑陶瓷的生产一般要经历三个阶段：坯料制备、成型与烧结。饰面陶瓷的生产过程为：原料调制→成型→干燥→上釉→焙烧→制品。也有的制品在成型、干燥后先焙烧（素烧），然后上釉再焙烧一次（釉烧）。

釉是附着于陶瓷坯体表面的玻璃质薄层，釉面具有一定的光泽和颜色，使制品获得优良装饰效果。同时，釉层能提高制品的抗渗性、热稳定性、化学稳定性和机械强度，从而大大增强了材料的使用功能。

1）坯料制备

采用天然的岩石、矿物、黏土等作为原料时，一般要经过粉碎、精选（除去杂质）、磨细、配料（保证制品性能）、脱水（控制坯料水分）、练坯、陈腐（去除空气）等过程。原料经过坯料制备以后，根据成型要求，可以是粉料、浆料或可塑泥团。

2）成型

建筑陶瓷成型方法很多，按坯料的性能可分为可塑法、注浆法和压制法。

可塑法又称塑性料团成型法。它是指坯料中加入一定量的水分或塑化剂，使之成为具有良好塑性的料团，通过手工或机械成型。

注浆法又称浆料成型法。它是把原料配制成浆料,注入模具中成型。分为一般注浆成型和热压注浆成型。

压制法又称粉料成型法。它是将含有一定水分和添加剂的粉料,在金属模具中用较高的压力压制成型,与粉末冶金成型方法完全一样。

3)烧结

建筑陶瓷制品成型后还要烧结。未经烧结的陶瓷制品称为生坯,生坯经过初步干燥之后即可涂釉,或直接送去烧结。生坯是由许多固相粒子堆积起来的聚集体。颗粒之间除了点接触,尚存在许多孔隙,因此没有多大的强度,必须经高温烧结后才能使用。陶瓷生坯在加热过程中不断收缩,并在低于熔点的温度下变成致密、坚硬的具有某种显微结构的多晶烧结体,这种现象称为烧结。烧结后,坯体体积减小、密度增加、强度和硬度增加。

常见的烧结方法有热压或热等静压法、液相烧结法、反应烧结法。

▶ 14.2.2 常用建筑陶瓷的主要技术性质

1)釉面砖

(1)品种、形状及规格尺寸

釉面砖按釉面颜色分为单色(含白色)、花色和图案砖三种,按正面形状分为正方形、长方形和异形配件砖。为了增强粘贴力,釉面砖背面做有凹槽纹,背纹深度应不小于 0.2 mm。

釉面砖的主要规格尺寸有 297 mm×247 mm×5 mm ~ 98×98×5 mm 等,异型配件砖的外形及规格尺寸更多,可按需要选配。

(2)技术要求

根据《陶瓷砖》(GB/T 4100—2015)的规定,其技术要求如下:

①尺寸偏差。釉面砖尺寸偏差应符合允许范围要求,通常误差均在 ±0.5 mm 左右。

②外观质量。釉面砖根据表面缺陷、色差平整度、边直度和角直度、白度等外观质量分为优等品、一级品、合格品三个等级。

③物理力学性能。对釉面砖物理力学性能要求包括:吸水率应不大于21%;弯曲强度平均值应不小于 16 MPa,当厚度大于或等于 7.5 mm 时,弯曲强度平均值应不小于 13 MPa;经急冷急热试验和经抗龟裂试验后,釉面不应出现裂纹。

(3)特点与应用

釉面砖色泽柔和典雅,朴实大方,热稳定性好,防火、防潮、耐酸碱,表面光滑,易清洗。主要适用于厨房、浴室、卫生间、实验室、精密仪器车间及医院等室内墙面、台面、台度等的饰面材料,其效果是既清洁卫生,又美观耐用。

通常釉面砖不宜用于室外,因其为多孔精陶坯体,吸水率较大,吸水后将产生湿胀,而其表面釉层的湿胀性很小,若用于室外经常受到大气温、湿度变化的影响,当砖坯体产生的湿胀应力超过了釉层本身的抗拉强度时,会导致釉层产生裂纹或剥落,严重影响建筑物的饰面效果。

釉面砖铺贴前必须浸水 2 h 以上,然后取出晾干至表面无明显水,才可进行粘贴施工。否则,干砖粘贴会吸走水泥浆中的水分,影响水泥砂浆的正常凝结硬化,降低粘贴强度,造成空鼓、脱落等现象。

2)墙地砖品。

《陶瓷砖》(GB/T 4100—2015)规定了彩釉砖的规格尺寸、等级划分、技术要求、试验方法等。无釉陶瓷墙地砖尚无国家标准,可参照此标准执行。

（1）产品等级与规格尺寸

釉面砖按表面质量和变形允许偏差分为优等品、一级品、合格品三个等级。

（2）技术要求

①表面与结构质量要求。彩釉砖的表面缺陷和色差应符合规定。同时在产品的侧面和背面,不允许有妨碍黏结的明显附着釉及其他影响使用的缺陷。

②釉面砖的尺寸偏差应符合标准的规定。各级砖均不得有结构分层现象(坯体有夹层或有上下分离现象)。为保证粘贴牢固,背面的凸纹高度和凹背纹深度均不应小于0.5 mm。

③物理力学性能。

吸水率:不大于10%。吸水率越小,抗冻性越好,寒冷地区应选用吸水率较低的产品。

耐急冷急热:经过三次急冷急热循环不出现炸裂或裂纹。

抗冻性:经20次冻融循环不出现破裂、剥落或裂纹。

抗弯强度:平均值不低于24.5 MPa。

耐磨性:仅指地砖,依据耐磨试验釉面出现可见磨损时的研磨转数,将砖分为I、II、III、IV四级。

耐化学腐蚀性:根据耐酸、碱腐蚀试验,分为AA、A、B、C、D等五个等级。

（3）特点与应用

墙地砖质地较致密,强度高,吸水率小,热稳定性、耐磨性及抗冻性均较好。其中,厚的一般用作铺地砖,薄的用于外墙饰面砖。用于外墙饰面砖及地砖的吸水率不得大于6%,严寒地区用的墙地砖吸水率应更小。

对于矩形外墙面砖,铺贴时可采用长边垂直或水平两种排列方式,砖缝又可取错缝或齐缝排列,而接缝宽度又有密缝与离缝之分,或采取密缝和离缝组合排列。不同排列方式可获得完全不同的装饰效果。

随着建筑陶瓷工业的飞速发展,近年来我国引进和自行研制了一批新型墙地砖,如劈离砖、仿石砖、彩胎砖(瓷质砖)、艺术砖等,这为满足现代建筑装修的需求,提供了更新一代的装饰材料。

3）陶瓷锦砖

陶瓷锦砖按其表面性质分为无釉、有釉两种,目前国内生产的多为无釉马赛克。按砖联花色分为单色和拼花色两种。陶瓷锦砖的基本形状有正方形(大方、中大方、中方和小方)、长方、对角(大对角、小对角)、斜边长、六角、半八角及长条对角等多种。其产品尺寸允许偏差和外观质量分为优等品和合格品两个等级。

陶瓷锦砖具有色泽明净、图案美观、质地坚硬、抗压强度高、耐污染、耐腐、耐磨、耐水、抗火、抗冻、不吸水、不滑、易清洗等特点,它坚固耐用,且造价较低。适用于工业建筑要求洁净的车间、工作间、化验室以及民用建筑的门厅、走廊、餐厅、厨房、盥洗室、浴室等的地面铺装,也可用作高级建筑物的外墙饰面材料,能遇雨自洗。彩色陶瓷锦砖还可用以镶拼壁画、文字及花边,形成一种别具一格的锦砖壁画艺术。

4）琉璃制品

琉璃制品是我国陶瓷宝库中的古老珍品,它是用难熔黏土制坯成型后,经干燥、素烧、施釉、釉烧而制成。琉璃制品的特点是质细致密,表面光滑,不易沾污,坚实耐久,色泽绚丽,造型古朴,富有我国传统的民族特色。

琉璃制品主要有琉璃瓦、琉璃砖、琉璃兽,以及琉璃花窗、栏杆等各种装饰制品,还有陈设用的建筑工艺品,如琉璃桌、绣墩、鱼缸、花盆、花瓶等。其中琉璃瓦是我国用于古建筑的一种高级屋面材料,采用琉璃瓦屋盖的建筑,显得格外具有东方民族特色,富丽堂皇,光辉夺目。琉璃瓦品种繁多,造型各异,主要有板瓦(底瓦)、筒瓦(盖瓦)、滴水、勾头等,另外还制有飞禽走兽、龙纹大吻等形象,用作檐头和屋脊的装饰物。琉璃瓦色彩艳丽多样,常用的有金黄、翠绿、宝蓝等色。

琉璃瓦因价格昂贵、自重大,故主要用于具有民族色彩的宫殿式和园林建筑,以及纪念性建筑物中。

14.3　建筑玻璃的生产与技术指标

▶ 14.3.1　玻璃的组成、分类与性质

1)玻璃的组成与分类

(1)玻璃的组成

玻璃的组成很复杂,其主要化学成分为 SiO_2(含量72%左右)、Na_2O(含量15%左右),CaO(含量8%左右),另外还含有少量 Al_2O_3、MgO 等,它们对玻璃的性质起着十分重要的作用,改变玻璃的化学成分、相对含量和制备工艺,可获得性能和应用范围截然不同的各类玻璃制品。为使玻璃具有某种特性或改善玻璃的工艺性能,还可加入少量的助熔剂、脱色剂、着色剂、乳浊剂和发泡剂等。

(2)玻璃的分类

玻璃的种类很多,按其化学成分可分为硅酸盐玻璃、磷酸盐玻璃、硼酸盐玻璃和铝酸盐玻璃等。其中以硅酸盐玻璃应用最广,它以二氧化硅为主要成分,另外还含有一定量的 Na_2O 和 CaO,故又称为钠钙硅酸盐玻璃,为常用的建筑玻璃。若以 K_2O 代替 Na_2O,并提高 SiO_2 含量,则成为制造化学仪器用的钾硅酸盐玻璃。若引入 MgO,并以 Al_2O_3 替代部分 SiO_2,则成为制造无碱玻璃纤维和高级建筑玻璃的铝硅酸盐玻璃。

按玻璃的用途又可分为建筑玻璃、化学玻璃、光学玻璃、电子玻璃、工艺玻璃、玻璃纤维及泡沫玻璃等。本节主要介绍建筑玻璃。

2)玻璃的性质

(1)密度

玻璃内几乎无孔隙,属于致密材料。其密度与化学成分有关,含有重金属离子时密度较大,含大量氧化铅的玻璃,密度可达 6.5 g/cm^3。普通玻璃的密度为 2.5~2.6 g/cm^3。

(2)光学性质

玻璃具有优良的光学性质,广泛用于建筑物的采光、装饰,以及光学仪器和日用器皿。

当光线入射玻璃时,表现为反射、吸收和透射三种性质。光线透过玻璃的性质称为透射,以透光率表示。光线被玻璃阻挡,按一定角度反射出来称为反射,以反射率表示。光线通过玻璃后,一部分光能量被损失,称为吸收,以吸收率表示。玻璃的反射率、吸收率、透光率之和等于入射光的强度,为100%。玻璃的用途不同,要求这三项光学性质所占的百分比不同。用于采光、照明时要求透光率高,如3 mm 厚的普通平板玻璃的透光率≥85%。用于遮光和隔热的热反射玻璃,要求反射率高,如反射型玻璃的反射率可达48%以上,而一般洁净玻璃仅为7%~9%。用于隔热、防眩作用的吸热玻璃,希望它能吸收大量红外线辐射,同时又保持良好的透射性。

玻璃对光的吸收与玻璃的组成、厚度及入射光的波长有关。不同玻璃对不同波长的光具有选择性吸收,此时通过玻璃出来的光,将改变其原来光谱组成而获得某种颜色的光。例如在玻璃中加入钴、镍、铜、锰、铬等氧化物而相应呈现蓝、灰、红、紫、绿等颜色,由此可制成有色玻璃。当加入 Fe^{+2}、V^{+4}、Cu^{+2} 等

金属离子,则可吸收波长为 0.7 ~ 5 μm 的红外线,从而可制成吸热玻璃。

（3）热工性质

玻璃的热工性质主要是指其比热和导热系数。玻璃的比热随温升高而增加,它还与化学成分有关,当含 Li_2O、SiO_2、B_2O_3 等氧化物时,其比热增大;含 PbO、BaO 时,其值降低。玻璃的比热一般为 $(0.33 \sim 1.05) \times 10^3$ J/(g·K)。

玻璃是热的不良导体,其导热系数随温度升高而降低。其导热系数还与玻璃的化学组成有关,增加 SiO_2、Al_2O_3 时,其值增大。石英玻璃的导热系数最大,为 1.344 W/(m·K),普通玻璃的导热系数为 0.75 ~ 0.92 W/(m·K)。由于玻璃传热慢,所以在玻璃温度急变时,沿玻璃的厚度从表面到内部,有着不同的膨胀量,由此而产生内应力,当应力超过玻璃极限强度时就造成碎裂破坏。

（4）力学性质

玻璃的抗压强度与其化学成分、制品结构和制造工艺有关。SiO_2 含量高的玻璃有较高的抗压强度,而 CaO、Na_2O 及 K_2O 等氧化物是降低抗压强度的因素。玻璃的抗压强度高,一般为 600 ~ 1 200 MPa,而抗拉强度很小,为 40 ~ 80 MPa,故玻璃在冲击力作用下易破碎,是典型的脆性材料。玻璃在常温下具有弹性的性质,普通玻璃的弹性模量为 $(6 \sim 7.5) \times 10^4$ MPa,为钢的 1/3,而与铝相接近。但随着温度升高,弹性模量下降,出现塑性变形。一般玻璃的莫氏硬度为 6 ~ 7。

（5）化学性质

玻璃具有较高的化学稳定性,在通常情况下对水、酸、碱以及化学试剂或气体等具有较强的抵抗能力,能抵抗氢氟酸以外的各种酸类的侵蚀。但如果玻璃组成中含有较多易蚀物质,在长期受到侵蚀介质的腐蚀下,化学稳定性将变差,导致玻璃损坏。

▶ 14.3.2 普通平板玻璃

1）普通平板玻璃的生产与规格

普通平板玻璃是指未经加工的平板玻璃制品,也称单光玻璃或净片玻璃,简称为玻璃。主要用于一般建筑的门窗,起透光、挡风雨、保温和隔音等作用,同时也是深加工具有特殊功能玻璃的基础材料。

普通平板玻璃的成形均用机械拉制,通常采用的有垂直引上法和浮法。垂直引上法是我国生产玻璃的传统方法,它是将红热的玻璃液通过槽砖向上引拉成玻璃板带,再经急冷而成。其主要缺点是产品易产生波纹和波筋。而近年来采用的浮法生产工艺,其最大的优点是玻璃表面平整,可代替磨光玻璃使用。浮法生产玻璃的过程是在浮抛锡槽中完成的。锡槽也叫浮抛窑,有一定深度,其高温区可达 1 200 ℃以上。浮法工艺产量高,质量好、品种多、规格大、劳动生产率高,是目前世界上生产平板玻璃最先进的方法。世界上利用浮法生产的平板玻璃已占平板玻璃总产量的 1/3 以上。

2）普通平板玻璃的应用

普通平板玻璃大部分用于房屋建筑和维修。一部分加工成钢化、夹层、镀膜、中空等玻璃,小部分用于制作工艺玻璃。一般建筑采光用平板玻璃为 3 mm 厚。用于玻璃幕墙、采光屋面、商店橱窗或柜台等时,多采用厚度为 5 mm、6 mm 的钢化玻璃。公共建筑的大门玻璃常采用经钢化后的 8 mm 以上的厚玻璃。

平板玻璃在贮存、装卸和运输时,必须箱盖向上、垂直立放,并需注意防潮、防雨,存放在不结露的房间内。

▶ 14.3.3　深加工玻璃制品及其应用

1）安全玻璃

将普通平板玻璃经加工制成具有某些特种性能的玻璃,称为深加工玻璃制品,其主要品种包括安全玻璃、控温、控声和控光玻璃、结构玻璃、饰面玻璃。

玻璃是脆性材料,当外力超过一定值后即碎裂成具有尖锐棱角的碎片,破坏时几乎没有塑性变形。另外,由于玻璃在成形冷却过程中内部产生了不均匀的内应力,也加剧了玻璃的脆性。为减小玻璃的脆性,提高其强度,通常采用的方法有:用退火法消除内应力;用物理钢化(淬火)或化学钢化法使玻璃中形成可缓解外力作用的均匀的预应力;消除玻璃表面缺陷;采用夹层和夹丝等方法。使用上述方法改性后的玻璃称为安全玻璃。常用的安全玻璃有钢化玻璃、夹丝玻璃和夹层玻璃等。

（1）钢化玻璃

钢化玻璃是采用普通平板玻璃、磨光玻璃或吸热玻璃等进行淬火加工而成的。

钢化玻璃的加工通常采用物理钢化法。即将半平板玻璃放入加热炉中,加热到接近其软化温度(约 650 ℃)并保持一定时间(一般为 3 ~ 5 min),然后移出加热炉并随即用喷嘴向玻璃两面喷吹冷空气,使之迅速均匀冷却,冷至室温后就成为高强度的钢化玻璃。

由于冷却过程中玻璃的两个表面首先冷却硬化,待内部逐渐冷却并伴随体积收缩时,已硬化的外表势必阻止内部的收缩,从而使玻璃处于内部受拉、外表受压的应力状态。当玻璃受弯时,表面的压力可抵消部分受弯引起的拉应力,即减少了实际受拉应力,且玻璃的抗压强度较高,受压区的压应力虽然增加了,但远不至于使玻璃破坏,从而提高了玻璃的抗弯能力。处于这种应力状态的玻璃,一旦受损,便产生应力崩溃,碎成无数无尖锐棱角的小块,不易伤人,故称安全玻璃。

钢化玻璃具有如下特性:

①机械强度高。比普通平板玻璃要高 3 ~ 5 倍,其抗弯强度不低于 200 MPa;抗冲击性能好,用 0.8 kg 钢球从 1.2 m 高处落下,钢化玻璃可保持完整而不破碎。

②弹性好。一块 1 200 mm × 350 mm × 6 mm 的钢化玻璃受力后可产生 100 mm 的弯曲挠度。

③热稳定性高。钢化玻璃在经受急冷急热时不易发生炸裂。最大安全工作温度为 288 ℃,能承受 204 ℃的温差变化。

由于钢化玻璃具有上述特点,故可用作高层建筑物的门窗、幕墙、隔墙、屏蔽、桌面玻璃、炉门上的观察窗、辐射式气体加热器、弧光灯用玻璃,以及汽车风挡、电视屏幕等。

（2）夹层玻璃

夹层玻璃由两片或多片玻璃之间嵌夹透明塑料薄片,经加热、加压粘合而成。

生产夹层玻璃的原片可采用一等品的引上法平板玻璃或浮法玻璃,也可采用钢化玻璃、夹丝抛光玻璃、吸热玻璃、热反射玻璃或彩色玻璃等。玻璃厚度可为 2 mm、3 mm、5 mm、6 mm、8 mm。夹层玻璃的层数有 3、5、7 层,最多可达 9 层,达 9 层时则一般子弹不易穿透,称为防弹玻璃。

夹层玻璃按形状可分为平面和曲面两类。按抗冲击性、抗穿透性可分 L I 和 L II 两类。按夹层玻璃的特性分为多个品种:如破碎时能保持能见度的减薄型;可减少日照量和眩光的遮阳型;通电后可保持表面干燥的电热型;防弹型;玻璃纤维增强型;报警型;防紫外线型以及隔声夹层玻璃等。夹层玻璃的抗冲击性能比平板玻璃高几倍,破碎时只产生裂纹而不分离成碎片,不致伤人。它还具有耐久耐热、耐湿、耐寒和隔音等性能,适用于有特殊安全要求的建筑物的门窗、隔墙、工业厂房的天窗和某些水下工程等。

（3）夹丝玻璃

夹丝玻璃是将平板玻璃加热到红热软化状态,再将预热处理的铁丝网或铁丝压入玻璃中而制成。夹丝玻璃的表面可以是压花或磨光的,颜色可以是无色透明或彩色的。与普通平板玻璃相比,其耐冲击性和耐热性好,在外力作用和温度剧变时,破而不散。

夹丝玻璃适用于公共建筑的阳台、楼梯、电梯间、走廊、厂房天窗和各种采光屋顶。

2）控温、控声和控光玻璃

（1）吸热玻璃

吸热玻璃是能吸收大量红外线辐射能、并保持较高可见光透过率的平板玻璃。

生产吸热玻璃的方法有两种:一种是在普通钠钙硅酸盐玻璃的原料中加入一定量的有吸热性能的着色剂,如氧化铁、氧化镍、氧化钴以及硒等;另一种是在平板玻璃表面喷镀一层或多层金属或金属氧化物薄膜 =。吸热玻璃的颜色有灰色、茶色、蓝色、绿色、古铜色、青铜色、粉红色和金黄色等。我国目前主要生产前三种颜色的吸热玻璃。厚度有 2 mm、3 mm、5 mm 和 6 mm 四种规格。吸热玻璃还可进一步加工制成磨光、钢化、夹层或中空玻璃。

吸热玻璃与普通平板玻璃相比,具有如下特点:

①吸收太阳辐射热。例如 6 mm 厚透明浮法玻璃,在太阳光照射下总透过热为 84%,而同样条件下吸热玻璃的总透过热量为 60%。吸热玻璃的颜色和厚度不同,对太阳辐射热的吸收程度也不同。

②吸收太阳可见光,减弱太阳光的强度,起到反眩作用。

③具有一定的透明度,并能吸收一定的紫外线。

由于上述特点,吸热玻璃已广泛用于建筑物的门窗、外墙,以及用作车、船挡风玻璃等,起到隔热、防眩、采光及装饰等作用。

（2）热反射玻璃

热反射玻璃是有较高的热反射能力而又保持良好透光性的平板玻璃,它是采用热解法、真空蒸镀法、阴极溅射等方法,在玻璃表面涂以金、银、铝、铬、镍和铁等金属或金属氧化物薄膜,或采用电浮法等离子交换方法,以金属离子置换玻璃表层原有离子而形成热反射膜。热反射玻璃也称镜面玻璃,有金色、茶色、灰色、紫色、褐色、青铜色和浅蓝等色。

热反射玻璃的热反射率高,如 6 mm 厚浮法玻璃的总反射热仅为 16%,同样条件下,吸热玻璃的总反射热为 40%,而热反射玻璃则可达 61%,因而常用它制成中空玻璃或夹层玻璃以增加其绝热性能。镀金属膜的热反射玻璃还有单向透像的作用,即白天能在室内看到室外景物,而室外却看不到室内的景象。

热反射玻璃主要用于有绝热要求的建筑物门窗、玻璃幕墙、汽车和轮船的玻璃窗等。

（3）中空玻璃

中空玻璃是将两片或多片平板玻璃相互间隔 6~12 mm,镶于边框中,且四周密封而成,间隔空腔中充填干燥空气或惰性气体,也可在框底放置干燥剂。为获得更好的控声、控光和隔热等效果,还可充以各种能漫射光线的材料、电介质等。

中空玻璃的生产方法有熔接法、焊接法和胶接法三种。熔接法是用金属铝或铅加热熔融后滴涂于玻璃四周,然后将金属条带夹垫在玻璃之间进行固定。焊接法是用玻璃条夹垫在玻璃之间,直接熔焊连接。目前应用较普遍的是采用有机胶黏剂胶接。中空玻璃可以根据要求选用各种不同性能和规格的玻璃原片,如浮法玻璃、钢化玻璃、夹层玻璃、夹丝玻璃、压花玻璃、彩色玻璃、热反射玻璃、吸热玻璃等制成。玻璃片厚度可为 3 mm、4 mm、5 mm 和 6 mm,充气层厚度一般有 6 mm、9 mm 和 12 mm,中空玻璃厚度可为 12~42 mm。国产中空玻璃面积已达 3 m×2 m。中空玻璃具有以下特点:

①优良的绝热性能。中空玻璃在夏天能隔热,冬天能保温。三层中空玻璃的绝热效果可相当于三七砖墙的效果。

②隔声性能好。一般可使噪声下降 30 ~ 40 dB,对交通噪声可降低 31 ~ 38 dB,即可将街道噪声降到学校教室的安静程度。

③露点低。普通玻璃容易结露的原因是同一块玻璃的两面温差较大。中空玻璃的绝热性好,在室内外温差较大的情况下,同一块玻璃的两面温差却很小,从而可防止结露。5 mm 厚普通平板玻璃在室外温度为 5 ℃时就开始结露;(5 + A6 + 5)mm(A 为空气层符号)结构的双层中空玻璃在室外 − 9℃开始结露;而(5 + A6 + 5 + A6 + 5)mm 的三层中空玻璃在室外温度为 − 27 ℃时才开始结露。

④质量轻。在相同面积、相同绝热效果的条件下,中空玻璃墙单位面积质量为混凝土墙的 1/16,甚至可达到 1/30。因此,用中空玻璃代替部分砖墙或混凝土墙,不仅可增大采光面积,而且可减轻建筑物自重,简化建筑结构和起到美化装饰的效果。

中空玻璃的主要功能是隔热、隔声,寿命可达 25 年以上,适用于室内温度不低于 15 ℃,室内相对湿度不超过 60%,室内外温差不大于 50 ℃,耐压差允许外界压力波动范围为 ± 0.1 大气压(约 10 kPa)、需要采暖、空调、防止噪、防止结露,以及需要无直射阳光和特殊光的建筑物,如住宅、办公楼、学校、医院、旅馆、商店、恒温恒湿的实验室以及工厂的门窗、天窗和玻璃幕墙等。

3)结构玻璃

玻璃可用于建筑物的各主要部位,如门窗、内外墙、透光屋面、顶棚材料以及地坪等,是现代建筑的一种围护结构材料。

(1)玻璃幕墙

幕墙建筑是用一种薄而轻的建筑材料把建筑物的四周围起来代替墙壁的建筑。作为幕墙的材料不承受建筑物荷载,只起围护作用,它悬挂或嵌入建筑物的金属框架内,目前多用玻璃作幕墙。玻璃幕墙是以铝合金型材为边框,玻璃为外敷面,内衬以绝热材料的复合墙体,并用结构胶进行密封。玻璃幕墙所用的玻璃已由浮法玻璃、钢化玻璃发展到用吸热玻璃、热反射玻璃、夹层玻璃、中空玻璃、镀膜玻璃等,其中热反射玻璃是玻璃幕墙采用的主要品种。

(2)玻璃砖

玻璃砖有实心和空心的两类,它们均具有透光不透视的特点。空心玻璃砖又有单腔和双腔两种。空心玻璃砖具有较好的绝热、隔声效果,双腔玻璃砖的绝热、隔声性能更佳,它在建筑上的应用更广泛。

实心玻璃砖用机械压制方法成型。空心玻璃砖则先用箱式模具压制成箱型玻璃元件,再将两块箱形玻璃加热熔接成整体的空心砖,中间充以干燥空气,再经退火、涂饰侧面而成。

玻璃砖的形状和尺寸有多种,砖的内外表面可制成光面或凹凸花纹面,有无色透明或彩色的多种。形状有正方形、矩形以及各种异形砖,规格尺寸以边长为 115 mm、145 mm、240 mm、300 mm 的正方形砖居多。

玻璃砖的透光率为 40% ~ 80%。钢钙硅酸盐玻璃制成的玻璃砖,其热膨胀系数与烧结黏土砖和混凝土均不相同,因此砌筑时在玻璃砖与混凝土或黏土砖连接处应加弹性衬垫,起缓冲作用。砌筑玻璃砖可采用水泥砂浆,还可用钢筋作为加筋材料埋入水泥砂浆砌缝内。

玻璃砖主要用作建筑物的透光墙体,如建筑物承重墙、隔墙、淋浴隔断、门厅、通道等。某些特殊建筑为了防火,或严格控制室内温度、湿度等要求,不允许开窗,使用玻璃砖既可满足上述要求,又解决了室内采光问题。

(3)异形玻璃

异形玻璃是近 20 年来新发展起来的一种新型建筑玻璃,它是采用硅酸盐玻璃,通过压延法、浇注法和辊压法等生产工艺制成的,呈大型长条玻璃构件。

异形玻璃有无色的和彩色的、配筋的和不配筋的、表面带纹的和不带花纹的、夹丝的和不夹丝的以及涂层的等多种。根据其外形分类,主要有槽形、波形、箱形、肋形、三角形、Z 形和 V 形等品种。异形玻璃具有良好的透光、隔热、隔音和机械强度高等优良性能。主要用作建筑物外部竖向非承重的围护结构,也可用作内隔墙、天窗、透光屋面、阳台和走廊的围护屏壁,以及月台、遮雨棚等。

此外,钢化玻璃、新颖冰纹图案玻璃等也可用作透光屋面或顶棚材料。

(4)仿石玻璃

采用玻璃原料可制成仿石玻璃制品。仿大理石玻璃的颜色、耐酸和抗压强度均已超过天然大理石,可以代替天然大理石作装饰材料和地坪。仿花岗石玻璃是将废玻璃经过一定的加工后,烧成具有花岗石般花纹和性质的板材。产品的表面花纹、光泽、硬度和耐酸、碱性等指标与天然花岗岩相近,与水泥浆的黏结力超过天然花岗石,可用作装饰与地坪材料。

4)饰面玻璃

饰面玻璃是指用于建筑物表面装饰的玻璃制品,包括板材和砖材。

(1)彩色玻璃

彩色玻璃有透明和不透明的两种。透明的彩色玻璃是在玻璃原料中加入一定量的金属氧化物而制成的。不透明彩色玻璃又称釉面玻璃,它是以平板玻璃、磨光玻璃或玻璃砖等为基材,在玻璃表面涂敷一层易熔性色釉,加热到彩釉的熔融温度,使釉层与玻璃牢固结合在一起,再经退火或钢化而成。彩色玻璃的彩面也可用有机高分子涂料制得。

彩色玻璃的颜色有红、黄、蓝、黑、绿、灰色等 10 余种,可用以镶拼成各种图案花纹,并有耐蚀、抗冲刷、易清洗等特点,主要用于建筑物的内墙、外墙、门窗,以及对光线有特殊要求的部位。有时在玻璃原料中加入乳浊剂(萤石等)可制得乳浊有色玻璃,这类玻璃透光而不透视,具有独特的装饰效果。

(2)玻璃贴面砖

它以平板玻璃为主要基材,在玻璃的一面喷涂釉液,再在喷涂液表面均匀地洒上一层玻璃碎屑,以形成毛面,然后经 500 ~ 550 ℃ 热处理,使三者牢固地结合在一起制成。可用作内外墙的饰面材料。

(3)玻璃锦砖

玻璃锦砖又称玻璃马赛克,它含有未熔融的微小晶体(主要是石英)的乳浊状半透明玻璃质材料,是一种小规格的饰面玻璃制品。其一般尺寸为 20 mm × 20 mm、30 mm × 30 mm、40 mm × 40 mm,厚 4 ~ 6 mm,背面有槽纹,有利于与基面黏结。为便于施工,出厂前将玻璃锦砖按设计图案反贴在牛皮纸上,贴成 305. 5 mm × 305. 5 mm 见方,称为一联。

玻璃锦砖颜色绚丽、色泽众多,且有透明、半透明、不透明三种。其化学稳定性、冷热稳定性好,能雨天自洗、经久常新,是一种良好的外墙装饰材料。

(4)压花玻璃

压花玻璃是将熔融的玻璃液在急冷中通过带图案花纹的辊轴滚压而成的制品。可一面压花,也可两面压花。压花玻璃分普通压花玻璃、真空冷膜压花玻璃和彩色膜压花玻璃等三种,一般规格为800 mm × 700 mm × 3 mm。

压花玻璃具有透光不透视的特点,这是由于其表面凹凸不平,当光线通过时产生漫射,因此从玻璃的一面看另一面物体时,物像模糊不清。压花玻璃表面有各种图案花纹,具有一定艺术装饰效果。多用于办公室、会议室、浴室、卫生间以及公共场所分离室的门窗和隔断等处。使用时应将花纹朝向室内。

（5）磨砂玻璃

磨砂玻璃又称毛玻璃，是将平板玻璃的表面经机械喷砂或手工研磨或氢氟酸溶蚀等方法处理成均匀的毛面。其特点是透光不透视，且光线不刺目，用于要求透光而不透视的部位。安装时应将毛面朝向室内。磨砂玻璃还可用作黑板。

（6）镭射玻璃

镭射玻璃是以玻璃为基材的新一代建筑装饰材料，其特征在于经特种工艺处理，玻璃背面出现全息或其他光栅，在阳光、月光、灯光等光源照射下，形成物理衍射分光而出现艳丽的七色光，且在同一感光点或感光面上会因光浅入射角的不同在而出现色彩变化，使被装饰物显得华贵高雅、富丽堂皇。镭射玻璃的颜色有银白、蓝、灰、紫、红等多种。按其结构有单层和夹层之分。镭射玻璃适用于酒店、宾馆、各种商业、文化、娱乐设施的装饰。

本章小结

烧土制品是以黏土为主原料，经成型及焙烧所得的产品。烧结普通砖的技术性质主要包括强度、耐久性和外观指标。建筑陶瓷的生产一般要经历以下三个阶段：坯料制备、成型与烧结。饰面陶瓷的生产过程为：原料调制→成型→干燥→上釉→焙烧→制品。也有的制品在成型、干燥后先焙烧（素烧），然后上釉再焙烧一次（釉烧）。玻璃的组成很复杂，其主要化学成分为 SiO_2（含量 72% 左右）、Na_2O（含量 15% 左右），CaO（含量 8% 左右），另外还含有少量 Al_2O_3、MgO 等。玻璃的性质主要包括密度、光学性质、热工性质、力学性质和光学性质。深加工玻璃也有较新的应用，包括安全玻璃，控温、控声和控光玻璃，结构玻璃，饰面玻璃。

思考题

14.1　黏土的性质对烧土制品生产工艺及成品质量有什么影响？

14.2　烧结普通砖的技术性质有哪些？

14.3　某烧结普通砖试验，10 块砖的抗压强度值（单位：MPa）分别为 14.2、21.1、9.5、22.9、13.3、18.8、18.2、18.2、19.8、19.8。试确定该砖的强度等级。

14.4　什么是烧结普通砖的泛霜和石灰爆裂？它们对建筑物有何影响？

参考文献

[1] 汪振双,张聪. 建筑材料[M]. 北京:中国建筑工业出版社,2021.

[2] 张兰芳,李京军,王萧萧. 建筑材料[M]. 北京:中国建材工业出版社,2021.

[3] 钱晓倩,金南国,孟涛. 建筑材料[M]. 2版. 北京:中国建筑工业出版社,2019.

[4] 熊出华,何丽红. 建筑材料试验指导书[M]. 成都:西南交通大学出版社,2023.

[5] 张浩博. 建筑材料[M]. 武汉:武汉理工大学出版社,2017.

[6] 屈钧利,杨耀秦. 建筑材料[M]. 2版. 西安:西安电子科技大学出版社,2016.

[7] 方坤河,何真. 建筑材料[M]. 7版. 北京:中国水利水电出版社,2015.

[8] 苏达根. 土木工程材料[M]. 2版. 北京:高等教育出版社,2008.

[9] 孟涛,彭宇. 建筑材料显微结构研究方法[M]. 武汉:武汉大学出版社,2022.

[10] 魏艳萍. 建筑材料与构造[M]. 2版. 北京:中国电力出版社,2023.

[11] 张光碧. 建筑材料[M]. 3版. 北京:中国电力出版社,2023.

[12] 肖忠平,徐少云. 建筑材料与检测[M]. 2版. 北京:化学工业出版社,2021.

[13] 任淑霞,李宏斌. 建筑材料习题集[M]. 2版. 北京:中国水利水电出版社,2022.

[14] 王秀花. 建筑材料[M]. 北京:机械工业出版社,2003.

[15] 崔国庆,杜思义. 建筑材料质量检测[M]. 2版. 北京:中国建筑工业出版社,2021.

[16] 王辉. 建筑材料与检测试验指导[M]. 2版. 北京:北京大学出版社,2017.

[17] 危加阳. 建筑材料[M]. 北京:中国水利水电出版社,2020.

[18] 赵宇晗,李文,聂田,等. 建筑材料:基础知识及能力训练[M]. 武汉:华中科技大学出版社,2022.

[19] 黄维蓉. 道路建筑材料[M]. 2版. 北京:人民交通出版社,2021.

[20] 叶建雄. 建筑材料基础实验[M]. 北京:中国建材工业出版社,2016.

[21] 邱小林,周亦人. 现代建筑材料科学[M]. 南京:东南大学出版社,2014.

[22] 张俊红. 道路建筑材料[M]. 重庆:重庆大学出版社,2014.

[23] 张俊红. 道路建筑材料综合实训[M]. 北京:北京理工大学出版社,2017.

[24] 刘志前,刘莲馥,王丹辉. 道路建筑材料检测[M]. 武汉:华中科技大学出版社,2018.

[25] 迟耀辉,孙巧稚. 新型建筑材料[M]. 武汉:武汉大学出版社,2019.

[26] 李果,沈鹏天,杨坚强. 道路建筑材料[M]. 成都:西南交通大学出版社,2023.

[27] 张富钧,叶姣凤. 道路建筑材料[M]. 北京:人民交通出版社,2021.

［28］张燕,郭秀芹．土质与道路建筑材料［M］.成都:西南交通大学出版社,2017.

［29］李立寒,张南鹭．道路建筑材料［M］.4 版．北京:人民交通出版社,2023.

［30］王福军,关国英,李静瑶．道路建筑材料［M］.北京:化学工业出版社,2020.

［31］钱进．道路建筑材料［M］.北京:人民交通出版社,2019.

［32］高峰,朱洪波．建筑材料科学技术［M］.上海:同济出版社,2016.

［33］李伟,安娜,张晓燕．当代建筑材料应用于场所表达关联性研究［M］.天津:天津大学出版社,2017.

［34］杨杨,钱晓倩,孔德玉．土木工程材料［M］.3 版．武汉:武汉大学出版社,2023.

［35］余丽武,朱平华,张志军．土木工程材料［M］.北京:中国建筑工业出版社,2022.

［36］柯龙,董萌,赵影．土木工程材料［M］.西安:西安电子科技大学出版社,2023.

［37］宋高嵩,贾福根,林莉．土木工程材料［M］.2 版．北京:清华大学出版社,2023.

［38］权娟娟,阳桥．土木工程材料实践指南［M］.西安:西安电子科技大学出版社,2021.

［39］白宪臣．土木工程材料试验［M］.3 版．北京:中国建筑工业出版社,2022.

［40］苏胜昔．土木工程材料实验［M］.保定:河北大学出版社,2022.

［41］黄文通．土木工程材料设计性试验［M］.广州:华南理工大学出版社,2022.

［42］白久林．装配式混凝土结构［M］.重庆:重庆大学出版社,2023.

［43］俞家欢,杨千荨．土木工程材料［M］.北京:清华出版社,2021.

［44］张亚梅．土木工程材料［M］.6 版．南京:东南大学出版社,2021.

［45］王转,蔚琪．土木工程材料检测［M］.武汉:武汉理工大学出版社,2020.

［46］黄显彬．土木工程材料试验及检测［M］.2 版．武汉:武汉理工大学出版社,2020.